Ferdinand Roemer, Fritz Frech

# Lethaea geognostica

Handbuch der Erdgeschichte mit Abbildungen der für die Formationen

bezeichnendsten Versteinerungen

Ferdinand Roemer, Fritz Frech

**Lethaea geognostica**
*Handbuch der Erdgeschichte mit Abbildungen der für die Formationen bezeichnendsten Versteinerungen*

ISBN/EAN: 9783741173295

Hergestellt in Europa, USA, Kanada, Australien, Japan

Cover: Foto ©Klaus-Uwe Gerhardt /pixelio.de

Manufactured and distributed by brebook publishing software (www.brebook.com)

Ferdinand Roemer, Fritz Frech

# Lethaea geognostica

# Lethaea geognostica.

## Handbuch der Erdgeschichte

mit Abbildungen der

für die Formationen bezeichnendsten Versteinerungen.

Herausgegeben

von einer Vereinigung von Geologen

unter der Redaktion von

**Fritz Frech.**

III. Theil.

## Das Caenozoicum.

Entwickelung und Verbreitung des Caenozoicum.

---

## 2. Band. Quartär.

Erste Abtheilung.

**Flora und Fauna des Quartärs von Fr. Frech mit Beiträgen von E. Geinitz.**

**Das Quartär Nordeuropas von E. Geinitz.**

Mit 2 Lichtdrucktaf., 4 Karten, 12 Texttaf., 6 Beilagen, 163 Abbildungen, Figuren, Diagrammen u. Karten und zahlreichen Tabellen im Text

STUTTGART.
Verlag der E. Schweizerbart'schen Verlagsbuchhandlung (E. Nägele).
1904.

# Vorwort.

Die Quartärgeologie hat in den letzten Jahren durch die rasche Folge von neuen Aufschlüssen so verschiedenartige Wandelungen durchgemacht, dass es schwer und wenig dankbar erscheint, eine zusammenfassende Darstellung derselben zu geben. Der Verfasser muss sich sagen, dass seine Arbeit nur einer Momentaufnahme gleichen, dass sie vielleicht sehr bald nach dem Erscheinen veraltet sein kann.

Immerhin ist die Quartärlitteratur schon jetzt so reich und leider auch so zerstreut, dass es lohnt, den jetzigen Standpunkt in einem Überblick über die verschiedenen Arbeiten und Ansichten festzuhalten und den Fernerstehenden eine zusammenhängende Darstellung zu bieten. Wenn ich bei der z. Th. schwer zugänglichen Litteratur gar manches nicht berücksichtigt habe, so bitte ich die geehrten Fachgenossen um Nachsicht. Absichtlich ist die bisherige Eintheilung in Ober- und Unterdiluvium, mit Interglacial als Schema der Einzelbesprechungen beibehalten worden, um eine bessere Übersicht zu ermöglichen und den bisherigen Standpunkt der Auffassungen wiederzugeben.

Die Arbeit wurde bereits im Frühjahr 1902 fertig gestellt, doch wurde der Druck etwas verzögert; die inzwischen erschienenen Arbeiten sind möglichst noch in den Text verarbeitet worden.

Dem Herrn Verleger spreche ich für die liberale Ausstattung des Werkes mit Abbildungen und Karten meinen verbindlichsten Dank aus.

Rostock, Februar 1904.

Eugen Geinitz.

# Inhaltsverzeichnis.

## Die Flora und Fauna des Quartärs.

(Von F. Frech und E. Geinitz.)

Mit 2 Lichtdrucktafeln, 12 Texttafeln und der thiergeographischen Karte der altquartären Säugethiere.



## Das Quartär von Nordeuropa.

(Von E. Geinitz.)

Mit 3 Karten.

**Textiafel**

**Charakteristische Diatomeen des Quartärs**

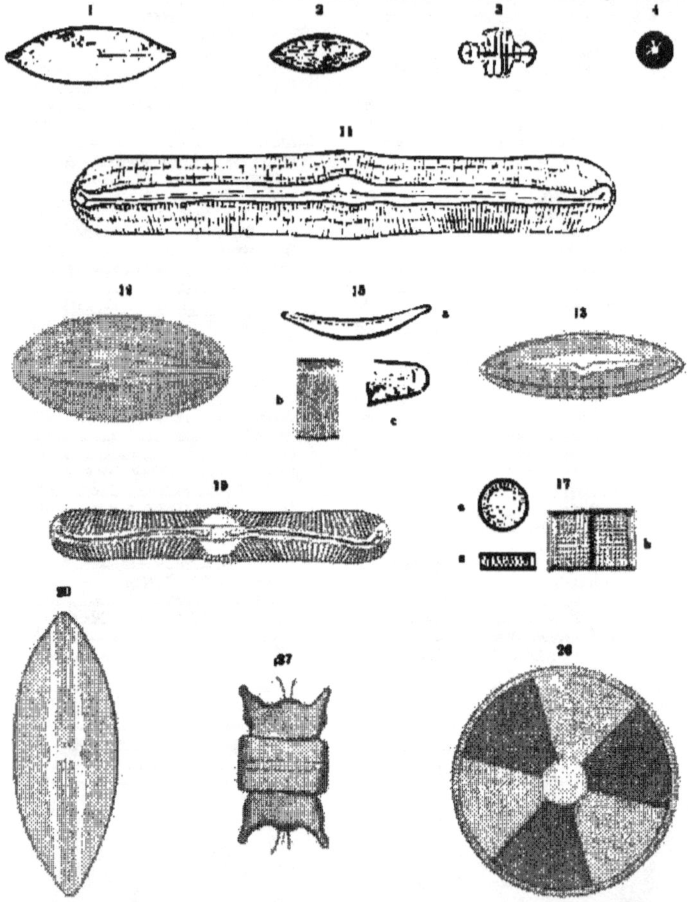


1—4 Praeglaciale Süsswasserformen: 1 *Navicula lacustris* Greg. 600/1. — 2 *Navicula Gruendleri* Brun. 600/1,
wasserformen 5 *Navicula Semen*, Ehrb. 600/1. — 6 *Navicula Styriaca*, Grun. 600/1. — 7 *Navicula (Pinnu-
wasserformen des Ancylussees; 9 *Cymbella gastroides* Ktz. 600/1. — 10 *Stauroneis anceps*, W. Sm. 600/1. —
W. Sm. 600/1. — 14 *Pleurosigma attenuatum*, W. Sm. 600/1. — 16 *Eunotia Clevei*, Grun. a Schale 600/1,
*losira granulata*, (Ehrb.) Ralfs a u. b Gürtelseiten, c Schale 600/1. — 18—27 Ostseeformen der Litorina-
Ehrb. 600/1. 21 *Navicula latissima* Greg. var. *elliptica*, Heiden. 600/1. — 22 *Synedra undulata*, (Bail.)
(nom. Ehrb. 600/1. — 25 *Terpsinoë americana*. Bailey var. *Grunowi*, Heiden. 600/1.

## III.

(zusammengestellt von Dr. Heiden-Rostock).

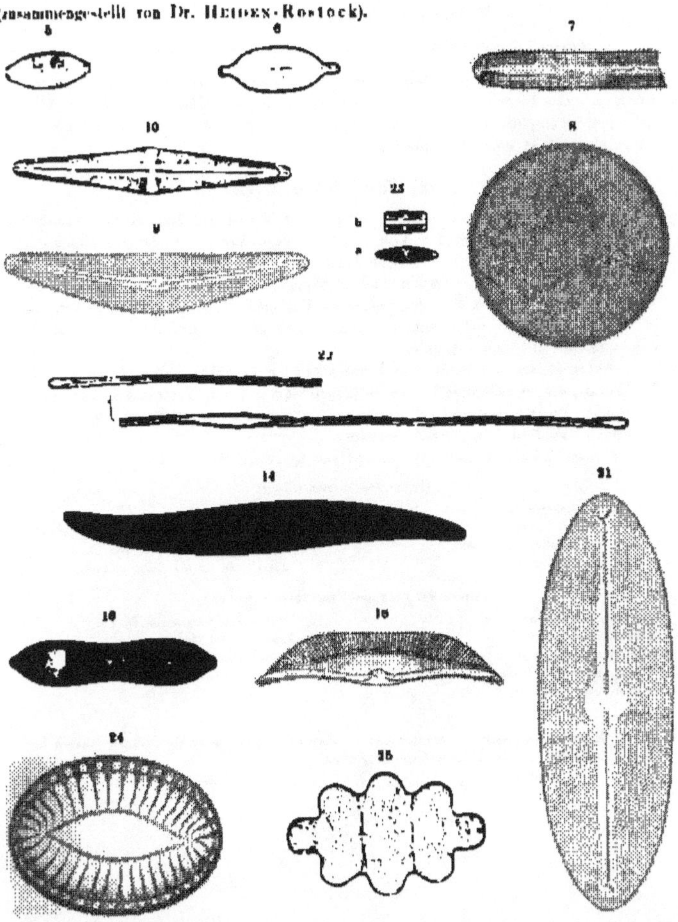

— 3 *Tetracyclus emarginatus*. Ehrb. [illegible]. — 4 *Cyclotella antiqua*. W. Sm. [illegible]. — 5—7 Arktische Süss- *laria) streptoraphe*. M. [illegible]. — 8 Marine Praeglacialform *Coscinodiscus subtilis*. Ehrb. [illegible]. — 9—17 Süss- 11 *Navicula nobilis*, (Ehrb.) Kütz. [illegible]. — 12 *Navicula dumbiltensis*, Grev. [illegible]. — 13 *Navicula patula*. b Mitte derselben [illegible]. c Ende derselben [illegible]. — 16 *Cymatopleura Solea*. (Bréb.) W. Sm. [illegible]. — 17 Me- ser; 18 *Amphora Grevilleana*. Greg. [illegible]. — 19 *Navicula alluviana*, Heiden [illegible]. — 20 *Navicula Lyra*. Ehrb. [illegible]. — 23 *Plagiogramma Gregorianum*. Grev. a Schale. b Gürtelseite [illegible]. — 24 *Surirella fas-* — 26 *Actinoptychus undulatus*. Ehrb. [illegible]. — 27 *Biddulphia aurita*. W. Sm. [illegible].

# Die Flora und Fauna des Quartärs.

F. Frech mit Beiträgen von E. Geinitz.

(Hierzu 3 Lichtdrucktafeln, 12 Texttafeln und eine thiergeographische Karte.)

Die Entwickelung der Organismen des Quartärs unterscheidet sich bei den niederen Abtheilungen — bei Pflanzen und wirbellosen Thieren — nur in Hinsicht auf geographische Verbreitung von der der lebenden; die Veränderung der Säugethierwelt ist umso bedeutsamer.

## I. Die Flora des Quartärs.

Die höheren Pflanzen gehören ebenso wie Moose und Diatomeen sämmtlich zu den noch lebenden Arten.[1] Von den Diatomeen haben manche den Charakter von Leitpflanzen (s. die nebenstehende Tafel I/II). Die Untersuchung der einzelnen Lagerstätten hat wichtige Fragen über ehemalige Verbreitung und Wanderung der Floren lösen können, da das geographische Vorkommen vielfach im Quartär und in der Gegenwart Verschiedenheiten zeigt. Der „Kampf um den Raum" macht sich auch hier deutlich erkennbar.

Ablagerungen mit Resten der Flora sind: **Torfmoore**, und zwar sowohl der Torf selbst, wie sein direktes Liegendes (Torfschlamm, gytja, Thon u. a.), **Kalktuffe**, Seekreide, **Thone** und andere Sedimente. Wir haben zu unterscheiden zwischen Landflora und Süss- resp. Salzwasserflora.

Einige charakteristische Diatomeen des Quartärs sind:

Altquartäre Formen (Glacial):

1. *Navicula lacustris* Greg.
2. *Nav. Geinitzi* Brun.
3. *Tetracyclus emarginatus* Ehrb.
4. *Cyclotella antiqua* W. Sm.
5. *Navicula Semen* Ehrb.
6. *Nav. elginensis* Greg. (syn. *Nav. amphibola* Cl.)
7. *Nav. (Pinnularia) streptoraphe* Cl.
8. *Coscinodiscus subtilis* Ehrb. (Marin.)

Formen der Ancylusablagerungen (Süsswasser):

9. *Cymbella gastroides* Ktz.
10. *Stauroneis acuta* W. Sm.
11. *Navicula nobilis* (Ehrb.) Ktz.
12. *Nav. dambiltensis* Grun.
13. *Nav. patula* W. Sm.
14. *Pleurosigma attenuatum* W. Sm.
15. *Eunotia Clevei* Grun.
16. *Cymatopleura Solea* (Bréb.) W. Sm.
17. *Melosira granulata* (Ehrb.) Ralfs.

[1] Manche als ausgestorben angegebenen Pflanzen haben sich später als bekannte lebende herausgestellt, so die berühmten *Folliculites* und *Brasenia*. S. u.

Formen der Litorinaablagerungen (Ostsee):

| | |
|---|---|
| 18. *Amphora Grevilleana* Greg. | 23. *Plagiogramma Gregorianum* Grev. |
| 19. *Navicula allaniana* Heiden. | 24. *Surirella fastuosa* Ehrb. |
| 20. *Nav. Lyra* Ehrb. | 25. *Terpsinoe americana* Bailey var. *Grunowi* [Heiden. |
| 21. *Nav. latissima* Greg. var. *elliptica* Heiden. | 26. *Actinoptychus undulatus* Ehrb. |
| 22. *Synedra undulata* (Bailey) Greg. | 27. *Biddulphia aurita* W. Sm. |

Von hohem Interesse war A. G. Nathorst's Nachweis einer arktischen Flora an allen Orten, welche einst vereist gewesen waren. Als charakteristische Pflanzen derselben werden angeführt: *Betula nana*, *Salix polaris*, *Dryas octopetala*. (Siehe Textbilder.)

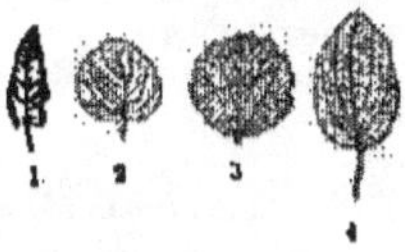

1 *Dryas octopetala*. 2 *Salix polaris*. 3 *Betula nana*. 4 *Salix reticulata*.

Über die Fundorte der arktischen Flora giebt Nathorst eine Übersichtskarte.[1] Die Glacialflora war z. Z. vom finnischen Meerbusen bis nach Südengland verbreitet und zwar sowohl an den Rändern der grössten,[2] wie der jüngeren Vereisung. Nathorst zeigte, dass die arktischen Pflanzenreste Norddeutschlands in einer ganz bestimmten Süsswasserformation vorkommen, die sich über die ganze Moränenlandschaft verbreitet. Die Flora ist an den einzelnen Fundorten nicht immer einheitlich, sondern

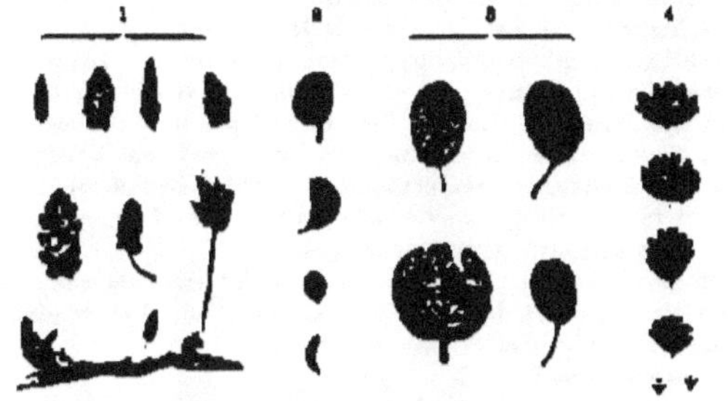

Arktische Landpflanzen.
1 *Dryas octopetala*. 2 *Salix polaris*. 3 *Salix reticulata*. 4 *Betula nana*.
(Aus Nathorst, Sveriges geologi p. 285.)

z. T. unten arktisch (mit *Dryas octopetala*, *Salix reticulata* und z. T. *Betula nana*), zu oberst subarktisch (mit *Betula nana*, *B. odorata*, *Salix arbuscula*, *S. glauca?* u. s. w.). Nathorst weist darauf hin, dass die eiszeitliche Flora im mittleren

[1] Nathorst, Über den gegenwärtigen Standpunkt unserer Kenntnisse von dem Vorkommen fossiler Glacialpflanzen. Bih. sv. Vet. Ak. Handl. 17, 1892. Frågan om Istidens Växtlighet i mell. Europa. Ymer, 1895, 40. Taf. 5.

[2] Nach dem wichtigen Nachweis einer hochnordischen Tundraflora (mit einer Käferfauna von gleichfalls glacialem Charakter) am äussersten Randgebiet des nordischen Landeises, bei Deuben in Sachsen. S. Nathorst, Die Entdeckung einer fossilen Glacialflora in Sachsen. Oefvers. Vet. Ak. Förh. 1894, 519. Stockholm.

Europa nicht bloss aus skandinavischen und alpinen, sondern auch aus sibirischen Formen zusammengesetzt war.[1]

In den postglacialen Torfmooren wies zuerst Steenstrup eine Florenfolge nach: 1. Zitterpappel, 2. Kiefer, 3. Eiche, 4. Erle und Buche. Der Wechsel von Baumstubben und Moostorf deutet nach Blytt auf einen Wechsel von continentalem und maritimem Klima; er unterschied darnach folgende 8 Phasen:

8. Subatlantisch, feucht, Erlenperiode.
7. Subboreal, trocken.
6. Atlantisch, feucht, Eichenperiode Steenstrup's (Litorina-Meer).
5. Boreale Trockenperiode (*Corylus avellana*, *Fraxinus excelsior*, *Quercus sessiliflora*).
4. Infraboreal, feucht, Steenstrup's Kieferperiode.
3. Subarktisch, trocken (Einwanderung der Kiefer).
2. Subglacial, feucht, Steenstrup's Periode der Zitterpappel (*Betula odorata*, *Populus tremula*, *Salix*-Arten).
1. Arktisch (*Dryas*, *Salix polaris*, *S. reticulata*, *Betula nana*).

Vorher hatten die Pflanzengeographen auf den verschiedenen Bestand der heutigen Flora aufmerksam gemacht (die norddeutsche Flora besteht nach Grisebach aus folgenden 6 Gruppen: boreal, boreal-alpin, russisch-sibirisch, pannonisch, atlantisch, austro-atlantisch und mediterran).

Nach Nehring war die Florenfolge in Deutschland: 1. unmittelbar vor der Eiszeit Waldflora, 2. arktisch, 3. Steppenflora, 4. Coniferen, 5. Laubholz und zwar Eiche, später Buche.[2] Vergl. auch Andersson, Die Geschichte der Vegetation Schwedens und Finnlands. Engler's Bot. Jb. 22. 1897 u. Bull. Comm. Finl. 1898.

Nach Einführung der Interglacialzeiten konnte man mit Weber sagen, dass die Flora der Glacialzeiten charakterisirt ist durch subarktische und arktische Pflanzen und in den Interglacialzeiten in unser Gebiet die Pflanzen des gemässigten und selbst eines wärmeren Klimas eindrangen.

Einen allerdings sehr „hypothetischen Versuch" eines chronologischen Überblicks über die Vegetation der Diluvialzeit machte C. A. Weber[3], indem er die verschiedenen Funde in das Schema der 3 Eiszeiten einzupassen versucht.

Bei Besprechung der Einzelgebiete wird Gelegenheit sein, näher auf die fossile Flora und ihre Litteratur einzugehen.

Von bekannteren Leitpflanzen des Diluviums, und zwar der sog. Interglacialzeiten, mögen hier die Samen von *Brasenia* und *Folliculites* genannt sein.

*Als Brasenia purpurea ist die „Cratopleura holsatica"*

*Brasenia purpurea* (*Cratopleura holsatica* aut.). Fossil aus Danemark. Nach Andersson. ⁴/₁. Beispiel einer vermeintlich ausgestorbenen, später in wärmeren Gegenden (Afrika, Amerika etc.) lebend nachgewiesenen Wasserpflanze

[1] Es ist von grossem Interesse, dass jüngst die *Betula nana* noch lebend in Westpreussen auf einem entlegenen Hochmoor aufgefunden wurde. S. Conwentz, Naturw. Wochenschr. 1, 1901, 9.

[2] Z. f. Ethnogr. 1894, 461.

[3] Naturw. Wochenschr. 1900 und Allgem. naturw. Abhandl. 22. Auch im Annuaire géol. de la Russie 1902, 101. Vergl. dort auch die Liste der gefundenen Pflanzen — Vergl. auch Schröter, Die Flora der Eiszeit. Zürich 1883.

von G. Andersson[1] erkannt worden: es ist eine der *Victoria regia* nahestehende Form, die jetzt noch in Amerika, Japan, Afrika und Australien lebt und von dem sich verschlechternden Klima aus Europa hinausgedrängt wurde.

*Folliculites, Paradoxocarpus carinatus* wurde von Keilhack[2] als Frucht der noch jetzt weit verbreiteten lebenden Wasserpflanze *Stratiotes aloides* (Wasseraloë) erkannt.

Aussterbende oder auswandernde Pflanzen sind ebenfalls mehrfach von Interesse, so *Taxus* und Wassernuss, *Trapa natans*.

*Trapa natans* m. (Conwentz).

Am Anfang der Glacialzeit sowie in den sogenannten Interglacialperioden lebten vielfach Pflanzen wärmerer Gegenden neben solchen, welche der gegenwärtigen Flora angehören.

Die äussere Eisgrenze war häufig von einer arktischen Zwergflora umgeben, deren Hauptvertreter die genannten Zwergweiden, *Betula nana* und *Dryas octopetala* sind. Aber es ist, wie neuere Forschungen in Alaska lehren, durchaus nicht nothwendig, dass der Saum des vordringenden Landeises durchgängig von einer hocharktischen Flora bewohnt wird:

Nach Seton-Karr[3] tragen die Moränen, welche die Gletscheroberfläche an der Icy Bay (M. Elias) überdecken, ihrerseits Wälder und Unterholz von grosser Dichtigkeit. Der kräftig entwickelte Wald besteht aus Balsamfichten, Kiefern, Birken, Erlen, Weiden und Ahörnern, das Unterholz aus Heidelbeergesträpp. Stellenweise ist das Dickicht so undurchdringlich, dass es den Reisenden viele Stunden Arbeit kostete, um eine englische Meile weit vorwärts zu kommen.

Die äusserst langsame Bewegung des Gletschers der Icy Bay erklärt die Möglichkeit, dass der Wald auf dem Eise selbst über der als Isolirschicht wirkenden erdreichen Moräne fortkommt. (In ganz ähnlicher Weise trägt auch der ständig gefrorene Untergrund Nordsibiriens eine nicht unbeträchtliche Pflanzendecke.)

Die Ausdehnung des auf dem Eise wachsenden Waldes beträgt nach der Karte nicht weniger als 15—20 engl. Quadratmeilen, würde also in vertikaler und horizontaler Richtung durchaus hinreichen, um ein „interglaciales" Lager von Pflanzenabdrücken (Hötting) oder von Torfkohle entstehen zu lassen.

Auch die ungeheuren Steinmoränen des in derselben Gebirgsgegend etwas höher liegenden Agassiz-Gletschers sind von Weiden, Birken und Kiefern bedeckt; trotzdem hier der Baumwuchs von den vorrückenden Gletschern untergepflügt wurde, war der Wald dicht, schwer zu durchschreiten und immerhin noch eine englische Meile breit. Selbst als die Reisenden nach Passiren der ersten Eis- und Geröllfelder sich der Basis des Berges näherten, zeigten die Abhänge der letzten Höhen-

[1] Vergl. hierüber die Arbeit von G. Andersson: Über das fossile Vorkommen der *Brasenia purp.* Mich. in Russland und Dänemark. Bih. Sv. Vet. Akad. Handl. 22, 1896.

[2] Vergl. Keilhack, Z. deutsch. Geol. Ges. 48, 987. — Andersson, Geol. För. Förh. Stockholm. 18, 1896, 559. — Potonié, N. Jahrb. f. Min. 1893, II, 86.

[3] Seton-Karr, Alpine Regions of Alaska. Proc. Royal geograph. Society IX, p. 269, besonders p. 270, 271, 275 (1887) mit Karte. — Ders., Shores and Alps of Alaska. London 1887. — Vergl. auch Drude, Peterm. Mitth. 1889, p. 282 Bd. 35.

kette grüne grasige Abhänge mit Waldflecken an ihrem Fuss. „Es erschien wie ein verbotenes Paradies, welches nie zu erreichen war."

Drude schliesst aus diesen einwandfreien Beobachtungen mit Recht, dass selbst dort, wo die Wirkung verschwundener Gletscher geologisch erkannt ist, das Land zur Zeit jener Eisbedeckung keineswegs eine vegetationslose Einöde gewesen zu sein braucht. In einem Gebiete von Alaska, wo der betreffende Küstenstrich zwischen die Jahresisotherme 6° und 4° fällt, und etwa — 8° Januarkälte und + 14° Julitemperatur besitzt, verschwindet die alpine Region zwischen Wald und Eis so gut wie vollständig; d. h. die Wälder und Gebüsche treten mit dem Gletschereis in die unmittelbarste Berührung. Deutet doch das Wachstum der Gletscher[1] weniger auf grosse Kälte als vielmehr auf nasse Winter hin.

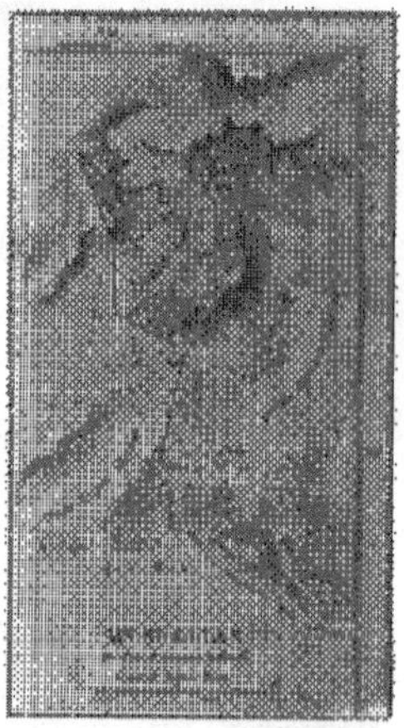

Die „Eiswälder" am Fusse des Eliasberges in Alaska.
Der durch Tannenzeichnung kenntlich gemachte Wald bedeckt an der Icy Bay zwischen der Mündung des Jones-River u. Cap Riou den grossen Agassiz-Gletscher, dessen Eis als ein der Küste paralleler Streifen inmitten des Waldes sichtbar ist. Nach Seton Karr.

Dieselben Wahrnehmungen sind in dem antarktischen Süden gemacht worden und es liegt ferner nahe, z. B. das bekannte interglaciale Profil von Hötting bei Innsbruck nicht durch einen jähen interglacialen Temperaturumschwung, sondern vielmehr durch das Verschwinden der alpinen (d. h. der waldlosen) Region im Gebirge zu deuten.

Aber auch für „interglaciale" Torfvorkommen in Norddeutschland liegt es nahe, an die Verhältnisse Alaskas oder der heutigen antarktischen Gebiete zu denken: Denn die Vereisung Norddeutschlands entsprang einer Temperaturerniedrigung und Niederschlagsvermehrung in Skandinavien, d. h. eines Landes, dessen Klima sich von dem deutschen genau so unterscheidet, wie das der höheren Theile des Elias-Gebirges von dem der vorlagernden Küstenebene. Wenn auch häufig das vordringende Landeis des Quartärs die nordischen Pflanzen in südliche Breiten vor sich hergeschoben hat, so werden in anderen Fällen die deutschen Pflanzen des gemässigten Klimas genau so gut nahe der Eiskante fortgelebt haben, wie die heutigen Eiswälder in Alaska oder die Baumfarne von subtropischem Charakter an den Gletschern Neuseelands. Während der Eiszeit hat, wie Drude überzeugend nachweist, der grösste Theil des arktischen Floren-Elementes die Eiszeit in Grönland und Skandinavien selbst überdauert (l. c. p. 288). Besitzt doch Kaiser Franz-Josefsland nördlich des 80. Breitengrades noch Blüthenpflanzen an seinen Küsten. Es liegt also näher, für die gemässigten Pflanzen Deutschlands ein Überdauern der Eiszeit an Ort und Stelle nach der Analogie der Beobachtungen in Alaska anzunehmen.

[1] A. Heim, Gletscherkunde, p. 546.

## 2. Die Thierwelt des Quartärs.

In der Quartärfauna der Wirbellosen finden wir durchgängig die heutigen Formen. Von Wichtigkeit sind nur die Mollusken und wohl auch noch die Foraminiferen, sowie Ostracoden; andere Crustaceen haben locale Bedeutung.

Diese Reste erlangen hohe Wichtigkeit nach zwei Richtungen: Ihr Vorkommen giebt Aufschluss über klimatische Veränderungen allgemeiner oder localer Natur und über die Vertheilung von Land und Wasser. Die vier Texttafeln (III—VI)

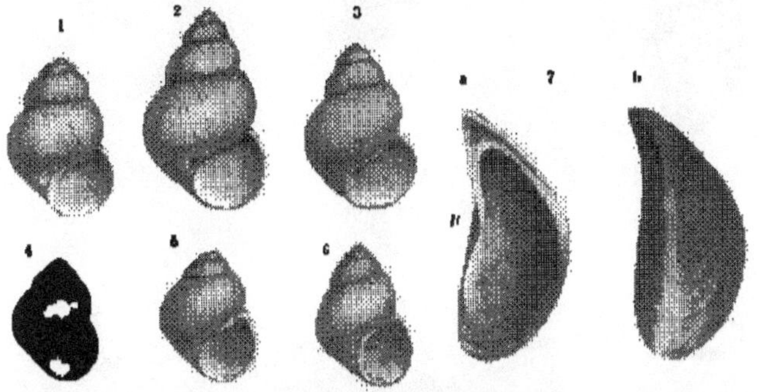

1—6 *Paludina diluviana* Kunth. Ursprünglich praeglacial, im Quartär meist auf secundären Lagerstätten, nach Neumayr Zeitschr. deutsch. geol. Ges. 1887, Taf. XXVII, p. 606. Vergl. Krasnow über *Paludina diluviana*: Verh. Russ. Min. Ges. Petersburg XXV, 1889, 203.

1 var. *gracilis*, Typ. Exempl. von Tirol. 2 Desgl., etwas breiteres Exempl., ebendaher. — 3 Desgl., Parallelform zu 2. Von Sellin. — 4 var. *crassa*. Kleines Exempl. von Baumgartenbruck bei Potsdam. — 5 Desgl., Parallelform zu 4, von Sellin. — 6 Desgl., Typ. Exempl. von Rixdorf.

7 a, b. *Dreyssensia polymorpha* v. Beneden (Exempl. von Maastricht), lebend, schwach vergrössert. Die rechte durch das Byssusrohr (B) gekennzeichnete Klappe ist durch ein Versehen des Photographen als linke dargestellt. Quartär besonders in Ost- und Westpreussen.

der nordischen Meeresmollusken versinnbildlichen z. B. das früher höhere Niveau Skandinaviens, sowie die Temperaturverschiebungen des arktischen Oceans.

Einige Formen haben den Charakter von Leitfossilien erlangt. Unter den Binnenmollusken hat vor allem die *Paludina diluviana* Interesse, welche nicht, wie man annahm, ausgestorben, sondern nach dem Pontischen Gebiete ausgewandert ist; ähnliche Auswanderung zeigen noch einige andere, meist wärmeren Regionen angehörige Formen, wie *Lithoglyphus naticoides*, *Corbicula fluminalis* u. a.[1] Eine Auswanderung zur Quartärzeit und eine viel spätere Rückwanderung wurde bei *Dreyssensia polymorpha* beobachtet.

Auf Lichtdrucktafel 2 sind die häufigsten Süsswasser- und Landmollusken

[1] Sokolow betont, Der Muss-Liman, Verh. Russ. Min. Ges. 40. 1902, S. 101, dass das Vorkommen von *Corbicula fluminalis* durchaus nicht auf ein heisses Klima hinweist.

**Textafel III.** Zu p. 8.

**Meeresmuscheln der arktischen Yoldiathone (unten) und der älteren Myabänke (oben) in Norwegen. N. Brögger.**

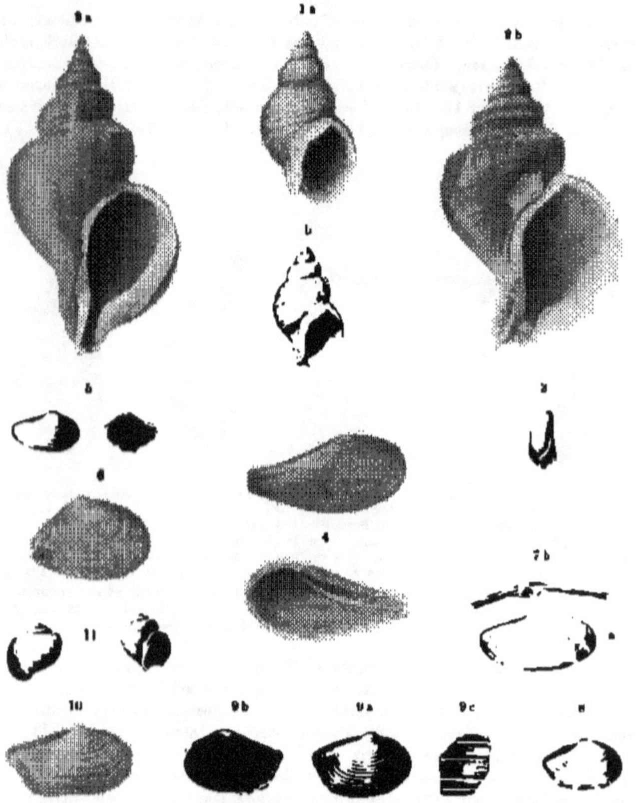

1 a b *Buccinum groenlandicum*. Chemnitz. 1/1. Myabänke, Uddevalla. — 2 a b *Fusus (Neptunea) despectus*. L. 1/1. Unt. Myabänke, Rakkestad. a *typica*. b var. *carinata*. — 3 *Cylichna alba*. Brown. 2/1. Jüng. Arcathon. Taggerud. — 4 *Leda pernula* var. *major*. Müll. 1/1. Yoldiathon. Ranviken. 5 *Yoldia (Portlandia) lenticula*. 2/1. Oberster Arcathon. Christiania. — 6 *Tellina (Macoma) calcarea*. Chemn. 1/1. Yoldiathon. Nidelven. — 7 *Yoldia hyperborea*. Lovén. a 1/1. b 1/1. Ob. Yoldiathon und Arcathon. Skisaker. (Lebt in grösserer Meerestiefe als *Y. arctica*.) — 8–10 *Yoldia (Portlandia) arctica*. Gray. 1/1. 8 Ob. Yoldiathon. Sarpsborg. 9 a–c var. *siliqua*. Unt. Yoldiathon, Ranviken. a b 1/1. c Oberfläche vergr. — 10 var. *portlandica*. Ranviken. — 11 *Lunatia groenlandica*. Beck var. *depressa* 1/1. Yoldiathon. Vatlo bei Sarpsborg.

# Texttafel IV.

## Nordische (boreale) marine Mollusken aus dem Übergang der spät- und postglacialen Phase Skandinaviens.

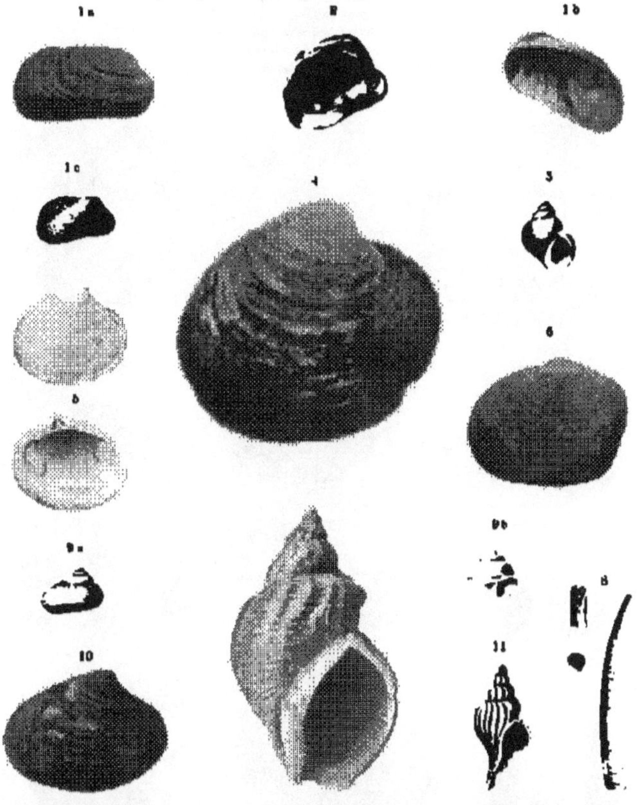


1a—c *Saxicava arctica*, L. a 1/1. S. Nathorst, Bohuslan, b 1/1. Myabanke, Kristiansand, c 1/1. Myabanke, Skallered. — 2 *Saxicava arctica* var *uddevallensis*, Myabanke, Kristiansand. 3 *Litorina rudis*, 1/1. Mya- and Tapesbanke, Norwegen. — 4 *Cyprina islandica*, L. 1/1. Bohuslan. S. Nathorst. — 5 *Astarte borealis*, Chemn. 1/1. Ob. Myabanke, Rakkestad. — 6 *Mya truncata* L. var. *uddevallensis*, Myabanke, Bohuslan. S. Nathorst. 7 *Buccinum undatum*, L. Myabanke, Norwegen. — 8 *Antalis striolata*, Stimps. 1/1. Jüngster Arcatbon, Norwegen. — 9 *Margarita groenlandica*, Chemn. 1/1. Myabanke. Kolbjornsvik. — 10 *Astarte elliptica*, Brown. 1/1. Myabanke (Spätglacial), Kristiansand. — 11 *Trophon clathratus*, L. var *major*, Lovén. 1/1. Obere Myabanke (Spätglacial) Holand).

Sämmtliche Abbildungen ohne besondere Angabe sind Copien nach Brøgger.

# Texttafel V.

## Marine postglaciale Mollusken von Nordsee-Charakter.

Nach Brøgger und Nathorst.

Tafel V, VI. { Scrobicularia-thon, Isocardiathon } = Tapesbänke.
Ostreathon und Ostreenbänke
Jüngerer Cardiumthon.
Tafel IV. Älterer Cardiumthon = Myabänke.

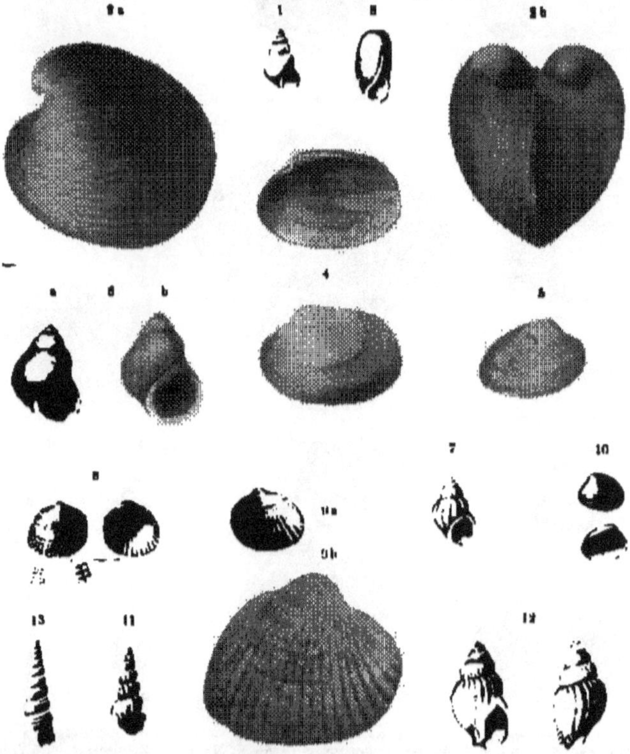

1 *Hydrobia ulvae*. Penn. $^1/_1$. Ob. Tapesbänke, Norwegen. — 2a b *Isocardia cor*, L. $^1/_1$. Isocardiathon. Rade. — 3 *Utriculus truncatulus*, B. $^1/_1$. Tapesbänke. Brevik. — 4 *Tapes decussatus*. Lin. $^2/_3$. Tapesbänke. Barkevik — 5 *Tapes aureus*, Gmel. $^1/_1$. Ob. Tapesbänke. Brevik. — 6a b *Littorina littorea*. L. $^2/_3$. a Tapesbänke. Kragerö, b Myabänke. — 7 *Rissoa parva* da Costa. Unt. Tapesbänke Kirkeøn. — 8 *Cardium fasciatum*. Mont. Etwas vergrössert. Tapesbänke Strømmedalstrand. — 9a, b *Cardium edule*. L. $^1/_1$. N. Nathorst Gotland. — 10 *Nucula nucleus* var. *radiata*. L. $^2/_1$. Tapesbänke. Brevik. — 11 *Scalaria communis*. Lam. $^1/_1$. Tapesbänke Brevik. — 12 *Nassa reticulata*. L. $^1/_1$. Isocardiathon. Svaengen. — 13 *Turritella terebra*. L. $^1/_1$. Isocardiathon Sarpsborg.

# Textafel VI.

## Postglaciale Norwegische Mollusken von Nordsee-Charakter.

Nach Brøgger. (Übersicht der Schichten: Taf. V.)

1a, b. *Mya truncata*, Lin. *forma typica*. 1/1. Untere Tapesbanke. Jüngeres Postglacial. Kragerö. — 2 *Tapes pullastra*, Mont. 1/1. Oberste Ostreabanke. Mittleres Postglacial. Korsen b. Bergen. — 3 *Scrobicularia piperata*, Bell. 1/1. Scrobicularia-Thon. Jüngstes Postglacial. Kristiania. — 4 *Cardium echinatum*, Lin. ca. 1/1. Ältester Cardiumthon. Jüngeres Spätglacial. Kristianiathal. Diese Abbildung 4 gehörte eigentlich auf Taf. IV.

abgebildet, deren Entwickelung — im Gegensatz zu derjenigen der Säugethiere — kaum wesentliche Unterschiede zwischen altquartären (Mosbach) auf der einen, jungquartären (Löss) und recenten Formen auf der anderen Seite erkennen lässt.

## Die Säugethiere des Quartärs.

Von den Wassersäugethieren, den Cetaceen und Pinnipediern finden sich besonders in den spätquartären Ablagerungen nicht selten Reste an Orten, wo diese jetzt nicht mehr heimisch sind, und wo gegenüber den heutigen geographischen Verhältnissen eine erhebliche Veränderung zu constatiren ist. Die Verbreitung des Eisbären war wie in der Gegenwart an das Meer (*Urs. maritimus*) gebunden.

### Auftreten des Menschen.

(Mit Lichtdruck-Doppeltafel 1.)

Der Mensch kann füglich als „Leitfossil" des Quartärs bezeichnet werden. Aus den Funden von bearbeiteten Knochen der altquartären Säugethiere, sowie bildlichen Darstellungen derselben, aus dem Zusammenvorkommen von Steingeräthen mit Knochen der Quartärfauna, und der Lagerungsform jener Geräte in diluvialen Kiesen und Höhlen ist das Dasein des Menschen (und zwar des Menschen von einer sehr hohen geistigen Entwickelung) zur Eiszeit unzweifelhaft erwiesen.

Die praehistorische Litteratur hat einen solch enormen Umfang, dass von einem näheren Eingehen auf dieselbe abgesehen werden muss. Im Folgenden p. 8—10 sind nur einige Hinweise auf die Gleichzeitigkeit der Culturentwickelung mit der Umwandelung des Klimas, sowie der Thier- und Pflanzenwelt gegeben.

Die menschlichen Artefakte finden sich besonders in den nicht von der Vereisung betroffenen Gebieten in grosser Menge und Reichhaltigkeit; Rutot sagt, dass die palaeolithischen Reste gewissermassen charakteristische Faunen der verschiedenen Kieslager bilden und hat bei seiner Gliederung des belgisch-französischen Quartärs die einzelnen aufeinander folgenden „Industrien" mit eingereiht (s. u. Abt. Belgien).

Die umstehende Eintheilung nach den menschlichen Werkzeugen und ihrer Entwickelung, welche französische Forscher (Landesque, Mortillet) für die stets eisfrei gebliebenen Gebiete der Garonne und Dordogne aufgestellt haben, scheint allgemeinere Giltigkeit zu besitzen. Wenn auch die Vergleichung mit den Stadien der Vereisung naturgemäss nur ganz im allgemeinen möglich ist, so ist doch die Reihenfolge überall deutlich:

III. Jüngste Renthierzeit mit dem aussterbenden Mammut und Rhinoceros = Postglacial.
II. Mittlere Phase des Mammut und *Rhinoceros antiquitatis* Eiszeit.
I. Älteste Phase des *Elephas antiquus* und *Rhin. Mercki* Praeglacial.

Die Reihenfolge entspricht auch der thiergeographischen Auffassung, dass auf Formen gemässigten Klimas (I) die circumpolaren Kältethiere (II) folgten, welche ihrerseits bei der Wiedererwärmung und dem endgiltigen Eisrückzug langsam erlöschen.

## Entwickelung der menschlichen Werkzeuge und der Thierwelt in der Quartärzeit.

| | Entwickelung der Werkzeuge. | | Thierwelt der Garonne. | Aequivalente. |
|---|---|---|---|---|
| Klima der Gegenwart | IV. Neolithische (geschliffene und polirte) Steinwerkzeuge und Thongeschirre feinerer Ausführung | | Lebende Thiere, besonders Hirsche und ausserdem *Bos primigenius.*[1] | Phase der Waldthiere (*Eichhörnchen*).<br>Phase der Steppen (*Alactaga*). |
| Postglacial | III. Magdalénien: | Magdalénien-Typus der Feuersteine. Grobe Thongeräthe. | *Rangifer tarandus.* Mammut im Aussterben, Bison, Hirsch u. Steinbock. Rhinoceros weiter im Osten (Löss) nachgewiesen. | Phase der Tundren (Ren): Boreales Klima. Thayingen, Kessler Loch, Schussenried, Schweizerbild b. Schaffhausen. |
| Eiszeit | IIb. Solutréen: | Pfeil- und Lanzenspitzen aus Feuerstein. Bearbeitete Knochen. | Mammut, *Rhinoceros antiquit.*, Ren, Hirsch, Steinbock. Lemming. (? Zähmung des Pferdes). | Arktisches Klima. |
| | IIa. Moustiérien: | Feuersteinhammer, nur auf einer Seite zugeschlagen. Schaber. | Mammut, *Rhinoceros antiquitatis*, Höhlenbär, Riesenhirsch, Hyäne, Löwe, Ren selten. | |
| Praeglacial. | I. Phase von La Chelle und St. Acheul. | Dreikantige Feuersteine, biconvexe Beile, oft zu einer Art von Dolchklingen verlängert | Häufig *Elephas antiquus*, *Rhinoc. Merckii*, Höhlenbär, Riesenhirsch. Selten: *Elephas primigenius*. (Die ebenfalls genannten Pliocaenformen *Elephas meridionalis* und *Hippopotamus* auf sekundärer Lagerstätte oder aussterbend in den untersten Schichten Forest bed.) | Übergang des gemässigten zum arktischen Klima. |

[1] Lapouge giebt Bison an, dessen Vorkommen an sich möglich, aber nicht bezeichnend für diese Zeit ist.

Eine weitere Gliederung der Entwickelung der menschlichen Werkzeuge während der Renthierzeit des südlichen Frankreich (Magdalénien) und ihres Überganges zur neolithischen Phase hat neuerdings PIETTE[1] versucht. Wenn auch die Einzelheiten

1 Bison.
Höhle de la Mouthe.
Vézère. Dordogne.

2 Renthier.
Höhle de la Mouthe.
(Aus Versehen spiegelbildlich copirt.)

Meterhohe Gravirungen in die Wand der Höhle eingeritzt, aus der Renthierzeit III. (Magdalénien.)

über den Zeitpunkt der Zähmung der verschiedenen Hausthiere wohl noch der Bestätigung bedürfen, so verdient doch der interessante Versuch eine kurze Wiedergabe:

IVb. Neolithische Cultur des Mas d'Azil etc., in Frankreich entstanden. Heutige Fauna.

IVa. Übergangsphase der „bunten Steinchen" und Muschelschalen. Feuchtes Klima und Torfbildung in Südfrankreich. Heutige Fauna. Feuersteingeräthe noch vom Magdalénien-Typ. Zähmung des Urrindes (Mas d'Azil), Höhlen von Montfort (Ariège) und Tourasse (Haute Garonne).

III. Magdalénien oder Renthierzeit (borealer Klima).
- b) Cervidien (Grotte von Gourdan).
  - β) Elapho-Tarandien, Werkzeuge aus Hirschhorn. ? Zähmung d. Ren. Feuchtes Klima. Beginn der Torfbildung.
  - α) Rangiférien, eigentl. Renthierzeit.
- a) Hippiquien (Grotte du Pape) mit der Fauna der vorangehenden Phasen (Moustier, Solutré).

Von besonderem Interesse sind die Nachbildungen von Thieren aus der Renthierzeit, welche zum Theil einen bemerkenswerthen Grad von Kunstfertigkeit verraten. Bekannt ist die Elfenbeinplatte von Perigord in der Dordogne, auf der mehrere Mammute in vollem Lauf dargestellt sind.

Noch merkwürdiger sind die meterhohen Abbildungen von Thieren der älteren

[1] Bull. de la soc. d'Anthropologie de Paris 1895; Ref. N. J. 1898 II, p. 183.

Renthierzeit, die in den Höhlen des Thales du Vezère (SW.-Frankreich) durch Moissan, Rivière und Capitan erschlossen worden sind: Pferde, Renthiere, Antilopen, Wisente, Gemsen und Mammute sind zum Theil in bewegten Stellungen und mit guter Beobachtung der Natur wiedergegeben.[1]

Schon seit längerer Zeit sind die kleineren Darstellungen auf Renthierhorn bekannt, die im Kessler Loch bei Thayingen nachgewiesen wurden (L. Rütimeyer, vergl. unsere Tafel 2), welche den Kopf des Moschusochsen (Elfenbein) und Pferde darstellen. Auch am Schweizerbild bei Schaffhausen sind neben zahlreichen Artefacten vom Typus der Renthierzeit Knochen- und Kalksteinplatten mit eingeritzten Zeichnungen des Rens, des Mammuts und Pferdes gefunden worden.[2]

Der palaeolithische Mensch ist (nach Penck und anderen Forschern) ein Zeitgenosse der Vereisung Nordeuropas gewesen, so dass seine Reste nur ausserhalb derselben gefunden werden, während innerhalb der Vergletscherungsgrenze neolithische Reste vorkommen.[3] Die wenigen „interglacialen" Funde sind ihrer speciellen Stellung nach unzureichend charakterisirt und gemäss unserer Auffassung der Eiszeit für die betreffende Gegend als jung- oder postglacial zu bezeichnen. Für einige Funde innerhalb der baltischen Endmoränenzonen wird nach der Beschaffenheit der Werkzeuge wohl auch die Bezeichnung palaeolithisch angewendet.

In Dänemark und Schweden finden sich nur Reste des neolithischen Steinalters; die ältesten Cultur-Spuren entsprechen also dort den spät- und postglacialen Ablagerungen.

Nach Steenstrup finden sich die ersten Spuren in der Kiefernzone der dänischen Torfmoore; die Kjökkenmöddinger sollen ungefähr gleich alt sein mit der Tapeszeit der Kiefern- und Eichenperiode. Hansen fand bei Gentofte, nördlich Kopenhagen, unter der Moräne palaeolithische Feuersteinsachen.[4]

Die ältesten sicheren Spuren des Menschen im südlichen Schweden stammen aus dem mittleren oder letzten Abschnitt der Eichenzeit (in der das Litorinameer bedeutend höher stand als die jetzige Ostsee). Der damalige Mensch soll den Gebrauch des geschliffenen Feuersteins noch nicht gekannt haben, die jüngere Abtheilung der neolithischen Periode scheint aber sehr bald darauf begonnen zu haben.[5]

Der Mensch muss nach Schweden schon vor oder wenigstens während der postglacialen Senkung eingewandert sein. In Finnland erschien der Mensch in der Zeit der grössten Ausdehnung des Litorinameeres (welches danach auch das „Meer des Steinzeitalters" genannt wird).

## Die Säugethierwelt des Quartärs.

Mit Texttafel VII—XII.

Die Säugethierwelt des Quartärs ist ausnahmslos in Europa, Indien (Narbaddaschichten), Amerika und Australien weit reicher und mannigfaltiger,

[1] Centralbl. f. Min. 1902, 1887.

[2] Nüesch, Neue Denkschr. d. allg. Schweizer Ges. f. d. ges. Naturwissenschaften, Bd. 35. 1897.

[3] Vergl. auch die Untersuchungen Blanckenhorn's über das hohe Alter des Menschen in Ägypten: Zeitschr. Ges. Erdk. Berlin 1902.

[4] Hansen, Menneskeslägtens ælde, Kristiania 1898, 401.

[5] Andersson, Englers bot. Jahrb. 1897, 518. Über palaeolithische Menschen in Schweden vergl. Sernander, Bull. Geol. Inst. Upsala V, 280, auch Hollender, Geol. För. Förh. 23.

als die jetzt in den gleichen Gebieten **lebende Fauna**. Die geologische Gegenwart ist die Zeit der Herrschaft des **Menschen**, dessen Macht nicht nur die Oberfläche des Landes und die Pflanzenwelt, sondern durch künstliche Verbreitung der Haus- (und Jagd-[1])thiere auch die Fauna beeinflusst.

Im Vergleich zu der vorangehenden und folgenden Periode begegnen wir am Beginne des Quartärs einer Entwickelung der Landsäugethiere, die nur in den gigantischen Reptilien der Kreide ein Analogon findet. Die Reste der quartären Thierwelt sind überall riesiger als die Geschöpfe der Gegenwart und gehören einer weit formenreicheren Entwickelung an: Am auffallendsten ist in beiden Richtungen der Gegensatz der gewaltigen Faultiere, Loricaten, Toxodonten und Mastodonten Südamerikas und der lebenden Thierwelt; kaum minder merkwürdig erscheint uns die Verbreitung riesiger Proboscidier, Rhinoceroten und Hirsche in den nördlichen palaearktischen Gebieten, sowie das Auftreten grosser pflanzenfressender Beutelthiere in Australien.

Abgesehen von ganz ausgestorbenen Gruppen, wie den genannten Säugethieren Südamerikas und Australiens oder den Moas in Neuseeland, sind auch innerhalb der lebenden Gattungen die Charakterformen des Quartärs grösser als ihre lebenden Vettern oder Nachkommen. Höhlenbär, Höhlenlöwe und *Hippopotamus major* übertreffen die entsprechenden lebenden Formen um die Hälfte bis ein Drittel an Grösse; das wollharige Rhinoceros ist grösser als irgend ein lebendes Nashorn, *Elephas antiquus* übertrifft jede fossile und lebende Proboscidierform an Masse.

Vielleicht noch bemerkenswerther ist die Thatsache, dass einzelne ausgestorbene Quartärformen die höchste Differenzirung eines Typus darstellen: so verhält sich *Machaerodus* zu den lebenden Katzen (Gattung *Felis*). Riesenhirsch und *Elasmotherium* sind nicht nur die am weitesten und am einseitigsten differenzirten Formen, sondern auch gleichzeitig die Giganten unter den Hirschen und Nashörnern.

Den Anlass der allgemeinen Verarmung der Fauna und des beinahe gleichzeitigen Verschwindens der Riesenformen in allen thiergeographischen Provinzen ist hauptsächlich in den Klimaschwankungen des Quartärs zu suchen[2]: Steht doch der bedeutenden **Verarmung der Thierwelt in gemässigten und arktischen Gebieten eine viel geringfügigere Veränderung in den Tropen** gegenüber. Dass überall gerade die grossen, einseitig specialisirten Formen aus einer in Blüte stehenden Familie verschwinden (*Mastodon* in Amerika, *Diprotodon* in Australien, Giraffe und *Hippopotamus* in Ostindien), hängt mit dem bedeutenden Nahrungsbedürfnis und der geringen Anpassungsfähigkeit der Riesenthiere zusammen und entspricht einem wie es scheint allgemeinen Gesetz: Fällt doch auch das Verschwinden der Panzerlurche in der oberen Trias, der Reptilien der Oceane und Continente in der oberen Kreide mit einem enormen Grössenwachstum der betreffenden Geschöpfe zusammen.

Ein Zusammenhang zwischen der Vereisung und dem Charakter der quartären Säugethiere ist ausser in Europa nur noch in Nordamerika und etwa in Patagonien nachweisbar. In Nordasien, dessen Thierwelt von der europäischen nur geringe

[1] Kaninchen in Australien, Emus und Kängurubs in englischen Wildparks.

[2] Allerdings ist das Aussterben der Moas wohl wesentlich durch den Menschen veranlasst, ebenso wie das Verschwinden der letzten Riesenfaulthiere (*Grypotherium*) in Patagonien.

Abweichungen zeigte, war ein Landeis nur ganz local — im NO — entwickelt. Die quartäre Thierwelt Ostindiens, Australiens und Südamerikas[1] zeigt durchweg die gleiche Tendenz der Veränderung: Überall tritt das Verschwinden der Riesenformen und die Verminderung des allgemeinen Formenreichtums in gleicher Deutlichkeit hervor.

Die thiergeographische Gliederung der Erde entspricht zur Quartärzeit wenigstens in den Grundzügen der der Gegenwart; wir unterscheiden ein Arktogaea, ein südamerikanisches („neotropisches“) und australisches („notogaeisches“) Reich. Während die grossen Gegensätze dieser drei thiergeographischen Einheiten schon während der Tertiärzeit ähnlich ausgeprägt waren wie heute, ist die Differenzirung innerhalb der Arktogaea[2] erst das Werk der letzten geologischen Zeiten: *Hippopotamus* und Giraffe sind heute die Charakterthiere Afrikas. Dagegen war das *Hippopotamus* noch zur Altquartärzeit bis Mitteleuropa und Ostindien, die Giraffe (*Camelopardalis microdon* Kok.) zur Pliocaenzeit bis Süd-China verbreitet. Die Familien der Tapire, der Tylopoden (*Camelus* und *Auchenia*), sowie die Pferde haben sich während des Tertiärs ganz oder vorwiegend in Nordamerika entwickelt, fehlen aber bekanntlich der lebenden Säugethierwelt dieses Continentes gänzlich. Erhalten blieben nur die altweltlichen Pferde und Kameele, sowie die Lamas und die nach Südamerika und den indischen Inseln ausgewanderten Vertreter der Tapiriden. Vergl. die thiergeographische Karte.

## Die Fauna des nordeuropäischen Quartärs.

Die Säugethiere des nordeuropäischen Quartärs (die „Diluvialfauna“) bestehen — wenn man von der heutigen Verbreitung der Thiere ausgeht — aus recht heterogenen Elementen:

*I.* Der grösste Theil lebt heute noch in den Tiefländern der gemässigten Zone:

*Equus caballus* (2 Rassen).
*Cervus elaphus*.
*Cervus alces*.
*Cervus dama*.
*Cervus capreolus*.
*Bison priscus* (conf. *americanus*) (Quartär besonders Altquartär der Circumpolargebiete. Später in neolithischer Zeit).
*Bison europaeus*
*Bos primigenius* (im wilden Zustand erst in historischer Zeit ausgestorben).
*Castor fiber*.
*Lepus timidus*.
*Ursus arctos*[3].
Wolf, Fuchs, Luchs, Wildkatze, Wildschwein.

[1] Aus Afrika ist abgesehen von ziemlich vereinzelten Funden im mediterranen Gebiet und in Madagascar kaum etwas bekannt geworden.

[2] In die palaearktische, nearktische, afrikanische und orientalische (ostindische) Region von Sclater und Wallace.

[3] Horst zählt die subfossilen Funde des Bären auf: in Schweden 19, weitere sind bekannt aus Dänemark, Norddeutschland, dann Gera, Thayingen, Würzburger Löss, Dinant in Belgien, England. Die

*II.* Andere leben in den mittleren und hohen Regionen der Hochgebirge:
Gemse, Steinbock, Bezoarziege *(Capra aegagrus)* und eine dem centralasiatischen Argali nahestehende Form.
Murmelthier *(Arctomys marmotta).*
*Felis (Leopardus) „irbisoides"* Woldr. (eine dem Panther ähnliche Form, zu deren genauer Bestimmung die vorliegende Schädelkapsel nicht ausreicht).
Schneehuhn und Schneehase in den alpinen Formen.

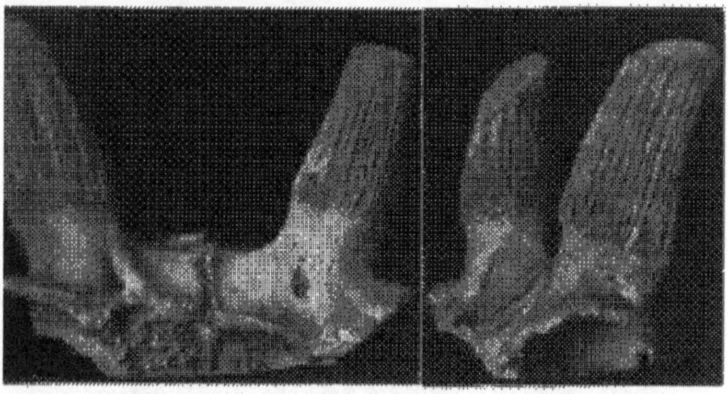

Schädeltheil einer Saiga-Antilope (*Saiga prisca* Nehr.) aus dem Quartärlehm der Umgebung von Tetschen. Vorderansicht; daneben linke Seitenansicht. f Foramen supraorbitale.

*III.* Verhältnismässig wenige Thiere der eigentlichen Eiszeit weisen nach Osten:
Saiga-Antilope *(S. tatarica var. prisca* Nehr.)[1] bis nach Südfrankreich (Charente) verbreitet.
*Spermophilus citillus.*
*Alactaga saliens* Gmel. ( *jaculus* auct.) der grosse Pferdespringer (s. Abb. nächste Seite).

osteologischen Veränderungen, die der Landbär während der langen Zeit von 8000 Jahren, die Hesser seit Beginn der mittleren Ancyluszeit annimmt, sind geringfügig. Diese Beobachtung ist wichtig für die Frage der Veränderungen des palaeolithischen Menschen. Selten findet sich der Braunbär in Gesellschaft des Höhlenbären (Ojcow in Polen), seltener allein (z. B. Höhlen von Kauffung im Katzbachthal). — S. a. Hesser, Några subfossila Björnfynd. Sv. G. U. 189. Stockholm 1902, 16 und F. Römer, Jahres-Ber. d. Schlesisch. Gesellsch. f. vaterland. Cultur. 1874, p. 23.

[1] Von Gruppe bei Graudenz beschreibt Nehring aus einem grossen Kieslager am linken Weichselufer (mit vielen Diluvialsäugethieren) einen Schädelrest der Saiga-Antilope (N. Jahrb. für Min. 1896, I, 111). Hibsch einen Schädel aus dem quartären Lehm von Tetschen an der Elbe, 200 m ü. d. M. (N. Jahrb. 1896, I, 60). Andere Reste sind von der Themsemündung und aus Frankreich bekannt.

Die Heimat dieser Formen ist nicht in dem durch grosse Wasserflächen getrennten Westsibirien, sondern vielmehr in dem stets eisfrei bleibenden Südrussland zu suchen. (Vergl. die Karte von Europa.)

*IV.* Zahlreichere Formen weisen auf hochnordische und subarktische Gebiete:
Moschusochs (*Ovibos moschatus*).

Der grosse Sand- oder Pferdespringer (*Alactaga saliens* Gmel.). ⅓ nat. Gr.

Tundren-Ren (*Rangifer groenlandicus*).
Halsband-Lemming (*Myodes [Cuniculus] torquatus* Blasius) jetzt im nördlichen Sibirien, *Myodes lemmus* jetzt im nördlichen Skandinavien.

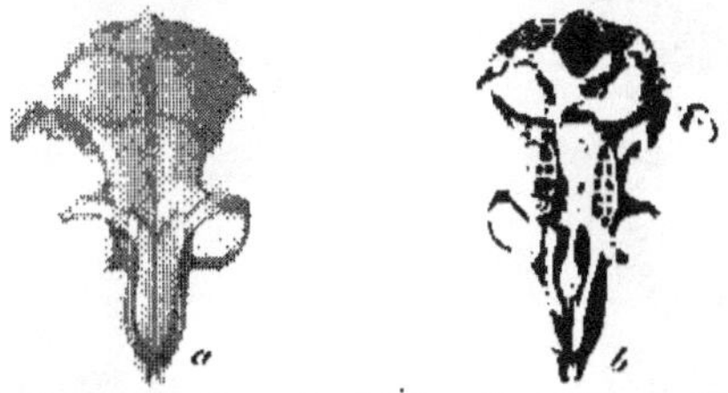

*Alactaga saliens fossilis* Nehr. von Westeregeln. Nat. Gr. a Oberschädel, von oben gesehen. b Derselbe Schädel von unten gesehen. Die hintere Partie der Schädelbasis ist etwas verkürzt.

Eisfuchs (*Canis lagopus fossilis*).
Vielfrass (*Gulo luscus* L.).
Schneeeule, Schneehuhn und Schneehase, die Vorfahren der arktischen Species.

Hierher gehören auch die durch dichtes Wollfliess und schwarze Mähne geschützten Riesenthiere, deren Nahrung in Kiefern und Weiden bestand:
*Elephas primigenius*.
*Rhinoceros tichorhinus (antiquitatis)*, sowie

## Texttafel VII.

**Raubthiere des Quartärs.** (Zusammengestellt vom Herausgeber.)

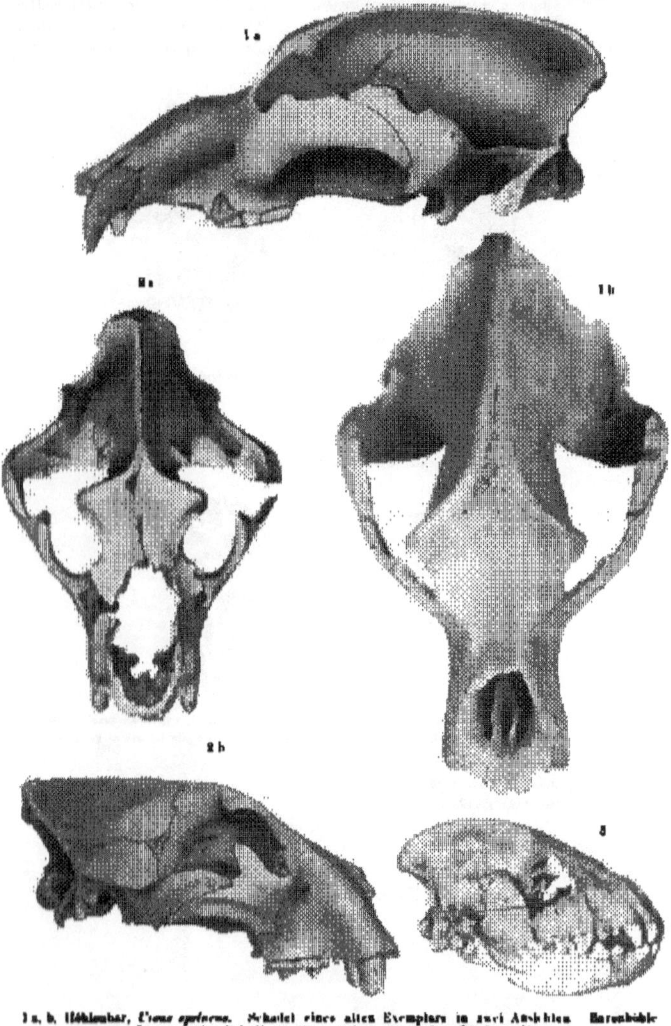


1 a, b. Höhlenbär, *Ursus spelaeus*. Schädel eines alten Exemplars in zwei Ansichten. Bärenhöhle von Jerzmanowice bei Ojcow, Russ. Polen. Original im Breslauer Museum.

2 a. Höhlenlöwe, *Felis spelaea* Goldf. Schädel, kleine Form. $^1/_2$ nat. Gr. (Aus Dawkins u. Sanford, British Pleistocene Mammalia vol I, t. VII.) b. Desgl. normale Form. Seitenansicht eines Schädels aus der Gaylenreuther Höhle. Mus. für Naturkunde, Berlin.

3. Höhlenhyäne, *Hyaena crocuta* var. *spelaea*. Schädel. Tatra. Ungar. Nationalmuseum.

*Elephas primigenius.* Vordertheil des Schädels mit Stosszähnen. Aus der Lippe. Berliner Mus. für Naturkunde

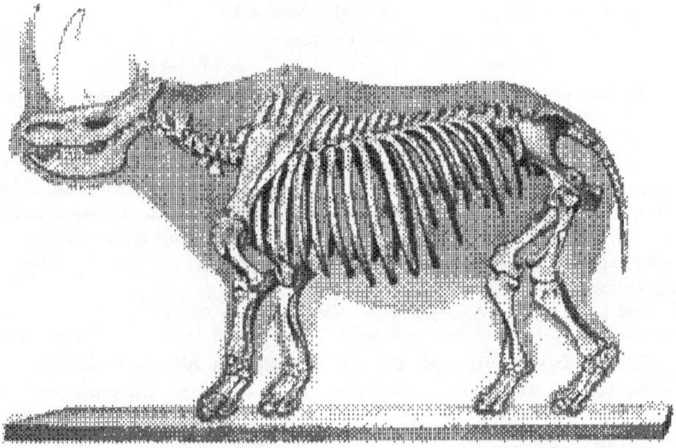

*Rhinoceros antiquitatis* Blum. (*tichorhinus* auct.). Reconstruction. Nach Brandt, Tichorhine Nashörner.

*Bison priscus*, dessen schönste und grösste Vertreter aus dem hohen Norden stammen.

V. Nur scheinbar tropisch oder subtropisch sind die grossen Raubthiere, deren Verbreitung nicht durch das Klima, sondern durch das Vorkommen und die Reichlichkeit ihrer Beute bedingt war:

Höhlenlöwe[1] (*Felis spelaea*). (Die Annahme, dass der grosse quartäre

[1] Über *Felis leo* vergl. [illegible] Jahrb. L.A. f. 1897, 20.

Löwe mit dem lebenden ident sei, widerlegt sich schon durch die grössere — mehr als das Doppelte wie *Felis leo* str. — betragende Breite des Jochbogens; übrigens werden auch die Löwen der Gegenwart allgemein als besondere Varietäten — Berberlöwe, nubischer, persischer, Guzerat-Löwe etc. — unterschieden.

Höhlenhyäne *(H. crocuta* var. *spelaea)*[1] und wahrscheinlich auch der Tiger.

Bemerkenswerth ist auch das Vorkommen eines echten Büffels *Bos (Bubalus) Pallasi* Baer bei Danzig.[2]

*Rhinoceros (Atelodus) hundsheimensis* Toula, ein in Österreich heimischer naher Verwandter des zweihörnigen Sumatra-Nashornes.

Wirklich tropisch ist nur *Hippopotamus major* (eine ältere Mutation des lebenden afrikanischen Flusspferdes, das jedoch auf den Westen und Südwesten Europas beschränkt war und nur praeglacial bekannt ist), sowie vielleicht das eben erwähnte Nashorn.

Ausgestorben sind — abgesehen von den grossen schon genannten Elephanten und Hufthieren — nur wenige Typen:

*Ursus spelaeus* Blumenb. und sein seltener Begleiter *U. priscus* Cuv.

*Cervus (Dama* oder *Megaceros) hibernicus*.[3]

*Elasmotherium* und *Elephas antiquus*.

*Trogontherium*.

Auf einer Karte hat B. Dawkins das Ineinandergreifen der fünf verschiedenen Bestandtheile der europäischen Quartärfauna veranschaulicht. (Quart. Journ. 28, 1872, S. 436.)

Die Abstammung der verschiedenen Elemente der Quartärfauna verweist auf das südliche oder mediterrane Europa *(Ursus spelaeus*, Löwe und Hyäne in Nordafrika), auf Südrussland *(Elasmotherium)* und das nördliche Asien (Bison, Rhinoceros und Elephanten). Allerdings wird die Wichtigkeit dieses letzteren Elementes meist überschätzt.[4] Für die Eiszeit selbst ist im Hinblick auf die Ausbreitung der Wassermassen in Russland eine von Asien nach Europa ziehende Einwanderung ausgeschlossen.

Eine Liste der bezeichnendsten Säugethiergattungen des Quartärs giebt Forsyth-Major: Table of contemporary Deposits with their characteristic Genera of Mammalia. Geol. Mag. 1899, 68.

Einige kurze Bemerkungen über die Quartärfauna mögen hier folgen:

Der hochnordische Moschusochse lebte schon zur Glacialzeit neben dem grönländischen Ren, wie auch heute im hohen Norden (Dawkins) und verbreitete sich zur Quartärzeit aus dem nordwest-

[1] Die gefleckte von der Höhlenhyäne kaum verschiedene Form kennzeichnet jetzt das tropische und das südliche Afrika und wird in Nordafrika von der gestreiften Hyäne vertreten, die fossil nur selten (Frankreich) vorkommt.

[2] *Bos Pallasi* Baer wird von Rütimeyer als eine Zwergform des pleistocaenen indischen *Bos palaeindicus* Falc. betrachtet und darf nicht mit *Ovibos* verwechselt werden.

[3] Die meisten Funde sind in Irland gemacht worden. S. Williams, On the occurrence of *Megaceros hibernicus* in Ireland. Geol. Mag. 1881, 354. — Eine populäre Darstellung der Riesenhirschverhältnisse giebt Millais: British Deer and their horns. London 1897. (S. G. M. 1898, 132.)

[4] Vergl. auch Scharff, On the Origin of the European Fauna, ref. in Geol. Mag. 1897, 420 und Satunin, Über die Säugethiere der Steppen des nordöstlichen Kaukasus in Mittheil. des Kaukas. Museums, herausgeg. von G. Radde, Bd. 1, Lief. 4. 1901. Tiflis.

# Textafel VIII.

## Quartäre Rinder.

1a

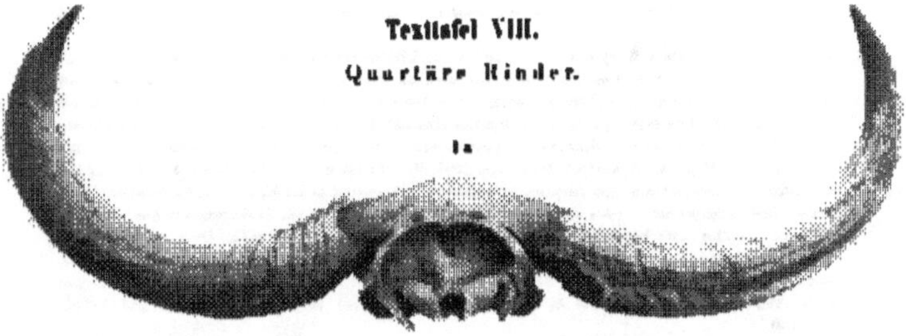

1b

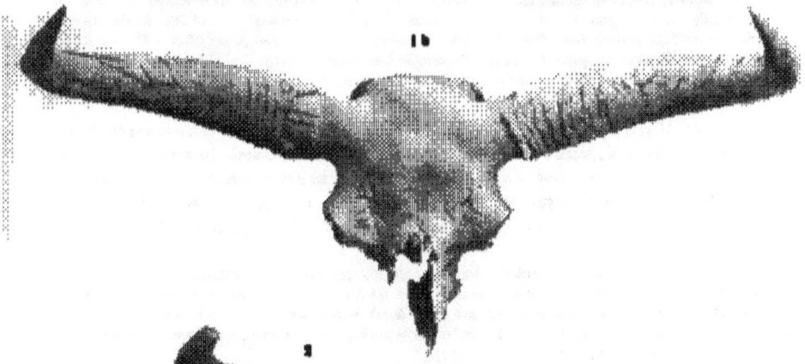

2

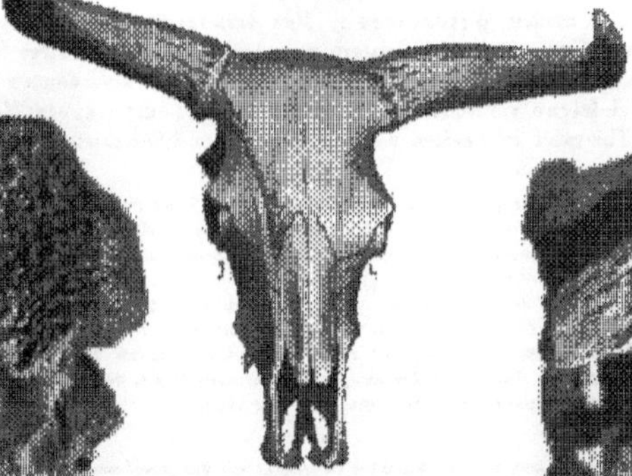

2b

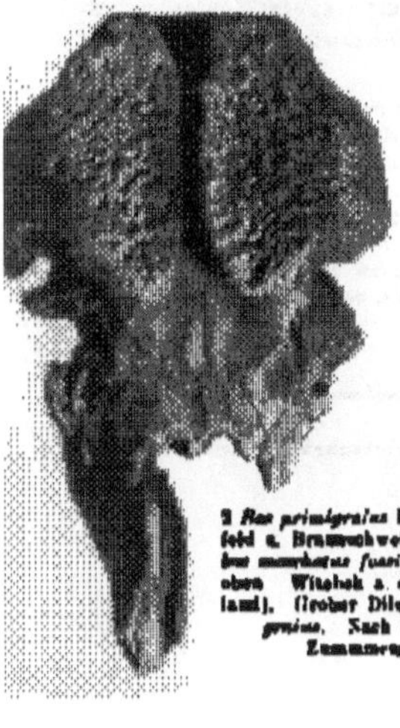

3a

1 *Bison priscus* H. v. Mey. Schädel. a v. hinten. b v. oben. (Aus Mém. de l'Acad. des Sciences de St. Pétersbourg Ser. VII, Bd. XL, Tf. IV). 2 *Bos primigenius* Boj. Schädel. Alt-Alluvium. Rottfeld b. Braunschweig. Mus. für Naturkunde. 3 *Ovibos moschatus fossilis* Rüt. a von der Seite, b von oben. Witebsk a. d. Dünaburg-Witebsker Bahn (Russland). Grober Diluvialsand, zusammen mit *El. primigenius*. Nach G. Schwartz. $^1/_3$ nat. Grösse.

Zusammengestellt vom Herausgeber.

lichen Amerika (Eschholz Bay) durch Sibirien (z. B. Ljachow-Insel), Deutschland und England bis nach Südfrankreich. — F. Römer, Über Moschusochsen im Diluvium Schlesiens. Z. deutsch. Geol. Ges. 1874, 600. (Vorkommen eines jetzt im geologischen Museum zu Breslau aufbewahrten Schädels, der wahrscheinlich aus Münsterberg stammt; ausserdem sind Zähne aus Oberschlesien von Czernitz und Orlowitz b. Rybnik vorhanden.) — Struckmann, Vorkommen des Moschusochsen im diluvialen Weserschotter am Hintelberg b. Hameln. Z. deutsch. Geol. Ges. 1887, 601 (in den unteren Partien des 12—15 m mächtigen alten Weserschotters neben *Elephas primigenius*, *Rhinoceros tichorhinus*, *Cervus elaphus*, *Bison priscus*, *Bos primigenius*, *Equus caballus*, *Felis spelaea*). Ders. weist das Vorkommen in ganz Deutschland nach. — Gottsche beschreibt einen *Ovibos* aus „einer alten Kiesgrube bei Dömitz i. Mecklenb." (Verh. Ver. naturw. Unterh. Hamburg, 1877, 235, Taf. 1); da bei Dömitz selbst nur Haidesand vorkommt, wird der diluviale Sand des Malliner Plateaus gemeint sein. — Über den lebenden Moschusochsen (von dem jetzt auch zwei Arten unterschieden werden) vergl. Ber. Senckenbg. Ges. Frankfurt, 1900.

*Elephas trogontherii* stammt nach Pohlig von dem pliocaenen *El. meridionalis* ab und ist seinerseits der Ahne von *El. primigenius*. Pohlig, Über *Elephas trogontherii* und *Rhinoceros Merckii* von Rixdorf. Z. deutsch. Geol. Ges. 1887, 798. Brauns, Z. deutsch. Geol. Ges. 1886, 463. — Monographie der *Elephas antiquus* führenden Travertine Thüringens. Halle, Leop.-Acad. 1891. — Lang, Geschichte der Mammutfunde. Zürich 1892. R. Leonhard u. W. Volz, Über einen reichen Fund fossiler Elephantenreste in Oberschlesien. Z. deutsch. Geol. Ges. 1895.

Das **Wildpferd**, das die **häufigsten** Reste der Quartärfauna von Südeuropa bis nach Nordsibirien geliefert hat, zerfiel schon damals in mehrere Rassen: scharf geschieden sind eine schwere schmalstirnige, weiter verbreitete Rasse und eine leichte (warmblütige) Form, die noch breitstirniger war als der Araber und den zierlichen Bau der Gliedmassen mit ihm theilte (Renthierstation von Schussenried in Schwaben).

Die Domestication des Pferdes reicht weit in die praehistorische Quartärzeit zurück. Dass die eigentliche Pferdezucht in Asien älteren Datums ist als in Europa, lässt sich kaum bezweifeln, ebensowenig dass unser Erdtheil Pferde aus Asien durch wandernde Völker sowie durch den Handelsverkehr erhalten hat; aber es lässt sich andererseits auch nicht verkennen, dass gewisse Pferderassen in Europa selbst ihre Heimat haben (Nehring).

Von den beiden **Wildstieren**, ***Bos primigenius*** dem Urstier und ***Bison priscus*** dem Urwisent ist der letztere vornehmlich ein altquartäres Thier. Wenn auch beide gelegentlich in der Mitte der Quartärschichten zusammen vorkamen, so ist doch der Bison vornehmlich der älteren, circumpolar in Nordasien entwickelten Thierwelt zuzuweisen und von dem später differenzirten Waldwisent *Bison europaeus* verschieden.

Die in Nordsibirien gefundenen Prachtexemplare von *Bison priscus* sind hierfür ebenso ein Beweis, wie die weite Verbreitung der Art in Ungarn, Ostasien und das weite Vordringen nah verwandter Formen nach Nordamerika; (steht doch *Bison americanus* der europäischen Quartärform näher als diese dem *Bison europaeus*).

*Bos primigenius* ist entsprechend seinem Ursprung[1] im Gegensatz hierzu die Waldform der gemässigten Gegenden, deren Verbreitung während der Eiszeit im Süden, in Italien und Südfrankreich lag, deren Fehlen in Ostsibirien[2] und Nordamerika besonders zu betonen ist. Erst nach der Eiszeit erfolgte das Vordringen des *Bos primigenius* nach Norden und im Zusammenhang hiermit die Rassenbildung (Frontosus-Rasse der Bronzezeit, Hamerind).

[1] In den pliocaenen Siwalik-Schichten Ostindiens mit *Bos planifrons* Lyd., *acutifrons* Lyd. und *platyrhinus* Lyd.

[2] Nur aus den Altaihöhlen sind Reste bekannt. Über das Vorkommen in Skandinavien vergl. Holst, Geol. Fören. Förh. Bd. 10, p. 467.

Das eiszeitliche Ren *Rangifer groenlandicus* Gmel. (Rixdorfer Sand, norddeutscher Wiesenkalk, Höhlen) entspricht in seinem starken, aber wenig verzweigten Geweih und der geringeren Körpergrösse dem Tundrenren Grönlands und des arktischen Amerika. Abweichend hiervon ist als Varietät oder Rasse das lappländische Waldren, das Woodland-caribou (*Rangifer tarandus* L.) Nordamerikas durch bedeutendere Körpergrösse und kleineres, aber sehr stark verzweigtes Geweih gekennzeichnet.

Das in der postglacialen „Renthierzeit" (La Madeleine-Phase, etwa der Lemmingzeit Nehring's entsprechend s. p. 8) bis an den Nordrand der Alpen und Pyrenäen verbreitete Ren entsprach dem *Rangifer tarandus* und soll noch zu Caesars Zeit in Deutschland, bis in das XII. Jahrhundert in Schottland (Caithness) gelebt haben. Über das grönländische Ren vergl. Dames, Sitz. Ber. Ges. naturf. Freunde Berlin 1884, S. 49. (Besprechung einer von F. Frech bei Rixdorf gefundenen Stange), C. Struckmann, Verbreitung des Renthiers, Z. deutsch. Geol. Ges. 1880, S. 728 und A. Jentzsch, Jahrb. preuss. geol. L.-A. für 1897 p. 28. Eine Zusammenstellung der allzu zahlreichen (6) in Nordamerika lebenden Renthier-„Arten" (Field Columbian Mus. Zool. Ser. Vol. II. Mammals of N.-America. Chicago 1901, p. 35) lässt erkennen, dass *Rangifer caribou* Gmel., das Woodland-caribou mit *R. tarandus* L., *R. arcticus* aber mit *R. groenlandicus* ident ist.

## Die circumpolare Thierwelt.

F. Frech.

Die Entwickelung einer circumpolaren[1], den Bedingungen der Winterkälte angepassten Säugethierwelt (siehe die Karte) fällt in die zweite Hälfte der Pliocaenzeit, als sich gleichzeitig mit dem Nachlassen der Eruptivthätigkeit die Pole mit einer Eisdecke zu überziehen begannen. Die Charakterformen der circumpolaren Region sind die Raubthiere, Nager und Vögel mit weissem Winterkleide; ausserdem sind hier heimisch der Moschusochs, das Renthier und die Lemminge, die durch starken Wollpelz geschützten ausgestorbenen Riesenformen Mammut, Knochennashorn und Wisent, endlich der Eisbär und die zahlreichen arktischen Seesäugethiere und Seevögel.

Die Verbreitungsgrenze dieser kälteliebenden Thiergesellschaft schwankt mit dem Wechsel der klimatischen Zonen. Während des Pliocaen dürfte die Heimat der continentalen Kältethiere im hocharktischen Sibirien und Nordamerika zu suchen sein, d. h. in Gebieten, über deren jüngste tertiäre Vergangenheit so gut wie nichts bekannt ist.[2] Die Unzugänglichkeit und die Bedeckung mit Landeis ist ein ebenso grosses Hindernis für die genauere Erforschung wie die Unmöglichkeit, bei den lose gefundenen sibirischen Knochenresten das Alter (Tertiär, Alt- oder Jung-Quartär?) exact festzustellen.[3]

Dass die Kälteformen nicht in Mitteleuropa entstanden, sondern von Norden her eingewandert sind, beweist am besten die Faunenmengung, wie sie z. B. das Forest-bed von Cromer aufweist: Hier liegen nordische Eindringlinge wie Mammut,

[1] Welche, wie die moderne Zoologie allgemein anerkennt, die Polarregionen von Asien und Amerika, sowie Island umfasst. Vergl. u. a. Lydekker, die geographische und geologische Entwickelung der Säugethiere. Autoris. Übers. v. G. Siebert. 8° Jena 1897. Ref. N. J. 1899, II p. 465.

[2] Ein *Mastodon tapiroides* ist aus dem mittleren Westsibirien (Gegend von Omsk) bekannt.

[3] Wie es scheint, sind diese Gedanken zuerst in etwas anderer Form von Al. Brandt ausgesprochen worden. Vergl. Tscherski, l. c. p. 465.

**Texttafel IX. Hirsche und Steinböcke des Quartärs.**

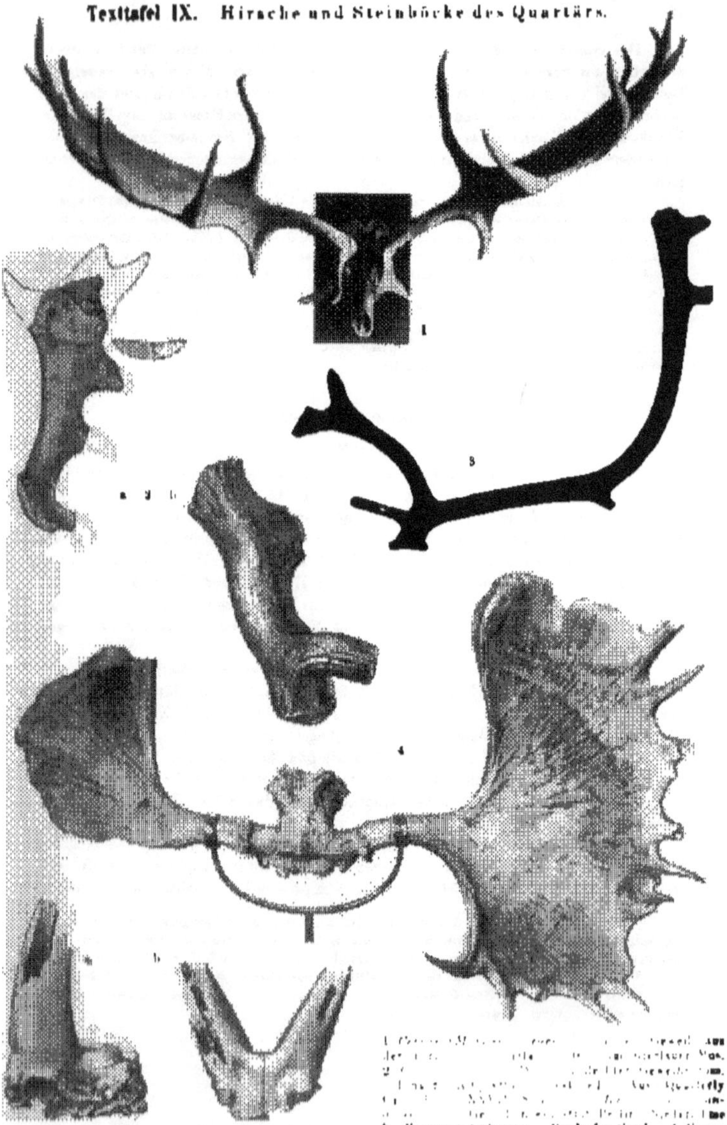


1 [illegible] Aus der [illegible] Mus. 2 [illegible] Aus Quarterly [illegible] b. Kongemusterbamen. Rixdorfer Sand 4 *Cervus* [illegible] Riesen-Exemplar vom Alföld, Ungarn. Orig. im ungar. National-Museum in Budapest. 5 *Ibex alpinus* [illegible] *priscus*, Schädelfragmente. a von oben, b von der Seite. Aus der Gudenus-Höhle (Nieder-Österreich). Nach

Höhlenhyäne, Höhlenbär und Vielfrass neben der ursprünglichen Pliocaenfauna des wärmeren mitteleuropäischen Klimas: dem *Hippopotamus*, dem *Elephas meridionalis*, *Rhinoceros etruscus* und dem Säbeltiger (*Machaerodus*). Immerhin finden sich die eigentlichen hocharktischen Kälteformen auch hier erst in den oberen Schichten.

Das Alter des Forest-beds von Cromer kann jedenfalls nicht ohne weiteres als tertiär bestimmt werden. Abgesehen von der Mengung der auf verschiedenes Klima hindeutenden Säugethiere ist das Auftreten der typischen Quartärmollusken *Belgrandia marginata* und *Corbicula fluminalis* für jüngere Altersstellung bezeichnend. Noch mehr sind die Pflanzen unseres heutigen Waldklimas hierfür beweisend: *Abies pectinata*, *Picea excelsa*, *Pinus silvestris* und *montana*, *Taxus baccata* und *Nymphaea alba*. Wenn schon im Allgemeinen den jüngeren Formen bei der Altersbestimmung grösseres Gewicht beizulegen ist als dem Überleben der älteren, so ist dies bei klimatischen Gegensätzen in besonderem Masse der Fall: Der Beginn des Quartärs entspricht nach der vertretenen Auffassung dem Herannahen der Vereisung, d. h. dem ersten Erscheinen von Formen des borealen oder kaltgemässigten Klimas in den bis dahin durch wärmeres Klima gekennzeichneten Gegenden.

Während der verschiedenen Phasen der Eiszeit befand sich die arktische Thiergesellschaft auf der Wanderung, die sich südwärts bis an den Nordrand der Karpathen, Alpen (s. u.) und Pyrenäen ausdehnte. Die eigentliche arktische Klimazone mit den rein nördlichen Thieren reichte bis zu einer Linie östlich der Themse. Eine zweite Zone, in der nördliche und südliche Thiere zusammenlebten, erstreckte sich bis an den Rand der alpinen Gebirge.[1] Die nördliche Grenze dieser zweiten Klimazone rückt in dem Masse wie die Temperatur wärmer wird, nordwärts und erreicht schliesslich die Ostsee.

Denjenigen Zeitabschnitt, in dem die klimatischen Verhältnisse Europas den gegenwärtigen entsprachen, bezeichnet man nach ziemlich allgemeiner Übereinstimmung[2] als Altquartär und zieht damit die obere Grenze des Tertiär.

## Die zeitliche Gliederung der quartären Säugethierfauna.

Trotz des ausgeprägten Wechsels im Klima ist die zeitliche Gliederung der Quartärfauna nicht sonderlich scharf[3].

I. Die altquartäre Thierwelt, welche sich in Frankreich (Charente) zusammen mit Steingeräthen des Typus von La Chelle und Moustier findet, ist durch *Elephas antiquus*, *Rhinoceros Mercki* und *Hippopotamus* gekennzeichnet (n. Harlé). Der Rückschluss auf ein etwas wärmeres praeglaciales Klima wird durch das Fehlen

[1] Die wollhaarigen Elephanten und Rhinocerosse sowie Vielfrass und Ren drangen bis Südfrankreich vor.

[2] In der französischen Litteratur und ausserdem noch ganz vereinzelt wird die erste Phase der Vereisung als „Pliocène" bezeichnet.

[3] Wenn auch zuweilen die Reihenfolge der Elephantenspecies 1. *Elephas meridionalis* (Oberpliocaen), 2. *E. antiquus* mit seinen zum Theil zwerghaften Nebenformen, 3. *E. trogontherii* (Zwischenform von 1. und 4.), 4. *E. primigenius* zu beobachten ist (Pohlig), so liegen doch z. B. in Oberschlesien 3. und 4. auf primärer Lagerstätte in den fluviatilen, von nordischer Beimengung freien Sanden von Petersdorf bei Gleiwitz zusammen (W. Volz und R. Leonhard).

der circumpolaren Thiere unterstützt und das Vorkommen von Pferd, Urrind und Edelhirsch nicht widerlegt.

In den Mosbacher Sanden[1] sind die erwähnten Dickhäuter für die altquartäre Thierwelt bezeichnend, sowie ferner:

*Rhinoceros etruscus*, Falc. (S.)
*Trogontherium*, ein grosser, dem Biber nahestehender Nager.
*Cervus (Alces) latifrons* Johns. (S.)
*Bison priscus*.
*Cervus capreolus* (S.) und *elaphus*. (S.)
*Felis spelaea*, *Ursus spelaeus* und *Hyaena spelaea*.
*Elephas trogontherii* ist selten, *El. primigenius* noch sehr spärlich vertreten.

Dieselbe Fauna findet sich in den Sanden von Mauer bei Heidelberg und den Schottern von Süssenborn bei Weimar (*Elephas trogontherii*, *primigenius* und *meridionalis* Nesti, *Equus süssenbornensis* Wüst und *Leptobos* sp.). Die Kalktuffe von Taubach bei Weimar (mit *El. antiquus*, *Rhin. Merckii*[2] und menschlichen Resten) könnten etwas jünger sein als die Mosbacher Sande. Andererseits steht auch das Forest-bed von Cromer — trotz einzelner noch vorhandener Pliocaenformen (*El. meridionalis*, *Equus Stenonis*, *Machaerodus*) — im Alter den Mosbacher Sanden näher als dem Pliocaen des Arnothales.

II. Die eigentliche Eiszeit, deren Dauer sowohl die praeglaciale wie die postglaciale Phase übertraf, umschloss als Charakterthiere die circumpolaren Kälteformen (*II.* s. oben) sowie die heutigen Bewohner der Hochgebirge (*IV*).

Die mannigfaltige Fauna der Rixdorfer Sande (deren Ausbeutung jetzt im Wesentlichen aufgehört hat), ist von Dames zusammengestellt worden (in Berendt u. Dames Geol. Beschreibung der Umgegend von Berlin 1885, p. 66) und enthält besonders Hufthiere, als Seltenheit Höhlenbär und Hyäne.

Die reiche Fauna der Knochenhöhlen Mitteleuropas und Englands gehört zwar dem eisfreien Gebiet an, dürfte aber im Wesentlichen gleich alt mit der Eiszeit sein. Der Typus der Bärenhöhlen (*Ursus spelaeus*) ist am weitesten verbreitet; hierher gehören vor allem die Knochenansammlungen des fränkisch-schwäbischen Kalkgebirges (Hohlefels, Charlottenhöhle, Muggendorfer und Gailenreuther Höhle mit den prachtvollen Schädeln des Höhlenlöwen), im Harz die Baumanns- und Hermannshöhle, die Räuberhöhle bei Regensburg, Balverhöhle in Westfalen und die zahlreichen Höhlen des polnischen Mittelgebirges.

Hyänenhöhlen (mit *Hyaena crocuta var. spelaea*) sind besonders in England verbreitet (Bristol, Kirkdale unweit York und Kentshöhle bei Torquay) fehlen aber auch in Deutschland nicht (Lindenthaler Hyänenhöhle bei Gera und Hohlenstein in Westfalen, mehr vereinzelt ist die Hyäne in der Baumannshöhle). In der Irpfelhöhle bei Giengen (Württemberg) fanden sich Hyänenknochen sowie Ren, Mammut, *Rhinoceros antiquitatis*, Riesenhirsch, *Bison priscus*, Höhlenlöwe (selten) zusammen mit Menschenspuren.[3]

[1] H. Schröder, Revision der Mosbacher Säugethierfauna, Jahrb. v. Verein f. Naturkunde 51, 1898, p. 211 ff., Ref. N. J. 1900 II, p. 455.

[2] Beide Arten sind sonst in Deutschland selten; *Rhin. Merckii* findet sich z. B. bei Söllingen, *El. antiquus* u. a. bei Wittgendorf in Schlesien. Über den Schotter von Süssenborn vergl. E. Wüst, Pliocaen und das älteste Pleistocaen Thüringens (Abhand. Naturf. Ges. Halle 23) Stuttg. 1901, bes. p. 46 und 103. Die auch bei Süssenborn vorkommenden Mosbacher Arten sind oben mit (S) bezeichnet. Auf die Verschiedenheit von Taubach und Süssenborn deutet das wenngleich seltene Vorkommen des Mammut und *Rh. antiquitatis* an ersterem Fundorte hin. Ferner sind die Taubacher, von Pohlig mit zwei Namen belegten Riesenhirsche von *Cervus latifrons* verschieden.

[3] E. Fraas, Z. deutsch. Geol. Ges. 1883, p. 10.

## Texttafel X.

### Rhinocerotiden des Quartärs.

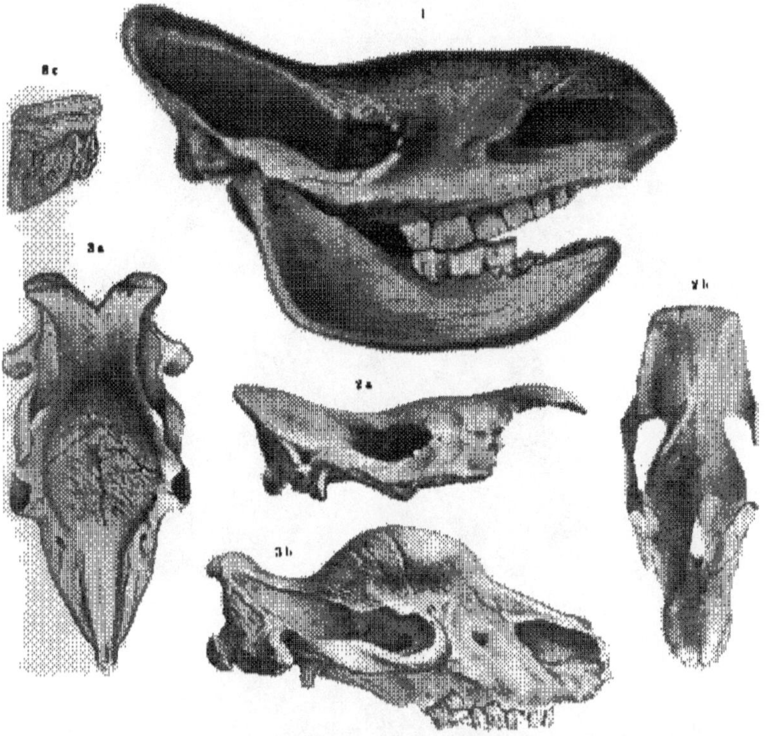


1. 2 *Rhinoceros (Coelorhinus) antiquitatis* Blumb. (= *tichorhinus* Cuv.) 1 Ausgewachsenes Exemplar mit vollständig verknöcherter Scheidewand. Quartärsand. Gnadenfeld b. Cosel, OS. Orig. im Breslauer Museum. 1/8 nat. Grösse. 2 Desgl., jüngeres Exemplar mit einer Scheidewand, die mit dem Nasenbein nicht verwachsen war und deshalb abgefallen ist (= *Rhinoc. leptorh.* auct.), Russland. Copie nach M. Pavlow. Die richtige Deutung dieses abweichend gestalteten Stückes wurde von H. Schroeder gegeben (XX. Jahrb. d. preuss. geolog. Landesanstalt f. 1899, p. 289). 3 *Elasmotherium sibiricum* Fi., a Schädel von oben. b von der Seite. c Kaufläche des linken vierten oberen Backzahnes. Sarepta, Süd-Russland. Copie nach Brandt. ca. 1/15 nat. Grösse. Zusammengestellt vom Herausgeber.

Kauflächen.

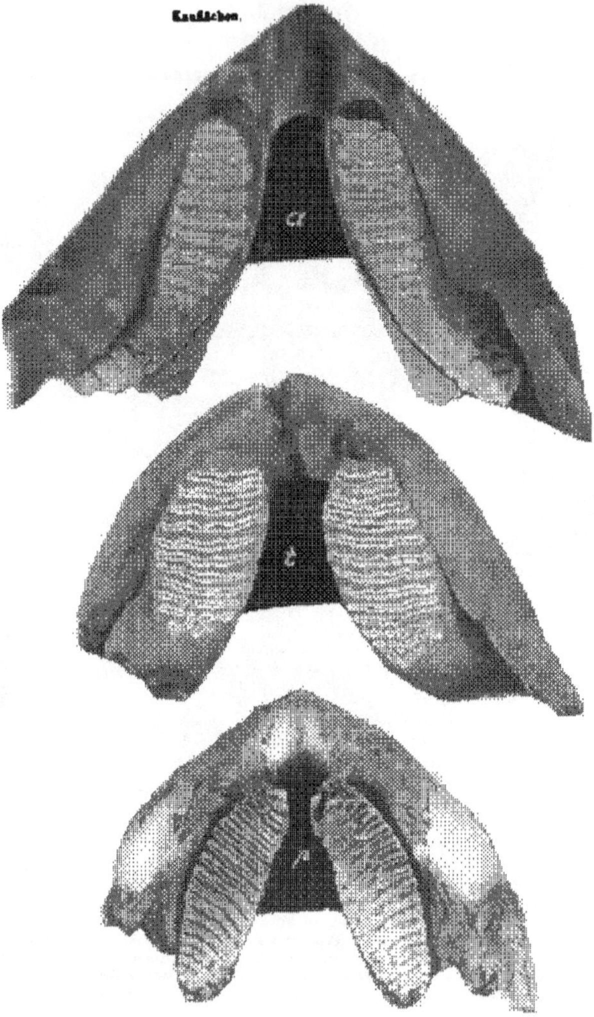

1—XII.

phanten.

Seitenansichten derselben Stücke

Falc. Altquartär. Wittgendorf
rottau (Schlesien).

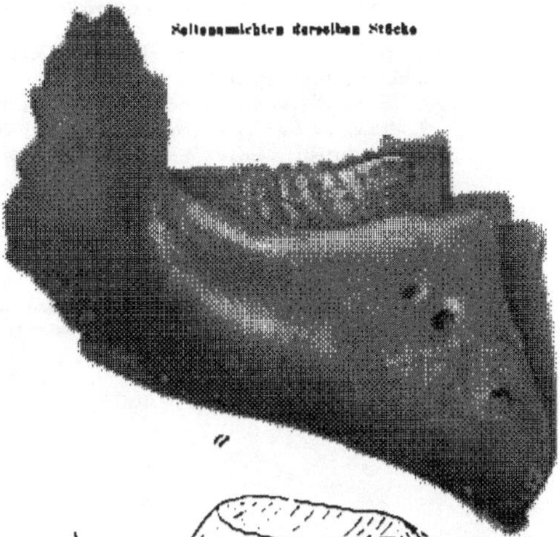


ogontherii Pohl. em Voll.

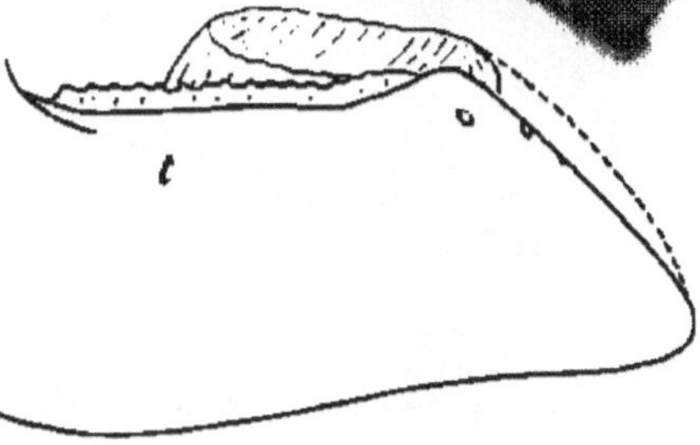


ius Blumenb. (Kleines Exemplar.)
rtär. Vornehmlich im jüngeren
Quartär.

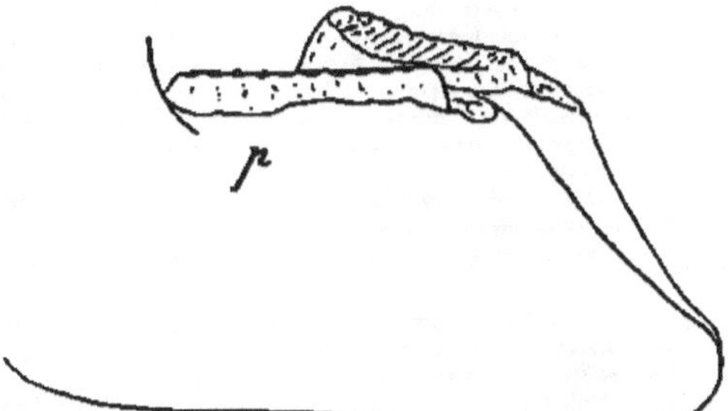


n von Petersdorf bei Gleiwitz
unterquartären Sanden (ohne zer-
chen Material).
tlich im Breslauer Museum.
ginalstücke von W. Volz (Zeitschr.
eolog. Ges. 1897 p. 193 ff.)
estellt vom Herausgeber.

III. In der postglacialen Entwickelung Mitteleuropas glaubt Nehring[1] drei Abschnitte unterscheiden zu können:

3. Jüngste Phase des Eichhörnchen oder der Waldfauna.
2. Phase des Pferdespringers *(Alactaga)* oder der Steppenfauna (Pferdespringerzeit); daneben Waldwuchs und Waldfauna in den regelmässig überschwemmten Thälern der grossen Flüsse.
1. Älteste Phase der Lemminge oder der Tundren (Lemmingszeit, Übergang zur Eiszeit), noch mit Mammut und Knochen-Nashorn; Culturstätten des Menschen bei Schussenried, am Schweizerbild und am Kessler Loch bei Thayingen.

Die Heimat des grossen, in den Lössablagerungen verbreiteten Pferdespringers *(Alactaga saliens)* lag nach neueren Untersuchungen[2] in Südrussland; die Art besitzt in Westsibirien nur eine ganz be-

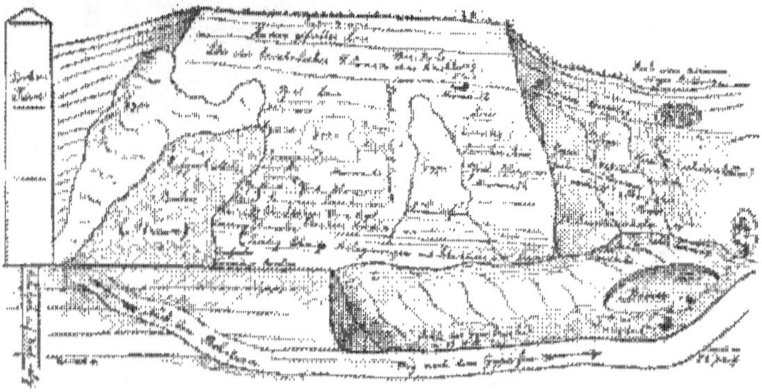

Der Gypsbruch von Thiede in Braunschweig. Aus Nehring, Steppen und Tundren p. 153.

schränkte Verbreitung und wird in anderen Gebieten (Hocharmenien, Centralasien etc.) durch verschiedene Species vertreten.

Das bekannteste der von Nehring erforschten Vorkommen der Pferdespringerzeit bilden die mit Löss erfüllten Höhlen und Spalten des Gypses von Thiede und Westeregeln im Braunschweigischen. Hier fanden sich zusammen mit *Alactaga* die Reste der Saiga-Antilope, des Wildpferdes, Wildesels, Steppenmurmelthiers, des röthlichen Steppenziesels *(Spermophylus rufescens)*, Pfeifhasen *(Lagomys pusillus)* und des kleineren Hamsters *(Cricetus phaeus)*, welch letzterer bis Italien (Verona und Pisa) verbreitet ist.

Andere Fundorte der *Alactaga*-Fauna liegen im Löss und Lehm der Umgebung von Prag, im österreichischen Waldviertel, bei Nussdorf unfern Wien u. s. w.

Die durch Untersuchung der Säugethierreste gesicherte Annahme einer post-

---

[1] Über Steppen und Tundren p. 226. Statt „Periode" dürfte dem üblichen Sprachgebrauch entsprechend eher die Bezeichnung Phase eingeführt werden. Das gesammte Quartär entspricht z. B. einer geologischen Periode.

[2] *Alactaga saliens* Gmel. = *jaculus* auct. Vergl. Satunin, Mitth. des Kaukas. Museums I, 4, Tiflis, 1901, p. 151.

glacialen Steppenzeit in der Mitte von Europa beansprucht noch weitere geographische Bedeutung: Auch in **Norwegen** und in den **Alpen** ist

2. eine wärmere oder trockenere Phase als unmittelbarer Abschluss der Haupteiszeit nachgewiesen; dieser Erwärmung folgte

3. eine nochmalige Abkühlung bezw. ein geringes Wachsen der Gletscher als Übergang zur Gegenwart.

In den Nordalpen folgt nach Penck der letzten Eiszeit („Würm-Eiszeit"), in welcher die Gletscher in das Vorland der Alpen hinaustraten:

2. eine wärmere Phase, in der auch die alpinen Längsthäler grossentheils eisfrei wurden (Achen- besser Achenseeschwankung). Einer nochmaligen, wenngleich weniger starken Abkühlung entsprach dann

3. die Ausfüllung des alpinen Innthales mit einem Eisstrom (Stadium der alpinen Thalgletscher Kerner = „Bühlvorstoss" Penck).

In Norwegen beobachtete Brögger nach der Phase der Cardien- und Ostreenschichten (mit 4°—7° C. Jahresmittel):

2. Eine der **nordenglischen** entsprechende **Molluskenfauna** (Tapes- und Isocardienschichten), während deren Absatz eine mittlere Jahreswärme von 8—9° C. herrschte[1]. Dieser Zeit entspricht die subboreale Trockenperiode (cf. p. 3).

3. Darauf folgt eine erneute **Erniedrigung der Temperatur** und im Kristiania-Fjord das Auftreten der heutigen Nordseefauna, welche einem Jahresmittel von 6—7° C. entspricht. Der **Steppen- (Pferdespringer) Phase Mitteleuropas** entspricht also die **Achensee-Schwankung der Nordalpen** und das Auftreten der Fauna eines **wärmeren** nordenglischen **Meeres**[1] an der Küste **Norwegens**.

## Die Verbreitung der einzelnen Thierformen innerhalb des Circumpolargebietes.

### a) Mittelmeergebiet.

Über die Verbreitung der quartären Thierwelt im Bereich der Circumpolarregion und der angrenzenden Gebiete sei Folgendes hervorgehoben:

Im **Saônegebiet** bilden die Mergel und Sande von Chalon St. Cosme[2] eine Parallelbildung des Forest-beds und der Mosbacher Sande, und werden unserer Auffassung entsprechend als ältestes Quartär angesehen. Besonders wichtig ist die Auflagerung dieser Zone auf dem typischen Oberpliocaen, d. h. den Sanden von Chagny, welche die Fauna des Val d'Arno[3] enthalten.

[1] Eine grosse Zahl, fast die Hälfte aller (303) beobachteten Species gehört der lusitanischen (portugiesischen) Fauna an. Vergl. die Texttafeln V u. VI.

[2] F. Delafond u. Ch. Depéret, Terrains tertiaires de la Bresse et leurs gîtes de Lignite. (Aus Étude des gîtes minéraux de la France. Paris. Ministère des travaux publics 1893—1894. Ref. N. J. 1897, I. p. 127.

[3] U. a. mit *Ursus arvernensis*, *Hyaena* cf. *Perrieri*, *Machaerodus crenatidens*, *Mastodon arvernensis*, *Borsoni*, *Elephas meridionalis*, *Tapirus arvernensis*, *Rhinoc.* cf. *etruscus*, *Bos (Leptobos) elatus*, *Equus Stenonis*.

Auf das vorangehende typische Pliocaen deutet in den Sanden von Chalon St. Cosme nur *Equus Stenonis* hin. Quartärformen sind:

*Cervus euryceros*, *Bos* sp. (aff. *Bison priscus*), *Trogontherium Cuvieri* und die Mollusken der Sande: *Succinea putris*, *oblonga*, *Valvata inflata*, *piscinalis*, *contorta*, *Helix plebeia*, *arbustorum*, *Bithynia labiata*, *Limnaeus palustris* u. a., *Planorbis marginatus*, *rotundatus*, *spirorbis*, *Corbicula* sp. Vergl. Taf. I.

Die Schichten von St. Cosme schliessen sich auch stratigraphisch viel näher dem zweifellosen Quartär als dem Pliocaen an.

Die ebenfalls noch dem Altquartär zuzurechnende Fauna des *Rhinoceros Mercki* Kaup und der im SW. verbreitete *Elephas* conf. *antiquus* Falc. kommt zusammen mit geschlagenen Feuersteinen vom Moustier-Typus vor, deren menschlicher Ursprung sicher ist. Ausserdem finden sich Pferd, Wildschwein, Edelhirsch, *Cervus euryceros*? Höhlenhyäne und *Bison priscus*[1]. Eine ganz ähnliche Zusammenstellung, *Rhinoceros Merchi*, Höhlenbär, Stachelschwein, Pferd, Edelhirsch, Biber und Murmelthier findet sich in den Hochpyrenäen bei Montsaurés; auf wärmeres Klima deutet insbesondere das Vorkommen von Affen *(Macacus)* und der gestreiften Hyäne[2].

Nach dieser immer noch auf gemässigtes Klima deutenden Thierwelt ist endlich in den Sanden des Rhône- und Saônethales die eigentliche Eiszeit-Thierwelt mit *Elephas primigenius*, *Rhinoceros antiquitatis*, Ren, Rothhirsch, Wildschwein und Wildpferd bekannt.

Der Gehängelehm lieferte neben den genannten noch weitere Kälteformen wie *Arctomys primigenia* und *Bison priscus*, daneben allerdings schon *Bos primigenius*. Der Höhenlöss mit dem Mammut, *Elephas trogontherii*, dem Höhlenbären, Riesenhirsch, *Bos primigenius* und Wildschwein entspricht dann endlich dem Beginne der Rückkehr des gemässigten Klimas.

Am Fuss der Pyrenäen (Bagnère de Bigorre) finden sich nach E. Harlé in den jüngeren Quartärschichten (der eigentlichen Eiszeit):

Steinbock, Ziege, Saiga-Antilope, Gemse, Elch, Ren, Reh, Edelhirsch, Riesenhirsch und *Cervus Larteti* (sehr ähnlich dem Damhirsch), Reh, Murmelthier, Ziesel, *Hyaena spelaea*, *Ursus spelaeus*, *Rhinoceros antiquitatis* und Mammut, Panther, Luchs und *Felis spelaea*.

Die Gemse hat zur Quartärzeit fast ganz Frankreich bewohnt und zwar war es die Rasse der Pyrenäen, die sich von der alpinen durch parallele (nicht divergirende) Stellung der Krickeln unterscheidet.

Aus der Quartärfauna Spaniens ist ebenfalls das Vorkommen des afrikanischen Panthers (s. oben) hervorzuheben, während der Serval sogar bis Frankreich und England vordrang.

Die vollkommene Gleichartigkeit der quartären Faunen weist darauf hin, dass England erst nach dem Rückzug des Eises den Zusammenhang mit dem Continent verlor. Wenn eine oder die andere englische Thierform — wie *Lagopus anglicus*

[1] Dépéret, Compt. rend. 1898, p. 328.

[2] Auch die mittelpleistocaenen Breccien von Montoussé mit *Rhinoceros Merckii*, Bär, Luchs, Hund, Edelhirsch, Reh und Bison deuten wohl mehr auf älteres Quartär. Vergl. Harlé, Catalogue de paléontologie quaternaires des Collections de Toulouse. Bull de la soc. d'hist. nat. de Toulouse Bd. 32. 1898, 1899. Ref. N. J. 1902. II. p. 143. Die Flussschotter von Tilloux (Charente), aus denen M. Boule *El. meridionalis*, *primigenius* und *antiquus* sowie *Hippopotamus* bestimmte, scheinen gemischten Ursprungs zu sein.

Lyd. aus einer Höhle von Glamorganshire — in Europa sonst unbekannt ist, so weist ihr Vorkommen nicht auf insulare Abgeschlossenheit, sondern vielmehr auf altweltliche Thierwanderungen hin: Der südafrikanische Hyänenhund *(Lycaon pictus)* ist der einzige lebende Verwandte des quartären englischen Raubthiers.

Die in Italien nachgewiesenen Kälteformen[1] sind fast durchweg mit lebenden Alpenthieren ident: Gemse, Steinbock, Schneehase, Murmelthier und Schneemaus drangen bis Toscana vor. Grosse löwenartige Katzen deuten auf den Süden hin, während die eigentlich circumpolaren Thiere mit wenigen Ausnahmen die Alpen nicht überschritten haben. Der Vielfrass ist an der Adria, das Mammut in weiter Verbreitung auch in Italien nachgewiesen. Der Ausgangspunkt des *Elephas antiquus* (der auf Malta und Sicilien verschiedene Rassen[2] bildet), ist wohl im Mediterrangebiet zu suchen. Ebenso kann das Vorkommen des grossen *Hippopotamus*, der Höhlenhyäne, des Höhlenbären und des *Bos primigenius* in der Umgegend von Rom nicht befremden, während das Fehlen des Bison auf die nordische Heimat dieses Thieres hinweist und der Riesenhirsch einen der wenigen nordischen Einwanderer darstellt.

Dass auf Malta grosse Landsäugethiere *(Elephas antiquus* und *Hippopotamus)* Zwergrassen bilden, während die langlebigen Landschildkröten zu Riesengrösse heranwachsen, entspricht einem allgemeinen Gesetz: Auch die lebenden Rassen des sardischen Edelhirsches und Damhirsches erreichen nur die Grösse eines normalen Damhirsches bezw. eines Rehs, während die hundertjährigen Angehörigen der Gattung *Testudo* auf den vom Daseinskampfe weniger behelligten Inseln (Galapagos und Seychellen) zu riesiger Grösse heranwachsen.

Quartäre Säugethiere sind aus dem Bereiche der Balkanhalbinsel bisher kaum beschrieben. In thiergeographischer Hinsicht ist das Überleben des Löwen bis in historische Zeit und eine aus der mykenischen Bronceperiode stammende Darstellung des *Bos primigenius* von Interesse: Auf dem Goldbecher von Vaphios sind in Hautrelief die verschiedenen Vorgänge des Fanges, der Fesselung und der endgiltigen Zähmung der Wildrinder in lebensvoller Weise dargestellt.

Noch spärlichere Nachrichten liegen aus Vorderasien vor. Die in den Höhlen des Libanon mit Menschenresten zusammen gefundenen Säugethiere weisen zwar nicht auf eine Vergletscherung, wohl aber auf das Vorhandensein einer Waldfauna mit *Bison priscus* Boj., *Cervus elaphus*, *C. dama* conf. *mesopotamicus*, während eigentliche Kälteformen hier gänzlich fehlen. Raubthiere, Ziegen, Wildschweine entsprechen der heutigen vorderasiatischen Fauna.[3]

### b) Ungarische und sarmatische Ebene.

Die quartären Säugethiere der ungarischen Ebene zeigen weitgehende Übereinstimmung mit denen des angrenzenden Mitteleuropas, trotzdem die Vereisung auf die höchsten Theile der Karpathen (Hohe Tatra, Hunyader und Fogarascher

[1] Columbia-Höhle, Insel Palmaria bei Spezia s. Regalia, vergl. N. J. 1898, I, p. 465.

[2] *E. melitensis* und *mnaidriensis* wird in den Grotten bei Palermo von einem kleinen *Hippopotamus (H. Pentlandi)* begleitet.

[3] K. v. Fritsch, Abhandl. naturf. Ges. v. Halle 1893, p. 42. Das Vorkommen von *Rhinoceros tichorhinus* wird von O. Fraas angegeben.

Comitat) beschränkt war und die klimatischen Verhältnisse somit ebenfalls wesentlich abwichen. Wahrscheinlich war die Temperatur niedriger und der Steppencharakter des Landes noch ausgeprägter als heute; hierauf würde vor allem das Fehlen des Renthiers und des Moschusochsen hinweisen, die beide nur im Norden des Landes in der Lipowetzer Höhle (Liptauer Comitat) gefunden worden sind. Ob echte Steppenthiere — wie *Arctomys bobac* in Siebenbürgen und die Saiga-Antilope in Ungarn — zur Eiszeit oder nach derselben lebten, ist schwerer zu entscheiden.

Dafür, dass neben der Steppe des Alföld in den grossen Flussthälern reichliche Waldvegetation vorhanden war, spricht die Häufigkeit des Mammuts[1], des wollhaarigen Rhinoceros, des *Bison priscus* und der Hirsche; *Cervus elaphus*, der Riesenhirsch und der Elch (Texttaf. IX Fig. 4) kamen in wahren Riesenexemplaren vor. Andererseits deutet die Seltenheit des Urrinds[2] auf klimatische Verschiedenheiten von Ungarn und Mitteleuropa hin.

Die aus dem gewaltigen Gebiete der sarmatischen Ebene vorliegenden Nachrichten sind nicht allzu zahlreich. Die im Kalkstein des polnischen Mittelgebirges bei Kielce, Jerzmanowice[3], Kozarnia und Zbojecka (letztere u. a. mit *Felis spelaea*) gemachten Höhlenfunde sind die der echten Bärenhöhlen. Ein durchbohrter, offenbar als Halsschmuck getragener Canin des Höhlenbären und das Vorkommen eines palaeolithischen Steinmessers in der aus Bärenknochen bestehenden Kalkbreccie weisen auf das gleichzeitige Vorhandensein des Menschen hin. Das noch spärliche Vorkommen der Lemminge (*Myodes torquatus* in der Kozarniahöhle, *M. obensis* bei Jerzmanowice) deuten auf die Zeit der Lemminge und Pferdespringer hin (I) s. oben.

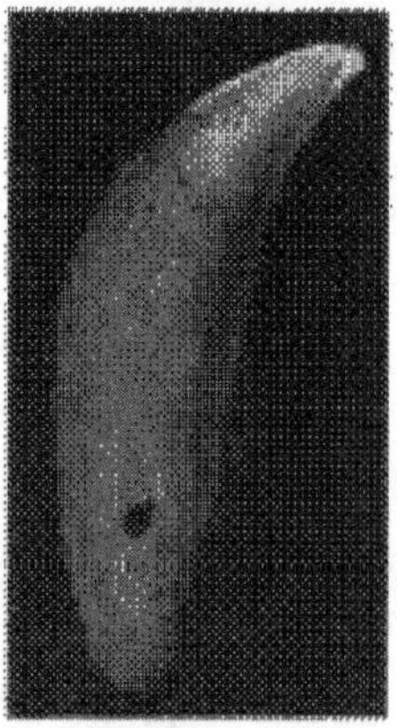

Canin des Höhlenbären mit durchlöcherter Wurzel. Wahrscheinlich um den Hals getragen. $^1/_1$. Kozarnia-Höhle. N. F. Römer. Palaeontograph. Bd. 29. T. 25, F. 7.

In Russland ist das Mammut aus praeglacialen Süsswasserschichten der Umgegend von Moskau bekannt, wo ein ganzes Skelett in stehender Lage aufgefunden wurde. Die mit dem Mammut vorkommenden Pflanzenreste entsprechen der heutigen Moskauer Flora mit Ausnahme der jetzt selten gewordenen *Quercus pedunculata* und *Acer platanoides*.

Im Süden Russlands ist wohl die Heimat des gewaltigen *Elasmotherium* zu suchen, das sich von hier weit nach Westen (bis zum Rhein) und Norden ver-

[1] Seltener ist *Elephas antiquus*. Vorstehende Angaben beruhen auf freundlichen Mittheilungen L. v. Lóczy's und einer Besichtigung der ungarischen geologischen Reichsanstalt und des Nationalmuseums in Pest.

[2] Neben den zahlreichen Resten der Hirsche und des *Bison priscus* sah ich nur einen einzigen Schädel des *Bos primigenius* im ungarischen Nationalmuseum.

[3] Ferd. Roemer, Palaeontogr. 1883

breitete. Zusammen mit *Elasmotherium* fanden sich bei Lutschka an der Wolga (in der Nordecke des Gouvernement Astrachan) *Bison priscus*, *Saiga tatarica*, *Cervus (Megaceros) hibernicus*, *Camelus* sp., *Equus caballus*, *Rhinoceros antiquitatis* und ein grosser Felide von Tigergrösse. Weitere Reste des *Elasmotherium* sind von Samara, Saratow, Pensa, Charkow, Wolhynien und aus dem Dongebiet bekannt.

### c) Nördliches und centrales Asien.

Die Quartärfauna des nördlichen Theiles von Centralasien zeigt — abgesehen von dem Fehlen des Höhlenbären, des Moschusochsen und des *Elasmotherium* — keine wesentlichen Verschiedenheiten von Mitteleuropa. Nördlich von Peking (bei Suan-cho-fu) sind n. Gaudry die folgenden Arten gefunden worden:

*Elephas*.
*Rhinoceros antiquitatis*.
*Equus caballus*.
*Bos primigenius*.
*Cervus canadensis* var.

Die Thierwelt der Altaihöhlen entspricht durchaus den europäischen Hyänenhöhlen:

| | |
|---|---|
| *Hyaena spelaea*. | *Cervus (Megaceros) hibernicus*. |
| *Felis tigris*. | *Alces palmatus*. |
| *Felis uncia*. | *Bos primigenius*. |
| *Ursus arctos*. | *Bison priscus*. |
| *Canis corsac*. | *Equus*. |
| *Meles taxus*. | *Rhinoceros antiquitatis*. |
| *Cervus canadensis* var. | *Elephas primigenius*. |

Die nahe Verwandtschaft des nordasiatischen Edelhirsches mit dem nordamerikanischen Wapiti ist von Tscherski (l. c. p. 222–257) mit Recht betont worden und erscheint ebenso einleuchtend, wenn man lebende Exemplare des Altaihirsches und des Wapitis mit einander vergleicht (wie sie z. Z. im Berliner zoologischen Garten gehegt werden.) Bei beiden Formen ist die vierte (bei Zweitheilung der Augensprosse) Geweihsprosse besonders kräftig entwickelt und nach vorn gebogen. Bei *Cervus elaphus*, dessen Varietäten bis nach Ostasien (*C. xanthopygus* A. M. Edw, Mandschurei) verbreitet wird, ist die vierte Sprosse nach oben gerichtet und nicht wesentlich anders ausgebildet als 5. 6. und 7.; einen Übergang scheint das nebenstehende Exemplar von Tscheldscha zu bilden, dessen vierte besonders kräftige Sprosse nach oben gerichtet ist.

Eine schärfere Scheidung der Wapiti und Edelhirsch ähnlichen Formen ist, wie G. Radde ausdrücklich hervorhebt, ganz unmöglich, da in Kaukasien beide neben einander vorkommen und Übergänge zeigen. Von den auf Taf. 11 der Sammlungen des Kaukas. Mus. I Tiflis 1899 wiedergegebenen Geweihe von Kuban, ist das obere ein typisches Wapiti-Geweih, während auf Taf. 10 die Mehrzahl dem Edelhirsch gleicht. Andererseits stimmt keiner der jungquartären europäischen Hirsche, welche man mit *Cervus canadensis* verglichen hat, in der Entwickelung der vierten Sprosse mit diesem überein. (Vergl. z. B. Pohlig. Palaeontogr. Bd. 39 p. 255). Geht man davon aus, dass der Wapiti eine holarktisch-nordamerikanische Form ist, während die nordamerikanischen kleinen Hirsche ohne eigentliche Augensprosse (*Cariacus* oder *Odocoileus*; Typ. *Cervus virginianus*), noch ganz Südamerika bevölkern, so wird man ersteren als asiatischen Einwanderer in Nordamerika auffassen; die Einwanderung des Mammut, Bison, Edelhirsch und Elch erfolgte demnach gleichzeitig über die tertiär-quartäre Brücke des heutigen Beringsmeeres.

Das Centrum der Entwickelung der Edelhirsche lag in Europa, wie die Häufigkeit verwandter tertiärer Arten und die Verbreitung localer Varietäten des Edelhirsches auf den Mittelmeerinseln

(Sardinien und fossil auf Sicilien) sowie in Nordafrika beweist. Bemerkenswerth ist die Grössenentwickelung, welche der Hirsch in jungquartärer und postglacialer Zeit durchmacht, während die altquartären (z. B. n. Pohlig die Taubacher) Formen kleiner bleiben.

Auf jüngeres postglaciales Alter deutet die Fauna der Höhle von Nischne-Udinsk im Sajanschen Gebirge, nordwestlich von Irkutsk:

*Canis (Cuon) nischneudensis, C. (Vulpes) vulgaris.*
*C. (Vulpes) lagopus, Ursus arctos, Gulo luscus.*
*Myodes obensis (Lemmus), Lagomys hyperboreus.*
*Lepus variabilis.*
*Rangifer tarandus, Saiga tatarica.*
*Rhinoceros antiquitatis, Equus.*

*Cervus elaphus* L. var. *maral* Ogilby. Übergang in *Cervus canadensis*. Chaldscha (Tien Schan). Recent. Nach Pohlig. Palaeontogr. 39, p. 251.

Über die Thierwelt Sibiriens, des grössten Circumpolargebietes, ist durch Tschersky[1] folgendes festgestellt:

1. Knochennashorn, Mammut, Bison und Pferd kommen im Westen und Osten Sibiriens im oberen und unteren Horizonte des Quartär vor, die Saiga-Antilope besitzt dieselbe weite verticale Verbreitung im westlichen Theile des Landes. Das Altquartär Sibiriens entspricht der Vereisung des Westens, das Jungquartär etwa der europäischen Renthierzeit.

2. In Ostsibirien ist Reh, Rothhirsch, Saiga-Antilope und Pferd nur im oberen Quartär gefunden worden.

3. Das Ren *(R. tarandus)* ist in Ostsibirien häufig, fehlt aber im Centrum

[1] Mém. ac. imp. sciences. St. Pétersbourg VII. Sér. Bd. 40, Nr. 1, 1892.

des Landes ebenso wie die unzweifelhaften Reste einer Waldfauna; letztere ist nur an den Grenzen des Tieflandes nachgewiesen (Tjumen, Altai).

4. Die mit Weichtheilen erhaltenen Cadaver des Rhinoceros, Mammut, Bison sind nur aus dem oberen Quartär bekannt.

5. Bemerkenswerth ist neben der Häufigkeit des Eisbären und Braunbären das vollkommene Fehlen von *Ursus spelaeus*, dessen äusserste, zum Theil noch unsichere Reste im Ural und Kaukasus gefunden sind; auch die Höhlenhyäne ist nur bis an die Grenze von Westsibirien gelangt.

Von besonderem Interesse ist die fossile Fauna der Neusibirischen Inseln (Ljachow Insel) und des Janalandes, d. h. die eigentliche circumpolare Thierwelt (Tscherski):

| | |
|---|---|
| *Felis tigris.* | *Myodes (Cuniculus) torquatus.* |
| *Canis lupus.* | *Lepus variabilis.* |
| *Canis familiaris.* | *Bison priscus.* |
| *Canis (Vulpes) lagopus.* | *Ovibos moschatus.* |
| *Gulo luscus.* | *Ovis nivicola.* |
| *Ursus maritimus.* | *Saiga tatarica.* |
| *Ursus arctos.* | *Alces palmatus.* |
| *Phoca foetida.* | *Rangifer tarandus.* |
| *Trichechus rosmarus.* | *Cervus elaphus* var. *maral*[1]. |
| *Spermophilus Eversmanni.* | *Equus caballus.* |
| *Arvicola* sp. | *Rhinoceros antiquitatis*[2]. |
| *Myodes obensis.* | *Elephas primigenius.* |

Die Schichtenreihe der Süsswasserbildungen der Insel Ljachow, aus der die erwähnten Knochenreste stammen, lagert auf einer bis 23 m mächtigen Eismasse, deren Basis sich unter dem Spiegel des Oceans befindet. Dieses fossile Eis — vielleicht ein „toter Gletscher" — wird von der knochenführenden Lage discordant überdeckt, indem die Unebenheiten der Eisoberfläche durch die Süsswasserbildungen ausgefüllt werden.

Die Reihenfolge der Steineisbildungen Sibiriens und ihr Verhältnis zu der sonst beobachteten Vergletscherung stellt E. v. Toll[3] übersichtlich dar.

(Siehe die nebenstehende Tabelle.)

Neben den bekannten Funden von Mammut, Rhinoceros und Bison ist das ziemlich häufige Vorkommen eines schmalstirnigen Pferdes auf der Ljachow-Insel, also innerhalb des Polarkreises bemerkenswerth. Der leider nicht genauer untersuchte Fund der eingefrorenen Leiche eines weissen Pferdes im Janagebiet lässt die Schlussfolgerungen Bunges (bei Tscherski l. c. p. 383, Anm.) durchaus berech-

[1] *Cervus euryceros* ist nur in Westsibirien bekannt.

[2] *Rhinoceros Mercki* beschränkte sich auf südlichere Theile Sibiriens; ein Schädel von Irkutsk ist das nördlichste und östlichste Vorkommen der Art. Auch *Bos primigenius* ist nur im südlichen Sibirien — und zwar selten als Einwanderer aus dem Westen gefunden worden.

[3] Die fossilen Eislager und ihre Beziehungen zu den Mammuthleichen. Mém. Académie de St. Pétersbourg. (7) Bd. 42, Nr. 13, 1895.

tigt erscheinen: Da domesticirte Pferde jetzt in den nördlichsten Theilen des Janagebietes ihr Futter finden können, ist dieselbe Annahme für die wilden, in jener Gegend gewissermassen herausgebildeten Pferde nothwendig. Ferner weisen die Funde ganzer eingefrorener Leichen grosser Thiere darauf hin, dass der Boden Sibiriens zur Zeit der Einbettung beständig gefroren war. Es herrschte somit zur Zeit des Aussterbens von Mammut und Rhinoceros — in deren Zähnen man ja

Reihenfolge der Steineisbildungen Sibiriens.

| | W.-Sibirien (Jenissei-Tundra). | Anabar-Tundra. | Neusibirische Inseln (Ljachow, Kotelny). |
|---|---|---|---|
| Mammutzeit (eingefrorene Cadaver) Jüngeres Postglacial. | Süsswasser-Schicht mit Wassermoos, Larixresten und Mammut. | Süsswasser-Schicht. | Süsswasser-Schichten m. *Cyclas*, *Valvata*, *Alnus fruticosa*, *Betula nana*, Mammut und zahlreichen Knochenresten (s. o.). |
| Älteres Postglacial. | Marine Thone mit Glacialgeschieben | Wenig mächtiges Steineis. | Discordanz. Mächtiges Steineis. |
| Glacial. | Moräne abradirt. | Moräne. | Moräne unbekannt. |

die Reste der heutigen Pflanzen gefunden hat — dieselben oder annähernd dieselben klimatischen Verhältnisse wie in der Gegenwart.

Sibirien ist nach Tschersky dasjenige Gebiet, in „welchem der Process der Erkaltung der nördlichen Halbkugel und der Verschlechterung der Existenzbedingungen für das Pflanzen- und Thierleben während der Quartärperiode sich in regelmässiger und stetiger Weise vollzog“ (1892).

Die obige Folgerung[1] ist durch geologische und biologische Forschungen in Sibirien gleich gut begründet und dürfte für sich allein schon genügen, um für das unmittelbar angrenzende Europa die Annahme von Interglacial-„Zeiten“ (mit gänzlichem Verschwinden des skandinavischen Landeises) auszuschliessen. Die Annahme klimatischer Schwankungen von kürzerer Dauer, in denen z. B. ein Verschwinden der Eisdecke im Vorlande der Alpen möglich war, stehen andererseits mit den in Sibirien gemachten Wahrnehmungen nicht im Widerspruch.

[1] Diese ist bisher trotz ihrer Wichtigkeit so gut wie unbeachtet geblieben.

## Ostindien und Indonesien.
### (Orientalische Region.)

Die quartäre Thierwelt Ostindiens (orientalische Region von Sclater und Wallace) ist durch einige Funde der Höhlen von Karnul und der Narbhadá-Ablagerungen[1] nur unvollkommen bekannt. Es liegen zum Theil lebende Arten[2] und deren nächste Verwandte[3], zum Theil ausgestorbene Nachkommen der pliocaenen Siwalikfauna vor; zu letzteren gehört *Hippopotamus (Hexaprotodon) namadicus* und *Elephas (Stegodon) insignis*, eine Zwischenform von *Mastodon* und den typischen Elephanten, sowie *Leptobos Frazeri* Rütim. Die Section *Leptobos* ist so nahe mit dem lebenden Büffel verwandt, dass *Stegodon* die einzige erloschene Gattung der gesammten Fauna darstellt. Vereinzelt sind palaearktische Typen, so gehört *Bos namadicus* zu der jetzt in Indien fehlenden Gruppe des Hausrindes (d. h. in die Verwandtschaft von *Bos primigenius* und *Bos taurus*). Häufiger sind hingegen Gattungen, welche jetzt für Afrika (die aethiopische Region) bezeichnend sind: Der Pavian der Karnulhöhle[4] (*Cynocephalus* sp.), *Equus asinus*, die gefleckte (oder Höhlen-) Hyäne und ein Verwandter des afrikanischen Schuppenthieres (*Manis* conf. *gigantea*) sind afrikanische Typen. Nicht minder bezeichnend ist ein naher Verwandter des lebenden afrikanischen Flusspferdes, *Hippopotamus palaeindicus*. Diese westlichen Beziehungen sind um so bedeutsamer, als wir über die Quartärfauna der südlich der Wüstenregion liegenden afrikanischen Gebiete so gut wie nichts wissen, für den Vergleich also auf die lebende Fauna beschränkt sind.

Die nächste Fortsetzung der indischen Narbaddafauna bilden im östlichen Java die fluvio-vulcanischen Tuffschichten, welche die vielbesprochenen Reste des *Pithecanthropus*[5] Dubois geliefert haben.

Unter dem Culturboden der Hügelkette des Kendeng beobachtete Dubois:

| | |
|---|---|
| Ober-Kendeng-Fauna | B) Mächtiger weicher Sandstein mit Knochenresten. |
| | C) Lapilli-Schicht 1 m. mächtig, mit *Pithecanthropus* und anderen Knochen. (D) |
| | E) Conglomerat mit seltenen Knochenresten. |
| | F) Thonstein. |
| | G) Marine Breccie des Pliocaen. |

[1] Medlicott-Blanford-Oldham, geology of India, p. 395 und 398, hier auch die specielleren Litteraturangaben.

[2] *Rhinoceros unicornis* = *namadicus*. *Portax* (= *Boselaphus*) *tragocamelus*, Nylgau.

[3] *Bubalus palaeindicus* erinnert an den lebenden Arnibüffel, der Hirsch an den lebenden Barasinga (*Cervus Duvaucelii*). *Elephas namadicus* steht dem indischen Elephanten sehr nahe.

[4] Sowie der lebende *Cynocephalus niger* von Celebes.

[5] E. Dubois, *Pithecanthropus erectus*. Eine menschenähnliche Übergangsform. Batavia 1894. Ders. *Pithecanthropus erectus*, eine Stammform des Menschen. (Anatomischer Anzeiger, XII., Nr. 1, S. 1—22, mit Litteratur. Referate u. a.: N. Jahrb. 1897, I., p. 364 und W. Volz, Schles. Ges. f. Vaterl. Cultur, 1897. — R. Virchow, Verhandl. Berl. Anthrop. Ges. 1895, p. 81, 336, 435. Ders., Die Nation. 1895, Nr. 4, pag. 53. Dames, Deutsche Rundschau. 1895/96, Nr. 21, p. 429—445. Schwalbe, Studien über *Pithecanthropus erectus* Dub. (Z. f. Morphol. u. Anthropol. Bd. I, 1899.) Mit vollständigen Litteraturangaben.

Zwar sind die mit *Pithecanthropus* zusammen gefundenen Knochen nur vorläufig bestimmt, aber es ist bemerkenswerth, dass sie in dieser Hinsicht ausnahmslos mit der keineswegs reichhaltigen indischen Narbaddafauna übereinstimmen.

Auch in Ostjava wiegen die lebenden Gattungen durchaus vor (*Bubalus*, *Portax* (= *Boselaphus*, Nylgau), *Axis*, *Rhinoceros*, *Sus*, *Hyaena*, *Felis*, *Manis*, *Hippopotamus* (*Hexaprotodon*), Gavial und Krokodil), während die ausgestorbenen Formen nur durch *Stegodon* und *Leptobos* vertreten sind. Allerdings sind auch von den sonst lebend bekannten Formen *Axis*, die Nylgau-Antilope, *Manis* und *Hyaena* auf Java ausgestorben. Die Abweichung von der lebenden Thierwelt der Insel ist

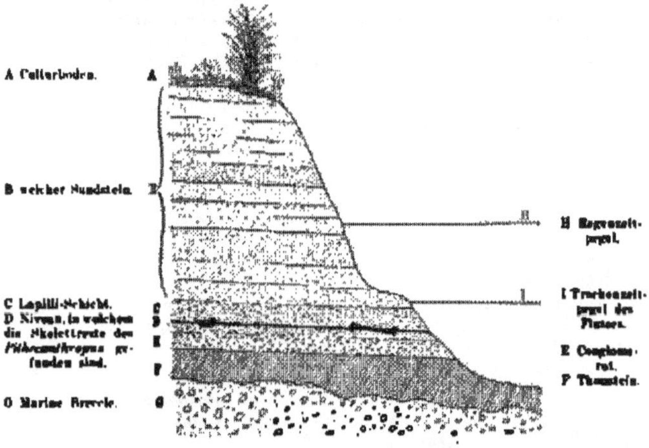


Durchschnitt der knochenführenden Schichten am Trinil. (Altquartär mit *Pithecanthropus*.) N. Dubois.

allerdings grösser als die Differenz zwischen der Fauna der Narbadda-Schichten und der des indischen Festlandes; hierdurch erklärt sich wohl die Altersbestimmung der *Pithecanthropus*-Schichten als „Pliocaen"[1]. Nun wird aber Narbadda von den indischen Geologen einstimmig für Quartär erklärt und die Eigentümlichkeit der insularen javanischen Lebewelt beruht darauf, dass die Abtrennung Javas kurz vor oder nach Schluss des Tertiär erfolgte (tektonisch-stratigraphische Anhaltspunkte fehlen allerdings noch).

Gehen wir aber von der absoluten generischen Identität[2] der *Pithecanthropus*-Fauna und der Narbadda-Thierwelt aus, so muss auch die erstere für Altquartär erklärt werden.

[1] Nach Dubois; nach K. Martin werden die Kendeng-Schichten dem Quartär zugerechnet.

[2] Für die u. a. auch das Vordringen der heute in Afrika heimischen Formen *Manis*, *Hippopotamus*, *Hyaena* und *Cynocephalus* (Celebes) spricht.

Es ist in diesem Abschnitte der Lethaea nicht am Platze, auf die Abwägung der anatomischen Merkmale einzugehen, nach denen *Pithecanthropus* näher an den Menschen oder näher an die Anthropomorphen herangerückt oder als irgend ein Zwischenglied angesehen werden soll. Doch geht aus der Feststellung des geologischen Alters und der Thatsache des altquartären Alters des Menschengeschlechtes eine Schlussfolgerung mit einiger Wahrscheinlichkeit hervor: Falls man den *Pithecanthropus* nicht unmittelbar zum *Genus Hylobates* (bezw. *Troglodytes*) oder zum *Genus Homo* stellen will, so kann man ihn doch auch nicht als direktes Zwischenglied beider auffassen. Es bleibt dann nur übrig anzunehmen, dass er ein weniger veränderter Nachkomme der etwas älteren tertiären Zwischenform sei.

Für die allgemeine Bedeutung der Reste von *Pithecanthropus* macht es wenig Unterschied, ob wir ihn mit Dames, Dubois[1] Haeckel, Marsh, als Zwischenglied von Affe und Mensch oder als weniger veränderten Nachkommen dieser Zwischenform auffassen; aber es ist klar, dass ein „Zwischenglied" nicht nur anatomisch eine Mittelstellung einnehmen, sondern auch geologisch an einer Stelle stehen muss, von der aus eine zweitheilige Entwickelung erfolgen konnte.

Quartäre Säugethiere aus Central- und Ostasien sind nur andeutungsweise bekannt, so *Bison priscus* und *Elephas primigenius* aus Japan, *Bison cf. priscus* (Kansu) und ein centralasiatischer Nager *Siphneus* aus Südchina (v. Lóczy). Andere gelegentlich als quartär (Brauns) gedeutete japanische Säugethiere sind besser der Siwalik-Fauna d. h. dem Pliocaen anzureihen.

## Afrika.

Nur aus dem Nordwesten und Südosten des grossen Continentes liegen Beobachtungen über die quartäre Fauna vor. Die Säugethiere des algerischen Quartärs sind von den europäischen — abgesehen von wenigen Ausnahmen — verschieden und schliessen sich eng der lebenden Thierwelt Afrikas an.[2] Wenn auch die Revision der von Pomel beschriebenen Knochenreste mannigfache Änderungen ergeben wird, so war doch zweifellos eine grössere Anzahl von Formen in Nordafrika verbreitet, die jetzt südwärts zurückgewichen sind. So waren Elephant (wohl noch in historischer Zeit) und Giraffe noch dem neolithischen Menschen bekannt, wie aus Abbildungen hervorgeht. Ebenso waren von südlichen Antilopen Verwandte des Gnu *(Connochaetes prognu)*, die Elenantilope *(Oreas)*, ferner *Oryx*, *Nagor* und *Oreotragus* in Nordafrika vorhanden. Die Nashörner erinnern an lebende Formen *(Rhinoceros mauritanicus* Pom. ist wohl — dem lebenden *Rh. simus)* oder an europäische Quartärarten *(Rh. subinermis* Pom. ähnelt *Rh. Mercki* und *etruscus)*. An Europa erinnert eine Rinderart *(B. opisthonomus* schlankbeiniger als *B. primigenius*, anscheinend nur im Oberquartär), während *Bubalus antiquus* aus jüngerem Quartär dem indischen Büffel ähnelt.

[1] Als typischer Affe wird *Pithecanthropus* von R. Virchow, W. Waldeyer u. a., als Mensch von R. Lydekker, P. Topinard u. a. angesehen.

[2] Pomel, Les mammifères quaternaires de l'Algérie. Alger 1893–97. 10 Bde. m. 186 Tafeln. Ref. N. J. 1901, II, p. 146. I. *Bubalus antiquus*. II. *Caméliens et Cervidés*. III. *Boeufs*. IV. *Boselaphes*. V. *Antilopes Pallas*. VI. *Eléphants*. VII. *Rhinocéros*. VIII. *Hippopotames*. IX. *Carnassiers*. X. *Suilliens*.

Fleischfresser wie Höhlenlöwe, Höhlenbär und Höhlenhyäne sind verhältnissmässig selten, während die Bären der Höhle von Gebel Taya vier verschiedenen Arten anzugehören scheinen.

Afrika südlich des Wüstengürtels (die aethiopische Region, Sclater und Wallace) enthält bekanntlich die am wenigsten veränderten Reste der unterpliocaenen Fauna Europas und Südasiens (Eppelsheim, Pikermi, Samos, Urmiabsee, ältere Siwalik-Schichten). Quartäre Reste sind hingegen so gut wie unbekannt. Welche interessanten Aufschlüsse uns hier noch bevorstehen, beweist die Entdeckung eines lebenden *Helladotherium*, des gestreiften „Okapi“ in Uganda.

Die nahen Beziehungen der algerischen, jetzt in Nordafrika ausgestorbenen Quartärformen zu dem Süden des Continentes veranschaulichen die Wanderung, welche die Unterpliocaenfauna langsam südwärts geführt hat. Andrerseits waren bis Ostindien (im Altquartär) ja bis China (im Pliocaen) Thiertypen verbreitet, welche in der Gegenwart specifisch „aethiopisch“ sind.

Die einzigen Reste ausgestorbener Quartärformen, welche aus dem Süden Afrikas bekannt sind, entstammen der grossen, in der Gegenwart durch die Lemuren (*Lemur*, *Microcebus*, *Lichanotus*, *Propithecus*, *Chiromys* u. a.), altertümliche Raubthiere (*Cryptoprocta*) und eigentümliche Insectivoren (*Centetes*) gekennzeichneten Insel.

Auch die madagassische Region oder Subregion hat eine Verarmung ihrer altalluvialen oder jungquartären Thierwelt zu verzeichnen. Der grosse Laufvogel *Aepyornis*, ein *Hippopotamus* von mittlerer Grösse (*H. Lemerlei* Grandidier) sind ausgestorben. Ebenso ist neben anderen Halbaffen die Riesenform *Megaladapis* Forsyth Major, ein Thier von der vierfachen Grösse einer Katze gänzlich erloschen.

## Nordamerika.

(Nearktische Region von Sclater und Wallace.)

In dem Gebiete der Beringstrasse hat ein — tektonisch nachweisbarer — Zusammenhang zwischen Nordasien und Nordamerika bestanden; in verschiedenen Zeiten der Tertiärperiode — wahrscheinlich auch noch im Anfange des Quartärs — konnte ein Austausch der Säugethierfaunen hier stattfinden.

Schon seit längerer Zeit (seit dem Miocaen) war hingegen die alttertiäre Landverbindung zwischen Europa und Nordamerika im Gebiete des nordatlantischen Oceans (Faröer—Island—Grönland) unterbrochen. Immerhin besitzen fraglos die beiden grossen Landmassen der Nordhemisphäre (die palaearktische und nearktische Region) eine nahe thiergeographische Verwandtschaft. Andererseits ist niemals die Hyäne, der Höhlenbär, das *Elasmotherium*, der *Hippopotamus* oder das wollhaarige Rhinoceros nach Amerika, niemals das Peccari, der Waschbär oder Nasenbär, das Stinkthier oder die bezeichnenden Baumstachelschweine (*Erethizon*) bis in die alte Welt vorgedrungen. Im ganzen sind die Gründe dieser geographischen Differenzirung leicht zu verstehen. Die Vernichtung der Eiszeit betraf vorzugsweise die in den Zwischengebieten vorkommenden Typen; die in abgelegenen Gegenden wohnenden Formen blieben erhalten.

Die Entwickelung des Tapirs und der Kamele in den älteren Zeiten, des Bison während des Quartärs liefert den besten Beweis hierfür. *Bison priscus* ist

u. a. in Sibirien, Südchina (Kansu) und Japan nachgewiesen und war in der historischen Gegenwart — vor der gegenwärtigen Vernichtung — nur in Europa und Nordamerika verbreitet. Die Tapire und kameelähnlichen Thiere *(Camelus* und *Auchenia)* sind ursprünglich nordamerikanische Typen, lebten aber dort nur bis in altquartäre Zeiten, während ihre nach Südamerika und der alten Welt ausgewanderten Verwandten dort bis zur Gegenwart oder bis zur Steppenzeit[1] (Rumänien, Südrussland) erhalten blieben.

Ein weiterer bemerkenswerther Charakterzug des nordamerikanischen Quartärs ist das Auftreten südamerikanischer Edentaten, deren Einwanderung wahrscheinlich z. T. auf dem Wege des im Tertiär geschlossenen[2] Antillenbogens erfolgt ist. Zu diesen südamerikanischen Gästen gehört der bezeichnendste Vertreter der nördlichen Fauna, der eigenartige *Megalonyx Jeffersoni* (*Megalonyx*-Fauna).

*Megalonyx* wurde von Jefferson, dem Präsidenten der Union, nach den 1796 gefundenen Resten wegen der gewaltigen Klauen als Raubthier, später von Wistar und Cuvier als Edentat gedeutet und von Leidy eingehend beschrieben. Die in der Crossurhöhle (Tennessee) gefundenen Knochen zeigen noch die Knorpel, die Krallen noch Hornscheiden. Das altquartäre Vorkommen der Art gilt als feststehend, doch käme nach diesem neueren Funde die Möglichkeit in Frage, dass die Art local noch die Champlain-Senkung und die Eiszeit überdauert habe.

Jedoch umfasst die von Süden nach Norden erfolgende Einwanderung kaum ein halbes Dutzend Gattungen, während in umgekehrter Richtung fast die Hälfte der Pampasarten von Nordamerika her ausgewandert ist.

Dass die nordische Thierwelt die beweglicheren und anpassungsfähigeren Elemente umfasst, geht nicht nur aus dem Bild der gegenwärtigen neotropischen Fauna hervor, sondern auch aus vorangegangenen Wanderungen. Schon in den dem Pliocaen entsprechenden araucanischen Schichten Südamerikas finden sich nordische Mastodonten, Lamas, Pferde und Tapire; in den gleichalten Schichten Nordamerikas fehlen hingegen südliche Formen noch gänzlich. Der tertiäre Antillenbogen wurde also von den nordischen Formen früher überschritten als von den südlichen.

Eine Verbindung des westamerikanischen altquartären Equus-beds mit der Pampasformation scheint das Vorkommen fossiler Säuger in Nicaragua zu bilden. Hier finden sich zusammen mit dem nördlichen *Elephas (E. primigenius* var. *americana)* und einem früher als Bison gedeuteten Oviden *(B. scaphoceras)* die von Süden stammenden und nur bis hierher gelangten Toxodonten und Megatherien. Weitere Verbreitung besitzen *Mastodon*, *Equus* und *Hydrochoerus*.[3]

In Mexiko verstärkt sich der Procentsatz der Quartärarten der Union, während einige Südamerikaner fehlen *(Toxodon, Megatherium, Hydrochoerus)*.

Die quartäre Fauna von Mexico umfasst nach J. Felix folgende Arten:

*Elephas primigenius* Blumb. var.
*Elephas Columbi* Falc.
*Mastodon Shepardi* Leidy (Californien, Thal von Mexico, Honduras).
*Mastodon tropicus* Cope.
*Mastodon Andium* Cuv.

[1] A. Nehring, Fossile Kameele in Rumänien. Globus Bd. 79. 1901 p. 264.

[2] Tektonische Erwägungen sind hierfür ebenso bestimmend, wie das fossile Vorkommen von Edentaten auf Cuba: *Megalonyx (Megalocnus) rodens* und *Myomorphus*.

[3] E. Cope, Journ. Acad. Nat. Sc. Philadelphia. Bd. 9, p. 453.

*Aphelops* sp.
*Equus crenidens* Cope.
*Equus Tau* Owen.
*Equus excelsior* Leidy.
*Equus Barcenai* Cope.
*Platygonus* cf. *compressus* Lec.
*Holomeniscus hesternus* Leidy sp.
*Eschatius conidens* Cope.
*Palaeauchenia magna* Owen.
*Auchenia* cf. *minima* Leidy.
*Bison latifrons* Harl. sp.
*Glyptodon mexicanus* Cuat. u. Ramirez.

*Bison latifrons* ist z. B. eine typische Quartärart, während die vorwiegend pliocaenen Formen (*Platygonus*, *Eschatius*, *Holomeniscus* u. *Palaeauchenia*) vornehmlich im Staate Tequixquiac gefunden sind, in Pueblo aber fehlen. Vergl. Felix u. Lenk, Beitrag z. Geologie u. Palaeont. Mexicos p. 131. Die Unterscheidung von Quartär und Tertiär ist nicht überall durchführbar.

Die altquartäre Thierwelt der westlichen und südwestlichen nordamerikanischen Staaten ist in den sogenannten Equus-beds begraben, die wohl hie und da noch den Übergang zum Pliocaen bilden.

Den wichtigsten Unterschied von den ostamerikanischen etwa gleich alten Megalonyx-beds bildet das Auftreten des Menschen in den tieferen Schichten des Westens. Die goldführenden, durch ziemlich mächtige Lavafluten überdeckten Conglomerate des californischen Längsthales mit dem berühmten Schädel von Calaveras und mit Obsidianwerkzeugen sind die bekanntesten Vorkommen dieser technisch und wissenschaftlich gleich wichtigen Formation.

Auch rein faunistisch ist der Unterschied von Osten und Westen ausgeprägt: Bis in den Südwesten der Union reicht noch das südamerikanische *Glyptodon*, während *Elephas* (von *E. primigenius* wenig oder nicht verschieden) das östliche *Mastodon* ersetzt.

Erst in Texas findet sich das westlichste *Mastodon* (*M. Shepardi* Crosby sp.), das von dort nach Mexico geht, aber im Nordwesten der Union fehlt. Das ziemlich häufige Vorkommen des Mammut im Westen lässt die Zurechnung der Equus-beds zum Pliocaen als ausgeschlossen erscheinen.

Auch die Häufigkeit und Mannigfaltigkeit der Pferde nimmt in östlicher Richtung ab. Während in der Mitte des Continentes (Petite-Anse, Louisiana) noch drei verschiedene Species der Pferde unterschieden werden können, enthält der Osten nur noch eine Art (*Equus major* Dekay). Ebenso fehlen die nordamerikanischen Lamas (*Holomeniscus*, *Eschatius*) im Osten des Continents.

Im Osten Nordamerikas ist nach Cope[1] wesentlich aus den Höhlen eine ältere — vor der marinen Senkung der Champlainperiode lebende — *Megalonyx*-Fauna (ohne menschliche Reste) und eine jüngere Thierwelt bekannt, die unter den heutigen geographischen Bedingungen lebte. Diese jüngere Höhlenfauna enthält neben Indianergeräthen nur Vertreter der gegenwärtigen Thierwelt.

Die altquartäre *Megalonyx*-Fauna enthält:

[1] Cope, Antiquity of man. Americ. Naturalist, 1895, p. 593 und Proc. Acad. Nat. Scienc. Philadelphia 1895, p. 441. Ibid. 1899, p. 1899, p. 193—267. In der letzten Arbeit unterscheidet Cope 10 verschiedene Species nordamerikanischer Quartärpferde.

| Ausgestorbene Genera[1]: | Ausgestorbene Arten von | Lebende Arten: |
|---|---|---|
| *Megalonyx* (*M. Jeffersoni*, *M. Wheatleyi* u. 2 kleinere Arten). | *Equus*. | *Cervus* (*Cariacus*) *virginianus*. |
| | *Tapirus* (*T. Haysii* Leidy). | *Canis lupus*. |
| *Mylodon* (und *Gryptotherium*). | *Bison* (*B. latifrons*). | *C.* (*Vulpes*) *virginianus*. |
| *Mastodon*[2] (*M. americanus* = *ohioticus*). | *Cervus* (*Cariacus*). | *C.* (*Vulpes*) *cinereo-argentatus*. |
| | *Dicotyles*. | *Ursus americanus*. |
| *Platygonus*. | *Castor*. | *Taxidea americana*. |
| *Machairodus* (*Smilodon*). | *Arvicola*. | *Procyon lotor*. |
| *Arctotherium* (zuerst aus Südamerika beschrieben). | *Lagomys*. | *Lynx rufus*. |
| | *Lutra*. | *Gulo luscus*. |
| *Osmotherium* \| verwandt mit | *Mephitis* (4 sp.) | *Didelphys virginiana*. |
| *Pelycictis* \| *Mephitis*. | *Ursus* (*U. haplodon*, grösser als der Grizzly) | *Castor fiber*. |
| *Teleopternus* (ähnlich den Hirschen und Kamelen). | | *Lepus silvaticus*. |
| | *Felis* (*Uncia*) *Mercerii* und *inexpectata*. | *Arctomys monax*. |
| *Cervalces* (Untergatt. v. *Cervus*). | | *Erethizon dorsatum* (der Quastenstachler). |
| *Mylohyus* (verw. m. *Dicotyles*). | *Galictis* (Maryland) | |

Den Übergang zur alten Welt bilden die Vorkommen der Steineisformation der Pribilovinseln und des Kotzebuesundes (Alaska), wo nach Richardson vorkommen: *Elephas Columbi*, *Equus major*, *Alces americanus*, *Rangifer tarandus* (= *caribu*), *Ovibos moschatus*, *Ov. maximus*, *Bison antiquus* (= *crassicornis*). Am Yukon-River (Alaska) erscheint der typische *Elephas primigenius*, während *Mastodon* erst weiter südlich am Fort Mill Creek vorkommt. *Bison antiquus*[3], die westliche, bedeutende Grösse erreichende Rasse des lebenden *B. americanus* verbreitet sich von Norden bis nach Oregon, California, Kansas, Kentucky und S.-Carolina.

## Die Pampasformation und die Quartärfauna Südamerikas.

Die Riesengrösse und einseitige Specialisirung der südamerikanischen Thiere hatte sich während der klimatisch günstigen Pliocaenzeit (Araucanische Formation) langsam gesteigert und die ungünstigen Verhältnisse der Eiszeit haben daher hier besonders grosse Verheerungen angerichtet. Die Riesenfaulthiere und Riesenpanzerthiere (*Gravigrada* und *Glyptodontia*), welche bis Nordamerika vorgedrungen waren, erlagen der Vernichtung ebenso, wie die stets auf Südamerika beschränkten Toxodontier, die Typotherien, die *Macrauchenia* und die aus dem Norden stammenden Mastodonten und Pferde. Die Zeit dieser Thierwanderungen ist in die Wende von Pliocaen und Quartär zu setzen und erfolgte über den damals breiteren Isthmus von Panama. Dass die grosse Verschiedenheit zwischen der quartären und der lebenden Thierwelt Südamerikas nicht dadurch zu erklären ist, dass man die Pampasformation dem Tertiär zuweist, lehrt u. a. ein unerwarteter Fund in Patagonien: Ein riesiger Gravigrade, *Grypotherium* (= *Glossotherium*) hat dort vor wenigen

[1] Die Thierwelt des einen Fundortes Fort Kennedy enthält unter 38 Arten nur 6 lebende.

[2] Vergl. die Restauration von Marsh, Americ. Journ. Sc., Vol. 44, 1892, Bd. 69, S. 5.

[3] Die zahlreichen, auf die Form der Hornzapfen begründeten „Arten" nordamerikanischer Bisonten erscheinen revisionsbedürftig; die Hornzapfen unterliegen sehr bedeutenden individuellen Schwankungen. So findet sich in der kleinen Herde des Berliner Zoolog. Gartens (d. h. unter 7 Exemplaren) ein Stück mit völlig geraden Hörnern.

Jahrhunderten gelebt, wie die Funde von Haaren und Fellstücken des Thieres beweisen. In einer Höhle an der Bucht von Ultima Esperanza in Patagonien wurden zusammen mit Resten von pferdeähnlichen Thieren (*Onohippidium Saldiasi*, wohl *Hippidium*), *Felis Listai* (verwandt mit Jaguar), *Machaerodus*, *Canis avus*, *Canis familiaris? Auchenia*, *Mephitis* und menschlichen Werkzeugen die Reste eines zuerst aus der Pampasformation nachgewiesenen riesigen Edentaten gefunden und so der Beweis erbracht, dass der letzte Gravigrade dem Menschen zur Nahrung gedient hat: Entweder wurde das *Grypotherium Darwini* var. *domesticum*[1] in der durch einen Steinwall geschlossenen Haupthöhle als Hausthier gehegt oder es wurde als Jagdbeute in der Höhle erlegt. Die mit Absicht zertrümmerten Schädel und die Schlagmarken der Knochen lassen darüber keinen Zweifel.

R. Lehmann-Nitsche nimmt, gestützt auf die ziemlich häufigen Funde von Knochenverletzungen und menschlichen Knochen in der *Grypotherium*-Höhle an, dass die Höhle von den wildlebenden Edentaten bewohnt war, und dass wiederholt die gesammten thierischen Bewohner von Jägern erlegt wurden.

Die Schichtenfolge der Höhle von Ultima Esperanza beweist ebenfalls, dass *Grypotherium* längere Zeit dort gelebt hat und erst vor kurzem verschwunden ist:

3. Oberfläche mit Asche, Muschelschalen und aufgeschlagenen Knochen.
2. Mittelschicht mit Baumzweigen, Laub und Knochen von Lama und *Onohippidium*. Hier fand sich das Fell von *Grypotherium*, das mit Einlagerung kleiner Hautverknöcherungen und mit röthlichen, groben, bis 5 cm langen Haaren versehen ist. Local eine bis 1 m mächtige Kothschicht.
1. Grundschicht mit Grasresten und Knochen von *Grypotherium*, *Onohippidium*, *Felis*, *Machaerodus*, *Canis*, *Chlamys*.

Auch in Argentinien scheint das Aussterben der Edentaten noch nicht weit zurückzuliegen. Im Humus der Provinz Buenos Aires kommen frische Überreste von *Mylodon* und *Panochthus* zusammen mit neolithischen Steinwerkzeugen vor und in einer Höhle der Cordillere am Rio de los Patos fand sich eine Röthelzeichnung, die ein *Glyptodon* darstellt.

Die Feuerstätten der alten Pampasbewohner und menschliche Skelette sind unter den Glyptodonpanzern gefunden worden, die nach dem Tode des Thieres als eine Art natürlicher Schutzhütte dienten. Aber diese Reste stammen aus dem Pampaslöss und können somit ein höheres Alter besitzen, während die Reste im Humus Argentiniens sowie die Fellstücke und Kothballen in den patagonischen Höhlen eine lange Lebensdauer der riesigen Edentaten beweisen.

Die anderwärts in Südamerika — in brasilianischen Höhlen, in vulcanischen Tuffen von Chile, Peru, Bolivia und Ecuador (Punin[2]) und Venezuela — gefundenen

[1] R. Hauthal, cavernas de Ultima Esperanza. Revista del Museo de la Plata. 1899. 1 Taf. — S. Roth, descripcion de los restos encontrados en la caverna de Ultima Esperanza. Ibid. p. 18. 6 Taf. — R. Lehmann-Nitsche, coexistencia de l'hombre con un gran desdentado y un equino en las cavernas patagonicas. Ibid. p. 47. — Nordenskjöld, la grotte de *Glossotherium*. C. R. Paris. 129. 1899 p. 116. — G. Woodward, on .. *Neomylodon Listai* .. near Consuelo Cave. Last Hope Inlet. Proceed. Zoolog. society London. 1899. p. 144—156. 2 Taf. Ders., on *Grypotherium* ... Ibid. 1900, p. 64—79. 5 Taf. Vergl. über die vorstehende Arbeit ausserdem das zusammenfassende Ref. im N. J. 1901. II, p. 309. — S. Roth, nuevos restos de mamiferos de la caverna Eberhardt en Ultima Esperanza. Revista del Museo de la Plata XI. 1902, p. 37 f. M. 3 Taf. — R. Lehmann-Nitsche, nuevos objetos de industria humana en la caverna Eberhardt. Mit Litteratur. Ibid. p. 55. M. 1 Taf. Id. ibid., la pretendida existencia actual del *Grypotherium* p. 269.

[2] Reiss und Branco in Palaeontol. Abh., herausgeg. von Dames und Kayser, I, 1883.

quartären Reste stimmen mit denen des Südens überein und lehren uns eine auffallende Gleichartigkeit des neotropischen Reiches kennen.

Die Thierwelt der Pampasformation umfasst wesentlich nach Burmeister und Ameghino[1] die folgenden Gattungen, welche nach dem Ort der Entstehung geordnet sind.

In Südamerika sind endemisch: Aus Nordamerika sind eingewandert:

† bezeichnet ausgestorbene Gattungen.

*Marsupialia.*

| In Südamerika sind endemisch | Aus Nordamerika sind eingewandert |
| --- | --- |
| *Didelphys.* | |
| † *Dimerodon.* | |

*Edentata.*

| In Südamerika sind endemisch | Aus Nordamerika sind eingewandert |
| --- | --- |
| *Myrmecophaga.* | |
| † *Megatherium.* | |
| † *Essonodontherium.* | |
| † *Neoracanthus.* | |
| † *Ocnopus.* | |
| † *Nothrotherium.* | |
| † *Nothropus.* | |
| † *Mylodon.* | |
| † *Pseudolestodon.* | |
| † *Lestodon.* | |
| † *Laniodon.* | |
| † *Scelidotherium.* | |
| † *Platyonyx.* | |
| † *Grypotherium* (= *Glossotherium*). | |
| † *Glyptodon.* | |
| † *Thoracophorus.* | |
| † *Hoplophorus.* | |
| † *Lomaphorus.* | |
| † *Panochthus.* | |
| † *Eleutherocercus.* | |
| † *Neuryurus.* | |
| † *Doedicurus.* | |
| † *Plaxhaplus.* | |
| † ? *Heterodon.* | |
| † ? *Euryodon.* | |
| † *Plohophorus.* | |
| *Chlamydophorus.* | |
| † *Dasypotherium.* | |
| † *Chlamydotherium.* | |
| *Tatusia.* | |
| *Eutatus.* | |
| *Tolypeutes.* | |
| *Xenurus.* | |
| *Chelomiurus.* | |

*Perissodactyla.*

| In Südamerika sind endemisch | Aus Nordamerika sind eingewandert |
| --- | --- |
| † *Macrauchenia.* | † *Equus.* |
| † *Diastomicodon.* | † *Hippidium* (u. *Onohippidium*). |
| | *Tapirus.* |
| | † ? *Plicodon.* |

[1] Vergl. Zittel, Handbuch der Palaeontologie p. 758.

| In Südamerika endemisch: | Aus Nordamerika eingewandert: |
|---|---|
| ***Artiodactyla.*** | |
| | *Dicotyles.* |
| | *Auchenia.* |
| | † *Mesolama.* |
| | † *Stilauchenia.* |
| | † *Palaeolama.* |
| | † *Hemiauchenia.* |
| | † *Protauchenia.* |
| | † *Eulamaops.* |
| | *Cervus* mit Untergattungen: |
| | *Furcifer.* |
| | *Cariacus* (= *Odontocoelus*). |
| | *Blastoceras.* |
| | *Epieuryceros.* |
| | *Antifer.* |
| | *Coassus.* |
| ***Proboscidia.*** | |
| | † *Mastodon.* |
| ***Toxodontia.*** | |
| † *Toxodon.* | |
| † *Dilobodon.* | |
| † ? *Eutrigonodon.* | |
| ***Typotheria.*** | |
| † *Typotherium.* | |
| † *Pachyrucus.* | |
| ***Rodentia.*** | |
| *Myopotamus.* | *Hesperomys.* |
| *Ctenomys.* | *Habrothrix.* |
| † *Dicoelophorus.* | *Oxymycterus.* |
| † *Platæomys.* | *Scapteromys.* |
| † *Pithanotomys.* | *Rhipidomys.* |
| *Schizodon.* | *Nectomys.* |
| *Loncheres.* | *Calomys.* |
| *Nelomys.* | *Reithrodon.* |
| *Mesomys.* | *Bothriomys.* |
| *Carterodon.* | *Tretomys.* |
| *Dolichotis.* | *Ptyssophorus.* |
| *Cavia.* | *Holochilus.* |
| *Microcavia.* | *Lepus.* |
| *Cerodon.* | |
| *Hydrochoerus.* | |
| *Lagostomus.* | |
| ***Carnivora.*** | |
| | *Lutra.* |
| | *Canis.* |
| | † *Macrocyon* |
| | *Arctotherium.* |
| | *Nasua.* |
| | † *Amphinasua.* |

| In Südamerika endemisch: | Aus Nordamerika eingewandert: |
| --- | --- |
| *Carnivora.* | |
| | *Mephitis.* |
| | *Lyncodon.* |
| | *Felis.* |
| | *Machaerodus.* |
| *Primates.* | |
| | *Homo.* |

## Australien.

Auch das australische (notogaeische) Thierreich zeigt trotz seiner — auf Beutler und Monotremen beschränkten — selbständigen Entwickelung während der Tertiärzeit dieselben Merkmale wie andere Gebiete: Pflanzenfressende Beutelthiere entwickelten sich zu bedeutender, dem Rhinoceros nahekommender Grösse. Hierzu gehören *Diprotodon*, *Thylacoleo*[1], *Nototherium* und der Riesenwombat *Phascolonus*; auch die ausgestorbene *Echidna Ramsayi* ist grösser als die lebende Form. Alle diese Riesenformen sind während oder nach der Eiszeit erloschen.

Die grössere Ausdehnung des australischen Festlandes in geologischer Vorzeit ergiebt sich daraus, dass die vorgelagerten Inseln Neuguinea und Tasmania eine ausschliesslich australische Thierwelt besitzen; auch die Tiefenverhältnisse des Oceans deuten auf eine ehemalige Zusammengehörigkeit hin. Hingegen ist das Vorkommen von Mäusen[2] und des *Dingo (Canis Dingo)* auf dem australischen Festlande wohl mit der Thatsache in Parallele zu stellen, dass einzelne australische Arten auf Amboina und Timor vorkommen. Von den Molukken sowie von den kleinen Sundainseln führten dann weitere thiergeographische Brücken nach Celebes hinüber.[3]

Die Hauptbesiedelung dieser Insel erfolgte im Miocaen von der asiatischen Seite, von Java her; in einer pliocaenen Festlandsepoche fand die weitere Einwanderung nach Celebes über die Brücke der Philippinen, der Molukken und endlich über die unwesentlichste Landverbindung, über die Floresbrücke statt. Am Ende des Pliocaen oder am Beginn des Quartärs wurden die Landverbindungen infolge von Einbrüchen allmählig wieder aufgelöst.

Diese wichtigen Ergebnisse beruhen bei dem Fehlen quartärer und tertiärer Säugethierreste auf Celebes ausschliesslich auf thiergeographischen Vergleichen: „Celebes hat sowohl mit Java, als mit den Philippinen, mit den Molukken und mit den kleinen Sundainseln eine ganze Reihe von Arten gemein, welche in ihrer Verbreitung auf diese Gebiete beschränkt sind; andererseits beherbergen Borneo und Celebes keine einzige Species ausschliesslich."

In Australien, wo Placentalthiere in quartären Schichten gänzlich fehlen, ist die Verbreitung des *Dingo*, der Nager und Fledermäuse sowie vor allem des Menschen nicht durch geologische Landbrücken zu erklären.

[1] Der trotz seiner Bezeichnung „*carnifex*" wohl auch ein Pflanzenfresser war.

[2] *Pseudomys, Hydromys, Acanthomys, Hapalotis, Echinothrix.*

[3] P. u. F. Sarasin, Über die geologische Geschichte der Insel Celebes auf Grund der Thierverbreitung. Wiesbaden 1901. M. Weber, Indo-australischer Archipel und die Geschichte seiner Thierwelt. Jena 1902 und W. Kükenthal, Zoolog. Ergebnisse einer Reise in den Molukken und in Borneo. Abh. Senckenb. Naturf. Ges. Frankfurt a. M. Bd. 25. 1903.

Es handelt sich vielmehr in den meisten — wenn nicht in allen derartigen Vorkommen — um eine geologisch späte Verbreitung, die vielfach durch den Menschen vermittelt sein mag *(Dingo)*.

Die beiden jetzt getrennten Inseln von **Neuseeland** bilden und bildeten eine selbständige thiergeographische Region, deren früher grössere Ausdehnung sowohl durch thiergeographische wie durch tektonische Erwägungen erwiesen wird. Unsere Karte giebt die Ausdehnung bis zur Hundertfadenlinie (186 m) an, doch dürfte in tertiärer Zeit der junge Gebirgsbogen der Inseln eine noch wesentlich grössere Fläche umfasst haben. Die eigenartige Differenzirung der 17—18 Arten umfassenden, erst in historischer Zeit ausgestorbenen Dinornithen *(Dinornis, Meionornis, Palapteryx* und die lebende *Apteryx)* weist auf ein grösseres Areal hin, auf dem die vielgestaltigen Riesenformen sich entwickelten.

Ähnlich wie die mannigfaltige Ausbildung der Moas in Neuseeland[1] weist die Verbreitung der flugunfähigen Casuare in Neuguinea und den angrenzenden Inseln darauf hin, dass die durch jüngere Einbrüche zerstückten Inselbögen früher zusammenhängende Ketten gebildet haben. Jedoch muss — bei dem Fehlen quartärer palaeontologischer Überlieferung — ein Reconstructionsversuch zunächst an die Hundertfadenlinie anknüpfen. Immerhin weist die Verbreitung der recenten Casuare darauf hin, dass einerseits Neu-Pommern in jüngster geologischer Vergangenheit mit Deutsch-Neuguinea zusammenhing während im Süden dieser grossen Insel Ceram und der Aru-Archipel eine Halbinsel von Queensland darstellten.

Die Casuar-Gruppe mit dreiseitigem „Helm" und glattem Hals kommt in Deutsch-Neuguinea (*Casuarius picticollis Heckii* Matschie) und Neu-Pommern vor (*C. Bennetti* Gould). Die ebenfalls nah mit einander verwandten Varietäten mit zweilappigem Halsanhang und oval begrenztem Helm bewohnen Ceram (*Cas. casuarius* L. Typus), die Aru-Inseln (*Cas. casuarius* var. *violicollis* Rothsch.) und Queensland (*Cas. casuarius* var. *australis* Wall.). Für die Verbreitung der beiden Gruppen der Casuare ist also das Neu-Guinea in der Längsrichtung durchziehende Gebirge viel wesentlicher als die heutige Vertheilung von Festland und Meer.

[1] Eine Erwähnung der thiergeographischen Festlandseintheilung der Gegenwart (Sclater, Wallace, Lydekker) ist den vorstehenden Zeilen nur dort möglich gewesen, wo geologische Überlieferung vorlag.

# Das Quartär Nordeuropas.

Von E. Geinitz.

Das Hauptinteresse im nordeuropäischen Quartär concentrirt sich auf die Glacialerscheinungen der sogenannten Eiszeit.

Über die Vorstellungen, die man sich von den Verhältnissen der Eiszeit selbst zu machen hat, wird in dem speciellen, Fennoscandia und Grossbritannien behandelnden Theil ausführlich berichtet.

Neben den Detailarbeiten (deren jede, wenn sie nur gewissenhaft durchgeführt ist, als Baustein dankbar zu begrüssen ist) haben seit langem drei Hauptfragen die Geister beschäftigt und eine fast unübersehbare Litteratur — von Berufenen wie von Unberufenen — gezeitigt: Die Frage, ob überhaupt und eventuell wie viele Interglacialzeiten existirt haben, sowie die Fragen nach der Ursache und der Zeitdauer der Eiszeit resp. der Eiszeiten. Oft hat man dabei übers Ziel hinausgeschossen und der Phantasie allzu freien Lauf gelassen; und um es offen zu bekennen: noch sind wir nicht am Ziel der Erkenntnis gelangt.

Eine kritische Würdigung der bisher bekannten Glacialerscheinungen lehrt uns folgendes[1]:

Der ältere baltische Eisstrom der anfangs noch schwachen Vereisung Skandinaviens war nicht im Stande, einige bedeutende Höhen zu überwinden; allmählig (d. h. ohne zeitliche Unterbrechung!), bildete er sich zu der Hauptvereisung aus und ging sodann ebenso langsam wieder zurück. „Die erste Eiszeit war schwach entwickelt, die zweite entsprach dem Maximum, die letzte war wieder auf das Balticum beschränkt.“

Diese Thatsache legt den Gedanken sehr nahe, nur eine Eiszeit anzuerkennen, als eine einheitliche Erscheinung, die von untergeordneten, kleinen und grösseren Schwankungen unterbrochen war. Für die einzelnen Etappen kann man besondere Namen wählen, mag sie sogar „Eiszeiten“ taufen, nur muss man nicht glauben, dass die Zwischenstadien, die „Interglacialzeiten“, Epochen waren, in denen jedesmal der heutige klimatische Zustand mit völlig auf die heutigen Gletscher reducirten Eisströmen hergestellt gewesen sei; hiefür ist nirgends ein ausreichender Beweis erbracht worden.

Aber andererseits ist anzuerkennen, dass die etwaigen Schwankungen in Niveau und Temperatur sich auch weit über das vereiste Gebiet hinaus bemerkbar machen mussten, nicht bloss auf die südlichen Randgebirge (Terrassen, Schotter u. a.), sondern auch auf weiter entlegene Landstriche, wie die Aralocaspische Niederung.

Ob in diesen periodisch erscheinenden Wechseln eine allgemeine, die ganze

[1] Vergl. E. Geinitz, Die Einheitlichkeit der quartären Eiszeit. N. Jahrb. f. Min. Beilage-Band XVI. 1902. S. 1–98.

Erde begreifende Erscheinung vorlag, wird der Vergleich der einzelnen Gebiete lehren und werden spätere Untersuchungen festzustellen haben.

Für eine einheitliche Erscheinung spricht das System der Schrammen, die, obwohl sich mehrfach kreuzend, jetzt doch als von einer einzigen („der letzten") Vereisung hervorgerufen gelten; die verschiedenen Abweichungen sind im Allgemeinen durch locale Einflüsse veranlasst worden.

Ähnliches gilt vom Geschiebetransport.

Die Endmoränen sind als einfache Rückzugsetappen erkannt (in Norddeutschland sich im Westen vereinigend, nach Osten zergabelnd), die oft in vielen parallelen Reihen hinter einander liegen (voll entwickelt, oder nur als „Geschiebestreifen" oder endlich nur aus der Lage der alten Stauthäler erkennbar); sie gelten nicht mehr als die äussersten Grenzen der betreffenden Eiszeit[1].

Die limnischen „Interglacialablagerungen" sind auffallenderweise fast nur auf Gebiete vor einem Eisrande beschränkt, vielfach in Bodensenken, die z. T. noch heute conservirt sind[2]; die marinen liegen in Theilen des Landes, die man unschwer als alte Meeresbuchten oder -Arme und -Strassen erkennt und sind hier oft vergesellschaftet mit ähnlichen Ablagerungen aus früherer Zeit (praeglacial, interglacial I).

Wenn dieselben wohl von unbedeutenden Sedimenten überdeckt sind, oder gar von Geschiebemergel, so kann man darin (falls es sich nicht um extraglaciale Bildungen handelt) den Vorstoss eines Gletschers oder seiner Schmelzwasser sehen, ohne annehmen zu müssen, dass nicht nur die betreffende Gegend, sondern weit darüber hinaus das ganze Land inzwischen unter dem Einfluss einer warmen, völlig eisfreien Zeit gestanden hatte.[3]

Wenn man die post- (resp. spät-) glacialen Niveauschwankungen als oscillatorische Ausgleichungen des Eisdruckes annimmt,[4] so kann man auch als Erklärung für eine im Glacial erfolgte Senkung die Eindrucktheorie (neben Dislocationen) benutzen. In wie weit man den Einfluss des abgelenkten und von neuem die europäische Küste treffenden Golfstromes und etwaige polare Strömungen zur

[1] Wie das Vorrücken des Eises in einzelnen Zungen erfolgte, die sich zuerst wohl auch noch zwischen grünes Gelände vorschoben und wiederholte Überschüttungen und Zerstörung von Sedimenten und Torfmooren verursachten (so dass nur wenig davon erhalten blieb), so erfolgte auch das Abschmelzen nicht gleichmässig, sondern ruckweise und bestand aus einer grossen Anzahl von Einzeletappen; es ist daher unthunlich, „die Endmoräne" als Grenze einer Eiszeit anzunehmen.

[2] Hiermit steht das Vorkommen des Mammut in Zusammenhang (wie oben nachgewiesen, ist es ein Thier des kalten Klimas, nicht wie vielfach gesagt wird, ein Beweis für wärmeres Klima): gegenüber den massenhaften Funden in den Aussengebieten der Vereisung, das spärliche Vorkommen innerhalb der nördlicheren, z. B. baltischen Regionen und gar in Skandinavien! (Man braucht sich deswegen aber nicht der Ansicht Howorth's anzuschliessen, wonach alle Mammute praeglacial seien. — Vergl. N. Jahrb. f. Min. 1895, I. 115 und 1898, II. 163.)

[3] A. Blytt spricht sich bezüglich der Interglacialzeit dahin aus, dass wir berechtigt sind, die 2 sogenannten Eiszeiten als 2 Phasen ein und derselben grossen Eiszeit aufzufassen. (Beibl. Bot. Jahrb. 17. 1893, 28.) Blytt wendet sich auch (Beibl. Bot. Jahrb. 41. 1896) gegen die Annahme Fischer-Benzon's (Moore Schleswig-Holsteins, 72), dass die Perioden der Zitterpappel und Kiefer interglacialen Alters seien; F.-B. wollte dies damit beweisen, dass einige Torfmoore mit jenen Resten von einer Schicht Sandes verschüttet seien; Blytt weist aber nach, dass jene Moore aus der borealen Periode stammen und daher die Sandbedeckung auch nicht als glaciale Bildung anzusehen sei.

[4] S. Holst und vergl. auch Brückner, Deformation der Erde unter der Last des Inlandeises, 1889, referirt im N. Jahrb. f. Min. 1890, II, 209.

Erklärung heranziehen darf, ist vorerst noch nicht genau zu übersehen, doch wird auf diesen Umstand ein bedeutendes Gewicht zu legen sein.

Die *Temperaturschwankungen*, welche z. T. ein etwas milderes Klima als das gegenwärtige (im Postglacial und „Interglacial") mit sich brachten, möchte ich vergleichen mit den Ausgleichsschwankungen der Niveaudifferenzen; auch hier kann ein (übrigens nur geringes) Mehr eintreten. Von Einfluss werden auch die hierbei Zutritt erhaltenden Meeresströmungen geworden sein. Jedenfalls verdient Beachtung, dass eine solche mildere Zeit sowohl im „Praeglacial", wie auch im „Interglacial" und in dem echten Postglacial nachweisbar ist! Wir werden somit auf gleiche Ursachen hingewiesen.

Halten wir an der Einheit der Eiszeit fest, so ergiebt sich auch, dass „Postglacial" der verschiedenen Gegenden ein verschiedenes Alter hat und es deshalb wohl besser wäre, die betreffenden Ablagerungen mit Localnamen zu bezeichnen, um den Gedanken nicht aufkommen zu lassen, es handle sich hier um eine in allen Gebieten gleichwerthige und gleichalte „Formation". Ein Praeglacial in südlichen Gegenden kann also gleich alt sein mit einem Glacial nördlicher Breiten, ein Interglacial im Süden gleich einem Glacial im Norden. *Die Ausdrücke glacial, interglacial, extraglacial bedeuten also für Nordeuropa nicht Zeitalter, sondern nur locale Facies.*

Am angeführten Ort habe ich zu zeigen versucht, dass zur Eiszeit, wenigstens zu Beginn derselben, in Deutschland *nicht durchgängig kälteres Klima* herrschte, sondern im Gegentheil, dass hier im Anschluss an das Jungtertiär zunächst ungefähr dieselben oder etwas wärmere Klimabedingungen vorlagen, wie die heutigen. In Deutschland fand sowohl in faunistischer und floristischer, als auch in geographischer Beziehung ein Übergang von dem jüngsten Tertiär in das Quartär statt. Allerdings muss bemerkt werden, dass andererseits vieles für die Annahme spricht, dass eine geringe *allgemeine Temperaturerniedrigung* auf der ganzen Erde im Quartär eingetreten ist.[1] *Frech* hat als Ursache die Abnahme des Vulcanismus während des Quartärs, im Gegensatze zum Tertiär und zur Gegenwart, angenommen (s. u.). Dass die gewaltigen Eismassen auf das Klima der Umgebung Einfluss ausübten, ist selbstverständlich; dadurch erklärt sich eine gewisse *allgemeine Temperaturabnahme Nordeuropas* (als Folge, nicht als erste Ursache der Eiszeit) und insofern darf man die Erscheinung der Eiszeit als eine grossartige Störung (mit vielfachen Schwankungen) des posttertiären Klimagleichgewichts bezeichnen.[2]

Es reichten also die im Norden erzeugten Gletscher in Gegenden von mildem Klima hinab (ähnlich wie Thalgletscher weit in grüne Gefilde reichen), mannigfach oscillirend, zwischen den Einzelzungen (die zu verschiedenen Zeiten seitlich verschmelzen konnten) stellenweise offenes Land oder Wasser freilassend, sich in Buchten oder alten Thälern zungenförmig weit vorschiebend. Die inzwischen erfolgenden und bis zur Postglacialzeit besonders in den nördlichen Theilen, andauernden *Niveauschwankungen* ermöglichten in einem archipelartigen Gebiete

[1] Nach R. Credner um 3—4 Grad.

[2] Auch St. Meunier (Geol. Centralbl. 1903, 298) kommt zu ähnlichen Folgerungen. Nach ihm verschwinden die Gletscher nicht *infolge* Temperaturerhöhung, sondern im Gegentheil führt der Gletscherrückzug zur Erhöhung der Wärme. M. lehnt Interglacialzeiten mit warmem Klima ab.

1. Postpliocäne Landhebung (Aufwölbung) der skandinavischen Urgebirgsplatte; Festlandverbindung durch Landengen zwischen Deutschland und Skandinavien, ebenso nach Südengland; Vergrösserung der Gletschergebiete, Vorrücken der Gletscher, Vereinigung zu Landeis; Älterer baltischer und norwegischer Eisstrom, übergehend in den Haupteisstrom.

[Skandinav. Anfangsphase.]

2. Im Atlantic und Baltic z. Th. kalbende Eismassen, Packeis, z. Th. schwimmende Eisdecke? z. Th. Transgression über die Nordseeküste, Meeresbuchten im Elbthal und Weichselthal. Inzwischen in der Nordsee und Süd-Ostsee vorherrschend gemässigte, nur local arktische Klimabedingungen. Kalte Strömungen und Treibeis bedingen arktische Faunenabsätze (Vendsyssel, Elbing); bei Elbing Landnähe. Im Mündungstrichter der Elbe (Lauenburg bis Hamburg) schwarze Thone als Umlagerung der miocänen Thone mit Beimengung von feinem nordischen Material, an den Ufern *Cardium*-Sand, Süsswasserdiatomeen, *Mytilus*-Thon (geringe Niveauschwankungen).

Auf dem Lande Vegetation, z. Th. mit arktischen Moosen, aber Conchylien der heutigen Klimaverhältnisse (Möen, Rügen, Elbing), Mammuth auch in Südschweden, Dänemark (Landbrücke über Seeland).

Gleichzeitig im Süden „präglaciale" Flussschotter von unbekannter Zeitdauer, milden Klima (*Melanopsis*, *Lithoglyphus*), Höhlenabsätze, Kalktuff, Torf; Existenz des Menschen.

[Präglacial.]

3. Das Eis (Haupteis) rückt über das Ostseebecken vor, erreicht den deutschen Boden im Allgemeinen wohl als zusammenhängende Masse, im Einzelnen mit vielen zungenförmigen Ausläufern (besonders in Buchten oder existirenden Thälern), deren jeder vielfach oscilliren und sich mit den Nachbarn vereinigen kann, hierdurch auf kürzere oder längere Frist zwischen sich offene Stellen lassend. Es ist im Allgemeinen im mittleren und westlichen Norddeutschland noch ein „baltischer Strom". Schrammen durch locale Einflüsse sehr verschieden gerichtet.

Bildung der sogen. prä- oder altglacialen fossilführenden Ablagerungen dauert fort. Einfluss von Meeresströmungen bei Stade erkennbar; Eiszungen in tiefen Thälern greifen in oder unter marine Ablagerungen (Hamburger Tiefbohrungen, Stade); im Seengebiet werden die marinen Ablagerungen z. Th. gestaucht und schollenartig verschleppt (Cyprinenthon, Preussen).

Andere Lager werden zerstört, ihre Fossilien verschleppt.

Die Gletscheroscillationen und die massenhaften Schmelzwässer bedingen die mannigfache Wechsellagerung von Moränenbänken und fluvioglacialen Sedimenten. (In grösseren Becken setzen sich ausgedehnte fossilfreie Thonlager [Eismeerthone] oder Schlicksande ab, deren Hangendes und Liegendes meist feine Sande sind, die häufig auch die periodischen Wechsel der Wasserbewegung in der Natur des „Bänderthons" anzeigen; an Stellen stärkerer Bewegung werden Sande und Grande abgelagert.)

Die dem Eisrande entströmenden Gewässer verfrachten nach Süden Sande, welche die hierbei geschaffenen oder schon existirenden Niederungen z. Th. erfüllen; z. Th. bilden sich hier die verschiedenen extraglacialen Süsswasserablagerungen (Diatomeenerde, Süsswasserkalk; Lüneburger Heide, Fläming). Dort herrscht noch gemässigte resp. milde Flora und Fauna, denen sich von Norden verdrängte Formen beimischen.

Die alten Flussläufe setzen Paludinen- oder Valvatensande ab, bei Rüdersdorf auf einem schon bis dorthin in einem tiefen Thale vorgeschobenen Ausläufer der Grundmoräne (deren Eis inzwischen wieder nach Norden zurückgedrängt wird), im übrigen auf fluvioglacialen Schotter.

Nur das langsame Vorschreiten, mit eventuellen Ruhepausen, kann zur Bezeichnung von „Interglacialzeit" verwerthet werden.

[Erste baltische Phase (erste Eiszeit in Deutschland mit Interglacial 1).]

4. Schliesslich hat das vorrückende Eis seine Maximalausdehnung erreicht (Holland, Sachsen, Schlesien, mittleres Russland). Abschmelzung und reiche Niederschläge verursachen bedeutenden Wasserreichthum (grosse Erosions- und Ablagerungsthätigkeit der Gebirgsflüsse, grosse Wasserflächen sowohl der einheimischen Gebiete, wie in weiter Entfernung, vergl. aralo-caspische Transgression).

Thier- und Pflanzenwelt von gemischtem Charakter auf engem Raum zusammengedrängt; Thiere und Mensch ziehen sich z. Th. in Höhlen zurück.

[Phase der grösst. Ausbreitung (grosse od. zweite Eiszeit.)]

Stillstand wohl nur kurz; undeutliche, z. T
Harz, auch im westlichen Holland. Blockg
eine Senkung vorbereitet und in denselben

(Eiszeit). (E. Geinitz 1902.)

**Alluvium, recent. Skandinavische Schlussphase.**

8b. Das Alluvium zeigt überall einige Klimaschwankungen in den Torfmooren (und Kalktuffen z. Th.). Schliesslich bilden sich die heutigen Verhältnisse von Land-, Wasser- und Eisvertheilung heraus. Der Einfluss des Menschen (der seinerseits von dem höher entwickelten Menschen der südlichen Länder beeinflusst worden sein dürfte) macht sich auf die Thierwelt, wie auf die Oberflächenbildungen bemerkbar.

8a. Endlich haben sich die Niveauschwankungen bis auf den nördlichen Theil des Balticums beruhigt (ob im südlichen Theil noch eine Senkung stattfindet, ist ungewiss); recente Senkung erfolgt im Nordseegebiet.

**Spät- und Postglacial des Balticums.**

7b. Niveauschwankungen werden nun (vielleicht durch Eisdruckerleichterung) eingeleitet: Spätglaciales *Yoldia*-Meer mit offener Verbindung nach Osten; darauf *Ancylus*-See (mit Landverbindung zwischen Deutschland und Schonen) und weiter erneute geringere Senkung: *Litorina*-Meer und Verbindung zur Nordsee. Während dessen weiterer Rückgang der Gletscher in Skandinavien, innere Moränen.

7a. Das letzte Stadium ist dasjenige, wo sich das Eis auf skandinavischen Boden zurückgezogen hat und die Ostsee eisfrei ist, Eisberge werden indess noch darauf treiben und eventuelle Ablagerungen und Störungen bilden. Meeresabsätze im inneren Balticum (? Ristinge) mögen in diese Zeit fallen. (Wenn nicht älter, 6.)

**Zweite baltische Phase (jüngerer baltischer Eisstrom, dritte Eiszeit mit folgender „Abschmelzperiode").**

6. Der weitere Rückzug des Eises lieferte die bekannten Endmoränen des baltischen Höhenrückens, welche in ihren Parallelreihen einzelnen Rückzugsetappen (mit längeren Stillständen) entsprechen und denen dann noch die endmoränenarme oder -freie letzte Stillstandsphase der pommerschen Urstromthäler folgte.

Im Glacialgebiet Wiederholung (Fortsetzung) der Glacialerscheinungen mit Schichtenstauchung, Zerstörung des Untergrundes, Herausbildung scheinbarer Interglacialprofile, Grundmoränenlandschaft, Drumlins, Åsar, Thal- und Seebildung u. a. m.; ausserhalb Sandr, Urstromthäler, Thalsand und -grand.

Im baltischen Gebiet bereits in der westlichen und südöstlichen verwaisten Meeresbucht marine resp. brackische Bildungen, die später von localen Eisvorstössen oder Drift nochmals mit „Diluvium" bedeckt werden. „Interglacial" (? Ristinge, Oldesloe, z. Th. preussisches Moränengebiet?).

Südlich in grösserer Entfernung Lössbildung (mit Diluvialfauna), zu der die theilweise Steppenfauna tritt). In den südlichen Gebirgen Höhlen, Kalktuff, Schotter u. a., in Fortsetzung früherer Bildungen.

**Phase des langsamen Rückzuges (sogen. zweites Interglacial).**

5c. Gelegentlich können erneute Vorstösse des Eisrandes oder die von ihm gelieferten Schlammströme, z. Th. auch südliche Flussschotter, derartige Lager (Sandr, Schotter, Torfmoore) mit einer Grundmoränenbank (Rixdorf), oder Geschiebesand (Klinge), oder auch feinem Sand (Beldorf, Lauenburg) beschütten, locale Ursachen oberflächliche Schichtenstörungen verursachen. Hierdurch können sogen. „Interglacialprofile" entstehen; für die betreffende Gegend sind diese Ablagerungen aber als postglacial zu bezeichnen, oder auch „diluvial" (wie z. B. Rixdorf, wo fluvioglaciale Grande z. Th. in unmittelbarem Anschluss an die („untere") Moräne auftreten).

5b. In den eisbefreiten Gegenden entwickeln sich Sande oder zusammengeschwemmte Thonlager, kleine Kalkabsätze u. a., ferner Torfmoore in Seebecken oder Flussrinnen (deren Gestalt noch heute mehr oder weniger deutlich erhalten ist); ihre Pflanzen entsprechen einem gemässigten, eventuell sogar etwas wärmeren Klima, z. Th. auch Klimaschwankungen (so wie es auch in echt postglacialen Torfmooren bekannt ist).

Im Süden Beginn der Lössbildung (wie sub 6).

5a. In der folgenden, sehr lange Zeit beanspruchenden Abschmelzperiode wird der Rand des (immerfort aus Norden nachschiebenden) Eises allmählich weiter nach Norden verlegt (Reste von Endmoränen). Mit ihm die ihn unmittelbar umsäumende arktische Flora (aus allen Stadien des Rückzuges bekannt, von Sachsen bis in die baltischen Länder, von derselben bleiben auch einige Relicten, z. B. in Sachsen, Westpreussen und schliesslich im skandinavischen Hochgebirge). Das Klima etwas milder als jetzt, dennoch war Eis vorhanden, weil es natürlich nicht plötzlich verschwinden konnte. Pflanzen und Thiere drängen nach Norden vor, z. Th. nun ansässig, z. Th. auswandernd. Ihre Reste in den fluvioglacialen Kiesen erhalten; besonders wandert das Mammuth nach (vielleicht nach Analogie mit Sibirien bis auf das Eis). Ebenso der Mensch.

...en Endmoränen im Erzgebirge und am ...
...orden vielleicht durch Eindruck schon
(wie früher?) noch offene Meeresflächen.)

das Erscheinen oder das Verschwinden von Meeresströmungen, die ihrerseits auf Klimaschwankungen von Einfluss wurden. Auch die lange Zeit des Abschmelzens scheint anfangs ein etwas wärmeres Klima als das heutige gehabt zu haben.

Die Fauna und Flora des Quartärs entsprach dem heutigen, nur um wenig verbesserten Klima; die arktischen Formen sind als Eindringlinge zu betrachten, die sobald es ihnen möglich wurde, wieder auswanderten; im nordöstlichen Gebiet der „borealen Transgression" war das Verhältnis umgekehrt, dort sind die gemässigten Formen die — durch den Golfstrom herbeigeführten — Eindringlinge.

So kann man auch endlich sagen, dass die Eiszeit gewissermassen durch sich selbst auch wieder ihr Ende erreichte: Hebung Skandinaviens und mächtige Gletscherentwickelung (so mächtig, dass das Eis die Ostseeniederung überschreiten und sich weit südwärts ausbreiten konnte); alsbald, z. T. in Folge des Eisdruckes, die bekannte Senkung (am Aussenrand Skandinaviens der „praeglaciale" Yoldienthon mit Nordseefauna[1]), Zutritt warmer Strömungen und Erwärmung Europas auf ein etwas höheres Klima; hierdurch Beginn der allgemeinen Abschmelzung; in der langen Dauer der Folgezeit, die durch Eisentlastung bedingten, allmählig sich abschwächenden Niveauschwankungen, die bis in die Postglacialzeit reichen.

Dieselben Erklärungen lassen sich für das Quartär Grossbritanniens geben, wo bekanntlich die marinen Ablagerungen, z. T. eng mit dem Geschiebethon verknüpft, eine wichtige Rolle spielen.

Auf der beifolgenden Tabelle habe ich versucht, die Entwickelungsgeschichte des baltischen Quartärs zu skizziren. Die Hauptphasen sind mit laufenden Zahlen markirt.

(Die Anordnung in unter- und übereinander stehenden Reihen soll das Correspondiren des jeweiligen Eisrandes mit den einzelnen Phasen andeuten; die Pfeile sind gemäss der Eisbewegung nach unten, Süden, gerichtet. Die Reihen sind links von oben nach unten, rechts von unten nach oben, nach den laufenden Nummern zu lesen. Man wird sich dabei vergegenwärtigen, dass die Dauer des Glacialphaenomens eine sehr lange gewesen ist, insbesondere die Zeitdauer des Vorrückens bedeutend kürzer als die des Rückganges war.)

Es versteht sich, dass eine ähnliche Skizze auch die Quartärablagerungen Britanniens und Russlands erläutern würde.

Unter den Versuchen einer Berechnung der Zeitdauer verdient die Arbeit von Tutkowski[2] besondere Beachtung, weil sie sich frei hält von Heranziehung astronomischer Beziehungen. Der Gedankengang ist kurz folgender:

Die unmittelbare Ursache war eine bedeutende Vergrösserung der atmosphärischen Niederschläge in den hohen Breiten. Daher Vergrösserung der Mächtigkeit der Gletscher, ihres Druckes und Zunahme der Bewegungsgeschwindigkeit, so dass der tägliche Zufluss des Eises an den Rändern die Menge des thauenden Eises übertraf. Die Mächtigkeit ist eine Function der Bewegungsgeschwindigkeit und der Intensität des Schmelzens.

---

[1] Die praeglacialen marinen Bildungen des Balticums können als Localerscheinungen bei ungleichmässiger Hebung erklärt werden.

[2] Tutkowski, Bemerkungen über die Glacialepoche. Annuaire géologique et min. de la Russie. Novo Alexandria. III, 1899, 131.

Die Mächtigkeit des wegthauenden Eises wird berechnet:

| | 20. März | 21. Juni | 21. Dez. |
|---|---|---|---|
| für 70° n. Br. | 64 m | 214 m | 0 m |
| 60° | 84 | 205 | 10 |
| 50° | 120 | 207 | 37 |

Daraus ergiebt sich eine Vorstellung über die Reliefveränderungen des Eises nach den Breitengraden und Jahreszeiten, sowie seiner Grenzmächtigkeit an der Peripherie. Die Mächtigkeit der pleistocaenen Gletscher war:

| | 21. Dez. | 20. März | 21. Juni |
|---|---|---|---|
| in 70° | 6630 m | 6565 m | 6416 m |
| 60° | 4508 | 4425 | 4314 |
| 50° | 378 | 295 | 208 |

Bei einer Bewegungsgeschwindigkeit von 0,3 m täglich wäre die Dauer des Vorrückens des Gletschers vom 70. Grade 18500 Jahre, bei einer Geschwindigkeit von 1 m 6082 Jahre. Die Dauer eines jeden Rückzuges war also wahrscheinlich bedeutend grösser, als die eines jeden Vorrückens.

Zwei Resultate dieser Berechnungen sind von besonderem Interesse:

1. Die Dauer des Rückzuges war bedeutend länger als die des Vorstosses. Zu gleichem Resultat gelangen auch die auf astronomischen Grundlagen basirten Berechnungen (s. u.).

2. Es ist ein wenigstens einigermaassen berechtigter Anhalt gegeben für absolute Zeitangaben; natürlich innerhalb sehr weiter Grenzen, bei denen ein oder einige Jahrtausende keine erhebliche Rolle spielen dürfen. Jedenfalls aber hebt sich das hier gefundene Resultat vortheilhaft von den Zahlen ab, welche z. B. neuerlich M. Hildebrandt[1] entwickelt:

Derselbe erhält folgende Werthe (vergl. die Tabelle S. 64 und Correctur in der Nachschrift S. 197):

| | | | |
|---|---|---|---|
| für die Postglacialzeit[2] | 30 000 | „ | |
| 4. Eiszeit | 25 000 | „ | (mit 20—25 000 jahr. Abschmelzperiode. |
| 3. Interglacialzeit | 195 000 | „ | |
| 3. Eiszeit | 15 000 | „ | (mit kurzer Abschmelzperiode) |
| 2. Interglacialzeit | 120 000 | „ | |
| 2. Eiszeit | 40 000 | „ | (mit 50—60 000 jahr. Abschmelzperiode) |
| 1. Interglacialzeit | 65 000 | „ | |
| 1. Eiszeit | 20 000 | Jahre | (mit kurzer Abschmelzperiode) |

Summa: 530 000 Jahre.

Sonach würde das gesammte Quartär die Zeit von 530000 Jahren umfasst haben.

Hinzufügen wollen wir, dass für die Dauer der praehistorischen Zeit Nordeuropas 8-14000 Jahre angenommen werden, dazu noch ca. 2000 für die historische (Eisen-) Zeit.

Auch im Vergleich mit der dyadischen Eiszeit wird man wohl kaum die Über-

[1] M. Hildebrandt, Eiszeiten der Erde, ihre Dauer und ihre Ursachen. Berlin 1901.

[2] Nämlich die Zeit 1800—30000 vor der Gegenwart.

hebung wagen, nur je eine der 3 oder 4 pleistocaenen Eiszeit dieser als acquivalent gegenüberzustellen, sondern immer die gesammte diluviale Eiszeit als Einheit in Rechnung setzen. Besondere Beachtung bei diesen Fragen verdient die Thatsache, dass in den antarktischen Gebieten ebenfalls eine grössere Vereisung zur Quartärzeit stattgefunden hat.[1]

Harmer stellt auf Grund palaeometeorologischer Betrachtungen es als sehr wahrscheinlich hin, dass die Maxima der Vereisung in Europa und Amerika nicht gleichzeitig waren, sondern alternirten (s. u.).

## Ursachen der Eiszeit.

Auf die mannigfachen Theorien, die zur Erklärung der Eiszeit (Eiszeiten) aufgestellt sind, will ich hier um so weniger eingehen, als sie in zahlreichen Schriften oft genug wiedergegeben sind, und ich völlig mit Usting übereinstimme, wenn er sagt: „man kennt die Ursachen der Eiszeit nicht". Nur einige Punkte seien hervorgehoben.

Man kann die Eiszeittheorien in terrestrische und kosmische eintheilen, je nachdem sie die Ursachen in Vorgängen auf dem Erdkörper oder in astronomischen Verhältnissen suchen.

Unter den kosmischen Theorien nimmt diejenige von Croll und Adhémar die hervorragendste Stelle ein (periodische Veränderungen der Excentricität der Erdbahn); auf ihr basiren weitere, die diese Theorie mehr oder weniger ausgebaut oder modificirt haben. J. Geikie schliesst sich ihr an, Hansen verwirft sie und meint, die Verschiebung der Erdachse sei die Ursache. (1890.)

In seiner Schrift: Eiszeiten der Erde, ihre Dauer und ihre Ursachen, 1901 (wo auch eine Übersicht der verschiedenen Theorien zu finden ist), schliesst sich M. Hildebrandt den kosmischen Theorien an und giebt nach näherer Begründung seine Ansicht in folgenden Sätzen wieder: Die Bahnexcentricität der Erde beeinflusst ihre Klimate. Zwar ist sie auf die jährlich von der Sonne empfangene Wärmemenge fast ohne Einfluss, aber es bewirken die hohen Excentricitäten eine ungleichmässige Erwärmung der Erdoberfläche, die niederen eine gleichmässige. Die Fluthwelle ist für die Rotation eine Hemmung, diese ist zur Zeit der hohen Excentricitäten bedeutender als bei niederen. Bei hohen Excentricitäten ist die Rotation verlangsamt, der Sterntag verlängert; bei niederen beschleunigt sie sich wieder und der Sterntag verkürzt sich. Die verlangsamte Rotation hat eine Abnahme der Centrifugalkraft am Aequator zur Folge, die beschleunigte Rotation eine Zunahme.

Die schwache Centrifugalkraft lässt die Meere in höhere Breiten entweichen und erzeugt ausgebreitete Continente in den Tropen; die starke Centrifugalkraft häuft die Meere zu beiden Seiten des Aequators an und schafft grosse Landgebiete in höheren Breiten.

Grosse Continente in den Tropen bilden an sich schon eine grosse Heizfläche, die aber noch mehr zur Geltung kommt, wenn sich die Erde beim Durchgange durch das Perihel der Sonne nähert, so dass ein heisses Klima entsteht, und da aus den Tropen die Winde viel Wärme in höhere Breiten tragen, so erhalten diese ein mildes Seeklima; grosse Meere am Aequator stellen eine sehr ausgebreitete Verdampfungsfläche dar, von der aus sich viele Wasserdämpfe über die ganze Erde ausbreiten, die eine mit Feuchtigkeit stark gesättigte Atmosphäre schaffen; hierdurch sind lange, allgemeine Regenperioden bedingt, die, wenn in höheren Breiten Hochgebirge mit wenig erodirten Thälern vorhanden sind, in Eiszeiten ausarten, welche erst dann wieder schwinden, wenn warme trockene Winde in der folgenden Periode hoher Excentricität das Inlandeis zum Schmelzen bringen.

[1] Vergl. Arctowski, Comptes rendus Ac. Sc. 1900, and The antarctic Voyage of the Belgica. Smithsonian Report for 1901.

Auch andere terrestrische Einflüsse haben auf die glacialen und interglacialen Zeiten einen Einfluss; doch stehen die meisten derselben in einem Abhängigkeitsverhältnis zu den Excentricitäten. Von besonderer Wichtigkeit für die letzte Eiszeit war der Golfstrom, der ihr ein vorzeitiges Ende bereitete und die sogenannte Sintfluth sowie eine kühle Periode Europas und Nordamerikas im Gefolge hatte. Nach den Excentricitäten lassen sich die Daten der glacialen und interglacialen Epochen der Quartärzeit mit annähernder Sicherheit bestimmen.

Der Vergleich einer graphischen Darstellung der Excentricität der Erdbahn nach Stockwell zeigt das Zusammenfallen der kalten feuchten Perioden des Quartärs (Eiszeiten) mit den Zeiten der Minima, der warmen trockenen (Interglacialzeiten) mit denen der Maxima der Erdbahn-Excentricität. Daraus berechnet Hildebrandt auch die Chronologie der Quartärperiode.

Hildebrandt meint, es handle sich nicht um längere Rückzugsphasen einer einzigen Eiszeit, sondern um mehrere Eiszeiten, die durch lange Interglacialzeiten getrennt sind; „innerhalb einer jeden dieser Eiszeiten aber fanden ausserdem noch längere Rückzugsphasen oder Interstadialzeiten statt". Die 3. (4.) Eiszeit (Mecklenburgian) endete in Skandinavien durch eine Eisdrift. „Die Eisdrift des Nordens hatte seine Ursache vermutlich in dem Erscheinen des Golfstromes im nördlichen Theile des Atlantischen Oceans."

Viele der Hildebrandt'schen Praemissen, sind noch unerwiesen. Hildebrandt giebt dies selbst zu mit den Worten: „Es hat sich herausgestellt, dass die Thatsachen der Geologie doch nicht zu einer Gliederung der Quartärperiode, wie sie Verfasser im Sinn hatte, vollständig hinreichen!"

Andere Theorien suchen die für Entstehung der Eiszeit geforderte Temperaturerniedrigung auf der Erde in der Sonne selbst (Wood).

R. Fischer[1] sagt, die Sonne hat an den verschiedenen Stellen ihrer elliptischen Bahn eine verschiedene Geschwindigkeit, mit der verlangsamten Bewegung ist eine starke Abkühlung der Sonne verbunden, deren Wirkungen in den Eiszeiten der Erde wiederzufinden ist.

Mehr und mehr neigt man der Ansicht zu, dass zur Erklärung der Eiszeit terrestrische Ursachen herangezogen werden müssen (Niveauveränderungen, grössere Landverschiebungen, damit in Zusammenhang Ablenkung der Meeresströmungen, erhöhte Niederschläge u. a.).

Dawson sprach dies aus[2] indem er sagte: zur Erklärung der Phaenomene der Eiszeit müsse auf die combinirte Wirkung vieler Ursachen zurückgegriffen werden, und für die klimatischen Änderungen dürften die Gründe eher in Hebungen und Senkungen, als in extraterrestrischen Vorgängen zu suchen sein.

Im bunten Durcheinander treten uns hier die verschiedensten Ansichten entgegen, auf deren Wiedergabe wohl verzichtet werden kann.[3]

Als Anhänger der Inlandeistheorie möchte ich doch den Arbeiten von C. A. Lindvall[4] gerecht werden, die nicht ohne weiteres bei Seite geschoben werden dürfen, zumal seine Auseinandersetzungen immerhin für einzelne Punkte zu denken geben, vor allem aber das Verständnis der ja auch von den Glacialisten nach-

[1] E. Fischer, Eiszeittheorie. Heidelberg 1902.

[2] N. N. Jahrb. f. Min. 1897, I, 457.

[3] Die hauptsächlichsten Theorien sind in einem Aufsatze von H. v. Lang zusammengefasst in den Jahresh. Ver. Nat. Württemberg. 57, 1901, S. 231.

[4] C. A. Lindvall, The glacial Period. Stockholm 1891. Supplement till broschyren Glacialperioden, 1893 (mit Entgegnungen von de Geer). Two Papers read at the 7. Geol. Congr. in Petersburg. 1897. Om Glacierevas rörelse, 1898. Von den in zahlreichen Schriften — besonders in den letzten 10 Jahren im Geol. Mag. veröffentlichten Ansichten · Howorth's über eine gewaltige Wasserfluth im antiquirten Sinne, gegenüber dem „glacialen Alpdruck" können wir wohl füglich absehen.)

gewiesenen Eisdrifterscheinung am Anfang und Schluss der Eiszeit in Skandinavien sowohl wie in England erleichtern; hierbei wird man gewissermassen auf die „combinirte Gletscher-Drift-Theorie“, wenn auch nicht im Sinne von Berendt hingewiesen.

Lindvall erachtet als die Ursache der europäischen Eiszeit die Änderung der arktischen Meeresströmung. Diese Drift war erfüllt mit Eis, welches bis zum Boden reichte, Steinblöcke, Kies, Sand und Thon mit sich führte, und die Massen längs des Meeresbodens rollte oder schob, sie verursachte die Denudation.

Gegenwärtig geht der Golfstrom vom Nordcap nach den Küsten von Lappland. Als Nordwesteuropa unter dem Meeresspiegel lag und einen Archipel bildete, konnte der Rücklauf des Golfstroms über dieses Gebiet gehen und durch das aus der arktischen See getriebene Eis die Glacialerscheinungen verursachen. Darauf hob sich Europa, die Passage durch das Baltische Meer hörte auf, der Golfstrom wurde gezwungen, in die arktische See zu treten und westwärts nach Grönland zu laufen, hier eine Eiszeit verursachend. Die Schrammen zeigen den Weg der Packeisdrift an. Aus umstehenden Diagrammen Lindvalls ist die Auffassung am besten zu ersehen.

Lindvall betont besonders die Wirkung des Packeises, und erhebt Bedenken gegen die von der Glacialtheorie erforderte enorme Bewegungsfähigkeit des Inlandgletschers. Dagegen spricht er sich nicht näher über die Einwände gegen seine Auffassung aus, besonders betreffs der Endmoränen, die kaum in seine Theorie passen dürften. Auch berücksichtigt er zu wenig den scharfen Wechsel von Geschiebemergel und Sedimenten, sowie die südlichen Landstriche. Dagegen sind seine Auseinandersetzungen z. T. fruchtbringend für die Erklärung mancher marinen Quartärerscheinungen. Lindvalls Hypothese erklärt zwar nicht den Anfang[1] und das Wesen der Eiszeit, eignet sich aber (wenigstens theilweise) gut zur Erklärung von Erscheinungen aus der Mitte und dem Ende der Eiszeit.

In einer interessanten Abhandlung weist Frech[2] auf die Ursache der Eiszeit hin: Der Factor, welcher — neben Berücksichtigung des geographischen Einflusses, also Vertheilung von Festland und Meeren — die Wärme der Atmosphäre innerhalb kurzer Zeiträume erheblich zu ändern vermochte, ist der Kohlensäuregehalt der Atmosphäre; je mehr Kohlensäure die Luft enthält, um so mehr vom Boden ausstrahlende Wärme wird zurückgehalten; die Quellen der atmosphärischen Kohlensäure sind die vulcanischen Ausbrüche und Exhalationen (während andererseits der Kohlensäureverbrauch im Wesentlichen durch chemische und biologische Vorgänge verursacht wird. Vergl. Leth. palaeoz. 2, p. 600—609.)

Frech zeigt, wie die Abnahme der eruptiven Thätigkeit immer einem Sinken der Temperatur entsprach und jedem Maximum der Eruptionen eine deutliche Temperaturerhöhung parallel ging (vergl. z. B. die carbone Eiszeit einerseits und die Höhenpunkte der Temperaturen am Beginn und in der Mitte des Tertiärs andererseits). Die Eiszeit ist durch ein fast vollkommenes Aufhören der

[1] Als eigentliche Ursache der Eiszeit hat vielmehr Geer die bedeutende Hebung Skandinaviens angesehen.

[2] Über das Klima der geologischen Vergangenheit. Zeitschr. Ges. f. Erdkunde Berlin, 1902, 611 f.

**Diagramme zur Lindvall'schen Drifttheorie.**

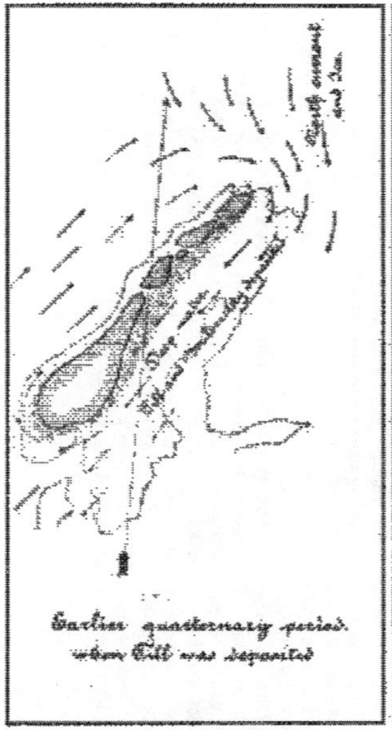


Frühere Quartärzeit.

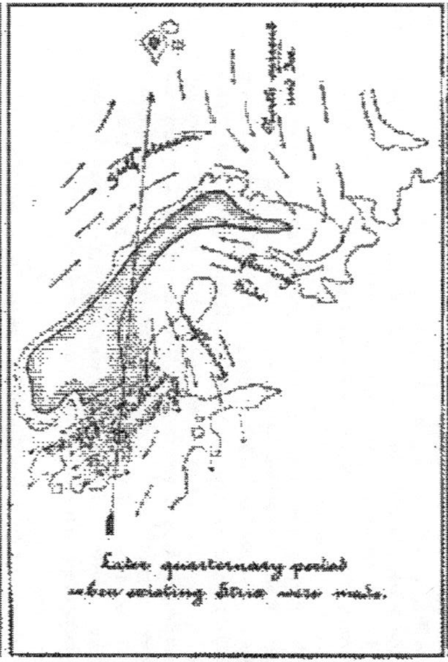


Spätere Quartärzeit.
Entstehung der beobachteten Schrammen.

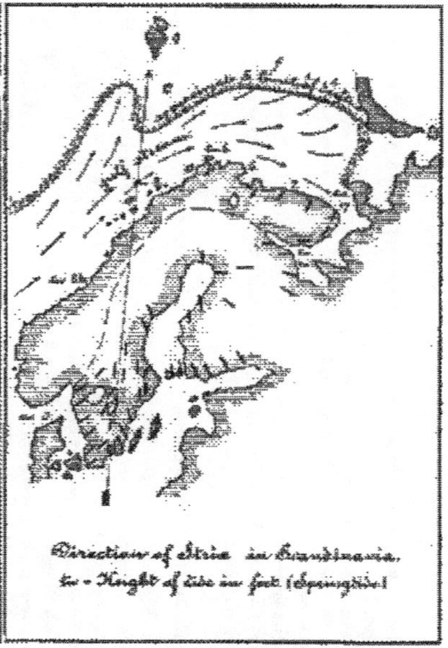


Schrammenrichtung in Skandinavien.
Fluthöhe in Fuss.

**Eruptivthätigkeit** ausgezeichnet, die Gegenwart durch ein Wiedererwachen derselben.[2]

Auch K. Ångström[3] war zu dem Resultat gelangt, dass mässige Änderungen des Kohlensäuregehalts der Atmosphäre als Erklärungsgrund für Eiszeiten, wie für wärmere Perioden angesehen werden können.

Bezüglich der **physisch-geographischen Verhältnisse der Quartärgebiete** sei, um Wiederholungen zu vermeiden, auf die Darstellung der einzelnen Capitel verwiesen.

### Einfluss der nordeuropäischen Vereisung auf die ausserhalb gelegenen Gebiete.

1. Eine naturgemässe Folge der grossen Eisflächen im Norden war eine bedeutende Steigerung der Niederschläge, welche bei günstigen orographischen Verhältnissen zu **selbständigen Vergletscherungen einzelner Gebirge** führen konnte (s. Alpen, deutsche Mittelgebirge, Pyrenäen, Tatra, Kaukasus u. a.).

Den Hauptantheil aber werden **wässerige Niederschläge** gehabt haben; damit stand in Zusammenhang die mächtige Erosion und Schotterbildung der aus jenen Gebirgen kommenden Flüsse (es sei z. B. erinnert an die Schotter in allen Gebirgsflüssen, Rheindiluvium, Kiese in Südengland und Frankreich u. s. w.).

Die mittlere Temperatur wird sich allerdings voraussichtlich nach und nach etwas dadurch erniedrigt haben, doch ist für den Anfang wohl anzunehmen, dass die Formen des milderen Klimas noch existirten und lange mit den aus Norden verdrängten Thieren zusammen leben konnten.

Der Einfluss wird sich erst geltend gemacht haben, nachdem das Eis den deutschen Boden beschritten hatte. Unter Annahme dieser Einflüsse (also nicht gemeinsamer kosmischer Ursachen) würde z. B. die Hauptvergletscherung der Alpen erst während oder vielmehr etwas nach der Hauptvergletscherung Norddeutschlands (Saxonian) erfolgt sein, eine Parallelisirung der 4 alpinen Eiszeiten mit den 3 oder 4 nördlichen wäre dann unthunlich. Wenn nun hier und in den mitteldeutschen Gebirgen ein mehrfacher Wechsel von niederschlagsreichen und -armen Zeiten nachgewiesen ist (deren Unterbringung in die 3 oder 4 Eis- und Interglacialzeiten so viel Schwierigkeiten macht), so muss man sich erinnern, dass diese Ereignisse vielleicht in raschem Wechsel einander gefolgt sind, rascher als die enorm lang an-

---

[1] Hanson legt das Hauptgewicht auf das andere Product der vulkanischen Ausbrüche, den **Wasserdampf** und sagt: Die Vulcane reichern in hohem Masse die oberen Luftschichten mit Feuchtigkeit an und dies ist — neben grossen barometrischen Differenzen gleichbedeutend mit grossen Temperaturunterschieden — die Bedingung für Hervorbringung von Vereisungen. Vergl. Hanson, Vereisung und Vulcanismus. Z. deutsch. Geol. Ges. 1898, 441. (S. die überzeugende Entgegnung von [illegible], ibidem 1899, 303.)

P. und F. Sarasin verweisen auf die vulcanischen Höhenstaubwolken als die mutmasslichen Ursachen der Eiszeit (Verh. Naturf. Ges. Basel 13. 1901). Sie nehmen an, dass vom Ende der Pliocänzeit und im Quartär die Erde von einem mächtigen Mantel von Eruptivstoffen, vermischt mit Wasserdampf und Gasen, umhüllt war; hierdurch musste sowohl ein Sinken der Temperatur durch Absorption der Sonnenwärme, als auch eine Steigerung der Feuchtigkeit und der Niederschläge erfolgt sein. Die Interglacialzeiten entsprächen Ruheperioden in der vulcanischen Thätigkeit (vergl. auch die Bemerkungen von Kranz, N. Jahrb. f. Min. 1902, II, 443.

[3] Über die Wärmeabsorption durch Kohlensäure, Öfvers. Vet. Ak. Handl. Stockholm 1901.

genommenen Eiszeiten. Ich möchte glauben, auch diese Erscheinungen als einheitliche ansehen zu dürfen, der Art, dass 1. die betreffenden Vergletscherungen an das Ende der Hauptausdehnung der nordischen Vereisung anschlossen, und 2. dass die Niederschlagsschwankungen mit Oscillationen bei dem allgemeinen Rückzug des nordischen Eises in Zusammenhang standen. Wie im Kleinen auch heute noch fast in jedem Frühjahr „Rückschläge" der Temperatur erfolgen, so wird ein Ähnliches im Grossen auch für die ausserordentlich lang dauernde Abschmelzzeit anzunehmen sein.

Hierzu kommt noch der Factor des infolge der Eisbefreiung möglichen Einsetzens von warmen Meeresströmungen im Gebiete der einstigen Vereisung, welche ihren Einfluss auch auf die südlichen Gegenden ausgeübt haben werden.

2. Die aralo-kaspische Transgression. (Vergl. die Karte Europas.)

Die gewaltigen Wassermengen, die durch das Wegschmelzen der ungeheuren Eismassen Russlands während der Hauptausdehnung des Eises und in der schliesslichen Abschmelzzeit geliefert wurden, suchten Abfluss, soweit sie jenseits der baltischen Wasserscheide lagen, in südlicher Richtung; Dnjepr und Nebenströme führten sie zum Schwarzen, Wolga u. a. zum Kaspischen Meer.

Sjögren hat[1] in überaus klarer Weise gezeigt, dass das zuströmende Schmelzwasser des Landeises und die niedere Temperatur ein Steigen des kaspischen Meeresspiegels bis zu 100 m bewirkt haben.

Nach Überschreitung der baltischen Wasserscheide gab die europäische Vereisung einen Theil ihres Schmelzwassers dem kaspischen Becken ab; die Menge des Schmelzwassers nahm allmählig zu, je grösser die Eismassen wurden und je weiter sich die Vereisung nach Süden und Südosten verbreitete. Zur selben Zeit wurde durch die in der Wolganiederung und in Südrussland vor sich gehende ungeheure Eisschmelzung viel Wärme in Anspruch genommen und eine Senkung der mittleren Jahrestemperatur der benachbarten Gebiete hervorgerufen.

Sjögren zeigt, wie auch bei gering angenommenen Beträgen das Ansteigen des Wasserspiegels bis zu der Höhe von 100 m ü. d. M. möglich und notwendig war. Dadurch bildete sich die riesige Ausdehnung der Wasserfläche, die in pliocaener Zeit auf den südlichen Theil des Beckens beschränkt gewesen war, und welche jetzt 1100000 Quadratkilometer, d. i. beinahe die halbe Ausdehnung des heutigen Mittelmeeres, einnahm. Im Westen dehnten sich auf beiden Seiten des Kaukasus Meeresarme aus, von denen die Manytschniederung vielleicht eine Verbindung zum Schwarzen Meere bildete. Im Norden war ein bedeutender Theil des unteren Wolgabeckens bis zum Einfluss der Kama in das Kama- und Bjelajathal sowie eine grosse Fläche in den Gouvernements Orenburg, Saratow, Samara, Kasan und Ufa vom Wasser bedeckt. An der Südostseite des Kaspischen Meeres verlief südlich von Krasnowodsk eine Meerenge, welche die Verbindung zum Aral bildete.

Dass in diesem Riesensee nicht zwei Hebungen des Niveaus zu beobachten sind, entsprechend den zwei von Sjögren angenommenen Eiszeiten, hat nach Sjögren

[1] H. Sjögren, Über das diluviale aralokaspische Meer und die nordeuropäische Vereisung. Jahrb. K.K. Reichsanst. 40, Wien 1890, S. 51. Vergl. auch die Karte der baltischen und kaspischen Transgression von Duvrasso in Mém. Soc. belge XVI, 4. 1902. S. 193.

seinen Grund darin, dass die „zweite“ Vereisung die Wasserscheide nicht mehr überschritten hat, die Schmelzwasser also nicht hierhin, sondern zur Ostsee abgehen mussten.

Als weitere Folgen des Anfüllens des Kaspibeckens betrachtet Siemiren auch die Vergletscherungen an der Nordseite des Kaukasus, sowie des Pamirplateaus und der westlichen Tianschanketten.

Ramsay theilt auf Grund seiner Arbeiten den sogenannten „kosmischen“ Ursachen der Eiszeit eine bescheidenere Rolle zu, sie seien den bestimmenden geographischen und klimatologischen Factoren völlig untergeordnet.

3. Auch das Gebiet der Vereisung selbst zeigt dort, wo das Eis verschwunden war, mächtige Beeinflussung durch das Glacialphänomen. Dasselbe wirkte ja als Boden bildender und umformender Factor in gewaltigstem Maasse; die Eispackung der Nordsee hat die britischen Gletscher abgelenkt und das Meer stellenweis hoch aufgestaut; in den eisbefreiten Theilen der Ostsee hat sich der Eisstausee der Ancyluszeit gebildet, auf dem Festland entstanden die grossen jemtländischen Stauseen u. a. m.

Die gewaltige Ausdehnung der sogenannten borealen marinen Transgression im Nordosten des europäischen Vereisungsgebietes ist allerdings wohl in erster Linie auf Niveauveränderungen zurückzuführen, während die Menge der Schmelzwasser mehr von secundärem (wenn auch nicht zu unterschätzendem) Einfluss war.

Eine recht beachtenswerthe Theorie stellt F. W. Harmer[1] auf. Wind und Meeresströmungen stehen in Wechselbeziehung; Veränderung der Winde verursachen täglich und jahreszeitlich Änderung des Wetters, und so werden auch die früheren Klimaänderungen ihre Ursache in der Änderung der herrschenden Winde gehabt haben, Störungen der meteorologischen Bedingungen werden auch damals anormale Klimate hervorgerufen haben. Tektonische Bewegungen, Hebungen und Senkungen (nicht an allen Stellen zu gleicher Zeit gleichsinnig) scheinen die erste Ursache der Störungen gewesen zu sein. Jetzt sind unsere Continentalgebiete im Sommer cyclonisch[2], im Winter anticyclonisch, während der Eiszeit waren die mit Eis bedeckten Continente dauernd anticyclonisch, während südlich davon und in den angrenzenden Oceanen niederer Druck lag.

Beistehende Karten veranschaulichen die vermutlichen Verhältnisse, welche zu der Annahme zwingen, dass Nordamerika und Nordeuropa nicht gleichzeitig vereist gewesen sein können.

[1] F. W. Harmer, The Influence of the Wind upon the Climate during the pleistocene Period. Quart. Journal Geol. Soc. London 57, 1901, 405.

[2] Die Luft fliesst stets von dem Orte höheren zum Orte niedrigeren Luftdruckes hin und erfährt dabei auf der nördlichen Halbkugel eine Ablenkung nach rechts; cyclonische Luftbewegung entsteht dann um den Ort eines niederen Luftdruckes, anticyclonische bei der von einer Region hohen Barometerstandes abfliessenden Luft.

## Ablagerungen des (nordeuropäischen) Quartärs.

Glacialzeit (Diluvium):

Bildungsmedien.

1. Eis: Moränenmergel und -Kies. (Zugehörige Facies: Geschiebemergel, Localmoräne, Blockmergel, -Lehm, -Kies, -Sand, Decksand, Steinbestreuung, erratische Blöcke.)

2. Wasser:

| | | | |
|---|---|---|---|
| Gletscherschmelz- | fluvioglacial (brückt) | | 1. Sande: Diluvial- oder Spathsand, Feinsand, Grand, Kies, Gerölle u. a. |
| Fluss- | fluviatil | | |
| Binnensee- | limnisch | | 2. Thone: Thonmergel, Bänderthon, Staubsand, Schluff, Schlepp, Schotter u. a. Gehängelehm, Sandlöss, Lösslehm. |
| gemengt | gemengt (local) | | |
| Meeres- | marin (Fauna!) | | |

3. Wind: Dünen- und Flugsand (Kantengerölle z. T.).
Löss, Lösssand z. T.
(ev. zu 2 u. 3 Eis der Lössbildung.)

4. Organismen u. chemische Processe: Diatomeenerde, Moorerde (gytja).
Torf, Kohle.
Kalktuff u. -Sinter, Seekreide Süsswasserkalk.

Postglacialzeit (Alluvium):

1. Fluviatil und limnisch:
Thalsand (Haidesand z. T.), Flussgerölle.
Wiesen- oder Aue-Thon und -Lehm, Moorerde, Marscherde, Klei, Hohlenerde.
(Grundwasser.)

2. marin: Meeressand, Strandgerölle.
Meeresschlick, Klei Thon.

3. aeolisch: Dünensand, Kantengerölle.
Steppengebilde. Wüstensand.
(Salzbildung in Lagunen oder Seen.)

4. Organische und chemische Bildungen:
Torf, Torfschiefer oder Lebertorf (z. T. koprogen, gytja).
Diatomeenerde (Kieselguhr).
Wiesenkalk (Seekreide).
Kalktuff, Knochenbreccie.
Humusbildungen, Ortstein, Fuchserde, Raseneisenerz, Kalk- und Eisenconcretionen (Osteocollen), Conglomerate.
Sumpfgase, Schwefel, Moorsalze.
(Guano.)
Verwitterungslehm, Laterit, Tropenkrusten, Bodenbildungen (Eluvium).

5. Abrutsch- und Abschlemmmassen.

6. (Vulcanische Producte).

7. Producte menschlicher Thätigkeit (Veränderungen in Beschaffenheit und Lage der Gesteine).

Von diesen Ablagerungen seien hier nur die beiden wichtigsten besprochen, nämlich die Moränensätze und die Diluvialsande und -thone:

### A. Moränenbildungen: Geschiebemergel.[1]

Die glacialen Quartärablagerungen sind Producte rein mechanischer Zerkleinerung, wie neben dem Befunde an frischen, unverwitterten Gesteinsbruchstücken

[1] Die Bezeichnungsweise für Moränenthon, Geschiebemergel, und den sedimentären Thon ist in den verschiedenen Ländern verschieden und giebt leicht zu irrthümlichen Auffassungen Veranlassung.

auch aus dem Reichtum an Carbonaten und wasserfreien Silicaten hervorgeht. Im scharfen Gegensatz zu ihnen stehen die Tertiärablagerungen mit den Spuren der subaerischen Verwitterung. Nur ausnahmsweise finden sich inmitten typischer Sedimente auch kalkfreie Einlagerungen (s. u.).

Das wichtigste Gestein der Quartärbildungen ist der Geschiebemergel, Geschiebelehm oder gemeiner Diluvialmergel (engl. till oder boulderclay). Er wird als die Grundmoräne (nur z. T. auch als Innenmoräne) des Inlandeises angesehen.

Er ist „ein durch regellos eingemengte Geschiebe, Gerölle, Grand und Sand besonders widerstandsfähiges, im feuchten Zustande zähes, im getrockneten hartes thonigkalkiges oder auch mehr kiesiges Gestein, ohne jegliche innere Schichtung".

Vorstehende Figur (**Moränenkies von Tohmajärvi in Finnland**, Comm. géol. Finl.) giebt ein gutes Bild von der Beschaffenheit des kiesigen Moränenmergels.

Eine Unterscheidung zwischen „Oberem" und „Unterem" Geschiebemergel erfolgt eigentlich nur nach den Lagerungsverhältnissen resp. der geognostischen Stellung, bei im Grossen und Ganzen gleicher Zusammensetzung.

Am schlimmsten ist es in England, wo beide als Thon, clay, bezeichnet werden und nicht immer die echte Moräne durch Beisatz von steinigem oder ähnlichem bezeichnet wird, sondern oft einfach von clay die Rede ist, wo es sich um Geschiebemergel handelt. Die deutsche Bezeichnung hat den Nachtheil des Schleppenden: Geschiebemergel und Diluvialthonmergel. Besser wäre es, (da ja alle beide Ablagerungen im frischen Zustand kalkhaltig, also Mergel sind), auf die Entstehung Gewicht zu legen, also zu sagen: Moränen-Thon oder -Mergel und geschichteter oder besser „Schichten-Thon" resp. -Mergel. Dies würde sich mit den schwedischen und dänischen Bezeichnungen decken: morän- und hvarfig lera. Als internationale Bezeichnung hiesse es alsdann: „argile morainique und argile sédimentaire". Auch für die Bohrpraxis wäre ein Festhalten an diesem Unterschiede (der ja bei frischem Material sehr einfach ist) sehr wünschenswerth.

Als Beispiele der Zusammensetzung des Geschiebemergels dienen folgende Angaben.

**Unterer Diluvialmergel** (Geschiebemergel) von **Rüdersdorf** bei Berlin, Laufer u. Wahnschaffe, Untersuchungen des Bodens der Umgegend von Berlin, Abh. zur geol. Specialk. v. Preussen, III, 2, 1881. Mechanische Analyse (mit dem Schöne'schen Apparate):

| | Grand über 2 mm | Sand 2–1 mm | 1–0,5 mm | 0,5–0,2 mm | 0,2–0,1 mm | 0,1–0,05 mm | Staub 0,05–0,02 mm | 0,02–0,01 mm | Feinste Theile unter 0,01 mm |
|---|---|---|---|---|---|---|---|---|---|
| 0,7 m lehmiger Sand, unterhalb der Ackerkrume | 0,2 | 79,2 | | | | | 9,7 | | 10,9 |
| | | 3,5 | 7,6 | 25,2 | 25,3 | 17,6 | 7,7 | 2,0 | |
| 0,1 m Lehm | 0,6 | 61,3 | | | | | 9,6 | | 28,7 |
| | | 3,3 | 7,8 | 17,8 | 19,0 | 13,4 | 7,1 | 2,5 | |
| 3 m Diluvialmergel | | 68,7 | | | | | 11,0 | | 19,7 |
| | | 4,3 | 6,9 | 21,1 | 15,6 | 16,8 | 9,4 | 1,6 | |

Der Kies und Sand aus jenen Lagern zeigt folgende petrographische procentale Zusammensetzung:

| Lehmiger Sand: | 2–1 mm | 1–0,5 mm | Lehm: | 2–1 mm | 1–0,5 mm | Mergel: | über 3 mm | 3–1 mm | 1–0,5 mm |
|---|---|---|---|---|---|---|---|---|---|
| (Ackerkrume): | | | | | | | | | |
| Quarz | — | 92,6 | Quarz | 60,1 | 87,8 | Quarz | — | 42,1 | 80,0 |
| (unterh. d. Ackerkr.) | | | Feldspath | 22,1 | 10,5 | Feldspath | | 24,9 | 8,1 |
| Quarz | 61,0 | 83,7 | Granit u. Gneiss | 13,3 | — | Feuerstein | 13,9 | 1,8 | — |
| Feldspath | 18,8 | — | Unbestimmbar | 5,0 | 1,9 | Kalkstein | — | 11,7 | |
| Feuerstein | 9,7 | — | | | | Granit u. Gneiss | 32,2 | 10,8 | - |
| Granit und Gneiss | 5,0 | | | | | Porphyr | 23,6 | — | — |
| Diorit | 0,9 | — | | | | Unbestimmbar | 29,6 | 9,3 | 10,4 |
| Unbestimmbar | 11,5 | | | | | | | | |

Die chemische Analyse des Geschiebemergels ergab in Procenten des Gesammtbodens:

| | Staub | Feinste Theile | Summe |
|---|---|---|---|
| Quarz und unaufgeschlossene Silicate | 6,42 | 5,97 | 12,39 |
| Lösliche Kieselsäure | 0,66 | 3,74 | 4,40 |
| Thonerde | 0,43 | 2,48 | 2,91 |
| Eisenoxyd | 0,19 | 0,83 | 1,02 |
| Kohlensäure | 0,17 | 0,86 | 1,03 |
| Phosphorsäure | 0,017 | 0,035 | 0,118 |

Einen Vergleich der drei Lager ermöglicht folgende chemische Analysenreihe.

| | Lehmiger Sand | | Lehm | | Mergel | |
|---|---|---|---|---|---|---|
| | Staub | Feinste Theile | Staub | Feinste Theile | Staub | Feinste Theile |
| Quarz u. unaufgeschlossene Silicate | 91,84 | 57,42 | 64,63 | 25,38 | 76,95 | 56,72 |
| Lösliche Kieselsäure | 2,83 | 17,83 | 10,57 | 33,17 | 6,72 | 22,40 |
| Thonerde | 2,39 | 11,70 | 12,71 | 19,63 | 5,20 | 14,84 |
| Eisenoxyd | 1,04 | 6,98 | 4,94 | 8,60 | 2,30 | 4,07 |
| Kohlensäure | — | — | — | — | 2,09 | 5,17 |
| | | | | | ( 4,75 $CaCO_3$ | 11,75) |

Das Quantitätsverhältnis von Sand, Staub und feinsten Theilen des Geschiebemergels der Umgegend von Berlin ist aus den Angaben Wahnschaffe's und Laufer's (S. 156 u. 200) ersichtlich:

| | | | |
|---|---|---|---|
| Unterer Geschiebemergel | Sand 61 | Staub 11 | Feinste Theile 28 |
| Oberer Geschiebemergel | „ 67 | „ 12 | „ „ 19 |

Also die Sandbestandtheile überwiegen ganz erheblich, von den feineren überwiegen wieder die allerfeinsten vor dem sog. Staub. Der Kalkgehalt schwankt zwischen 1,8 und 17,2 %, im Mittel werden 8,5—9 % herrschen; es macht sich kein allgemein höherer Gehalt in dem sog. Unteren Mergel bemerkbar. Innerhalb der Theilproducte des Mergels erfolgt vom groben Sand zum feinen Sand eine Abnahme, und nach den feineren Schlemmproducten eine Zunahme des Kalkes. Der Thonerdegehalt der feinsten Theile beträgt im Mittel 12,5—13,4 %, des Staubes 6,4 %. Phosphorsäure kann bis 0,07 % im Gesammtboden enthalten sein, Kali wurde bis 1,96—2,29 % gefunden.

Der Geschiebemergel bildet eine wichtige Bodenart, welche vermöge ihrer chemischen und physikalischen Beschaffenheit für den Pflanzenwuchs sehr geeignet erscheint. Der Gehalt an agronomisch wichtigen Stoffen in den feinsten Theilen (in Procenten des Gesammtbodens) ergiebt sich aus folgenden Tabellen von märkischen Geschiebemergeln:

| | $Al_2O_3$ | $Fe_2O_3$ | CaO | $CO_2$ | $K_2O$ | $P_2O_5$ |
|---|---|---|---|---|---|---|
| Oberer Geschiebemergel | 8,02 | 1,41 | 8,31 | 2,09 | 0,71 | 0,06 |
| Unterer Geschiebemergel | 6,54 | 1,39 | 8,48 | 9,83 | 0,93 | 0,07 |

Als weiteres Beispiel mag die Zusammensetzung von dänischen Geschiebemergeln folgen: Moränenmergel bei Sorgenfri, Dänemark[1] (Mittel aus 10 Analysen):

| | Moränenmergel | Moränenlehm | |
|---|---|---|---|
| | | kalkhaltig | kalkfrei |
| | % | % | % |
| Steine, grösser als 2 mm | 6,03 | 5,7 | 4,8 |
| Feinerde, kleiner als 2 mm | 93,97 | 94,3 | 95,2 |
| und zwar Groberer Sand 2—0,05 mm | 56,31 | 59,3* | 63,0** |
| Feinsand 0,05—0,01 mm | 14,51 | | |
| Thon, kleiner als 0,01 mm | 29,18 | 36,8 | 33,5 |
| Die Feinerde enthält $CaCO_3$: | 16,56 | 5,64 | 0,07 |

* mit 13,9, ** mit 13,6 $CaCO_3$.

[1] Rørdam Geol. agron. Unders. ved Lyngby. Danmarks geol. Undersøgelse Nr. 5. 1891.

Über die Hälfte besteht er also aus Sand, der Kalk kommt in allen Grössen vor, von mehreren Kubikfuss grossen Saltholmskalken bis zu mikroskopischen Körnern unter 0,01 mm Querschnitt; seine relative Menge steht in umgekehrtem Verhältnis zur Korngrösse, wie aus folgenden Zahlen hervorgeht:

| | | | |
|---|---|---|---|
| Schlemmproducte von | 2—0,05 mm: | 3—8,7 % | $CaCO_3$ |
| " | " 0,05—0,01 " | 8,7—17,7 | " |
| " | unter 0,01 " | 8,8—21,9 | " |

Die Verwitterung liefert kalkhaltigen und kalkfreien Moränenlehm und hat das Bestreben, aus dem heterogenen Gemisch des „Moränenmergels" eine verhältnissmässig homogene Masse, den „verwitterten Moränenthon" hervorzubringen; hierbei steigt die Menge der gröberen Bestandtheile und verringert sich diejenige der feinen, auch der kohlensaure Kalk verringert sich.

Über die Zusammensetzung des (blaugrauen) Unteren Geschiebemergels und (gelben) Oberen von Dänemark geben folgende Schlemmanalysen Rørdam's[1] Auskunft:

| | | Unterer | Oberer |
|---|---|---|---|
| Korngrösse | 2—0,05 mm | 43,08 | 59,26 |
| | 0,05—0,01 " | 20,01 | 8,86 |
| | unter 0,01 " | 36,90 | 31,92 |
| Der Feinbestand (unter 0,01 mm) besteht in 2 anderen Proben aus: | Thon | 58,19 | 59,76 |
| | Phosphorsäure | 0,06 | Spur |
| | Quarzsand | 28,07 | 29,63 |
| | Kohlensaurer Kalk und Mergel | 13,64 | 9,68 |

Einen bedeutenden Unterschied in der Geschiebeführung des s. östl. seeländischen Unteren und Oberen Moränenmergels fand Rørdam:

| | Kreideform. | Juraform. | Silurform. | Cambrium. | Urformation | Gew. % Sa. Steine > 5 mm |
|---|---|---|---|---|---|---|
| Unterer Moränenmergel | 34,83 | 1,86 | 9,32 | 6,16 | 46,84 | 4,18 |
| Oberer Moränenmergel | 11,13 | 1,89 | 2,38 | 3,51 | 81,09 | 8,09 |

Der erheblich grössere Bestand an Fragmenten der Kreideablagerungen in dem unteren Mergel (35 %) gegenüber dem Oberen (11 %) erklärt sich leicht dadurch, dass das Eis dort zuerst den praeglacialen Untergrund, der hauptsächlich aus der Oberen Kreide besteht, bedeckte und naturgemäss von ihm reichlich Material in seine Grundmoräne aufnahm. (Dasselbe Verhalten macht sich sogar geltend zwischen älteren und jüngeren Partien innerhalb einer einzigen Moräne, z. B. bei Warnemünde.)

Die im Moränenthon und -kies enthaltenen Steine „Geschiebe", sind häufig die „Scheuersteine" (abgerundet, geschliffen, geschrammt. Je grösser die Steine, desto kräftiger sind oft die Schrammen).

Die Geschiebe zeigen in den meisten Fällen keine Verwitterungskruste und ebenso besteht die Thonsubstanz des Geschiebemergels aus unverwittertem, zerriebenem Gesteinsmaterial.

Das Eis wird also zunächst den Verwitterungsschutt weggeführt und alsdann den festen Fels angegriffen haben, durch das mechanische Zerreiben wurde das Material der Grundmoräne geschaffen; in ihrem Bestand ist also keinerlei chemische Wirkung zu bemerken, „die Wirkung der chemischen Kräfte auf der Erdoberfläche war über dem vergletscherten Gebiete aufgehoben".

[1] Rørdam, Geol. Forhold n. o. Själland. Danm. geol. Undersøg. Nr. 3. 1892.

Eine Erscheinung, die von den Anhängern der Drifttheorie besonders betont wird, muss hier hervorgehoben werden. Die Geschiebe zeigen nämlich meistens

Geschrammtes Geschiebe (Saltholmskalk). 1/2 nat. Gr.

eine kantenbestossene oder abgerundete Form, die Schlifffläche liegt dabei auf einer oder auch auf zwei oder mehreren Seiten des Steines, sodass man nicht eine obere

Erratischer Block am Heiligen Damm

und eine untere Seite bestimmen kann; auch die Ränder sind häufig geschliffen und geschrammt; die Schrammen kreuzen sich auf demselben Stück oft in mehreren Richtungen. Diese Erscheinungen seien schlecht mit der Annahme zu vereinen, dass die geschrammten Geschiebe einfach losgebrochene Stücke des geschrammten Felsuntergrundes seien.

Die Geschiebe erreichen oft ungeheure Dimensionen. An der Oberfläche aus dem Boden herausgewachsen, liegen sie als die bekannten „Findlinge“ verstreut. Nachstehendes Bild zeigt den „Damestein“ auf Fünen, nach Ussing 9 m hoch, von 44 m Umfang.

Welche Bedeutung ihre Heimatsbestimmung hat, ist in den einzelnen Capiteln näher besprochen.

Die Steine sind ordnungslos in dem Geschiebemergel vertheilt; bisweilen finden sich allerdings in der unteren Partie besonders viele und grosse Blöcke. Das Mengenverhältnis der Steine und des feinen thonigen Materials ist sehr wechselnd; ebenso wechselt die Grösse der einzelnen Steine.

Bei völligem Mangel an Schichtung zeigt der Geschiebemergel dort bisweilen eine dünnbankige Absonderung (durch den Druck des Landeises); durch spätere Diaklasenbildung kann dann eine polyëdrische Absonderung erfolgen, die besonders schön an den Abbrüchen von Steilküsten in die Erscheinung tritt.

Eine weitere Eigentümlichkeit sind die in der einheitlichen Moränenmasse bisweilen vorkommenden parallelen Lagen, die sich durch besonderen Steinreichtum auszeichnen, oder als Steinpflaster erscheinen. Zwischen den einzelnen Lagen ist sogar manchmal die Farbe und übrige Beschaffenheit des Geschiebemergels etwas verschieden, so dass man von einzelnen über einander lagernden Bänken sprechen kann[1]. Vergl. die drei Figuren S. 61, 62 u. 63.

[1] S. Geinitz, I. Beitr. z. Geol. Meckl. Arch. Nat. Meckl. 1879, S. 24.

Wahnschaffe erklärt dies so, dass der Geschiebemergel nicht als Ganzes fortbewegt wurde, so dass diese Zonen gewisse Etappen der Schuttablagerung bedeuten.

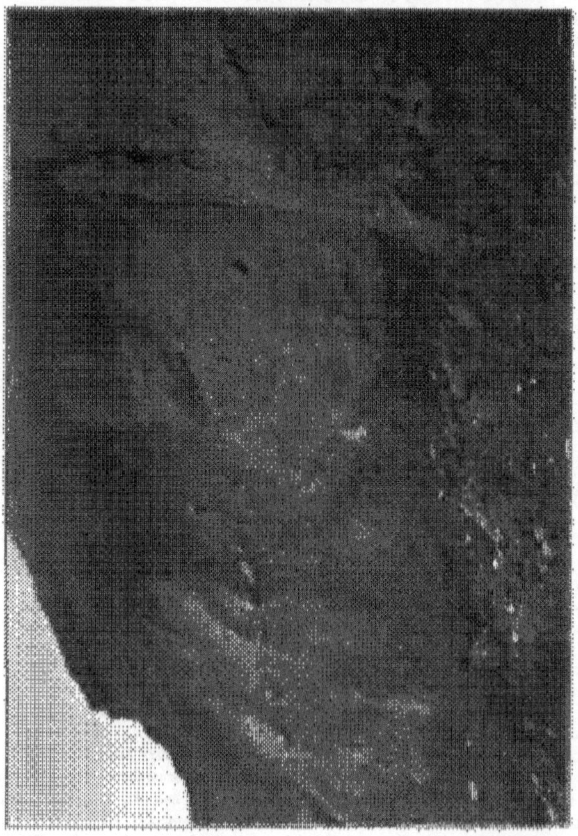

Horizontale Blocklagen im Geschiebemergel. Steilufer bei Warnemünde. Punkt Q. nach Osten. (Sept. 1896.)

Häufig finden sich in einer Moränenbank kleine oder grössere Einlagerungen von geschichtetem Sand, Kies oder wohl auch Thon, welche als Linsen oder Zwischenlager aufzufassen sind. Dieselben sind leicht so zu erklären, dass hier das Schmelzwasser in der Moräne auf kurze oder längere Strecken das Material umschlemmte und als Sedimente ablagerte. Werden diese Einlagerungen mächtiger, so können sie eine zuerst einheitliche Moränenbank weiterhin in mehrere getrennte Bänke zerlegen.

Horizontale Blocklage im Geschiebemergel. Kliff der Stoltera bei Warnemünde. (Punkt P. Okt. 1896.)

In ähnlicher Weise ist es zu verstehen, wenn zuweilen an der unteren Grenze einer Moränenbank deren Material zu Sand, Kies oder sandigen Thonmergel sedimentirt erscheint. Sprechen schon diese aufgeschlemmten unteren Partien des Geschiebemergels für Mitwirkung des unter dem Eise vorhandenen (Schmelz-) Wassers, so verdient eine weitere Erscheinung Beachtung, auf die auch schon Berendt aufmerksam gemacht hat: Bisweilen sieht man nämlich, dass Geschiebemergel und Thon sich vertreten und in einander übergehen.

Horizontale Blocklagen im Geschiebemergel. Klint der Stoltera bei Warnemünde. (Punkt P, Okt. 1896.)

In der Combination von Bohrprofilen[1] erkennt man einen Übergang der beiden Gesteine in horizontaler Richtung, in vielen „Thonlagern" sind dünne Bänke von

[1] Vergl. Geinitz, Mitt. a. d. Meckl. Geol. L.-A., XI, 1900, S. 17. Arch. Nat. Meckl. 1899, 204. (Wismar.)

geschiebeführendem Thon eingeschaltet. Berendt betont die Vergesellschaftung des rothen geschiebefreien Thons der Altmark mit dem Geschiebemergel (der Thon ist auf der Hochfläche nur wenig, in den Thälern dagegen mächtig entwickelt), der Geschiebemergel verhält sich umgekehrt, beide vertreten einander gewissermassen.[1]

Berendt scheut sich aber, diesen Thon als ein Schlemmproduct des Geschiebemergels anzusehen, da dies Verhältniss voraussetzen würde, wie er sie in seiner vereinigten Gletscherdrifttheorie angenommen hatte.

Dass auch ein seitlicher Übergang aus Geschiebemergel in Grand- und Geröll-Schichten vorkommt, lehrt das Profil, welches Berendt (l. c. Taf. 9, S. 10) vom Templower Berg giebt.

Die für viele Vorkommnisse bezeichnende blaugraue Farbe der unverwitterten Moräne geht nach oben durch Verwitterung in lehmgelb über, wobei zugleich der Kalkgehalt zurückgeht. Unter Alluvialbildungen findet sich die gelbe Ausbildung fast niemals[2]. Bisweilen scheint es, als seien diese Ablagerungen zwei verschiedenartige Moränen, doch ist dies mit Sicherheit nur festzustellen, wenn eine geschichtete mächtige Ablagerung dazwischen tritt. Zuweilen hat man in den verschiedenen Grundmoränen einen verschiedenen Gehalt an Gesteinsmaterial nachgewiesen.

Lehmgrube am Grunewald bei Berlin.

SHLS schwach humoser lehmiger Sand. LS lehmiger Sand. SL sandiger Lehm. SM sandiger Mergel. S Sand (e eisen- und thonhaltige Infiltration).

An der Oberfläche verwittert der Geschiebemergel zu Geschiebelehm oder -sand. Das einsickernde Wasser entführt den Kalkgehalt (z. T. unter Ausscheidung des kohlensauren Kalkes in tiefere Lagen oder auf Spalten), der bei der Durchlüftung zutretende Sauerstoff ändert die blaugraue Farbe in grünlichgrau und lehmgelb. Nicht immer ist die Entkalkung vollständig durchgeführt, sondern der Boden zeigt noch einen gewissen, wenn auch natürlich geringeren Kalkgehalt; z. T. mag das daher kommen, dass der Geschiebemergel ursprünglich besonders reich an Kreideeinmengungen war[3], z. T. mag es auch auf localen Einflüssen des Geländes beruhen.

Durch mechanische Arbeit des Wassers werden die Feintheile entführt und es bildet sich ein immer sandigerer Lehm heraus, der schliesslich in sandigen Lehm und lehmigen Sand übergeht, die „sandige Verwitterungsrinde" bildend.[4]

Kräftiger wirkendes Wasser bildet den Geschiebemergel zu „Geschiebesand"[5] oder „Decksand" um, entfernt auch schliesslich die letzten Sandmengen und es bleibt nur die „Steinbestreuung" oder „Steinsohle" übrig.

[1] Berendt, Zur Geogn. d. Altmark. Jahrb. L.A. f. 1886, 107. — Erl. Blatt Tempelhof 1882, 9.

[2] Vergl. E. Naumann, Iakttag. öfv. Moränbildningar i Skåne. Geol. F. F. I, 1872, 18.

[3] S. a. a. Erl. Bl. Saalfeld der preuss. geol. Karte, 58. Lief., S. 8.

[4] Vergl. auch die Schilderung des Verwitterungsvorganges in Erläut. zur geol. Specialkarte d. Kr. Sachsen, Section Leipzig, S. 25.

[5] Der Geschiebesand oder „Obere Sand" ist allerdings nicht immer auf die an Ort und Stelle erfolgte Auswaschung und Zerstörung des (Oberen) Geschiebemergels zurückzuführen, wie Wahnschaffe erläutert (Beitr. z. Entst. d. ob. Diluvialsandes. Jahrb. L.A. f. 1880, 340 und Profil ebenda S. 343), sondern bisweilen auch auf aufschüttende Thätigkeit der Schmelzwasser beim Rückzug der letzten Vereisung (vergl. Erl. Bl. Bietikow, pr. Karte, S. 7). Andere fassen ihn auch als Innenmoräne auf.

Eine andere Varietät der Moräne ist die „kiesige **Blockpackung**", bei welcher das Schmelzwasser eine grosse Rolle gespielt hat; die Feinbestandtheile

Blockpackung bei Oeljendorf in Holstein (nach Struck).

sind entfernt, keine oder nur rohe Schichtung ist vorhanden, die sehr schön in den Endmoränen zu sehen ist.

Wenn die Moräne vorwiegend aus Trümmern des Untergrundes besteht, bezeichnet man sie als „**Localmoräne**" (bottenmoräne).

Johnstrup bildet ein schönes Beispiel davon am Bornholm ab, wo der anstehende Trinucleusschiefer (a) von einer Lage Bruchstücken (b) dieses Gesteins bedeckt wird, die weiter von der Grundmoräne (c) überlagert ist, in der neben grossen Granitblöcken ein riesiger Block von Graptolithen-

schiefer (d) liegt. F. Svenonius erwähnt solche (durch Eindruck gebildete) „in situ-Moräne" als weit verbreitet in Norrbotten.[1]

## B. Sedimente.

Aus dem Abschlemmen des Geschiebemergels erhält man, wie Berendt betonte[2], die beiden Typen der Sedimente, den „Thon" und die „Sande", nebst Blöcken. Schon unter dem Eise mag das Schmelzwasser diese Aufbereitung hervorbringen, weiterhin werden die dem Eisrande entströmenden Gletscherbäche dasselbe besorgt haben. Dem Alter nach findet sich in der petrographischen Zusammensetzung kein Unterschied. Je weiter nach Süden zu, um so mehr Material haben Eis und Schmelzwasser aus dem einheimischen Boden aufgenommen. So zeigte Keilhack[3], dass die norddeutschen Sande einen viel höheren Quarzgehalt haben, als die schwedischen (80% gegen 31%); das nordische Eis muss also auf seinem Wege grosse Mengen von Quarzsand (meist Tertiär) aufgenommen haben. Durch Zerstörung von Kreidelagern oder -schollen hat der Sand häufig grosse Mengen Kreidefossilien aufgenommen, z. B. Bryozoen u. a., letztere haben die Varietät „Korallensand" veranlasst.

### a) Sande.

Die Gruppe der Sande wird nach der Grösse des Korns und nach ihrer petrographischen Zusammensetzung verschieden klassificirt.

Nach der Korngrösse werden unterschieden: grober, mittlerer und feiner bis feinster Sand (Mahlsand, scharfer, weicher Sand), Grand, Kies, Gerölle und Blöcke. In den verschiedenen Gegenden und verschiedenen technischen Zweigen sind die Namen nicht immer übereinstimmend. Nach ihrer Zusammensetzung haben die Sande Namen wie Spatsand, wegen des hohen Feldspatgehaltes (15,5%), thoniger Sand (Mergelsand, Schlaff, Schlepp), Glimmer-, Magneteisen-, Mangan-, Braunkohlen-, Korallen- oder Bryozoensand.

Triebsand, Wellsand wird ein feiner Sand genannt, der reichlich Wasser führt. Überhaupt sind die Sandschichten wichtig für Wasserführung, und bilden vielfach die Reservoire für Grundwasser, die von Brunnen oder Quellen angezapft werden.

---

[1] Geol. För. Förh. 1899, 541 und 1900, 273.

[2] Berendt, Geogn. Beschr. v. Berlin. 1885, 58. S. auch Wahnschaffe, Über d. Vork. geschiebefreien Thones. Jahrb. L.A. f. 1881, 535.

[3] Z. d. G. 1896, 229.

Die Diluvialsande sind im frischen Zustande stets **kalkhaltig**[1] und bilden somit einen scharfen Gegensatz zu den tertiären Sanden. Auch ein leicht gelblicher Farbenton ist den diluvialen Sanden gegenüber den tertiären eigen.

Die Unterschiede zwischen ober- und unterdiluvialen Sanden bei der Kartirung beruhen nur auf stratigraphischen Verhältnissen, in ihrer Zusammensetzung sind beide gleich.

Die **mechanische Analyse** der Diluvialsande hat wegen der erheblichen Schwankungen der Korngrösse sowohl wie der Mineralzusammensetzung nur mehr locale Bedeutung. Als ein Beispiel mag folgende Analyse von zwei über einander lagernden Schichten von Diluvialsand der Mark mitgetheilt sein:[2]

| Grand | Sand | | | | Staub | Feinste Theile |
|---|---|---|---|---|---|---|
| über 2 mm | 2—1 mm | 1—0,5 mm | 0,5—0,1 mm | 0,1—0,05 mm | 0,05—0,01 mm | unter 0,01 mm |
| | 88,7 | | | | | |
| 0,7 | | | | | 6,8 | 3,8 |
| | 0,4 | 1,6 | 54,1 | 32,6 | | |
| | 93,2 | | | | | |
| 0,1 | | | | | 4,8 | 1,9 |
| | 0,1 | 0,8 | 66,6 | 25,7 | | |

Näheres findet man in den Erläuterungen zu den geologischen Karten von Preussen und Sachsen.

Recht interessante Resultate ergaben die Bestimmungen der Mineral- und Gesteinsconstituenten der Sande. Vielfach zeigen sich hierbei Beziehungen zur Korngrösse der Sande, zur geologischen Stellung und zur Herkunft derselben.[3]

So ergaben sich Beziehungen zwischen der Korngrösse und Mineralzusammensetzung: bei Abnahme der Korngrösse steigt der Gehalt an speciflsch schweren Mineralien und an Quarz, während der Gehalt an Kalksteinen und Feldspäten fällt, und umgekehrt; je feiner das Korn, desto geringer ist der Gehalt an einzelnen (gemengten) Mineralbestandtheilen. In Diluvialsanden ist die Menge an Hornblende grösser, als die des Granat, in Alluvialsanden umgekehrt (infolge der grösseren Widerstandsfähigkeit des Granat).

Bei der bedeutenden Wasserdurchlässigkeit der Sande wird der Kalkgehalt in den oberen Lagen sehr rasch ausgelaugt, gleichzeitig findet eine höhere Oxydation der Eisenverbindungen statt, wodurch die oberen Lagen eine gelb- bis rostbraune Farbe erhalten (Fuchserde). Der weggelaugte Kalk wird vielfach in tieferen Lagen wieder abgesetzt, als weisser Beschlag von Spalten („Montmilch“) oder Wurzeln („Osteocollen“), oder auf weniger durchlässigen Schichten, oder er bildet Concretionen von allen Grössen und Formen, bisweilen eine Art „Diluvialsandstein“ hervorrufend. Ähnliches kann auch durch Eisenlösungen erfolgen.

---

[1] Der Kalkgehalt märkischer Unterdiluvialsande schwankt zwischen 0,2 und 17,8 %.

[2] Wahnschaffe u. Laufer, l. c. p. 116.

[3] Vergl. hierüber Retgers, Über die mineralogische und chemische Zusammensetzung der Dünensande Hollands u. s. w. N. Jahrb. f. Min. 1895, I, 16. — Schroeder v. d. Kolk, Bijdrage tot de Karteering onzer Zandgronden. I. Verh. Kon. Akad. Wet. Amsterdam 4. 1895, II. 1897. — Bannas, Über die Zusammensetzung diluvialer und alluvialer Sande. Mitth. Meckl. Geol. L.A. VIII, 1897.

Schon infolge seiner physikalischen Beschaffenheit und dann auch wegen der erleichterten Wegführung seiner Pflanzennährstoffe bildet der Diluvialsand im Allgemeinen einen weniger fruchtbaren Boden, der fast bis zur Sterilität gehen kann; nur beigemengter Lehmgehalt verbessert diese Verhältnisse. Daher findet sich auf den weiten Diluvialsandflächen der Heide und Geest vielfach nur eine monotone und wenig ergiebige Pflanzendecke.[1]

Die Diluvialsande haben die Eigentümlichkeit, dass sie, namentlich die gröberkörnigen, in ihrer Korngrösse oft sehr rasch wechseln; es finden sich in rascher Folge fein- und gröberkörnige Lagen übereinander. Nur die Feinsande zeigen oft in verticaler und horizontaler Erstreckung eine grössere Einförmigkeit. Alle Sande zeigen deutliche Schichtung, sehr häufig auch die Kreuzschichtung oder discordante Parallelstructur, dem raschen Wechsel der Bewegungskraft des Wassers entsprechend.

Diluvialsand mit Kreuzschichtung; bedeckt von Geschiebelehm. Mergelgrube bei Darz i. Meckl. (Geinitz phot. 1898.)

---

[1] Grand und geschiebehaltiger Sand kann an der Oberfläche allmählig durch die Thätigkeit der Insekten in feinen Sand umgewandelt werden. S. Keilhack, Z. deutsch. Geol. Ges. 1899, 132.

Die Schichtung kann später in mannigfacher Weise Störungen erfahren.

Eine Eigentümlichkeit mag noch erwähnt werden. Bisweilen finden sich in den Schichten vereinzelte schollenartige, grössere Steinblöcke oder wohl auch scharf begrenzte Partieen von Sand, die man wohl als durch Eisschollen verfrachtete Stücke[1] ansehen darf. Diese Erklärung wird befestigt durch das Auftreten von local beschränkten, durch Treibeis hervorgerufenen Stauchungserscheinungen der einbettenden Schichten.

Nach ihrer Entstehungsart kann man die Sande eintheilen in

1. Fluvioglaciale (hvitá-) Bildungen, entstanden durch Aufarbeitung des Moränenschuttes durch die Schmelzwasser und abgelagert entweder auf weiten Flächen, Sandr, die sich vor dem Eisrande ausbreiteten, oder in Gletscherbächen vor oder unter dem Eis, oder in Deltaform in aufgestauten Seebecken.

2. Flussbildungen; in ihrem Material z. T. an einheimischen Gesteinen erkennbar.

3. Binnensee-, Stauseesande; hierzu viele Heidesande.

4. Meeressande; an der Fauna erkennbar, im petrographischen Bestand von den anderen kaum zu unterscheiden.

## b) Thon.

Diluvialer Bänderthon. Wiendorf b. Schwaan i. Meckl. (Gein. phot. 1896.)

Das andere Schlemmproduct der Moräne, der Diluvialthon oder -thonmergel (früher auch Glindower Thon genannt), zeigt eine gleichmässigere Beschaffenheit

[1] Solche schollenartige gefrorene Sandpartieen kann man an den Küsten im Winter beobachten, petrographisch würde man sie als „Eissandstein" zu bezeichnen haben.

als der Sand. Meist steinfrei[1], im unverwitterten Zustand stets kalkhaltig (15—20, auch 35 %[2]) und dadurch vom tertiären Thon unterschieden, von blaugrauer, dunkel- oder hellgrauer oder röthlichgelber und brauner Farbe, ist er als das Sediment der feinsten Theile der ausgeschlemmten Moräne zu betrachten, deren Niederschlag erst in ruhigem Wasser stattfinden konnte.

Daraus erklärt sich die ausgezeichnete feine Schichtung, die ihm auch den Namen „Bänderthon" gegeben hat, ferner seine mannigfache Wechsellagerung mit oft winzig dünnen sandigen Schichten (die man mit Jahresringen vergleichen kann, bedingt durch periodisch etwas stärker bewegtes Wasser und dadurch hervorgerufenen sandigeren Bestand der suspendirten Massen).

Ebenso erklärt sich der Übergang von fettem Thon in mageren Mergelsand (thonigen Sand, Schluff) und endlich in Feinsand. Oft kann man beobachten, dass in Gebieten, wo Feinsand zu Tage tritt, in der Tiefe ausgedehnte Thonlager vorkommen.

Über die Zusammensetzung des Diluvialthones giebt folgende Analyse als Beispiel Auskunft

Diluvialthon (Thonmergel) von Löcknitz, Mark (Laufer u. Wahnschaffe p. 69)

| | Sand 0,2—0,1 mm | Sand 0,1—0,05 mm | Staub 0,05—0,01 mm | Feinste Theile unter 0,01 mm |
|---|---|---|---|---|
| Obere Lage | 1,1 | | 43,5 | 55,4 |
| | 0,4 | 0,7 | | |
| Untere Lage | 19,2 | | 5,6 | 75,9 |
| | 6,1 | 13,1 | | |

Chemische Analyse (Obere Lage mit $Na_2CO_3$, Untere Lage mit HFl aufgeschlossen)

| | des Gesammtbodens | | der feinsten Theile (in Procenten des Gesammtbodens) | | des Staubes |
|---|---|---|---|---|---|
| | Obere Lage | Untere Lage | Obere Lage | Untere Lage | Obere Lage |
| $SiO_2$ | 54,61 | — | 26,83 | — | 25,94 |
| $Al_2O_3$ | 11,43 | 17,28 | 7,84 | 12,71 | 4,51 |
| $Fe_2O_3$ | 4,25 | 5,70 | 2,61 | 4,89 | 1,44 |
| MgO | — | 3,31 | — | 2,68 | — |
| $CaCO_3$ | 19,84 | 12,17 | 10,77 | 10,49 | 7,37 |
| $K_2O$ | — | 3,47 | — | 2,90 | — |
| $Na_2O$ | — | 1,08 | — | 0,55 | — |
| $P_2O_5$ | — | — | — | 0,09 | — |
| Glühverlust | 6,19 | 9,97 | — | 7,91 | — |
| Nicht Bestimmtes | 14,93 | 47,05 | 14,81 | 34,44 | 8,57 |
| Summa: | 100 | 100 | 55,40 | 78,90 | 48,50 |

[1] Vereinzelte Blöcke, die bisweilen im Thon vorkommen, sind entweder durch Eisschollen dahin verfrachtet (s. o.) oder können auch aus überlagernder Moräne herabgesunken oder eingequetscht sein. — Über den Übergang von Geschiebemergel in Thon s. a.

[2] Obgleich der Diluvialthon im frischen Zustand immer kalkhaltig ist und daher streng genommen als „Thonmergel" zu bezeichnen ist, will ich ihn hier doch, im Anschluss an den üblichen Sprachgebrauch und um den schleppenden Namen zu vermeiden, immer nur als „Thon" bezeichnen.

Für die märkischen Thone haben Laufer und Wahnschaffe grössere Schwankungen der Sandmengen im Verhältnis zu dem Staub und den feinsten Theilen gefunden; auch das Verhältnis von Staub zu feinsten Theilen wechselt. Die fettesten Bildungen erreichen einen Gehalt an feinsten Theilen bis 67,1 %, die sandigsten Thone besitzen bis zu 88 % Sandgehalt. Der Kalkgehalt schwankt hier von 4,6—23,0 %, durchschnittlich 13,5 %, kann aber durch Concretionsbildungen local stark erhöht werden. Die Thonerde schwankt im Gesammtboden zwischen 7—17 %, und beträgt durchschnittlich 12 %, in den feinsten Theilen von 9,8—16,5 % schwankend, durchschnittlich 13,2 %, im Staub durchschnittlich 6,5 %.

Diluvialer Mergelsand (Schlepp, Schluff) von Stalpe (Laufer u. Wahnschaffe p. 104)

| | Sand | | | Staub | Feinste Theile |
|---|---|---|---|---|---|
| | 2—0,5 mm | 0,5—0,1 mm | 0,1—0,05 mm | 0,05—0,01 mm | unter 0,01 mm |
| | | 1,7 | 48,1 | | |
| | — | 49,8 | | 38,1 | 11,9 |
| Gehalt an $CaCO_3$: im % d. Ges.-Bodens | — | 0,05 | 2,65 | 1,84 | 1,81 |

Chemische Analyse der feinsten Theile (HFl) in % des Gesammtbodens:

| | |
|---|---|
| $Al_2O_3$ | 1,64 |
| $Fe_2O_3$ | 0,74 |
| $K_2O$ | 0,39 |
| CaO | 1,08 |
| $CO_2$ | 0,86 |
| Glühverlust | 0,95 |
| $SiO_2$ u. nicht Bestimmtes | 6,61 |
| | 11,87 |

Die mechanischen Analysen der Mergelsande ergeben bedeutende Schwankungen im Sandgehalt; charakteristisch ist der hohe Gehalt an Staub gegenüber den feinsten Theilen, die sich nur mit 4 bis 26 % an der Zusammensetzung betheiligen. Der Kalkgehalt schwankt zwischen 6,5 und 19,8 %, kann aber auch hier noch bedeutend gesteigert sein. Die feinsten Theile enthalten durchschnittlich 15,6 % $Al_2O_3$ (= 39,3 % wasserhaltigen Thon).

Als „Fayencemergel" wird ein feinstes, kalkiges Gesteinsmehl mit ganz geringer Mengung von Thon bezeichnet, das einen Übergang zu den Mergelsanden, Schlick, bildet.

Als „Wohlauer Thon" bezeichnet Jentzsch[1] einen ziegelrothen, fetten Thonmergel, welcher einen Leithorizont des ostpreussischen unteren Diluviums bildet; die auffällige rothe Färbung ist nach Jentzsch eine selbständige Neubildung; der Thon stellt vielleicht Abschlämmmassen von Landstrichen dar, auf denen eine dem Laterit ähnliche Umwandlung vor sich gegangen war.

Die Verwitterung des Diluvialthones verläuft wie die des Geschiebemergels. In den oberen Lagen bilden sich die den Ziegelbrennern willkommenen rothen und gelben Thone, unten bisweilen rothe Letten und sehr häufig die grossen, grauen und gelblichen, unregelmässig geformten Kalkmergelconcretionen, die „Mergelnüsse, Ingwersteine".

Der Diluvialthon wird in zahlreichen Ziegeleien verwerthet.

Die Eintheilung der Diluvialthone nach ihrer Bildung ist analog der der Sande; wir haben fluvioglaciale, marine und Binnensee-Thone.

[1] Jentzsch, Neue Gesteinsaufschlüsse in Ost- und Westpreussen. Jahrb. L. A. f. 1898, 53.

## Einfluss der Vereisung auf den Untergrund.

Zu den bekannten Einwirkungen gehört die Glättung und Schrammung des Untergrundes, sowie Rundhöckerbildung; die früher von Gletschern bedeckten Theile des Bodens zeigen allgemein diese Erscheinung.[1]

Geschliffene und geschrammte Felsoberfläche vor dem Svartisengletscher in Norwegen. (N. Hamberg.)

(Nicht unerwähnt darf aber auch bleiben, dass auf Grund von Beobachtungen Schrammung von Felsen auch durch Eisschollen in bewegtem Meere verursacht wird.)

Die Schrammen, Scheuerstreifen auf den geglätteten Felsoberflächen sind auch von der Gesteinsbeschaffenheit abhängig; dass viele derselben durch spätere erneute Eisbedeckung oder auch durch Verwitterung verloren gegangen sind, ist selbstverständlich. Die Schrammen wechseln sehr in ihrer Grösse; feine Ritzen oder $\frac{1}{2}$ bis 1 cm breite Streifen oder 5—10 cm breite Furchen sind am häufigsten, $\frac{1}{2}$ m breite Rinnen wie sie Lindström bei Visby beobachtet hat, gehören zu den Ausnahmen.

Auf die Evorsion des Bodens durch Gletschermühlen werden die Riesentöpfe zurückgeführt. (Über die „Sölle" s. u.)

Hier mag die Abbildung des grössten Riesentopfes nach Brögger wiedergegeben werden.

Über die Natur und Entstehung der Riesenkessel geben Brögger und Reusch eine sehr eingehende Untersuchung[2].

[1] Man vergleiche das obige schöne Bild vom Svartisen bei Neumayr Nr. Geol., 817.

[2] Brögger und Reusch, Riesenkessel bei Christiania. Z. d. G. G. 1874, 783, Taf. 18—20. — Vergl. auch Sexe, Jättegryder. Univ. progr. Christiania 1874; und Mærker efter en Istid i Omegnen af Hardangerfjorden. 1866.

Die bei Christiania gefundenen Riesenkessel liegen oft in Gruppen zusammen, an dem Abhange des Egeberges, nahe dem Meeresufer. Zahlreiche Schrammenstreifen umgeben sie von allen Seiten. Sie sind oft erheblich tief im Verhältniss zur Weite und senken sich ziemlich lothrecht in das Gestein. Ihr Querschnitt ist meist kreisrund, bei elliptischer Form stimmt die Richtung der grossen Axe nicht mit derjenigen der Schrammenstreifen überein. Die grossen und tiefen Kessel sind in ihren unteren Theilen weiter; mehrere zeigen schöne Spiraldrehung ihrer Wände, die grösseren nur am Boden mehr deutlich. Ausser den Kesseln finden sich auch theils mehr verticale, theils mehr horizontale „Kesselscherben", sie sind als angefangene Formen von Riesenkesseln aufzufassen. In dem

1

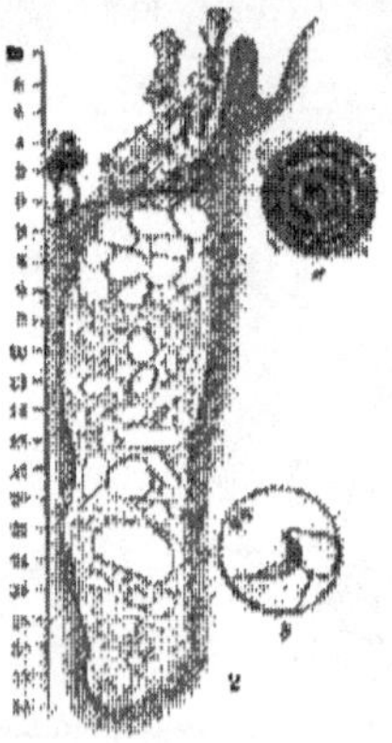

2

1 Riesentöpfe bei Kongshavn in Norwegen, nach Brøgger und Reusch.

2 Durchschnitt durch Riesentöpfe bei Bakkelaget, Norwegen. a Von oben, mit Spiralwandung. b 2 grosse ausgehöhlte Blöcke. (Maassstab: norw. Fuss = 0,3137 m.)

oberen Theile der Kessel fand sich gewöhnlicher Moränenkies, am Boden eine Sammlung regelmässig abgerundeter grosser Steine, Mahlsteine, welche je näher am Boden, um so vollkommener gerundet waren. (In den 2 grössten Kesseln war ein zweimaliger Wechsel von Mahlsteinen und Moränenkies zu beobachten.) Der Inhalt ist ganz fest zusammengepackt. (Aus einem Kessel wurden 2360 Cubikfuss Steine und Kies entnommen.) Der feinere Kies war überall eckig, Thon wurde als Seltenheit in der Tiefe eines grossen Kessels beobachtet.

Die Riesentöpfe sind[1] durch die Wasserfälle von Gletschermühlen (Gletscherbrunnen) unter Beihilfe der Steine in dem Felsuntergrund ausgestrudelt (ausgekolkt) worden[2]. Die zu dieser Erklärung nothwendig anzunehmenden Gletscherspalten haben sich in dem vorrückenden Eis immer wieder an derselben Stelle gebildet (wie man auf anstehendem Gletscherboden vielfach beobachten kann); daher sind die Kessel cylindrisch und nicht von länglichem Querschnitt, noch nicht reihenweise hinter einander, parallel der Schrammenrichtung angeordnet. (Sehr einleuchtend wird auch die Bildung der spiralen Wandungen erklärt.)

[1] Nach H. v. Post, Bidr. till jättegrytornas kännedom. K. Vet. Akad. Förh. 1866.

[2] Sexe glaubt, dass die Riesenkessel nicht durch Wasserfälle gebildet, sondern durch das Gletschereis selbst (mit theilweiser Hilfe von Steinen) ausgebohrt seien; durch dieses Einbohren könnte er auch die schräg stehenden Kessel erklären.

Es scheint, als ob die Christiania-Riesenkessel vor dem Ende der Eiszeit entstanden sind, noch vor der grossen Senkung des Landes.

Beistehendes Bild giebt eine gute Anschauung der Entstehung von fluvioglacialen Riesentöpfen[1].

Fluvioglacialer Riesentopf in Ragundadalen (Schweden). N. Högbom.

Ein wichtiger, in seinem Umfang allerdings sehr verschieden bewertheter Factor ist die Glacialerosion[2]. Wenn man auch die Wirkung der Gletschererosion nicht in dem grossen Umfange annimmt, wie es z. T. geschehen, so sprechen doch für dieselbe unleugbar die Schrammen und Rundhöcker, der frische unverwitterte Zustand der Geschiebe, Pressungs- und Stauchungserscheinungen, der Transport grösserer Schollen u. a. m. Vorhandene Auflockerung des Gesteinsbodens (durch Schichtenfugen, Diaklasen, Zerklüftung oder Verwitterung), Frostwirkung (auch unter dem Eise) und dadurch bedingte Lockerung des Bodens, wechselnde Härte des Bodens, vorhandene Bodendepressionen sind hierbei wichtige Momente. Dass die Gletschererosion nicht den enormen Betrag hatte, wie manche annehmen, geht aus dem Vorhandensein verschiedenartiger sich kreuzender Schrammensysteme hervor. Kjerulf sagt (Geol. Norwegens, 40), „das Eis hatte nicht einmal die Macht, die Schrammen und Streifen, die von der Bewegung der ersten Richtung herrührten, zu vertilgen; so wenig vermag das Eis in Wahrheit, dass es nicht einmal früher gezogene Schrammen verwischt".

A. G. Högbom erörtert in einer interessanten Arbeit (Om urkalkens topografi och den glaciala erosionen. Geol. Fören Förh 1890, 169) die Bedeutung der Härte und der Zerklüftung des Felsbodens für die Gletschererosion und -Denudation:

Es ist auffallend, dass in dem früher vergletscherten Gebiete Schwedens die Felsen von Kalkstein trotz dessen geringer Härte vielfach höher liegen als die der Silicatgesteine. Man könnte dies so erklären, dass die Erosionsthätigkeit des Eises mehr in einer Reinigung des Untergrundes von seinen Verwitterungsproducten bestanden habe, wodurch die Kalkerhebungen gewissermassen herauspräparirt wären. Da man aber in dem Moränenschutt frisches, unverwittertes Material findet, so muss das Eis auf frisches Gestein eingewirkt haben (auch noch weiter, nachdem der Verwitterungsschutt weggeräumt worden war). Die Einwirkung bestand weniger im Abschleifen und Abnutzen, als im Auseinanderbrechen und gleichsam Lospflügen der losgebrochenen Blöcke. Wenn auch hierbei die Zerklüftung eine begünstigende Rolle mitspielte, so war doch vor allem die Härte des Gesteinsuntergrundes massgebend. Durch die losbrechende Arbeit des Eises wurden die der Ei-

[1] S. Högbom, Om Ragundadalens Geologi. Sv. G. U. C, 182. 1899.

[2] Die Litteratur über dieses viel umstrittene Kapitel kann hier nicht näher verfolgt werden; man vergleiche aber die neuen Arbeiten, besonders über Grönland und die alpinen Gletscher.

bewegung entgegenstehenden Klippen und Kanten des Felsbodens abgerundet; dies erfolgte bei weicherem Material mit grösserem Effect, als bei härterem. Aber in demselben Maasse wie die Abrundung fortschritt, verlor das Eis Angriffspunkte für das Losbrechen und es wurden nur noch Rundhöcker herausmodellirt. Eine solche Abrundung kam bei dem weicheren Kalkstein rascher zur Vollendung, als bei den Silicatgesteinen; demzufolge waren die Urkalke besser vor der glacialen Erosion geschützt und können jetzt als Höhen hervortreten.

Auch W. Salomon erörtert nochmals die Frage der Gletschererosion[1]: Die Grundmoräne kann sich als Ganzes fortbewegen. Unter den Gletschern findet mechanische Verwitterung statt, z. T. sogar in beträchtlichem Maasse; besonders wirkt hierbei der Spaltenfrost, der durch die Klüftbarkeit des Gesteins begünstigt wird. Durch den Wechsel in den Druckstärken am Grunde der Gletscher „sind Gletscher im Stande, in ihren ursprünglich gleichmässig thalauswärts geneigten Böden Seebecken auszuhöhlen; sie thun das aber nicht, indem sie Millimeter nach Millimeter abhobeln, sondern indem sie nach vorangegangener, durch die Klüftbarkeit der Gesteine unterstützter Frostsprengung ganze Blöcke und Platten herausheben und forttransportiren". Dagegen hält Salomon es „für ausgeschlossen, dass Gletscher auf gleichmässig geneigten, noch nicht durch Erosion sculpirten Abhängen und Plateaus, soweit sie aus festem Fels bestehen, selbständig Hohlformen anlegen".

Bei der Entstehung der Fjorde hat schliesslich auch fluvioglaciale Erosion mitgewirkt. Die eigentliche Thalbildung stammt allerdings aus älteren Zeiten her (Erosion durch Wasser, wobei Spaltenrichtungen und tiefgehende Zerklüftung begünstigende Momente waren); die Gletscher sind dann diesen Thälern gefolgt und haben, abhängig von der Mächtigkeit des Eises und von den topographischen Verhältnissen, hie und da erodirend und beckenbildend gewirkt.[2]

Die Unebenheiten des Fjordbodens mögen z. T. auf Glacialerosion, z. T. auf Moränenablagerungen zurückgeführt werden. Der scharfe Gegensatz der Fjordrinne und der Rundhöckerlandschaft der norwegischen Hochfläche des „Fjelds" kann nicht durch dieselbe allgemein wirkende Ursache der Glacialerosion erklärt werden. Die Oberfläche des Fjelds zeigt die Arbeit des Gletschers in seltener Klarheit; aber in dieser ist das alte Thalsystem der Fjorde ausgetieft oder besser übermässig vertieft d. h. übertieft worden. An der „Schulter" stösst die steile Rinne des Fjords fast unvermittelt an die glacialgeschliffene Fläche des Fjelds; also können beide nicht gleichartiger Entstehung sein. E. Richter führt die Übertiefung auf Erosion interglacialer und postglacialer Schmelzwässer zurück, welche einschneidend wirkten, während die Fjeldfläche durch ihre Firndecke der Wasserwirkung entzogen war.[3] Auch wenn man die Dauer der Interglacialzeiten kürzer ansetzt und nur

---

[1] N. Jahrb. f. Min. 1900, II, 117.

[2] O. Nordenskjöld, Topograph.-geolog. Studien in Fjordgebieten. Bull. Geol. Inst. Univ. Upsala. IV, 2, 1900, 157, 217. Vergl. hier auch Litteratur über Fjorde, sowie die guten Abbildungen und Tiefenkarten. — Brögger, Bildungsgeschichte des Kristianiafjords. Nyt Magazin for Natv. Krist. 1886. — Richter, Geomorpholog. Beob. aus Norwegen. Sitz.-Ber. Wiener Acad. 1896. (In dieser Arbeit finden sich viele sehr bemerkenswerthe Beobachtungen über die verschiedenartige Thalbildung, Kare oder Botner, Einfluss der Firnbedeckung auf die Verhinderung der Wassererosion u. a., s. auch Richter, Die Gletscher Norwegens. Geogr. Zeitschr. 1898.) Über Thalbildung in Norwegen s. auch Reusch, N. G. U. 32, 1901, mit vielen Abbildungen!

[3] Kare (botner, cirques) nennt man die reihenweise in gleicher Höhenlage innerhalb der ehemals vergletscherten Gebirge auftretenden Nischen der Gehänge; die Kar-Böden waren durch Firnbedeckung der Abtragung entzogen. Die steilen, auf drei Seiten den Boden umgebenden Wände sind das Ergebnis der in der Schneegrenze besonders lebhaft wirkenden Wandverwitterung (Spaltenfrost); mit rotirender Gletscherbewegung haben die Karformen nichts zu thun.

episodische Vorstösse oder Halte im Gletscherrückzug als sicher bewiesen annimmt, ist eine energisch austiefende Wirkung der Schmelzwässer mit Sicherheit in Rechnung zu stellen.

**Bildung der Seebecken.** Ungemein zahlreich sind in Skandinavien die Seen und Seenüberreste. Ihre Bildung verdankt verschiedenen Umständen ihre Entstehung.

Dass bei der Thal- und Seebildung die **Tektonik** eine grosse Rolle spielte und die Erosion vielfach zurücktritt, hat Kjerulf an mehreren Beispielen gezeigt.[1]

Nathorst sucht (gegenüber Törnebohm) nachzuweisen, dass der Seenreichthum und das cupirte Terrain der schwedischen azoischen Gebiete das Resultat der **säcularen Verwitterung** sind[2]; er bestreitet die directe Gletschererosion und betont noch die (besonders im Urgebirge überaus häufigen) **Dislocationen** aus älterer Zeit, Graben- und Horstbildungen; dadurch sind die Felsbecken entstanden, die dann von späteren Sedimenten und von dem säcularen Verwitterungsschutt erfüllt und geschützt wurden, bis diese dann von dem Eise wieder fortgeführt wurden.[3]

Viele Seen sind auch Reste von **alten Flussthälern**: Die Untersuchungen der (oft zwischen 100 und 200 m tiefen) Seen in Schwedisch-Lappmarken[4] hat diese als Reste gewaltiger praeglacialer Flussthäler erkannt, welche durch den Rest des Inlandeises in ihrer Form und Tiefe bewahrt und durch mächtige spät- und postglaciale Ablagerungen (Åsar, Endmoränen) aufgedämmt worden sind.

Die Aufdämmung des früheren Ragunda-Fjordes im östlichen Jemtland durch fluvioglaciale Ablagerungen und Umbildung zu einem See (der i. J. 1796 durch eine Katastrophe plötzlich entleert wurde) beschreibt sehr anschaulich Högbom[5] mit hübschen Karten und Bildern.

**Lagerungsstörungen.** Wo die Moräne (Geschiebemergel oder -kies) auf oder an einem Untergrund lagert, der nicht fester Fels ist, zeigt sich das **gegenseitige Lagerungsverhältnis** entweder **ohne Störung** oder der **Untergrund ist gestaucht**, gefaltet, verworfen und anderweit mannigfach gestört.

Ungestörter Untergrund ist vielleicht häufiger als Störungen. Auf den losen Sand- und Thonschichten z. B. ruht der Geschiebemergel in concordanter Lagerung, oft ist seine untere Partie aufgearbeitet zu roh geschichteter Masse; der obere Geschiebelehm überkleidet alle Unebenheiten des Bodens, ohne sie planirt zu haben oder er schneidet schräge Schichten geradlinig ab.

Häufig ist aber auch der Untergrund gestört.

Diese Erscheinungen eingehend beschrieben und erklärt zu haben, ist das

[1] Kjerulf, See- und Thalbildung. Forh. Vid-Selsk. Kristiania 1881, übersetzt von Lehmann, Mitt. Ver. Erdk. Halle 1881.

[2] Nathorst, Pumpellys teori om betydelsen af bergarternas sekulära förvittring för uppkomsten af sjöar. Geol. För. Förh. 4, 276, 5, 49. Dagegen Törnebohm, Geol. För. Förh. 4, 343, 466. 5, 110.

[3] Nathorst, En ny teori om de svenska klippbäckenas uppkomst. Geol. För. Förh. 9, 1887, 221.

[4] Ahlenius, Bull. Geol. Inst. Upsala, V, 1. 1900, 28.

[5] Om Ragundadalens Geologi. (Bildung der berühmten Kringede-Fälle, Riesentopfbildungen u. a.) Sver. G. U. Ser C. 182, 1899. S. auch Hansen, Strandlin.-stud. 6.

Glaciale Faltungserscheinungen in der Kreidegrube Katharinenhof bei Finkenwalde (unweit Stettin).

1 Obere Kreide (weiss). 2 Mittlerer Septarienthon (schwarz). 3 Oligocäner Glaukonitsand. 4 Unterer Geschiebelehm. 5 Unterer Geschiebesand. 6 Oberer Geschiebelehm. Grösste Höhe des Profils 50 m. Nach gleichzeitigen, unter Leitung von F. Frech gemachten photogr. Aufnahmen und Skizzen gezeichnet.

Verdienst Credner's[1]. Er betont, dass eine der Hauptbedingungen für das Zustandekommen der Stauchungen die oberflächliche Unregelmässigkeit des Bodens oder das flache Ansteigen des Untergrundes überhaupt ist; frühere Bodenerhebungen des Flötzgebirges oder thalartige Senkungen werden dabei also eine wichtige Rolle gespielt haben.

Besonders am Rande des Eises, bei längerem Stillstand desselben, haben sich vielfach Stauchungserscheinungen des Untergrundes oder des soeben aufgeschütteten

Einzelansicht der intrusiven Kreidescholle in der Kreidegrube Katharinenhof b. Finkenwalde-Stettin. (Mitte des Bildes S. 77.) 1 Obere Kreide. 2 Septarienthon. 3 Diluvialsand.

Bodens gebildet (s. „Staumoränen"). Nach Wahnschaffe gehören hierzu viele Durchragungen von Kuppen unterer Diluvialsande durch den Oberen Geschiebemergel (einseitiger Druck des vorrückenden Eises).

Fegeit erklärt die Möglichkeit, dass das Eis sowohl abhobelnd als auch stauchend und sogar überschiebend wirken konnte, durch die Beobachtung, dass „überall auf der Stossseite des Gletschers eine Faltung und Stauchung des plastischen (noch nicht gefrorenen) Untergrundes vornehmlich bei geringerem Eisdruck, d. h. im Beginn des Vorrückens von Landeis erfolgte; nach vollkommenem Durchfrieren des Bodens und bei wachsendem Eisdruck wirkt das Landeis

[1] H. Credner, Über Schichtenstörungen im Untergrunde des Geschiebelehms. Z. d. G. 1880, 75.

nicht mehr faltend, sondern überschiebend und abhobelnd". Die Profile der Glacialfaltung erinnern daher an tektonische Durchschnitte, in denen eine früher gefaltete Unterlage durch eine später entstandene Überschiebungsfläche von der aufgeschobenen Scholle getrennt wird.[1]

Die Bodenformen, welche den Moränenbildungen ihre Entstehung verdanken, sind: Grundmoränenlandschaft, Drumlins, Endmoränenlandschaft (vergl. hierüber die Darstellungen z. B. bei dem Quartär Norddeutschlands u. a. O.). Auch die „Durchragungen" und „Pseudo-Endmoränen und -Åsar" können mit hierher gerechnet werden.

Bodenformen der Sedimente sind die Åsar und Sandr.

Dass neben dem Eise auch die Erosion der Schmelzwässer bedeutenden Einfluss auf die Bodengestaltung ausgeübt hat, ist selbstverständlich. Die Spuren des „Diluviums", der „Pluvialperiode" anderer Gegenden, sind in dieser Richtung allgemein bekannt.

Nur über die Åsar mag an dieser Stelle eine allgemeine Bemerkung folgen:

Die Åsar bestehen im wesentlichen aus gerollten Steinen oder Grus, die oft wechsellagern und falsche (Kreuz-) Schichtung zeigen, als Beweis, dass sie aus bewegtem Wasser abgelagert sind. Sehr selten findet sich einmal ein geschrammter Stein. Manche bestehen auch nur aus Geröllen, andere nur aus Sand. Nach

Ås bei Kjinbolt, Valders, Norwegen (nach Reusch. N. G. U. 32).

Gumälius sollen einige auf feinem Sand aufsitzen, der nach unten in feinen thonigen Schlamm übergeht. Bisweilen findet sich in den oberen Theilen echter Grundmoränengrus. Nach Gumälius hat der Untergrund insofern Einfluss auf die Natur der Gerölle, als eine Strecke weiter südwärts eine allmähliche Anreicherung mit dem nördlich auftretenden Untergrundsgeröllmaterial stattfindet.

Bald sind es lange, oft sehr schmale Rücken, die bisweilen in ihrer Länge durch Gräben und feuchte Niederungen getrennt werden, bald in langen Reihen aneinander gereihte, länglich runde Hügel, bald breite Plateaus. Häufig sind sie von einheitlichen Sandfeldern begleitet. Die skandinavischen Åsar verlaufen analog mit dem Flusssystem und meist unabhängig von den Reliefverhältnissen in ungefähr gleicher Richtung wie die Schrammen, auf Längen von 300—400 m, ja 1000 m. Bisweilen 45—54 m sich über die Umgebung erhebend, mit steilen oder flachen Böschungswinkel (10 bis 45°) bilden sie entweder ganz schmale Dämme („Ziegenrücken", getrygg) oder

[1] Penck, Z. d. Ges. f. Erdk. Berlin. 35. 1900, 219.

breite Wälle, die sich zu einigen 1000 m ausbreiten können, wobei sie nicht selten eine Menge unregelmässiger Kämme mit dazwischen liegenden Vertiefungen bilden.

Vielfach haben die Åsar einen gewundenen, an einen Bachlauf erinnernden Verlauf.

Sie setzen sich aus vielen der Reihe nach hinter einander gelegenen Einzelrücken zusammen. Bisweilen flacht sich ein Ås in eine Geröll- oder Sandebene ab. Auf die sogenannten „Hauptåsar" stossen häufig unter spitzem Winkel von Norden her „Nebenåsar", oft von geringeren Dimensionen als die ersteren.

Auf den Rücken finden sich nicht selten die „Åsgroben", runde oder längsovale, kleine oder grosse Vertiefungen, die oft von Torf erfüllt sind. Als „Åsgräben" werden (auch oft von Torf erfüllte) Vertiefungen bezeichnet, welche die beiden Längsseiten eines Ås begleiten.

Schematische Übersicht der Richtung der Rullstensåsar am Mälarsee (nach Törnebohm).

Über die Entstehung der Åsar hat man verschiedene Ansichten.[1] In den heutigen vergletscherten Gebieten kennt man keine Analogien dafür. Die beiden jetzt am meisten geltenden Erklärungen sind folgende:

Nach Holst sollen sich in der Abschmelzzeit auf der Oberfläche des Eises Flusssysteme gebildet haben (analog wie in Grönland), die der allgemeinen Neigung folgend Thäler in das Eis eingruben, darin Gerölle und Steine führend (oder aus der Innen-, resp. aus aufgetriebenen Theilen der Grundmoräne aufnehmend). Diese Flussanhäufungen blieben nach Wegschmelzen des Eises als Åsar auf der Erde liegen (die Åsgraben entstanden dadurch, dass Eisblöcke mit in die Schottermassen gerathen waren, deren späteres Wegthauen kesselartige Einstürze in dem Ås zum Gefolge haben musste).

Die andere Ansicht von P. W. Strandmark[2] nimmt an, dass die Åsar aus Gletscherbächen gebildet seien, welche unter dem Eis flossen. Das in Spalten unter das Eis gerathene Schmelzwasser war so reichlich, dass nicht alles in Bächen abfloss, sondern z. T. in Spalten zur Oberfläche wieder aufstieg; dadurch wurde auf die Gletscherbäche ein so starker Druck ausgeübt, dass diese ihre Eisdecke tunnelartig aushöhlten; in diesen Canälen wurden die Rullstensåsar abgelagert, deren Material in der Hauptsache von der Grundmoräne stammt. Bedenkt man, dass die Wände dieser Tunnels sich selbst mit vorwärts bewegten (weil ja das ganze Eis eben in Bewegung war), so ist es leicht denkbar, dass an manchen Stellen im Laufe der Zeit auf die vom Wasser aufgeschütteten Sedimente die Eisdecke zum Aufsitzen kommen und ihre Grundmoräne darauf oder daran ablagern konnte.

Hierdurch könnte man wohl auch die Thatsache erklären, dass im südlichen Schweden (südöstl. Schonen) Åsar gefunden werden, die von Moränenthon des baltischen Eisstromes bedeckt sind, während De Geer meint, dass diese Åsar der grossen Eiszeit angehören, und erst später von dem baltischen

[1] Vergl. Nathorst l. c. 240.

[2] Om rullstensbildningarne. Helsingfors 1885. Ref. in Jahrb. f. Min. 1887, I, 62.

Eisstrom überschritten worden sind, wodurch dessen Grundmoräne darauf zur Ablagerung kam. Die in dem zur zweiten Eiszeit eisfreien Gebiet zwischen Schonen und der südlichen Endmoräne sich findenden Åsar müssten nach de Geer älter als der baltische Eisstrom sein, also zur Hauptvereisung gehören.

Eine Erweiterung der Strandmark'schen Åstheorie wurde durch die Beobachtungen Russell's am Malaspina-Gletscher (Nordamerika) gegeben, über welche Keilhack[1] berichtet. Unter dem Eise in geschlossenen Canälen strömende Wasser schütten ihr Bett mit Sand und Kies auf, dabei wird das Wasser schmelzend auf die Decke der Canäle einwirken. Es entstehen schmale Kieswälle, beiderseits von Eis begrenzt. Nach Wegschmelzen des Eises können an den Seiten geneigte Schichten entstehen; auch kann Moränenmaterial empor und in diese subglacialen fluviatilen Ablagerungen hineingepresst werden, ohne dass zwischen Moränen- und Åsabsatz eine wesentliche zeitliche Unterbrechung stattfand.

O. Gumaelius sucht durch Experimente seine Ansicht zu bekräftigen, wonach sich die Åsar dadurch bildeten, dass innere Moränen aus dem abschmelzenden Eise heraustraten und einen Theil desselben vor Abschmelzung schützten.[2]

E. v. Drygalski[3] betrachtet die Åsar als „spätere Faltungen des fluvioglacialen Untergrundes am Rande des Eises"; das charakteristische Merkmal der Åsar sei „die Führung fluvioglacialen, gerundeten Geröllmaterials", die tektonische Structur sei allermeist die gewölbte Schichtung, stellenweise könne allerdings auch horizontale Lagerung auftreten.

Eine neue Theorie über die Entstehung der Åsar (insbesondere der „Queråsar" bringt de Geer[4]: Die Åsar der Gegend der grossen mittelschwedischen Endmoränen bestehen aus mehr oder weniger örtlich isolirten Partien, „Åscentra". Das Material des proximalen Endes dieser Åscentra ist oft sehr grob, gegen das Ende hin wird es allmählig feinkörniger; ein folgender Åsrücken liegt nicht in der Fortsetzung des älteren, sondern nach der Seite verschoben.

Die Ursache, dass die subglacialen Flüsse am Eisrande die Massen von Åsmaterial ablagerten, liegt darin, dass die subglacialen Flüsse unter einem starken hydrostatischen Druck hervorgepresst wurden und dadurch die colossalen Massen von Åsmaterial abrunden und mitschleppen konnten; am Eisrande aber hörte der Druck auf, wenn der Rand eine längere Zeit dieselbe Lage einnahm, häufte sich das Åsmaterial unmittelbar ausserhalb desselben an. Die verschiedenen Centra der eigentlichen Åsar wurden nach einander unmittelbar innerhalb des Eisrandes abgesetzt. Sie sind demnach bald sub-, bald supramarine, immer jedoch submarginale Deltabildungen. Unter dem Eise selbst war die Stosskraft des subglacialen Flusses zu gross, um eine Sedimentation zu gestatten, hier konnte nur ein Transport des inzwischen abgerundeten Materiales stattfinden. — Wenn so ein Åscentrum abgesetzt war und der Eisrand sich ein wenig zurückgezogen hatte, suchte sich der subglaciale Fluss eine neue Ausflussrinne auf, an der Mündung dieser, schräg hinter dem schon fertigen Åscentrum, setzte sich ein neues Centrum ab u. s. w.

An Beispielen der fluvioglacialen Erosion zeigt [illegible][5], dass die Åsar unter einem Eistunnel gebildet sein müssen und nicht erst bei der Mündung des Gletscherbaches.

Dass neben dem Eise auch die Erosion der Schmelzwässer bedeutenden Einfluss auf die Bodengestaltung ausgeübt hat, ist selbstverständlich. Die Spuren des „Diluviums", der „Pluvialperiode" anderer Gegenden sind in dieser Richtung allgemein bekannt; es sei nur an die Thäler erinnert, deren Weite und Tiefe im Vergleich zu den heute dort fliessenden Wässern meist viel zu gross ist, an die Cañon- und Wasserfallbildungen, an die sedimentären Ablagerungen u. s. w. An die Arbeit der Schmelzwässer knüpft ja auch die Bezeichnung „Diluvium" an.

[1] Z. deutsch. Geol. Ges. 1899, 21. Crosby nimmt dagegen eine supraglaciale Bildung der Åsar (Esker) an; (Anm. während des Druckes).

[2] S. Geol. För. Förh. 12, 1890, 495, Taf. 11. — Vergl. auch Gum., Om rullstensgrus. Bih. Sv. Ak. Handl. IV, Nr. 3.

[3] Z. d. G. 1896, 9.

[4] Om rullstensåsarnes bildningssätt. Geol. För. Förh. 19. N. Jahrb. f. Min. 1900, 1, 293.

[5] Geol. För. Förh. 1901, 83.

# Das Quartär von Fennoscandia.

## I. Glacial bis Postglacial.

Die Glacialerscheinungen Nordeuropas verweisen in ihrem gesammten Wesen und Ursprung auf Skandinavien.[1]

## A. Schweden und Norwegen.

### Glacialtheorie für Skandinavien.

Das Capitel der jetzt allgemein acceptirten Glacialtheorie ist schon von den verschiedensten Seiten und in mannigfachster Form behandelt. Ich glaube, dies Thema nicht besser und kürzer als durch freie Wiedergabe der Worte A. G. Nathorsts[2] darstellen zu können:

Um eine Vorstellung von der Entstehung und Ausbreitung des skandinavischen Landeises zu erhalten, kann man sich denken, dass ein allmähliches Sinken der mittleren Jahrestemperatur um 5°, im Verein mit einem etwas vermehrten Niederschlag stattfand[3]. Hiedurch sank die Schneegrenze gegen 1000 Meter unter ihre gegenwärtige Lage herab. Von den skandinavischen Bergen, die damals Gletscher besassen, mussten diese sich nun mehr ausbreiten und tiefer in die Thäler hinabreichen; andere vordem unter der Schneegrenze gelegene Stellen bedeckten sich mit ewigem Schnee und bildeten den Ausgang für die sich immer mehr ausbreitenden Gletscher.

Zu Anfang konnten die Gletscher den Thälern folgen, aber in dem Masse, wie die Temperatur abnahm und die Niederschläge wuchsen, mussten sie immer mächtiger, das Firnfeld immer grösser werden, bis endlich das Firnfeld und die Gletscher zusammenflossen in das zusammenhängende „Inlandeis (Landeis)“. Die Bewegung dieser Eismasse wurde bestimmt, wie die des fliessenden Wassers, durch die Bodenneigung. Da aber der Schneefall längere Zeit östlich der gegenwärtigen Wasserscheide Skandinaviens reichlicher gewesen zu sein scheint, so wurde

[1] Die hauptsächlichsten Zeitschriften für skandinavische neuere Quartärlitteratur sind:
Geologiska Föreningens i Stockholm Förhandlingar (abgekürzt: Geol. För. Förh.).
K. Vetenskaps-Akademiens Förhandlingar etc. Stockholm.
Bulletin of the Geological Institution of the University of Upsala (Bull. G. I. Upsala).
Sveriges Geologiska Undersökning. Stockholm.
Norske Geologiske Undersøgelse. Kristiania. (N. G. U.)
Bulletin de la Commission Géologique de la Finlande. Helsingfors.
Fennia, Helsingfors.

[2] Nathorst, Sveriges Geologi. Stockholm. 1894, 215. Eine Geschichte der Glacialforschungen kann hier nicht gegeben werden; vergl. O. Torell, Undersökningar öfver istiden. Oefvers. K. Vetensk. Ak. Förh. Stockholm, 1872, 1873. — Nathorst, l. c. 213. — Penck, Die Vergletscherung der deutschen Alpen. Leipzig 1882.

[3] Ob die eigentliche Ursache in einer allgemeinen Temperaturerniedrigung zu suchen, mag hier dahingestellt bleiben (s. o.).

dort auch die Eismasse mächtiger; und wegen des von Osten ausgehenden Druckes wurde die Bewegung des Eises während eines langen Abschnittes der Eiszeit unabhängig von den Reliefformen des Gebietes und erfolgte im Hochgebirgsgebiet sogar entgegen der Bodenneigung und den Wasserläufen; die „Eisscheide", welche anfangs mit der „Wasserscheide" zusammenfiel, lag dann beträchtlich weiter östlich von letzterer[1].

Geringere Erhebungen unter dem Landeis hatten wegen dessen Mächtigkeit keinen oder nur localen Einfluss auf die Bewegung der Eismasse. Am Schlusse der Eiszeit nahm das Eis an Mächtigkeit ab und löste sich wieder in einzelne Eisströme oder Gletscher auf; später verschwanden diese mehr und mehr, bis die gegenwärtigen Verhältnisse so ziemlich hergestellt wurden.

Die Bewegung in dem Landeis ging von der „Eisscheide" d. i. von dem skandinavischen „Fjellen" und seiner Umgebung strahlenförmig nach verschiedenen Richtungen aus. Das Eis schob sich nach Norden in das Eismeer, nach Osten und Südost über das baltische Meer und Finnland weit nach Russland hinein, gegen Süden über das Ostseebecken bis in das Herz von Deutschland, nach Südwesten über Dänemark in die Nordsee.

Die Annahme, dass das Eis eine continuirliche Decke zwischen Skandinavien und Dänemark einerseits und Grossbritannien andererseits gebildet habe, ist nach den Untersuchungen von Salisbury[2] nicht haltbar; vielmehr wird man annehmen müssen, dass die Nordsee von dichtem Packeis erfüllt war, welches mit den selbständigen Vereisungsmassen Grossbritanniens an dessen Ostküste zusammentraf.

Innerhalb der grossen Eismasse fand also die Bewegung nach verschiedenen Richtungen hin statt, in ähnlicher Weise wie die Gewässer, die ihren Ursprung auf einer Bergkette haben, von dort aus sich in verschiedenen Richtungen ausbreiten. Schon bei der grössten Mächtigkeit des Eises fanden sich aber mehr oder weniger gesonderte Eisströme, innerhalb welcher die Bewegung verschieden war, und welche damals wohl wenig von dem Relief der Erdoberfläche beeinflusst worden waren. Aber wenn auch das Eis in seiner Gesammtheit unabhängig von dem Relief des Bodens fortschritt, so war doch seine untere Schicht durchaus abhängig davon, so dass diese Schicht sich wohl auch in einer von der der oberen Eismasse ganz abweichenden Richtung bewegen konnte. Als dagegen das Eis weniger mächtig war, wurde es mehr von den Terrainformen abhängig und besonders übte in gewissen Perioden der Eiszeit das Ostseebecken einen wichtigen Einfluss auf die Bewegungsrichtung des Eises aus. Für Schweden hat man 3 verschiedene Eisströme nachgewiesen,

[1] de Geer, Sver. Geol. Unders. C. 101. 1889 und A. G. Högbom, ebenda 140, 1894. Schiötz (om Isskillets Bevægelse under Afsmeltningen af en Indlandis. Nyt. Mag. f. Naturvid. 1893) findet, dass die Wirkung der Abschmelzung im Hinblick auf die Bewegung einer Eisscheide verschieden sein kann; so lange das Eis sehr mächtig ist, kann die Eisscheide unverändert ihren Platz behalten, ja sich selbst von der Wasserscheide der Unterlage fortbewegen; aber wenn die Mächtigkeit sehr gering wird, so muss auch mit Nothwendigkeit die Eisscheide gegen die Wasserscheide hinrücken, wenn man nicht voraussetzen will, dass die Schneelinie so emporsteigt, dass sie während des Abschmelzens über oder doch an den Hochpunkten der Eismasse liegt.

[2] R. D. Salisbury, Salient points concerning the glacial Geology of N.-Greenland, II. Journ. Geol. 4, Chicago, 1896, 775.

einen „älteren baltischen Eisstrom", das Haupteis und einen „jüngeren baltischen Strom". —

Bei der immer weiteren Ausdehnung des Eisgebietes wird es Zwischenzeiten gegeben haben, in denen „die Abschmelzung den Eisrand zum Rückweichen zwang und in denen Schmelzwasser der Gletscherbäche vor demselben mächtige Thon- und Sandlager absetzten und ausbreiteten. Diese wurden später, als das Eis von neuem vorrückte, unter dessen Grundmoränen begraben, wenn sie nicht etwa gänzlich zerstört wurden. Zuletzt erreichte das Eisgebiet seine äusserste Grenze und früher oder später hiernach begann die Abschmelzung vorzuwiegen, so dass das Gebiet des Landes und des Meeres wieder vergrössert wurde auf Kosten des Eises. Aber der Streit zwischen Vereisung und Abschmelzung dauerte fort während langer Zeiten und mit verschiedenem Erfolg für die streitenden Parteien. Die verhältnismässig milden Zwischenzeiten, in denen die Abschmelzung siegreich war und das Eisgebiet sich wesentlich verkleinerte, hat man gewöhnlich Interglacialzeiten genannt; aber es ist noch nicht möglich anzugeben, wie viele von diesen Abschmelzzeiten es giebt, die wirklich einen solchen Namen verdienen".[1]

Ein Analogon mit den diluvialen nordeuropäischen Inlandeismassen bieten diejenigen von Grönland. Zahlreiche Untersuchungen über das grönländische Eis liegen jetzt vor. E. v. Drygalski[2] hat speciell auf den Unterschied hingewiesen zwischen „Gletscherbewegung" und „Inlandeisbewegung": Erstere ist abhängig von den Landformen und ihnen parallel gerichtet, letztere ist von den dickeren gegen die dünneren Eisgebiete gerichtet, ihr Strömen erfolgt in der Richtung der Entlastung, ihre Bewegung strebt nach allen Seiten einen Ausgleich an. Von welcher Bedeutung die Gesetze der Inlandeisbewegung sind, indem sie die Stromrichtungen bestimmen, hat J. Petersen[3] betont. (In den verschiedenen Stadien der Eiszeit werden sie wohl auch gewechselt haben können.)

Auch G. de Geer hat uns in einer zusammenfassenden Darstellung der bisherigen Forschungen einen ausgezeichneten Überblick über die vermuthliche Gestaltung Skandinaviens zu Beginn, während des Maximums und am Schluss der Eiszeit gegeben[4]:

Zunächst muss festgehalten werden, dass die Eiszeit sehr lange Zeiträume währte, sich über Jahrtausende erstreckt hat. Da in dieser langen Zeit das Eis seine früher selbst geschaffenen Bildungen wieder zerstören, ausehnen oder weiter verfrachten konnte, so erschwert dies natürlich die Erkenntnis der früheren Stadien und man wird hierbei vielfach auf blosse Vermuthungen und Analogieschlüsse angewiesen sein.

de Geer nimmt (auf Grund pflanzengeographischer Verhältnisse)[5] an, dass zu Beginn der Eiszeit resp. vor derselben Nordeuropa mit Island und Grönland Landverbindung hatte. (Die später eingesunkene Stelle dieser „Praearktis" sei die Untiefe zwischen Schottland-Färöer-Island-Grönland.) Dieses grosse niedrig gelegene Land Nordwesteuropas wurde nach Hansen von dem Eis der ersten Eiszeit bedeckt und sank dadurch unter; wegen des geringen Gewichts kam es später nicht mehr über den Meeresspiegel, Island wurde abgetrennt.)

Eine ungefähre Vorstellung von dem Land- und Meerverhältnis giebt die Karte bei Geikie, Ice Age, Taf. 14, S. 490, welche allerdings die Zeit nach der Vereisung darstellen will. (Von welch

[1] de Geer, Om Skandinaviens geografiska Utveckling efter Istiden. Stockholm. 1896, p. 50.

[2] E. v. Drygalski, Grönlandexpedition der Ges. f. Erdk. Berlin. I, 1897, 503 (referirt in Z. deutsch. Geol. Ges. 1898, —5—. Die Eisbewegung pp. Peterm. Mitth. 41, 1898, 57 u. a. m.

[3] Petersen, Geschiebestudien II. Mitth. Geogr. Ges. Hamburg 16. 1900, 149.

[4] G. de Geer, Om Skandinaviens geograf. Utveckling efter Istiden. Stockholm, 1896, s. die schönen Übersichtskarten.

[5] Vergl. auch A. Blytt, in Engler's Bot. Jahrb. 17, 1893, Beibl. 41.

weitgehender Bedeutung diese Annahme ist für die Frage nach der eigentlichen Ursache der Eiszeit, ist leicht ersichtlich; der Golfstrom würde bei dieser Landverschiebung einen ganz anderen Verlauf gehabt haben!)

Als weitere Voraussetzung zur Erklärung des Glacialphänomens nimmt DE GEER mit vielen Anderen an, dass **Skandinavien** und seine Umgebung bedeutend **höher über dem Meere** lag, als jetzt; es soll ein ungefähr bis 2000 m über den Meeresspiegel sich erhebendes Hochplateau dargestellt haben, begrenzt von dem auch gegenwärtig noch bestehenden oceanischen Tiefenabsturz.[1] Nunatakr ragten, wie in Grönland, auch hier als Inseln aus der Eisdecke hervor.[2] Diese Landhebung muss auch auf Norddeutschland von Einfluss gewesen sein.

Küstenebene auf Store Ø (nach Vogt).

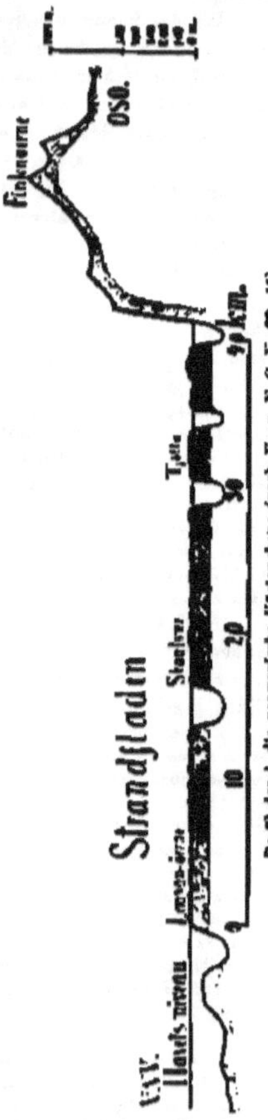


Profil durch die norwegische Küstenebene (nach Vogt, N. G. U. Nr. 45).

Die Eisoberfläche Grönlands steigt jetzt von der 2700 m hochgelegenen Eisscheide nach dem westlichen Rande zu in 3 Längsabschnitten von je 10 Neumeilen die Neigung von resp. 1 : 250, 1 : 150, 1 : 60; im Vergleich hierzu würde die 260 Neumeilen lange Eisdecke vom nördlichen Skandinavien bis zum südöstlichen Russland auch nur bei einer Neigung von 1 : 400 auf die ungefähre Höhe von 6000 m im Eiscentrum führen.

DE GEER macht auch noch auf die Bedeutung der mächtigen **Packeismassen** aufmerksam, die sich zur Eiszeit in dem arktischen Meere bilden mussten, ähnlich wie man sie jetzt in der antarktischen Region annimmt. Dieses Packeis reichte bis zum norwegischen Meer und versperrte so dem Landeis seinen

[1] Als Gründe für diese Annahme werden angeführt: Auf diesem Plateau fehlt marines Pliocaen, während ältere tertiäre Meeresablagerungen auftreten und nach ihrer späteren Hebung von tiefen Thälern durchschnitten sind. Die Fjordtiefen entsprechen z. T. der einstigen Erhebung um mindestens 400 m. Die bis 100 m mächtigen Diluvialbildungen des norddeutschen und holländischen Quartärs sind nicht marin, sondern Süsswasserablagerungen, trotzdem sie oft tief unter den jetzigen Meeresspiegel reichen. Als Beweis für diese Annahme kann man auch die norwegische „**Küstenebene**" betrachten, über welche REUSCH, N. G. U. 14, 1894, berichtet: Es ist eine Denudationsebene, mit vielen Thälern und Erhebungen, die allmählig landeinwärts bis zu 100 m ansteigt, der Untergrund ist fester Fels. Sie ist **vor** der Eiszeit gebildet, ihr gegenüber sind die Strandlinien nur geringfügig. Zwischenstadien kommen zwischen beiden vor (s. die Abbildung p. 5 und die Karte).

[2] Schrammen und Blöcke finden sich meist nicht mehr in Höhen, die grösser als 1600–1800 m über dem jetzigen Meeresspiegel sind.

natürlichen Abweg. Daher konnte das norwegische Eis nicht nach Nordwesten abfliessen, sondern musste seinen Weg über die Shetlandsinseln nehmen, dort das schottische Eis eigenthümlich ablenkend; in ähnlicher Weise wurde durch Absperrung des Eismeeres die grosse Ausbreitung des Landeises in südöstlicher Richtung nach Russland ermöglicht. Eine noch erhöhte Widerstandsfähigkeit der nordwestlichen Packeismassen zwang dann in der Haupteiszeit den sogenannten älteren baltischen Eisstrom, nunmehr eine südliche Ausbreitung zu nehmen.

Landsenkungen Skandinaviens werden ausserdem das Landeis, zumal wenn es geringere Mächtigkeit besass, theilweise zum Kalben gebracht haben: die dadurch entstandenen Eisberge und Packeismassen können eine von der eigentlichen Bewegungsrichtung des Landeises abweichende Verstreuung von „Leitblöcken“ bedingt haben.[1]

Die einstige Oberfläche des Landes war in der langen Zeit vor Eintritt der Vereisung den Einwirkungen der säcularen Verwitterung und des Frostes ausgesetzt gewesen,[2] die Berge werden mit „Blockmeeren“ bedeckt gewesen sein, aus denen nur selten das frische Gestein hervortrat. Die sich entwickelnden Gletscher und ihre Schmelzwasser werden diesen Felsschutt und die Verwitterungserde als Moränenschutt resp. Sedimente weggeführt und weiter transportirt haben.

Schrammen (Scheuerstreifen) und Rundhöcker als Spuren der einstigen Vergletscherung sind in Skandinavien allgemein verbreitet. Jedenfalls ist auch ein grosser Theil der Riesentöpfe, „jettegryter“, auf die Evorsion durch Gletschermühlen zurückzuführen. (S. o.)

Wenn nicht alle Schrammen parallel eine Richtung verfolgen, sondern häufig ein jüngeres System ein älteres überkreuzt, so lässt sich das vielfach auf Verschiedenheiten in der Gletscherbewegung ein und derselben Vereisung zurückführen, besonders dort, wo etwa der Eisrand mit seiner ausstrahlenden Bewegung die Ursache gewesen ist. In anderen Fällen wird man bei sich kreuzenden Schrammensystemen (z. B. in Schonen) auf Eisströme verschiedenen Alters und verschiedener Bewegungsrichtung hingeführt. Doch sind im einzelnen Falle die verschiedenen Beobachter nicht immer ein und derselben Auffassung.[3]

Es würde zu weit führen, hier die Einzellitteratur über die Schrammen Skandinaviens aufzuführen. (Eine schöne Übersicht giebt Nathorsts Karte.)

Nur einige Publicationen über Schrammen, insbesondere zusammenfassende Karteneintragungen seien hier erwähnt:

---

[1] Vergl. hierüber die Beobachtungen von v. Drygalski l. c., von J. Petersen l. c. und weiter unten folgende Daten.

[2] Vergl. u. a. Haas, Über den Zusammenhang gewöhnlicher mariner Bildungen, sowie der erratischen Ablagerungen Norddeutschlands mit der säcularen Verwitterung des skandinavischen Festlandes. Mitth. Min. Inst. Kiel I, 4, 1892. — Nathorst und Törnebohm, Über säculare Verwitterung. Geol. För. Förh. 4 u. 5. (Über Glacialerosion und Fjorde s. oben.)

[3] Holst unterscheidet z. B. auf Blatt Simrishamn (Sver. Geol. Undersökn. 109) zwei verschiedene Bewegungsrichtungen des Inlandeises, eine nördliche und eine ostnordöstliche, welche sich sowohl durch den Verlauf der Glacialstreifen und der Grundrücken, wie durch den Geschiebetransport kundgeben. Holst hält die beiden Eisströme für gleichzeitig. — Wie das Alter von Glacialstreifen bisweilen verschieden gedeutet wird, ist z. B. aus der Controverse zwischen H. Reusch und Schmidt über die Schrammen in Finmarken (Varangerfjord) ersichtlich, über die im N. Jahrb. f. Min. 1898, I, 341, 1899, I, 535 und 388 referirt worden ist.

Interessant ist, dass Hörbye 1857 (Observations sur les phénomènes d'érosion en Norvège. Univers. Progr. Christiania 1857) schon eingehend die Schrammen Norwegens beschreibt und kartographisch festlegt, aber sie nicht auf Glacialwirkung zurückführen will.

Sexe (Mærker efter en Istid i Omegnen af Hardangerfjorden. Univers. Progr. Christiania 1866) beschreibt die Schrammen, die in den Thälern und dem Fjord der Thalrichtung folgen, bis 1500′ über die Thalsohle reichend, bisweilen nach oben ansteigend, auf dem Plateau bis 4500′ hoch, oft nicht in gleicher Frische, hier theils der Thalrichtung folgend, theils unabhängig davon, in S.W.-N.O. und S-N. Richtung.

Eine Karte der Schrammstreifen Norwegens giebt auch Th. Kjerulf (Die Geologie des südlichen und mittleren Norwegen, Bonn 1880, Taf. VII). Die Schrammen sind nicht überall zu sehen, sondern oft von Schutt verdeckt. Sie verbreiten sich von den höchsten Erhebungen ausgehend; die höchsten Berge zeigen keine Schrammen, nur in ihren Pässen und Engen; bis zur Höhe von 4456′ sind sie

Rundhöcker bei Åreskutan, Stossseite im Osten (nach A. Jonsson).

beobachtet. In allen Höhenlagen hat man zwei Schrammensysteme, ein älteres und ein jüngeres, gefunden. Die Bewegung des Eises (durch die Scheuerstreifen, Moränen und erratischen Blöcke nachgewiesen) fand in der Regel abwärts statt durch alle Thäler, von den Gebirgsflächen mit ihren Spitzen und Thälern den Hauptgehängen folgend, mit vielen Umwegen und Krümmungen, zuletzt durch die Hauptthäler in das Meer hinaus. Einige Ausnahmen kommen vor, nämlich eine Bewegung, die thalaufwärts unter dem Druck vom Hauptstrome aus in das angrenzende Seitenthal gegangen war, oder an anderen Stellen läuft eine Hauptrichtung schräg über bedeutende Vertiefungen.

Nach Helland (Nyt Mag. Naturvidensk. 1894, 241) sind im Namdal, Trondhjem-Stift, Schrammen recht häufig, in den Thälern diesen parallel, auf den Höhen nach Westen gerichtet.

Högbom fand bei Untersuchung der Gletscherstreifen in Westerbotten (Geol. För. Förh. 1881, 624), dass das Eis beim Vorrücken aus dem Binnenland an die jetzige Küste, weil es sich in dem Becken über dem Meeresboden fortschieben musste, aus der südöstlichen Richtung in die nord-südliche überging; die Streifen verlaufen hier auf den Höhen und in den Thälern gleich.

Riesentöpfe sind nicht selten.

Die Rundhöcker mit ihren abgeschliffenen und geschrammten Stossseiten und mehr oder weniger unversehrten Leeseiten[1], sind gleichfalls weit verbreitet und

[1] Vergl. die beiden instructiven Bilder vom Valberg, [illegible], Geol. För. Förh. 23, 1901, S. 179.

in ihrem Vorkommen von der Beschaffenheit des Gesteins abhängig. Aus ihnen, wie aus Schrammen lässt sich die Bewegungsrichtung des Eises feststellen.[1]

**Moränen.**

Bei den Moränenablagerungen Skandinaviens kann man (theoretisch, wenn auch nicht immer praktisch) unterscheiden: Grundmoränen, Innen-, Oberflächen- und Endmoränen; sie besitzen unter allen Glacialablagerungen die grösste Verbreitung.

In ihrer petrographischen Zusammensetzung sind die Moränen naturgemäss abhängig von dem Untergrund; im Gebiet des Grundgebirges werden sie grusig sein und z. T. thonhaltig, im Silurgebiet sehr thonhaltig und kalkreich, im Kreidegebiet thonig und kalkig. Die grusigen resp. thonigen Moränen werden als Krossstensgrus, Jäkel- oder Moränengrus resp. -lehm (lera) unterschieden.

Wichtig für die Ermittelung der einstigen Bewegungsrichtung des Eises ist die Heimatsbestimmung der in den Moränen enthaltenen Blöcke. Die erratischen Blöcke (theils Scheuersteine der Moräne, theils Reibsteine der Riesenkessel, theils Gerölle) fehlen auf den höchsten Bergspitzen (in Norwegen fehlen sie in Höhen über 1500 m).[2]

Viele solcher Geschiebe kann man als „Leitblöcke“ bezeichnen, z. B. die Gesteine des Kristianiagebietes, die Schonen'schen Basalte, Hörsandstein und Kreide von Südschweden (feuersteinhaltiger Flint, Åhussandstein), Gotländer Silur, manche Diabase, die Cancrinitsyenite von Dalarne, verschiedene Eruptivgesteine von Småland, die Quarzporphyre und Rapakiwis von Åland, den Ostseekalk und -granit, die Nephelinsyenite von Kola u. a. m.

Für Norwegen hat Kjerulf ein Verzeichnis der brauchbaren Wanderblöcke nach ihrem Vorkommnis und ihrer Herkunft gegeben (vergl. auch seine Karte VI, S. 24). (Aus ihrem Vorkommen der Höhe nach kam er zu einer Schätzung der Mächtigkeit der Eisdecke und fand 450–480 m im Osten, 610 m im Westen Norwegens.)

Die Grundmoräne lagert entweder auf glacialen Sedimenten oder auf anstehendem Gestein. Besonders verbreitet ist der Moränenmergel resp. -lehm im südlichen Schweden, aber auch in allen übrigen Theilen Skandinaviens.

Er bildet den fruchtbaren Boden des Geländes; der oft bedeutende Steinreichtum wird für Wegebauten u. a. verwendet, auch ist hier das Gebiet der Dolmen und anderer Steinbauten.

Die Mächtigkeit der Grundmoräne kann 30 m erreichen[3]; besonders im südlichen Schonen ist sie als Geschiebemergel weit verbreitet. Nicht selten liegt unter Moräne geschichteter Grus und Sand, häufig finden sich in der Moräne auch Nester von geschichtetem Sand (Svenonius, l. c. Fig. 505).

Zu den Innenmoränen rechnet man, besonders nach den Beobachtungen von Holst, den weitverbreiteten Krosstensgrus, die „Abschmelzungsmoräne“ De Geers, deren (lockeres, auch kantige Blöcke führendes) Material zum grössten Theil nicht fremdem, sondern einheimischem Boden entstammt; die Innenmoräne kann kaum als Oberflächenmoräne gelten, sondern hat wohl ihr Material den das Eis durchragenden Bergspitzen und der Grundmoräne entnommen[4].

Endmoränen sind weit verbreitet. Sie sind nicht blos auf den grossen, weiter unten beschriebenen Moränenzug beschränkt, den De Geer für die Abgrenzung

---

[1] Kjerulf hat allerdings (Geol. Norw. 44) darauf hingewiesen, dass Absonderung, Schichtenstellung u. a. des Gesteins die Stoss- und Leeseiten so beeinflussen, dass er lieber davon abgesehen hat, sie zu notiren.

[2] S. Kjerulf, Geol. Norw. 24.

[3] S. Svenonius, Geol. För. Förh. 21. 1899.

[4] Vergl. auch Gumaelius, Geol. För. Förh. V. 201.

des sogenannten jüngeren baltischen Eisstromes verwerthet hat. Auch etwas vor den Enden der heutigen Gletscher und weiter als bogenförmige Querwälle in Thälern und anderen Stellen ausserhalb der heutigen Gletschergebiete finden wir Endmoränen, so in Dalsland, Norbotten, Arvidsjaur (nach Fredholm), in Norwegen (s. Karte von Kjerulf), im Innern der Halbinsel Kola u. s. w.

Die Endmoränen heben sich als blockbedeckte bogenförmige Kieswälle deutlich von der Umgebung ab[1] (die norwegische Hauptendmoräne erhebt sich bei einer Breite von ½—1½ km um 10 bis 40 m über die Umgebung, die finnische wird 30—40 m hoch). Bisweilen, so in Upland (nach Sernander) liegen mehrere Wälle im Abstand von einigen Hundert Meter hinter einander; vielleicht geben die Zwischenräume zwischen den einzelnen Wällen das jährliche (oder länger periodische) Rückweichen der Eiskante zur Abschmelzzeit an[2]. Auch der unten erwähnte grosse Zug besteht aus 8 parallelen Strecken. Am Vaberg bei Karlsborg (nordwestliche Seite vom Wettersee) wies Hedström[3] zwei Serien von Endmoränen nach, die 2 km von einander entfernt, jede aus einer ganzen Anzahl von parallelen Rücken bestehen: die Forsvik-Serie (aus 8 Parallelreihen) und die Vaberg-Serie (mit 17 Reihen). Sie entsprechen vielleicht einzelnen periodischen Rückzugsetappen. (Bild p. 168.) Während nach De Geer die Hauptendmoränen einen längeren Stillstand in der Abschmelzung des Eises anzeigen und daher als die Grenzen der letzten Vereisung angesehen werden, betrachtet Högbom sie nur als Rückzugsetappe des rasch abschmelzenden Eisrandes.

Die Endmoränen Norwegens („Ra" oder „Egge", auch „Rein" genannt), sowie die Moränenseen „Ra", hat Kjerulf[4] übersichtlich zusammengestellt; sie ergeben bestimmte Stadien für die einstige Verbreitung der Eisbedeckung resp. deren Abschmelzung. Vielfach stehen sie mit weiten Steinfeldern in Zusammenhang.

Bisweilen sind an die Endmoränen geschichtete Grusmassen durch Gletscherbäche angelagert. Im Innern findet sich geschichteter Grus mit Einlagerungen von Moräne. Wegen der Schichtung des Materials in den südnorwegischen Endmoränen nimmt man an, dass dieselben im Meere abgesetzt worden seien[5] (das Meer soll nach Vogt 200 m höher als gegenwärtig gestanden haben, das Eis habe hier eine Mächtigkeit von ca. 300 m besessen): die Schrammen laufen senkrecht auf die Moräne, während sie ausserhalb derselben eine ganz andere Richtung haben.[6]

Rekstad und Vogt zeigten (N. G. U. 29, 1900), dass das ganze nördliche Norwegen zur Hauptvereisung bis über die Schären hinaus und wahrscheinlich bis an der oceanischen Randplatte vom Eis bedeckt war. (Während der letzten grossen Vereisung war die Bewegung in Helgeland senkrecht zur Küstenlinie, und auf dem continentalen Sockel wurden mächtige glaciale Grusmassen abgelagert.)

Aus dem späteren Theil dieser Zeit zeigen die isolirten, die Thäler durchquerenden Endmoränen, dass sich das Eis in einzelne Gletscher aufgelöst hatte. Alle diese Endmoränen sind geschichtet, zuweilen zu Terrassen umgeformt, als Beweis, dass das Meer höher stand als sie. Zur Zeit der grössten Landsenkung hatte sich das Eis aus den Fjorden zurückgezogen, bedeckte aber noch die inneren Theile des Landes.

[1] S. z. B. Nathorst l. c. 234.

[2] Hierbei wäre das Abschmelzen vom Mälar bis zur Geflebucht in 500—1000 Jahren erfolgt. Nur wenn das Eis im Wasser geendigt hätte, würde nach Nathorst ein so rasches Rückweichen wohl erklärlich sein.

[3] Hedström, Om ändmoräner och strandlinier i trakten af Vaberget. Geol. För. Förh. 1901, 163, Tafel 8.

[4] Geol. Norw. 45, Tafel VIII.

[5] Dadurch erhalten die Endmoränen im Äusseren Ähnlichkeit mit den Åsar, z. T. sind sie später vom Meer umgearbeitet.

[6] Die Moränen (z. T. mit Terrassen in verschiedener Höhe und von verschiedener Bildung) und gleichalterigen mächtigen Sandablagerungen aus dem Tolthale im mittleren Norwegen beschreibt Rekstad, N. G. U. 28, 1900.

Naturgemäss werden die Endmoränen, die wir jetzt beobachten, im Allgemeinen nur von der letzten Eisbedeckung stammen können, etwa in früheren Perioden abgesetzte werden entweder von der späteren Eisbedeckung zerstört oder durch deren Ablagerungen verdeckt worden sein. Der Verlauf der Endmoräne ist von besonderer Wichtigkeit für mehrere Fragen der Gliederung der Eiszeit u. s. w.

Mittel- und Seitenmoränen finden sich natürlich nur als Seltenheiten.[1]

Dort wo die Moränen später vom Meer bedeckt wurden (besonders in der Nähe der Küste), wurden sie von demselben umgelagert zu dem sogenannten Brandungsgrus (svallgrus) und zu Strandwällen.[2]

Sehr zu beachten ist endlich noch die Möglichkeit einer secundären Umlagerung von Moränen in Abrutschmassen, die z. B. an schmalen Senken, in den Schärengebieten, oder von Steilgehängen her ein niedriger gelegenes, aber jüngeres Thon- oder Sandlager bedecken und dann zu dem irrtümlichen Schluss einer Überlagerung des betreffenden Sedimentes durch ursprüngliche Moräne verleiten können.

Åsar: Die Rullstens- oder Sandåsar sind eine weitverbreitete Erscheinung in dem skandinavischen Glacialgebiet.[3]

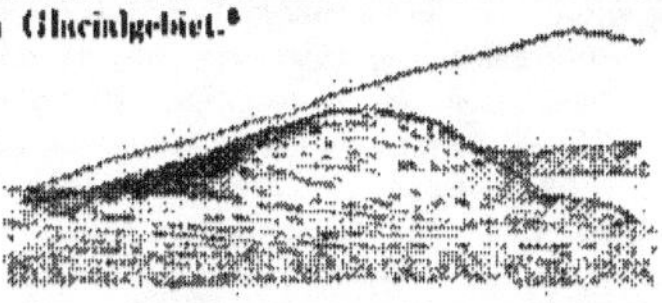

Norwegisches Drumlin, Nordostseite von Graasaenvandet. (Nach Reusch, N. G. U. 32.)

Die Drumlins oder Radialmoränen wurden durch de Geer[4] auch für Schweden nachgewiesen. In Dalsland, besonders am Westufer des Store Le kommen sie charakteristisch vor; die Radialmoränen im mittleren Ostgötland und westlichen Nerike gehören zu dem Typus der amerikanischen „elongated ridges".

## Fluvioglacialbildungen (Hvitåbildungen).

Über die Entstehung der „Hvitåbildungen" sagt Nathorst (l. c. 290):

An dem Saume des Inlandeises münden Gletscherbäche aus, welche Gerölle, Sand und Schlamm mitführen, letzteren oft in solchen Mengen, dass ihr Wasser ganz trübe ist. Diese Gewässer verlegen oft ihren Lauf und breiten die mitgeführten Geröll- und Sandmassen auf den umgebenden Ebenen und Thalböden aus („Sandr" in Island und Grönland), während der Thonschlamm als Bachtrübe weiter weggeführt und in kleineren Wasserbecken, Seen oder dem Meere abgesetzt wird.[5]

---

[1] Vergl. Nathorst l. c. 286.

[2] Die Endmoränen in Westgötland sind unterhalb der Yoldiameergrenze submarine Bildungen, „Randterrassen", s. Munthe, Geol. Fören. Förh. 1901, 125. Vergl. auch E. Erdmann, Om några strandgrusaflagr. i mell. Sveriges Kusttrakt, om skillnaden mellan „svallgrus" och „strandgrus". Geol. För. Förh. V. 1881, S. 492.

[3] C. A. hat Svenonius aus Norbotten Åsar beschrieben, die hier im Hochgebirge selten sind, erst in den niederen Theilen reichlicher auftreten, in den grossen Senkungen als eine Reihe von langen und schmalen Inseln, gewöhnlich verlaufen sie in südöstlicher Richtung, unbekümmert um den eigentlichen Thallauf.

[4] Geol. För. Förh. 17, 1895, 212.

[5] In den norwegischen Thälern finden sich vor den Enden der Gletscher grosse Kies- und Sandebenen mit mäandrisch durchfliessenden Gletscherflüssen. (Rekstad, Bræer i Sogn og Nordfjord. N. G. U. Aarbog 1902, Num. 3.)

Solche unmittelbare Ablagerungen am Gletscherbächen nannte Torell nach den isländischen hvítár (Weisswasser) Hvitåbildungen.[1] Die geschichteten Ablagerungen, die man in Schonen theils unter dem älteren Moränenschutt, theils zwischen demselben und der baltischen Moräne trifft, werden im Wesentlichen als vom Moränenschlamm gebildet angesehen und als untere (praeglaciale) und mittlere (interglaciale) Hvitåbildungen zusammengefasst. Die Bezeichnung „fluvioglacial" soll die Zusammenwirkung des Wassers und Eises, d. h. des Wassers aus Gletscherbächen angeben.

Natürlich kann es auch „spätglaciale" Hvitåbildungen geben; zu diesen kann man die „Sandr" rechnen.[2]

## Gliederung des skandinavischen Diluviums.

Die Gliederung des skandinavischen Quartärs hat mit fortschreitender Erkenntnis der Ablagerungen und bei Vergleich mit dem Quartär der Nachbarländer natürlich ebenfalls eine erhebliche Entwickelung durchgemacht. Von grosser Bedeutung war die Erkenntnis, dass das skandinavische Inlandeis nicht in allen Zeiten einen gleichmässig ausstrahlenden Weg genommen hat; vielmehr bildete es zuerst zu Zeiten geringerer Mächtigkeit den sogenannten älteren baltischen Eisstrom, der dann, zur Zeit der Hauptvereisung, in das allseitig ausstrahlende Haupteis überging, während zuletzt, bei Schwächung der Eiszufuhr, wieder der „jüngere baltische Eisstrom" zur Ausbildung kam. Der Nachweis von Niveauschwankungen der Ostsee, der wechselnden Faunen, theils Eismeer-, theils Nordseefaunen, theils Süsswasserfaunen in den Ablagerungen, die Festlegung der alten Strandlinien und zuletzt die Detailforschungen in den Torfmooren u. a. wurden weiterhin besonders für die jüngeren Abschnitte des Quartärs von massgebender Bedeutung.

Die in anderen Gegenden gemachte Entdeckung einer „Interglacialzeit" wurde dann auch hier nachzuweisen versucht. Es ergab sich das Schema der Eintheilung des Quartärs Skandinaviens und der angrenzenden Länder von H. Munthe[3] aus dem Jahre 1893:

[1] Übrigens macht K. J. V. Steenstrup (Geol. För. Förh. 21, 1899, 316) darauf aufmerksam, dass der Name Hvitåbildung vielleicht auf einem Missverständnis beruht. Die Gletscherbäche, jökelelvarne sind allerdings vielfach getrübt, die Farbe der Trübung hängt von den mitgeführten Bestandtheilen ab, kann also grau, weisslich, oder lehmig und roth sein (letzteres in Island und auf Disko). Der Name hvitár bezeichnet in Island gerade Bäche mit klarem Wasser, im Gegensatz zu trüben. Besser wäre also die Bezeichnung „Gletscherbachbildungen" (jökelelv-, bräelv-, glacierelv-dannelser).

[2] Eine Eigentümlichkeit der Oberfläche solcher jüngster Hvitåbildungen beschreibt A. Hollender (Om några egendomligheter i vattendragens lopp i östra Småland. Geol. För. Förh. 19, 1897, 355): In einem grossen Theil von Kalmar län bilden Moränengrus und Sand eine nahezu ebene Oberfläche, welche von zahlreichen, theils wasserführenden, theils ausgetrockneten Thalfurchen durchzogen ist. Als eine besondere Eigentümlichkeit der Wasserläufe macht sich das häufige Auftreten von Bifurcationen bemerkbar. Wo eine — wenn auch nur schwache — Erosion stattfindet, können Bifurcationen nicht aufkommen; dieselben erfordern vielmehr zu ihrer Bildung Accumulation. Hollender glaubt in dem vorliegenden Fall die Entstehung der Bifurcationen sowohl, wie der zahlreichen ausgetrockneten Thalrinnen am besten dadurch erklären zu können, dass er die betreffende Gegend als ein altes Überrieselungsgebiet („översilningsområde") auffasst, welches am Rand des abschmelzenden Inlandeises gebildet wurde. Charakteristisch für solche Überrieselungsgebiete ist die Menge bifurcirender Gletscherbäche, welche gröberes und feineres Material mit sich führen, um dasselbe bei verminderter Stromgeschwindigkeit wieder abzulagern.

[3] H. Munthe, De yngsta skedena af Jordens Utvecklings historia. Upsala 1893 und Stud. öfv. balt. Hafets quart. Historia I. Bih. Sv. Vet. Ak. Handl. 18, 1892, S. 14

5. (Jüngste) postglaciale Epoche { B. *Litorina*-Zeit. A. *Ancylus*-Zeit.
4. Jüngere Glacialepoche { A. Kleiner-Zeit. B. Jüngere Vereisung (jüngerer baltischer Eisstrom).
3. Interglacialepoche (Abschmelzzeit).
2. Ältere Glacialepoche { Grosse Vereisung. Älterer baltischer Eisstrom.
1. Praeglacialepoche.

Ein weiterer „Fortschritt“ war dann die Annahme von 3 getrennten Eiszeiten. Dieser Standpunkt spiegelte sich in dem neueren Schema Munthe's[1] für die Gliederung des Quartärs im südbaltischen Gebiete wieder:

Die postglaciale Epoche {
c) Die *Mya*-Zeit die Buchen-Zeit.
b) Die *Litorina*-Zeit die Eichen-Zeit.
a) Die *Ancylus*-Zeit die Kiefer- und Birken-Zeit.

Die 3. glaciale Epoche {
b) (Abschmelzungsphase.) Die *Yoldia*- oder spätglaciale Zeit die *Dryas*-Zeit.
a) Die 3. oder letzte Vereisung. Oberer Geschiebemergel („jüngere baltische Moräne“ p. p.). Endmoränen und Åsar p. p.

Die 2. oder jüngere interglaciale Epoche {
Marine und supramarine Ablagerungen, meistens von gemässigtem Charakter. „Cyprinenthon“, *Ostrea*-führende Ablagerungen u. s. w. in Holstein, Schleswig, dänische Inseln, Rügen, Provinz Preussen (Vendsyssel und Hven?); Süsswasserablagerungen des südwestlichen baltischen Gebietes; Torflager u. s. w. an mehreren Stellen in Norddeutschland, bei Vejans Sukke, in Schonen?

Die 2. glaciale Epoche („Die grosse Vereisung“) {
Unterer mächtiger Geschiebemergel im südbaltischen Gebiete u. s. w.
Fluvioglaciale und „Hvitå“-Bildungen unter und über demselben.
*Yoldia*-führender Thon in Vendsyssel? und auf Hven?

Die 1. oder ältere interglaciale Epoche {
? Marine Thonablagerungen mit borealem oder gemässigtem Charakter in Vendsyssel und auf Hven.
? Süsswassersand, Jasmund.
„Paludinenbänke im Untergrunde Berlins“ nebst einigen anderen Süsswasserablagerungen in Norddeutschland.

Die 1. glaciale Epoche {
Spuren des „älteren baltischen Eisstromes“ in Schweden.
„Hvitå“- und fluvioglaciale Ablagerungen.
„Älteste Grundmoränen im Gebiete der östlichen baltischen Seenplatte.“

Wie weit man bis zu der von J. Geikie angenommenen Gliederung hier gehen darf (s. u.), ist noch nicht zu übersehen.

Diesen „modernen“, vielleicht etwas zu weit gehenden und zu sehr vom Schema beeinflussten Auffassungen ist aber auch von anderer Seite entgegengetreten worden.[2]

Einen zusammenfassenden Überblick über die Gliederung des nordeuropäischen Quartärs können wir erst geben, nachdem wir die einzelnen Gebiete behandelt haben werden. Auch Skandinavien muss in seinen einzelnen Theilen dargestellt werden.

Über das Quartär Norwegens giebt Reusch folgende kurze Übersicht:[3]

[1] H. Munthe, Studien über ältere Quartärablagerungen im südbaltischen Gebiete. Bull. Geol. Inst. Upsala 3, 1895. Upsala 1897.

[2] Vergl. u. a. die weiter unten noch mehrfach citirte Arbeit von N. A. Hogbom: „Hat es in Schweden mehr als eine Eiszeit gegeben?“

[3] Norway. Geology. Pariser Ausstellung 1900.

Die Phänomene der Eiszeit sind hier dieselben wie anderswo: Rundung, Glättung und Streifung der Felsen, gelegentliche Riesentöpfe, verschiedene Moränenablagerungen, Kies und Sandebenen vor dem Eise; Eskers und Drumlins sind seltener. Alle glacialen Ablagerungen scheinen den späteren Stadien der Eiszeit anzugehören und erreichen meist nur eine geringe Dicke. Während der Periode der letzten Abschmelzung und noch später lag das Land tiefer als jetzt (marine Sande und Thone in Höhen über 200 m im Kristiania- und Trondhjemgebiet, in geringeren Höhen in anderen Orten). Die marinen Mollusken dieser Schichten zeigen einen Übergang von arktischem Klima der älteren Thone zu dem gemässigten der Gegenwart. Unmittelbar vor der Jetztzeit war das Klima etwas milder. Dies folgt auch daraus, dass die Wälder nach den Torfaufschlüssen sich früher in grössere Höhen erstreckt haben als heute.

Die durch Wellenschlag und Treibeis erzeugten Strandlinien (besonders gut entwickelt in den äusseren Theilen der nördlichen Fjorde) sind Beweise früherer Senkung. Die Strandlinien neigen sich deutlich vom Inneren der Fjorde nach der Küste. Bei Tromsö finden sich 2 Küstenlinien, deren obere die Neigung 1:1000, die untere 1:250 hat. Die Hebung fand in Oscillationen statt, Hebung in historischer Zeit ist nicht nachzuweisen.

Andere Strandlinien in Hochthälern des südlichen Dovregebirges sind durch Eis-gedämmte Seen entstanden.

## Praeglacial.

Theoretisch muss man eine praeglaciale Periode annehmen und wird einen grossen Theil der Hvitåsedimente im Liegenden der untersten Moräne hierzu rechnen können. Hierbei darf man aber nicht aus dem Auge lassen, dass jedes vorrückende Eis auch mehr oder weniger Hvitåsedimente vor seinem Rande ausbreiten kann; man wird für diese keine besondere Periode annehmen, sondern sie dem Anfang der betreffenden Vereisung zuzählen.

Solange man nicht auf weite Strecken durchgehends gleichmässige resp. aequivalente Abwechselung von Moränen und Hvitåbildungen, etwa wie Horizonte oder Zonen im älteren Gebirge, nachweisen kann, wird man wohl kaum in allen Hvitåbildungen die Absätze von Prae- oder Interglacialzeiten sehen können und es ist wohl auch Niemand ernstlich in dieses Extrem der Auffassung verfallen. Zeigen doch auch unmittelbar benachbarte Profile häufig einen recht erheblichen Wechsel der beiden Ablagerungen, Moräne und Sedimente.

So hat denn auch E. Erdmann schon 1872[1] mit Recht betont, dass die ältere Auffassung O. Torell's nicht durchgängig richtig sei, wonach der „Diluvialsand", als von Moräne bedeckt, die älteste Quartärbildung Schwedens sein sollte.

Praeglaciale Lager sind nach Nathorst nördlich von Schonen noch nicht bekannt. Als ein Beispiel solcher kann der Bohraufschluss bei Lomma gelten,[2] wo unter der jüngeren baltischen Moräne 30 m „mittlerer" Hvitåsand und -thon (mit *Gadus polaris*, s. hierüber u.), darunter 15 m untere Moräne und unter dieser 88 m unterer Hvitåthon und -sand getroffen wurde, direkt auf Saltholmskalk lagernd.[3] Ebenso bei Lund[4] mit 35–45 m Mächtigkeit bis 34,5 m u. d. M. Während diese Hvitåbildungen unter dem Meeresniveau liegen, sind anderwärts hochgelegene „fossilführende Reste dieser Epoche in Skandinavien vom Inlandeis zerstört". — Über die praeglacialen Niveauschwankungen und Erosion s. u.)

---

[1] Iaktag. öfver Moränbild. i Skåne. Geol. För. Förh. I. 12. S. 21.

[2] S. auch Hernösand, s. weiter unten.

[3] H. Munthe, Studier öfver Balt. Hafvets qvart. Historia I, S. 30. (Bih. Vet. Ak. Handl. 18, 1892.)

[4] Ibid. 20.

## Die drei Eisströme.

Man hat für Südschweden, Bornholm und z. T. Seeland (vorzüglich nach den Befunden in Schonen) drei, der Zeit nach auf einander folgende verschiedene Eisströme nachgewiesen.[1]

1. Der älteste ist der sogenannte „ältere baltische Eisstrom“[2].

Seine Schrammen verlaufen in Schonen und dem südlichen Halland (nördlich vom Söderås, bei Trelleborg, auf dem Hallandsås, bei Hessleholm und Tormarp) aus der Richtung N. 25°—30° O., seine Grundmoräne (welche älter als die der grossen Vereisung ist) deutet auf dieselbe Richtung und nach dem Ostseebecken. (Spuren dieses Eisstromes sind auch in Schleswig gefunden.)

Der ältere baltische Eisstrom ist dem Ostseebecken gefolgt und war wahrscheinlich durch den Widerstand des heutigen südlichen Ostseerandes gezwungen, in seinem südlichen Theil den Weg nach Westen und Nordwesten zu nehmen. Er brachte eine Menge von Blöcken aus dem Ostseebecken nach Westen. (Von diesen werden dann später wieder durch die „grosse Vereisung“ viele weiter nach Süden und Südwesten verfrachtet worden sein, was bei Beurtheilung ihrer Ursprungsstätten im Vergleich zu ihrem heutigen Endpunkt wohl zu beachten ist.)

Da noch nirgends Anzeichen dafür gefunden worden sind, dass zwischen diesem Anfangsstadium der Eiszeit und der folgenden Epoche eine Abschmelzperiode gelegen habe, nimmt man an, dass der ältere baltische Eisstrom allmählig in das „grosse Landeis“ überging. In der That muss es auch zunächst als das einfachste und naturgemässeste erscheinen, dass die Vergletscherung Skandinaviens schwach und langsam beginnend (deshalb zunächst nur den verhältnissmässig weniger mächtigen baltischen Eisstrom ermöglichend), sich allmählig zu dem grossen Maasstab entwickelt hat und ebenso langsam wieder zurückging. Eine Unterbrechung dieses natürlichen Verlaufes müsste sich immer wieder, sowohl im Anfang als am Ende, durch geringer-werthige Eisströme bemerkbar gemacht haben. Die 3 Eisströme erscheinen also nur als 3 Etappen in der Entwicklungsgeschichte der Vereisung Nordeuropas. Allerdings hat J. Geikie sie als Repräsentanten selbständiger Zeiten aufgefasst, zwischen deren Perioden bedeutenden Rückganges des Eises, Interglacialzeiten, gelegen hätten.

2. Während der „grossen Vereisung“, als das Eis seine grösste Ausdehnung und Mächtigkeit hatte[3], scheint Eis- und Wasserscheide dieselbe Lage gehabt zu haben; gleichzeitig bestand nach de Geer die oben erwähnte Landverbindung im nördlichen Atlantic.[4]

In Schonen war die Bewegungsrichtung des Eises der Hauptsache nach aus NO, in Blekinge N—S, im östlichen Schweden NW—SO, im westlichen Theil NO—SW, also ungefähr übereinstimmend mit dem Gefälle der Flüsse.[5] Das Eis überschritt den Bottnischen Busen und die Ostsee gegen SO und SSO.

3. Der zuerst von O. Torell 1865 erkannte „jüngere baltische Eisstrom“ wurde von den meisten Glacialisten als einer gesonderten, von der grossen oder Haupteiszeit durch eine Interglacialzeit getrennten, letzten Vereisung zugehörig betrachtet und beansprucht schon deshalb ein besonderes Interesse. Seine Richtung

---

[1] Vergl. Kartenskizze bei Nathorst l. c. 210.

[2] Nathorst in Sver. Geol. Unders. Ser. Aa. 87, 1885. — H. Lundbohm, Om den äldre baltiska isstrom i södra Sverige. Geol. För. Förh. 1888. 157.

[3] Vergl. Karte 1 bei de Geer, Geogr. Utveckl.

[4] S. Karte der Schrammen.

[5] In Deutschland z. Th. anders.

und Ausdehnung wird durch seine Endmoräne, seinen Geschiebetransport, sowie seine Schrammen bestimmt.

Wir wollen zunächst die Darstellung verfolgen, welche de Geer von der Begrenzung dieses Eisstromes giebt:[1]

de Geer bringt die drei parallelen Reihen von Endmoränen am Südwestende des Wenersees (von Norden nach Süden: die Lidköpings-, Hindenbak- und Wenersnäs-moräne, welche als Endmoränen eines gegen Schluss der Eiszeit durch das Wenerthal vorlaufenden Gletschers aufgefasst sind) in directe Verbindung mit den drei Endmoränen (raerne) im Kristianiathal (deren südliche die Mossmoräne, die anderen die nördliche und südliche Dröbaksmoränen genannt werden); als Verbindungsglied nimmt er den Kullatersmås bei Kåggard an. Nach Osten sucht er in den Åsar und Moränen die

Kartenskizze des „jüngeren baltischen Eisstromes" nach de Geer
(Die ausgezogene Linie bezeichnet die Wasserscheide, die gestrichelte die Eisscheide.)

Fortsetzung bis nach Oestergötland (Motala und Linköping). Überall verlaufen die Endmoränen senkrecht zur Schrammenrichtung.

Von der Mossmoräne in Norwegen erfährt der Zug eine scharfe Umbiegung nach Südwesten über Laurvig. Die Fortsetzung verläuft über die Insel Jomfruland und drei lange schmale Meeresbänke (Tamidsboen, Torbringen, Moldehuen) und nach Kjerulf und Voor wahrscheinlich weiter längs der Südküste über Lindesnäs bis nach Jaderen.

Somit wäre eine Reihe von mehreren bogenförmigen Endmoränen auf die Länge von 600 km in Norwegen und Schweden zu verfolgen.

Die jenseits der Ostsee zu erwartende Fortsetzung sucht de Geer in nordöstlicher Richtung. Dort im südwestlichen Finnland verlaufen zwei (11—18 km von einander entfernte) Endmoränen von WNW. nach OSO., von der Landspitze von Hangö über Ekenäs und Lojo, resp. die nördliche von Pepperudde über Brunnef, Tenala und Karislojo; Spuren einer dritten undeutlicheren finden sich 22 bis 24 km nordwestlich von letztgenannter.

Als Fortsetzung der Hangö-Lojomoräne nimmt G. den östlich von Lahtis gelegenen Theil des Salpausselkä an, nördlich hiervon liegt der Bergrücken Maanselkä, welchen das Eis wohl nicht überschritten hat. Der Rücken nördlich vom Salpausselkä ist wahrscheinlich eine Fortsetzung der Moräne

[1] G. de Geer. Om den skandinaviska Landisens andra Utbredning. Sver. Geol. Undrs., Nr. 68. — Geol. För. Förh. VII, 7, 1884 mit 2 Karten (übersetzt von Wahnschaffe, Z. deutsch. Geol. Ges. 1885, 177) u. hier die Karten Taf. 12 u. 13. — Om Skandinav. geogr. Utveckling, Stockholm 1896, 56, Taf. 2 u. 3.

zwischen Pepparsahle und Karlsloje. Diese Åsar werden als Endmoränen angesehen, weil sie senkrecht auf der Schrammenrichtung stehen.

Der innere Bau dieser Endmoränen „scheint an einzelnen Stellen etwas verschieden zu sein“.

Die finnländische Moränenreihe wurde auf die Länge von ca. 670 km verfolgt.

Kola hatte damals wahrscheinlich nur locale Gletscher. Nach de Geer können die weiter nach Russland sich erstreckenden Endmoränen auch der ersten Vereisung angehören.

Ramsay verlegt aber den Rand der zweiten Vereisung viel weiter nach aussen! s. u.

Eine direkte Verbindung zwischen den dabslandischen und finnländischen Moränenzügen existirt auch de Geer nicht, vielmehr schiebt sich nach seiner Auffassung hier der baltische Eisstrom (analog den in Nordamerika nachgewiesenen Eiszungen) als eine lange Zunge weit vor, deren Mitte man vom 60. Breitengrad angehen lassen kann, während ihr südlicher Rand beim 53. Breitengrad bis zur Oder und zur Elbe bei der Havelmündung reicht und mit ihrer Spitze sich bis Jütland erstreckt.

de Geer hält also die skandinavisch-finnischen Endmoränen für gleichalterig mit den norddeutschen. „Alle gehören muthmasslich einer zweiten, von der grösseren ersten Ausdehnung durch eine Interglacialzeit getrennten Ausbreitung des Landeises an“.

(Auf die Begründung dieser Ansicht werden wir weiter unten eingehen, wir wollen zunächst de Geer's Darstellung weiter folgen. — Sehr wichtig ist, dass man seiner Auffassung folgend zunächst die deutschen Endmoränen als einheitliche Züge für die Grenze dieser jüngeren Vereisung ansah, während neuerdings Keilhack nachwies, dass dieselben nur schrittweise Rückzugsetappen vorstellen, und die Grenze der zweiten Vereisung viel südlicher zu suchen ist.) —

Die Verbindung nach dem Südrande ist schwer zu finden. de Geer sieht sie in dem grossen Nord-Süd-Moränenzug auf Ösel, auch auf Dagö; (auf Ösel ist dieser Zug auch die Ostgrenze der massenhaften Ålandsblöcke). Zwischen Ösel und der Weichsel sind noch keine Endmoränen bekannt. Auch am westlichen Rande ist ein direkter Zusammenhang mit dem deutschen Zuge noch nicht nachgewiesen.

Wir sehen, ein sicherer Beweis für die Zusammengehörigkeit der ost- und südbaltischen Endmoränen ist nicht erbracht!

Die Schrammen auf Gotland, Südöland[1] und den niedrigen Theilen von Bornholm und Schonen stimmen ziemlich genau mit der Bewegungsrichtung der Blöcke der untersten Schonen'schen Moräne überein, während die Schrammen der hochgelegenen Bornholmer Gebiete wie die des Festlandes andere, fast senkrecht darauf laufende, mit der der älteren Hauptvereisung übereinstimmende Richtung besitzen.

Südschonen wurde also in der Richtung von Südost nach Nordwest überschritten. Bornholm's hochgelegene Theile[2] und Romeleklint ragten als Nunatakr aus dem Eise.[3] Die Hauptmasse des Eises folgte dem tiefsten Theile des Ostseebeckens, in der Richtung der Verlängerung des Bottnischen Busens und gegen die Uplandshalbinsel auch dem westlichen Theil, bis der flachere südliche Theil der Ostseemulde dem Eis einen passenden Ablauf bot.

Übrigens denkt sich de Geer zu dieser Zeit die Ostsee schon von Meerwasser erfüllt.[4]

Das Wasser mag sogar in gewissen Gebieten ein paar hundert Meter tiefer als jetzt gewesen sein. „Die Wassermasse muss in hohem Grade die Friction des Eises gegen den Ostseeboden vermindert und dadurch vermuthlich die hauptsächlichste Ursache zu der grossen Ausbreitung des baltischen Eisstromes nach Süden zu abgegeben haben, trotzdem oder gerade weil derselbe vermuthlich nur wenig mächtig war.“ (In der Gegend von Bornholm scheint die Mächtigkeit 160—170 m wenig überschritten zu haben, da es selten die 100 m-Curve zu überschreiten vermochte. Nach Holmström erreichte das Eis des baltischen Stromes z. B. bei De Geer's ... in Schonen nicht über 50 m Höhe.[5]

[1] Mit einigen Ausnahmen im Südwesten, die O-W. verlaufen, und welche von Andersson als locale Erscheinungen der eng zusammengepressten Eismassen erklärt werden.

[2] Munthe fand baltische Leitblöcke auch in den Moränen der hochgelegenen Theile der Insel.

[3] S. Karte, Z. deutsch. Geol. Ges. 1885, Taf. 13.

[4] Jespersen hält die jüngeren (SO.-NW.) Schrammen Bornholms für durch Treibeis gebildet (Iaktag. ov. Glacialfenomen i Danmark. Univ.-Progr. Kopenhagen 1882).

[5] Geol. För. Förh. 1899, 252.

Das Land südlich des Wener- und Wettersees bis Südschonen soll eisfrei gewesen sein; denn wären gleichzeitig vom südlichen Schonen und Blekinge Eisströme herabgekommen, so würden dieselben den schwachen baltischen Strom nach Süden gedrängt haben; es ist also anzunehmen, dass in dieser Zeit das ältere Eis hier schon weggeschmolzen war. Aber dieses zur zweiten Eiszeit eisfreie Gebiet war nicht freies Land, sondern bis zu ansehnlicher Höhe vom Meere überflutet, so dass nur einzelne Inseln bestanden. Umstehende Karte de Geer's (Skand. Utveckl. S. 66) veranschaulicht die damaligen Verhältnisse: alles weiss gelassene entspricht der Meeresbedeckung vor und unter dem Eise.[1]

Zu der Annahme einer Meeresbedeckung gelangt de Geer infolge der eigentümlichen Blockvorkommnisse in Bohuslän: hier finden sich nämlich weit verbreitet, und bis hinauf am Bastfjord in Dalsland, nahe bei der Wenermoränenmoräne, 63 m ü. d. M., aber nicht über die Endmoräne hinaus, Blöcke von Kreidekalk und Flint. de Geer glaubt, dass dieselben als Treibeisblöcke dahin verfrachtet sind und zwar auf gekalbten Eisbergen, die von den in dem (südöstlich gelegenen) Kreidegebiete ins Meer ausmündenden Gletschern ausgebrochen waren. Da sich in Bohuslän zusammen mit den Flintgeschieben auch zahlreiche Gesteine aus der Gegend von Kristiania finden (und zwar je näher dem Kristianiafjord, um so reichlicher), so spricht dies nach de Geer's Ansicht dafür, „dass der baltische Eisstrom gleichzeitig war mit dem Landeise, welches im Meere die Endmoränen des Kristianiafjordes ablagerte".

Für die obige Annahme spricht nach de Geer's Anschauung auch noch, dass die schwedischen Endmoränen z. T. im Wasser abgesetzt zu sein scheinen (sie sind an ihren Seiten oft von mächtigen Meeresablagerungen bedeckt); die vielfach zu beobachtenden Terrassenbildungen hoch und steil nach dem Eisrand, jenseits in Grus- oder Sandebenen übergehend) sind auf die Thätigkeit der Gletscherbäche zurückzuführen. (Vergl. auch seine oben skizzirte Auffassung der Åsarbildung). Auch in Finnland war das Wasser (von Gletscherbächen) gleichzeitig thätig.

Das südwestliche Balticum war dagegen mindestens zur Abschmelzzeit Festland und es liegen keine Anzeichen vor, dass es während der Schlusszeit der Vereisung unter dem Meeresspiegel gelegen hätte.

Das im Verhältnis raschere Zurückweichen des Eises auf der norwegischen Seite hängt vielleicht mit der Bodenconfiguration zusammen. Von Bedeutung ist die von H. Reusch[2] mitgetheilte Thatsache, dass vor dem Westabfall der skandinavischen Halbinsel sich mehr oder weniger breite, relativ ebene Flächen erstrecken, die sanft bis gegen 100 m Höhe ansteigen. Diese „norwegische Küstenebene" lässt sich längs der Westküste bis zu der äussersten Grenze nach Russland hin verfolgen (s. o. S. 85). Reusch deutet dieselbe als alte Strandflächen, Küstenebenen, ausgearbeitet durch die Brandung vor der Eiszeit und während derselben, so lange das Land unvergletschert war; die Strandlinien sind innerhalb der Strandfläche untergeordnete Erscheinungen.

Im Detail sind die Untersuchungen über die Bewegungsrichtung noch keineswegs als abgeschlossen zu betrachten. Dies ist z. B. aus der Controverse zwischen Hansen und Schrøder[3] zu ersehen in Betreff der Lage des Eisrandes am Schluss der Eiszeit.

---

[1] Es müssen dies aber nur locale horstartige Erscheinungen gewesen sein, Schonen und Niederbornholm sieht de Geer als vom Eis überzogenes Festland an, wo Gletscher in Thäler ausmündeten, obgleich es z. T. niedriger liegt als dieses eisfreie Gebiet.

[2] H. Reusch, Strandfladen, et nyt træk i Norges geografi. Norges geol. Undersög. Nr. 14. 1893 und Journ. of Geol. 1894, 347.

[3] A. M. Hansen, Om beliggenheten av brædillet etc. Nyt. Mag. Naturvid. 1891. 112 — Schrøder ebenda (s. Referate im N. Jahrb. f. Min.)

## Karte der Endmoränen im mittleren Schweden.

Nach de Geer.

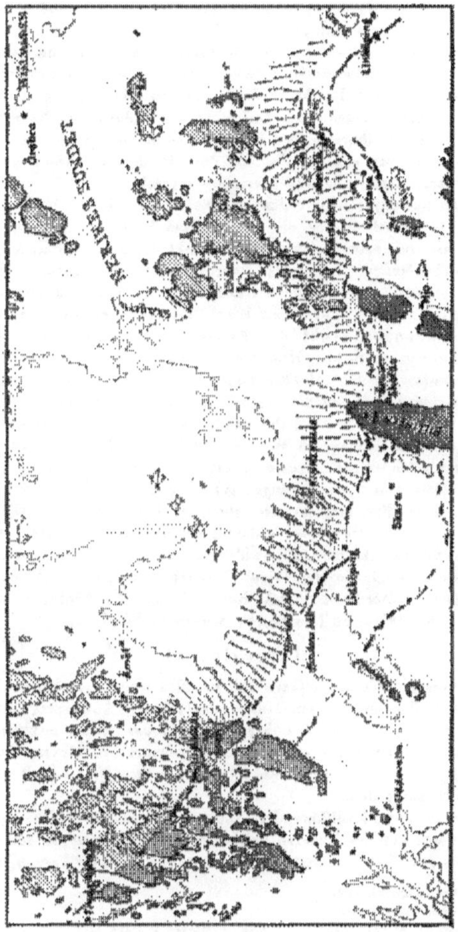

Nach Brögger[1] bezeichnen aber die norwegischen Endmoränen nicht den äussersten Rand der letzten Vereisung. Die Felsoberfläche ist **vor** und hinter ihnen geschrammt, die Schrammen sind auf beiden Seiten gleichmässig frisch und von gleicher Richtung; ausserhalb sind sie bedeckt von Grundmoräne oder marinem Yoldiathon der letzten Epoche. Südnorwegen ist also längs der Südküste während der letzten Eisepoche vollständig von Landeis bedeckt gewesen (vielleicht sogar bis über die heutige Landgrenze). Endmoränen finden sich im südöstlichen Norwegen in dem Gebiet zwischen der an ihnen reichen Küstenregion und denen der heutigen Gletscher nur in Spuren. Reusch erklärt dies so, dass in diesem Gebiet zur Abschmelzperiode langsam schmelzende tote Eismassen lagen.[2]

De Geer hat selbst seine Skizze des jüngeren baltischen Eisstromes, die wir oben wiedergegeben haben, nur als einen ersten Versuch hingestellt und betont, dass seine Karte nur einen bestimmten Zeitpunkt der zweiten Eiszeit betrifft (kurz vor der Abschmelzung). Inzwischen haben sich unsere Kenntnisse erweitert und hat sich herausgestellt, dass 1. die De Geer'sche **Darstellung der baltischen Eiszunge nicht den wirklichen Verhältnissen entspricht** und 2. dass **der Endmoränenzug nicht die äusserste Grenze der zweiten Vereisung überhaupt angiebt.** Holst erhebt ernste Bedenken gegen die De Geer'sche Zusammenfassung der „Moränenzüge" überhaupt, wie für Norwegen so auch für Norddeutschland bedeuten die Endmoränenzüge nur Rückzugsetappen, auf der Kolahalbinsel ist die Ausdehnung der zweiten Vereisung viel grösser als nach De Geer, und nachdem Ussing im Westen den Verlauf der baltischen Endmoräne von Südschleswig bis an die Nordsee fixiert hat und die russischen Moränenzüge im Osten wenigstens in ihren Anfängen genau bekannt sind, wird das von Ussing (D. Vidensk. Selsk. For. Kopenhagen, 1903, S. 164) entworfene Bild der Ausdehnung des skandinavischen Eises während der sog. baltischen Rückzugsphase ein viel einleuchtenderes, als das De Geer'sche. Ein Blick auf unsere Karte der Maximalvereisung zeigt die ungefähre **Parallelität** der „**baltischen**" **Endmoränen** (Jütland, Norddeutschland, Russland) mit den nördlicher verlaufenden, jüngeren, **skandinavischen** (Norwegen, Schweden, Finland).

## Interglacial.

Nach Analogie mit den alpinen und norddeutschen Verhältnissen nahm man z. T. auch für Skandinavien eine (nach der neusten Auffassung vielleicht auch zwei) **Interglacialzeit** an,[3] während welcher das Klima mehr oder weniger dem heutigen entsprochen und dadurch einen bedeutenden Rückzug des Eises veranlasst haben sollte, bis dann in einer folgenden wiederholten Eiszeit das Inlandeis von neuem sich ausbreitete.

Das Vorkommen fossilführender Bildungen zwischen beiden Moränen (der Hauptmoräne und der des jüngeren baltischen Eisstromes) würde auf eine Unterbrechung jener zwei Eiszeiten deuten. „Von grossem Interesse wäre es, zu erfahren,

[1] Norg. Geol. Und. 31, 1901.

[2] Norg. Geol. Und. 32, 238.

[3] Die Bezeichnung **interglacial** ist wohl zuerst von O. Heer angewandt worden (Urwelt der Schweiz, Zürich 1879, 2. Aufl.).

wie weit das Eis während dieser Interglacialzeit abschmolz, bevor es sich von Neuem in der „zweiten Vereisung" ausbreitete, aber darüber finden sich kaum einige sichere Anhaltspunkte." Nathorst[1] bekennt, dass obgleich interglaciale Lager in einem grossen Theil Schwedens vorkommen, unsere Kenntnis über dieselben doch noch sehr mangelhaft ist.

Der leitende Vertreter der Auffassung einer Interglacialzeit ist G. de Geer[2]:

de Geer führt aus, dass in Norddeutschland zwei verschiedene Moränenlager vorkommen, deren oberes eine geringere Verbreitung hat als das untere, dass dieselben oft getrennt sind durch mächtige, bisweilen Mammut u. a. führende Sedimente und dass man diese beiden Grundmoränen zwei durch eine wärmere Abschmelzzeit getrennten Vereisungen zuschreibt. Die Grenzen der oberen Moräne seien allerdings noch nicht sicher festgestellt. Nach ihm bedeuten die norddeutschen Endmoränenzüge nicht einen zufälligen kürzeren Stillstand im Rückgange des Eisrandes; dass die Weichsel und Oder durch den Eisrand lange Zeit gezwungen waren, ihren Weg nach Westen zu nehmen, spricht auch dafür, dass dieser Zustand lange Zeit gedauert haben muss. Die als gleichalterig angesehenen baltischen und norwegisch-schwedisch-finnischen Endmoränen „bezeichnen deutlich einen besonders ausgeprägten Abschnitt in der Ausbreitung des Landeises". Es ist für de Geer auch wahrscheinlich, dass die Ostsee schon zu dieser Zeit ein Meer war. Übrigens wäre es auch wunderbar, wenn das mildere Klima der alpinen Interglacialzeit nicht seinen Einfluss bis nach Norden ausgeübt haben sollte.

Bei der grossen Wichtigkeit der Frage müssen wir hier etwas ausführlicher auf die vorhandenen Beobachtungen und deren Deutung eingehen. Zur Begründung seiner Auffassung zieht de Geer im Wesentlichen dreierlei Dinge heran:

1. Glacialbildungen.
2. Die zwischen zwei Moränenbänken eingelagerten („intramoränen") Sedimente, und zwar
   a) marine Ablagerungen,
   b) Ablagerungen mit Süsswasser- oder Landthieren oder -Pflanzen.

1a. In Schonen (bei Klagerup und Hven) sind nach L. Holmström[3] der obere und untere Moränenthon wesentlich durch Geschiebe aus verschiedenen Gegenden charakterisirte Bildungen.

Der untere Moränenthon führt Magnetitkörner, der obere nicht oder nur unbedeutend (der untere stammt aus dem Gebiet des an Magnetit reichen Eisengneisses, die obere aus Südost); in der oberen Moräne findet sich ein Gemisch von baltischen Blöcken (Ålandsgesteine, Elfdalen- und Påskallavikporphyr), in der unteren weissgrau gesprenkelter Flint vom nordöstlichen Schonen, Silur, Gneiss und Granit.

Der Unterschied in der Zusammensetzung der oberen (baltischen) und unteren (nordöstlichen) Moräne ist aus folgender Untersuchung Holmström's[4] (von Åkarp in Südschonen) ersichtlich.

Es enthielten die bis 4 cm Durchmesser haltenden Steine von:

| | Obere Moräne | Untere Moräne |
|---|---|---|
| Flint | 27 | 7 |
| Kreidekalkstein | 54 | 8 |
| Thonschiefer | 4 | 87 |
| Cambrischer Kalkstein | 5 | 6 |

[1] Nathorst l. c. 221. de Geer glaubt, dass die Abschmelzung sich nach Norden wenigstens bis Öland und Gotland erstreckte. Geikie meint, das Schnee- und Gletschergebiet der Interglacialzeit hätte nur etwa dieselbe geringe Ausdehnung wie das heutige gehabt.

[2] 1884 Om de skandin. landisens andra Utbredning, und Skand. geogr. Utveckling, s. auch Sv. G. U. Ax. 92, Kartenbl. Lund, p. 34.

[3] Studier öfver de lösa jordlagren vid egendom. Klågerup i Skåne. Oefvers. Vet. Akad. Förh. 1873 und Geol. För. Förh. 16, 5. S. auch Geol. Profil, Geol. För. Förh. 21, 328.

[4] Geol. För. Förh. 21, 1899, 241, 254.

| | Obere Moräne | Untere Moräne |
|---|---|---|
| Sandstein | 5 | 2 |
| Quarzit (von Vestanå) | 1 | |
| Porphyr (von Elfdalen) | 1 | . |
| Grünstein | 4 | 1 |
| Gneiss, Granit | 23 | 41 |
| Hälleflinta von Småland | — | 1 |

Andere Proben derselben Gegend (bei Lomma) ergaben:

| | Kryst. Gest. | Schiefer | Grauer Kalkstein | Grauschalk u. dichter Flint | Flint | Kreidekalk |
|---|---|---|---|---|---|---|
| Nordostmoräne | 76—78 | 11—22 | 1—0 | 1,5—0 | 1,5—0 | 9—0 |
| Baltische Moräne | 55—63 | 5—16 | 5—19 | 0 | 9—10 | 10—15 |
| Interglacialgrus | 81 | 3 | 3 | 0 | 30 | 38 |

Auch für Bornholm wurde ein Unterschied in der Blockführung der oberen und unteren Moräne von Johnstrup behauptet, die höher gelegene (ältere, mit NO.-SW.-Richtung der Schrammen) Moräne führt cambrisch-silurische Blöcke des Meeresbodens und vom Ostseebecken (Gotländer), die tiefere (vom OSO.-Strom) locale Leitblöcke des Untergrundes; Munthe fand allerdings typisches „baltisches" Moränenmaterial ausser in den niederen auch in den hoch gelegenen Theilen der Insel, doch könne dies auch von dem ältesten baltischen Strome verschleppt sein. (S. a. die Bemerkung von Holst!)

1 b. Über die grossen Endmoränenzüge, welche den „jüngeren baltischen Eisstrom" begrenzen, das zwischen Wenern-Wettern und Südschonen eisfreie Gebiet vergl. oben.

1 c. Verschiedene Schrammensysteme und Leitblöcke: Während in Schonen und Bornholm die Schrammen der grossen Vereisung im Allgemeinen aus Nordost laufen, zeigen die Schrammen des jüngeren baltischen Stromes eine Richtung von Südost nach Nordwest; hiermit stimmt auch die Verbreitung der baltischen Leitblöcke überein. Auch in Seeland stimmt das jüngste Schrammensystem völlig hiermit überein. Auch in Jemtland und Herjedalen finden sich deutliche Spuren von zwei verschiedenen Vereisungen. Nach Högbom u. A. zeigen Schrammen und Blöcke an, dass die Eisscheide eines jüngeren Eisstromes bedeutend östlicher lag, als die Wasserscheide[1]; zwischen den Grundmoränen der zwei verschiedenen Vereisungen liegen geschichtete Thone. Es scheint hiernach, dass in einer früheren Periode Eis- und Wasserscheide zusammenfielen (nahe der Reichsgrenze), dann das Eis abschmolz soweit, dass die Gegend des Storsjö eisfrei wurde und sich dort geschichtete Thonabsätze bilden konnten; darauf kam eine neue Vereisung, deren Eisscheide östlich vom Storsjö lag, deren Eis somit gegen den Lauf der Flüsse, gegen Westen vorrückte.

Ähnliches ist auch noch weiter nördlich beobachtet. Aus Vergleich von Schrammen und Leitblöcken schlossen de Geer u. A., dass zwischen 66° 30' und 68° n. Br. die Eisscheide der zweiten Eiszeit bedeutend östlicher, in Norwegen südlicher als die Wasserscheide lag[2] und bis zum definitiven Wegschmelzen des Eises dort verblieb. (Auf diese Erscheinung führt Hansen die Entstehung der

[1] Vergl. seine Karte, Nathorst l. c. 323.

[2] Ähnliches ist schon 1857 von Hörbye mitgeteilt. (Christiania Univ.-Progr. 1857.)

Inlandterrassen und Strandlinien zurück. Er bringt diese mit durch Eis aufgedämmten Seen in causale Verbindung, s. u.)

2a. Die marinen Conchylien in den Ablagerungen des südlichen Balticums mit dem Typus der heutigen Nordsee- resp. Kattegatfauna, in Russland südöstlich vom Weissen Meer mit den auch jetzt in der dortigen Umgebung lebenden Formen, ähnliches in Holland (wo allerdings die letzte Vereisung nicht heraugereicht hat und somit jene Lager nicht bedecken konnte), ergeben nach de Geer's Auffassung eine teilweise Senkung des skandinavischen Hochplateaus (nicht des ganzen nördlichen Balticums) unter das Meer; ein Meeresarm reichte von der südöstlichen Nordsee bis zur Weichselmündung.

Die Beweise liegen in dem nichtschwedischen Gebiet (s. u.)

Die einzige marine Ablagerung Schwedens, die als interglacial gedeutet worden ist, ist der vielumstrittene Cementthon von Lomma, westlich von Lund:

Hier traf eine Bohrung über Saltholmskalk 88 m unteren Hvitåthon und Sand, dann 15,8 m untere Moräne, 6,8 m mittleren Hvitåthon, zuoberst jüngeren Sand. Die hier fehlende obere Moräne soll in der Nachbarschaft auf dem Thon liegen. Nach der einen Auffassung (Torell und de Geer, 1887) würde der Lommathon interglacial sein und da man in demselben u. a. den im Polarmeer häufigen *Gadus saida polaris* gefunden hat, wäre der interglaciale Thon als Absatz eines Eismeeres erkannt. Schon dieser Gegensatz eines interglacialen Eismeeres gegenüber dem anderweitig angezeigten milden Klima dieser Zeit erweckt Bedenken.

Holst und Moberg haben eine ganz andere Auffassung,[1] dass nämlich der Thon von Lomma postglaciale „ishafslera" sei; nirgends sei er von Moräne überlagert, sondern nur von steinigem Sand oder Strandgrus. Im Thon fänden sich 23 Foraminiferenarten von nicht ausgeprägt arktischem Charakter, die wohl in das Innere eines langen schmalen Meerbusens eingeschlemmt worden sind; dass auch in den unteren Moränenmergel Foraminiferen eingeschlemmt sind, hält Moberg für unwichtig; de Geer hält die Foraminiferen des Thones für altglacial, durch gleichzeitige Gletscherbäche aus der unteren Moräne ausgewaschen. Neuerlich haben Moberg und Holst nachgewiesen, dass die Foraminiferen wie die Diatomeen des Thones sich auf secundärer Lagerstätte befinden.[2]

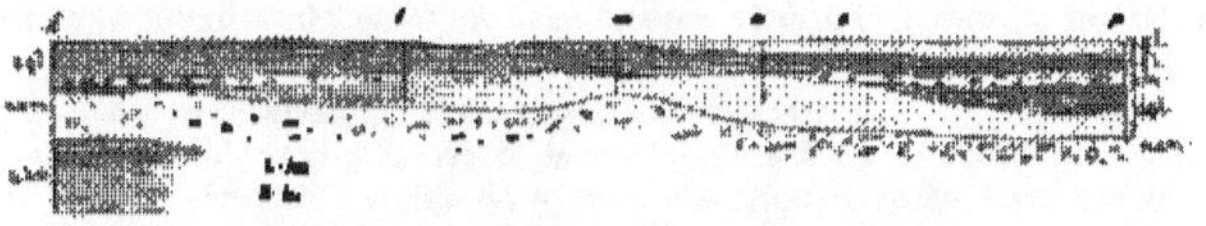

Profil durch die Lommaschichten (nach Holmström).
pgl. postglacial. sgl. spätglac. Thon. bm. baltische Moräne. igl. interglac. Ablag. nom. NO.-Moräne. uhv. unterer Hvitåthon.

Kürzlich hat L. Holmström die Verhältnisse nochmals untersucht[3] und ist zu folgenden Ergebnissen gekommen: Der Lommathon (in dem sich häufig Fischreste finden) ist spätglacialer Meeresthon (2—4 m mächtig), er wird bisweilen von postglacialen Sanden überlagert (auf denen auch Torf und Strandgrus vorkommen); unter ihm folgt, zuweilen sich auskeilend, 1—3 m „Kalklehm", der trotz seiner eigentümlichen Beschaffenheit als Moräne des baltischen Eisstromes erkannt wurde; darunter in grosser Mächtigkeit (und bisweilen in Durchragungen hervortretend) 1—4 m interglacialer

---

[1] Om Lommaleranas ålder. Sver. Geol. Undersš. 149, Stockholm 1895. — de Geer's ställning till frågan om Lommaleranas ålder. Geol. För. Förh. 1895, 547. — de Geer, Till frågan om Lommaleranas ålder. Geol. För. Förh. 1895, 473.

[2] Moberg u. Holst, De sydskånska Hallstensåsarnes Vittnesbörd i frågan om Istidens Kontinuitet. Lund 1899.

[3] Geol. Profil från Åkarp till Lomma. Geol. För. Förh. 21, 1899, 223 (hier ist auch die Lomma-Litteratur angegeben).

Sand und Grand, auch in Thon übergehend; dieser wird wieder von Moränenthon der Hauptvereisung (nordöstliche Moräne) mit 40 m unterlagert und darunter ist an einigen Stellen geschichteter praeglacialer Sand oder Thon mit 80 m angetroffen worden.

Andere Profile zeigten auch eine directe Auflagerung der beiden Moränen, mit Auskeilen der zwischenlagernden Thone, an anderen Stellen war Schichtenstauchung im Thon unter der oberen Moräne zu gewahren, endlich war auch die obere Moränendecke nicht überall zusammenhängend.

An einer Stelle ging der interglaciale Sand durch unmerkliche Übergänge in den spätglacialen Thon über. Das baltische Landeis hatte hier nur geringe Mächtigkeit und hinterliess nicht überall Moräne. Die petrographische Untersuchung des interglacialen Grases ergab, dass dieser Grus (mit 60 %, Kreidegesteinen) abgesetzt worden ist während des Vorrückens des baltischen Eises, also eine zur baltischen Eiszeit und nicht zur älteren gehörige Fluvioglacialbildung ist.

Vieles spricht nach Holmström für die Ansicht von Holst, dass es nur eine Eiszeit gegeben habe, soweit wenigstens, dass man von einer „Interglacialzeit" nicht sprechen kann.

So ist also das einzige marine „Interglacial" Schwedens als hinfällig erkannt.[1]

2b. Die übrigen interglacialen Ablagerungen Schonens sind zum grössten Theil fossilfrei, doch finden sich auch fossilführende Süsswasserbildungen.

Erstere finden sich häufig, z. T. auch mit Schichtenbiegungen, durch die obere Moräne veranlasst. So beschreibt E. Erdmann aus Schonen, von der Küste bei

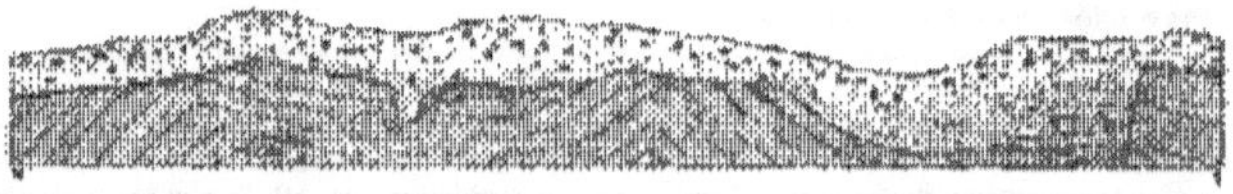

Gebogene Sand- und Thonschichten unter Moräne. Strand nördl. Landskrona (nach E. Erdmann).

Landskrona und von der Insel Hven instructive Profile. Eigentümliche Sandrücken bei Malmö (Karlsby, Körsbär) werden von de Geer als Durchragungen, als die von der jüngeren Moräne aufgerichteten Hvitålager angesehen.

Auch nördlich von Schonen sind interglaciale Hvitåbildungen mehrfach bekannt. Auf Sandö in der Motalabucht und in der Umgebung fand Jönsson geschichteten Sand unter Moräne; ähnliches fand sich am Südende des Wettern. „Wahrscheinlich" kommt darunter die ältere Moräne vor. Im östlichen Upland fand A. Erdmann eine dünne (1,5 m) Thonschicht zwischen zwei Moränenlagern. Von einigen Geologen werden dieselben als Beweise für zwei Eiszeiten angesehen, dagegen erklärt Högbom das Phänomen als ein locales, vielleicht von Eisbergen verursacht, die über den Botten kamen und Grus über den in Niederungen abgelagerten Thon herabführten. In Helsingland und Norrbotten beobachtete Svenonius an mehreren Stellen Sedimente von wahrscheinlich interglacialem Alter.

Süsswassermollusken und Pflanzenreste finden sich in einigen interglacialen Bildungen Schonens: Es ist der Thon von Torsjö, in dem Nathorst[2] *Dryas octopetala*, *Salix polaris*, *Pisidium*, *Limnaea limosa* fand; ein Süsswasserthon bei Vinninge in der Gegend von Ekägerup[3] (mit

[1] Nunmehr hat auch de Geer (Geol. För. Förh. 1899, 138) das spätglaciale Alter des Lommathones anerkannt.

[2] Oefvers. Vet. Ak. Förh. 1872, Nr. 2, 136 u. 1873, Nr. 6, 13.

[3] Ibid. 1873, Nr. 1, 16, aber nach Munthe postglacial.

*Dryas octopetala, Pisidium, Limnaea*); vermutlich ein Sand in einer Bohrung bei Glumslöf[1] (mit *Pisidium, Limnaea*).

Nach dem arktischen Charakter der hier gefundenen Pflanzen „könnte man vermuten, dass die grosse Eismasse sich nicht besonders weit zurückgezogen hat, bevor sich der jüngere baltische Eisstrom über die Provinz ausbreitete“ (Nath. 228).

Munthe spricht sich nach genauer Untersuchung[2] dahin aus, dass interglaciale Süsswassersedimente im südlichen Schonen überaus zweifelhaft sind; dass die betreffenden Thone vielmehr z. T. spätglaciale Dryasthone sind.

Ein von Munthe bei Hernösand[3] unter 5 m Moräne gefundener Süsswasserthon und -Sand weist in seinen Fossilien auf ein etwas kälteres Klima als das dort gegenwärtige; vielleicht sind die Schichten präglacial.[4]

Interglacialbildungen beschreibt Högbom vom Storsjö (Frösö, Östersund, Hackås) in Jemtland[5]: Unter einer Moräne von südöstlichem Ursprung (2. baltischer Eisstrom) liegt ein feiner Sand, nach unten in geschichteten, z. T. Marlekor haltenden Thon übergehend, der wieder von Moräne südwestlichen Ursprungs unterteuft wird. Der Thon zeigt glaciale Druckerscheinungen, seine Schichtflächen zeigen gewundene Kriechspuren niederer Thiere; ausserdem fanden sich Moosfragmente; „aber es ist die Möglichkeit nicht ausgeschlossen, dass diese vom Winde hergeführt worden sind“. Die Ablagerung beweist aber, dass das Wasser des Storsjö damals nach dem Abschmelzen der 1. Eiszeit offen war (milderes Klima!) und dass darin ein wenn auch geringes Thierleben existirte; darauf kam dann die Vereisung, während welcher die Eisscheide sich allmählig östlich vom Storsjö verlegte.[6]

Munthe sagt, dass die Moränenbedeckung auf geschichteten und z. T. gefalteten Bildungen in Skandinavien nördlich von Schonen richtiger gedeutet werden durch Veränderungen der Lage des Eisrandes in der letzten Abschmelzperiode, als durch Annahme von Interglacialbildungen.[7]

Von Interesse ist auch die Bemerkung von Reusch,[8] dass wenn über den marinen postglacialen molluskenhaltigen Thonen (bis 175 m ü. d. M.) im nördlichsten Theile des Trondhjem-Stiftes einzelne erratische Blöcke liegen, diese wohl nur durch schwimmendes Eis dahin geschafft sein können.

Über die Funde von Mammut sagt de Geer[9]: „Wenn diese Thiere in der Interglacialzeit dahin kamen, so ist dies ein Beweis, dass das Landeis damals fast ganz und gar weggeschmolzen war.“ Das Mammut ist bisher in schonen'schen Hvitåbildungen noch nicht gefunden[10], man weiss noch nicht einmal, ob das Thier hier

---

[1] Geol. För. Förh. 1874, 130. (Vergl. über die Bohrprofile die Bemerkung de Geer's. Z. deutsch. geol. Ges. 1885, 185.)

[2] Om de s. k. „glaciala sötvattensbildningar“ i Klägerupstrakten ålder och bildningssätt. Geol. För. Förh. 1897, 120.

[3] Geol. För. Förh. 12, 1890.

[4] Nach Holst postglacial.

[5] Om interglaciala bildningar i Jemtland. Geol. För. Förh. 15, 1893, 28 (Fig. S. 33).

[6] Högbom betrachtet also diese Lager als interglacial; ob z. T. als Bildung eines durch Eis aufgedämmten Sees, oder den Schonen'schen Hvitåbildungen analog, oder als Absatz eines in den Storsjö mündenden Flusses, bleibt dahingestellt. — Die jemtländischen Interglacialbildungen werden vorerst nicht als gleichzeitig mit den schonen'schen anzusehen sein, denn als die Eisdecke am Storsjö abschmolz, musste in Schonen das Klima bereits so mild sein, dass da eine reiche Pflanzenwelt existiren konnte — von dieser haben die schonen'schen Interglacialis noch nichts ergeben. Auch hier also noch eine offene Frage! — Andersson hält die Ablagerungen für postglacial s. u.

[7] Balt. Hafv. Historia, S. 72.

[8] Nyt Mag. Natv. 34, 1894, 241.

[9] l. c. 53.

[10] Man kennt aus Schweden erst 3 Funde von Mammut: Tittente, ein Stosszahn von Erdmann gefunden, im oberen Moränengrus, vielleicht von weither transportirt; Barslöf, nach Lundgren ein

überhaupt gelebt hat. Auch die 30 Funde in Dänemark liegen auf secundärer Lagerstätte, ebenso wie die drei aus Finnland bekannten und der eine im nördlichen Norwegen im Dovrefjällen (nahe dem Ausgangspunkte des Eises)[1].

Die Knochenreste (von Arvicola) in dem Sand von Svenstorp (nach Munthe) befinden sich nach Moberg und Holst[2] auf secundärer Lagerstätte.

Bezüglich Rixdorf ist darauf hinzuweisen, dass dieser Punkt ausserhalb der baltischen Endmoräne liegt.

Die Beweise für eine Interglacialzeit in Schweden sind sonach recht spärlich. Neuerdings hat Holst[3] dieselben energisch angefochten und kommt zu dem Schluss, dass in Schweden nicht mehr als eine Eiszeit nachweisbar ist; „irgend ein Beweis für zwei Vereisungen ist bis auf den heutigen Tag nicht erbracht worden."

Holst's Beweisführung ist kurz folgende: Er erkennt als feststehend an, dass der „baltische Eisstrom" sowohl während der ersten wie der späteren Zeit im südlichen Schweden selbständig und von der Richtung des „südschwedischen Landeises" abweichende Bewegung gehabt hat; demnach brauchten diese verschiedenen Gletscher nicht jeder eine besondere Eiszeit zu repräsentiren.

Holst verfolgt die de Geer'schen Endmoränen kritisch und kommt zu einer abweichenden Auffassung:

Die finnische „Endmoräne" des Salpausselkä ist nach ihm keine Endmoräne, sondern von zwei parallelen Geröllrücken gebildet, die als „Queråsar" zu bezeichnen sind (nach Moberg; Sederholm nennt sie 1893 Randmoränen). — In Schweden ist die Moränenkette sehr unvollständig; für Östergötland hält Holst den Beweis von Endmoränen nicht für erbracht, die Fortsetzung in Westgotland ist ein Rullstensås; weiter folgen allerdings die echten Endmoränen des Wenerbeckens, dieselben sind sehr klein und sind von Karlsson als Endmoränen aus der späteren Zeit des Inlandeises angesprochen, „als dessen Bewegung bereits von den mehr localen Oberflächenformen des Landes abhängig geworden war". Ihre Fortsetzung nach Osten ist noch unsicher, nach Westen reichen sie nur bis Dalsland. Den Geröllås von Bågsård kann man nicht als Moräne bezeichnen.

In Norwegen erscheint der Zusammenhang der Moränenkette noch mangelhafter; wenn sich auch in fast allen Theilen eine, resp. mehrere Moränen finden, darf man doch nicht die äusseren, dem Meere zunächst liegenden, als gleichalterig zusammenfassen (s. auch Kjerulf's Karte).

de Geer habe also sehr verschiedenartige Bildungen als Endmoränen angesehen und diese „Moränenkette" bleibt immer noch sehr unvollständig.

(Fügen wir hinzu, dass Ramsay und Cohen ebenfalls zu anderen Resultaten gelangt sind).

Das Vorhandensein von zwei getrennten Moränen in Schonen (und dem Südbalticum) beweist nach Holst nichts, da jedes Inlandeis zwei Moränen besitze, eine Grund- und eine innere oder Oberflächen-Moräne.[4]

Auch hätte während einer langen Interglacialzeit die untere Moräne mehr oder weniger tief rostfarbig verwittern müssen, analog der jetzt zu Tage tretenden oberen. Wenn eine Inlandeisbe-

---

Backzahn unter Torf, vielleicht aus der oberen Moräne; von einem dritten (Backzahn, von Angelin angeführt) fehlt der nähere Fundbericht. Holst hält die schwedischen Mammuts für praeglacial.

[1] A. Getz erwähnt allerdings den Fund eines Mammutzahnes von Hougesäter in Vaage (Norw., Gudbrandsdal) „unter Verhältnissen, welche anzeigen, dass das Thier zur Eiszeit in Norwegen gelebt hat" (Overs. Christiania Vid.-Selsk. Möder 1888, p. 13).

[2] 1899: de sydskån. Rullstensås. Vittnesb.

[3] Har es in Schweden mehr als eine Eiszeit gegeben? Sver. geol. Undersökning. Ser. C. 151, Stockholm 1895; ins Deutsche übersetzt von Wolff, Berlin 1899.

[4] Allerdings sieht man allgemein den Oberen wie den Unteren Geschiebemergel als Grundmoräne an und es ist vorerst nicht einzusehen, warum man für zwei gleiche Ablagerungen verschiedene Bildungsart annehmen soll. Es können freilich nach und nach Moränenanschiebungen erfolgt sein, so dass der untere Theil der Moräne festgelagert war, aber den, ähnlich wie in Grönland, der obere Theil als ein scheinbar Verschiedenes abgelagert wurde.

deckung zwei Moränen hinterlassen hat, eine Grund- und eine Innere, und wenn man südlich der Moränenlinie wirklich zwei unterscheiden kann, so müsste man nördlich davon (wenigstens auf einigen Stellen) vier verschiedene finden, nämlich von jeder Eiszeit zwei; derartiges ist aber in der näheren nördlichen Umgebung nicht beobachtet.

Bezüglich der theilweise von Moräne bedeckten Åsar Südschonens weist Holst darauf hin, dass diese nach seiner Auffassung nicht vor, sondern während der Zeit des baltischen Eisstromes gebildet sind, und führt die Moränenbedeckung auf Oscillationen des Gletschers zurück.

Einen positiven Beweis für die Continuität der schwedischen Eiszeit bringen Moberg und Holst[1] noch in der Beobachtung der Åsrichtungen. Die Rullstensåsar haben dieselbe Richtung wie die Schrammen, man kann in Schonen sehr gut in den nördlichen und nordöstlichen Theilen der Provinz die N.-, NNO.- und NO.-Richtung beobachten, während im südlichen Theile das „östliche System", die Richtung aus O., OSO. und SO. vorherrscht. Nun finden sich an vielen Åsar beide Systeme. Wenn die beiden Systeme zwei scharf getrennten Eiszeiten angehörten, so müssten sie scharf von einander abweichen, das östliche müsste auf dem nördlichen liegen. Aber die Grenzen sind durchaus nicht scharf, vielmehr lenken die Åsar bogenförmig aus der nördlichen in die östliche Richtung um. Wie die beiden Åssysteme müssen also auch die beiden Eisströme gleichzeitig gewesen sein.

Die Verschiedenheit der Blöcke in beiden Moränen offenbart in Schonen nicht eine deutliche Grenze zwischen dem Gebiet der baltischen und der älteren Moräne. Die Blöcke der unteren stammen im Allgemeinen allerdings (besonders in Schonen) aus näheren Gegenden, die der oberen aus weiteren (sog. baltisches Material); verfolgt man aber die obere Moräne weiter nach Norden, über die Grenze der „baltischen Moräne" hinaus, so trifft man doch zuweilen noch baltische Leitblöcke; man findet keine Grenze zwischen den Gebieten des baltischen Eisstromes und der älteren Moräne, sondern die baltischen Blöcke nehmen nur allmählig von Süden nach Norden hin ab.

Der baltische Eisstrom ist also mit dem südschwedischen zusammengeflossen, so dass sich da beide Moränen mischten. Dass die baltischen Blöcke etwa dem älteren baltischen Strom entstammen sollten, wird durch ihre verticale Vertheilung widerlegt.

Zwei durch geschichtete Ablagerungen getrennte Moränen brauchen nicht zwei verschiedenen Eiszeiten anzugehören; jedes Inlandeis hat Oscillationen. Das Abschmelzen erfolgte im Allgemeinen ziemlich rasch (wie auch der Mangel an Pflanzen, besonders Diatomeen in dem baltischen Yoldiathon bezeugt). Der rasche Rückzug des Eises erklärt es, warum das Eis in seinen centralen Gebieten nicht dieselben Oscillationen wie in den peripheren gehabt hat und warum also in den letzteren mächtige, moränenbedeckte Ablagerungen sich finden, und in den centralen nicht.

Von den als interglacial aufgeführten Sedimenten ist der Lommathon als postglacial nachgewiesen. Die hochnordischen Verhältnissen entsprechenden, z. T. von Moräne bedeckten Süsswasserablagerungen von Klågerup führt Holst auf intramoräne Bildungen zurück (in sog. todten Partien des Inlandeises abgelagert). Die Küstenablagerungen am Öresund führen keine Thier- und Pflanzenreste. Ihre bedeutende Mächtigkeit spricht für die Mitwirkung von Gletscherbächen; es ist undenkbar, dass sich das Inlandeis auf längere Zeit hier zurückgezogen haben sollte, ohne dass Reste von Thieren und nachwandernden Pflanzen in den sich derzeit absetzenden Schichten eingebettet wären.

Von den als interglacial bezeichneten Ablagerungen der weit nördlich von der Endmoränenlinie gelegenen Punkte Frösö und Hernösand bezweifelt Holst das interglaciale Alter. Der unter 6—7 m Moräne lagernde Frösöthon hat den Habitus eines Glacialthones; dass die bedeckende Moräne wirklich von einer selbständigen späteren Eiszeit stammt und aus Osten hergeführt ist (wie Högbom meint), ist nicht erwiesen. Der moränenbedeckte Thon von Hernösand ist reich an Fossilien (70 Arten Diatomeen u. s. w.); die Flora ist aber nicht interglacial, dann hätte sie auch in südlichen Gebieten Spuren ihrer Einwanderung hinterlassen, sondern postglacial; die überlagernde Moräne ist wahrscheinlich auf secundärer Lagerung.

Der eigentliche, über die Ost- und Westmoräne hinausgreifende baltische Eisstrom würde eine Länge von etwa 1000 km besessen haben; er wäre allmählig aus einem niedrigen Niveau zu einem höheren vorgerückt und hätte dabei doch nur eine sehr geringe Mächtigkeit besessen. De Geer nimmt an, dass damals die Ostsee vom Meere erfüllt war, dann hätte sich das Eis als schwimmende

[1] Moberg u. Holst, De sydskånska Rullstensåsarnes vittnesbörd i frågan om istidens Kontinuitet. Lund, 1899.

Decke fortbewegt; Holst erinnert daran, dass die grönländischen Gletscher (z. B. der Eisblink von Frederikshaab) trotz ihrer steilen Unterlage nur 40—50 km vor die übrige Eiskante reichen. Das Eis müsste also im Ostseebecken seine Bewegungskraft verloren haben lange bevor es Schonen und Jütland erreichte. —

Holst unterscheidet „intramoräne“ und „interglaciale“ Ablagerungen, erstere nach dem Lagerungsverhalten, letztere nach der Bildungszeit. Da man, wie Holmström[1] betont, mit „interglacial“ Bildungen bezeichnet, die in einer Periode von milderem Klima abgelagert wurden, hat Torell den Namen „intraglacial“ für diejenigen geschichteten Ablagerungen vorgeschlagen, die von Moränen unter- und überlagert werden; er soll dieselbe Bedeutung haben, wie der Holst'sche Ausdruck „intramorän“.

## Spät- und Postglacial.

An den Schluss der (letzten) Vereisung gliedert sich in Skandinavien die sogenannte Spätglacial- und Postglacialzeit[2], in den früher als Alluvium bezeichneten Abschnitt übergehend. Für mehrere Gebiete, z. B. auch für Norwegen, wurde gefunden, dass das Klima unmittelbar vor der Gegenwart etwas milder als das heutige war. Also auch hierin eine Oscillation, die aber noch nicht zu der Annahme von allgemeinen Perioden verwerthet zu werden braucht.

In dem Gebiet der Nord- und Ostsee sind hierbei auffällige Niveauschwankungen constatirt, welche eine specielle Drei- resp. Viergliederung ermöglichen. In jeder dieser, durch die marinen Bedingungen charakterisirten Perioden sind natürlich wieder jedesmal zwei Facies entwickelt, die marine und die lacustre resp. Binnenfacies. So würden der spätglacialen marinen Eismeerzeit als Binnenfacies manche Sande, Thalsande, Binnensee-Thone, -Terrassen u. s. entsprechen.

Nachdem man schon lange durch die Beobachtungen von hochliegenden Strandlinien, Terrassen, Muschelbänken und marine Conchylien führenden Sedimenten constatirt hatte, dass die skandinavische Halbinsel seit der Diluvialzeit Niveauschwankungen erfahren hatte, ist es jetzt dank der eingehenden Untersuchungen der skandinavischen Geologen möglich, ein klares Bild über die Reihenfolge dieser Schwankungen zu erhalten.

Die hauptsächliche Litteratur über diese Verhältnisse findet sich bei der speciellen Erörterung der einzelnen Ablagerungen; von einer historischen Übersicht über die einzelnen Beobachtungen muss hier abgesehen werden.

[1] Holmström, Geol. För. Förh. 21, 1899, 254 und Öfvers. af bildn., Öfvers. Vet. Ak. Förh. Stockholm, 1873, 17. — Vergl. hierüber die Discussion in Geol. För. Förh. 1899, 181.

[2] Bezüglich der Benennungen „spätglacial und postglacial“ weist De Geer (Geol. För. Förh. 15, 390) darauf hin, dass während der Ancyluszeit ununterbrochen Sedimente im Balticum abgesetzt wurden, erst im Meere, dann im Binnensee, die „undre grålera“ also in beiden abgesetzt wurde und hiernach eine Unterscheidung zwischen marin und lacustrin sehr schwierig sei. Deshalb will De Geer die Zeitgrenze in die grösste Discordanz, d. h. in das Maximum der Hebung legen, welche die spät- und postglaciale Senkung trennte. Als spätglacial bezeichnet G. die ganze Abschmelzperiode, gerechnet von dem Maximum der letzten Vereisung bis zum Anfang der Postglacialzeit; spätglacial sind also auch die obere Moräne, die Åsar, Torf- und Flussbildungen, nicht allein marine Sedimente. Für mehrere Fälle empfehlen sich die Benennungen ober-, mittel- und unterglacial, resp. supra-, infra- und intraglacial. Auch in Norwegen ist eine scharfe Grenze zwischen Spät- und Postglacial nicht zu ziehen (s. u. Brögger).

Nur möge eingangs noch der berühmten **norwegischen Terrassen und Strandlinien** gedacht werden[1].

Viele Thäler werden von Moränen abgeschlossen; die Moränen bilden verschiedengestaltete Rücken, während sich die Terrassen als weite Ebenen, Sandflächen, „mo", ausbreiten.

Die **Terrassen** finden sich alle als Stufen auf dem Thalboden abgelagert und zwar als Hauptterrassen und untergeordnete. Ihr Bau ist geschichtet, aus feinem und grobem Sand, Geschieben in Lagen u. s. w., bisweilen finden sich auch grosse erratische Blöcke; das äusserste Ende hat geneigte Schichtung, die obersten Schichten nehmen gern eine übergreifende Lagerung ein (Deltas, „öre").

Terrassen finden sich 1. in Thälern oder an Wasserläufen, welche noch heute Massen transportiren, 2. in Lagen, wo das heute fliessende Wasser keine Terrassen

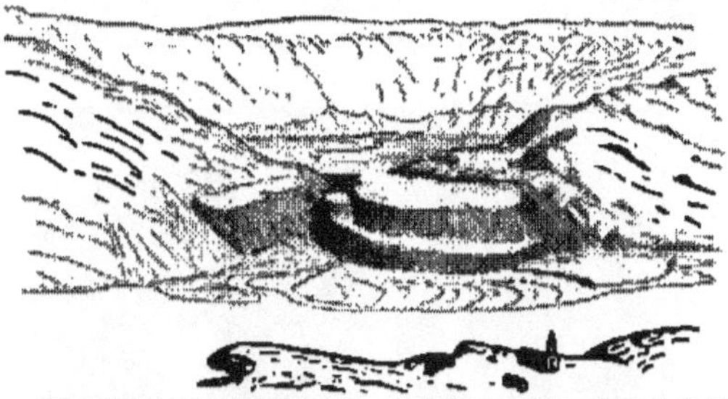

Terrassenlandschaft bei Kaafjord, Finmarken (nach Reusch, Norges G. U. 4, S. 109).

bilden könnte. Die höchst gelegenen Terrassen bezeichnen die oberste Meeresstufe, sie reicht bis gegen 180 m Höhe, nach unten folgen gewöhnlich noch 3—4 deutliche Stufen. (Vergl. die Karte bei Kjerulf, Taf. V.)

In geschlossenen Becken finden sich auch Binnenland-Terrassen ohne Seemuscheln, aber z. T. mit Süsswassermuscheln (Österdal- und Hadeland, Stange, Ringerige).[2]

Oberhalb der obersten Meeresstufe breiten sich Sandflächen aus, unterhalb oft noch Thonlager (eines Seebeckens). Die Oberfläche der Terrassen hat ein geringes Einfallen, wie ein Delta. Die Terrassen bezeugen ein verhältnismässig rasches, ruckweises Erheben des Landes.

[1] Kjerulf, Betragtning over Terrasserne. Christiania Univ. Progr. 1870 und Geologie Norwegens, S. 7. Vergl. hier die klaren Profile, sowie die Angaben über Vorkommen und Höhenlage der Strandlinien und Terrassen in Norwegen. — Eine brauchbare Zusammenstellung der Arbeiten über die norwegischen Strandlinien gab R. Lehmann: Über ehemalige Strandlinien in anstehendem Fels in Norwegen. Progr. d. Realschule Halle, 1879 und Neue Beitr. z. Kenntnis d. ehemal. Strandlinien in Norwegen. Z. ges. Naturw. 1881.

[2] So glaubt Hansen, dass östlich der Langfjeldene, der Hauptgebirgskette des südlichen Norwegen, am Ende der Eiszeit grosse Seen durch die letzten Reste des Eises gedämmt waren, während nach H. Reusch (Har der exist. store, isdaemmede indsjöer pp?, Norges Geol. Unders. 14, 1894, 51) kein Grund für diese Annahme vorliegt; Strandlinien solcher Seen seien, wenn überhaupt vorhanden, jedenfalls eine ganz locale Erscheinung.

Die **Strandlinien** sind horizontale, an der Bergseite wie Chausseelinien hinlaufende, durch den Wogenschlag in die Felswände eingegrabene Wassermarken; bisweilen finden sich zwei übereinander liegende Linien[1].

Folgende Figuren zeigen einige Strandlinien im freien Fels:

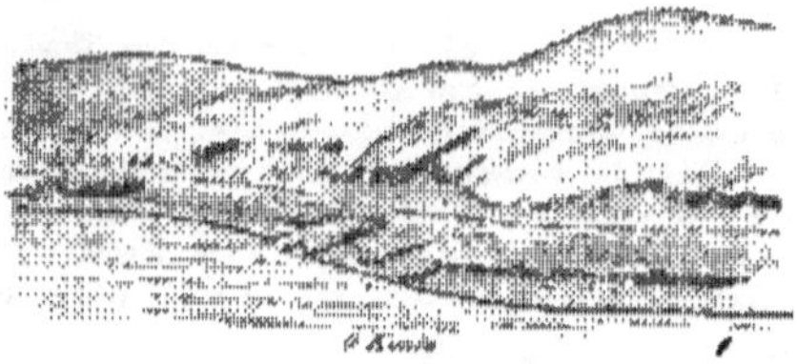

Strandlinie am westl. Ende des Kvalsund, Finmarken (nach Reusch, N. G. U. 4, 109).

Strandlinie im inneren Theil des Tanafjord, Finmarken (nach Reusch, N. G. U. 4, 95).

Während nach Kjerulf die Strandlinien keinen geneigten Verlauf zeigen, weist Helland[2] für die Strandlinien bei Tromsö eine geringe landeinwärts gerichtete Neigung nach. Zum Theil sind sie in Moränen von postglacialen Gletschern eingeschnitten, also sehr jungen Alters. Die nahen Beziehungen zwischen Strandlinien und Terrassen sind auf der Kjerulf'schen Figur ohne Weiteres sichtbar.

Die Terrassen stellen sich als eine gemeinschaftliche Arbeit des Wasserlaufes und des Meeres dar, sie bilden eine merkliche Fläche; die Strandlinien sind durch den Wogenschlag gebildet, sie setzen sich längs der Felswände fort und bilden höchstens eine Art Weg oder Pfad.

Die ungleichen Horizonte der höchsten Terrassen (s. Karte von Kjerulf) sind später von de Geer in seinen Isobasendarstellungen klar gelegt worden (s. u.);

[1] In Finmarken (s. auch N. G. U. 4, 84) kommen bis drei über einander liegende Strandlinien vor, welche alle gleichzeitige recente Bildungen sein können. Am der Torne Träsk in Lappmark finden sich mehrere Strandlinien in verschiedenen Niveaus, die höchste 563 m, die unterste 357 m ü. d. M.; s. die Abhandlung hierüber von Svenonius, Geol. För. Förh. 20, 1898, 153.

[2] A. Helland, N. G. U. 24, 1900 mit Karte.

Die marine Grenze an der Makurküste.
Die Gerölle reichen nur bis zu ihr, darüber nur eckige Steine (s. Reusch, N. G. U. 4, 91)

Ein Stück Strandlinie bei Ilsvik. (Im Hintergrund bezeichnet ein Vogel den Sverresborgklimp. (Nach Reusch N. G. U. 32, 117.)

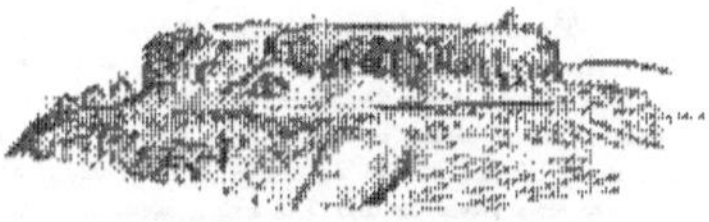

Strandlinien a. Sverresborgklimp, Trondhjem. (Nach Reusch, N. G. U. 32, 119.)

Folgendes Bild einer auf Moräne lagernden alten Strandlinie, welche ein Thal abdämmt:

Moräne vor Stora-Vandet bei Hammerfest. (Nach Reusch, N. G. U. 4. 101.)

S. auch die Bilder von Strandlinien: Vogt, N. G. U. 29, p. 69, 70 a, 73. — Strandlinien am Varangerfjord bildet Reusch (N. G. U. 4) ab, sie mögen z. T. durch Wintereis entstanden sein.

die oberste freiliegende Terrasse liegt etwa 180 m, die niedrigeren Stufen auf 170, 112 und 73—76 m.[1]

Die Hebung war im Innern bedeutender als an der Küste, die O-Curve fällt zusammen mit dem continentalen Sockel.[2]

Im Gebiet des Hardangerfjordes hat Sexe bei der Einmündung fast aller Bäche und Flüsse deutlich verschiedene Niveaus von Terrassen nachgewiesen,[3] die sich unmittelbar an Moränen anschliessen, in 5 grossen und kleinen horizontal ausgebreiteten Sand- und Kiesanhäufungen; die höchste ist 100 m ü. d. M. Sexe will aber doch nicht eine dreifache Niveauschwankung zur Erklärung der Schrammen und Terrassen annehmen, etwa in der Weise: 1. Hebung mit Schrammung, 2. mittlere Senkung, Terrassenbildung unter Wasser, 3. heutiger Zustand, Hebung, Terrassen trocken gelegt; er glaubt, dass die Strandlinien durch die Gletscher eingeschliffen seien.[4]

Dagegen erklärt Kjerulf die Strandlinien für eine Wirkung der Meeresbrandung.[5] K. Pettersen[6] erklärte die Bildung derselben als Scheuerwirkung schwimmenden Küsten- und Fjordeises. Er zeigte, dass die Strandlinien und Terrassen (bis 63 m hoch) theils local und bruchstückartig auftreten, theils nahezu horizontal meilenweit hinziehen, und gewissermassen treppenartig in der Richtung der Küste gegen das Binnenland zu in immer höheren Niveaus auftreten; die Bildung der stärker eingeprägten, mehr an ein bestimmtes Niveau gebundenen Strandlinien werden wahrscheinlich durch periodische klimatologische Wechsel bedingt.

Das Aufsteigen des Landes muss langsam und gleichmässig erfolgt sein, die postglacialen Niveauveränderungen „lassen sich am leichtesten durch Annahme eines veränderlichen Meeresstrandes erklären."

Gegenüber diesen Auffassungen ist die von A. M. Hansen[7] als unseren Anschauungen am besten entsprechend zu bezeichnen.

Hansen bezeichnet die Strandlinien als „Seter", die drei Theile eines Seters sind der Rücken, die horizontale Ebene und der geneigte Fuss.

Die ganz im Fels gebildeten Strandlinien („Bergseter") der Fjorde gehen allmählig in solche über, die in losem Material gebildet sind („terrasse" Seter und „Wiesenseter"). Von aussen nach dem Inneren eines Fjordes findet sich gewöhnlich folgende Reihenfolge: Strandwall, Wiesenseter, schmälere typische Seter, Seter im festen Fels, Schattenseter (ähnlich einer Schattenlinie). Meist lassen sich die Seter leicht von den Terrassen unterscheiden; erstere zeigen im Profil des Gehänges einen Knick, letztere sind immer an den Thalweg gebunden. Nach dem Inneren der Fjorde nehmen die Seter an Breite und Häufigkeit ab. (Neben den „Küstenseter" finden sich „Inlandseter", welche gebildet wurden in vom Inlandeis aufgedämmten Seen.)

---

[1] Am Velfjord (Süd-Helgeland, Norw.) finden sich Strandlinien aus der Zeit vom Schluss der grossen Vereisung, als dort eine Senkung um 107—140 m eingetreten war; z. T. auch zwei übereinander gelegene, mit hocharktischen Mollusken; darunter sind noch zwei Gruppen von Terrassen zu finden, die eine, 57—70 m ü. d. M., mit einer Fauna, die etwas kälteren Bedingungen als die heutige entspricht, aber nicht mehr hocharktisch ist, die untere 21—42 m ü. d. M. mit der heutigen Fauna. (Rekstad, Geol. Velfjord, N. G. U. Aarbog 1902, Nr. 4.)

[2] Vergl. d. Isobasenkarte d. nördl. u. westl. Norwegen; Rekstad u. Vogt, N. G. U. 29, 1900. 83.

[3] Mærker efter en Istid i Omegnen af Hardangerfjorden. Christiania. Univ.-Progr. 1866.

[4] Jættegryder pp. Kristiania, Univ.-Progr. 1874. — Auch A. Blytt fasst die Strandlinien der Fjorde als Seitenmoränen auf (Kristiania Vid. Selsk. Förh. 1892, 4); demgegenüber kommt aber Hansen (Nyt. Mag. Naturvid. 34, 1894) zu dem Resultat, dass die Hypothese der Seter als Seitenmoränen zu unmöglichen Annahmen bezüglich der Form und Ausbreitung der dazu nötigen Gletscher führt und dass der horizontale Verlauf der Seter, ihre ebene Oberfläche, feste Form, ihr Material und das allgemeine Verhältnis ihrer Verbreitung unvereinbar mit der Hypothese sind.

[5] Om Skuringsmærker pp. Kristiania, Univ.-Progr. 1873.

[6] K. Pettersen, Skuringsfænomener i det nuværende strandbelte. Tromsø Mus. Aarsh. II, 1879, 65; deutsch in Z. ges. Naturw. 53, 1880, 247. — Terrassen und alte Strandlinien, Tromsø, III, 1880, Z. ges. Naturw. 1880, 769.

[7] Hansen, Strandlinje-studier. Arch. f. Math. og Naturvid. Kristiania 1890, 14, 254 u. 15, 1. 8 Taf.

Nach Hansen sind die Seter durch Treibeis gebildet. Er bringt die Bravais'sche Behauptung wieder zu Recht, dass die Strandlinien landeinwärts ansteigen und nicht parallele horizontale Niveaus bilden. Es ergab sich für alle Seterhöhen der norwegischen Küste mit einigen Ausnahmen, dass sie sich in zwei zusammenhängende Linien sammeln, die überall gegen das Landinnere ansteigen, die untere schwächer. Das Land ist also am stärksten gestiegen nahe seiner Axe, die Steigung nimmt ab gegen das Meer und scheint bei einer Linie zu verschwinden, die mehr oder weniger dem äusseren Küstenrand folgt.

Zur Erklärung der Ursachen dieser Neigung greift H. auf die Jamieson'sche Eindrucktheorie zurück: Das Inlandeis drückt das vereiste Land nieder, das eisbefreite Land hebt sich wieder.

Es ergiebt sich das allgemeine Gesetz, dass überall, wo in der Eiszeit ein Land mit Inlandeis bedeckt war, sich dasselbe gehoben hat und dass sich Terrassen und Seter bilden konnten überall, wo das Land lange in einem Niveau blieb; diese Strandlinien beweisen, dass die Hebung an Höhe zunimmt von den Grenzen der Eisdecke zum Gletschercentrum.

Die Perioden, in denen sich die Seter bildeten, begannen erst während des Abschmelzens der zweiten (deuteroglacialen) Inlandeisdecke. Nach der Eindrucktheorie ergiebt sich folgendes:

Als sich der Gletscher längere Zeit constant hielt, blieben die Gletscherenden an demselben Punkt (in den „Terrassen-Seen") und lagerten die mächtigen oberen Terrassen ab; gleichzeitig stand das Land unter dem gleichen Druck und hob sich nicht, es konnten sich im gleichen Niveau Strandlinien bilden. Die oberen Terrassen und Seter bildeten sich in der „postglacialen" Periode.

Moränen, Terrassen und Seter beweisen, dass nach einer deuteroglacialen Maximalentwickelung das skandinavische Landeis sich zu den Terrassenmoränen zurückgezogen hat. Hier blieb es lange stehen; wir haben die "epiglaciale" Periode mit ihrer grossen Randsee-Erosion, der grossen Terrassen- und Seterbildung des oberen Niveaus.

Nach dem weiteren Rückzug des Gletschers der zweiten Eiszeit hob sich das Land rasch, in 40% der epiglacialen Strandlinienhöhe findet sich wieder eine neue Strandlinie; in Schonen hat man unter dieser niedrigen Strandlinie Torflager gefunden: (also vorherige grössere Hebung, welcher eine neue Senkung folgte). Da der Gletscher schon bedeutend geschwunden war, ist das Klima nicht mehr arktisch, doch sind die Fjorde noch mit Treibeis bedeckt; es existiren Localgletscher. Dies ist die „Postglacial-" oder „Subglacial-Periode".

Inlandseter deuten an, dass das Eis nicht ganz geschwunden war; die regelmässigen Hochlandseter und -terrassen sind gleichalterig mit den niedrigen Küstenlinien und den niederen grossen Terrassen der Fjorde. Die Gletscherranderosion jener Zeit ist in der Nähe der Gletschergrenze zu suchen, bis wohin das Eis zusammengeschrumpft war: In der That finden wir hier viele Seen. Alle grossen norwegischen Binnenseen liegen in einer doppelten Reihe, sie sind durch die starke Bewegung erodirt, welche an der Aussenkante des Grenzgletschers stattfinden musste, wo der Haupttheil der atmosphärischen Feuchtigkeit condensirt wurde und wo der geringste Widerstand zu überwinden war; sie ordnen sich in Reihen innerhalb der Grenzen, die das Eis längere Zeit constant hielt und gehören somit entweder dem deuteroglacialen Höhepunkt (Moränenseen) oder der epiglacialen oder der subglacialen Periode an, zusammen mit den Strandlinien und den grossen Terrassen. Nach der subglacialen Periode fand ein rasches weiteres Abschmelzen statt, das Land hob sich um 10%; in dieser Höhe finden sich kleine Terrassen, aber keine Seter (weil keine Eisdrift in den Fjorden); es war eine Regenperiode. Diese niedrigste Terrassenlinie, die „atlantische", kann mit der niedrigsten Inlandslinie im Glom- und Gudbrandsthal in Zusammenhang gebracht werden. Als später der Eisdamm gesprengt wurde, beschränkte sich die Gletschererosion auf die localen Gletscher, Flüsse gruben sich in die Inlandsterrassen ihren jetzigen Lauf, die Ausfüllung der Seen setzte sich fort.

Eine weitere Erklärung gab noch Gumaelius.[1]

Åsar finden sich in Norwegen zwar ebenfalls, aber viel seltener als in Schweden; in Norwegen sind die Bedingungen für Åsar ungünstiger; hier wurden die „raer" theils als Åsar, theils als Endmoränen angesehen. Nach G. sind hier die Terrassen nicht aus ausgeschwemmtem Flussgrand entstanden, sondern sie entsprechen den schwedischen Åsar, nur dass sie unter dem Meere (in verschiedener Tiefe) abgelagert sind. Die Inneumoränen gelangten bei der Gletscherbewegung schliesslich unter das Meeresniveau, und fallen zu Boden, die „Unterterrassen" bildend, wenn hier die untere Eislage

[1] O. Gumaelius: Reseanteckningar från Norge. Geol. För. Förh. V, 1880, 175.

schmilzt; überwiegt die Abschmelzung, so setzt sich am Ende des Eises Rollsteingrus ab und die Wellen bearbeiten (z. B. in den Fjorden) die Oberfläche dieses Absatzes; bleibt der Eisrand längere Zeit still stehen, so bildet sich eine Endmoräne. Bei weiterem Rückzug des Eises können sich weiter oberhalb im Thale neue Terrassen bilden, daher können die Terrassen auch in benachbarten Thälern ganz ungleiche Höhen einnehmen. Die Terrassen sind hiernach kein Beweis für eine ruckweise Hebung des Landes.

Auf dieselbe Weise können auch die Terrassen in geschlossenen Becken erklärt werden.

„Randterrassen"[1] sind fluvioglaciale Bildungen, ihr Material ist im nördlichen Theil grob, im südlichen feiner Sand, ebenso wie bei den Åsar der dortigen Gegend.

Reusch und Vogt[2] constatiren folgendes: Die Bildung der Strandlinien und Terrassen der inneren Thäler setzt offenes Wasser voraus; das Klima war aber noch arktisch (*Yoldia arctica* unter dem Strandlinienniveau, Treibeisblöcke). Strandlinien finden sich weiter 8—15 m unter der maximalen; die niederen Terrassen dagegen liegen zwischen 65 und 80 m ü. d. M.

Die „Strandebene" (s. o.) ist älter als die Eiszeit, also muss das nördliche Norwegen in einer Zeit zwischen der (tertiären) Abrasion und der Bildung der Strandlinien (am Abschluss der Eiszeit) eine Senkung erfahren haben. Die Meereserosion, die nach dem Eisrückzug stattfand, war gering gegenüber derjenigen, welche die Strandebene schuf. Der Zeit der Strandlinienperiode gehört die Bildung der eigentümlichen Höhlen.

Die postglaciale resp. spätglaciale Zeit mit ihrer schrittweisen Verminderung des Eises hat vornehmlich auf dem skandinavischen Boden ihre Spuren hinterlassen, die wir etwa als Binnenfacies bezeichnen dürfen, gegenüber den marinen Resten, welche uns die wechselvolle Geschichte des Ostseebeckens erläutern.

In der parallelen Reihe der Endmoränen am Südwestern u. s. w. wird man etappenartige Rückzüge erkennen, sei es dass dieselben jährlichen Rückzügen entsprechen, oder etwas längeren Perioden. (Dem entsprechend hat man auch den Schichtenwechsel von Sand und Thon in der gleichzeitig ausserhalb des Randes im Meere abgelagerten „hvarfvig lera" mit Jahresringen verglichen.)

Wie sich aus den jüngsten Schrammen und Leitblöcken ergiebt, lag die Eisscheide im mittleren Skandinavien östlich von der Wasserscheide. Letztere wurde sonach auch endlich eisfrei und nun bildeten die nach Westen von der Eisscheide abströmenden Abflüsse Seen, die einerseits von der Wasserscheide, andererseits von dem Eise aufgedämmt waren, und einen Abfluss nach Norden fanden. Hierauf sind die Strandlinien zurückzuführen, die sich zu verschiedener Höhe in vielen Thälern finden, ferner die Thon- und Sandablagerungen (Dryasthone), in denen jede Spur von marinen Thieren fehlt. Bei dem weiteren Abschmelzen verschwanden dann diese Seen, das Wasser floss nach Osten ab, die jetzigen Wasserläufe bildeten sich.

Diese Verhältnisse wurden zuerst von Hörbom 1885 und Hansen 1886 erkannt; eine eingehende Untersuchung verdanken wir G. Andersson[3]:

An einem wohlausgebildeten System von Strandlinien (besonders am Kallsee) ist zu sehen, dass die aufgestauten jemtländischen Seen mit ihren Wassermengen als ein einheitliches Ganzes aufgefasst werden können, dass sie zuerst im Westen in getrennten Becken auftreten, dann sich gegen Osten verschieben, zu einem einzigen grossen Wasser vereinigen und zuletzt sich wieder in einzelne Theile auflösen. In diesem wandernden, als „Centraljemtländer-Eissee" bezeichneten See lassen sich sieben Entwickelungsstadien erkennen.

[1] Högbom, Geol. För. Förh. 1901, 170; de Geer, ib. 16, 391.

[2] N. G. U. 29, 1900.

[3] Andersson, Den Centraljemtska Issjön. Ymer 1897, 41 (s. hier die Litteratur und die drei instructiven Karten).

Die Sedimente des Eissees sind Moränenmaterial, Sand und Thon, auch von Eisschollen verfrachtete Blöcke; die verschiedenen Strandwälle und Terrassen deuten auf jeweiliges rasches Sinken des Wasserstandes. Die feine Schichtung des Thones entspricht wie beim Bänderthon Jahreszeitenabsätzen. Auf seinen Schichtflächen fanden sich Kriechspuren von *Chironomus*-Larven, die auch in dem Thon von Frösö bekannt sind. Andersson hält diesen Thon nicht wie Högbom für interglacial, sondern für viel jünger; die überlagernde Moränendecke ist nach ihm nicht die Moräne einer besonderen Eiszeit, sondern eines Vorstosses des etwa 50—70 km breiten Landeisrestes.

Dass von Eis aufgedämmte Seen östlich vom Langfjelde in Norwegen existirt haben, ist Reusch[1] unwahrscheinlich.

Die Strandlinien der schwedischen Binnenseen scheinen nach De Geer ebenso wie die der Meeresküsten ungleichförmige aber regelmässige Niveauveränderungen erfahren zu haben. Spuren dieser Veränderungen müssen am deutlichsten an Seen sein, die in supramarinen Gegenden liegen, weil diese längere Zeit als die Relictenseen an der ungleichförmigen Hebung theilnahmen. Die Seen des småländischen Hochlandes haben fast alle ihren Abfluss in den am wenigsten gehobenen und am weitesten von der Mitte des Hebungsgebietes befindlichen distalen Theilen, sie liegen auch oberhalb des marinen Gebietes und in solchen, die von der letzten Vereisung nicht bedeckt waren; sie sind also die ältesten der schwedischen Seen. An ihren am meisten gehobenen nördlichen Theilen finden sich Spuren einer grösseren Ausbreitung.

Im småländischen Hochland finden sich vielfach Süsswasserthone längs Thälern, aber in so grosser Höhe, dass sie nicht durch blosse Überschwemmung aus Seen oder Flüssen gebildet sein können. Durch Feststellung der marinen Grenzen ist ihre Bildung aus Süsswasser und zugleich die ungleichförmige Hebung des Landes erwiesen worden. Der Thon findet sich nur an der Nordseite der Seen, d. i. auf der, von welcher bei der Hebung das Wasser weggeschoben worden ist, so dass der alte Seeboden trocken gelegt wurde.

Bei den Seen, deren Ablauf in dem am meisten gehobenen proximalen Ende liegt, sind die Verhältnisse z. T. ganz anderer Art: Auch hier fand eine Verschiebung des Wassers und der Strandlinien statt, aber da das Wasser an dem Hindernis, gegen welches es verschoben wurde, keinen Abfluss finden konnte, musste es steigen, so dass sich sein Niveau in gleicher Höhe mit der Abflussschwelle hielt. Hierzu gehören der Wettern- und Stora-See in Dalsland, das Ule-Meer in Finnland und der Peipus. Die ungleichförmige Hebung im Gebiete der beiden ersteren lässt sich durch Beobachtungen und Zahlenangaben nachweisen.

A. Gavelin[2] wies auch an den Strandlinien der postglacialen eingedämmten Seen des Umethales (im Umeland, Norrland) an dem Glacialsee Tärna und Gauta eine ungleiche Hebung nach. Die Küstenlinie steigt deutlich ost- und südostwärts an (mit dem Gradient 1 : 2000 resp. 1 : 8000).

Högbom zeigte neuerdings,[3] dass die über der gefundenen Grenze liegenden Erosionserscheinungen, welche den Strandmarken und Geröllagern der marinen Strandlinien völlig gleichen, auf die Erosion von fluvioglacialen Gewässern zurückgeführt werden können, und zwar nicht von eingedämmten grossen Seen, sondern auf den plötzlichen Ablauf kleiner Nunatakseen. Hierzu gehören Beobachtungen von strandlinienartigen Erscheinungen und auch Thalerosionen.

In den norrländischen Flussthälern sind die postglacialen Sand- und Thonablagerungen als „elfsandsaflagringar" entwickelt, mächtige (bis 60 m hohe) Strandhügel (nipor) am Ufer der grösseren Flüsse, von dünngeschichtetem kalkfreiem feinem Sand, der bisweilen thonhaltig wird; in ihm liegen oft linsenförmige Nester von schwarzem geschichtetem Thon mit Blättern von Birke und Erle. Vor solchen Linsen liegt oft eine Schicht von groben Geröllen (Lundström). In den unteren Thalgebieten führen die Thone Diatomeen, wie sie in der Ostsee leben und *Mytilus edulis*. Auch Terrassen finden sich in den Thälern.

[1] N. G. U. 14.

[2] On the glacial lakes in the Ume-Valley. Bull. Geol. Inst. Upsala IV, 2, Nr. 8, 1900, 231. Mit Karte des langen Seethales des „Gauta-Sees".

[3] Högbom, Om några fluvioglaciala erosionsföreteelser. Geol. För. Förh. 1901, 83.

## Das Ostseebecken in postglacialer Zeit.

Nach dem Rückzug des Eises über das Ostseebecken hat letzteres in verhältnismässig rascher Folge von Niveauschwankungen drei wechselnde Phasen durchgemacht, welche man mit den Namen der Yoldia-, Ancylus- und Litorina-Zeit bezeichnet.

### 1. Die spätglaciale Abschmelzzeit, die Yoldiazeit, das spätglaciale Eismeer (senglaciala ishafvet).

Über die Verhältnisse jener Zeit verdanken wir wieder Nathorst und de Geer meisterhafte Schilderungen[1].

Die Funde von Walen und anderen Meeresthieren in Westgotland und anderen Orten, 100 m über dem jetzigen Meeresspiegel, die arktischen Formen, wie *Yoldia arctica* und *Idothea entomon* in dem Thon des westlichen Schweden, die von Eisbergen erzeugten Schichtenstörungen des Thones und Driftblöcke in demselben erweisen, dass gewisse Theile des Landes unter dem Meere lagen und das Klima ein hocharktisches war.

Die Grenze dieses Eismeeres lässt sich ausser durch das Vorkommen des Eismeerthones[2] durch die Strandwälle bestimmen. Dieses „spätglaciale Eismeer" oder „Yoldia-Meer" bezeichnet den höchsten Wasserstand, der über der skandinavischen Halbinsel in der Quartärzeit eingetreten ist („höchste marine Grenze")[3] (s. umstehende Karte).

Ueber die Lage der höchsten marinen Grenze gehen die Ansichten im Einzelnen noch etwas aus einander.

Die von Vegetation entblössten Strandwälle, „stengärden", bestehen hauptsächlich aus Geröllen, „strandgrus", ohne Zwischensand; an anderen Stellen, besonders in niedrigem Niveau, finden sich geröllbedeckte Abhänge (s. umsteh. Bild).

Über die Bedeutung der Sandterassen in dem Thale des Klarelf äussert sich A. Hollender[4] dahin, dass die spätglaciale marine Grenze sich aus ihnen hier kaum bestimmen lassen dürfte. Das

---

[1] Nathorst, l. c. 246–258. — de Geer, l. c. 76–102, Taf. 3–4. — S. auch Munthe, Balt. Hafvets qvart. Historia. I. 1892, 78.

[2] S. die Karte der Verbreitung der Glaciallera in Südschweden von A. Erdmann, 1868, Sver. Geol. Undersökn. Ba, 3 und Munthe, Geol. För. Förh. 1901, Taf. 2. — de Geer, Taf. 3 u. 4.

[3] „Isobasen" (Isoanabasen- und Isokatabasen) nannte de Geer die Curven, die er durch Orte von gleichgrosser Erhebung (resp. späterer Senkung) zog. Vergl. de Geer, Om Skand. nivåförändr. under qvartärper. Geol. För. Förh. 12, 1890, 72. S. auch Gilbert, Lake Bonneville, 2. Ann. Rep. U. S. Geol. Surv. 1882, 169.

[4] Geol. För. Förh. 22, 1900, 231.

bis Eldebäk geradlinige Thal (nicht Eiserosion, Ablenkung bei Eldebäk durch prä- oder interglaciale ungleiche Niveauveränderung verursacht) ist analog mit den Sedimentbildungen der norr- und südländischen Thäler bis zu einem gewissen Niveau („Sedimentgrenze", 40 m über dem Flusse) von Sand und Thon erfüllt, der meist grosse, ebene Terrassen bildet; oberhalb dieses Niveaus findet sich nur Moränengrus.

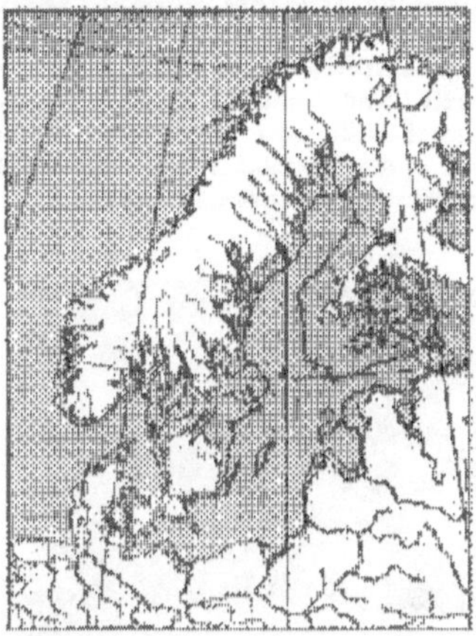

Ausdehnung des spätglacialen „Yoldiameeres" (nach De Geer).

Strandwall (Stengärde) am Vrejö, Upland (nach Munthe).

In den niederen Niveaus hat sich geschichteter Sand und darüber Thon abgesetzt. Der gewöhnlich sehr feine, wohlgeschichtete Sand, „Eismeer-, Glacial-Sand, mo", ist weiss, blaugrau oder röthlich und kann in Thon übergehen. Der Thon, „geschichtete oder hvarfig lera, glacial-, obere Yoldia-, ishafslera genannt, ist (besonders im östlichen Schweden, Schonen und südlichen Halland) durch seine äusserst feine, in der verschiedenen Färbung zu erkennende Schichtung ausgezeichnet (Bänderthon), die einzelnen Schichtflächen sind oft von feinem Sand überzogen; bisweilen ist er durch seinen Kalkgehalt als Mergel von hoher Bedeutung. Die in ihrer Mächtigkeit von einigen Millimetern bis 30 Centimeter wechselnden Schichten haben Högbom, de Geer u. A. als Jahresschichten bezeichnet[1].

Eismeerthon, Bänderthon (nach Nathorst).

Der stellenweis sehr hohe Kalkgehalt des Thones, auch die häufig eingebetteten Bruchstücke von Silurkalk weisen darauf hin, dass der Eismeerthon wesentlich aus Material von zerstörtem Silur besteht; andere Lager haben wieder ihr Material vom Kreidegebirge erhalten; für Halland wurde der Kreideschlamm den von Schonen in den Kattegat vorgeschobenen Gletschern entnommen (ebenso wie die durch Treibeis transportirten Blöcke von Saltholmskalk, Flint u. a., welche sich an der Bohuslänschen Küste finden, aber nie über die marine Grenze hinübergehen).

Detailuntersuchungen der häufig zu beobachtenden Faltungserscheinungen im Glacialthon haben Holmquist[2] zu der Auffassung geführt, dass dieselben nicht immer auf Faltung durch Eisbergstrandungen zurückgeführt werden können, sondern wohl auch vielfach Gleitungserscheinungen sind, in Folge von Ausrutschungen von den Thalseiten her.

Vielfach charakteristisch für den Eismeerthon sind die Mergelconcretionen, die unter dem Namen „Imatrasteine, marlekor, näckebröd" bekannt sind. In ihrem Inneren finden sich häufig (in Norwegen und Grönland, bisher aber nicht in Schweden)

---

[1] Der untere Theil wurde im Sommer abgesetzt, als die Schlammzufuhr reichlich war, während der obere dunkle Theil den Zeiten des Herbstes und des Winteranfanges entspricht, als die Schlammmassen geringer wurden; auch der chemische Bestand der einzelnen Theile ist verschieden, ausnahmsweise kann der Unterschied an kohlensaurem Kalk in der untersten und obersten Lage 30 % betragen. Der geringere Schlammgehalt in der Herbstzeit blieb nämlich länger im Wasser schwebend und konnte so mehr ausgelaugt werden. S. Högbom, Geol. För. Förh. 11.

[2] Holmquist, Über mechanische Störungen und chemische Umsetzungen in dem Bänderthon Schwedens. Bull. Geol. Inst. Upsala, Nr. 6, III, 1897, 412.

Fischskelette oder Mollusken (Häring, Sprotte, Flunder, Kabeljau, Lodde; Tellina, Yoldia u. a.)[1]

Nach Kjerulf, in dessen Geologie Norwegens Taf. 1—3 typische Formen abgebildet sind, war die Bildung dieser Concretionen folgende: Eine sich an das innenliegende Fossil anpassende Gestalt der Nieren kann entstehen, wenn sich die Weichteile eines Fossils in schlammigem Meerwasser, das im Begriffe des Absatzes ist, zersetzen. Die Fäulnis liefert kohlensaures Ammoniak und die schwache

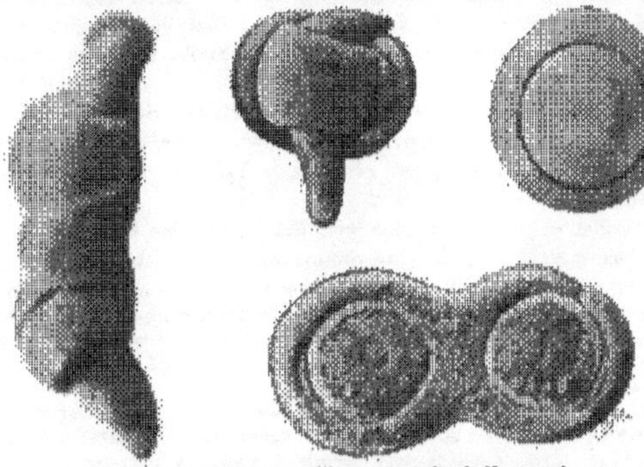

Mergelconcretionen aus Eismeerthon (nach Nathorst).

Gypslösung im Seewasser setzt sich dann zu kohlensaurem Kalk um, der sich mit dem niederfallenden Schlamm in den dünnen Scheiben vermengt und diese so kalkreicher macht als sie sonst sein würden.[2]

Die **Fossilien des Eismeerthones** sind in den einzelnen Gebieten verschieden reich verteilt, im östlichen Schweden selten, im westlichen ist der Thon reich an ihnen. Höhere Pflanzen kommen nicht vor. Die Fauna ist folgende:[3]

*Balaena Swedenborgii*, *B. mysticetus*, *Delphinapterus leucas*, *Balaenoptera rostrata*, *Monodon monoceros* (Narwal), *Phoca barbata*, *Ph. groenlandica*,[4] *Ph. vitulina*, *Cosmonetta histrionica*.

*Yoldia (Portlandia) arctica*, *Y. lenticula (pygmaea, abyssicola)*, *Pecten islandicus*, *Mytilus edulis*, *Astarte banksii (striata, compressa)*, *A. borealis (withami, corrugata, arctica)*, *A. sulcata*, *Cyprina islandica*, *Mya truncata*, *Saxicava rugosa*, *S. arctica*, *Corbula gibba*, *Natica groenlandica*, *N. clausa*, *Buccinum groenlandicum*, *Fusus despectus*, *F. Turtoni*, *Trophon clathratus* u. a. Texttaf. III, IV.

*Idothea Sabini*; Cirripedier, Ostracoden, Foraminiferen.[5]

Im westlichen Schweden (Dalsland, Westgotland, Bohuslän) finden sich die arktischen Mollusken zuweilen auch in **Schalenbänken** der Strandbildungen zusammengehäuft (bei Näsinge in 160 m Meereshöhe). Hochberühmt ist das schon von Linné beschriebene Lager von **Uddevalla**, 27 m hoch. In den Bänken

[1] Vergl. auch R. Collett, Glaciale Mergelknollen mit Fischeinschlüssen aus Beiern im südlichen Norwegen. Tromsö Museums Aarsh. III, 1880.

[2] Über einige Mergel mit Mangangehalt berichtet H. Wernell in Geol. För. Förh. 22, 1900, 28.

[3] Das wichtigste Fossil ist die schon 1858 von Ionsström gefundene *Yoldia arctica*, die in den polaren Meeren vorkommt, deren Wasser eine Temperatur von 0—2° besitzt.

[4] S. Bild Geol. För. Förh. 1901, 107.

[5] Vergl. A. Erdmann, 1868. Munthe, Geol. För. Förh. 16, 1894; 23. 1901, 98.

wechseln Sand, gröberer und feiner Grus und Schalbruchstücke, zuweilen auch Thonschmitzen mit einander; A. Erdmann hatte 55 Muschel- und Schneckenarten in den Schalbänken nachgewiesen.

Die Muschelbänke lagern auf Eismeerthon und da sie auch Formen enthalten, welche einer südlicheren Fauna entsprechen, so scheint nach Torell das Klima zur Zeit ihrer Bildung bereits eine Milderung erfahren zu haben.

Die colossalen Schalgrusanhäufungen von Uddevalla, deutlich geschichtet, meist Schalen mit Sand und auch Rollsteinen, beschreibt Brögger[1] nochmals im Vergleich mit den norwegischen Schalbänken.

Die Ausbreitung des Eismeerthones ist im südlichen Schweden ungefähr dieselbe wie die des Eismeeres überhaupt, im mittleren und nördlichen noch nicht so genau bestimmt. Nach Munthe soll ein grosser Teil der sogenannten „grälera" hierzu gehören.

Im westlichen Schweden hat man eine Mächtigkeit bis 80 m constatirt, nahe den höheren Lagen wird er bedeutend dünner und kann sich auskeilen.

Der Yoldienthon bildet in der Umgebung des Wener in Westgotland eine bis zu 120 m ü. d. M. liegende Ebene, die oberste Grenze des Yoldiameeres reicht dort ungefähr bis zur 150 m-Curve.[2]

Munthe giebt eine Übersicht über die ehemaligen physischen Verhältnisse des Yoldiameeres. Dasselbe erstreckte sich nach Bohuslän und nach Norwegen, bis an die Aussenseite der grossen Endmoränenzüge von Moss (s. o.).

Munthe nimmt zur besseren Übereinstimmung an, dass die ältesten Theile der südnorwegischen Endmoränen gleich alt sind mit den mittelschwedischen Endmoränen (im westlichen Halland parallel der Küste verlaufend), während die jüngsten norwegischen mit den südlichen mittelschwedischen gleich alt sind.

Natürlich sind die Lager des Eismeerthones in den verschiedenen Teilen des Landes, entsprechend dem nach und nach erfolgten Rückweichen des Eisrandes nicht absolut gleichalterig, die südlicheren müssen etwas älter sein als die nördlich gelegenen; (vielleicht herrschte schon im Süden milderes Klima, als im Norden noch die arktische Fauna lebte?)

Von den neueren Beobachtungen über die Lage der höchsten marinen Grenze im nördlichen Schweden seien die von Högbom[3] und de Geer[4] wiedergegeben: H. zeigte an den Lagen der Strandlinien, dass die spätglaciale Hebung des Landes ihr Maximum (280 m und mehr) in dem Küstengebiet des mittleren Norrland erreicht und dass dieselbe von da sowohl süd- wie nordwärts und nach Nordwesten abnimmt. Diese auffällige Erscheinung, dass das Maximum der Hebung über der Küstenlinie und nicht landeinwärts liegt, lässt sich so erklären, dass Hebungen bereits stattfanden, als im Gegensatz zum Küstengebiet das Innere von Norrland noch vereist war. Die gefundenen Isobasen sind nicht der Ausdruck für die wirkliche Hebung des Landes innerhalb derselben Zeit, sondern es wird durch sie nur die Hebung in jedem besonderen Theil des Gebietes während derjenigen Zeit dargestellt, welche verflossen ist, seitdem dieser Theil eisfrei wurde! Dasselbe Verhalten wies Munthe nach.[5]

Mit Hilfe sieben genau angegebener Höhenlagen mariner Strandterrassen, Erosionsterrassen oder Moränen mit weggespültem Sand und Grus, construirte de Geer die Isobasen der betreffenden Erhebung und fand, dass die wirkliche Hebungsaxe des nördlichen Schweden landeinwärts nicht allmä-

[1] N. G. U. 31, p. 312.

[2] Munthe, Om faunan i Vestgötaslättens Yoldialera mellan Skara-Herrljunga och Venern. Geol. För. Förh. 1901, 95. Taf. 2. Karte.

[3] Geol. För. Förh. 1896, 469, Taf. 16. — 1899, 595, Taf. 22.

[4] Geol. För. Förh. 20, 1898, 369, Taf. 20.

[5] Några iakttag. öfv. Yoldiagränsen inom Norrb. Geol. För. Förh. 1900, 491, Karte Taf. 13.

weit östlich von der Eisscheide liegt. (Im südlichen Theile des mittleren Norrland scheinen allerdings die Curven gegen Westen niedriger als in der jetzigen Küstengegend zu liegen; de G. erklärt das damit, dass die letzten Reste des Landeises hier, wo die spätere Eisscheide in nächster Nähe der Küste lag, die Entstehung von Strandlinien verhinderten, bis sich das Land etwas über das Senkungsmaximum schon erhoben hatte; diese niedrigeren westlichen Grenzen des spätglacialen Meeres sollten demnach jünger sein, als die höheren im Osten. Der Hebungsgradient im östlichen Schweden ist beinahe ebenso steil wie in Norwegen.

Högbom erwidert darauf, dass es bis jetzt nicht möglich ist, die wirkliche Erhebung des Landes nach der glacialen Senkung zu schätzen oder die Lage der wirklichen Erhebungsaxe zu bestimmen.)

Aus den bisher mitgetheilten Beobachtungen erhellt, dass das Yoldiameer durch das mittlere Schweden nach dem Skager Rag und der Christianiabucht reichte (über das Spät- und Postglacial des südlichen **Norwegen** s. u.).

Während das nördliche Jütland Ablagerungen mit jüngerem Yoldienthon besitzt, lag das übrige Dänemark nach dem Eisrückzug zuerst bedeutend höher und war grösser als gegenwärtig; erst in späteren Abschnitten der Alluvialzeit wurde es tiefer als jetzt gesenkt.[1]

Rördam hält es nach der Lage der Strandlinien für sehr wahrscheinlich, dass der nördliche Theil Dänemarks sich mehr gehoben hat als der südliche. Ussing glaubt hierfür noch deutlichere Beweise zu haben, deren locale Erscheinungen allerdings von Rördam anders gedeutet werden.[2]

An der deutschen Küste ist keinerlei Ablagerung aus dieser Zeit bekannt, vielmehr lag auch hier das Land bedeutend höher als jetzt.[3]

**Bänderthon**, Eismeerthon, vollkommen mit der schwedischen und finnischen hvarfvig lera übereinstimmend (bis einige Faden mächtig, vielfach zu Ziegeleien benutzt) ist längs des **nördlichen Esthland** unter dem Glint als schmaler Streifen verbreitet, bedeckt von postglacialen Sanden und immer **auf** dem Geschiebelehm lagernd. Nach Osten setzt er sich durch Ingermanland bis Petersburg ins Newathal fort;[4] im Becken des Ladogasees soll er aber nach Inostranzeff fehlen. Im Westen von Esthland hat er eine grössere Verbreitung und setzt z. T. weit buchtenförmig in das Land hinein.

Pflanzen und marine Muscheln sind bisher noch nicht darin gefunden worden, dagegen die **Imatrasteine** (Marlekor). Fährten von Mückenlarven u. a., die in dem Eismeerthon von Jokela gefunden wurden[5], sind ident mit den von Högbom im gleichen Thon von Jemtland nachgewiesenen und weisen auf Vorhandensein von organischem Leben in den Küstendistrikten des spätglacialen Meeres hin. In dem Bänderthon, welcher die Mulde der Mitauer Ebene ausfüllt, fanden sich Reste von Wels; daher war jener Theil der Ostsee, welchem das Mitauer Becken an-

---

[1] S. die Karte bei Ussing, Danm. Geol. 1899, 208.

[2] Vergl. die beiden Aufsätze von Ussing und Rördam, Strandlinjerne i det nö. Själland. Geol. För. Förh. 14, 1892, 201 und 371.

[3] S. die Landbrücke auf Taf. 4 bei de Geer, Sk. geogr. Utv.

[4] Vergl. Mazarow, über die Nordterrasse des Newathales. Annuaire 1, 292.

[5] Andersson, Geol. För. Förh. 16, 1894, 544. — Bull. Comm. geol. Finl. 8, Helsingfors. 1899, 215. Taf. 4.

gehört, damals noch süss und man kann den Thon nicht wohl als „Yoldiathon“ bezeichnen. Überlagert wird er von einem Dryassand, der dem Übergange zum eigentlichen Postglacial entspricht.

Bei Kolk sind die Thonschichten schön gefaltet.[1]

**Finnland** ist von der **spätglacialen Eismeer-Senkung** in bedeutendem Maasse ergriffen:[2]

Am Ende der Glacialzeit befand sich das Land bedeutend niedriger als gegenwärtig; weithin findet man hier die Spuren mariner Erosion, der Moränengrus ist ausgewaschen, es haben sich Terrassen und Strandwälle oder marine Muschelschalbänke gebildet. Die hochgelegenen Theile des Landes wurden dagegen nicht beeinflusst. Die marinen Grenzen lassen sich genau bestimmen und danach die Karte entwerfen.[3]

Die marine Grenze liegt zwischen Wiborg und St. Petersburg 60—80 m ü. d. M., auf Hogland 86 m, bei Lahti 150 m, bei Säkylä 139, beim Näsijärvi 170, im südlichen Ostrobothnien und südlichen Lappland 200 m, u. s. w.[4]

Aus den Untersuchungen Ramsay's u. a.[5] über die marine Transgression des spätglacialen Eismeeres im südlichen Finland lassen sich folgende Schlüsse ziehen: Die postglaciale Erhebung Finlands war nicht gleichmässig, das Maass der Erhebung steigt von Süd und Südost gegen das Innere des Landes bis zu einer gewissen Zone, um von da ab wieder zu fallen. Wahrscheinlich blieb das Inlandeis nördlich dieser Zone längere Zeit, bis ein grösserer Theil der Hebung vor sich gegangen war, ehe das Meer den Boden wieder bedeckte. Die Isohypsen von 185—200 m vereinigen sich mit denen Schwedens zu einer nach Norden gerichteten Curve im Bottnischen Busen. Die Isobasen zeigen eine gewisse Abhängigkeit von den Grenzen des archaeischen Gebietes. Die Inclination der Linien der Küstenhebung ist grösser im Süden der Linie der grossen Salpausselkä-Endmoräne, als nördlich derselben. Einige höher gelegene, horizontale Geröllagen entstammen den Ufern kleiner Eisseen.

Hier sei noch auf die Arbeit von R. Hausen, Tavastmons erosionsterrasser och strandlinjer[6] verwiesen: Der Tavastmo nordwestlich von Helsingfors ist eine Endmoräne, auf welcher sich Erosionsterrassen und Strandlinien finden, die von der bei der spätglacialen Landhebung eingetretenen Denudation herrühren. Beim Wegschmelzen des Landeises stand die Meeresfläche höher als der jetzige höchste Punkt des Tavastmo; dies beweist die durchweg geschichtete Bildung dieser Randmoräne. Zur Zeit des Yoldiameeres herrschte bei 158—166 m ein anhaltender Stillstand, vielleicht eine geringe positive Strandverschiebung. Die Landhebung schreitet fort; die Bucht Kyrösjärvi wurde in einen Binnensee verwandelt, als die Meeresfläche südlich von der Endmoräne 97—98 m über dem jetzigen Null stand. Das Niveau des Kyrösjärvi ist später noch weiteren Schwankungen unterworfen.

Während der Yoldienzeit bestand eine **offene Verbindung zwischen dem Weissen Meer und dem Baltischen Meer** über den Ladoga und Onega.[7]

Während dieser Zeit wurde längs der Küste und an den Rändern der Binnenseen der **Bänderthon** (auf Åland der **Bändermergel**) oder **Eismeerthon** ab-

[1] Holst, l. c. 28.

[2] S. die Karte bei Sederholm, Bull. Comm. Finl. X, p. 14.

[3] Vergl. die Karte von Berghell, Bidr. t. kännedom om södra Finl. kvart. nivåförändr. Fennia, 13. Bull. Comm. géol. Finl. 5. 1896.

[4] Vergl. u. a. Sederholm, några iakttag. rör. Yoldiahafvets högsta strandlinier. Fennia, 13. 1896.

[5] Ramsay, till frågan om det senglaciala hafvets utbredning i södra Finland. Fennia 12,5. 1896.

[6] Fennia 12, 7. 1896.

[7] S. Berghell, l. c. Bull. Finl. V. Der Peipus ist ein Relict aus der spätglacialen Zeit, s. auch de Geer, om nivåförändr. vid Finska viken. Geol. För. Förh. 16, 1894.

gesetzt, mit seinen, den Jahreszeiten entsprechenden feinen (1 mm bis 1 cm dicken) Schichten, z. T. auch in Feinsand übergehend.

Localen Ursachen, wie Küstenströmungen oder späterem Wegwaschen ist die unregelmässige Verteilung des Thones zuzuschreiben. Im Thon finden sich die bekannten **Imatrasteine**, aber keine Fossilien.

Manchmal liegt auch Moränengrus auf diesem Thon, infolge einer **Oscillation des Eisrandes**, welche schon verlassenes Gebiet nochmals bedeckte.

### 2. Die Zeit des baltischen Binnen- oder Ancylus-Sees, spätglaciale Hebung.

Strandablagerungen[1] in 45 m in Esthland und auf Ösel, in 39 m auf Gotland, Öland und Mohn mit *Ancylus fluviatilis* und *Limnaea ovata* haben erwiesen, dass nach der Zeit des Eismeeres im südlichen Schweden eine Landhebung eintrat,

Ancylus See (nach de Geer). Vergl. Taf. 2.

welche Schonen mit Seeland und Jütland in Landverbindung brachte und (bei der ungleichmässigen Hebung der einzelnen Teile) nur noch einen Meeresarm über Karlsberg und Nerike offen liess, der aber durch die weitere Hebung später ebenfalls abgesperrt wurde; nunmehr wurde die Ostsee ausgesüsst und zu einem riesigen Binnensee umgewandelt, dessen Areal von de Geer zu 570000 qkm berechnet wird.[2]

Nachdem der See eine Zeit lang gar keinen Abfluss gehabt, kam sein Wasser

---

[1] Die Uferwälle bestehen aus stark gerolltem Grand mit Sand gemischt und enthalten die charakteristische Molluskenfauna. Schmidt ist der Ansicht, dass die Ancyluslager Kiesbänke von alten Flüssen sind. Z. deutsch. Geol. Ges. 37, 541. — Über Ancylusthon in Curland s. v. Toll, Annuaire IV, 96.

[2] Aus den Höhenlagen der angegebenen Vorkommnisse hat de Geer die Küstenlinien des Ancylussees construirt. Geol. För. Förh. 16, 1894.

später beim Öresund zum Überfliessen. Hierdurch wurde im Norden sein Areal erheblich verringert und es fand der Übergang zum nächsten Stadium, der Litorinazeit, statt. Verschieden tief gelegene Torfmoore nahe der Küste deuten an, dass der Binnensee bis zuletzt niedriger stand, als die jetzige Küste. Die meisten Relictenseen sind von dem Ancylussee abgedämmt und nicht direkt von dem Meere.

Nach dem Hauptfossil nennt man den See den „Ancylussee" (Taf. 2).[1]

Daneben finden sich folgende Süsswassermollusken: *Limnaea palustris*, *Planorbis contortus*, *marginatus*, *Valvata cristata*, *Bythinia tentaculata*, *Paludina impura*, *Neritina fluviatilis*, *Pisidium*; von Ostracoden *Candona candida*. Als marine Relicten die Crustaceen *Idothea entomon*, *Mysis relicta*, *Pontoporeia affinis*, *Gammaracanthus loricatus*, sowie von Fischen der *Cottus quadricornis* (Lovén 1861), weiter *Phoca foetida* (*Halichoerus grypus*). Die eigentlichen Ancylusbildungen zeigen in ihrer Diatomeenflora (einige Leitdiatomeen sind von Andersson in Engler's Bot. Jahrb. XXII, 1897, 460 abgebildet) nach Cleve im südlichen Schweden eine grosse Verschiedenheit von denen des mittleren Schweden und südlichen Finland (letztere in einem grossen Süsswassersee, erstere an Strand und Lagunen abgesetzt):

Im südlichen: Pinnularien, *Cymbella Ehrenbergi*, *Eunotia praerupta*; Pinnularialager.

Im nördlichen: *Eunotia Clevei*, *Navicula patula*, *Coscinodiscus lacustris*; Clevailager. Texttafel I, II.

Im nördlichen Theil kommen sehr selten auch secundär rein marine Formen vor (aus zerstörten inter- oder praeglacialen Lagern in der Ladogagegend), im Ladogasee als Relicten und weisen nach Levander auf eine Einwanderung aus dem Weissen Meere hin; auch im Wener und Wettersee sind mehrfache dieser Relicten (übrigens von den ursprünglichen Formen etwas abweichend) bekannt.

Die interessante Untersuchung E. Nordenskiöld's[2] über die Limnaeen der Ostsee ergab eine gewisse Abhängigkeit der Varietäten vom Salzgehalt und zeigte, dass die *L. ovata* und *L. stagnalis* des Ancylussees mit denen in der heutigen Ostsee fast übereinstimmen, dagegen nicht mit denen der grossen Süsswasserseen; hieraus schliesst N., dass das Wasser des Ancylussees nicht vollkommen süss gewesen ist.

Der bis 3,5—10 m mächtige Ancylusthon bei Skattmansö[3] westlich von Upsala lagert in 66 m Meereshöhe auf Eismeerthon (von ihm durch eine Sandschicht getrennt, ähnlich wie bei dem benachbarten Heby) und wird von schwarzer Åkerlera bedeckt (Litorinathon fehlt hier).

Der Thon (z. Th. mit 7% $CaCO_3$) ist reich an Fossilien und zwar ausser (vielleicht eingeschwemmten) marinen Diatomeen massenhaften Süsswasserdiatomeen (*Eunotia Clevei* Leitfossil), dann Insecten, Ostracoden (*Candona candida*), Spongien; *Bythinia tentaculata*, *Sphaerium corneum*, *Anodonta cygnea*; *Phoca foetida*, von Munthe[4] aber als *Halichoerus grypus* bestimmt — dieser bisher in Schweden einzige Fund zeigt, dass *Halichoerus* auch im Ancylussee lebte und mit den übrigen Relictenformen in das baltische Eismeer eingewandert war; *Cottus quadricornis* var. *relicta*, *Coregonus lavaretus*; *Pinus sylvestris*, *Alnus incana*, *Betula verrucosa*, *odorata*, *Populus tremula*, *Salix* conf. *caprea*, *Ranunculus repens*, viel Moose u. s. w. *Myriophyllum spicatum*.

Auch in einem Thon von Viborg in Finnland wies Nathorst[5] durch die Pflanzenreste das Alter des Ancylusthones nach (mit denen des von Skattmansö übereinstimmend). Unter den zahlreichen Diatomeen treten auch hier einzelne marine

[1] Die auf der Karte angenommene Wasserbedeckung der mecklenburgischen Bucht ist nicht nachzuweisen.

[2] Oestersjöns nutida Sötvattens molluskfauna jämf. med Ancylussjöns. Bih. sv. Vet.-Ak. Handl. 26, IV, 11. Stockholm 1900. 3 Taf.

[3] Nathorst, Om en fossilför. lerafiagring vid Skattmansö i Upland. Geol. För. Förh. 1893, 539.

[4] Geol. För. Förh. 1895. H. 6.

[5] En växtför. lera från Viborg. Geol. För. Förh. 1894, 361 and Andersson, Bull. Com. géol. Finl. 8, 69.

Formen auf, welche die Frage nahe legen, ob etwa die Ostsee eine frühere Verbindung mit dem Eismeer hatte.

Munthe fand in dem (concordant zwischen Eismeer- und Litorinathon lagernden) Ancylusthon von Tångstad bei Norsholm in der Nähe des Roxen, Östergötland, ein Artefact aus Knochen von *Cervus alces*.[1]

Nach den Fossilien zu urteilen, muss die Hebung begonnen haben, als noch das Klima ein arktisches war. Bei Fröjel auf Gotland fand sich die brackische *Zanichella polycarpus* zusammen mit einer rein arktischen Flora.[2]

Zur Zeit der Ablagerung des Ancylusthones reichte das Landeis nicht mehr an den See heran, das Land war bei milderem Klima schon bedeckt mit Wäldern von Birke, Espe und Fichte. Der Thon erhielt sein Material von dem Schlamm von Eismeerthon, während Gletscherbäche nur im nördlichen Theil unwesentlich dazu beitrugen, denn Blöcke fehlen in dem Thon.

Da die Gletscher weiter ablagen, erfolgte nicht mehr so viel reichlicher Thonabsatz, aber die Frühjahrsgewässer führten einen Theil des Eismeerthones fort und setzten ihn vor den Küsten als scheinbar compacten, nicht deutlich geschichteten Ancylusthon ab, der wohl auch Süsswasserdiatomeen und höhere Pflanzen enthält; in weniger tiefem Wasser wurde gleichzeitig Sand abgelagert. Terrassen, die jetzt unter dem Meere liegen, lehren, dass das Land z. T. höher lag als heute.

Zwischen dem Eismeerthon und dem Ancylusthon findet sich häufig eine sandige Zwischenschicht, der Zeit der Erhebung entsprechend. Die grösste Mächtigkeit hat dieser Sand[3] in der Nähe der Rullstensåsar. Im westlichen Schweden heisst er nach de Geer „oberer Eismeersand", doch kann er ebenso gut „unterer Ancylussand" sein, im östlichen Schweden ist es der v. Post'sche „untere Heidesand (mosand)"; wo er zu Tage tritt, ist er vom „oberen Heidesand" nicht zu unterscheiden.

Die Ablagerung des Ancylusthons entspricht der nun folgenden eigentlichen „Ancylustransgression"; er lagert nicht höher wie 74 m ü. d. M.

Den Ancylusthon hatte v. Post 1855 als „unteren grauen Thon" (undre grålera) bezeichnet (mit charakteristischen concentrischen Eisenoxydhydrat-Ausscheidungen um Wurzelreste). A. Erdmann nannte ihn „unteren Ackerthon" (undre åkerlera).[4]

Während der Hebung der Ancyluszeit wurde in Finnland zwar die vorherige Ladoga-Meerenge nach dem Weissen Meer abgeschlossen, aber das ausgesüsste Wasser bedeckte den grössten Theil des südlichen Finnland, der Ladoga war noch mit der Ostsee in offener Verbindung. Auch der Onegasee hing mit dem Ancylussee zusammen, und scheint die Verbindung zwischen dem finnischen Meerbusen und dem Weissen Meer vermittelt zu haben.

---

[1] Öfvers. K. Vetensk. Ak. Förh. Stockholm, 1895, 151.

[2] Andersson, Geol. För. Förh. 1895. — Sernander, Stud. öfv. gotl. vegetat. utveckl. hist. Upsala, 1894.

[3] Ancylusgrus auch auf Öland: Holm Geol. För. Förh. 1885, 564.

[4] Munthe, Über die sog. „undre grålera" und einige darin gefundene Fossilien. Bull. geol. Inst. Upsala, I, 1893, Nr. 2.

Durch die Hebung kamen die Grenzen der Maximaltransgression der vorigen Periode über Tage und wir können ihre Merkmale deutlich constatiren.

Die Strandlinien zeigen in Finnland nach Berghell eine gewisse Gesetzmässigkeit zwischen den marinen Grenzen des Yoldia- und Ancylusmeeres.

### 4. Das postglaciale oder Litorina-Meer.

Durch eine erneute Landsenkung trat der Ancylussee durch den Öresund und die Belte wieder mit dem Kattegat in Verbindung und Salzwasser konnte eindringen; das Seebecken wurde zu einem salzigen (und vielleicht wärmeren) Mittel-

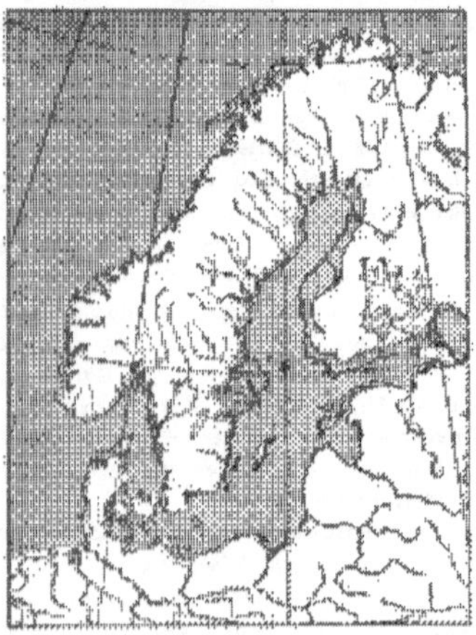

Maximalausdehnung des postglacialen „Litorinameeres" (nach de Geer). Texttaf. VI.

meer, der Salzgehalt war sogar grösser als der heutige, wie die Grösse der Molluskenschalen, sowie die Faunen- und Floravertheilung beweisen.[1] Nach dem Hauptfossil, der *Litorina litorea*, nennt man dies Meer das „Litorinameer". Texttaf. V, VI.

Die Senkung ist nachgewiesen durch Bedeckung von Torflagern oder alten Flussthälern mit Meeresablagerungen (submarine Torfmoore an den Küsten von Schonen wurden 1837 von Nilsson gefunden; auf Gotland und südlich bis Göteborg fand man Torfmoore unter ehemaligen Strandwällen).

1882 fand de Geer bei Ronneby[2]) und K[illegible] ähnlich bei Kristianstad entsprechende Wechsellagerungen. Das mehrfach beobachtete Vorkommen von Sand zwischen Eismeer- resp. Ancylusthon einerseits und dem postglacialen Thon andererseits, ebenso eine Discordanz zwischen Ancylus- und

[1] H. Munthe zeigte auf einer Karte, wie die heute auf die südlichen Theile der Ostsee beschränkten Formen zur Litorinazeit weiter innerhalb, z. T. bis hoch nach Norden gereicht haben. Prelim. Report on the phys. Geography of the Litorina-Sea. Bull. Geol. Inst. Upsala, II, 1894.

[2] Om en postglacial Landsänkning i södr. och mell. Sverige. Geol. För. Förh. 6, 1882. Das Profil vom Ronnebydal ist folgendes.

Litorinathon sprach auch für Annahme einer Hebung in der Zeit zwischen Ablagerung dieser beiden Thone.

Die postglaciale marine Grenze ist auch an Strandwällen zu bestimmen und von De Geer, Munthe und Lindström festgestellt worden (im südlichen Schonen 3—4 m ü. d. M., bei Kristianstad 50—60 m, Visby auf Gotland 24 m, Stockholm 43 m, Hernösand (?) 100 m).

Da in Schonen die letzte Hebung dem Betrag der postglacialen Litorina-Senkung nicht gleichgekommen ist, so finden sich hier vielfach Torfmoore auf dem heutigen Meeresboden. Am Strand sind sie von Strandwällen oder Seesand bedeckt (Ystad). In dem Torf von Ystad finden sich reichlich Eichenreste.

Submarine alte Flussrinnen südlich von Landskrona und Limhamn, z. T. mit Pflanzenresten, sind ähnliche Beweise für das Vorwiegen der Senkung.

Die Ablagerungen jener Zeit waren naturgemäss in den verschiedenen Gegenden verschiedenartig und könnten z. T. mit noch einigen Ancyluslagern der östlichen Gebiete gleichalterig sein. Es sind Sand, Thon oder Strandgrus.

Den zwischen Ancylus- und Litorinathon lagernden Sand bezeichnet Munthe als mellersta mosand (er kann oberer Ancylussand oder auch unterer Ostseesand sein).

Über ihm folgt der Ostsee- oder Litorina-Thon (oberer Diluvialthon, öfre grålera v. Post's, oberer Ackerthon, öfre lera A. Erdmann's), der in einem grossen Theil des östlichen Schwedens den bebauten Ackerboden bis 40—70 m Höhe bildet. Meist 1 m mächtig, kalkfrei, ist er „ein hellgrauer bis blau- oder weissgrauer, oft sandhaltiger Thon, ohne deutliche Schichtung, in grobe Würfel zerfallend, meist ohne alle organischen Reste". In Thälern wird er mächtiger, sog. schwarzer Ostseethon, mit Muschelresten, unter denen die gewöhnlichsten sind:

*Mytilus edulis*, *Cardium edule*, *Tellina baltica*, *Litorina litorea*.

Oft lehnt er sich auch an die Seiten von Åsar an und ist hier oft schalenreich (Mytilusmergel).

Bisweilen sind durch Wegschlämmen des Mergels reine postglaciale Schalbänke entstanden (mit *Mytilus edulis*, *Cardium edule*, *Tellina baltica*, *Paludinella baltica*, *Litorina litorea*), die an zahlreichen Stellen im östlichen Schweden vorkommen.

Nach Lindström kann man auf Gotland zwei Etagen der Litorinaablagerungen unterscheiden; die untere führt *Litorina litorea*, *Rissoa labiosa*, *Paludinella baltica*, *Neritina fluviatilis*, *Tellina baltica*, *Mytilus edulis*, *Cardium edule*. In der oberen fehlt *Litorina* und *Rissoa labiosa*, dagegen kommt *Limnaea ovata* vor (*Mya arenaria* fehlt noch). Vergl. Texttaf. V, VI.

Auch von Wirbelthieren sind einige Funde aus den ostschwedischen Litorinaablagerungen bekannt[1]: *Eschrichtius robustus*, *Halichoerus grypus*, *Cottus scorpius*, *Perca fluviatilis*, *Rhombus maximus*. Ferner kennt man einige höhere Pflanzen.

Von grosser Bedeutung sind die Diatomeen. Es kommen Formen aus salzreichem, salzarmem

---

| | |
|---|---|
| Alluvial | 0,8 m recente Erde. |
| | 4,6 m geschichteter Schwemmsand. |
| | 7,1 m Gyttja mit *Cardium*, *Mytilus* u. a. |
| | 0,7 m Moostorf mit Käferresten. Flussbett. |
| Postglacial | 7,1 m oberer mosand. |
| | 3,8 m åkerlera, z. T. schwarz, flammig. |
| | — Flussbett im Bänderthon. |
| Glacial | 7,7 m hvarfiglera und -mergel. |
| | 1,2 m Glacialsand, oft fehlend. |
| | 5,1 m Moränengrus. |
| | — Urgebirge. |

[1] Munthe, Geol. För. Förh. 22, 1900, 43.

und süssem Wasser zusammen vor.[1] Ebenfalls wichtig sind die Rhizopoden und Ostracoden. Vergl. hierüber die Tabellen in der Munthe'schen Arbeit.

Cleve giebt[2] eine Classification der postglacialen Ablagerungen nach den fossilen Diatomeen:

In der Litorinaperiode ist zu unterscheiden:

Rhabdonema-Bildung (*Rh. arcuatum, minutum, Coscinodiscus asteromphalus*), entsprechend einem Salzgehalt von 6—10 ‰, höher als in der gegenwärtigen mittleren und nördlichen Ostsee,

Clypeus-Bildung (*Campylodiscus clypeus, echineis, Nitzschia circumsuta, scalaris*), Salzgehalt 4—5 ‰, kommt auch in der älteren Ancyluszeit vor.

Süsswasser-Bildung, Semen-Bildung (*Navicula semen, amphibola, Pinnularia streptoraphe*), boreal; in Litorina- und ? älteren Ancylusablagerungen.

Die Ablagerungen des marinen Alluviums Dänemarks sind verschiedener Art, echte Meeresbildungen, Strandsand, Thon oder Schlamm in Buchten, Sunden oder Fjorden aus stark bewegtem oder ruhigem Wasser abgesetzt; gleichzeitig variirt damit auch die Fauna.

Die Conchylienfauna (Tapesfauna) jener Ablagerung ist im Wesentlichen die jetzt noch dort lebende, aber es fehlt *Mya arenaria*, die erst später einwanderte; andererseits existirte die Auster, die auch in den „Kjökkenmöddinger“ massenhaft vertreten ist, u. a. m. Das Wasser im Kattegat und den Belten war also salziger als jetzt. Texttaf. IV, V.

Da man im „Cardiumdynd“ neben Resten von Kiefer, Espe, Birke u. a. auch Blätter der Eiche findet und an vielen Stellen Torf mit Eiche unter Cardiumdynd, so kann man sagen, dass das Steinzeitmeer mit der Eichenzeit identisch war.

In Vendsyssel zeigt folgendes Profil bei Tversted den Wechsel der postglacialen Hebungen:[3]

5. Flugsand — Landoberfläche — Recente Periode.
4 b Strandsand }
4 a Cardiumschlamm } — Meeresboden — Litorina-Periode.
3. Torf mit Pinus — Landoberfläche — Ancylus-Periode.
2 b Strandsand, Zirphäasand }
2 a Yoldiathon } Meeresboden Yoldia-Periode.
(1. Ältere Glacialbildungen.)

Die Cardien führenden Strandbildungen Seelands, das „Saltvandsalluviet“ ist von Rördam genau untersucht.[4]

---

[1] Einige der charakteristischen Diatomeen der Litorinaablagerungen bildet Aurivillius in Engler's Bot. Jahrb. XXII, 1897, 479 ab. — Munthe erwähnt aus Schalgrus von Åland *Cardium edule, C. ed. var. baltica, Mytilus edulis, Tellina baltica, Hydrobia ulvae, Litorina litorea, Litorina rudis var. tenebrosa, Rissoa parva, Neritina fluviatilis* (Geol. För. Förh. 14, 1892, 585). An dortiger Stelle ist seit der Litorinazeit verschwunden: *Litorina litorea, Litorina rudis*; dagegen neu eingewandert *Mya arenaria, Limnaea ovata, Limnaea palustris.*

[2] Sver. G. U., C. 180, 1899, 59. Vergl. Texttaf. I, II.

[3] Jensen, l. c. 361.

[4] K. Rördam, Saltvandsalluviet i det nordøstl. Sjælland. D. G. U. II, 2, 1891 (Karte).

Im Südwesten sind die Cardium-Ablagerungen nur unbedeutend: anders im nordöstlichen Dänemark, wo sie vielfach über dem jetzigen Meeresspiegel liegen und Beweise für ein Meer liefern, das sog. Steinzeitmeer, aus dem nur mehrere Inseln hervorragten.

Es lässt sich eine Grenzlinie für die alluviale Hebung in nordwest-südöstlicher Richtung aus der Gegend westlich Holstebro nach dem nördlichen Falster ziehen.

Die Senkung der Litorinazeit brachte Nordjütland 8—14 m unter das heutige Meeresniveau, das südliche Dänemark aber nur bis zu 2—4 m über dasselbe; die später folgende letzte Hebung hat dann im Norden eine Hebung auf den jetzigen Stand und im Süden die betreffende geringe Senkung gebracht.

Man kennt an vielen Stellen „untermeerische Torflager" vor dem jetzigen Strand in 6—12 m Tiefe, unter Cardiumschichten; ihre Funde beweisen u. a. eine damalige Landverbindung zwischen Kopenhagen und Malmö. Andere Beweise sind untermeerische Flussrinnen im Odense Fjord, Roskilde Fjord u. s. w.

Hieraus ergiebt sich, dass Dänemark zur Steinzeit höher als gegenwärtig lag; es entspricht dies der Hebung der „Ancyluszeit". Diese Festlandszeit begann also, noch bevor die arktische Flora verdrängt war und dauerte durch die Espen- und Kiefernperiode bis zum Beginn der Eichenzeit. Statt Gletscherdrift war hier wie in dem Ancylussee bisweilen Küsteneis noch das Transportmittel für Blöcke (Madsen). — Wie lange die hierauf folgende Senkung im Südwesten Dänemarks fortdauerte, ist unbekannt, im Nordosten wurde sie alsbald von einer langsamen Hebung abgelöst, die in Schweden viel bedeutender war und noch fortgeht.

In Norddeutschland sind Litorinaablagerungen an der mecklenburgischen und holsteinischen Küste nachgewiesen, welche zeigen, dass hier das Litorinameer in Buchten und Flussmündungstrichter eingriff, die entstanden, als infolge der Landsenkung die See jene niedrig liegenden Gebiete überdeckte. Die dortige Küste hatte ungefähr den heutigen Verlauf, doch erstreckte sich das höhere Gelände etwa 2—3 km weiter nach Norden.

Sehr gut waren diese Ablagerungen in Warnemünde aufgeschlossen, weiter sind sie nachgewiesen am Heiligen Damm, bei Ribnitz, Wismar, Travemünde und in der Kieler Bucht.[1]

Auch in den russischen Ostseeprovinzen und Finnland ist die Litorina-Grenze gut zu verfolgen:[2] (Uferwälle mit *Cardium edule* und *Litorina litorea*). Am Ladoga- und Onega-See fand Schmidt[3] aber keine Meeresmuscheln, so dass er mehr geneigt ist, den finnischen Meerbusen für ein altes Süsswasserbecken anzusehen, das erst später mit der übrigen Ostsee in Verbindung getreten ist.

Der Litorinathon ist wie der Ancylusthon meist ungeschichtet; derselbe ist reich an Meerespflanzen, dort wo er in der Nähe des festen Landes entstanden ist.

Nach Doss[4]) waren die postglacialen Hebungserscheinungen des Rigaer Strandes folgende: Durch eine mindestens 8 m betragende Senkung wurden Meeresablagerungen auf den älteren quartären

[1] Vergl. Geinitz, Die geol. Aufschlüsse des neuen Warnemünder Hafenbaus. Mittheil. Geol. L.A. XIV. Rostock 1902 und Geinitz. Die geogr. Veränderungen d. südwestl. Ostseegebietes seit der quartären Abschmelzperiode. Peterm. Geogr. Mittheil. 1903, Heft 2 u. 4.

[2] S. o. de Geer a. a., s. auch „Gyrog", 84, 11 und Karte von Petersburg.

[3] Schmidt, Z. deutsch. geol. Ges. 1881, 266. — Ramsay, Helbiosi Kola, 142 giebt einige neuere Messungen von Strandlinien am Onegasee.

[4] Doss, Corr.-Bl. Natf. Ver. Riga. 1897.

Sedimenten abgesetzt, wobei es local zur Bildung kleiner Lachen kam, in denen sich feinster pflanzlicher Detritus oder Schlamm ablagerte; darauf trat eine Hebung ein, die Meeressedimente wurden dem Bereich der See entzogen und das Ufer rückte auswärts nach Norden vor.

Andersson zeigte an einem auf Moräne lagernden und von Strandwall bedeckten Torfmoor am Westufer des Ladogasees (bei Wernitza), dass zur Zeit der grössten Ausdehnung der Litorinasee der Ladogaspiegel dort 19 m höher als gegenwärtig gestanden hat.[1]

Auch in Finnland zeigt sich eine ungleichmässige Senkung. Ostrobothnien war bis 80—100 m vom Meere bedeckt, Südfinnland etwa 50, der Ladoga war durch 2 Pässe mit dem finnischen Busen verbunden.[2]

Eine Niveauveränderung des baltischen Strandes ist gegenwärtig nicht zu constatiren.

In den Umgebungen des Ladogasees sind Strandlinien u. a. Spuren des Litorinameeres nachgewiesen. Im Nordosten[3] auf der Insel Mantsinsaari sind in die Moräne sowie in den anstehenden Fels eingegraben Abrasionsterrassen, Grenzwälle und Wallreihen. Zwei von Strandwällen überlagerte Torfmoore sind älter als die der Litorinagrenze angehörenden Strandwälle; die dem Torf entnommenen Süsswasserdiatomeen scheinen identisch mit den Ancylusformen zu sein, stammen aber aus der Zeit des Maximums der Litorinasenkung; es wäre also damals das Wasser des Ladoga süss gewesen (die gefundenen marinen Arten werden als Einschwemmlinge angesehen). Dies lässt sich so erklären, dass die Salzmengen, die aus dem Litorinameer durch den schmalen Wiborg-Sund in den Ladoga kamen, verschwindend klein waren.

Damals existirten schon die grossen Binnenseen Näsijärvi, Päijänne, Saima, die durch Flüsse mit dem Meere in Verbindung standen, welche die alten Thonlager erodirten und an den Küsten des Litorinathon („oberen grauen Thon") und Sand absetzten. Am Bottnischen Busen wurde der meist schwarz gefärbte Thon abgesetzt mit grossen Mengen von Muscheln. Dieser Thon bedeckt oft die unteren Thone. — Die Molluskenfauna ist von Stuckowitz beschrieben[4]).

Die Beziehungen der spät- und postglacialen Ablagerungen im Ostseebecken hat Holst[5] untersucht:

Er parallelisirt die marinen und Binnenfacies folgendermassen:

Litorina · · jüngere Eichen-Periode
jüngste Ancylus ältere Eichen-Periode
mittlere Ancylus Kiefern- ? Birken-Periode im südlichen Schweden
ältere Ancylus arktische; die Ostsee stand in Verbindung mit dem Meer und erhielt von da Salzwasser (gemischte Süss- und Salzwasserflora).

[1] Andersson och Berghell, Torfmosse öfverlagrad af strandvall väster om Ladoga. Geol. För. Förh. 1896, 91. — Über subfossile Molluskenfauna der Umgegend von Riga s. Doss, Corr.-Bl. Natf. Ver. Riga, 1896.

[2] Vergl. die schöne Karte über die Maximalausbreitung des Yoldia- und Litorina-Meeres im südöstlichen Finnland in der Arbeit von H. Berghell, Bidr. t. Kännedom Södra Finl. kvartära Nivåförändr. Bull. Comm. Geol. Finl. 5, 1896.

[3] J. Ailio, Bull. Comm. geol. Finl. 7, 1898, (Karte und Bilder).

[4] Fennia, Bull. soc. geogr. Finl. 12.

[5] Holst, Bidr. t. kännedom om Östersjöns och Bottniska Vikens postglaciala Geologi. Sv. G. U. C. 180, 1899.

## Die Untersuchung der einzelnen Gebiete ergab:

**Schonen.** Das südliche Schonen war kurz nach dem Abschmelzen des Eises mit Seeland verbunden, wahrscheinlich zur Dryaszeit.

Das Profil der postglacialen Küstenablagerungen im südlichen Schonen ist gewöhnlich:

Strandgrus und Sand, Litorinalager,
Torf,
Thon und Sand; z. B.:
1,95 m Strandgrus,
0,1 m Sand,
0,45 m Gyttja,
0,8 m Sand,
0,96 m Süsswasser-Torf mit *Cladium mariscus*,
1,5 m blauer sandiger Thon;

An der Südküste Schonens fehlt also die Ancylusreihe. Dieselbe kommt dagegen in Bleking vor.

**Bleking:**

| | |
|---|---|
| gyttje (Grastorf) | Litorina |
| Torf | jüngste Ancylus |
| olivengrüne gyttje<br>Sand oder Grus | mittlere Ancylus |
| blauer Thon | älteste Ancylus |
| Sand<br>Glacialthon<br>unterer Glacialsand | Yoldia |

Der Glacialthon ist sehr oft von Glacialsand unter- und überlagert; die obere Lage ist oft verwittert.

Die Ancyluslager lassen drei Abteilungen erkennen, die gegenseitig und von den Litorinaablagerungen durch Strandbildungen getrennt sind; in dem mittleren Ancyluslager finden sich Brackwasser- und boreale Diatomeen (Verbindung mit dem Meer durch die sog. Eisenmeersunde, aber nur spärlich, weil die Sunde seicht waren und wegen der raschen Landhebung nur von kurzer Dauer eine schwache Verbindung mit der Nordsee ermöglichten). Diese älteren Brackwasser-Ablagerungen waren in der Ostsee und im Baltischen Busen gleichalterig; dadurch auch die kurze Klimaverbesserung infolge der Meeresverbindung.

Die borealen Süsswasserformen (*Navicula*) treten nur selten auf, gegenüber den häufigeren eines wärmeren Klimas.

Zur Birken- und älteren Kiefernzeit war das Klima boreal, die borealen Diatomeen lebten in Becken und wurden von da in die Ostsee geführt, um nahe dem Lande abgesetzt zu werden, aber nicht in dem tieferen Wasser.

Es sind mehrere Oscillationen des Ancylussees zu constatiren.

Nach Ablagerung des jüngsten Ancylustorfes und Rückgang der See überschritt die Ostsee von neuem das Land, aber als das salzige Litorinameer. Das Litorinameer stieg in Bleking bis 8 m, und zwar höher als die Ancylusoscillationen. Der Salzgehalt war z. T. grösser als heute; doch zeigen einige Diatomeen hier in Bleking einen sehr geringen Salzgehalt an (Flussmündung).

**Kalmar:**

Typus:

| | |
|---|---|
| Thon und Schneckenlager | Litorina-See |
| Sand<br>gyttja torfig | jüngster Ancylus-See |
| Sand<br>blålera<br>Torfdy | mittlerer Ancylus-See |

| | |
|---|---|
| hvitlera<br>Sand, Grus | älterer Ancylus-See |
| Glacialthon<br>unterer Glacialsand | Yoldia-Meer |

also übereinstimmend mit Blekinge; auch hier sind die glacialen Thone oben verwittert, das Glacialmeer stand in etwas tieferem Niveau als der heutige Spiegel; aber es wurden auch verschiedene ältere Ancyluslager zur Zeit der arktischen Pflanzen (Phanerogamen), also etwas später als in Blekinge abgelagert.

Die arktische Flora bei Mossberga in den ältesten Ancyluslagern beweist, dass hier der Eisrand nicht weit sein konnte, gleichzeitig hatten in den angrenzenden Gebieten der Ostsee die arktischen und borealen Verhältnisse aufgehört (Diatomeen); also war das Eis in der Ostsee rascher abgeschmolzen als auf dem angrenzenden Land; somit ist die de Geer'sche Eisannahme nicht richtig.

Bei Mossberga fand sich in den älteren Ancyluslagern auch die marine *Zanichellia polycarpa* in den oberen Lagen = „Zanichelliaperiode“. In den mittleren Ancyluslagern, torfdy, fand sich der Ursache zu Beginn der mittleren Ancyluszeit. Ungefähr gleichzeitig mit den älteren Brackwasser-Ablagerungen sind die Sammelablagerungen im torfdy und „schwarzen Sand“, die borealen Verhältnisse müssen hier angedauert haben, bis der Ancylussee zu 10 m ü. d. M. angestiegen war. Über dem Torfdy folgt Thon als Absatz aus tieferem Wasser (zuweilen auch Papiergyttja). Die „hvitlera“ ist das typischste Gestein der Ancyluslager, sie wird 4 m mächtig, oben enthält sie oft kleine Sandlager, sie gehört zur Kiefernzone. Das Litorinameer hatte seinen grössten Salzgehalt nicht zur Zeit seines höchsten Standes in Kalmar.

**Mittel-Schweden:**

| | |
|---|---|
| Sand<br>rostbrauner Thon<br>Würfelthon | Litorina |
| åkerlera<br>Sand<br>hvitlera | Ancylus |
| Glacialthon<br>Rollsteinsgrus | Yoldia |

Hier fehlen also die ältesten Ancyluslager, auch die mittleren Ancyluslager sind nicht durch Sand vom Glacialthon getrennt, sondern zeigen Übergang (mit Brackwasser- oder marinen Diatomeen), also stand hier der Ancylussee anfangs mit dem Meere in Verbindung, so dass das Yoldiameer unmittelbar in den Ancylussee überging. Die beiden Eismeersunde sind der Svea- und der Göta-Sund; Yoldiaeinwanderung durch das Mälarbecken, als Hilsberg eisfrei wurde, die salzige Unterströmung drang nämlich naturgemäss zuerst durch den nördlichen Sveasund vom Atlantic ein; dass sie nicht durch den Mälarsund nach Süden drang (demgemäss Yoldia nicht an den südschwedischen Ostseeküsten gefunden wird) beruht darauf, dass das Wasser in der südlichen Ostsee damals nicht mehr arktisch genug war, vielleicht auch weniger salzig. Während diese Verbindung noch bestand, musste die Ostsee auf diesem Wege grosse Mengen von Süsswasser abgeben, der eindringende Salzstrom war aber zu schwach und unbedeutend, dass er nur stellenweise einen grösseren Salzgehalt dem Ostseewasser ertheilen konnte (daher Zanichelliaperiode marin, in den ältesten postglacialen Ostseelagern). Der Schluss der Zanichelliaperiode oder das Aufhören der Verbindung von Ostsee und Meer, entspricht dem „schwarzen Sand“ in Kalmar — mittlere Ancyluszeit.

Die Diatomeenuntersuchungen bestätigen die Angabe von Sernander, dass zur Zeit nach dem Maximum der Litorinasenkung das Klima etwas milder als das heutige war.

**Norrland:**

Sand, (*Halichoerus grypus*), Grus, Lehm, Thon, z. Th. Schneckenmergel — Litorina.
geschichteter Thon — Ancylus
geschichteter Thon, z. T. glacial — Yoldia.

Die Profile stimmen mit den mittelschwedischen überein, die Verhältnisse der Ablagerungen der Glacialthone blieben dieselben zur Ancyluszeit. Ein Sandlager über und unter dem Ancylusthon zeigt eine erhebliche Oscillation des Ancylussees an.

Holst betont, dass ebenso wie die Ereignisse, welche in engem Zusammenhang mit dem Abschmelzen des skandinavischen Eises standen, sich rasch gefolgt sind, so auch die postglacialen Bildungen.

Die spätglacialen Thone und Sande in Bleking und Kalmar wurden durch Hebung an die Oberfläche gebracht und verwitterten, ehe die postglacialen Lager sich darauf absetzten. Diese Landhebung ermöglichte den Landsäugethieren die Einwanderung von Seeland nach Schweden. Wahrscheinlich fand die Hebung und darauf folgende Senkung der ältesten Ancyluszeit von Bleking und Kalmar in Bleking schon statt, bevor die arktische Flora hier einwandern konnte; in Kalmar fand also die Senkung schon arktische Pflanzen vor. Eine erneute Hebung trat dann ein und erst zu Beginn der mittleren Ancyluszeit folgte die weitere Senkung, deren Absätze mit denen des mittleren Schweden parallelisirt werden können. Da diese concordant auf glacialen Schichten lagern, so folgt, dass das mittlere Schweden von den zwei Hebungen und Senkungen des südlichen Landes nicht betroffen worden ist.

An der schwedischen Westküste (von Malmö an nach Halland) ist der Befund von Wichtigkeit, dass in den marinen postglacialen Ablagerungen die Molluskenschalen weit grösser sind als im Osten, auch wird die Nordseefauna reicher: der Thon heisst danach hier Nordseethon (de Geer); besonders ist er in den Flussthälern entwickelt, tritt aber gegenüber den Sanden zurück. Die bisweilen schwarzen Thone der Thäler von Göteborg und Bohuslän werden z. T. recht mächtig, Olbers unterscheidet Cardium- und Ostrea-Thon; auch postglaciale Schalenbänke finden sich hier, aber nur bis 48 m ü. d. M., gewöhnlich bis zu 15 m Höhe.

## Marines Spät- und Postglacial Norwegens. (Vergl. Texttaf. III—VI.)

Die älteren „glacialen" Muschelbänke in Norwegen (in der Höhe von 106 bis 158 m) und die älteren marinen Thon- und Sandablagerungen (im Kristianiafjord einem Meeresniveau von ca. 182 m entsprechend) haben nach Kjerulf[1] und Sars[2] folgende Fauna:

| Glaciale Muschelbänke: | Glacialer Meeresthon: |
|---|---|
| *Mya truncata.* | *Yoldia arctica, intermedia, pygmaea.* |
| *Pecten islandicus.* | *Arca raridentata maj.* |
| *Mytilus edulis.* | *Leda pernula.* |
| *Saxicava rugosa* | *Nucula tenuis.* |
| *Natica clausa* | *Dentalium abyssorum.* |
| *Buccinum groenlandicum.* | *Siphonodentalium vitreum.* |
| *Trophon clathratus major.* | *Ophiura Sarsii.* |
| *Balanus porcatus, crenatus.* | *Oculina pp.* |

[1] Kjerulf, Geologie von Norwegen 1880, p. 2.
[2] M. Sars, Foss. dyrelevninger fra Kvartærperioden. 1865.

Noch etwas jünger ist nach Tornell der „Arcathon“ am Kristianiafjord mit kleinen Schalen von *Arca glacialis* und Muscheln, die im eigentlichen Eismeer fehlen, wie *Pecten danicus* u. a.

Ein bei Kristiansund vorkommender Thon mit *Rhynchonella psittacea*, der „Rhynchonellenthon“, soll noch jünger sein; zu dieser Zeit soll das Meer ungefähr die Temperatur der Lofoten und West-Finnmarkens gehabt haben.

Die postglacialen norwegischen Muschelreste sind nach Kiaer:

| Muschelbänke: | | Muschelthon: |
|---|---|---|
| (*Pecten islandicus*). | | *Isocardia cordata*. |
| *Saxicava rugosa* | (dünnschalig) | *Cardium elegantulum*. |
| *Mya truncata*. | | *Nassa cuspidata* u. s. w. |
| *Buccinum undatum*. | | *Rhynchonella psittacea*. |
| *Trophon clathratum minor*. | | *Waldheimia septigera*. |
| | | (Dreimal mehr Arten als im glacialen Meeresthon.) |

In dem postglacialen Muschelthon am Loppehellet beim See Aarungen fand Wille[1] über 10 m ü. d. M. *Zostera marina* zusammen mit *Mytilus edulis*, *Natica Montagui*, *Nassa nitida*, *Ostrea edulis*. Die Zostera-Reste sind secundäre Anhäufungen. — Der Kristiania-Fjord erstreckte sich bis an den gegenwärtigen See Aarungen; in dieser ruhigen Bucht wuchs *Zostera*; ein damaliger Bach förderte einen thonigen Schlamm in die Bucht; der Schlamm nebst Zosterarresten wurde von der Strömung nach grösseren Tiefen geschoben, wo dieselben sich um die genannten Muschelschalen absetzten.

A. Hansen[2] veröffentlichte ein Profil vom Vardal in Norwegen, welches für die Frage der Niveauschwankungen von Wichtigkeit ist.

In ca. 62 m Meereshöhe liegen von oben nach unten:

8,4 ungeschichtete postglaciale Thone mit *Balanus*, *Mytilus edulis*, *Modiola modiolus* u. a., Zweigstücke von Alnus, Ulme und Dryas.
0,05 Torf,
4,9 Sand und Strandgrus,
dünnes Torflager,
6,6 Sand und Grus,
darunter geschichteter Thon (kvartig lera).

Die norwegische Küste muss demzufolge nach der Eiszeit-Senkung der Yoldiazeit zuerst eine Hebung (entsprechend der schwedischen Ancylus-Hebung), dann eine Senkung (schwedische Litorina-Senkung) und schliesslich die letzte Hebung auf das heutige Niveau erfahren haben.

Eine sehr eingehende Darstellung des marinen Spät- und Postglacial Norwegens gab kürzlich Brøgger in seinem schönen Werk.[3]

Der ältere Yoldiathon tritt in Südnorwegen nur ausserhalb der Endmoränenlinie auf (s. umstehende Karte), es ist der feine Schlamm, der beim Schmelzen des Eises vor dem Rande abgesetzt wurde. Die typischen Formen des Yoldiathons leben jetzt in den arktischen Meeren nur in den Tiefen von 10—30 m; da der Thon jetzt in Meeresniveau auftritt, folgt, dass die Kristianiagegend zur Yoldiazeit, nur 20—30 m tiefer als heute gelegen hat; da aber Yoldiathon auch bis 70 Faden Tiefe gefunden wird, muss Südnorwegen vor der Endmoränenzeit höher als gegenwärtig gewesen sein. Der Yoldiathon muss gleich alt mit der Endmoräne, und etwas älter sein.

[1] Geol. För. Förh. 16, 1894, 576.
[2] Geol. För. Förh. 15, 1893, 511.
[3] Om de senglaciale og postglaciale nivåforandringer i Kristianiafeltet. N. G. U. 31, 1901.

Das Vorkommen von arktischen Flachwassermollusken in grossen Tiefen der norwegischen See beweist, dass der Seeboden zur Zeit der grössten Vereisung hier 2600 m höher war; die litoralen Schalbänke an der continentalen Platte Norwegens (wie Irlands) in 100—300 m Tiefe, welche als interglacial angesehen werden, entsprechen einer Hebung um den Betrag von 100—300 m; diese Hebung dauerte

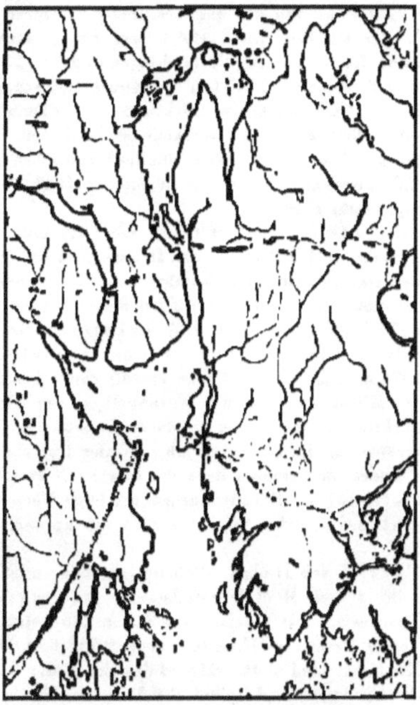


Verbreitung des Yoldiathons und Arcathons im Kristianiafjord.

wahrscheinlich in Norwegen bis in die letzte Eiszeit hinein, zu Beginn der Schmelzperiode lag Norwegen höher als jetzt, während der Epoche sank es wieder und lag 75—100 m tiefer als heute = jüngerer Yoldiathon.

Der jüngere Yoldiathon, 1—2 m mächtig, unmittelbar auf dem älteren liegend, enthält z. T. dieselben Arten, aber in andern Varietäten, daneben erscheinen neue Formen; die Mollusken deuten eine Verbesserung des Klimas und eine grössere Tiefe (40—60 m) an.

Der ältere Arcathon bildet nach unten zu den beiden Yoldiathonen allmählige Übergänge; einige Formen sind beiden gemeinsam, die meisten aber neu, *Yoldia arctica* fehlt (*Arca glacialis, Portlandia lenticula, Siphonodentalium vitreum, Antalis striolata* sind die 4 Hauptformen). Hocharktische Tiefwasserformen (80 bis 100 m) ausserhalb der Moräne, bis 40 m ü. d. M. vorkommend, beweisen die Senkung um 100—125 m unter den gegenwärtigen Stand.

Der mittlere Arcathon und jüngere Portlandiathon entspricht einem Rückzug des Eisrandes von den äusseren Raaer zu einem inneren Moränenzug (bei Svelvik), der ziemlich rasch erfolgt sein muss, nach längerem Stillstand an der äusseren Reihe. Beide Stillstandslagen sind 20—25 km von einander entfernt. Die innere Structur der Moränen, aus Kiesen und Sanden aufgeschichtet, spricht ebenso wie das Vorkommen des mächtigen „Arcathones“ zwischen beiden Moränenzügen, unmittelbar auf dem geschrammten Felsboden, für eine Senkung des Landes bis 150 m. Die Fauna besteht aus hochnordischen Arten, von denen charakteristisch sind: *Pecten groenlandicus, Arca glacialis, Portlandia lenticula, Siphonodentalium vitreum, Antalis striolata.*

Jüngerer Arcathon: Ein erneuter rascher Rückzug des Eises lieferte eine dritte Moränenreihe in den Thälern von Drammen, Lier, Kristiania u. s. w. Auch diese Moränen sind geschichtet und unter dem Meer abgelagert, die meisten haben Seen aufgedämmt. Die Thonablagerungen dieser Periode im Kristianiathal sind zu theilen in Tiefseethon (jüngerer Arcathon) in den unteren Theilen des Thales und Flachseebildung (jüngerer Portlandiathon) in der Lage zwischen 100 und 175 m ü. d. M. Die Fauna enthält einige boreale Formen neben den arktischen, das Klima war dem des gegenwärtigen von Finnmarken ähnlich.

Nach dem Rückzug von der dritten Moränenreihe setzte sich eine neue Moräne hinter der Thonterrasse von Lilleströmmen ab. Weiter trat eine fünfte Pause ein an den südlichen Enden der grossen Seen des inneren Norwegen (Mjösen u. a.). In dieser 5., „epiglacialen“ Station wurden mächtige Thon- und Sandmassen abgelagert. Zwischen der 3. und 5. Station wurden nur an wenigen Stellen marine Thone abgesetzt.

Das Korallenriff von Dröbak, südlich Kristiania, zeigt in der Lage von 60 m u. d. M. bis 30 m ü. d. M. Riffe von *Lophelia prolifera* (Vergl. die Fig. l. c. p. 183), mit *Lima excavata*. Die Landsenkung dieser Zeit betrug 180 m.

Die obere marine Grenze bei Kristiania liegt 215 m ü. d. M. Das Maximum der Senkung bei Kristiania fand statt, während das Eis in der 5. (der epiglacialen) Etappe stand. Die Eismassen und später die Moränen hinderten das Seewasser während der Senkung tief in das Thal einzudringen. Der Mjösen u. a. waren also keine Fjords.

Überblick:

Nach der letzten Eisbedeckung fanden also folgende Niveau- und Klimaveränderungen in der Gegend von Kristiania statt:

Am Ende der letzten Interglacialzeit war das Land wahrscheinlich mehrere 100 m höher als jetzt. Die Hebung dauerte wohl an während der letzten Eisbedeckung längs der Südküste; vielleicht erfüllte ein riesiger Gletscher den norwegischen Canal.

Zu Anfang der Abschmelzzeit begann das Land zu sinken, vielleicht war die Rasezeit die Mitte der Senkungsperiode; kurze Zeit vor der Endmoränenbildung hatte das Land die heutige Höhe, während derselben sank das Land bis auf 100—125 m gegen den heutigen Spiegel und vor der

Endmoräne wurde der ältere, darauf der jüngere Yoldiathon und schliesslich der Arcathon abgelagert. Der Eisrand zog sich bis zur inneren Ra zurück, vor derselben wurde der mittlere Arcathon abgesetzt (und der ältere Portlanditathon). Währenddem sank das Land auf ca. 150—160 m und endlich vor den Moränen der inneren Reihe gegen 180 m.

Von neuem rückte das Eis zurück bis zur 3. Serie (Kristianiathal) und die Senkung ging bis 200 m, vor diesen Moränen wurden die jüngeren Arcathone (und jüngeren Portlanditathone) abgesetzt.

Endlich sank das Land noch mehr während der Bildung der epiglacialen Moränen.

Während dieser epiglacialen Zeit hörte die Senkung auf (am Mjösen war sie bis 240 m gerathen). Nun beginnt die Hebung. Schon während der äusseren Raszeit waren die höheren Theile Centralnorwegens vielleicht eisfreie Nunatakr; zur Zeit der inneren Raser war das Eis so schwach, dass im inneren Lande nur Thalgletscher existirten. Zur epiglacialen Zeit reichte das Eis des Mjösenthales nur 400 m ü. d. M.

Die Landsenkung begann zuerst in den peripherischen Theilen und dehnte sich allmälig auf die centralen aus. (Die Geschwindigkeit des Sinkens war wahrscheinlich zur Raszeit grösser und verlangsamte sich während des Eisrückzuges bis zur epiglacialen Stadien, wo sie endlich aufhörte und in Hebung überging.

Die allmälige Verbesserung des Klimas ist schon erwähnt.

Brögger schlägt für die Periode der Senkung den Namen „Kristiania-Periode" vor.

Die spätglacialen Schalbänke und Thone, gebildet während der Landhebung:

(Die höchsten Muschelablagerungen der Kristianiagegend liegen 203—208 m ü. d. M., nahe unter der höchsten marinen Grenze, ihre Fauna ist boreo-arktisch, die muschelhaltigen Kieslager sind von blockreichem Kies bedeckt.)

Myabänke: (s. Texttaf. IV, VI.)

a. Obere Myabänke, correspondirend 0—25 % der Gesammthebung: im südlichen Smålenene (südöstlich von Kristiania): Schalgrus oder sandiger Muschelthon mit 17 arktischen und 6 borealen Formen (*Mya truncata* var. *uddevallensis*) boreo-arktisches Klima, in 155—130 m ü. d. M., entsprechend 0—16 % der Hebung; in der Umgebung von Kristiania in der Höhe, die 9—25 % Hebung entspricht, mit Fauna, die nur ⅓ arktische Formen hat und borealen Arten, die in Smålenene fehlen.

Die Schalenbänke können nicht gleichalterig sein, die Hebung muss in Smålenene eher als bei Kristiania begonnen haben.

b. Untere Myabänke, entsprechend 25—40 % der gesammten Hebung: in Smålenene 22 arktische, 20 boreale und 3 südliche (lusitanische) Arten, boreo-arktisch (in 135—107 m = 16—40 % der Hebung); bei Kristiania 0 arktische, 13 boreale, 4 südliche: boreales Klima (in 27—42 % der Hebung).

Ältester Cardiumthon im Kristianiathal: correspondiert den Myabänken, enthält schon einige südliche Formen. Die höheren Theile dieses Thones, dem ersten Theil der Hebung entsprechend (0—15 %) sind die sog. Mytilus-Cyprinenthone.

Unterste Myabänke in Smålenene; 40—50 % der Hebung: (Eine Muschelbank der Zeit, als schon die Hebung 50 % betrug, fand sich bei Ravnsjö.)

Ein Vergleich der Faunen der Myabänke in Smålenene und Kristiania zeigt, dass die Ablagerungen von gleicher Höhe an den beiden Orten sich nicht entsprechen, die oberen Myabänke von Smålenene wurden abgelagert während des Beginns der dortigen Hebung, als das Land bei Kristiania noch im Sinken war (Arcathon), die unteren Myabänke von Smålenene (25—40 %) sind abgesetzt ungefähr gleichzeitig mit den obersten Myabänken bei Kristiania (0—15 %) u. s. w.

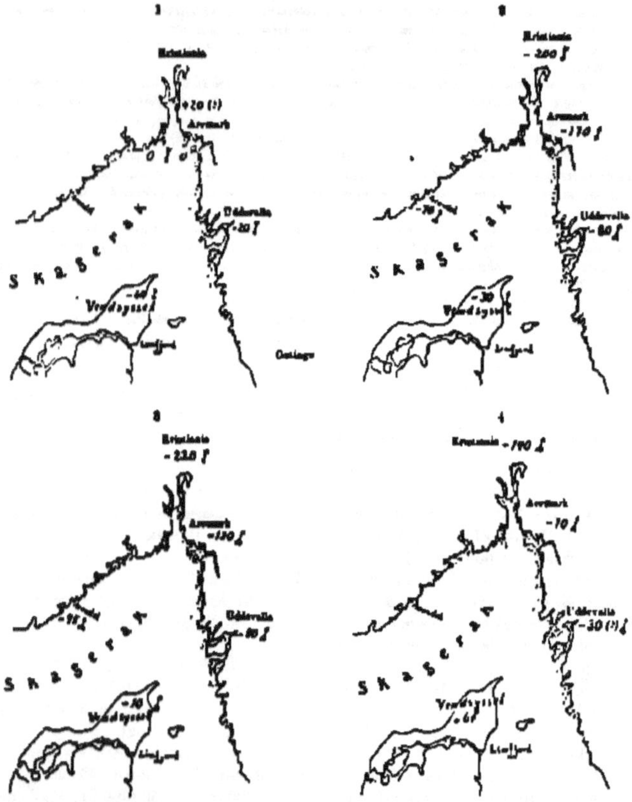


Fig. 1. Maximum der Senkung in Vendsyssel, im inneren Theil des Kristianiafjords Land höher als gegenwärtig. Yoldiathon. Hocharktisches Klima.

Fig. 2. Senkungsmaximum im äusseren Theil von Smaalene (oberste Myafauna); bei Kristiania noch Senkung (Arcathon); Bohuslän, Arendal und Vendsyssel steigend. Boreoarktisches Klima.

Fig. 3. Senkungsmaximum bei Kristiania, weiter südwärts Hebung (oberste Myafauna Krist., untere Smaalenene, unterste Saxicavabanke Arendal, Uddevalla, jüngster Zirphaeasand Vendsyssel), milderes boreoarktisches Klima.

Fig. 4. Steigungsmaximum in Vendsyssel (Süsswasseralluvium): älteste Cardiumfauna Kristianias), Klima boreal.

„Die Isobasen der oberen marinen Grenze sind also nicht synchronisch, sondern die Hebung begann in den südlichen peripherischen Theilen der einst von Inlandeis bedeckten Gegend und war auch in diesen peripherischen Theilen weiter vorgeschritten als in den centralen Gebieten, wenigstens während der ersten Hälfte der Hebung."

Ein Vergleich mit den gleichzeitigen Ablagerungen in Vendsyssel und Schonen lehrt, dass der Zirphäasand (50—60 % der Hebung) nicht mit den unteren, sondern mit den oberen Myabänken Smalenenes gleichalt ist. „Das Maximum der Senkung in Vendsyssel fand zur selben Zeit wie die Ablagerung des älteren Yoldiathons statt, demgemäss begann die Hebung hier früher als im Kristianiagebiet. In Vendsyssel war also das Land fast bis auf sein gegenwärtiges Niveau gestiegen, als im südlichen Theil der Kristianiaregion erst ¼—⅓ der gesammten Hebung vollendet war." (S. d. Vergleichs-Tabelle 308 l. c.)

Zu ähnlichen Resultaten gelangt ein Vergleich mit den Schalbänken (Saxicavabänken) von Uddevalla.

In vorstehenden Diagrammen veranschaulicht Brögger die gleichzeitigen Höhen der Küstenlinien während der verschiedenen Phasen der Senkung und Hebung zwischen Jütland und Kristiania.

Muschelbänke, die den Myabänken entsprechen, finden sich auch an anderen Orten der Süd- und Westküste Norwegens. Arendal und Kristiansand entsprechen Uddevalla; bei Kristiansand kann ein Übergang von der kalten borearktischen Myafauna in eine wärmere postglaciale verfolgt werden, ihr Niveau ist nur wenige Meter ü. d. M., die Hebung muss an der Küste früher begonnen haben und hier auch stärker gewesen sein, als im Innern.

## Postglaciale Schalbänke und Thone bei Kristiania:
(Vergl. Texttaf. V und VI).

Eine scharfe Grenze zwischen Spät- und Postglacial ist nicht zu ziehen, Brögger legt sie für Südnorwegen in die Zeit der ungefähren Hebung um 50—60 %.

a. Jünger als die Myabänke sind die **obersten Cardienthone** und Ostreabänke mit deutlichen borealen, südlichen und lusitanen Einwanderern. Das Klima war etwa das des heutigen Westnorwegen. Von Pflanzen ist die Eiche hervorzuheben (also ident mit der baltischen Litorinazeit).

b. **Obere Tapesbänke** und der **Isocardiathon**: Niveau etwa 70—85 % der gesammten Hebung. Klima etwas milder als das vorhergehende. Von besonderem Interesse sind die Schalbänke von Burholm bei Dröbak und von Kirkeö, Brevik. Sie zeigen einen bedeutenden Unterschied gegen die älteren Ablagerungen (65 lusitanische Formen[1] mehr als in der oberen Ostreabank) das Klima war vielleicht noch milder als heute. Tapesbänke bei Trondjem und sogar bei Vardö, wo diese südlichen Formen heute ausgestorben sind, deuten auf ein milderes Klima als das heutige. (Tapesbänke sind auch in Bohuslän und Jütland bekannt; ebenso an der Westküste Norwegens, z. B. bei Stavanger, zusammen mit Kjökenmöddinger 18 m ü. d. M.)

Der auch ausserhalb Kristiania verbreitete Isocardiathon entspricht den oberen Tapesbänken; es sind weit verbreitete Thone mit Isocardien und vielen Pflanzenresten.

[1] Lusitanische = südeuropäische Fauna.

c. Untere Tapesbänke und Scrobicularia-Thon:[1] Die letzten arktischen Formen verschwinden aus dem Kristianiafjord, auch einige lusitanische Formen sind verschwunden, andere derselben treten neu auf; das Klima wurde milder. Von dieser letzten Hebung (85—100 %), liegen viel Schalenbänke und Thonlager vor (z. B. Barholmen, Brevik, Barkevik und anderwärts).

Ein Vergleich der recenten Molluskenfauna des Kristianiafjord mit der jüngsten postglacialen ergiebt, dass das boreale Element in der recenten vorwiegt.

Das Klima der Tapeszeit muss milder als das heutige gewesen sein (etwa 2° Differenz). (Seit Beginn der Tapeszeit d. i. der Litorinazeit im Balticum sollen 9000 Jahre verflossen sein.)[2]

In der Kristianiagegend ist eine der baltischen Litorinasenkung entsprechende Senkung nicht erfolgt, ebenso ist eine Senkung hier während der Ancyluszeit sehr fraglich. Die Molluskenfauna hat keine Beweise für Klimaveränderungen nach der epiglacialen Zeit ergeben, die Klimaschwankung scheint während der ganzen Zeit von dem Absatz der oberen Ostreabänke bis zu den untersten Tapesbänken dauernd gewesen zu sein, mit dauernder Temperaturerhöhung bis zum Ende der Hebung und nachher wieder mit abnehmender Temperatur während der recenten Zeit.

Auch die Flora erweist, dass im Postglacial eine mildere Temperatur herrschte, als die heutige (Haselnuss, Kiefer in hochgelegenen Mooren), auch die Eiche spielte eine grössere Rolle als heute.

Siehe die auf nächster Seite folgende zusammenfassende Übersicht Brögger's.

## Rückblick auf die quartären Niveauveränderungen Skandinaviens.[3]

Nach der herrschenden Auffassung gelten folgende Annahmen (bei der Voraussetzung, dass das Niveau des Meeres während der Quartärzeit unverändert blieb):

1. Von den Niveauverhältnissen Skandinaviens während der eigentlichen Eiszeit lässt sich ein sicheres Bild nicht entwerfen; allgemein wird angenommen, dass das Land während der Eiszeit bedeutend höher als gegenwärtig lag und als Begründung dieser Annahme auf die „präglaciale" d. i. posttertiäre Landhebung verwiesen, welche die Continentalränder der atlantischen Küsten über Wasser hielt und welche die „Praearktis" schuf.

Aus den südlichen Grenzgebieten wissen wir weiter, dass dort eine teilweise echt präglaciale Senkung stattfand, die wir vielleicht in eine der ersten Phasen der eigentlichen Eiszeit stellen dürfen. (Nordjütlands älterer Yoldiathon mit arktischer und folgender gemässigter Fauna, Lauenburg mit gemässigter Litoralbildung als locale Erscheinung noch daran anschliessend die verschiedenen marinen Ablagerungen des Altquartär (interglacial) in den hohlen Meeresbuchten der unteren Elbe und Weichsel, die sich an miocäne Buchten anschlossen.

[1] Über die Fauna des Scrobiculariathons von Kristiania s. 583.

[2] Tapeszeit = neolithisch, vielleicht ist mit dem neolithischen Menschen die Tanne eingewandert.

[3] Vergl. Hansen, l. c. 279. — Munthe, Studier öfver baltiska Hafvets quartära Historia I. Bih. Sv. Vet. Ak. Handl. 18, 1892 (hier Litteratur). — De Geer, Om Skand. nivåförändr. under qvartärperioden. Geol. För. Förh. 10, 1888; 12, 1890 (Litteratur über die Ursachen der Niveauschwankungen und Strandlinien). — Brögger, l. c. 1900. — Eine ausführliche historische Zusammenstellung der Arbeiten über die Hebung Skandinaviens gab Sieger in seiner Arbeit über die Seenschwankungen und Strandverschiebungen in Skandinavien: Z. d. Ges. f. Erdk. Berlin, 28, 1893, S. 1.

**Übersicht über die Veränderungen von Niveau und Molluskenfauna von der Endmoränenzeit bis zur Gegenwart im Kristianiagebiet.** Nach Brögger.

| | Thonablagerungen im Kristianiagebiet | Litoralbildungen (Schalbänke) im Kristianiagebiet a. in Smålenene | b. bei Kristiania | Zusammensetzung der Molluskenfauna a. arktische b. boreale l. lusitanische Arten | Küsten mit entsprechendem Klima der Gegenwart | Vermutliche Jahrestemperatur während des Absatzes ca. ° C | Hebung (bei Kristiania) Senkung (im Krist.-Gebiet) ca. |
|---|---|---|---|---|---|---|---|
| Recent | Mya arenaria-Thon | Moderne litorale Schalbänke | | [illegible] a. [illegible] b. [illegible] l. | (Krist.-Fjord) | + 7—8 ° C. | |
| Postglaciale Ablagerungen | Scrobicularialthon pp. | Untere Tapesbänke | | [illegible] a. [illegible] b. [illegible] l. | Schottland | + 6—7 | 90—100 % [Landhebung] |
| | Isocardiathon | Obere Tapesbänke | | [illegible] a. [illegible] b. [illegible] l. | N.-England | + 8—9 | 70—85 % [Landhebung] |
| | Oberster Ostreathon | Oberste Ostreabänke | | [illegible] a. [illegible] b. [illegible] l. | W.-S. Norweg. | + 6—7½ | 60—70 % [Landhebung] |
| | Jüngerer Cardiumth. | | | ? | Trondhjem? | + 4—5 | 40—60 % [Landhebung] |
| Moränenstufe zur Abschmelzzeit zwischen epiglacialer Stufe und oberster Moränenstufe | Ältester Cardiumthon | unterste Myabänke | unt. Myabänke / ob. Myabänke | [illegible] a. [illegible] b. [illegible] l. / [illegible] a. [illegible] b. [illegible] l. | Nordland | + 3—4 | 15—40 % [Landhebung] |
| | Mytilus- u. Cyprina-thon | untere Myabänke | oberste Myabänke | [illegible] a. [illegible] b. [illegible] l. | Tromsö | + 2½ | 0—15 % [Landhebung] |
| „Kristiania-Periode": Epiglaciale Stufe | Jüngster Arca- und Portlandiathon | [Lophelia-Riff] Obere Myabänke | Mytilusgrus | [illegible] a. [illegible] b. [illegible] l. | W.-Finmarken | + 2 | x — 100 % [Landsenkung] |
| Moränen-St. zwischen innerer Ra- und epiglacialer Stufe | Jüngerer Arca- und Portlandiathon | [Lophelia-Riff] Oberste Myabänke | — | [illegible] a. [illegible] b. | O.-Finmarken | + ½ ° | x — 95 % [Landsenkung] |
| Innere Ra-Stufe | Mittl. Arca- und Alt. Portlandiathon | | | [illegible] a. [illegible] b. | O.-Finmark. und Weisses Meer | + ½ — — 2 | x — 90 % [Landsenkung] |
| Äussere Ra-Stufe | Älterer Arcathon | | | [illegible] a. | W. v. Now. Semlja | — 3—4 | 60—75 % [Landsenkung] |
| | Jüngerer Yoldiathon | | | [illegible] a. | W. Spitzbergen | — 5—7 | 45—60 % [Landsenkung] |
| | Älterer Yoldiathon | | | [illegible] a. | Karisch. Meer | — 8—9 | 0—45 % [Landsenkung] |

Munthe hält die (eben z. T. anders aufgefassten) „interglacialen" Ablagerungen für echt interglacial und kommt (unter Bezugnahme auf die entsprechenden Ablagerungen des Südbalticums) zu dem Resultat, dass der südliche Theil der Ostsee (Grenzlinie Fünen, Seeland, Südschonen, nördliche Umgebung von Bornholm) während eines längeren Theiles der Interglacialzeit ein je weiter nach Süden um so tieferes Meer gewesen sei, mit temperirter Fauna und Diatomeenflora, während nach Norden das Land höher lag (also gerade umgekehrt wie in der folgenden Epoche des „jüngsten Eismeeres").

Von den Verhältnissen der zweiten Eiszeit weiss man auch nicht viel, nur wurde mehrfach die Ansicht erwähnt, dass schon zur Zeit des jüngeren baltischen Eisstromes ein Theil Südskandinaviens unter dem Meeresspiegel lag. Danach wäre auch in dieser Beziehung die Zeitgrenze zwischen letzter Eiszeit und Spätglacial verwaschen.

2. Es folgt die spätglaciale Senkung, wodurch ein grosser Teil der Küstenstriche (bes. des mittleren und centralen Skandinaviens) von einem grossen Meere bedeckt wurden, welches den Charakter eines Eismeeres hatte.

Das südliche Ångermanland lag 270 m niedriger als jetzt, das nördliche Südschweden 150 m, Gotland 78, nordöstliches Schonen 53, südliches Bornholm 14, während die Nullcurve zwischen Bornholm und Rügen bis zur Nordspitze von Kurland verläuft; es bestand nach A. Erdmann und Lovén eine offene Verbindung zwischen dem Bottnischen Busen und dem Eismeere und ebenso nach dem Atlantic über den „südschwedischen Eismeersund" (= nördlich Wettern-Nerike).[1]

3. Noch unter Bestand der arktischen Klimaverhältnisse folgte dann im Balticum eine („spät- und postglaciale") Hebung, welche den Ancylussee schuf; dieselbe dauerte noch in die Postglacialzeit hinein. Das Land an der südlichen Ostsee wurde bedeutend über den heutigen Meeresspiegel erhoben (Pillau über 30 m höher, Gebiet der mecklenburgischen Bucht 50 m höher, Bornholm, Südschonen mindestens 0 m, bedeutend im Öresund und den Belten, wo starke Erosion stattfand (vergl. die Flussrinnen am Seegrund).

4. Die postglaciale Senkung eroberte dem Meer wieder Landstriche (von marinen Lagern bedeckte Torfmoore in Südschweden; die Bewegung war wohl ungleichförmig).

5. Postglacial-recente Hebung z. T. noch andauernd, aber nicht so bedeutend wie 3.[2]

## Ursachen der Niveauschwankungen.

Während E. Suess eine verticale Bewegung abstreitet und die negative Strandlinienbewegung auf Verminderung der Wassermenge zurückführen will, halten viele Geologen an einer eigentlichen Erdrindenbewegung fest.[3]

Die Darstellung der De Geer'schen „Isobasen" zeigt, dass das Gebiet der grössten Hebung ein die centralen Teile der Halbinsel umfassendes Oval ist, um welches sich die übrigen Curven concentrisch gruppiren. Nathorst hat denselben Gedankengang wie z. Z. v. Drygalski, indem er die ungleichmässige, alternirende Hebung Skandinaviens, die sich sogar in entgegengesetzten Bewegungen offenbart (indem nämlich der Erhebung der centralen Teile eine Senkung der südbaltischen correspondirte und umgekehrt) auf einer flachen gewölbeartigen Biegung der Erdrinde (und zwar des fennoscandischen Urgebirges) beruhen lässt. (Bei einer Hebung um 300 m wäre deren Neigung nach Osten 1:8000 und nach Westen 1:1700.)

Zur Erklärung von localen Unregelmässigkeiten und dem Verhalten der deutschen Küste kann man an die mannigfaltigen Dislocationen (Absenkungen, Horstbildungen u. a.) denken.

Nathorst verwirft die Erklärung, dass die Senkung durch Eisbelastung hervorgerufen sei[4] oder durch die Abkühlung der Erde unter der Eisdecke; Ramsay erklärt im Anschluss an

[1] Marine Grenzen westlich vom Wettersee sind nach Hedström (Geol. För. Förh. 1901, 174) als Erosionsterrassen, Strandwälle oder Meeressand erkennbar.

[2] Mit der postglacial-recenten Hebung ist auch die Bildung der oft phantastisch geformten Kalksteinklippen der gotländischen und öländischen Strandlandschaft verbunden, die unter dem Namen Raukar bekannt sind. (Vergl. J. G. Andersson, om öländ. Raukar. Bih. Sv. Vet. Ak. Handl. 21, 1896.)

[3] S. u. a. auch Deecke, Z. deutsch. geol. Ges. 51, 572.

[4] Wie Munthe mit Jamieson u. a. annimmt.

Defforges: die skandinavische recente Hebung mit der nach dem Abschmelzen der Eiskappe erfolgten Erwärmung des Landes (von 0 zu 8°).[1]

Noch mag endlich der Hypothese gedacht werden, welche die Meeresspiegelschwankungen durch die Attraction der mächtigen Eismassen erklärt.

Hansen[2] kommt zu dem Resultat, 1. dass es sich um Landhebung handelt, nicht um Wasserbewegung, 2. dass seit Jahrhunderten in ganz Norwegen sowie im südlichen Balticum ein constantes Meeresniveau mit periodischen Schwankungen nach beiden Richtungen vorliegt, während am bottnischen Busen, nördlichen finnischen Busen und wahrscheinlich am Kattegat, in Bohuslän, eine säculare Hebung stattfindet.

Als Ursache betrachtet er isostatische Bewegungen der Erdrinde, gegenüber der Nathorst'schen Aufwölbungstheorie hält er an der Theorie der Senkung infolge der Eisbelastung fest; nach Entfernung des Eises stieg das Land wieder, aber das gelieferte Wasser im bottnischen Busen und in den grossen Seen verlangsamte den Ausgleich, während derselbe beendigt ist in Norwegen u. a., setzt sich die Bewegung noch fort, da wo das Gewicht des Eises durch das des Wassers ersetzt ist (welches jetzt allmählig automatisch entleert wird).

Auch Holst[3] schliesst sich der Eindrucktheorie Jamiesons an.[4]

Die praeglaciale Erhebung Skandinaviens ist unzweifelhaft.[5]

Skandinavien muss zu Beginn der Eiszeit ganz erheblich höher (2000—2600 m) gelegen haben als gegenwärtig, und das ist nach Holst auch die einzige Ursache der Eiszeit überhaupt.

„Skandinavien unter der Eisbelastung kann mit einer zusammengedrückten Feder verglichen werden; wenn die Belastung aufhört, strebt das Land seine ursprüngliche Lage wieder einzunehmen. Dadurch erklärt sich die grosse Geschwindigkeit, mit der sich das Land am Schluss der Eiszeit hob."

Ausser einer gewissen Elasticität der Erdkruste kommen für die Beweglichkeit noch die vielen Dislocationen in Betracht.

Dass das mittlere Schweden von den Niveauschwankungen, welche den südlichen Theil des Landes ergriffen, nicht betroffen worden ist, erklärt sich so, dass das südliche Schweden, als es von Eis befreit wurde, sich hob und zu oscilliren begann, während das Inlandeis dauernd das mittlere Schweden in Senkung hielt.

Es fand ein deutlicher Zusammenhang zwischen dem Druck des Landeises und der Senkung des Landes, sowie zwischen Druckentlastung und Hebung statt.

Am Eiscentrum musste natürlich der Druck am grössten gewesen sein (hiermit stimmen die Senkungscurven genau überein, welche von Süden nach Norden oder von Osten nach Westen ansteigen bis zu dem höchsten Wert von 280 m).

Holst betont ferner, dass die skandinavische Landerhebung noch im Gefolge hatte, dass das Meer zwischen Grönland und Skandinavien zu einem Mittelmeer

[1] Ann. des mines VI, 1894, 289 (= N. Jahrb. f. Min. 1896, I 85).

[2] Hansen, Skandinaviens stigning. Norges G. Und. 28, 1900.

[3] Holst, Bidr. Kännedom Östersjöns och bottniska Vikens Postglac. Geol. Sv. Geol. Und. C. 180, 1899.

[4] Quart. Journ. Geol. Soc. 1865 and Geol. Mag. 1882.

[5] S. auch Hudleston, on the eastern margin of the north atlantic basin. Geol. Mag. 1899.

umgewandelt wurde, welches mit dem atlantischen nur durch die Shetlandsrinne verbunden war; dadurch musste der Golfstrom südlich und westlich von Grossbritannien abgelenkt werden und seine wärmespendende Wirkung auf das mittlere Europa beschränken (daher das dortige milde Klima zur Praeglacialzeit).

Zu bemerken ist noch, dass die erhobenen Theile, Skandinavien, Grönland und Nordamerika, die grössten Gebiete des Archaeicums sind; Holst sagt nun:

Zur Silurzeit (und z. T. Devon-) war Skandinavien theilweise vom Meer bedeckt, aber seitdem stieg es über das Meer und hat vielleicht bis zum Ende der Quartärzeit fortgefahren sich zu heben. (Dasselbe gilt von Nordamerikas Archaeicum.)

Die Erdrinde gab der Belastung durch Sedimente nach, viele Verwerfungen liegen an der Grenze von archaeischem und jüngerem cambrisch-silurischem Gebirge.

Dieser Senkung entsprach auch eine Hebung an anderer Stelle, besonders im Urgebirge.

Die Erscheinungen, welche das Auftreten einer Inlandeisbedeckung begleiten, führen so tiefgreifende und mannichfache Veränderungen in dem glacialen Gebiet mit sich, dass eine Eiszeit nicht so zu sagen unbemerkt kommen und gehen kann, ohne die augenscheinlichsten Spuren zu hinterlassen. Diese Auffassung steht deshalb in scharfem Gegensatz zu der interglacialistischen.

Dem Einwand, dass hiermit nicht zu erklären wären die mitteleuropäischen Vereisungen der mitteleuropäischen Gebirge, ist zu erwidern, dass diese peripherischen, kleineren Vereisungsgebiete möglicherweise direkt durch die allgemeine Temperaturerniedrigung verursacht sein können, welche das nordeuropäische Inlandeis hervorrief. (Ideen im südlichen Europa!)

Einen zweiten Einwand könnten die ausser den glacialen auch noch vorkommenden spät- und postglacialen Niveauveränderungen liefern.

Die glacialen und postglacialen Senkungsfelder fallen zusammen,[1] aber die Grösse der Senkungen war verschieden, und zwar betrug die glaciale 280 m, die Ancylus-Senkung 200 m, die der Litorinazeit ca. 100 m!

Dies weist auf eine gemeinsame Ursache hin, das Aufhören des Eisdruckes! Das skandinavische Senkungsgebiet geriet in eine schwingende Bewegung, das betreffende Gebiet, etwas tiefer gesenkt als bis zur glacialen marinen Grenze, hebt sich jetzt erst einmal, gerade als das Eis verschwindet (spätglaciale Hebung); es senkt sich von neuem (Ancylus, mit den höchsten Ancylusstrandwällen); aber hebt sich von neuem und senkt sich schliesslich zum dritten Male, bis zu der durch die höchsten Litorinastrandwälle angegebenen Grenze. Die hierauf folgende Hebung dauert z. T. noch fort. —

## Bornholm.

Anhangsweise mag hier die zur Fennoscandia zugehörige Insel Bornholm besprochen werden.

Auf Bornholm wies Johnstrup zwei Systeme von Schrammen nach, ein älteres auf dem Granitgebiet, mit der Richtung NO. zu O.—SW. zu W. und ein jüngeres auf dem südlichen und niedrigeren, unter 70 m gelegenen Theil der Insel, wo die Streifen eine bogenförmige Richtung um den Südrand des Granites haben,

[1] S. Karten bei De Geer, Sk. geogr. utv., Taf. 4, 5, 6.

so dass sie von ONO.-WSW. zu OW. und weiter im Westen SO.-NW. laufen;[1] nach Bøggild läuft das ältere System von NO., das jüngere von OSO.[2]

Das jüngere System schreibt Johnstrup dem Treibeis zu, das untere dem Inlandeis. Während de Geer in dem älteren System den Weg des „Hauptelses" sieht und in dem jüngeren den des durch die Interglacialzeit getrennten „jüngeren baltischen Eisstromes", glaubt Bøggild alle beide auf den baltischen Eisstrom zurückführen zu müssen; die Schrammen auf dem südlichen Theil der Insel stammen aus der Zeit, als das Eis schwächer geworden war und die höheren Theile der Insel nicht mehr zu übersteigen vermochte, sie vielmehr als Nunatakr umfloss.

Die Granitmassen des nördlichen Inseltheiles bilden gewaltige Rundhöcker, die Schrammen sind ausgezeichnet auf frei gelegten Granit- und Silurkalkoberflächen zu beobachten.

Der Geschiebemergel wird auf Bornholm bis über 12 m mächtig. Im Geschiebemergel des südlichen Bornholm fand Johnstrup einen Unterschied in der Geschiebeführung der tieferen und höheren Lagen; die unteren führen in grosser Zahl scharfkantige Bruchstücke ihrer jeweiligen Unterlage, so dass sie sich der Lokalmoräne, dem „Krosstensgrus" nähern, in den oberen überwiegen wie gewöhnlich die skandinavischen Geschiebe.

Munthe[3] beobachtete, dass typisches baltisches Material sich zwar hauptsächlich in den niedrigen Theilen findet, dass es aber auch in den höheren Theilen der Insel über 79 m vorkommt.

Im Dyndal, an der nordöstlichen Küste fand Munthe einen 11 m mächtigen Sand zwischen zwei Moränen (welche beide Ostseegranit führen!), in dem neben unwichtigen Rhizopoden viele Muschelfragmente liegen, und hält denselben daher für interglacial. Noch an vier anderen Stellen fand er Sand über resp. zwischen Moräne, z. T. mit Muschelfragmenten (*Mactra sp.*, *Pecten island.*, neben Kreidefossilien). Er glaubt aus den, allerdings nicht einwandfreien Daten schliessen zu dürfen, dass bei Bornholm das Interglacialmeer von Dänemark, Schonen und Weichselniederung mindestens 16 m höher gestanden hat als jetzt; und dass seine Fauna einem grösseren Salzgehalt des Wassers entsprach, als dem heutigen in jener Gegend.

An der Ostküste von Bornholm fand Rördam[4] in dem Strandkiesels eines 7—8 m über dem Meer gelegenen Strandwalles drei Culturschichten mit verkohlter Eiche, Flintwerkzeugen und auf demselben einen Auftrag mit Culturresten des Mittelalters.

Ehe wir die mit den soeben besprochenen z. T. gleichzeitigen Bildungen des Binnenlandes besprechen, wollen wir nochmals in das eigentliche Diluvium zurückgreifen und die Verhältnisse des östlichen Theiles von Fennoscandia behandeln. Dasselbe gehört dem von Nikitin abgegrenzten „finnländischen und Olonetz-Typus" an.

[1] Vergl. die schöne Karte der Schrammenstreifen auf Bornholm in: Johnstrup, Glacialphänomenen i Danmark 1882, Taf. 1, wiedergegeben in dem Abriss der Geologie von Bornholm (Geogr. Ges. Greifswald, 1889); Tabellen S. 12—16. 1843 hat schon Forchhammer von hier Schrammenbeobachtungen mitgetheilt.

[2] Meddelelser fra Dansk. Geol. Forening, Kopenhagen Nr. 5, 1899, 86.

[3] Munthe, Iakttag. öfv. qvart. aflagr. på Bornholm. Geol. För. Förh. 11, 1889, 274.

[4] Danm. geol. Unders., Nr. 7, 1895.

## Urzeitliche Kunstdarstellungen

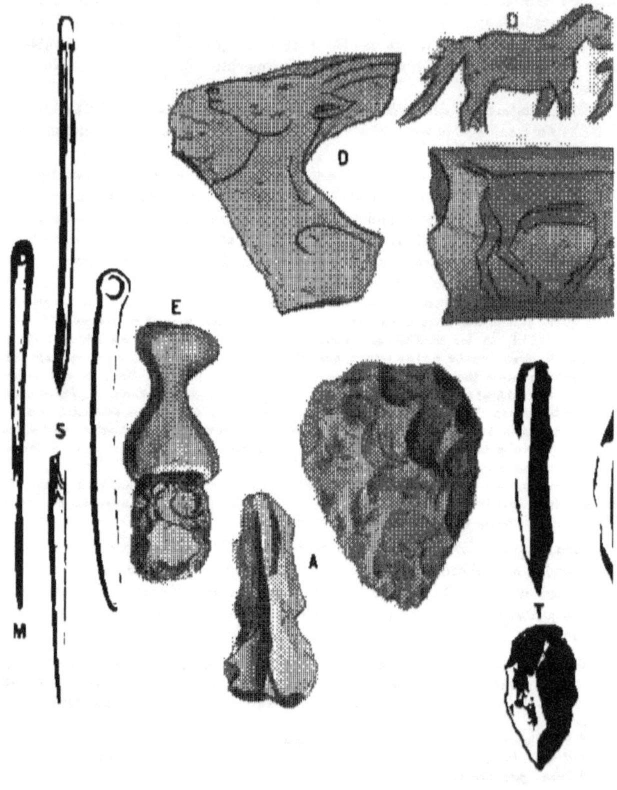


T Taubach. A Abbeville. E Eskimo. M Madeleine

Stein- und Knochengeräte.

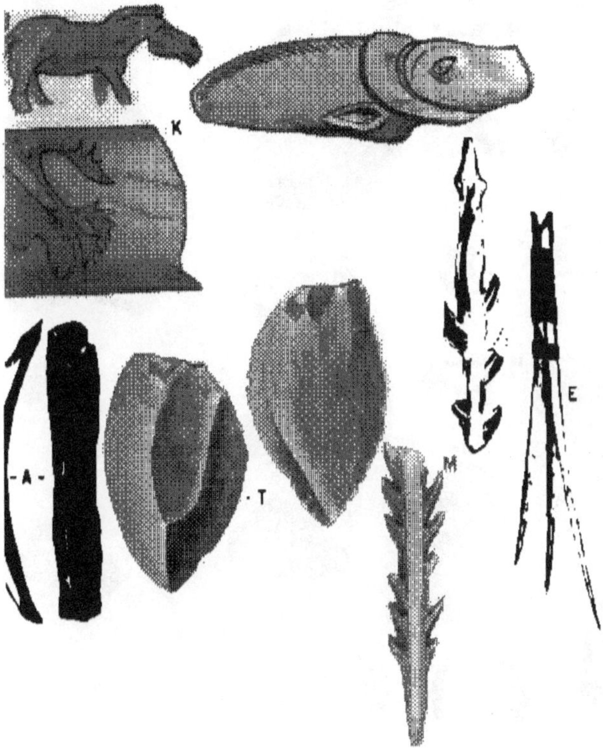

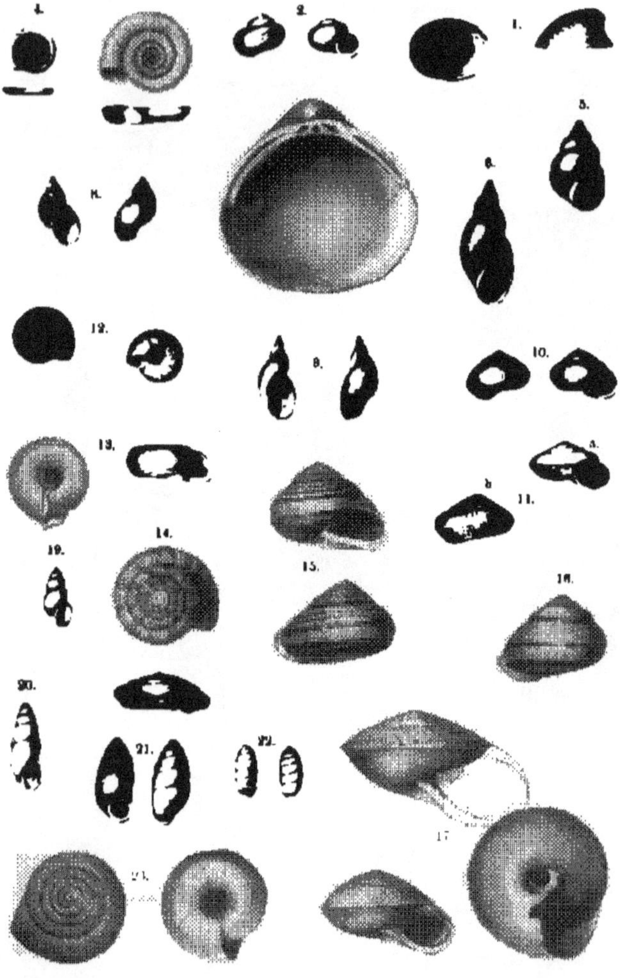


Gezeichnet von Dr. E. Loeschmann.

## B. Russland.

Das 3 Millionen qkm bedeckende Quartär des europäischen Russland wird von Nikitin[1] in 6 Gebiete eingeteilt, deren Typen er folgendermassen schildert:

1. **Finnland und Olonetzgebiet:** Es ist der Anteil an Fennoscandia.

Charakterisirt durch die deutlichen Spuren der Vereisung; Schrammen und Rundhöcker, mächtige Entwickelung der Grundmoräne, Åsar, Endmoränen, glaciale Seebecken. Ablagerungen dem Alter nach: geschichtete Sande und Thone, ungeschichtete Moränenthone und -kiese (Grundmoräne), geschichtete Sande und Thone („interglacial", ohne Fossilien), thoniger Kies (braun-tongrau, Grundmoräne der „zweiten Vereisung"), weiter Endmoränen, Åsar, Sand und Ackerthon.

Nach Nikitin lassen sich alle Ablagerungen durch eine einzige Eiszeit mit Oscillationen erklären. Für Finnland war ferner die marine Transgression von hoher Bedeutung, während der zweiten Hälfte der Vereisung bis ins Postglacial andauernd, der marine Thon, Yoldiathon, ist ihr Absatz; dann kommen die alten Süsswasserabsätze, weiter marine Terrassen, Alluvionen und Torf.

Gegen Ende des Quartär bestand eine Verbindung der Ostsee mit dem Weissen Meer über den Ladoga und Onega.

Mammut nur ganz selten im Spät- oder Postglacial; der neolithische Mensch trat erst nach dem Mammut auf.

2. **Baltische Provinzen und Waldai:** Übergangstypus.

Die Gletscherspuren der Gebirgsgegenden verschwinden, wenn auch noch Schrammen bisweilen auf dem Kalkstein zu beobachten sind; Moränenmaterial aus fremden und localen Elementen zusammengesetzt, nur eine Grundmoräne; Åsar nehmen nach der Grenze zu ab. Südliche Grenze: Waldaiberge mit dem Seenreichtum und der Moränenlandschaft.

Ablagerungen: geschichtete Sande mit Blöcken, als Auswaschreste der Moräne, selten; Grundmoräne, sandig oder lehmig, Åsar, Endmoränen und Moränenlandschaft, obere Sande, kleine isolirte Becken. Postglaciale Süsswasserablagerungen sind Sande (Ancylus-) und Bänderthone (Dryas-), Wiesenmergel, Torf. Auch hier marine Transgression: Glint, geschichteter Thon (Yoldiathon, Terrassen und Uferlinien); Thalbildung.

Mammut noch nicht häufig; andere Säugetiere nur in postglacialen Ablagerungen, als spätere Einwanderer (gegenüber dem centralen Russland). Mensch auch nicht palaeolithisch, dagegen häufige neolithische Funde.

3. **Polen und Litauen:** Ganz analog den Ablagerungen in Preussen.

Zwei Moränen, eine untere und eine obere, dazwischen „interglaciale" geschichtete Thone und Sande; bedeckt werden die glacialen Ablagerungen von geschichteten Sanden oder Thonen spät- und postglacialen Alters. Gut entwickelt ist dieser Typus in Kurland, Wilna und Grodno, im Süden verschwindet er in den Sümpfen und Sanden von Polesie.

Mammut wenig häufig; zu Kielce, Polen wurde der palaeolithische Mensch gefunden, der mit Mammut und Höhlenbär gleichzeitig lebte. Vergl. Abb. p. 25.

4. **Central-Russland:**

Typisch sind 3 Formationen: Eine einzige, verschieden mächtige Moräne, bestehend aus sandigem oder mergeligem Geschiebelehm, welcher die Landschaftsformen bedingt; bisweilen bedeckt von oberen ungeschichteten Geschiebesanden (Auswaschungsproducte der Moräne); ferner untere Geschiebesande, geschichtet, subglacial oder fluvioglacial; bisweilen ersetzen sie die

---

[1] Petermann's Mittheil. 1886, 257, Karte und Congrès internat. d'Archéol. 1892, I, 1—64, Moskau. Nikitin teilt das Quartär oder Posttertiär in 1. Pleistocaen, mit dem Verschwinden des Mammut endigend, und 2. Modern, bis zur Gegenwart.

Brykard weist darauf hin, dass das vom Eis bedeckt gewesene Russland den „glacialen" Abrasionsrelief zeigt, das ausserhalb der Vereisung gelegene den „fluvialen" Erosionstypus. Bull. Soc. belge Géol. XV, 556.

Moräne, bilden weite Strecken an den Grenzen der quartären Ablagerungen (ähnlich dem Sandr). Häufig sind auch locale praeglaciale Süsswasserbildungen. Im Süden über den Moränenablagerungen Löss, am Ende der Glacialeperiode gebildet. Auf den Moränen auch Süsswasserbildungen, welche die Hauptfundpunkte der centralrussischen Mammut- und Rhinocerosfunde sind. Sie entsprechen also der zweiten Hälfte des Glacials oder dem Spät- und Postglacial. Auch die Flussthäler und ihre Alluvionen sind hier einfacher Zusammensetzung, einige Thäler sind praeglacialen Ursprungs.

Mammut und Rhinoceros kommen ausserordentlich häufig auf primärer Lagerstätte vor.

4a. An der Grenze der Ausbreitung der erratischen Blöcke dehnt sich in Bogen ein Streifen von Löss aus, und zwar auf den Moränenablagerungen, ihren Aufarbeitungsproducten. (Diese Blockgrenze ist nicht immer deutlich festzustellen.) Endmoränen sind hier auch sehr wenig entwickelt. Unter den Moränenablagerungen treten oft, besonders im Süden, praeglaciale Süsswasserbildungen auf, die in den Streifen der folgenden südlichen Zone übergehen. Die Oscillationen des Eisrandes haben z. Th. complicirte Verhältnisse geschaffen, die aber nach Nikitin doch nicht zur Annahme eines Interglacials berechtigen.

Auch postglaciale lacustre und fluviatile Ablagerungen trifft man hier. In den Thälern sind Terrassen entwickelt (die oberen die ältesten), mit Resten des praehistorischen Menschen.

Mammut in der Lössregion und einigen alten lacustren Ablagerungen sehr häufig. Auch vom palaeolithischen, mit Mammut zusammen lebenden Menschen sind Nachweise vorhanden.

## 5. Gebiet der südrussischen Steppen.

Ausserhalb der Grenze der Vereisung: Mächtige Entwickelung des Löss (identisch mit dem süd- und westdeutschen); typischer oberer mit terrestrischer Fauna und unterer geschichteter mit Land- und Süsswassermollusken. Unter dem Löss oft mächtige Süsswasserablagerungen von lacustren und fliessenden Gewässern (parallel den glacialen Ablagerungen im Norden).

Mammut und Mensch sehr häufig (palaeolithisch zugleich).[1]

## 6. Ost-Russland:

Östlich der Wolga treten die Ablagerungen der alten Caspischen Transgression hinzu, die Brackwasserablagerungen bilden die Basis der quartären Bildungen, brauner Thon Flussterrassen, selten in Löss übergehend, oft in Sande; der Thon ist an die Gehänge der Thäler gebunden, verschwindet auf dem Plateau. Die höchsten (ältesten) Terrassen führen in enormer Masse Knochen von Mammut, Rhinoceros, Elasmotherium, *Bos primigenius* u. a.[2] —

Nach Tschernyschew[3] waren Timan und Ural nach Süden zu bis zum 61° n. Br. vereist (Schrammen, Blöcke von den Höhen des Timan); das Moränenmaterial wurde aber von der „borealen Transgression" umgelagert und geschichtet. Die Entwickelung der Eisdecke correspondirte mit der grossen Transgression des Caspischen Meeres im Süden Russlands. Die boreale Transgression reichte bis 150 m über den heutigen Meeresspiegel, die Molluskenfauna (*Cyprina islandica*, *Astarte borealis*, *Cardium groenlandicum*, *Mactra elliptica*; an südlicheren Stellen *Cyprina islandica*, *Cardium edule*) zeigt, dass zur Zeit der Transgression das Eis im nördlichen Russland nicht mehr existirte; im Allgemeinen correspondirend mit den schwedischen Yoldiaschichten.[4]

Die Quartärbildungen sind hier: Grund- und Endmoränen, Åsar, marine Ablagerungen, Sande über der Moräne mit Mammut, Flusssande und Thone, Tundrabildungen, Litoraldünen (recent).

### 1a) Finland.

Die geologische Zusammengehörigkeit von Finnland und der skandinavischen Halbinsel, die W. Ramsay durch den Namen „Fennoscandia" ausdrückt, zeigt sich auch in der quartären Entwicklung aller Theile Finnlands. Wir besitzen zwei

[1] Über die einstige Waldbedeckung der Steppengebiete, und über praehistorische Steppen s. Tanfiljew und Krasnow, Ann. géol. Russ. II, 4, 39—42.

[2] Über die ehemaligen Uferlinien des Kaspischen Meeres s. Andrussow, Annuaire géol. Russ. IV, 1901, 7.

[3] Congrès internat. d'Archéol. Moskau, 1892, 35—56.

[4] Auf der Insel Kolgujew enthält sowohl der geröllführende Sand, als der Moränenthon arktische Mollusken. (Feilden, Annuaire II, 1897, 8.)

gute Übersichtsarbeiten über das Quartär und die geologische Entwickelungsgeschichte dieses Gebietes von Sederholm[1] und Ramsay.[2]

Der alte Gebirgsuntergrund zeigt (im Innern wie in dem Küstenarchipel) **Schrammen**[3] und **Rundhöcker**.

Felsenfläche mit zwei verschiedenen Schrammenrichtungen. Tammerfors, Finland.

Nachdem die Schuttmassen der säcularen Verwitterung durch das Eis weggefegt und in die Ablagerungen Russlands und Deutschlands verstreut worden waren, bildete sich allmählig unter dem Eise der **Moränengrus, Krosstensgrus**.[4]

Der Moränengrus ist theils locker, theils äusserst fest (dann „pinmo" genannt). Im Innern des Landes ist derselbe oft an der Oberfläche thonig und guten Boden bildend, meistens wird die Oberfläche aus Geschiebesand gebildet. Wenn im Moränengrus der feine Steinschlamm überwiegt, entsteht der **Blockthon**.

Der Moränengrus ist hier das **älteste** Glied des Quartärs, unmittelbar auf dem alten Gebirge auflagernd; er herrscht fast ausschliesslich in den höheren Ge-

[1] J. J. Sederholm, Les dépôts quaternaires en Finlande. Bull. Commission Géol. de Finl., 10. Helsingfors 1899. Mit Karte der Quartärablagerungen Finnlands, 1 : 2000 000.

[2] W. Ramsay, Über die geologische Entwickelung der Halbinsel Kola in der Quartärzeit. Fennia 16, 1. Helsingfors 1898 (s. hier Litteratur). — Vergl. weiter Sederholm und Ramsay, Les excursions en Finlande, im Guide des excurs. du VII. Congrès géol. internat. Petersburg 1897, XIII (Litteratur). — Vergl. auch Karten und Beschreibung von Finlands geolog. Undersökning, Helsingfors. — Kirchhoff, Unser Wissen von der Erde, Länderkunde von Europa II, 1.

[3] Sederholm, om Istidens Bildn. i det Inre af Finland. Fennia I, 7, Helsingfors 1889 (hier eine Karte der Schrammen).

[4] Als die erste Arbeit, welche die Ansicht aussprach, dass der Geschiebelehm und die erratischen Blöcke in Finland ein Moränenrest der grossen skandinavischen Vereisung seien, wird die von Kropotkin genannt (Forschungen über die Eiszeit. Schr. d. russ. geogr. Ges. VII, 1876); ebenso ist O. Torell einer der ersten.

bieten des Inneren und im Norden, nur in den breiten Küstenzonen ist er von marinem Thon bedeckt. Im Inneren, im nördlichen Savolaks und im östlichen Karelien bildet der Grus lange parallele 10—40 m hohe Hügel, wodurch die Gegend in der Richtung NW.-SO. wie gestreift oder gepflügt erscheint.

Der Moränengrus kann einer fluviatilen Einwirkung unterlegen sein (gewaschener Kies) und kann in den Rollstenagrus übergehen. Dieser bildet zusammen mit Sanden die zahlreichen Åsar (vorzügliches Material zum Strassenbau liefernd).

Karte der Åsar und Endmoränen im südlichen Finnland. Im S. der Doppelbogen des Salpausselkä.

Die Åsar verlaufen über das Land, sowohl in den Küstenstrichen mit marinem Thon, als auch in den centralen Theilen in derselben Richtung wie die Schrammen; ihre Zahl ist bedeutend, auch im centralen Finnland und Lappland (hier auch die grossen Kieshügel, „elm Kaskast") kennt man mehrere. Häufig sind sie von einheitlichen Sandfeldern begleitet. Einer der höchsten Åsar ist der Kejsarås bei Kangasala, der sich 80 m über den benachbarten See erhebt.

Die Endmoränen, auch als „Queråsar" bezeichnet, bestehen aus abwechselndem Geröllkies und Sand, mit Einschaltungen von Moränengrus und grossen Blöcken.[1]

Die berühmteste Endmoräne ist der Salpausselkä, der sich aus 2 Bogenstücken zusammensetzt, von Hangö nach Lahtis und von da im grossen Bogen bis nach Karelien hinein. Nördlich begleitet ihn in der Entfernung von 20—30 km eine parallele Endmoräne bis Koitere. Die Moräne steht in ihrem Verlauf immer rechtwinklig auf die Schrammenrichtung.[2] Nach Sederholm stellt der Salpausselkä

[1] Mit Hilfe der „Isopachyten" (Mächtigkeitscurven, s. de Geer, Geol. För. Förh. 1893, 160) macht Mitthenus den Versuch, die Mächtigkeit und Masse eines Theils (östlich vom Lojasee) der grossen südfinnischen Endmoräne Salpausselkä zu bestimmen. (S. Kvantitetsbestämmelse af Ändmoränen vid Lojo i det sydvestl. Finland. Geol. För. Förh. 23, 1901, 45, Taf. I.)

[2] Berghell, Geol. iakt. i karelska järnv. Fennia V, 2, 1898, Karta.

nicht die Grenze einer besonderen Vereisung dar, wie de Geer annahm, sondern nur eine Endmoräne, die sich in einem bestimmten Rückzugsstadium des Eises gebildet hat.[1]

Schmale Endmoränen in Finnland sind ferner der Tavastmo bei Helsingfors und der Hämeenharju bei Tammerfors.[2]

Die Sande der verschiedenen Epochen sind schwer zu unterscheiden (Glacialsand nahe den Åsarn meist bräunlich, mittelkörnig mit Schrägschichtung, der weiter vor den Mündungen der Gletscherbäche abgesetzte grauviolett und oft von geschichtetem Thon bedeckt, manchmal findet sich auch feiner gelbbrauner Sand). Wahrscheinlich sind die meisten Sande unter der marinen Grenze postglacial, aufgearbeitet von den Wellen. Indessen kommen in Finnland grosse Sandgebiete nur da vor, wo sich seit der glacialen Epoche Sand oder Kies in grossen Massen fand oder vorherrschte.

Später konnten diese Sande wieder von den Flüssen erodirt werden, daher findet man in Lappland und Nordfinnland Flusssande von verschiedenem Alter.

Neben den Wellen hat auch der Wind den alten gehobenen Sand umgearbeitet. So finden sich Dünen an den einstigen Ufern der Litorinasee, auf dem Karelischen Isthmus, ferner bei Brahestad, weiterhin südlich der Uleå, bei Tavastmo nordwestlich von Tammerfors u. s. w.

Die der Litorinasenkung folgende recente Hebung ist in Finnland wieder ungleichmässig (von Quarken mit 1 m auf 100 Jahre, nach Süden zu 45—60 cm, bis Petersburg meist mit 0). Sie hat die geographische Configuration Finnlands besonders an den Küsten wie im Innern stark beeinflusst; die Landseen (deren centrale Theile sich mehr heben als die Ausflüsse) wurden mehr und mehr nach Süden abgeleitet.

Hierdurch wurde u. a. der Saimasee durch die Endmoräne des Salpausselkä hindurch abgeleitet und bildete sich der obere Lauf des Wuoksen mit seinen Stromschnellen, von denen der „Imatrafall"[3] mit seinen zahlreichen Riesentöpfen besonders berühmt ist. Ferner wurde schliesslich, als die Landhebung bis etwa 80% ihres jetzigen Betrages fortgeschritten war, der Pass, der den Ladoga mit dem finnischen Busen verband, geschlossen und die Gewässer des Ladoga fanden endlich im Südwesten einen Abweg durch die Newa.

### 1b) Das übrige nordöstliche Russland.

(Halbinsel Kola, Karelien, Olonetz, Archangelsk.)

Die Landschaftsformen der Halbinsel Kola, russisch Kareliens und des nördlichen und mittleren Finnland zeigen im Allgemeinen grosse Ähnlichkeit: abgerundete Berge von altem Gestein, Moränenhügel, Åsar, Sandfelder und Torfmoore, dazwischen zahlreiche Seen und kleine Gewässer. Auf denjenigen Felsen, die von den säcularen Verwitterungsproducten gesäubert sind, charakteristische abgerundete Formen mit moutonnirten Stoss- und schroffen Leeseiten.

Murchison beobachtete südlich und südöstlich vom Weissen Meere Geschiebe-

[1] Fennia I, 7, 1889 und Guide des exc. XIII, 10. — Ramsay l. c. 8.
[2] Vergl. auch Brenner, Fennia V, 8, 1892. Karte. B. hält den Rücken für einen Ås.
[3] Vergl. Guide XIII, 16.

lehm und -Sand mit den finnischen und lappländischen Gesteinen, den Schrammen correspondirend transportirt.[1]

Der Arbeit von Ramsay sind die folgenden Angaben entnommen:

Auf der Halbinsel Kola zeigen die Thäler meist einen von den Bewegungsrichtungen unabhängigen Verlauf oder wurden als schon existirend von den Eismassen benutzt.

Es sind 2 verschiedene Bewegungsrichtungen zu erkennen: eine gegen Nordost nach dem Eismeer und eine nach Südost zum Weissen Meer und in diesem längs der Süd- und Ostküste von Kola. Aus den Schrammen in der Nähe des Golfes von Kandalakscha folgert Ramsay, dass ein Eisstrom des Weissen Meeres während aller Vereisungen existirt hat, aber zu verschiedenen Zeiten ungleich mächtig war.

Für das Studium der erratischen Blöcke sind sehr werthvoll das Nephelinsyenitgebiet im Innern der Halbinsel und der Granathornblendeschiefer bei Kandalakscha (s. die Karte von Ramsay, S. 43). Die ersteren zeigen 3 Gebiete ihrer Verbreitung, es findet sich eine Vermischung der beiden Arten von Nephelinsyenit (Chibinit und Lujavrit) in ein und derselben Moräne. Ramsay glaubt nicht, dass die nordöstlich und die südöstlich gerichteten Eisströme gleichzeitig gewesen sein können.

An den vor späterer Erosion geschützten höheren Stellen Kolas findet sich die unveränderte Grundmoräne[2] in dünnerer oder dickerer Schicht auf dem festen Gestein, in den Thälern und Flachländern ziemlich mächtig und zusammenhängend, auf den Bergen als ganz dünne, vielfach zerrissene Decke, bisweilen auf Blockbestreuung reducirt. Auf den Hochplateaus hört die Moräne bei 400—600 m auf. Endmoränen sperren auf Kola einige Fjordthäler der Nordküste ab (der 85 m hohe Solovareka südlich Kola, westlich von Umba u. a. m.).

Westlich vom Weissen Meer breitet sich eine meist sandige Moräne aus; wallartige, quer zu den Bewegungsrichtungen des Landeises liegende Anhäufungen von Moränen- oder Geröllgrundmaterial sind vielleicht eine Fortsetzung des Salpausselkä, auch südlich der Onegabucht sind sie beobachtet. Die Solovetskoi-Inseln bestehen aus Geschiebematerial; Inostranzeff unterschied hier eine untere graue und eine obere rostgelbe, mehr thonfreie und lockere Abtheilung der Moräne (letztere mit vielen abgerundeten Steinen, vielleicht nach Ramsay z. T. alte innere Moräne, z. T. durch Meeresbrandung ausgewaschen); die Moräne bildet hier mehrere N.—S.-Rücken.

Auf der Onegahalbinsel trifft man auf den Thalböden und der Tiefebene blockfreien Thon und Sand, alle Anhöhen und Hügel sind dagegen von einem an Blöcken und Grand sehr reichen ungeschichteten Thon gebildet, Moränenthon, den Ramsay für älter als die blockfreien Thone ansieht. Neben dem vorwiegenden Geschiebelehm kommt auch sandige Moräne vor. Im Dwinagebiet bestehen ebenfalls die Höhen aus blockreichem Moränenthon, während in dem niedrigen Gebiet der geschichtete sandige und fette Thon auftritt. Im Tieflande der unteren Dwina findet sich nach Amalitzky eine Überlagerung von Moränenthon auf marinen Sedimenten.

An der Winterküste und an den Steilufern der Insel Morschovets trifft man auf geschichteten Sanden eine Decke von Geschiebelehm von verschiedener Mächtigkeit und verschiedener Höhenlage. Die Süd- und Ostküsten des Weissen Meeres sind oberflächlich zum grössten Teil mit Moräne bedeckt (abgesehen von den jüngeren Torfbildungen).

[1] The Geology of Russia 1845, I, 507. Inostranzeff beschrieb die Moränen, Gerölle, Åsar, Strandlinien und Küstenhebung im Lichte der Inlandeistheorie (1871—1877).

[2] Litteratur über die Beschaffenheit der Moräne s. Ramsay, S. 8.

**Geröllsand** findet sich vielfach, teils als Umarbeitung aus Moränen in Uferbildungen, teils fluviatil in **Åsar** (die besonders durch Inostranzeff, Rosberg und Ramsay bekannt worden sind); auf Kola fand R. keine Åsar, dagegen hohe **Deltaterrassen**, welche mehrere der Flussmündungen an der Murmanküste umgeben; dieselben haben sich wohl bei einer früheren Landsenkung gebildet, als die Flüsse wasserreicher waren, als jetzt (in der Abschmelzzeit des Landeises).

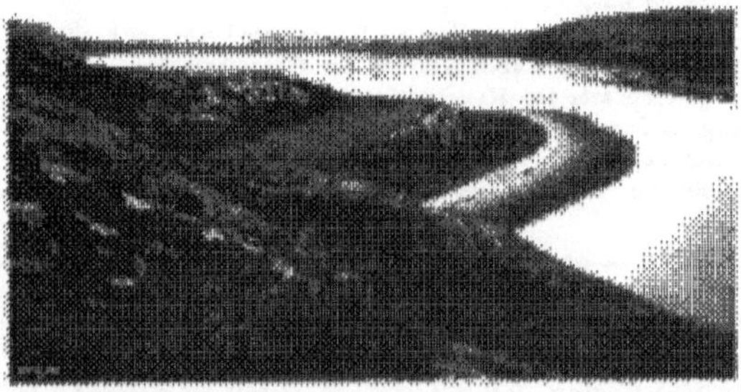

Terrassen der Endmoräne am Kolafjord (nach Ramsay).

**Flugsandfelder** und **Dünen** sind hier an den langen offenen Küsten eine häufige Erscheinung. Man darf annehmen, dass sie sich von der frühesten Zeit der Eisperiode bis zur Gegenwart gebildet haben. Die grossartigsten Flugsandbildungen aus gegenwärtiger Zeit erwähnt Ramsay von Kusomen; „das Dorf ist auf einem pflanzenlosen Flugsandfelde gebaut, worin ältere Gebäude, z. B. die älteste Kirche, schon halb begraben sind. Am Rande des angrenzenden Waldes im Nordwesten stecken die ersten Reihen von Bäumen bis zu den Gipfeln im Sande. (Taf. II, Fig. 2 zeigt eine Düne bei Krasnaja Gora, welche die Bäume schon zum guten Theil verhüllt hat.")

**Strandlinien:**

Murchison und Keyserling haben im Nordosten Russlands eine umfassende quartäre marine Transgression nachgewiesen. Die bedeutendste Niveauschwankung ist die Verschiebung der Strandlinie der bis 150 m über den gegenwärtigen Meeresspiegel reichenden sog. „**borealen marinen Transgression**".

Auf der Halbinsel Kola sind schon lange alte hochliegende Strandlinien bekannt; sie treten in Form von Stufen im festen Gestein, von Abrasionsterrassen im losen Terrain, Accumulationswällen auf mässig geneigten Abhängen und von hohen Deltaplateaus an Flussmündungen auf.[1] Ihre Höhenlagen wurden von Ramsay genauer angegeben. Es fand sich hierbei, dass vielfach 3 Strandlinien verschiedener Niveaus auftreten (vergl. die Profile l. c. 74, 75).

Mariner Thon und Sand.

„Von allergrösster Bedeutung war Murchison's und Keyserling's Entdeckung, dass posttertiärer Thon und Sand, welche subfossile marine Mollusken enthalten, die mit wenigen Ausnahmen den im Weissen Meer und an der Murmanküste noch lebenden Arten angehören, die Thalmulden der Flüsse Dwina, Waga, Pinega u. a. erfüllen. Daraus folgt, dass das Eismeer in pleistocaener Zeit sich über grosse Gebiete von Nordrussland hin ausgedehnt haben muss".

Schalen von marinen Mollusken sind in den quartären Ablagerungen und auf alten Strandterrassen an zahlreichen Orten der Murmanküste (besonders am Kolafjord) und am Weissen Meer, im Tiefland der unteren Dwina gefunden. Die meisten Vorkommnisse liegen einige Meter über dem Meer, es werden aber auch Funde von 10—30 m Höhe mitgetheilt.

Westlich vom Weissen Meer sind nur die zwei Funde bekannt in dem „Schneckenmergel" von Stjernwall im Kuolajärvi, Finnland, ca. 100 m ü. d. M. und bei Knäjascha, 22 m ü. d. M. Die Listen der Formen aus den Schalenbänken der Murmanküste und aus dem Tiefland der unteren Dwina und westlich vom Weissen Meere finden sich bei Ramsay S. 95 und 97—99:

*Chiton marmoreus, Acmaea testudinalis, Puncturella noachina, Moelleria costulata, Margarita helicina, groenlandica, obscura, Trochus tumidus, cinerarius, Natica clausa, Littorina littorea, palliata, obtusata, rudis, Lacuna pallidula, divaricata, Rissoa aculeus, striata, Skenea planorbis, Admete viridula, Trophon truncatus, clathratus, Purpura lapillus, Buccinum undatum, Cylichna alba, Utriculus pertenuis, truncatulus.*

*Anomia ephippium* und var. *aculeata, Pecten islandicus, Mytilus edulis, modiolus, Dacrydium vitreum, Crenella decussata, Leda* sp., *Cardium fasciatum, Cyprina islandica, Astarte borealis, Banksi, Cyamium minutum, Thracia truncata, Axinus flexuosus* var. *Gouldi, Venus gallina, Mya arenaria, truncata, Saxicava rugosa.*

## Gliederung des nordostrussischen Quartärs.

Nikitin und Tschernyschew sprachen sich 1880 und 1892 dahin aus, dass man in Nordrussland nur Beweise für eine Vergletscherung hat.

Auch de Geer nahm an, dass die letzte grosse Vereisung nur bis zum Salpausselkä gereicht habe und von da längs dessen Fortsetzung nach russisch Karelien westlich vom Weissen Meer. Nach Ramsay wird man allerdings die Fortsetzung des Salpausselkä östlicher verlegen müssen, sie erreicht bei Suma das Weisse Meer; und wenn der Salpausselkä überhaupt nicht die äusserste Endmoräne der zweiten Vereisung ist, sondern nur eine bei längerem Stillstand des Eisrandes bei seinem Rückzug entstandene Bildung, so kann man ganz gut annehmen, dass die grosse Vereisung viel weiter nach Osten und Süden sich erstreckt hat. Indessen haben wir hierin weder einen Beweis für, noch gegen zwei Eiszeiten.

Sederholm und Ramsay gehen von der Annahme mindestens zweier Eiszeiten mit zugehörigem Interglacial aus und suchen die gemachten Beobachtungen mit denselben in Einklang zu bringen. Sederholm sagt, dass man noch nicht weiss, ob in Finnland sich Ablagerungen aus der ersten Glacialepoche und aus dem Interglacial finden, vielleicht gehören die Mammutknochen zu letzterer. „Jeden-

[1] S. Ramsay, l. c. 47 (Litteratur).

falls hat sich die Hauptmasse der glacialen Bodenarten in Finnland während der letzten Glacialepoche gebildet, als sich der Eisrand auf der Strecke von Archangelsk nach Polen erstreckte".

Zu einer Zweigliederung könnte man die Beobachtung [1] verwerten, dass südlich von der Endmoräne Hämeenkangas zwei differente, durch Blöcke von verschiedenem Ursprung ausgezeichnete Moränengruse vorkommen, welche sogar durch ein mächtiges Lager von Glacialthon getrennt sind. Der Umstand, dass das Vorkommen unmittelbar südlich von einer Endmoräne liegt, mahnt indessen zu Vorsicht.

Ramsay nimmt an, dass man auf der Halbinsel Kola und in den Umgebungen des Weissen Meeres wenigstens zwei grosse Vereisungen unterscheiden kann, die getrennt sind durch die „interglaciale" boreale Transgression.

Die erste hatte die bekannte allergrösste Ausdehnung nach Osten und Südosten in Russland und bedeckte auch die Fischerhalbinsel und die Insel Kildin (Saxonian und Polandian Geikie's). Auf Kola lag kein selbständiges Centrum der Firnbildung, sondern die Eismassen kamen von Nordfinnland und flossen in divergirenden Richtungen über Nordrussland; man könnte folgende Eisströme unterscheiden: Den Enare-Waranger-, Murman-, Umptek-Lujavr-Urt-, den des Weissen Meeres und den Onega-Eisstrom.

Die zweite (Mecklenburgian Geikie's) entspricht der letzten grossen Vereisung in Skandinavien und im Südbalticum und hat sich wahrscheinlich noch über das „Kleinseegebiet" Russlands erstreckt aber im Norden nicht die Fischerhalbinsel Kildin und die Murmanküste überschritten.

Der Salpausselkä und seine Fortsetzung bezeichnen nur Rückzugstadien am Schlusse dieser Vereisung.

Ramsay's Karte der letzten grossen Vereisung, die umstehend wiedergegeben ist, zeigt eine ganz andere und viel wahrscheinlichere Abgrenzung dieser letzten Eisbedeckung, als die de Geer'sche.

Das Inlandeis der letzten grossen Vereisung muss südöstlich vom Weissen Meere die unteren Läufe mehrerer Flüsse gedämmt und ähnliche Ablenkungen hervorgerufen haben, wie an den bekannten Fällen in Norddeutschland (vgl. die Beispiele des Pinega und Kuloj, Ramsay, S. 116).

Auch Eisstauseen werden hier nachgewiesen (Imandrathal), mit hochgelegenen Strandlinien.

Die Kleinseelandschaft des baltischen Höhenrückens, die gewöhnlich für die Grundmoränenlandschaft des letzten grossen Landeises (des baltischen Stromes) gehalten wird, setzt sich nach Osten in West- und Nordrussland fort; Krischtafowitsch hat hier interglaciale Intramoränbildungen nachgewiesen. Eine Fortsetzung dieser Zone bis zum Weissen Meer umschliesst das Gebiet, welches nach Ramsay Moräne auf fossilführenden marinen Schichten zeigt.

Die äusserste Grenze wird aber wohl noch weiter gereicht haben und die Seelandschaft hier wie in Norddeutschland nur einen sehr langen Aufenthalt des Eisrandes nach einem Rückzug von der allergrössten Ausdehnung bezeichnen.

(Wie die Randbildung des Salpausselkä, so blieben die Åsar und die meisten der Gletscherschliffe auch am deutlichsten im Randgebiete des Inlandeises zurück.)

Als letzte trat noch eine locale Vergletscherung der centralen Hochgebirge Umptek und Lujavr-Urt ein.[2]

[1] Guide XIII, 6.

[2] Ramsay, Fennia 11, 8.

Als Gründe seiner Auffassung führt Ramsay folgendes an:

a. Das Vorkommen der ausgedehnten marinen Thon- und Sandablagerungen der sogenannten borealen Transgression auf älteren Gletscherbildungen; während auf ihnen Sande und Gerölle liegen, die zuweilen Reste von Mammut und Renthier enthalten. Diese oberen, gröberen, blockführenden Ablagerungen werden allerdings von Tschernyschew nicht als Moräne angesehen, sondern als durch die Einwirkung des Meeres umgelagerte Glacialablagerungen und Tschernyschew will die marinen Schichten als spätglacial ansehen[1], während Ramsay und de Geer sie für interglacial halten. Bei Ust-Pinegi beobachtete Ramsay echte Moräne mit geritzten Geschieben und Muschelfragmenten auf den fossilführenden Schichten (andere Sandablagerungen an der Winterküste unter der Moräne sind kvikk-Bildungen). Die sand- und blockführenden Grandablagerungen deuten nach Ramsay auf Landeis, Treibeis oder Schmelzwasserflüsse des sich zurückziehenden Landeises.

b. Die Werte der gemessenen marinen Grenzen, aus denen eine interglaciale Zeit von Landsenkung und Landhebung gefolgert wird (ähnlich wie in Norwegen und im Baltikum).

Die Niveauschwankungen des nordost-russischen Areales werden von Ramsay demgemäss in folgender Weise gegliedert: Er unterscheidet im Einklange mit de Geer drei verschiedene quartäre Landsenkungen, eine interglaciale, spät- und postglaciale; sie waren durch mehr oder weniger langandauernde Landhebungen von einander getrennt.

1. Die interglaciale Landsenkung, sogenannte „boreale marine Transgression“ in Nordrussland östlich und südlich vom Weissen Meere: Nach der ersten allergrössten Vereisung wurde

[1] Dasselbe würde auch nach Nikitin's Anschauung gelten, welcher überhaupt die ganze nordrussische Vereisung der sog. „zweiten Vereisung“ zuschreibt.

der Boden vom Meer überflutet, welches nach Tschernyschew Höhen bis zu 120—150 m über der gegenwärtigen Meeresoberfläche erreichte.

Die interglacialen Ablagerungen können im Nordwesten von Russland durch die spätere Vereisung verwischt sein, im unteren Dwinagebiet, an der Onegahalbinsel, an der Winterküste sind sie vom Moräne überlagert worden; auf Kildin und der Fischerhalbinsel sind die Strandlinien noch erhalten, da bis hierhin die spätere Vereisung nicht mehr reichte; ähnlich auch auf der Warangerhalbinsel.

Die Beträge dieser Landsenkung werden an der westlichen Murmanküste und in Ostfinmarken zu 60—100 m angegeben, für die östliche Murmanküste zu 67—65 m.

Marine Ablagerungen von der Zeit der interglacialen Transgression kommen auf der Halbinsel Kola nicht vor. Nach den Befunden an der unteren Dwina aber fehlen dort echt arktische Formen wie *Yoldia arctica*, wogegen Formen von gemässigtem Klima wie das heutige und auch solche vorkommen, die dort heute nicht mehr leben.

Tschernyschew und Lewinson-Lessing erachten aber die boreale marine Transgression für spät- oder postglacial; auf ihnen lagere keine Moräne, sondern gewaschenes Material. Dagegen steht wieder die Beobachtung Amalitzky's, der auf den marinen borealen Ablagerungen Thon mit Muschelfragmenten und geschrammten Blöcken, „wahrscheinlich Moräne", fand.

Der Annahme von 3 Bodensenkungen folgend, verteilt Knipowitsch die quartäre Fauna des Weissen und Murman-Meeres[1] auf dieselben. Er nimmt an, dass die Funde am Murmanufer zur postglacialen Senkung gehören, die der Dwina, Pinega, Waga, Mesen, Petschora, Indiga interglacialen Alters sind, diejenigen Nowaja Semljas postglacial. Am Murmanufer fand er zwei verschiedene Faunen, eine mit der heutigen identische und eine etwas wärmere als die der gegenwärtigen Murmanküste; „augenscheinlich sind beide Faunen synchronisch". An der Nordküste des Weissen Meeres finden sich neben den noch jetzt dort lebenden Formen auch *Astarte crebricostata* und *Cardium fasciatum* (erstere auf mehr oceanischen Charakter, letztere auf ein milderes Klima deutend). Im Dwinagebiet fanden sich von 55 Arten 45 noch jetzt im Weissen Meere lebende und 4 Formen, die nur an der norwegischen Küste vorkommen und z. T. auf wärmeres Klima deuten, resp. auch auf mehr oceanischen Charakter. Am Ende der grossen Transgression fängt das milde Klima an, sich zu ändern und die Fauna nimmt arktischen Charakter an. Die Geschichte des Faunenwechsels ist nach Knipowitsch folgende:

Zur Zeit der grössten Vereisung wurde der Norden Russlands vom Yoldia-Meere bespült; am Ende dieser Periode erscheint dieselbe Fauna im Weissen Meere. (Selbstverständlich bestand diese Fauna nicht ausschliesslich aus *Yoldia arctica* und ihren Begleitern, diese letztere Gruppe ist vielmehr nur eine Schlammfacies und es existirten gleichzeitig auch andere Facies, z. B. Steinbodenfacies, Sandfacies u. s. w.). Mit dem Abschmelzen des Eises veränderten sich die klimatischen Bedingungen, die Fauna des Yoldia-Meeres tritt zurück und ihre Stelle nimmt eine neue, dem wärmeren Meere eigene Fauna ein. Die aussterbende arktische Fauna erhält sich nur an einzelnen Stellen, wo sie günstige Bedingungen findet (tiefe Fjorde). Auf solche Weise erhalten sich Überbleibsel der arktischen Fauna, obgleich das Hauptgebiet der Transgression, dank dem warmen Klima, von einer anderen Fauna eingenommen wird, die nicht nur keine Kaltwasser-Formen, sondern solche Arten wie *Cardium edule L.* enthielt. Nach der Bildung des zur Zeit dieser Transgression abgelagerten dunklen, sandigen Thons sind im Weissen Meere grosse Veränderungen vor sich gegangen. Das Meer bedeckte nur das Gebiet des unteren Laufes der Dwina (unterhalb der Ust-Pinega); das Meeresklima änderte sich bedeutend und wurde dem jetzigen gleich.

Die Fauna dieser Ablagerungen ist von der Jetztzeit wesentlich verschieden, durch die Anwesenheit einiger der heutigen Fauna gänzlich fehlender Arten, welche oceanischen Charakter besitzen. „Zur Zeit der Bildung der genannten Ablagerungen fanden positive und negative Verschiebungen der Strandlinie statt. Die Meeressedimente am Unterlaufe der Dwina sind stellenweise mit Süsswasser-Ablagerungen bedeckt, denen hier und am Nordstrande des Weissen Meeres und im Pinega-Gebiet die obere Moräne folgt."

Über die Zeit der Einwanderung der noch im Weissen Meer lebenden *Yoldia arctica*-Fauna

[1] Knipowitsch, Zur Kenntnis der geologischen Geschichte der Fauna des Weissen und des Murman-Meeres. Verh. russ. Min. Ges. 1900 (ref. Geol. Centralbl. I, 725).

gehen die Ansichten von Knipowitsch und Ramsay[1] auseinander: Nach Kn. ist die heutige Yoldiafauna ein Relict der grossen Eiszeit, nach R. aus der spätglacialen Senkung und zwar aus folgenden Gründen:

a) Das spätglaciale Yoldiameer des Balticums entspricht einer Landsenkung nach der letzten Vereisung, seine Uferlinien liegen auf der jüngeren Moräne (es giebt dort auch interglaciale Yoldienfaunen, die aber von der spätglacialen durch Moräne getrennt sind); ebenso sei in Nordrussland die boreale Transgression durch die letzte Eiszeit von dem postglacialen Yoldiameer getrennt: also könne kein Zusammenhang zwischen der borealen marinen Transgression und dem Yoldiameer Fennoscandias bestehen.

b) Die letzte Vereisung dehnte sich nach Osten über das ganze Weisse Meer aus und lagerte dort die obere Moräne ab, welche von Gletschern stammte, die aus Kola kamen und das ganze Becken des Weissen Meeres ausgefüllt und die dortige Fauna vertrieben haben müsse; also ist *Yoldia arctica* kein Relict aus der Periode der grössten Vereisung!

c) Die vorauszusetzende wärmere Periode kann nicht mit der borealen marinen Transgression zusammenfallen, sondern entspricht der Litorinazeit.

2. Die spätglaciale Landsenkung:

In der ganzen Umgebung des Weissen Meeres sind die marinen Grenzen spätglacial, auf der Murmanküste fasst Ramsay die höchsten Strandlinien z. T. als interglacial auf und würde dann die spätglaciale marine Grenze an der sogenannten Deltastrandlinie liegen. An der westlichen Murmanküste sind nur die an den Fjorden bestimmten marinen Grenzen spätglacial, an der Eismeerküste, der Fischerhalbinsel und Insel Kildin sind die Grenzen der spätglacialen Landsenkung durch gewisse niedriger gelegene Strandlinien bezeichnet. Ähnlich auch auf der Warangerhalbinsel.

[1] Ramsay, Verh. russ. Min. Ges. Petersburg 1900, 485.

Die Grenzen dieser Landsenkung werden genauer angegeben und daraus Isobasen für Kola construirt; ihre Höhen stehen in gutem Einklang mit dem Gesetz der ungleichmäßigen Landhebung. Das De Geer'sche spätglaciale Isobasensystem für Nordeuropa ist dadurch vervollständigt. — Siehe vorstehende Karte. —

Aus diesem Bild ersieht man, dass Fennoscandia mit den angrenzenden Ländern ein selbständiges Senkungsgebiet war. Die Curven erscheinen auffallend abhängig von der Form des Landes, d. h. sie verlaufen conform der Umgrenzung des Grund- und Faltengebirges; die grossen See- und Meeresbecken haben sich nicht so viel gehoben wie die umgebenden Festländer. Die Isobase 0 umschliesst nach Ramsay annähernd die Gegenden, die von der „letzten grossen Vereisung" bedeckt waren. Von dieser Grenze nehmen die Beträge der früheren Landsenkung stetig nach den centralen Teilen hin zu.

Marine Ablagerungen sind mit Ausnahme der Deltabildungen von dieser Zeit auf Kola nicht bekannt, in russisch Karelien aber sehr häufig.

3. Die postglaciale Landsenkung:

Obwohl direkte Beweise (wie Strandlinien, Flussbetten unter dem Meeresniveau, untermeeische oder von Uferbildungen bedeckte Torfmoore) fehlen, darf doch wohl auch für die Halbinsel Kola und Umgebung des Weissen Meeres nach der spätglacialen Senkung eine erneute Hebung und folgende, postglaciale Senkung angenommen werden.

Als Beweis wird eine untere Strandlinie mit wohl entwickelten Terrassen und Wällen an den Ufern des Weissen Meeres und der Murmanküste angeführt; hinter den Uferwällen treten alte Lagunen oder Absperrungen von Thälern auf. Auch in den benachbarten Teilen Norwegens scheint diese Strandlinie deutlich entwickelt zu sein.

Der Betrag schwankt zwischen 1 und 34 m; die Isobasen würden mit den spätglacialen ziemlich conform verlaufen. Die Schalenbänke der Murmanküste und am Weissen Meer liegen auf Terrassen unterhalb der Grenze der postglacialen Senkung, sie zeigen wesentlich dieselben Formen, die jetzt an den dortigen Küsten leben, indessen sind auch einige gefunden, die dort schon ausgestorben sind.

4. Die Frage, ob die Hebung der an der Murman- und Weissen Meerküste noch in historischer Zeit bemerkbar ist, ist schwer zu entscheiden.

Nach den Auseinandersetzungen über die Einheitlichkeit der Eiszeit des baltischen Gebietes kann man auch für das nordost-russische Gebiet diese drei Landsenkungen als Phasen der (für das dortige Gebiet) postglacialen Niveauschwankungen ansehen. Die durch Eisdruck und tektonische Ursachen bald nach dem Maximum der Vereisung eingeleitete Landsenkung schuf die „boreale Transgression", mit abnehmender Stärke folgten die weiteren Schwankungen. Die Temperaturerhöhungen (am stärksten gegen Schluss, d. i. zur Litorinazeit) sind auf den Einfluss der freien zugänglichen wärmeren Meeresströmungen (Golfstrom) zurückzuführen (nicht auf äussere, kosmische Bedingungen selbständiger Perioden).

## II. Die postglacialen und alluvialen Süsswasser- resp. Binnenabsätze Fennoscandias.

Wie oben gesagt, reihen sich ohne scharfe Grenze an die jüngsten Glacialbildungen diejenigen, die man als extraglaciale Bildungen der Spät- und Postglacialzeit und des Alluviums bezeichnen kann.

Die extraglacialen marinen Bildungen sind oben besprochen, es schliessen sich an dieselben, wohl zu beachten z. T. gleichalterig, die Süsswasser- und Binnen-Absätze an.

Ausser den Süsswasserbildungen des „Ancylussees" finden sich im Innern des

Landes nach NATHORST **Schwämmthon**, **Gytja** und **Torf** (oft in dieser Reihenfolge) als Ausfüllungsmassen früherer Seebecken, ferner auch **Kalktuff**.

Besonders in Schonen sind die Profile sehr vollständig, so in der cupirten Moränenlandschaft von Alnarp und Åkarp.

1. In den kleinen Becken lagert bis 3 m mächtig blaugrauer, unten deutlich geschichteter glacialer Süsswasser-Thon oder „**Dryasthon**", in dessen untersten Lagen Blätter von *Salix polaris*, *Dryas octopetala*, auch *Salix herbacea* vorkommen, während nach oben neben häufiger werdender *Dryas* auch *Betula nana* und *Salix reticulata* hinzukommt, *Salix polaris* aber verschwindet. (Bisweilen, z. B. bei Näsbyholm bilden die Blätter und Moose — hochnordische und allgemein verbreitete Arten — ganze, 1—1,5 cm dicke Lager in dem sandigen Thon.)

In Dänemark und Seeland fand sich neben diesen Formen noch *Oxyria digyna*, *Saxifraga oppositifolia*, *caespitosa* u. a.

Die **Flora**, welche nach dem Abschmelzen des Eises zuerst auftrat, war also **rein arktisch**, entsprechend der gegenwärtigen von Spitzbergen und den skandinavischen Hochgebirgen.

Es ist das Verdienst A. G. NATHORST's,[1] die arktische Flora in dem ganzen Gebiet der früheren Verbreitung des skandinavischen Landeises nachgewiesen zu haben, in Schweden, Norwegen, Dänemark, Norddeutschland, den Ostseeprovinzen, England (1870). Die Glacialflora umsäumte den Rand des Eises bei dessen grösster Ausdehnung und seinem Rückzug.

Von **Thierresten** wurden in diesen Lagern gefunden: *Pisidium*, *Limnaea ovata*, *Anodonta cygnea*, *Sphärium corneum*, nordische Käfer wie *Thanatophilus lapponicus*; Ostracoden z. B. *Cytheren torosa*; der rein arktische *Apus glacialis*. Auch das Renthier fand sich.

Der Dryasthon kann local in Moränengebieten auch durch **Sand** ersetzt sein.

Der Thon in den nördlichen Moränengebieten kann eventuell auch z. T. älter sein, als der in dem Gebiete der baltischen Moräne, d. h. gleichaltrig mit sogenannten interglacialen Thonen[2].

2a. Oft wird der Dryasthon von **Schneckengytja**, sog. **bleke**, überlagert, einer weisslichen, aus Gytja und gefälltem Kalkschlamm bestehenden Masse[3] mit zahlreichen Schalen von Süsswasserconchylien, Ostracoden, Charafrüchten, Diatomeen u. a. Der Befund von arktischen Pflanzen weist auf den Fortbestand des bisherigen Klimas; an anderen Stellen aber finden sich postglaciale, erst später eingewanderte Mollusken, wie *Bithynia tentaculata*, *Planorbis corneus*, *Limnäa stagnalis* u. a.

In den oberen Lagen des Dryasthones finden sich Blätter von grösseren

[1] Vergl. NATHORST, Über den gegenwärtigen Standpunkt unserer Kenntniss von dem Vorkommen fossiler Glacialpflanzen. Bih. Vet. Ak. Handl. 17, III, 5. 1892.

[2] Ein interessantes Profil gab MUNTHE von den sog. glacialen Süsswasserbildungen Schonens in Geol. För. Förh. 19, 1897, 120: om de sk. „glaciala sötvattensbildn." i Klågerupstrakten älder och bildningssätt. (N. N. Jahrb. f. Min. 1899 I, 156).

[3] Eine etwas schiefrige hellgraue Kalkgytja von Martebo bei Visby besteht nach A. VESTERBERG (Geol. För. Förh. 17, 1891, 431) aus: 63,1 Kalkerde, 0,9 Magnesia, 26,1 Kohlensäure, 0,3 Kali, 0,04 Natron, 2,5 Eisen und Thonerde, 0,09 Phosphorsäure, 0,3 Schwefelsäure, 3,8 Kieselsäure, 21,9 Unlöslichem, 11,4 organ. Substanzen und Wasser, 2,7 hygrosk. Wasser.

Weidearten, wie *Salix phylicifolia*; es zeigt sich somit keine scharfe Grenze zwischen den spät- und postglacialen Lagern.

2b. In ununterbrochener Folge können die erwähnten Ablagerungen in den bedeckenden Torf übergehen; wenn die Schlammzufuhr verringert wurde, entwickelte sich in der späteren Zeit ein reiches Leben von niederen Thieren und Algen mit einzelnen höheren Wasserpflanzen, wie *Potamogeton*, *Batrachium*, *Nymphäa* u. a. Schalen von Diatomeen, Reste von anderen Algen, Excremente von Mollusken, Ostracoden und von Insectenlarven, Fragmente von Wasserpflanzen, Pollenkörner, Insectenreste u. s. w. wurden auf dem Seeboden angehäuft zu einer geléeartigen, bräunlichen oder grünlichen Masse, der sog. „Gytja“. Dieselbe enthält ausserdem noch Blätter von Bäumen und anderen Pflanzen, welche in der Umgebung des Sees lebten.[1] Beim Trocknen blättert die Gytja oft in dünnen Lagen auf (Papiergytja, -torf, -thon). Eine andere Varietät ist die Diatomeenerde, Kieselguhr (sehr viel z. B. in Degernäs, Norrland, vorkommend).

In der Gytja von Schonen finden sich Reste der ersten eingewanderten Baumvegetation, Zitterpappel und Birke, nebst *Salix caprea*.

3. Mit Zunahme des Waldes wurden dem See immer mehr humusartige gelöste Substanzen zugeführt, aus dem braunen Wasser wurde nun am Seegrund der Torfschlamm (torfdy nach H. v. Post) abgesetzt, eine dunkelbraune, ziemlich homogene Masse, bestehend aus huminsaurem Kalk und Eisenoxyd, mit Excrementen und Resten niederer Thiere und undeutlichen Pflanzenresten.

In den meisten Proben von Gytja und Torf fand Lagerheim[2] bestimmbare Reste von Rhizopoden, Heliozoen und Tintinniden und zeigte, dass gleichzeitig mit den Protozoen in den meisten Seen ein Phytoplankton aufgetreten ist.

4. Der Torf selbst enthält noch erkennbare Pflanzenreste, wie Stämme, Zweige, Blätter, Früchte, Samen. Bisweilen wechselt auch Torf und Torfschlamm.

Man kann 3 Typen von Torfmooren unterscheiden (die auch ineinander übergehen können):

1. Waldmoor, von den Resten des umgebenden Waldes gebildet;
2. Wiesenmoor, in flachen Thalsenken aus Gräsern und Riedgras mit Sumpf- und Wasserpflanzen gebildet;
3. Hochmoor (Weiss-, Heidemoor), hauptsächlich aus Weissmoos (Sphagnum) gebildet, bisweilen in der Mitte bis 2—4,5 m höher als an den Rändern; das Moos wird schliesslich ersetzt durch *Eriophorum*, *Carex*, *Oxycoccus*, *Calluna*, *Myrica*, *Andromeda*, Birken, Fichten u. a.

Andersson unterscheidet nach den torfbildenden Pflanzen zwei Hauptabtheilungen von Torf: Gefässpflanzentorf und Moostorf.

I. Die wichtigsten Arten des Gefässpflanzentorfes sind:

Seggentorf, aus einem Gewirr von verfilzten Wurzeln und Stammtheilen von Carexarten bestehend, allgemein verbreitet.

---

[1] Im Mittel besteht die Gytja zu je 5% aus unterscheidbaren thierischen und pflanzlichen Resten, zu 15% aus Thon- und feinen Sandpartikeln und zu 75% aus Excrementen der einst in dem Gewässer lebenden Thiere.

[2] Om lämningar af Rhizopoder, Heliozoer och Tintinnider i Sver. och Finlands lakustrina kvartäraflagringar. Geol. För. Förh. 23, 1901, 469.

**Schilftorf**, aus Stamm- und Wurzeltheilen von *Phragmites communis* entstanden, mit Schlamm und Thon verunreinigt (ganz allgemein).

**Schachtelhalmtorf**, in den von *Equisetum fluviatile* erfüllten Gewässern entstanden, (oft mit vorigem untermischt).

**Binsentorf**, aus Beständen von *Scirpus* entstanden.

**Fasertorf**, aus *Eriophorum vaginatum* entstanden, bildet oft im Torfmoostorf mehr oder minder mächtige und ausgedehnte Schichten, leicht kenntlich an den zähen, fadenförmigen Resten der Blätter von *Eriophorum*.

**Erlentorf**, schwarz, häufig erdig, zuweilen aus Erlenstümpfen auf der feuchten Oberfläche der Moore entstanden, Übergänge zu Humus bildend.

**Heidetorf** (in Finnland nicht bekannt) aus *Calluna* entstanden.

**Rauschbeerentorf**, von *Empetrum* gebildet (auf Kola gefunden).

**Fichtentorf**, Fichtendy ist ein an Fichtenresten reicher Torfschlamm.

**Schwemmtorf** bildet Schichten von Zweigen, Holzsplittern, Rinde, Wurzelstücken, Samen, Blättern u. a. von Bäumen oder Sträuchern, die sich an der Mündung von Gewässern anhäufen.

2. Die hauptsächlichsten Arten von Moostorf sind:

**Torfmoostorf**, aus Sphagnumarten entstanden.

Vielleicht gehört hierzu auch der **Fetttorf**, als stark zersetztes Product.

**Braunmoostorf**, aus den am Grunde oder am Rande stagnirender Gewässer lebenden Arten von Amblystegium entstanden.

Eine eigenthümliche Erscheinung sind in dem Ilmalan Moor in Finnland die „**Schwimmenden Beete, flott-tegar**“[1]:

Wenn die Moore cultivirt werden, packt sich der Torf zusammen, sodass man die Abzugsgraben durch das ganze Moor bis in den unterlagernden Thon hineingraben muss. Da sich durch die im Sommer stattfindende Verwesung im Torf viel Gase bilden und im Winter das Wasser gefriert und da schliesslich in gewissen Jahren, wenn die Wassermenge des Frühlings bedeutend ist, die ganze Ebene einen mehrere Quadratkilometer grossen, aufgestauten See bildet, so lösen sich die Ackerbeete (Parcellen) vom Boden ab, steigen an die Oberfläche dieses Sees und werden vom Wind und Strömung umhergetrieben, bis sie gewöhnlich nach dem Abzug des Wassers landen.

Eine analoge Erscheinung bietet die seit 200 Jahren bekannte **schwimmende Insel** des Sees Ralången im Smaland[2]: Diese schwimmende Insel ist eine vom Boden durch Frühjahrseis aufgehobene Masse von Torfmull, Wurzeln und Stubben; ihr periodisches Aufsteigen wird durch Gasentwickelungen verursacht, sie sinkt, wenn die Gase langsam entwichen sind.

Bei Nyborg in Finmarken giebt es Torfmoore, die das ganze Jahr über z. T. gefroren sind, besonders in eigenthümlichen grossen Erhöhungen.[3]

Sand und Thon, sowie Gytja, Torfdy und Torf setzen in sehr verschiedener Weise die Torfmoore zusammen. Man kann ganze Reihen von Typen finden, von dem Falle an, wo ein Moor in einem offenen Gewässer entstand,[4] bis zu dem, wo eine **spärliche Torfbildung** in sumpfigem feuchtem Boden bei spärlichster Wasserzufuhr stattfand; wo das Moor nicht in einem offenen Wasser entstand, verschwinden Gytja und Dy, hier bilden die einzelnen Schichten des Gefässpflanzentorfes am häufigsten den **mittleren** Theil der Moore, während sie in den im sumpfigen Boden entstandenen Mooren den **unteren** Theil bilden; Torfmoostorf bildet immer die obersten Schichten, in ihnen finden sich häufig Baumstümpfe,

---

[1] G. Andersson, Om flott-tegar i Finland. Geol. För. Förh. 20, 1898, 44.

[2] Vergl. die Arbeiten von Oseen, Sieger, Svedmark und Lindvall, om flottholmen i sjön Ralången. Geol. För. Förh. 16, 1894, S. 97, 231, 347, 438.

[3] S. Reusch, Norg. G. U. 4.

[4] Z. B. Antila im Karis socken, Finl. Profil bei Andersson, Finl. Torfmosser, S. 33, 186.

theils in Schichten, theils zerstreut; diese Schichten sind hier nicht als Beweise für Klimawechsel zu deuten.

Der Torf hat in Fennoskandia eine ganz bedeutende Verbreitung, die zahllosen ungeheuren Wasserflächen der Postglacialzeit sind zum guten Theil schliesslich von Torf erfüllt worden. In Finnland nimmt der Torf ungefähr ein Fünftel der ganzen Landoberfläche ein.

Die norwegischen Torfmoore beschrieb Stangeland[1]. Sie nehmen 12000 qkm = 3,7 % der Landoberfläche ein und sind meist in ihrer Hauptverbreitung auf die Küstenstriche beschränkt. St. hält sie alle für postglacial, Verschiedenheiten einzelner Schichten erklärt er als locale Erscheinungen, nicht mit der Blytt'schen Theorie (s. u.). Eintheilen kann man sie in 1. Moos-(Sphagnum-)torf, 2. Grasmoor mit Carex- und Equisetummoor, 3. Scirpus- und Eriophoretummoor, 4. Waldmoor.

In Norwegen scheinen an vielen Stellen für das Vorkommen von Torfmooren gewisse Gesetze zu existiren: auf den von Flüssen und Bächen durchfurchten Gebieten finden sich nur wenige, die meisten treten da auf, wo die losen Bergarten an Bergrücken grenzen.[2]

In einigen Mooren finden sich kleine Teiche oder Sümpfe: dieselben sind nicht alte Seereste, sondern durch Quellen gebildet, oder da, wo sich an den Oberflächen Pfützen bildeten, deren Wasser vom Wind bewegt wurde und dadurch die verschiedenen Formen von Sümpfen herstellen konnte.

5. Der Kalktuff ist natürlich an das Vorkommen von kalkhaltigen Gesteinen gebunden. Genau untersucht ist z. B. das Lager von Benestad nördlich von Ystad, welches nach C. Kurck dieselbe Lagerfolge zeigt, wie die Torfmoore (s. u.).

Die Kalktuffe von Ostergötland haben verschiedenes Alter. In dem unteren Lager von Rangiltorp bei Vadstena fand man *Dryas* und Zwergbirke; *Dryas* und *Salix reticulata* wurden auch noch anderwärts gefunden. Von Interesse ist auch *Hippophae rhamnoides* in einem jemtländischen Kalktuff 400 m ü. d. M. (die Pflanze war also ursprünglich alpin, während sie jetzt nur an der Küste von Roslagen vorkommt).

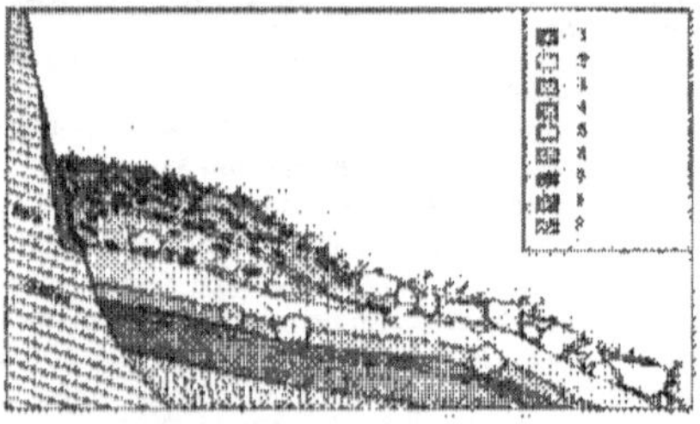

1 Kalktuff.
2 Gebirgsblöcke.
3 Erde.
4 Tuffgrus.
5 Sand.
6 grauer Thon.
7 rother Thon.
8 grusiger rother Thon.
9 Moräne.

Profil durch das Kalktufflager von Berga in Nerike (nach Kjellmann).

[1] Stangeland, Om Torfmyrer i Norge. Norg. Geol. Undersøg. 20, 24. Kristiania 1896, 97. S. auch specielle Untersuchung Stangeland's in N. G. U. 5, 8 und Helland, Jordbunden i Norge. N. G. U. 9, 1893.

[2] Stangeland, Torfmyrer in den Kartbl. Nannestads Omr. Norges Geol. Unders 8. Kristiania 1893.

K. Kjellmark beschrieb[1] Kalktufflager von Berga und Åby in Nerike; an einem alten Steilufer von Urkalk (ca. 45 m ü. d. M.) liegt auf Moräne und (Glacial- und Ancylus- oder Litorina-) Thon, Sand, Tuffgrus und Erde mit vielen Blöcken von Kalktuff, derselbe enthält viele Schnecken und in der oberen Abtheilung auch Fichte neben Moosen u. a.

Aus Norwegen sind bisher nur die Vorkommnisse[2] von Gudbrandsdal bekannt.

Alluvialbildungen oder recente sind nach Nathorst eingeschränkt, indem er auch das Postglacial noch zum Diluvium zählt. Natürlich ist auch hier keine scharfe Grenze.

Es sind

a. marine Ablagerungen: Sand und Grus der jetzigen Küste,[3] am Oeresund und in der südlichen Ostsee charakterisirt durch *Mya arenaria*, Muschelbänke, marine Torf- und Thonlager. Bei Stavanger hat H. Reusch ein alluviales Diatomeenlager beschrieben. Hierzu auch die recenten Küstenerscheinungen, Klippen, Höhlen.

b. Süsswasserablagerungen in den Seen: Torf, Gytja, Seeerz,[4] Flussdeltas, Absätze von Gletscherbächen.[5] Flugsandbildungen und Dünen, besonders auf Gotland, Sandö, in Schonen (bis 30 m hoch), Halland, sehr schön auf Kola; Kantengerölle; Erosionserscheinungen, z. B. die Strudellöcher des Imatrafalles, des Ragundathals u. a. O.

Rosberg[6] giebt eine Beschreibung der Deltas der in den bottnischen Busen einmündenden Flüsse.

## Flora der Torfmoore und Kalktuffe, Einwanderung der Flora.

### A. Torfmoore.

Seit J. Steenstrup im Jahre 1842[7] in den verschiedenen auf einander folgenden Schichten der dänischen Torfmoore verschiedene Pflanzenarten gefunden hatte, welche einer zeitlichen Aufeinanderfolge der Floren entsprachen, ist die pflanzenpalaeontologische Erforschung der Torfmoore besonders in Schweden sehr eingehend betrieben worden und ist beinahe zum Abschluss gelangt. Wir müssen hier etwas näher darauf eingehen (ohne jedoch die umfangreiche Litteratur ganz erschöpfen zu können).

[1] Kjellmark, Några kalktuffer från Axberg i Nerike. Geol. För. Förh. 19, 1897, 137. S. 148 findet man die Bildungsgeschichte des Lagers skizzirt.

[2] Über skandinavische Kalktuffvorkommnisse und ihre Litteratur vergl. die Arbeit von Hulth, Bull. Geol. Inst. Upsala IV, 1. 1898, 89.

[3] Über angeschwemmte Bimssteine und Schlacken der nordeuropäischen Küsten s. Bäckström, Bih. svensk. Vet. Ak. Handl. 1890, auch Vogt, N. G. U. 29, 107, Helland, N. G. U. 16, LIII. Bäckström theilt die Bimssteine ein in liparitische (von Island) und saure und basische Andesitbimssteine (von polaren Gebieten).

[4] Über Seeerze einiger Seen in Södermanland vergl. A. W. Cronquist, Geol. För. Förh. 5, 402.

[5] Die norwegischen Thäler sind auf weite Erstreckung von Kies, Sand und Thon erfüllt, oft mit reichem Grundwasser. Hierdurch ist Gelegenheit zu gewaltigen Erdrutschen gegeben, bes. im Värdal (s. Friis, N. G. U. 27, 1898 und Reusch, Ibid. 32, 1901, m. Bilder!)

[6] Geogr. För. Medd. 1895, N. Jahrb. f. Min. 1896, 1, 409.

[7] Dansk. Vid. Selsk. natv. Afhandl. 9.

Zunächst mögen die Befunde der Torfmoore mitgeteilt werden, denen sich dann als Ergänzung diejenigen der Kalktufflager anschliessen mögen.

Durch die eingehende Untersuchung der in den verschiedenen Niveaus der Torflager gefundenen Pflanzenreste, die wir dem Meister A. G. Nathorst, seinem Schüler G. Andersson u. A. zu verdanken haben, ist die Quartärflora Skandinaviens so gut bekannt, wie in keinem anderen Land. Nachdem Nathorst eine kurze Übersicht in seinem oft genannten Buch gegeben, hat Andersson[1] eine Geschichte der Vegetation Schwedens und Finnlands veröffentlicht.

Nach dem Abschmelzen des Landeises verbreiteten sich die Pflanzen über das damals offenbar durchaus vegetationslose Skandinavien auf zwei Strassen, eine südwestliche über Dänemark nach Südschweden und eine östliche über die Ostseeprovinzen und Finnland nach dem nördlichen und mittleren Schweden.

a. Südwestliche Einwanderer:

1. Die arktische oder Dryasflora:

Sofort nach dem Schmelzen des Eises ergriff die arktische Flora Besitz von dem nicht vom Meere bedeckten Lande. *Dryas octopetala*, *Salix polaris*, *herbacea*, *reticulata*, ferner *Betula nana* sind charakteristische Formen (die Zahl der bis jetzt bekannten Formen beträgt 20—30). Zahlreiche Funde von Dänemark, Schonen, Småland, West- und Ostgötland, Jemtland und auf Gotland[2] lehren, dass das Klima noch arktisch war (mittlere Jahrestemperatur — 5°), als sich diese erste Flora über die wieder gehobenen Gebiete des spätglacialen Meeresbodens ausbreitete[3]. In Finnland ist diese Flora nur im Südosten bei Kivinebb nachgewiesen.

2. Die Birken-Flora entspricht den ersten Wäldern in Skandinavien: *Betula odorata* war allein vorherrschend, daneben noch die Espe; später wanderten noch andere Bäume ein. In Finnland ist diese Zone bisher noch nicht nachgewiesen worden.

3. Die Kiefernflora folgt in Dänemark, Schweden und Norwegen auf die Birke und Zitterpappel; die Zeit war sehr lang, in der die Kiefer der einzige wichtige Waldbaum war. Es kommen aber schon in dem unteren Theil dieser Zone ausserdem vor: Eberesche, Ahlkirsche, Himbeere, Adlerfarn u. a., in den oberen Schichten: Schwarzerle, Bergulme, Hasel, Linde u. a. Im östlichen Schweden ist konstatirt, dass zu Beginn der Ancyluszeit das Klima noch arktisch war, aber auch dass noch zur Ancyluszeit weiter die Espe, Birke, Kiefer und Eller einwanderte (Skattmansö); Sernander fand auf Gotland Torf mit der Reihenfolge bis zur Kiefer, überlagert von einem Strandwall des Ancylussees; ähnliches fand auch Munthe. (Dagegen scheint die Eiche erst später, gegen Schluss der Ancyluszeit eingekommen zu sein.) In Finnland folgt nach den bisherigen Funden die ältere Kiefernzeit direkt auf die Dryasflora.

Unter den Wasserpflanzen dieser Zeit finden sich mehrere, die von weitergehendem Interesse sind, so die *Najas flexilis*, *Najas marina* und *Trapa natans*[4]. Letztere zwei Formen waren sehr verbreitet, ihr Vorkommen entspricht einem etwas wärmeren Klima.

4. Eichenflora. Die Eiche fand sich während oder vor Beginn der postglacialen Senkung oder gegen Schluss der Ancyluszeit ein. Allmälig haben sich die Eichenwälder von Südwesten aus-

[1] G. Andersson, Växtpaleont. Undersökn. af svenska Torfmossar I, II. Bih. Vet. Ak. Handl. Stockholm, 18, 1892. — Die Geschichte der Vegetation Schwedens. Engler's Bot. Jahrb. XXII 1897, 433, 2 Taf. — Studier öfver Finlands Torfmossar och foss. Kvartärflora. Bull. Comm. Geol. Finl. 18, Helsingfors 1898 (hier auch die reiche Litteratur angegeben).

[2] Vergl. die Karte bei Andersson, l. c. 451.

[3] R. Sernander fand 1891 bei Fröjel auf Gotland ca. 28 m ü. d. M. glacialen Dryasthon. Im westlichen Schonen fand Andersson zwischen Eismeerthon und Torf Gytja mit *Salix polaris*, *reticulata* und *Betula nana*; ähnlich im Kro-Moor südlich Göteborg.

[4] Vergl. Nathorst, Bih. K. Vet. Ak. Handl. 13, III. 10, 1887 und Öfv. K. Vet. Ak. Förh. 1895, 6, 518, auch die Karte des Vorkommens der *Trapa* und *Najas marina* bei Andersson, Geol. Fören. Förh. 14, 1892, 512.

zuerst über Dänemark, dann über Schonen an beiden Küsten der Halbinsel nach Mittelschweden ausgedehnt und nach Norden die höher gelegenen Gebiete von Göta- und Svealand bedeckt[1]. Auch in das südliche Finnland ziehen sie sich (daher dort zwischen Kiefern- und Fichtenzone eine Eichenzone eingeschoben).

Nach Nilsson finden sich Eichenreste in Torfmooren 7 km vor den unbenannten Küste (Falsterbo-Riff) 4 m unter dem Seespiegel; Eichenreste in submarinen Torfen und unter Strandwällen sind vielfach bekannt. Selbst in Litorinaablagerungen z. B. beim Enköpings-ås, kommen Eichenblätter vor.

Die Moore, die sich zur Zeit der postglacialen Hebung unterhalb der postglacialen marinen Grenze bildeten, zeigen eine andere Lagerfolge: ihre untersten Lagen beginnen mit der Eichenflora. Die Eiche war allgemein verbreitet, ihre Nordgrenze lag sogar etwas nördlicher als gegenwärtig; ebenso hatte die Haselnuss nach H. Hesselman eine nördlichere Verbreitung; bei Ahemmen in Angermanland fanden sich die Haselnüsse in marinen, *Mytilus* und *Tellina* führenden Lagern.

Nach gewissen pflanzengeographischen Verhältnissen hatte F. Areschoug schon 1867 angenommen, dass das Klima in Schweden in einem Theil der Postglacialzeit etwas wärmer war, als gegenwärtig; das wurde durch Andersson bestätigt. Nach Nathorst war es der Zeitpunkt, als die Eiche ihre grösste Verbreitung hatte, ungefähr vor dem Maximum der postglacialen Senkung, bis zu einer Zeit der folgenden Hebung andauernd.

Ungefähr gleichzeitig erschienen mit der Eiche mehrere andere, wichtige Pflanzen, wie Spitzahorn, Esche, Mistel, Epheu und während der localen Erwärmung an den Küsten des Kattegat breiteten sich hier bis Westnorwegen sogar südlichere, insulare Pflanzen, wie *Ilex aquifolium*, *Digitalis purpurea* u. a. aus.

5a. Die Buchenflora, mit *Fagus silvatica*, die auch gegenwärtig nur in den südlichen Provinzen Schwedens, Blekinge, Schonen, Südhalland, wirkliche Wälder bildet, scheint zuletzt eingewandert zu sein.

Fossil ist die Buche mehrorts in Schleswig-Holstein bekannt, in zwei Funden aus Dänemark und findet sich ausnahmsweise in den obersten Schichten der Moore, die fast nur aus Stümpfen u. s. w. der Erle mit Seggen u. a. bestehen („Erlenmoor").

b. Östliche Einwanderer:

Finnland hat einige der seine früher nach Schweden gekommenen Arten auf dem östlichen Wege erhalten, z. B. die Wassernuss im südlichen und die Eiche im südwestlichen Theile des Landes. Andersson unterscheidet vier solcher Gruppen, die arktischen Gewächse, die Grauerle (*Alnus incana*), die Fichte (*Picea excelsa*) und *Rubus arcticus*.

Die fossilen Befunde bezeugen, dass die Grauerle, deren eigenthümliche heutige Verbreitung aus der Karte l. c. 488 ersichtlich ist[2], über Finnland nach Schweden eingewandert ist und zwar in dem ältesten Abschnitte der Kiefernperiode: während der Litorinazeit wurde sie immer mehr nach Norden gedrängt und erst in der letzten Verschlechterung des Klimas dringt sie mehr nach Süden vor.

5b. Fichtenperiode.

Gegen Ende der letzten Epoche der Eiszeit scheint die Fichte in Westeuropa gänzlich ausgestorben gewesen zu sein und weit nach Osten verdrängt worden zu sein.

In den Torfmooren Dänemarks und Schwedens fehlt die Fichte, ebenso in den Kalktuffen von Jemtland; daraus schloss Nathorst, dass dieselbe von Osten her eingewandert sein müsse.

Das wurde durch H. Tolf[3] und R. Sernander[4] bestätigt. In Jemtland und Lappland fand Tolf viele Vorkommen von Fichte in Torfmooren, immer über Kiefernresten.

Die Fichte und Buche sind also zuletzt eingewandert und haben sich auf Kosten der anderen Baumarten gegenwärtig verbreitet. Mit dieser Einwanderung aus Osten steht auch die gegenwärtige Verbreitung der Fichte in Schweden und Norwegen in Verbindung.[5]

---

[1] Vergl. die Kartenskizze bei Andersson 472.

[2] Bis nach Blekinge hat man sie gefunden, wo sie heute nicht mehr wild vorkommt.

[3] Tolf, Granlemningar i Svenska Torfmossar. Bih. Vet. Ak. Handl. 19, 1894.

[4] Sernander, Die Einwanderung der Fichte in Skandinavien. Englers Bot. Jahrb. 15, 1892 (Litteraturangabe).

[5] Vergl. die Karte von Andersson, 486.

R. Herlin¹ fand für diese Gegend folgendes: Die Dryaszone ist nur spärlich repräsentirt durch einige Diatomeen des kalten Yoldiameeres; darauf folgt die Zitterpappelzeit mit Resten der betreffenden Bäume und vielen Diatomeen der Ancylussedimente. Das Klima war noch arktisch, beide Zonen werden als Tundrazone zusammengefasst. Die folgende Kiefernzone ist nicht sehr deutlich entwickelt, sie fällt in die Ancyluszeit mit subarktischem Klima. In der folgenden Periode mit etwas milderem Klima als das heutige, herrscht dort die *Ulmus montana*, nach welcher Herlin diese Zeit nennt, da hier die Eiche nicht vorgedrungen ist. Zuletzt nahm die Fichte von dem Lande Besitz.

Nach Herlin zeigen gewisse marine Diatomeen, die secundär in finnischen Ancylus- und Deltaablagerungen vorkommen, dass sich Inseln und Landstrecken aus dem einstigen kalten Meere gehoben haben. Diatomeen des Ancylusbeckens, sowie das Vorkommen von Birke und Zitterpappel zeigen, dass das Klima sich während der Ulmenperiode gemildert hatte; während des ersten Theiles der Fichtenperiode wurde es wieder ungünstiger.

Die unzähligen Torfmoore bezeichnen ja den Ort früherer Seen und Gewässer und illustriren so den früheren enormen Wasserreichtum des Landes. Dies war auch für die Verbreitung der Wasserpflanzen günstiger. In vielen Mooren hat man die Wassernuss gefunden.

Die Pflanzengesellschaften der Gewässer und Sümpfe zeigen in Finnland die gleiche Entwicklungsgeschichte wie in Schweden.

Folgendes Schema erläutert dieselbe:

4. Periode der Einwanderung der Wasserpest entspricht dem Einfluss des Menschen.
3. „ „ Wassernuss, entspricht dem Ende der Kiefer- u. Eichen-Flora.
2. „ „ Nymphaeaceen, entspricht der Birken- u. Anfang d. Kiefer-Flora.
1. „ „ Potamogetoneen, „ „ „ Dryas-Flora.

Über das Vorkommen von *Trapa natans* in schwedischen Torfmooren berichtet u. a. auch K. Kjellmark.² Im nördlichen Nerike, nördlich von Örebro, fand er in drei Binnenseebecken (28 bis 40 m ü. d. M.) auf Litorinathon gytja und Torf, in der gytja weit verbreitet die *Trapa*.

Das Profil vom Gotterstäter Moor ist folgendes:

Sphagnum-Torf mit *Betula nana* und *intermedia*, Oberfläche bewachsen mit *Sphagnum myrtillosum*.
Waldmoor, Stubbenlager (von Kiefer, Birke, Eller) mit *Hylocomium*-Schichten und ersten Fichtenresten.
Biberbenagte Stämme, gytja, z. T. Schwemmtorf und Phragmitestorf, Urnenscherben der jüngeren Steinzeit:
mit *Trapa*, *Nuphar*, *Nymphaea*, *Potamogeton*, *Carex pseudocyperus*, *Iris*, *Acer*, *Quercus*, *Tilia*, *Corylus* und *Rhamnus frangula*; Diatomeen.
Litorinathon mit *Mytilus*, *Ruppia maritima* und *Najas marina*. — Aus der Entwickelungsgeschichte dieser Lager ergiebt sich, dass zu einer gewissen Zeit dieser Binnenseen ein milderes Klima geherrscht haben muss als das heutige: das beweisen die südlicheren Pflanzen, Trapa, Eiche, Linde, Ahorn. Die Seen wuchsen allmälig zu und ein Wald von Kiefer, Birke, Eller u. a. dehnte sich aus, welcher schliesslich von Moosen erdrückt wurde. (In anderen Mooren z. B. bei Karstad, war durch locale Bedingungen die Bildung eines Stubbenlagers unmöglich). Diese südlicheren Arten wurden später wieder von der Fichte verdrängt und schliesslich kamen nördlichere Arten, wie *Salix lapponum* und Zwergbirke dazu.

Dies ist für Kjellmark ein Beweis, dass die von Blytt und Sernander entwickelte Ansicht von wechselnden Klimaperioden richtig ist. das Gytjalager dieser Moore mit Trapa bildete sich in der „atlantischen“ Zeit, der Stubben- oder Waldtorf zur „subborealen“ und der Moostorf zur „subatlantischen“ Zeit.

¹ Pal. Växtgeogr. Stud. i norra Satakunda. Helsingfors 1896.

² Kjellmark, Om den forna förekomsten af *Trapa natans* i norra Nerike. Geol. För. Förh. 21, 1899, 651 mit Karte. — S. auch Sernander und Kjellmark, Torfmooruntersuchungen i Nerike. 1896, Taf. 16, 17.

Diese drei klimatischen Perioden gehören nach Sernander zur Litorinazeit.

Olsson fand auf Aland ein Trapa führendes Torfmoor, welches dem vom nördlichen Nerike einerseits und dem vom westlichen Nyland andererseits entspricht. Als das Litorinameer die Niederung verlassen hatte, wurde dieselbe von einem See, Längträsk, eingenommen, mit reicher Wasserflora, insbesondere *Trapa natans*; am Boden bildete sich eine Gytja mit Resten einer reichen Eichenvegetation, zum Schluss bildete *Phragmites* und *Cladium* ein Torflager, über welches sich später ein Wald ausbreitete, der seinerseits von einer wasserliebenden Vegetation unterdrückt wurde (Stubbenlager).

Der Abbruch der Torfbildung entspricht einem Trockenklima. Also: Trapa-Eichenflora — atlantische Gytja, Fichte—Übergang zwischen atlantisch und subboreal, Eichenstubben subboreal; der subatlantischen Periode entsprechen die nördlichen Formen des älteren Theiles des Lagers.[1]

In zahlreichen Torfmooren findet man auf einander folgende Schichten von Baumstubben und Torfmoorlagern. Andersson hat den gegenseitigen Kampf zwischen Wald und Torfmoosen an den Mooren von Norrland anschaulich geschildert,[2] welcher nach seiner und Nathorst's Meinung diesen Wechsel der Schichten einfacher erklärt als die bekannte Theorie von A. Blytt, der wechselnden continentalen und insularen Klimate.[3]

Folgende Übersicht veranschaulicht in Kürze Blytt's Auffassung:

9. Die recente Wurzelschicht auf vielen Mooren entspricht der gegenwärtigen Trockenperiode.
8. Subatlantische Zeit: jüngste Torfschicht, feuchteres Klima; letzte Zeit der Hebung = Buchenperiode Steenstrups.
7. Subboreale Zeit, Wurzelschicht, Trockenperiode, Eiche und Hasel verbreiteter als jetzt.
6. Atlantische Zeit: feucht, mild, Wintereiche *(Quercus sessiliflora)* verbreiteter = Eichenzeit.
5. Boreale Zeit: trocken, Wurzelschicht, erste Zeugnisse eines milderen Klimas. *Corylus avellana* und Eiche häufiger als jetzt.
4. Infraboreale Zeit: feuchtes Klima, Torfbildung mit nordischem Charakter, in Dänemark herrscht die Kiefer = Kieferperiode.
3. Subarktisch: trockene Periode, viele Moore trocknen aus und werden mit Wald bewachsen, Einwanderung der Kiefer.
2. Subglacial: Torf mit *Betula odorata*, *Populus tremula*, Salixarten, Klima feucht, nasse Moore = Espenzeit.
1. Arktisch: Kontinentales Klima, *Dryas*, *Salix polaris*, *reticulata*, *Betula nana*.

Der Dryasthon lagert auf den Moränen der letzten Eiszeit, welche auf ein feuchtes Klima deuten.

Die geologische Geschichte spiegelt sich in der Flora der Jetztzeit wieder (vergl. Blytt's Karte über die Verbreitung der Pflanzen in Norwegen).

[1] En Trapa-för. torfmosse på Åland. Geogr. För. Tidskr. Helsingfors 1900.

[2] Engler's Bot. Jahrb. 23, 445.

[3] Engler's Bot. Jahrb. 2, 1881, 1—50 und 17, 1893, Beiblatt Nr. 41. Vergl. auch die Controverse über die Theorie zwischen Andersson, Geol. För. Förh. 14, 1892, 509, und Blytt, Kristiania Vidensk. Selsk. Forh. 1893, Nr. 5.

Eine nochmalige Begründung seiner Theorie gab Blytt[1] 1893, indem er ausführt.

In den Küstengegenden Norwegens findet sich immer folgendes Profil wieder: Zu oberst 4–6' ziemlich unveränderten Sphagnum, darunter ein Stammlager von Kiefernstubben, dann guter Brenntorf und unter diesem Eichenstubben mit Haselnuss. In den östlichen Gegenden ebenso; hier bestehen die ältesten Torflager aus vier Torfschichten mit drei zwischengelegenen Stammschichten. Die Tiefe der Moore nimmt in den niedrigen Gegenden ab. Eiche und Hasel finden sich nie in den zwei tiefsten Schichten.

Trockenes Klima ist nicht günstig für Torfbildung. Die Gegenwart ist trockener als früher; dies zeigt sich in der Flora, auch Kalktuffbildung geht jetzt nicht mehr vor sich. Wir leben also gegenwärtig in einer Trockenperiode, die nicht durch locale Ursachen zu erklären ist.

Dreifache Stubbenlagen finden sich in den Mooren von Norwegen, Schweden, Dänemark, Britannien u. s. w., in Finnland sind zwei beobachtet, ältere als boreale konnten wegen der ungünstigen Kälteverhältnisse dort überhaupt nicht entwickelt sein.

Auch auf den norwegischen Mooren ist die Austrocknung weit vorgeschritten, die verschiedenen gleichen Stubbenlager auch in der Tiefe beweisen, dass die Trockenheit nicht dadurch verursacht ist, dass der Torf jetzt so hoch gewachsen ist. Unter der Oberfläche liegt eine Sphagnumschicht mit Geräthen des Steinalters, darunter fand sich in grosser Regelmässigkeit (fast in der Hälfte aller Moore) ein Stubbenlager. Dieses entspricht wieder einem früheren trockeneren Klima u. s. w. Die vier Torfschichten in den ältesten Torflagern beweisen, dass während des Wachsthums des Torfes vier Wechsel des Klimas stattfanden.

Die Tiefe der Moore nimmt zu, je weiter man bis zu Gebieten von 120–150 m ü. d. M. gelangt, die ältesten Torf- und die ältesten Stammschichten (mit subarktischen Pflanzen) waren schon gebildet, als noch die Gegend von Kristiania 100 m tiefer lag als heute. Die Moore am Kristianiafjord zwischen 14 und 33 m Höhe liegen über de Geer's Postglacialgrenze, ihr Bau spricht gegen die Annahme eines arktischen Klimas; sie sind nicht älter als boreal; subglaciale, subarktische und infraboreale Schichten sind dort nicht nachgewiesen, der liegende Thon hat keine arktische Flora, ist übrigens marin, im untersten Torf finden sich boreale Pflanzen. Das Klima war dort schon zur Zeit der früheren Hebungen vor Ablagerung der postglacialen Muschelbänke bedeutend milder als in der arktischen Zeit.

Gegen eine Verallgemeinerung der Blytt'schen Theorie hat sich Andersson u. a. mehrfach geäussert[2], während Sernander[3] die Blytt'sche Theorie acceptirt; er fasst die Baumstubbenlager als subboreal auf, den unteren Torf als atlantisch, den darüber liegenden als subatlantisch; die Litorinasenkung muss in der Zeit zwischen der subarktischen und atlantischen Periode eingetreten sein; vor der Senkung lag das südliche Skandinavien bedeutend höher als jetzt, es herrschte ein continentales Klima — Blytt's boreale Zeit, die Eichenflora.

Nach den Beobachtungen Stangeland's[4] an vielen Mooren östlich vom Christianiafjord ist das Vorkommen von Baumstämmen (meist Kiefer) an keine bestimmte Regel gebunden, meist liegen sie ½—1 m unter der Oberfläche, selten wurden auch zwei Stammschichten gefunden; die Stämme haben keinen dichten Bestand auf dem Moor, sondern treten meist vereinzelt, an den Rändern und am Grunde auf, in vielen Mooren finden sich gar keine Stämme. Da die Stämme sich immer in einer bestimmten Tiefe unter der Oberfläche finden, so gehört der

[1] Krist. Vid. Selsk. Förh. 5.

[2] Zuletzt in Bull. Comm. géol. Finl. 6, S. 89 u. 186 und Engler's Jahrb. 23, 445; s. auch: Västfossil fr. Gotland, Geol. För. Förh. 17, 1895, 35.

[3] Om Litorinatidens klimat och vegetation. Geol. För. Förh. 15, 1893, 345.

[4] G. E. Stangeland, Torfmyrer in den Kartbl. Sarpsborgs Omr. Norges Geol. Undersøg. Kristiania, 1891.

Baumwuchs einer bestimmten Zeit an und muss für ihn eine gemeinsame Ursache zu suchen sein, doch scheint St. die Theorie Blytt's schwerlich zu passen.

Als Beispiel von Torfmooruntersuchungen sei noch auf die schöne Arbeit von R. Sernander und K. Kjellmark: Eine Torfmooruntersuchung aus dem nördlichen Nerike hingewiesen[1].

In zwei Mooren bei Kristiania[2] fanden sich zahlreiche Stämme und Stubben von Kiefer und Birke, aber keine eigentliche Schicht bildend, sondern derart, dass man in demselben Profil bald eine, bald zwei, drei oder vier Stubbenlager hätte annehmen können (was ein beachtenswerter Wink für Beurteilung blosser Bohraufschlüsse ist). Die Moore haben sich augenscheinlich erst nach Einwanderung der Kiefer gebildet. Die hier gefundenen Diatomeen sind jetzt mehr oder weniger allgemein im südlichen Norwegen verbreitet.

Das Torfmoor Stormur in Gestrikland bildete sich am Ende der Litorinazeit: auch hier weist Hellsing[3] die wechselnden klimatischen Perioden nach und ein gegen das heutige wärmeres Klima der atlantischen Periode.

Rekstad hat gezeigt[4], dass die warme Periode der Tapes- und Litorinazeit gleichzeitig mit der hohen Baumgrenze in Norwegen war. Die Kiefer *(Pinus silvestris)* reichte, nach zahlreichen Befunden in Torfmooren zu urteilen, 350—400 m höher als gegenwärtig, das Klima war 1,9—2,2 Grad höher als jetzt und die Schneegrenze lag ebenfalls 350—400 m höher. Die drei grösseren Gletschergebiete des südlichen Norwegens, Jostedalsbræ, Folgefonn und Hardangerjökel, waren damals ganz verschwunden, nur einige Gipfel überragten die Schneegrenze; auch im nördlichen Norwegen waren die Gletscher sehr eingeschrumpft und ganz unbedeutend im Vergleich zu den jetzigen.

## B. Die Flora des Kalktuffs.

In dem Kalktuff vom Gudbrandsthal in Norwegen (500 m über dem Meere) fand A. Blytt[5] das wichtige Profil:

unter Dammerde Kalktuff mit *Pinus silvestris*,
eine dünne fossilfreie Thonschicht,
Kalktuff mit *Dryas octopetala* und *Pinus silvestris*,
schiefriger Tuff mit Birke, Zitterpappel, ohne Pinus,
fossilfreier Thon,
Grundmoräne.

(Zu vermuten ist, dass auch die schwedischen Tuffe zwei getrennte Bänke haben.)

[1] Bull. Geol. Inst. Upsala. 1896. 317.
[2] Holmboe, To Torvmyrprofiler fra Kristiania omegn. Geol. Fören. Förh. 22, 1900, 55.
[3] Bull. Geol. Inst. Upsala 1898, 8.
[4] Über die frühere höhere Lage der Kiefergrenze und Schneelinie in Norwegen. N. G. U. Aarbog f. 1903. No. 5. Centralbl. f. Min. 1903, 460.
[5] Om 2 Kalktufdannelser i Gudbrandsdalen. Vid. Selsk. Forh. Kristiania, 1892, 4.

Tuff und Torf entsprechen den regenreichen Zeiten, die zwischengelagerten Thonschichten entstammen ebenso wie die Stubbenlager trockenen Zeiten. Im Vergleich mit den Terrassen und Strandlinien stellt Blytt folgende Tabelle auf:

| Torf in den südlichen Gegenden | Tuff im Gudbrandsdal | Terrassen in den Gebirgs-Thälern | Strandlinien bei Tromsø |
|---|---|---|---|
| Gegenwart: Wald auf Torf | Dammerde | Gegenwärtiger Thalsand | |
| Subatlant. Torf (Buchenperiode) | | Erosion | |
| Subboreale Stubbenlager | | Subborealer Thalsand (Terrasse 1) | Strandlinien ein paar Meter ü. d. M. |
| Atlantischer Torf (Eichenperiode) | Kiefernstuff | Erosion | |
| Boreales Stubbenlager | Thon, Dryastuff | Borealer Thalsand (Terrasse 2) | Strandlinien 14–16 m |
| Infraborealer Torf (Kiefernperiode) | Birkentuff | Erosion | |
| Subarktisches Stubbenlager | Thon | Subarktischer Thalsand (Terrasse 3) | Strandlinien 31–33 m |
| Subglacialer Torf (Birkenperiode) | Moräne | Obere Moräne im Feldal | Eisrand reicht von Neuem vor bis zum Fjord; Kalbeis |
| Arktischer Dryasthon | | Arktischer Thalsand (steinfreie Schicht zwischen 2 Moränen) | Strandlinien 55–68 m |
| | | Untere Moräne im Feldal | Moräne |

Wie Hulth besonders an den Kalktufflagern Westergotlands nachweisen konnte, zeigen mehrere derselben in vielerlei Beziehung Analogien zu der Lagerfolge der südschwedischen Torfmoore.

Von besonderem Interesse ist die Ablagerung von Skultorp, die von oben nach unten folgendes Profil zeigt. Siehe nächste Seite.

Die Bildungsgeschichte dieses Ortes ergab sich aus den untersuchten Pflanzen und Conchylien: „Die Moräne war wenigstens stellenweise mit einer Vegetation bedeckt, ehe noch die Quellen ihre Thätigkeit begonnen hatten. Als spätere Verhältnisse eintraten, die das Fliessen der Quellen ermöglichten, wurde Sand (g) hinuntergeschwemmt und Tuff (f) fing bald an zu entstehen, theils ausschliesslich Moose, theils Reste einer Flora von hochnordischem Charakter enthaltend. Darauf setzte sich an den nassen Punkten Wiesenkalk mit Moosen ohne bestimmbare Reste von höheren Pflanzen ab. Dann scheint aber eine Periode eingetreten zu sein, wo die Quellen versiegt sind, eine Periode, die durch die beiden schwarzen Bänder im Lager vertreten wird, zwischen denen eine kleine Tuffbildung, eine Flora anderer Art (Salweide, Birke, Kiefer) enthaltend, stattgefunden hat. Nach dieser

Unterbrechung hob dann die Wirksamkeit der Quellen wieder an und zwar diesmal wahrscheinlich auf sehr lange Zeit hinaus. Eine herrliche Laubvegetation schmückte die Gegend: Hasel, Eiche, Ahorn, Linde u. a. wuchsen in der Nähe der Quellen. Auf eine nochmalige Unterbrechung, die offenbar eine lange Periode dürren Klimas anzeigt, folgte Tuffbildung, mit Resten einer Flora von ungefähr denselben Bestandtheilen wie im vorigen Lager, obwohl die Üppigkeit des Laubwaldes sich vermindert

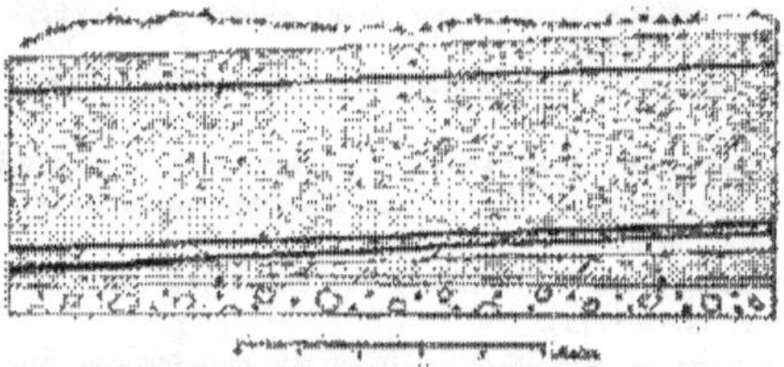

Kalktufflager von Skultorp, Westgotland (nach Hulth?).

a. ca. 50 cm Wiesenkalk mit Moostuffbällen und blattführenden Tuffen von röthlicher Farbe; local eingelagerter Schwemmsand.
b. 5—20 „ grauer oder schwarzer Humus, gemengt mit Tuffstückchen.
c. bis 2,5 m weisslicher, bankförmig abgelagerter Tuff, unten sehr fossilreich (am häufigsten Hasel und Linde).
d. 5—10 cm oberer schwarzer Rand mit Humus und verwitterten Tuffbänken, ungemein reich an Schnecken, mit kleinen Kohlenstückchen.
10—25 „ pflanzenführender, poröser Tuff.
5—10 „ unterer schwarzer Rand, mit kleinen Kohlenstückchen.
e. 0,25—1 m Wiesenkalk mit Moostuffbällen.
f. 10 cm gelber Moostuff, resp. blattführender Tuff.
g. wechselnden mächtiger Schwemmsand, unter ihm Humus, darunter Moräne, welche Alaunschiefer bedeckt.

zu haben scheint. Darauf hat das Fliessen der Quellen wieder abgenommen, denn seit langer Zeit findet keine Tuffabsetzung mehr statt."

Hulth zeigte, dass auch die Kalktuffflora der Reihenfolge entspricht, wie sie aus den Torfmooren erkannt ist:

1. Die arktische Periode wird hier nicht zu erkennen sein, da, wie Nathorst und de Geer betont haben, zu dieser Zeit das Klima so arktisch, der Boden so gefroren war, dass keine Quellen fliessen konnten und sonach kein Absatz von Kalktuff möglich war.

2. Die subarktische Periode ist in ihren verschiedenen Abtheilungen in der Kalktuffflora von Westergötland vertreten. Während dieser Zeit lebte noch eine Anzahl arktischer Pflanzen fort, zusammen mit den waldbildenden Bäumen (z. B. in Jemtland, auf Gotland, in Dänemark[1].

3. Zur borealen Periode gehört der obere schwarze Rand vom Lager d bei Skultorp. Charakteristisch für ihn sind die zahlreichen Schnecken, von denen einige relativ xerophil sind (*Buliminus obscurus*, *Succinea oblonga*); sie finden sich auch in dem borealen Torfrand im Wiesenkalk von Fröjel, den Sernander beschreibt. Im Skultorper Lager c erkennt man, dass während dieser Zeit eine erhebliche Anzahl gemässigter Pflanzenformen einwanderte.

4. Die atlantische Periode war durch ihr warmes und feuchtes Klima in hohem Grade der Kalkabsetzung förderlich; es herrschte eine reiche Laubwaldflora (Hasel, Linde, Eiche, Ulme, Ahorn, Spierlingsbaum, Salweide mit verstreuten Exemplaren von Birke, Espe, Kiefer und *Salix cinerea*).

[1] Vergl. auch den Fund von *Dryas* und *Betula nana* neben Kiefer in dem Kalktuff von Rangilstorp in Östergötland, den Nathorst beschrieb, Öfv. K. Vet. Ak. Förh. 1886, Nr. 8.

5. Die subboreale Flora ist durch das Lager b gekennzeichnet, auch an anderen Stellen ist eine Unterbrechung wahrzunehmen. Die Fichte wandert ein.

6. Die subatlantische Periode mit ihrer Verschlechterung des Klimas begünstigt zwar das Vordringen der Fichte auf Kosten der Eiche, indessen gab es auch „Stellen, wo die ältere Vegetation sich erhalten konnte und dies war auch bei Skaltorp der Fall, wo zur Zeit der Bildung von Lager a noch eine Laubwaldflora vorhanden war, obwohl erheblich geringere Üppigkeit als während der atlantischen Periode herrschte“.

Norwegen war z. Th. durch Wärme und den Golfstrom begünstigt. (S. Andersson 469).

In den ausgedehnten Kalktuffablagerungen von Benestad fanden sich nach Kurck[1] keine Reste der Buche (was allerdings nicht für ein Alter absolut vor der Buchenzeit zu sprechen braucht).

In Schweden hat man im Kalktuff keine Buche gefunden, in Dänemark aber bei Lellinge (nach Grönwall).

Wenn wir meist die gleiche Reihenfolge der postglacialen Bildungen wiederfinden, so sind dieselben doch in den verschiedenen Gebieten nicht absolut gleichalt; im Norden werden sie immer später eingetreten sein, als im Süden; ebenso braucht man die marinen Facies nicht für ganz Nordeuropa mit den limnischen zu parallelisiren.

### Übersicht über die Gliederung der Postglacialablagerungen Skandinaviens.

Nathorst giebt folgendes Vergleichsschema der spät- und postglacialen Ablagerungen im südlichen Schweden (nördlich von Schonen):

| Marine und | Ancylussee-Ablagerungen | Torfmoore | | |
|---|---|---|---|---|
| Westliches Schweden | Östliches Schweden | Westl. u. östl. Schweden | | |
| Oberer Nordseesand, Schalbänke | Oberer Ostseesand (ob. Mosand) Schalbänke | Fichtenzone | Torf, gyttja | Postglacial |
| Nordseethon u. -gyttja (Ostrea-, Cardiumthon) | Ostseethon (Litorinathon) und gyttja | Eichenzone | Torf, gyttja | Postglacial |
| Unterer Nordseesand | Unterer Ostseesand (mittl. Mosand) Oberer Ancylussand | Eichenzone / Kiefernzone | Torf, gyttja | Postglacial |
| ? | Ancylusthon | Kiefernzone | Torf, gyttja | Postglacial |
| ^ | Unterer Ancylussand (unterer Mosand) | Espen- (Birken-)Zone | Torf, gyttja | Postglacial |
| Oberer Eismeersand, Schalbänke | Oberer Eismeersand | Dryaszone, oben mit buschartigen Weiden, unten mit *Salix polaris* | Thon, Sand, gyttja | Spätglacial |
| Eismeerthon (Yoldiathon) | Eismeerthon (Yoldiathon) | Dryaszone, oben mit buschartigen Weiden, unten mit *Salix polaris* | Thon, Sand, gyttja | Spätglacial |
| Unterer Eismeersand (Glacialsand) | Unterer Eismeersand (Glacialsand) | Dryaszone, oben mit buschartigen Weiden, unten mit *Salix polaris* | Thon, Sand, gyttja | Spätglacial |

[1] Kalktuffen vid Benestad. Bih. Vet. Ak. Handl. 26, 1. 1901.

Nathorst gibt die Vertheilung der Floren in den verschiedenen Theilen Schwedens mit folgender Tabelle an:

| Schonen | Småländ. Hochland | Jemtland | Südliches Schweden unterh. der postglacialen marinen Grenze |
|---|---|---|---|
| Buchen-Zone | Fichten-Zone | Fichten-Zone | Fichten-Zone |
| Eiche | Eiche | | Eiche |
| | | Kiefer | |
| Kiefer | Kiefer | | |
| Espe | Espe | (Espe) | |
| Dryas | (Dryas) | Dryas | |

Andersson hatte für Norrland die Florenentwickelung in folgendem Schema zusammengefasst (Om senglac. och postglac. aflagr. i mellersta Norrland. Geol. För. Förh. 16):

| | Torfmoore | Kalktuff | Flussthalablagerung |
|---|---|---|---|
| Zone der Fichte . . . . . . . | + | — | + |
| Jüngere Zone der Kiefer . . . | + | ? | + |
| Ältere Zone der Kiefer . . . | + | + | — |
| Zone der Birke . . . . . . . | + | + (?) | — |
| Zone der Dryas . . . . . . . | + | ? | — |

Die Hauptmomente der Entwickelung der Pflanzenwelt von Schweden und Finland lassen sich mit Andersson in folgender Tabelle zusammenfassen:

| Götaland | Svealand | Norrland | Finland | Geographische Verhältnisse: | Blytt's Perioden (nach Sernander) Engl. B. Jb. 15 p. 62. |
|---|---|---|---|---|---|
| Buche Fichte | Fichte | Fichte | Fichte | Heutige Verhältnisse | |
| | | | | Grösste Ausdehnung des Litorinameeres | atlantische Periode |
| Eiche | Eiche | Kiefer | Eiche ? | | |
| | | Kiefer | Kiefer | Übergang des Süsswassers im Balt. Becken in Salzwasser | |
| | Kiefer | | | Grösste Ausdehnung des Ancylussees | insulare subarktische Periode |
| Kiefer | | | | | |
| | | Birke | ? | | |
| | ? Birke | | | | |
| Birke | | | | | |
| | | Dryas | Dryas | Übergang des Salzwassers im Baltischen Becken in Süsswasser | |
| | ? Dryas | | | | |
| Dryas | | | | | |
| | | | | Höchster Stand des spätglacialen Meeres | arktische Periode |

## Synopsis der postglacialen Gesch

| Geologische Periode | Mer de glace („Inlandeis") | Landhebung (Procente der ganzen) | „Seter", Küstenlinien | Terrassen | |
|---|---|---|---|---|---|
| Recent | Verschwunden | keine | Nur bei Salangen in festem Fels geschnitten | Alluvialebenen („ör") | Dur |
| Periode der letzten Landhebung | abschmelzend | ca. 10 % | unsicher | sehr schmale Stufen | |
| Atlantische | einige Meilen breit, nahe der ursprüngl. Gletscherscheide, bis 150 km südöstl. von der Wasserscheide | keine | Parallelstreifen in den „Seter-Seen", welche zwischen Wasserscheide und Inlandeis aufgestaut waren | gemein; auch in den Seter-Seen | |
| Periode der mittleren Erhebung | abschmelzend | ca. 30 % | selten | locale Stufen | |
| Subglacial | etwas südöstlich von der Wasserscheide zurückgezogen | keine | Markirte Linien an der Küste. Obere parallele Streifen im oberen Theile der östl. Thäler | gewöhnlich eine mächtige Stufe, hohe Inland-Ebenen | gr gwi sche |
| Periode der ersten Hebung | rasch schmelzend | ca. 60 % | local | bisweilen 2–3 Stufen | bev spi |
| Epiglacial (letzte Phase der Eiszeit) | die Seen am Boden der Fjorde erreichend | keine | scharf markirte Linie an der Küste, oft tief im festen Gestein eingeschnitten | sehr grosse Ebenen, „Champlain" | sehr immer pl (Bac |

chte Norwegens nach Hansen. Zu p. 173.

| Erosion | Torfmoore (nach A. Blytt's Idealdurchschnitt) | Einwanderung der Flora | Fauna in den Terrassen | Culturperiode | Dauer der Periode (in Jahrtausenden) nach den archaeolog. Befunden | Dauer der Periode (in Jahrtausenden) nach der Grösse der Terrassen |
| --- | --- | --- | --- | --- | --- | --- |
| gegenwärtige Agentien | Schicht von losem Sphagnum, 5' | Modern | Modern | Historisch<br>Eisenzeit | 1<br>1 | 1½ |
| | Schicht mit Baumstümpfen | Boreal (mit Blytt's „subboreal") | Modern | Bronzezeit | 1—2 | 1/2 |
| rch gegenwärtige Agentien ben dem verschwindenden Inlandeis | Torfschicht mit umgestürzten Stämmen von *Quercus sessilifl.* 4' | Atlantisch (mit „subatlantisch") | *Ostrea* pp. | | | 1 |
| | Schicht mit Stubben: *Corylus avellana, Fraxinus excels.* | (Boreal) | *Ostrea* pp. | | | 1/2 |
| : Seebecken hen Wasser- u. Gletscher-scheide | Torf mit Stämmen von *Pinus silvestris* 4' | Subarktisch | *Cardium* etc. (modern) | Steinzeit | 3—4 / 5—6 | 3—4 |
| ndern in den acialen Terrassen | Schicht mit Stubben von *Pinus silvestris* | Boreal | keine Muschelbänke | | | 1/2—1½ / 5—9 |
| ssen; die Seen alb der Cham-a-Terrassen liche Erosion) | Torf mit *Betula odor., Populus trem.* 3' | (Subarktisch)<br>Arktisch | *Yoldia* etc. | | | 10—20? |

R. Hult[1] hatte für das nördliche Satakunta, Finland, die folgenden Horizonte unterschieden:

| | |
|---|---|
| Laubwälder werden durch Fichte verdrängt, in den älteren Stadien noch *Alnus glutinosa* häufig | Phase der Fichte |
| Deltaablagerungen mit vielen Laubholzresten, südliche Nessa | Phase der Eiche „Ulmenperiode" |
| Stellenweise von mächtigem Torf überlagerter Flugsand, xerophile Pflanzen östlichen Ursprungs | Phase der Kiefer |
| Phase des Ancylusthons | Phase der Birke — Zitterpappel |

Hansen kam bei dem Vergleich der Entwickelung der quartären Flora und Fauna mit den Resultaten seiner Strandlinienuntersuchungen zu dem Urtheil, dass das biologische Verhalten (Flora wie Fauna) dieselben meteorologischen Perioden erweist, welche die Hebungsphasen Norwegens durch den Eisdruck bestimmt haben. Vergl. seine beistehende Synopsis.

### Wirbelthierfauna des Postglacials und Alluviums Skandinaviens.[2]

**Rennthier** *(Cervus tarandus)* lebte zur Zeit der arktischen Flora und müsste sich eigentlich unter dem Torf finden.

Man kennt Ren von Schonen und Öland (nach Nilsson stammt das heutige in den skandinavischen Hochgebirgen nicht von dem fossilen Schonen'schen, sondern ist aus Osten oder nördlich vom bottnischen Busen eingewandert).

**Elch** *(Cervus alces)* ist in Schonen nicht selten, auch in Gotland und Nerike bekannt.

(Ren und Elch fehlen in den dänischen Kjökkenmöddings.)

**Edelhirsch** *(Cervus elaphus)* und **Reh** *(Cervus capreolus)* ebenfalls nicht selten. (In Dänemark in der Eichenperiode.)

**Pferd** in Östergötland gefunden.

**Urochs** *(Bos primigenius)* scheint ganz allgemein verbreitet gewesen zu sein. Holst[3] fand ihn bei Rakneby, nördlich von Kalmar, in einem Torfschlamm mit Kiefer- und Zitterpappel, der älteren Ancyluszeit. Wurde zur Steinzeit gejagt, in Dänemark schon in der Kieferperiode bis zur Eichenzeit, auch in Kjökkenmöddinger.

**Bison, Wisent** *(Bison priscus)* war in Schweden seltener (man kennt aus Schonen vier oder fünf Funde und nach Holst einen von Hagebyhöga bei Vadstena in Ostgotland. Auch in Dänemark selten).

**Bison** *longifrons* aus Torf von Gotland (Eichenzeit).

**Wildschwein** *(S. scrofa)*.

---

[1] Paläont.-växt. geogr. studier i norra Satakunta. Helsingfors 1896. (Geogr. Fören. Meddel. III.)

[2] H. R. [illegible], Zur Kenntnis der quartären Säugethierfauna Schwedens, Bull. Geol. Inst. Upsala III, 1898, 327 und Munthe, Geol. För. Förh. 24, 1902, 451.

[3] Geol. För. Förh. 10, 467.

Bär (*Ursus arctos* und *spelaeus*).
Biber (*Castor fiber*).[1]
Wildkatze.
In Dänemark noch: Wolf, Luchs, Fuchs, Marder, Otter.
Von Vögeln kennt man aus Bohuslaen *Alca impennis*.
Schildkröte (*E. lutraria*) wurde in vielen Exemplaren in Schonen'schen Torfmooren gefunden, auch in Öland und Ostgothland.
Marine Walthiere und Phocaceen sind aus der Yoldia-, Ancylus- und Litorinazeit vielfach bekannt.

Nilsson theilte die schwedischen Säugethiere in germanische und sibirische, je nachdem sie aus Süden oder Nordosten eingewandert seien.

Marine Conchylien:[2]

Land- und Süsswasser-Conchylien finden sich in den verschiedenen Wiesenkalk-, Kalktuff-, Torfschlamm-, Gytja- u. a. Lagern oft in grossen Massen.[3]

Einwanderung des Menschen:

Eine Übersicht über die Steinzeitfunde Schwedens und Finnlands gab Hollender.[4]

Nach Sernander kann man folgende Parallelisirung der geologischen und archaeologischen Perioden machen:

| | |
|---|---|
| Eisenalter-subatlantisch | Litorinazeit. |
| Broncealter-subboreal | |
| Steinzeit-atlantisch | Ancyluszeit z. T. |

Über praehistorische Beobachtungen findet man vieles in dem Werk von A. M. Hansen, Menneskeslägtens Älde, Kristiania 1894/98.

Die Einwanderung der Menschen fand zugleich mit der Eiche während der grossen postglacialen Senkung statt.[5]

Nach Anlzes[6], welcher eine Steinlanzenspitze im Ostseethon (Bodenlager des Litorinabeckens) im Kirchspiel Skön fand, scheint der betreffende Menschenstamm seinen Weg nördlich vom bottnischen Busen genommen zu haben.

---

[1] Vergl. Nathorst, Bäfvergnagda trädlemn. fr. Ludvika i Dalarne, Öfvers K. Vet. Ak. Förh. 1892, 9, 486. Sernander u. Kjellmark, Torfmooruntersuch. aus dem nördl. Nerike, 1896, 832.
[2] Vergl. die Arbeiten von Torell, Sars, Foss. dyrelevninger fra Kvartärperioden. 1865. Christiania Univ.-Progr.
[3] Vergl. Hulth, Bull. Geol. Inst. Upsala 1896, 123.
[4] Om Sveriges nivåförändringar efter menniskans invandring. Geol. För. Förh. 23, 1901, 231.
[5] S. de Geer, Geol. För. Förh. 16, 1894, 629.
[6] Geol. För. Förh. 20, 1898, 67.

## Das Quartär von Russland, ausser Fennoscandia.

### Ostsee-Provinzen und Westrussland.

Grewingk[1] und F. Schmidt[2] gaben einen Überblick über das Quartär der Ostseeprovinzen und die Beschaffenheit der Oberfläche vor der Eisinvasion.

Die Schrammen sind auf der Grewingk'schen Karte verzeichnet; es scheint, dass die Verschiedenheit in der Schrammenfrequenz vorzugsweise von dem Relief des den älteren quartären Eismassen zur Basis dienenden Bodens abhängig ist[3]. Der Verschiedenheit des Gesteins entsprechend ist auch die Oberfläche desselben verschieden afficirt. Schmidt betont die geringe direkt erodirende Kraft des Gletschers[4]. Die Richtung der Schrammen hält sich im Allgemeinen an die vorherrschenden Thalrichtungen (auf der Nordabdachung des Landes gegen, auf der südlichen mit der jetzigen Flussrichtung verlaufend).

Die Bewegungsrichtung hat um 150° geschwankt. Man kann zwei Gruppen von Schrammen unterscheiden: eine ältere mit (starken, langen, geglätteten) Furchen, die zwischen NW.—SO. und N.—S. streichen und eine jüngere mit (meist schwächeren, kürzeren und wenig veränderten, daher rauhen) Ritzungen, deren Richtung zwischen WNW.—OSO. und ONO.—WSW. verläuft. „Ein Zurückführen der beiden Schrammengruppen auf zwei verschiedene Eisperioden ist schwierig." (Grewingk führt die ältere Gruppe auf Landeis, die jüngere auf Wasser-, Schwimm- oder Drifteis zurück.) Jahreseisbewegung, wie sie sich an einzelnen Küsten bisweilen zu erkennen giebt, hat keine grössere Bedeutung.

Rundhöcker, die in Finnland vorkommen, sind in Esth- und Livland durch wellige Oberflächen vertreten, gemäss der verschiedenen Beschaffenheit des vom Eis überzogenen alten Bodens.

Die Seen sind alte Thalbildungen. Ein Beispiel alter Eiserosion beschreibt Grewingk aus der Dorpater Umgegend, wo der devonische Sandboden flachen Ausfurchungen des bewegten Gletschereises ausgesetzt war; erfüllt wurden diese Furchen mit geschichtetem Sand und Grand und einem sich aufwärts eng daranschliessenden, ungeschichteten Geschiebelehm; schliesslich breiteten sich grosse Massen von Geröllen und Geschieben in mehr oder weniger mächtiger Decke über das Land aus[5].

Riesentöpfe, in Finnland zahlreich, sind hier nur vereinzelt. Grewingk nennt als solche

[1] C. Grewingk, Erl. zur 2. Ausg. der geognostischen Karte Liv-, Est- und Kurlands. Archiv f. d. Naturkunde Liv-, Est- und Kurlands I, VIII. Dorpat 1879, 338—465.

[2] F. Schmidt, Einige Mittheilungen über die gegenwärtige Kenntnis der glacialen und postglacialen Bildungen im silurischen Gebiet von Estland, Ösel und Ingermanland. Z. deutsch. geol. Ges. 1884, 248. — In beiden Arbeiten findet sich die bisherige Litteratur verzeichnet resp. referirt. Einen z. T. ergänzenden Auszug der Schmidt'schen Arbeit gab G. Holm in dem Bericht über seine geologischen Reisen. Verh. K. Min. Ges. Petersburg. 1885.

[3] Genauere Angaben über Dimensionen und andere Verhältnisse der Schrammen macht Grewingk l. c. 381 u. 393, s. Lichtdrucktafel.

[4] „Schrammen auf Felsflächen sind ein Zeichen, dass deren Oberfläche vom Gletscher wenig angegriffen wurde, wie uns die verschiedenen, nebeneinander vorkommenden Schrammenrichtungen erhalten, die doch nach einander auf die nämliche Felsplatte eingegraben wurden. Der Gletscher griff bei seiner Fortbewegung wesentlich nur die zerfallenen und zersprengten Schichtenoberflächen an, die er ausspülte und mit sich fortbewegte."

[5] Zwei charakteristische Beispiele glacialer Flussnen bespricht Doss, Zur Geologie der Jungfernhofschen Seen in Livland. Corr.-Bl. Naturf. Ver. Riga 38, 1895, 117.

die „cylindrischen Strudel- und Sickergruben“ im devonischen Gyps von Dünhof bei Riga[1], die aber wenigstens z. Th. auch als „geologische Orgeln“ aufgefasst werden können.

Die Landschaft des (oberen) Geschiebemergels zeigt nach Doss zwei Typen, die oberen Hochflächen und die stark wellige Grundmoränenlandschaft[2].

Die Moräne zeigt gewöhnlich zweierlei Ausbildung, eine untere und eine obere Abtheilung.

Durch Zerstörung des vorquartären Bodens ist eine Localmoräne gebildet, deren Geschiebe aus dem unterliegenden Gestein gebildet sind; hierzu gehört der „Richk“ oder „Plink“ in Esth- und Livland. Der Richk enthält scharfkantige Bruchstücke und wohlerhaltene Versteinerungen des silurischen Untergrundes; er geht nach oben durch weiteren Transport und Mischung mit nordischen Gesteinen allmählig in den gewöhnlichen Geschiebelehm mit gekritzten Geschieben über. Mit dem Richk hängen auch Stauchungserscheinungen zusammen.

„Bald herrscht das Untergrundsgestein vor, bald der aus Zerreibungsproducten gebildete Lehm, bald ist das Bindemittel mehr thonig, bald mehr sandig; je nach localen Bedingungen. Ebenso ist es mir nicht möglich gewesen, einen Altersunterschied zwischen grauem und rotem oder gelbem Geschiebelehm zu finden; die Farbe hängt meist vom unterliegenden Gestein ab,“ z. T. spricht natürlich auch die Oxydation mit. (Schmidt.) „Die Zunahme mechanisch stärker angegriffenen, mehr zerkleinerten, feinkörnigen, gepulverten, zerriebenen, mehl- oder schlammartigen Materials von Norden nach Süden spricht sich auch darin aus, dass z. B. der obere Geschiebelehm in Finnland und Nordesthland nicht oder schwach vertreten ist, dann in Südesthland und Nordlivland zusammenhängender und etwas mächtiger wird, hierauf an der Düna bereits mehrere Faden und bei Kowno schon zehn Faden Mächtigkeit besitzt und in Ostpreussen endlich so entwickelt erscheint, dass es dort einer Scheidung desselben in zwei Abtheilungen bedurfte.“ (Grewingk.)

Der anscheinend besondere Reichtum des rothen Geschiebelehms an grossen Blöcken erklärt sich z. Th. durch die spätere Auswaschung und Freilegung der Blöcke. In manchen Gebieten erscheinen die verschiedenen Lagen des Geschiebelehms durch Geschiebe verschiedener Herkunft ausgezeichnet. Doch meint Grewingk, dass von einer Scheidung der ostbaltischen Geschiebelehme in zwei Gruppen vorläufig kaum die Rede sein könne[3].

Krosssteinsgrus, „Decksand, Geschiebesand“, bei welchem die lehmigen Bestandteile zurücktreten, ist über ganz Esthland verbreitet, der Geschiebelehm dagegen viel seltener; in den Gegenden südlich vom Ladoga scheint er eine grössere Verbreitung zu haben. Die Oberfläche des Krosssteinsgrus bildet meist ganz flache Felder; gewisse Gegenden (die besonders eine OW.-Erstreckung haben) sind von unregelmässigen Hügeln eingenommen und bilden deutliche Moränenlandschaft (z. B. südlich von Kegel).

In ganz ebenen Gegenden ist der Geschiebelehm meist wenig mächtig, an manchen Stellen ist er nur noch durch Blöcke bezeichnet, in hügligen Gegenden erreicht er stellenweise 30 m Dicke.

Die grossen erratischen Blöcke sind durch Helmersen bekannt[4]. An der

---

[1] Sitzungsber. Dorpater Naturf. Ges. 1880.

[2] Corr.-Bl. Naturf. Ver. Riga. 1893.

[3] Über die specielle chemische und mechanische Zusammensetzung der Geschiebelehme des Ostbalticums vergl. die Analysen von Th. Schmidt im Arch. f. d. Naturk. Livlands. VIII, 1879, Dorpat 467.

[4] S. auch B. Doss, Vorkommen von grossen erratischen Blöcken in den baltischen Provinzen, Corr.-Bl. Naturf. Ver. Riga 40. 1897. 118.

Küste und an Binnenseen finden sich oft ausgewaschene Blockriffe, Steinfelder und -wälle.

Das Studium der Blöcke in den Moränen Kurlands, sowie der Schrammen auf dem Devonkalk von Bauske ergab vorläufig, dass ein Heranrücken der Gletscher aus Nordwest oder gar West, d. h. aus Schweden und über Gotland nach Kurland nicht nachweisbar ist[1].

Verschiedene Bohrungen in Kurland, die E. v. Toll mittheilt, zeigen eine recht wechselnde Mächtigkeit des Diluviums an, sie wechselt zwischen 5 m, 28 und 44 m.

Bei Popilāny am Ufer der Windau fand sich folgendes Profil von oben nach unten:

5 m rothgelber oberer Blocklehm, unten Zwischenschichten von Sand,
4 „ gelber glimmerhaltiger Sand,
6 „ grauer Blocklehm,
4 „ gelber mittelkörniger Sand.

(Die zweifache Vereisung des Gebietes ist hiernach nach Toll nicht ohne Weiteres zu verneinen).

Die Bohrung von Mosheiki ergab 0,5 m oberen rothen Blocklehm und 8 m aschgrauen bis chokoladefarbenen; dazwischen drei Wechsellagerungen von weniger mächtigem Blocklehm, Pflanzenreste führendem Sand und Kies.

Vor kurzem haben Doss[2] in Livland und Nikitin an der Bahn Witesb-Porchow[3] Drumlins beschrieben. Doss fand zwischen Wolmar und dem Burtneeksee langgestreckte Rücken oder rundliche Hügel, welche sich aus Grundmoränenmaterial aufbauen und in paralleler Schaarung dieselbe Richtung einnehmen wie die einstige, durch die Schrammen angedeutete Bewegung des Eises (NNO. bis NO. verlaufend). Sie sind hier durchschnittlich 1—2 km lang, steigen nur sanft an und erreichen eine Höhe von 10—15 m; sie bestehen oberflächlich aus lehmigem Geschiebesand resp. sandreichem Geschiebelehm, geschichtete Massen nehmen z. T. auch am Aufbau mehrerer Hügel theil.

Die geringe Höhe der livländischen Drumlins im Vergleich mit den amerikanischen, denen sie sehr ähneln, wird durch die geringe Mächtigkeit des Diluviums und seinen starken Sandgehalt in Livland erklärt; ihre Entstehung wird als eine vom Anfang bis zum Ende rein subglaciale bezeichnet.

In der Umgebung von Petersburg (westlich von Gatschina) finden sich zahlreiche, unregelmässige Gruppen bildende Hügel aus ungeschichtetem localem Kalkmaterial aufgehäuft, die etwa den Drumlins entsprechen mögen[4].

Die Åsar oder Geschiebehügel im weiteren Sinne treten in den mannigfachsten Formen auf; Schmidt unterscheidet zwei Typen, die ineinander übergehen: 1. mehr oder weniger kurze und unregelmässige Hügel, wie sie in jeder Moränenlandschaft vorkommen, „Crossåsar," wohl mit den Drumlins zu vereinigen; sie sind kurz, treten meist nicht sehr scharf aus der Ebene hervor und bestehen meist aus Kiehk oder steinreichem Geschiebelehm, z. T. mit Spuren von

[1] E. v. Toll, Sitzungsber. Naturf. Ges. Dorpat, XII, 1. S. 14.
[2] Doss, Über das Vorkommen von Drumlins in Livland. Z. deutsch. geol. Ges. 1896. Taf. 1.
[3] Nikitin, Bull. Comm. géol. Petersburg 1886. N. Jahrb. f. Min. 1902, I, 290.
[4] Guide des excurs. du Congrès géol. intern. Petersburg, 1897, 34, 12.

Schichtung; sie machen den Eindruck von auf- und nebeneinander ohne Ordnung aufgeworfenen Schutthaufen. 2. Die echten Rullstensåsar oder Grandrücken sind langgestreckt (mit Unterbrechungen bis 40 Werst lang), meist schmal, hoch und steil, vergleichbar einem Eisenbahndamm.

Sie bilden lange Hügelreihen und -ketten oder wallartige Erhebungen mit einer Hauptrichtung von Norden nach Süden, (NNW.—SSO. und NO.—SW.), welche im Allgemeinen mit der Schrammenrichtung übereinstimmt. Sie zeigen häufig eine Theilung in Haupt- und Nebenåsar, welch letztere von Norden her mit dem Hauptås unter spitzem Winkel zusammenstossen. Die Wälle sind gewöhnlich 30—50 Fuss oder weniger hoch, einige erreichen 100 Fuss Höhe; ihre Breite ist sehr verschieden. Über lange Strecken fortlaufend sind sie nicht geradlinig, sondern beschreiben schlangenförmige Biegungen; ihre Kammlinie steigt auf und nieder. Eigenthümliche Erscheinungen sind die Åsgruben, -mulden und -gräben.[1]

Die Oberfläche besteht oft aus typischer ungeschichteter Moräne, während das Innere von discordanten und abwechselnden Schichten von gewaschenem Grand und Sand besteht. Manche Åsar enthalten auch einen Kern von Geschiebemergel.[2]

Die Åsar fangen niemals am Glint an, sondern erst ein paar Meilen südlich davon.

Dass sie in den Küstengebieten häufig eine marine Umhüllung zeigen, ist nunmehr leicht verständlich durch die spätglaciale Senkung.

Als Åsar sind in Livland die sog. „Kanger" durch Doss erkannt worden[3], (z. B. der Kleine und Grosse, der 48 km lange Oger-Kanger im Riga'schen Kreise). Es sind aus gerolltem Material bestehende, meist dammförmige Hügelzüge, die sich ausserhalb des eigentlichen Åsbhlandes, im ebenen bis flachwelligen Diluvialgelände hinziehen; ihr Verlauf geht hier nicht parallel der Glacialschrammung.

Wenn es wahrscheinlich ist, dass die Flussrichtung der subglacialen Kangerströme eine südost-nordwestliche war, so muss nach Doss bei dem allgemeinen Rückzug des Inlandeises die livländische Seenschwelle eine Eiskappe nachbehalten haben, als das westlich von ihr gelegene Tiefland bereits eisfrei war.

E. v. Toll meint[4], dass die Bildung der Åsar am ehesten als das Product von Gletscherbächen anzusehen ist, die aus dem Thore eines Schritt für Schritt sich zurückziehenden Inlandeises hervorbrachen, also als die Vereinigung einer Reihe aufeinander folgender Schuttkegel.

Glinka[5] beschreibt Åsar, z. T. von Geschiebelehm bedeckt, aus dem Gouvernement Pskow.

Rother oder bräunlichrother Geschiebethon, der oft mit oberem Geschiebesand bedeckt ist und bisweilen Sandzwischenschichten führt, wird gleichfalls von dort beschrieben. Ausser „unteren Geschiebesandes" finden sich auch praeglaciale Sedimente, grauer und rauchrother Thon und Sand, unter Geschiebelehm resp. unter Geschiebesand (von Flugsand bedeckt).

Wie zu erwarten, sind in diesem Gebiet auch Endmoränen nachgewiesen und zwar in ihren typischen Formen und Begleiterscheinungen:

[1] S. auch G. Holm, Bericht über geol. Reisen in Estland pp. — Schmidt schliesst sich, Z. deutsch. geol. Ges. 37, 539, der Holm'schen Theorie über Åsbildung an.

[2] Doss, Über die Åsar von St. Matthiä in Livland. Corr.-Bl. d. Naturf. Ver. Riga. 38, 1895. S. 186. Taf. 2.

[3] Doss, Die geologische Natur der Kanger im Riga'schen Kreise. Festschr. d. Naturf. Ver. Riga. 1895. Mit 7 Taf. Das Wort Kanger gehört der finnisch-ugrischen Sprachfamilie an und findet sich in ähnlichem Sinne im Livischen, Finnischen und Estnischen, auch im Eshimo sind an den Stamm Kanger die Begriffe „schmal, lang" oder „steil" gebunden.

[4] E. v. Toll, Geol. Forschungen i. Gebiet d. Kurländer Aa. Sitzungsber. Naturf. Ges. Dorpat XII, S. 14.

[5] Glinka, Beobachtungen im Gebiete der posttertiären Ablagerungen des nordwestlichen Russland. Annuaire géol. IV, 113, 1901.

In der „kurischen Schweiz“ a. a. O. wies v. Toll[1] typische Endmoränenzüge nach: Zwischen den Flüssen Memel und Düna dehnt sich ein 3-12 Werst breiter Streifen von Moränenlandschaft aus, auf dessen Innenseite Seen liegen, an dessen äusserer die Endmoränen (ausserhalb deren wieder Sandr) als „kurländische Moränenbogen“. Auf sie zu laufen Åsar. Der Moränenzug Tuckum-Talsen ist nach Toll nicht in Zusammenhang mit dem Salpausselkä und den Höhen auf Oesel zu bringen.

In den Gouvernements Minsk, Wilna und Witebsk hat Fräulein A. Missuna[2] **Endmoränen** auf weite Erstreckung nachgewiesen, z. T. als deutliche, sehr scharf ausgeprägte Höhenrücken von Grus oder Moräne, bedeckt von Moräne und Blockpackung mit angrenzenden Sandgebieten. Ihr Bau weist die verschiedenen Typen der Endmoränen auf (darunter Staumoränen, Steinbeschüttung, Grundmoränenrücken); Åsar und Drumlins finden sich in der hinterliegenden Landschaft.

Die Endmoränen bilden hier zwischen Wilna und Minsk einen nördlichen und südlichen Flügel, welche das Flussgebiet der oberen Wilija umschliessen; im Osten sind sie durch mehrere hinter einander gelegene Verbindungsbogen vereinigt, welche die Wasserscheiden zwischen Wilija und Beresina nebst Ulla bilden.

Missuna hält die beschriebenen Endmoränen für Randmoränen einer selbständigen Eiszunge des Wilijagletschers, wobei der östliche Verbindungszug dessen eigentliche Endmoräne ist, der Nordflügel die interlobale Moräne zweier Gletscher (Wilija- und Düna-), der südliche Flügel eine Seitenmoräne des Wilijagletschers darstellt.

Glinka[3] beschreibt ebenfalls Endmoränen (mit vorliegendem Sandr) aus dem Gouvernement Pskow bei Jedrowo. Seine schönen Abbildungen zeigen die wallartige, an Blöcken reiche Bildung in ganz mit den deutschen Endmoränen übereinstimmender Weise. (Siehe die Abbildungen auf nächster Seite.) Diese Endmoränen des Kreises Waldai und die westlicher gelegenen von Witebsk, welche Nikitin erwähnt, treffen mit der Grenze des Kleinsee-Moränen-Gebietes zusammen, die Ramsay[4] erwähnt.

**Geschichtete Diluvialbildungen**, insbesondere die Sande, sind weit verbreitet. „Die Schichtung und Sichtung des Trümmermaterials nach der Grösse des Korns konnte nur unter Betheiligung des Wassers erfolgen und gewannen bei bedeutender Zunahme des mechanisch zerkleinerten Materials von Norden nach Süden, in derselben Richtung auch die geschichteten Massen an Mächtigkeit.“[5]

Diese östliche Fortsetzung der baltischen Endmoräne Norddeutschlands durch Russland beweist sehr drastisch die Unhaltbarkeit der de Geer'schen Construktion des „jüngeren baltischen Eisstromes“ (s. o. S. 99.).

Im südlichen Polessien hat Tutkowski[6] zwischen den Flüssen Buh und Usch ein geschiebeloses Gebiet gefunden, ähnlich der amerikanischen driftless area, zwischen zwei Inlandeissungen. Sandige Ebenen mit Mooren oder eigenartige

[1] Geol. Forschungen im Gebiet d. kurl. Aa. Sitzungsber. Naturf. Ges. Dorpat, XII. — Annuaire IV, 25. — Doss, Corr.-Bl. Naturf. Ver. Riga 1897, 121.

[2] Annuaire géol. IV, 91, 179. 1901. Jahresber. Mosk. Naturf. Ges. 1898—1900. — A. Missuna, Über die Endmoränen von Weissrussland und Litthauen. Z. deutsch. geol. Ges. 1902, 284, Karte, Taf. X.

[3] Glinka, Einige Beobachtungen im Gebiete der posttertiären Ablagerungen des nordwestlichen Russland. Annuaire géol. Russie, IV, 1901, 115, Taf. 8.

[4] Halbinsel Kola, 118.

[5] Gurwitsch, l. c. 424.

[6] Tutkowski, Mém. Soc. Nat. Kiew, 1903, ref. in Centralbl. f. Geol. 1903, 586.

Endmoränen im Kreise Toropets und Waldai (nach GLINKA).

Granitfelder mit Producten mechanischer Verwitterung sandiger Åsar und hufeisenförmige Dünen bedecken das Gebiet. Einfluss von vorglacialem Relief ist hier zu constatieren, indem die nördlich von jenem Gebiet befindlichen Höhen die Bewegung des Landeises aufhielten und die Entstehung des geschiebefreien Gebietes hervorriefen.

## Gliederung des westrussischen Quartärs.

Grewingk acceptirte 1879 die Zweitheilung des Diluviums der Ostseeprovinzen nach Berendt, indem er als obere Abtheilung den vorherrschend röthlichen oberen Geschiebelehm incl. Decklehm und Decksand oder Geschiebesand bezeichnete, und erörterte auch die Frage, „ob nicht in der Dorpater NO—SW-Ausfurchung und Ausfüllung des Devon der, nur am oberen Theil der Furchenwände vertretene, ungeschichtete Geschiebelehm einer ersten Eiszeit angehört hat, zwischen welcher und einer zweiten Eisperiode er zum grössten Theil entfernt und durch geschichteten Sand und Grand ersetzt wurde“. Grewingk betont ferner, dass am Schlusse der älteren Glacialzeit eine bedeutende Abnahme der Eismassen und Zunahme des Wassers und eisfreien Landes stattgefunden zu haben scheint, wodurch sich verschiedene Eigenthümlichkeiten erklären lassen; „dieser ersten Phase der altquartären Periode folgte diejenige der jüngeren Glacialzeit mit erneuter Eis- und Moränendecke, an sie schloss sich endlich die neuquartäre, alluviale oder postglaciale Zeit“.

E. v. Toll äussert sich (in Anbetracht der oben mitgetheilten Bohrprofile, intramoräne Sande zwischen zwei deutlich geschiedenen Moränen und Funde von interglacialen Säugethierresten an der Windau auf secundärer Lagerstätte) dahin, dass man die Möglichkeit einer zweifachen Vergletscherung für Kurland nicht a limine abweisen dürfe, wenn auch positive Beweise dafür noch nicht erbracht sind.

Wir müssen constatiren, dass in den Ostseeprovinzen bisher keinerlei Funde gemacht sind, welche die Annahme von zwei durch milderes Klima getrennten Eiszeiten berechtigen![1]

Holm giebt folgende Übersicht der esthländischen Quartärbildungen (Reisebericht): (s. umstehende Tabelle).

Gegenüber manchen Geologen, welche auch für Westrussland nicht zwei Eiszeiten anerkennen (Sokolow, Gedroitz, Amalitzki) verficht Krischtafowitsch die Annahme zweier Eiszeiten mit zugehörender Interglacialzeit.[2]

Polen war nach ihm zweimal vereist, die erste Oscillation erreichte die Ufer der oberen Weichsel bei Krakau, die zweite aber überschritt nicht die Swento-Kraisker Berge und den Oberlauf der Warthe; die trennenden interglacialen Bildungen sind nach Norden zu an Mächtigkeit abnehmend bis zur kurländischen Grenze bekannt; nördlich davon liegt nur eine gemeinsame Untergrundsmoräne. Die südliche Grenze von Kurland ist die äusserste Rücktrittslinie des Gletschers der ersten Periode; von hier aus begann (in der 2. Periode) sein Hervortreten nach Süden.[3]

Bei Nowo-Alexandria, Kr. Lublin, zeigte Krischtafowitsch[4] geschichtete Sande unter der typischen „unteren“ Moräne; statt der letzteren treten auch ihre Zerstörungsproducte (in der 2. Eiszeit gebildet, Geröllconglomerate, Geröllsande, Blöcke) auf; darauf bildeten sich in der ruhigen Interglacialzeit dünngeschichtete

[1] Vergl. auch die Gliederung im „Guide“ 13, S. 7.

[2] Fortschritte im Studium der posttertiären Ablagerungen in Russland. Annuaire géol. II, 1897. (s. auch u.).

[3] Ann. géol. Russ. III, 34.

[4] Krischtafowitsch, Posttertiäre Ablagerungen in der Umgegend von Nowo-Alexandria. Warschau 1896, 2 Taf., referirt in Annuaire III, 6, S. 29.

## Übersicht der esthländischen Quartärbildungen.

| | | | Inlandbildungen | Meeresbildungen |
|---|---|---|---|---|
| | Jetzige Bildungen | Hebung | Verwitterung u. Verfriesung von blossgelegten Felsflächen. Sandgeschliffene Steine. Dünen mit Säugethierknochen. Land- und Süsswasserconchylien. Strandwälle. | Verschlammung v. seichten Meeresbuchten durch Absatz von Gyttja-Schlamm. „Svämlera." Zurückgang d. Glintrandes durch Wegschwemmung u. Abbröckelung. Strandwall- u. Riffbildung. |
| | Postglaciale Bildungen | Hebung | Torfbildungen. Wiesenmergel. Gyttja. Fortgehende Trockenlegung (durch Erosion und Vertiefung der Flussbetten) und Vermoorung der Seebecken. Alte Strandwälle (und Flussablager. ?) mit *Ancylus*, *Limnaeus* u. a. Süsswasserconchylien. | Strandwälle mit *Cardium*, *Mytilus*, *Tellina*. Riffe. Dünen. Die Schale von einigen Åsar a. d. Inseln (Worms). Geschichteter Sand aequiv. der schwed. Åkerlera. Alte Strandlinien in [illegible] anstehenden Schichten. |
| Glaciale Bildungen | Das Inlandeis hat sich aus Estland zurückgezogen, steht aber noch in Finnland, d. Botta. Meerbusen u. in Schweden. | Das Land liegt tiefer als jetzt. | Reichtum an grossen seichten Seen. Beginnende Moorbildung und Trockenlegung durch Erosion v. Flussbetten. Die Flora arktisch. | Strandwälle. Riffe. Geschichteter glacialer Thon (hvarfvig lera). |
| Glaciale Bildungen | Das Inlandeis ist auf dem Rückzuge durch Estland. | Senkung | Erratische Blöcke, Lehm (z. T. geschichtet) in kleinen Becken u. Vertiefungen. Oberflächensand u. -schutt mit Resten von Mammut. Rullstensåsar, Endmoränen (Moränenlandschaft), Grundmoränen. Glacialschrammen. | Kein Meer existirt, alles ist von dem Inlandeise bedeckt. |
| Glaciale Bildungen | Das Inlandeis ist über ganz Estland verbreitet. | Senkung | Bildung von Schrammen und Grundmoränen. Gesteinstransport und Abhobelung der Gesteinsoberfläche. | Kein Meer existirt, alles ist von dem Inlandeise bedeckt. |
| Glaciale Bildungen | Das Inlandeis ist im Vorrücken. | Senkung | Keine Spuren gefunden. Das Inlandeis schiebt die unter den vorhergehenden Perioden gebildeten Verwitterungsproducte und die Inlandsbildungen als Endmoränen(?) vor sich. Z. T. werden sie auch von dem Eise bedeckt und in die Grundmoräne eingezogen. | Kein Meer existirt, alles ist von dem Inlandeise bedeckt. |

Thone, Sande und Pflanzenreste führende Lehme; zur selben Zeit fing auch die Ablagerung des Löss an; dieser wird fast nirgends von anderen Bildungen überdeckt! (Alles Erscheinungen des Postglacial!) Kr. erklärt den Löss (Mammut-Thon) als interglacial. Die Schichtenmasse des Löss wird im Norden vertreten durch Ablagerungen der zweiten Moränenstufe.

Die dortigen Weichselterrassen, drei an der Zahl, werden in ihren Profilen als Repräsentanten der ersten Vereisung (älteste Terrasse), der Interglacialzeit (ältere Terrasse) und der 2. Vereisung aufgefasst (die jüngste Terrasse ist postglacial). In der älteren Terrasse fanden sich Mammut u. a., sowie palaeolithischer Mensch. Auch auf der Karte des Lublin'schen Gouvernements von Trejdosiewicz (Ann. 13) ist nur eine Moräne angegeben!

Siemiradzki hatte[1] in Polen ausser den „oberen Endmoränen der zweiten Gletscheroscillation" auch eine Endmoräne weiter südlich, nahe der südlichen Grenze des Geschiebemergelvorkommens, bei Sieroslavice unterhalb Krakau, nahe dem linken Weichselufer, aufgefunden, die er als eine „Endmoräne der ersten Vergletscherung" erklärt. Es sind Geröllhügelreihen, die auf dem braunen „unteren" Geschiebemergel liegen und von dem Lössplateau getrennt sind.

Krischtafowitsch beschreibt[2] Aufschlüsse aus dem nördlichen Westrussland, von Grodno, Wilna und Kowno, aus denen er mit Sicherheit die Existenz von zwei Glacialepochen folgert:

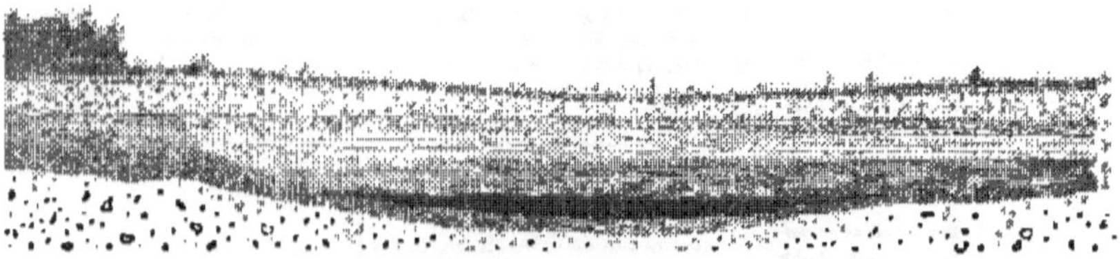

Das l. c. abgebildete Profil der Tschernaja Balka ist von oben nach unten folgendes:

a) 2½' Ackerkrume
b) 7' röthlich brauner Letten mit grossen Blöcken („die grösste Zahl der Blöcke befindet sich augenscheinlich über den Flügeln der unten liegenden Lager blättrigen Lignits")
c) 9' 0" geschichtete Sande mit Grandzwischenlagern
d) bis 10' 6" geschichtete geröllfreie Sande
e) bis 14' grauer lehmhaltiger Sand, in der Mitte in Lehm übergehend
f) bis 7' feinblättriger Lignit, nach den Flügeln sich auskeilend
g) bis 4½' dunkelgrauer geschichteter Lehm, unter dem Lignit; Conglomerat von Grand und
h) Geröll, unter den Flügeln des Lignit am mächtigsten, unter der Mitte nur 1' 5½".
i) 7—31' grauer, sandiger, mergeliger Geröll-Lehm.

Bei Grodno sind die Aufschlüsse in Seitenschluchten des Njemen, sie zeigen zwei Horizonte von typischen Geröll- (Moränen-)Lehmen (21—28' mächtig), durch verschiedenartige (bis 28—35 m mächtige) Sedimente getrennt.

[1] Z. deutsch. geol. Ges. 1890, 756.

[2] Bau der glacialen Bildungen auf den Territorien der Gouvernements Kowno, Wilna und Grodno. Annuaire I, 1896, 10. Profil p. 15 S. auch Wenig, Annuaire V, 1902, 165 f.

In der Tscherma'a Balka findet sich ein Blättertorflager (Lignit) in einer noch an der Oberfläche erkennbaren kesselförmigen Senkung und führt Pflanzenreste der heutigen Flora.

In einem Nachtrag giebt Krischtafowitsch[1] nähere Mittheilungen über das Grodnoer Lignitlager in der Schlucht Drutzkoi Owrag: Hier sind zwei verschiedene Moränenbildungen durch geschiebtete und organische interglaciäre Ablagerungen getrennt, letztere sind durch Massen geschiebefreier Sande getrennte Süsswassermergel-Lager und ein Lignit- und feingeschichtetes Thon-Lager.

Krischtafowitsch giebt beistehendes Idealprofil des Grodnoer Lignitlagers:

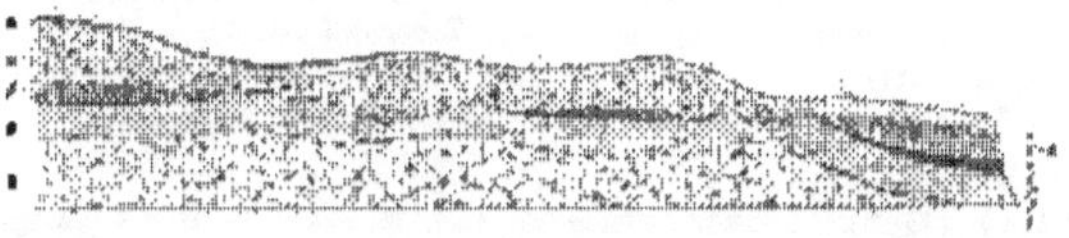

Ein Profil zeigt auf einem bis 18′ mächtigen sandhaltigen Geschiebethon geschichtete Sande, darüber weissen Süsswassermergel; in diesen wie in die Sande greift oft der hangende (an Geröll reiche) Geschiebelehm taschen- und kesselförmig ein; auf dem oberen Geschiebelehm liegt z. T. noch Sand oder Lehm.

Bei Wilna fanden sich ebenfalls zwei Geschiebemergel durch Sedimente getrennt; der obere, rothe erreicht eine Mächtigkeit bis 24′, der untere graue nur 17′. Das Profil lehrt nach Kr. die grosse Zerstörungskraft des Gletschers der 2. Vereisung.

Bei Kowno fanden sich wieder zwei Moränen, die aber nur z. T. durch geschichtete Sande getrennt sind, welche sich nach der Mitte zu auskeilen und eine geradlinige Geröllreihe hinterlassen.[2]

Von Wichtigkeit ist die Angabe von Gedroitz, dass im Gebiet des Niemen und z. T. des oberen Dniepr zwei getrennte Moränen, ein unterer grauer Geschiebemergel und ein oberer brauner, vorkommen, getrennt durch mächtige, allerdings fossilfreie geschichtete Ablagerungen, die man nicht gut als locale Zwischeneinlagerungen ansehen könne.[3]

Nikitin stellte die Ostgrenze der oberen Moräne Litauens mit ihrem Zuge von Endmoränen fest und wies nach, dass die (alleinige) Moräne des inneren Russland der unteren Moräne Litauens, Polens und Norddeutschlands entspricht.[4]

Im Westen des Gouvernements Witebsk fand Nikitin zwischen zwei Geschiebemergeln geschichtete Sande und sandige Mergel, beide Moränen sind petrographisch kaum zu unterscheiden. Auf die Ostgrenze des oberen Geschiebemergels (Sebej-Sanostie-Kitzkowo) folgt eine Zone von Sanden; gegen Süden und Südosten von der Grenze erstrecken sich typische Åsar und Endmoränenhügel. Östlich dieser ganzen Region hebt sich der untere Geschiebemergel wieder heraus und bildet

[1] Annuaire I, 1897, 25.
[2] S. Profil, S. 81; und Annuaire II, 7.
[3] S. N. Jahrb. f. Min. 1897, I, 126.
[4] Geologische Untersuchungen an der Eisenbahn zwischen Moskau und Windau. Bull. Comm. géol. Petersburg 1890, 838.

weiterhin allein die Oberfläche und geht in Blocklehm über, der den grössten Theil des mittleren Russland bedeckt.

Über die Bildungen des Spätglacials vergl. die Darstellung des Ostseebeckens.

Uferwälle und Riffe an den Küsten sind zu beobachten, die meist in postglacialer Zeit umgelagert sind. De Geer und Berghell haben die beiderlei Terrassen (des spät- und des postglacialen Meeres) genauer in ihre Karten eingetragen[1]. Der Peipus ist ein Relictensee der spätglacialen Zeit, ebenso wie der Ladoga- und Onegasee.[2]

Spätglacialer Süsswasserthon oder „Binnenseethon" kommt im Innern des Landes in kleinen Becken auf Krosssteinsgrus lagernd vor, wahrscheinlich von den schlammreichen Wässern des zurücktretenden Eisrandes und durch gleichzeitige Auswaschung der freigelegten Moräne gebildet. Bei Kunda hat Nathorst in dem untersten Thonlager des berühmten Mergellagers Dryas aufgefunden.[3]

Postglacial, Alluvium:

Alluviallehm (svämlera) scheint nach Schmidt in den Ostseeprovinzen selten zu sein; Alluvialsand ist in verschiedener Bildung vorhanden.

Dünen finden sich am Meeresstrand und im Innern (aus Åsar oder Ancylussand entstanden), z. B. bei Reval.[4]

Die Landseen waren früher auch hier viel zahlreicher als jetzt; ihre Bildung wird von Schmidt mehr auf vorgebildete Vertiefungen, als auf Gletscherwirkung zurückgeführt.

Torfmoore nehmen grosse Strecken Landes ein und können ebenfalls in Hoch- und Grasmoore geschieden werden, ausserdem nach ihrer Bildung, ob aus Wäldern oder verwachsenen Seen entstanden. Letztere zeigen fast regelmässig unter der Torfdecke Wiesenkalk (Alm), „der in dem halbverwachsenen „Kleinen See" bei Piersal noch jetzt in Bildung begriffen ist".

Das Mergellager von Kunda in Nord-Estland hat nach Grewingk's[5] Untersuchung Resultate von geologischem und archäologischem Interesse geliefert:

Hinter einem Uferwall auf dem Glint erstreckt sich als Ausfüllung eines früheren Landsees ein grosses Moor mit folgendem Profil:

0,8 m Torf
0,9 „ Wiesenmergel voll von Süsswassermuscheln
0,09 „ Sand
0,51 „ muschelreicher Süsswasserthon
0,45 „ Thon mit Resten von Moosen und *Myriophyllum*
8 „ Thon, zu unterst mit Sandstreifen und arktischen Pflanzen (nach Nathorst *Salix polaris*, *S. herbacea*, *Dryas octopetala* u. a.)
zu unterst Geschiebemergel.

In dem Wiesenmergel fand Grewingk *Anodonta cellensis* (fast nur auf die oberste Lage beschränkt), *Pisidium obliquum*, *Limnaea ovata*, *L. stagnalis*, *Planorbis marginatus*, *Pl. carinatus*, *Pl. vortex*, *Valvata piscinalis*, *Bythinia tentaculata*. (Taf. 8).

[1] Vergl. Schmidt's Beschreibung und Karte der Umgebung von Petersburg im Guide Congrès géol. intern. 24, 19.

[2] Nach De Geer's Untersuchungen, Geol. För. Förh. 16, 1894, 639.

[3] Guide 12, S. 14.

[4] S. auch Doss, Über Dünen bei Riga. Corr.-Bl. Naturf. Ver. Riga 1896.

[5] Grewingk, Geologie und Archaeologie des Mergellagers von Kunda in Estland. Dorpat 1882, s. auch Guide des excursions, Congr. internat. 12, S. 14.

Im Mergel und folgenden Thon fanden sich ausserdem Reste grosser Hechte. Ferner *Equus caballus, Cervus alces, C. tarandus, Canis familiaris*; (im Torf *Bos taurus, Cervus capreolus, Sus scrofa, Canis familiaris*).

Ausserdem beschreibt Grewingk aus beiden Lagern Artefacte, wie Harpunen, Messer u. s. w. aus Knochen, z. T. vom Ur, Elen und Wildschwein.

Stellenweise geht der Wiesenmergel in festen **Kalktuff** über. Andere Kalktufflager finden sich an den Glintabhängen.

Interessant ist eine Mittheilung von Doss[1] über Verwachsung von Seen in Livland vermittels **organischen Schlammes**, der vorwiegend aus Koth von Schnecken, Muscheln und Wasserinsekten gebildet wird, im Kanger See 3,5—5,4 m mächtig werdend.

Diluviale **Säugethierreste** sind im Ostbalticum selten. Grewingk sagt, dass in Finnland, Estland und Livland nur sehr selten Zahnbruchstücke von **Mammut** und Schädel des *Bison priscus* gefunden worden sind; bei Menzen im livländischen Kreis Werro fanden sich in altquartärem Sand zusammenliegende Knochenreste. Weiter südlich bei Ringmundshof a. d. Düna ein Femur von *Rhinoceros tichorhinus* im Geschiebelehm; bei Witebsk a. d. Düna zusammengehörige Knochen von *Elephas primigenius*. In Kurland werden die Mammutreste häufiger. Noch südlicher, im Gouv. Kowno, fand man in altquartärem Grand ein grosses **Ren-Geweih**.[2]

Von den extraglacialen Bildungen Polens seien die **Knochenhöhlen** bei Ojcow nördlich Krakau erwähnt:

Im Jurakalk finden sich Höhlen an den steilen Thalgehängen, deren Boden mit plastischer Höhlenerde und Kalksteinbrocken bedeckt ist, in denen sich zahlreiche Knochen von Thieren und menschliche Geräthe finden. Nach F. Römer[3] sind es theils ausgestorbene, theils recente Arten; von besonderem Interesse sind: *Elephas primig., Rhinoceros tichorh., Hyaena spelaea, Felis spelaea*, und in Masse Höhlenbär; ferner Renthier, Polarfuchs, Lemming. Die Höhlen sind zu sehr verschiedenen Zeiten vom Menschen bewohnt gewesen, der gleichzeitig mit dem Mamut und dem Höhlenbär lebte; ein roh behauenes Feuersteinbeil wurde in der aus Bärenknochen zusammengesetzten Kalkbreccie gefunden.

## Centralrussland.

Die **Gliederung** des Quartärs der Umgebung von **Moskau**, die Krischtafowitsch[4] giebt, zeigt bei dem Vergleich mit den deutschen Ablagerungen keine sehr erheblichen Differenzen; es handelt sich eigentlich mehr um Worte, die Differenz der Anschauungen ist nicht so gross, wie es scheinen möchte.

(Siehe nebenstehende Tabelle.)

[1] Doss. Corr.-Bl. Naturf. Ver. Riga, 1897.

[2] S. auch Schweder, über die aus den Ostseeprovinzen verschwundenen Säugethiere. Corr.-Bl. Naturf. Ver. Riga. XX, 73.

[3] F. Römer, Die Knochenhöhlen von Ojcow in Polen. Palaeontogr. 29, 1883.

[4] Bei dem Versuche einer universalen Classification des Quartärs betont Krischtafowitsch den wichtigen Einfluss localer Bedingungen auf die Mannigfaltigkeit der quartären Ablagerungen, ferner die Schwierigkeiten in der Parallelisirung gleichzeitiger, aber nicht identischer Bildungen, die er als „synchronisch“ bezeichnet (z. B. die post- oder interglacialen Sumpfablagerungen Centralrusslands). Unter Annahme von 5 Epochen maximaler Entwickelung der nordeuropäischen Gletscher-Centren schlägt er folgende universale Classification vor (Classifications-Scala u. Bezeichnung posttertiärer Ablagerungen. Centralbl. f. Min. 1900, 48.):

| | | | |
|---|---|---|---|
| Postglacialepoche | Historische Zeit<br>Praehistorische Zeit | | |
| Jungglacial-Epoche | Abschmelzzeit<br>2. Vereisungszeit | Zeit der 2. grossen Inundation[1] | Sande mit Zwischenschichten von Grand, Geschiebe und Grus. Lehme. |
| Interglacial-Epoche | Zeit der vollständigen Entwickelung des interglacialen organischen Lebens[2] | | Lignite, Mergel (oft Diatomeen), Torf. Thon mit Süsswassermuscheln und Pflanzenresten. Ackerkrume, Sand, Grand, Thone. |
| Altglaciale Epoche | Abschmelzzeit<br>1. Vereisungszeit<br>Frühglaciale Zeit | Glacial-Epoche | Abschmelzzeit: Sande mit Grand und Geschiebezwischenschichten, Geschiebe-Conglomerat („oberer Geschiebesand"). Vereisungszeit: Sande m. Zwischenschichten von Geschieben, Grand pp. Ablagerung der subglacialen Wässer („untere Geschiebesande"). Frühglacialzeit: Mergel, Lehm und Thon. In den Ablagerungen sporadisch nordisches Material (Einfluss des heranrückenden, jedoch noch weiten Gletschers). |
| Praeglacialzeit | Zeit der vollständigen Entwickelung des praeglacialen organischen Lebens | | In den Ablagerungen vorherrschend Material localer Gebilde. Gletscherspuren gänzlich abwesend. |

Armaschewski und Nikitin[3] geben für das Gouvernement Mobilev noch die Pander'sche Eintheilung aus dem Jahre 1846, welche folgende drei Stufen unterscheidet:

obere: Oberflächensande (obere Geröllsande), meist geschichtet, mit Geröllen, auch feinen Lehmlagen; ferner Löss und lössähnliche Sande.

Recente (postglaciale) Epoche. Q VI.
V. Glacial-Epoche (Upper Turbarian). Q (1—3/V).
4. Interglacial-Epoche (Upper Forestian). Q (IV/V).
IV. Glacial-Epoche (Lower Turbarian). Q (1—3/IV).
3. Interglacial-Epoche (Lower Forestian). Q (III/IV).
III. Glacial-Epoche (Polandian, Mecklenburgian). Q (1—3/III).
2. Interglacial-Epoche (Helvetian, Neudeckian). Q (II/III).
II. Glacial-Epoche (Saxonian). Q (1—3/II).
1. Interglacial-Epoche (Norfolkian). Q (I/II).
I. Glacial-Epoche (Scanian). Q (1/I, 2/I, 3/I).
Praeglacial-Epoche. Pr Q.

[1] Epoche mit verstärkten atmosphärischen Niederschlägen.
[2] Epoche des Tscherski'schen Mammuts.
[3] Annuaire I, 278 und II, 3, 8, 14 und 16.

mittlere: Moränen, Geschiebelehm,

untere: grandige, diagonal geschichtete Sande mit erratischen Blöcken und zuweilen Töpferthon.

Armaschewski beobachtete eine Wechsellagerung von Moränenlehm und geschichteten Gebilden, die für einen localen Rückzug der Gletscherdecke sprechen; beide gehen ineinander über. Nach Krischtafowitsch handelt es sich hier um den SSO.-Rand der zweiten Vereisung.

Das Verbreitungsgebiet des Geschiebemergels und der erratischen Blöcke in Südrussland zeigt zwei weit nach Süden vordringende zungenförmige Vorsprünge, einen westlichen im Bassin des Dnjepr (bis 48° 50′ n. Br.) und einen östlichen im Gebiet des Don. Dadurch wird die colossale eisfreie Gegend von Kursk gebildet, ähnlich wie bei der driftless area in Wisconsin und den eisfreien Stellen im südlichen England.

In dem Gebiet des oberen Dnjepr bildet der Moränenlehm, wie Nikitin zeigte, eine weit ausgedehnte Deckschicht; im oberen Horizont herrschen glatte, abgerundete und geschliffene Gerölle vor, in dem unteren scharfkantige Geschiebe von localen Gesteinen. Obere Geröllsande kommen hier nicht vor. Alle glacialen Ablagerungen werden der ersten Hälfte der Eiszeit, der grossen Entwickelung der skandinavisch-russischen Vereisung, zugerechnet.

Dazu treten postglaciale, jüngere (fluviatile, schlammige oder sandige Thone, Sand, Kies, Grus, Torf und lacustrine Bildungen, sowie Schluchtenanschwemmungen) und ältere.

Zu diesen „älteren postglacialen Ablagerungen" gehört u. a. ein „interglaciales" Torflager, welches durch Bohrung bei Kletzewa aufgefunden wurde:

1,5 m Torf mit Bleisand (Podsol),
2,5 „ grauer Sand,
2 „ brauner Torf mit Moosen u. a., unten mit Thonschlamm und Sand,
0,1 „ dunkelgrauer Geschiebethon, unten mit Sandnestern.

Der Torf enthält nur Wasserpflanzen u. a. *Brasenia holsatica*, welche dem Klima des heutigen Deutschland entsprechen (!)[1] und zwar derselben Vegetation wie die „interglacialen Torflager" von Lauenburg, Klinge, Holstein; auch wie dort also in einem Gebiet, „in dem die Existenz des zweiten Moränenlehms (einer zweiten kleineren Vereisung) nicht bekannt oder wenigstens noch nicht definitiv erwiesen ist". Nikitin betont, dass in der zweiten Hälfte des Pleistocaen schon nach dem endgiltigen Rückzug des Gletschers und dem Aussterben der arktischen Flora, welche sich am Saume desselben entwickelt hatte, eine gewisse Periode eintrat, während welcher, begleitet von Mammut, Nashorn u. a., das Klima in Central-Russland gemässigter und feuchter war, als heute, wahrscheinlich im Zusammenhang mit den grossen Transgressionen des baltischen und des Caspischen Bassins.

Mammutfunde sind im centralen Russland vielfach gemacht und beschrieben worden (vergl. die Berichte im Annuaire). Einen genaueren Fundbericht giebt Frau M. Pavlow[2] über den Fund bei Jaroslawl. Die Reste eines an Ort und Stelle verendeten Individuums von *Elephas primigenius trogontherii* lagen in grobem gelbem Sand, über ihnen liegen noch 4 m feiner Sand, unter ihnen 1 m Kies; darunter folgt lössartiger, glimmerreicher Lehm und fester Thon; das Hangende bilden 1 m sandige Moränengebilde mit grossen Blöcken (oft taschenartig in den unteren Sand eingreifend) und gelber Sand mit braunem Lehm. In der oberen Moräne fanden sich zerstreute Reste eines anderen Exemplares. M. Pavlow nimmt den unteren Kies als Aufarbeitungsproduct einer unteren Moräne an, die 6 m

[1] S. auch Weber, Annuaire V, 1902, 165.
[2] Annuaire II, 1. 43, Taf. 1; s. auch V, 8

Sande seien durch Gletscherwässer während eines wohl nur unbedeutenden Rückzugs des Gletschers gebildet, die hangende Moräne entspräche dem erneuten Vorrücken des Eises, die oberen Sande und der Lehm sind postglacial. Die Mammute hätten ein glaciales Alter, sie hätten in der Nähe des Eisrandes gelebt.

Aus den Angaben geht allerdings nicht sicher hervor, ob es sich hier um eine echte Moräne handelt; die Profilzeichnung giebt eine Thalmulde an, die obere Moräne liegt über der Mitte derselben und keilt sich nach den randlichen Erhebungen aus; vielleicht könnte es sich auch bei der „Moräne" um Schotter handeln, die durch Wildwasser über die Sande ausgebreitet sind. (Die Fundstelle liegt an dem Steilufer der altalluvialen Kotorosl-Thalterrasse.)

Reste eines verendeten Individuums von *Elephas primigenius trogontherii* bei Jaroslawl.

Doss beschreibt denselben Fund[1] und kommt zu der Vermutung, dass der die Reste führende Geschiebesand „unterer" ist; sonach der Mammutfund altdiluvialen, praeglacialen Alters sei.

Mammutfunde sind im Gouv. Jaroslawl schon lange bekannt; meist handelt es sich um Funde auf secundärer Lagerstätte.[2] Überreste aus den Schichten eines alten Seebeckens am Gromotscharche, dessen Liegendes Moränenlehm ist, beschreibt Gossmanw[3]; das Becken ist in der Zeit nach der Abschmelzperiode entstanden und existirte lange Zeit, bis sein Gewässer schliesslich zur Wolga Abfluss fand, worauf das Becken mit sandig-lehmigen Alluvionen und Zwischenschichten von Torf bedeckt wurde.

[1] Doss, Z. deutsch. geol. Ges. 1896, 940 (s. Photogramm).
[2] Vergl. Annuaire III, 109; V, 8, N. 6; Doss, l. c. 951.
[3] Annuaire III, 103.

Beachtenswerth ist die Thatsache, dass die Mammutfunde immer in der Nähe von alten oder gegenwärtigen Flussthälern gemacht werden.[1]

Über das Alter resp. die Langlebigkeit des Mammut geben die Mammutfunde im sibirischen Steineis interessante Auskunft. Sie sind dort nach E. v. Toll[2] postglacial, in Westsibirien folgte die Mammutzeit erst auf die marine Transgression.

Dem Nikitin'schen Schema entspricht auch die Schilderung des Quartärs der allgemeinen geologischen Karte von Russland, Blatt Wladimir, Nishnij-Nowgorod, Murom von Sibirzew: Der Geschiebelehm (bisweilen auch Geschiebemergel) mit viel einheimischem Gesteinsmaterial erreicht eine Mächtigkeit von 1—18 m; seine Verwitterung führt bisweilen zur Entstehung lössartiger Gebilde (Deluvium), andererseits geht aus ihm der „obere Geschiebesand" hervor. Der „untere blockführende Sand" ist von Gletscherbächen abgesetzt, deren Ablagerungen dem System eines Flusses gleichen. Löss tritt in zwei Typen auf, als Berg- oder Terrassenlöss und Niederungslöss (letzterer Anhäufung von Verwitterungsproducten der älteren Gebilde); Sandablagerungen der weiten Niederungen stehen in Zusammenhang mit den unteren Geschiebesanden, doch fehlt ihnen die Decke des Geschiebelehms, sie sind also in einem weiter vorgeschrittenen Stadium der Erosion und Zerwaschung durch Gletscherwasser gebildet.

Von den recenten Bildungen dürfen die Flussdünen an der Oka (mit ihren praehistorischen Resten) erwähnt werden.

Von Parcha, Wladimir, beschreibt Nikitin folgendes Profil:

Auf Moränen ausgearbeiteter, geschichteter Blocksand, darüber grauer thoniger Sand und sandiger Thon mit vielen Pflanzenresten (Wald). In diesen sandig-thonigen Schichten finden sich in Menge die Mammuthknochen von z. T. ganzen Skeletten. Das Mammut bewohnte also Centralrussland nach Ablagerung der Moräne, als sich schon die recenten Thäler gebildet hatten und die Vegetation die Waldvegetation des heutigen Centralrussland war (? Inter-, Post- oder zweite Glacialzeit).

Wladimir, Wolinsk und Kowel im Westen von Wolhynien liegen z. T. ausserhalb der Verbreitungsgrenze der erratischen Blöcke; im nördlichen und mittleren Streifen haben Sande, im südlichen Löss ihre Verbreitung. Die Sande sind 1. geschiebehaltige, ohne Schichtung, oft mit sehr grossen Mengen von fremden Blöcken; 2. geschichtete, geschiebefreie, welche die weiteste Verbreitung haben. Sie liegen unter den Geschiebesanden und gelten als fluvioglacial, vor dem heranrückenden Eis abgelagert, während die Geschiebesande als eluviale Bildungen gelten, an Ort und Stelle aus der Grundmoräne verarbeitet.

Ein praeglacialer Thon bei Lutzk[3] ist ein Aufbereitungsproduct des tertiären Spondylusthones.

[1] S. den Fund von Stenino im Gouvernement Kologa (Ann. IV, 1901, 172), Koslowo in Perm (ibid. 2) u. a., bei Portowaja, Perm (Ann. III, 85; hier ein ganzes Skelett in Thon, ohne nähere Altersbestimmung, das Thier war in einem Sumpfe umgekommen.

[2] E. v. Toll, Die fossilen Eislager und ihre Beziehungen zu den Mammutleichen. Petersburg 1895, s. N. Jahrb. f. Min. 1897, I, 144.

[3] N. Tutkowsky, Zur Geologie des Lutzk'schen Kreises. Annuaire II, 1 u. 61; IV, 109; III, 114.

Nach der Krischtafowitsch'schen Classification ist im Lutsk'schen Kreis die Quartärfolge:

7. Versumpfung von Polessje.[1] (S. oben.)
6. Bildung der gegenwärtigen Flussthäler, Fortsetzung der Denudation im Norden, vielleicht vom Wasser des nahen Gletschers der zweiten Vereisung (2. grosse Denudationsperiode).
5. See- und subaerischer Löss, im Süden Steppenzeit, Periode des Trotsk-Mammut.
4. Geschiebehaltige Sande (1. grosse Denudationszeit).
3. Grundmoräne, Vereisung und Rücktritt des Gletschers.
2. Geschiebefreie Sande, frühglacial.
1. Praeglaciale Mergel von Kultschinsk.

Noch bei Kiew ist (brauner oder gelber) Geschiebelehm vorhanden, bis zu 10 m Mächtigkeit. Er lagert auf praeglacialem sandigem Süsswasserthon (mit (*Limnaea*, *Planorbis* u. a.) und wird überlagert von der 10—21 m mächtigen Lössstufe.

Löss bei Kiew (Guide des excursions 21).

Der Löss geht seitlich und vertical oft in Sand und sandigen Thon über, tritt in allen Höhenlagen auf und enthält die gewöhnlichen Conchylien und Säugethiere (Mammut, Moschusochse u. a.), an seiner Basis ist er oft mammutreich. Unter dem Löss fand sich eine Sandschicht mit Mammut und Resten des palaeolithischen Menschen. (Der Mensch ist also hier in sehr alter Zeit des Postglacial aufgetreten; auch neolithische Reste finden sich in der Gegend von Kiew.)[2]

Im Löss Wolhyniens unterscheidet Tutkowski[3] den „subaërischen" und den „Seelöss". Der letztere ist deutlich dünn geschichtet, plastisch, wasserundurchlässig, der erstere stets ungeschichtet, porös, trocken, wasserdurchlässig. Im Seelöss finden sich zuweilen in bedeutender Menge Süsswasserconchylien, er zeigt sich gewöhnlich auf tieferem Niveau, seine inselartige Verbreitung weist auf eine postglaciale Seeperiode hin. Beide Arten sind nach Tutkowski gleichzeitige Bildungen.

[1] Annuaire III, 119.
[2] Vergl. Armaschewsky, Annuaire I, 156. II, 2. S. 94 und Guide XXI, 20.
[3] Tutkowski, Annuaire II, 51, 1897.

## Nachweis von sogenannten Interglacialablagerungen:

Troitskoe bei Moskau: In dem Gebiet des mächtigen typischen unteren Geschiebesandes am rechten Ufer der Moskva findet sich ein sandiger Lehmmergel mit einem vollständigen Mammutskelett, neben Waldpflanzen und Sumpfthieren des heutigen Centralrussland. Der Mensch lebte hier ebenfalls. Man hatte den Lehm als praeglacial angesehen, da er unmittelbar auf dem mesozoischen Untergrund und unter dem unteren Blocksand liegt. (Durch spätere Verwaschung ist das Lager verändert.) Krischtafowitsch fand dann unter dem Lehm Kies mit krystallinen Gesteinen und hielt denselben demnach für interglacial.[1]

Nikitin parallelisirte die troitzkischen Lignite mit den praeglacialen Lagern von Belzig und Lenzen. Krischtafowitsch spricht sich sehr entschieden für ihr „interglaciales" Alter aus. Nach ihm liegen die troitzkischen lacustrinen Ablagerungen zwischen zwei Geschiebesand-Horizonten. (Alle ähnlichen russischen Lager, die man früher für praeglacial hielt, sind nach ihm als interglacial zu betrachten.) Er fasst die troitzkischen Verhältnisse folgendermassen zusammen:

Der mesozoische Gesteinsuntergrund ist stark zerstört und verwaschen; in den Niederungen sind Lehme mit undeutlichen Pflanzenresten abgelagert, sie sind auch der Zerstörung und Ausspülung anheimgefallen; auf dieselben setzten sich mächtige geschichtete Geschiebesande ab, an einigen Stellen mit Zwischenschichtungen von Thon. Nach dieser Periode der Anschwemmung und Denudation (welche der Glacialepoche entspricht) haben sich hier die schlammigen lacustrinen Ablagerungen gebildet, mit Resten der Wälder und dem Mammut, einem milderen Klima entsprechend. Darauf wurden wieder mächtige Sande abgesetzt, die allmählig in die gegenwärtige Oberflächenschicht übergehen. Danach ist die lacustre Ablagerung in localem Sinne „postglacial".

Die troitzkischen lacustren Ablagerungen sind also nach Krischtafowitsch synchronisch der interglacialen Epoche auf dem Territorium zweier Vereisungen. Kr. bezeichnet sie sehr correct nicht als „interglacial", da bei Moskau nur eine Vereisung stattgefunden hat.

Andersson hält die Ablagerung von Troitskoe für praeglacial. (Bih. Vet. Ak. Handl. 22, II, 1.) Weber (Ann. V, 1902, 167) für interglacial 2.

Andersson beschreibt eine *Brasenia*-führende Ablagerung in dem Gouvernement Smolensk aus dem Quellgebiet des Dnjepr.[2]

Das Profil ist:

1,5 m Torf,
2,5 m grauer Sand,
2 m sandiger grauer Thon,
1,5 m torfhaltiger Thon mit den Pflanzenresten,
3,7 m grauer grober Sand, Grand, Gerölle,
9,1 m grauer unterer brauner Geschiebelehm.

Der Thon enthält viel Mooslagen und Pflanzen, aus denen hervorgeht, dass er der Absatz aus einem flachen Gewässer ist, das viel Schlamm mitführte. Er ist sehr reich an Pflanzenresten, besonders *Batrachium* und *Brasenia*.

Die Ablagerung ist zwar nicht intramoränn, aber kann mit interglacialen verglichen werden, nach Andersson z. B. mit Bornholt und Klinge, und And. kommt zu dem Ergebnis, dass „die fossile Flora von den Quellen des Dnjepr in einer Zeit nach dem Abschmelzen des grossen skandinavischen Landeises gelebt hat, als das

[1] Nikitin, Congr. Arch. Moskau, 25.
[2] Bih. sv. Vet. Ak. Handl. 22, III, 1, 1896.

Klima in diesen Gegenden etwas wärmer war als in der Gegenwart; unserer jetzigen Kenntnis nach war diese Zeit höchst wahrscheinlich die Interglacialzeit".

Auch hier gilt das für Norddeutschland gefundene: die Abschmelzung war mit einem gegen das heutige etwas milderen Klima verbunden; die Pflanzenreste dieser Zeit brauchen aber deshalb nicht als „interglacial" bezeichnet zu werden.

Eine entsprechende Auffassung findet sich in den Worten von Glinka:[1] „Vielleicht befand sich Smolensk schon ausserhalb aller Glacialerscheinungen in der Periode der dortigen alten Torfe, während die Glacialdecke Russlands noch nicht ganz verschwunden war, sondern nur in die Grenzen des Pskow'schen Gouvernements zurückgetreten; nach dem Abnehmen der Glacialdecke begann in Smolensk eine (interglaciale) Flora sich zu entwickeln, in der folgenden Periode wuchs die Glacialdecke, doch wurde Smolensk von dieser Ausdehnung nicht berührt, sondern gelangte in die Thätigkeitssphäre der Gletscherwässer, deren Thätigkeit die Bildung der geschiebefreien Lehme zuzuschreiben ist."

Die drei Abtheilungen des Quartärs in Südrussland sind im Flussgebiet des mittleren Dnjepr, innerhalb der Verbreitungsgrenze des Geschiebemergels: geschichtete Süsswasserablagerungen, Geschiebemergel, Löss. Dort bestehen die bis 15 m mächtigen Süsswasserablagerungen aus fein geschichteten Lehmen und Mergeln, selten gröberen Sanden; sie enthalten reichliche Süsswasserconchylien und sind Sedimente aus Seen und Sümpfen (was für einen hohen Grad von Feuchtigkeit spricht), in ihren oberen Horizonten kommen schon Blöcke von Gesteinen vor, die weit von Norden stammen (als Symptome des heranrückenden Gletschers). Die weitere Verbreitung der Süsswasserablagerungen nach Süden über die Grenzen der Vereisung ist sehr erheblich. Hier werden sie überlagert von dem nicht geschichteten braunen sandigen Mergel, der hier die Stelle des Geschiebemergels vertritt; die Schichten sind als Reste alter Flussläufe anzusehen.

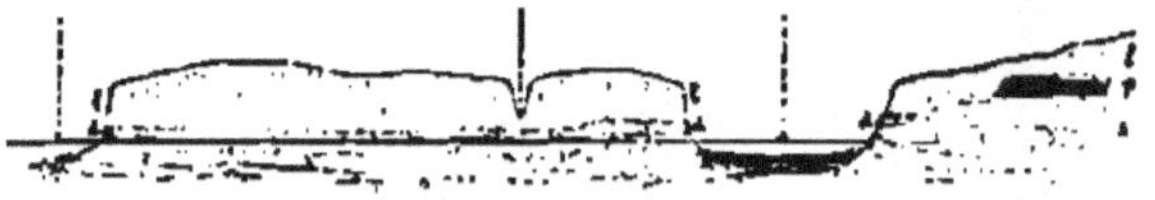


Querprofil des Mius-Limans und der Halbinsel zwischen diesem und dem Asowschen Meere.
(Nach Sokolow.)

s sarmatische, p pontische Ablagerungen, d Paludinenschichten, l brauner Mergel und Löss.

Sokolow fand[2] in der Umgebung des Mius-Limans und anderen Stellen Südrusslands in Sanden, welche unter mächtigem Mergel und Löss lagern, reichlich *Paludina diluviana* (in drei Formen, var. *gracilis* resp. *tenuissima*, *crassa* und der recenten *fasciata* ähnlich). Daneben ziemlich viel *Lithoglyphus naticoides*, ferner *Unio*, *Dreissensia polymorpha*, *Cyclas rivicola*. Vergl. p. 6.

[1] Glinka, Posttertiäre Ablagerungen und Boden der Gouvernements Pskow, Nowgorod und Smolensk. Annuaire V, 4–5, 1902, 79.

[2] N. Sokolow, Der Mius-Liman und die Entstehungszeit der Limane. Verh. K. Russ. Mineral. Ges. Petersburg 1902 XL, p. 35–112.

Die Fauna der betreffenden Schichten stimmt mit altquartären oder praeglacialen Ablagerungen anderer Gegenden überein und zeigt ausserdem die Einwanderung einiger Vertreter der kaspischen Fauna; *Elephas antiquus (trogontherii)* lässt sie zum Altquartär stellen.

Die Paludinensande erreichen 6—8 m Mächtigkeit, ihre Oberfläche zeigt deutliche Erosionsspuren.

Der hangende braune Mergel hat in Südrussland eine weite Verbreitung.

Für die Bildungsart der braunen Mergel in ihrer jetzigen Gestalt wird die subaërale Herkunft als beste Erklärung angenommen (vielleicht auch Wasserablagerungen, die erst später einem Umwandlungsprozess unterworfen wurden). Der braune Mergel geht nach oben unmerklich in typischen Löss über; die Gesammtmächtigkeit beträgt über 20 m (z. T. 40—50 m).

An mehreren Punkten der Küste des Asow'schen und Schwarzen Meeres sind nach Sokolow Ablagerungen bekannt, welche aus leicht salzigem Wasser abgesetzt sind und geringe Beimischungen von kaspischer Fauna zeigen.

Sand und Gerölle (von altkrystallinem Gestein und carbonem Sandstein und Kalk) bilden die höheren Lagen der Schichten, auch im Sand kommen bisweilen grosse Blöcke vor, was auf einen Transport durch Eisschollen hinweist, in den oberen Lagen findet man den discordant struirten Grand.

Die Entstehung der Limane wird von Sokolow in die Zeit nach Ablagerung der hangenden braunen Mergel verlegt; gegen Ausgang der Glacialperiode erfolgte die eigentliche Erosion, später erst die Überflutung durch das Meer, d. i. die Entstehung der Limane.

Die Geschichte des Schwarzen Meeres und der Steppen Südrusslands zeigt nach den Untersuchungen Sokolow's folgende Phasen.

Zu Beginn der Glacialepoche (Praeglacial, 1. Glacial und 1. Interglacial) dehnte sich an Stelle des Schwarzen und Asow-Meeres in etwas höherem Niveau als gegenwärtig eine Reihe Wasserbecken von fast süssem Brackwasser aus, mit einer Fauna kaspischen Charakters. (Dieselben standen durch den langen schmalen Manytsch-Sund mit dem Kaspi-See und durch den Bosporus mit dem Marmara-Meer in Verbindung.) In diese Gewässer ergossen sich von Norden zahlreiche Flüsse, deren Fauna sich Einwanderer aus dem Aralo-Kaspi-Gebiet beigesellten. Zur gleichen Zeit befanden sich weiter im Norden, im Gebiet des mittleren Dnjepr und Don, in den tief liegenden Flächen weite Seen und Sümpfe (s. Karte a. a. O.).

Alsdann schob sich die Eisbedeckung bis an die südlichste Grenze vor; ihrem weiteren Vorrücken wurde nach Sokolow durch Verminderung der Niederschläge Einhalt gethan und dadurch begann ein allmähliges Sinken des Niveaus; der tiefste Wasserstand fiel mit der Epoche zusammen, wo in Südrussland der Löss entstand. Während dieser Zeit des niedrigsten Wasserstandes tieften die Flüsse ihre Betten bis weit unter das Niveau des heutigen Schwarzen Meeres aus (30—60 m). Als dann die Vereinigung mit dem mittelländischen Meere eintrat, überfluteten dessen Wässer die Mulde des Pontus und drangen in die Flussthäler ein, so die Limane[1] bildend.

Beifolgende Tabelle Sokolow's veranschaulicht diese Reihenfolge sehr gut und spricht gleichzeitig deutlich für die Einheitlichkeit des ganzen Glacialphänomens.

[1] Sokolow, Über die Entstehung der Limane Südrusslands. Mém. Com. Géol. X, 4, Petersburg 1895.

| | Südrussland innerhalb der Verbreitungsgrenzen der Glacialablagerungen (Gebiet des mittleren Dnjepr). | Südrussland südlich der Verbreitungsgrenze der Glacialgebilde. | | Schwarzes und Asowsches Meer. | Kaspisches Meer. (Region der Transgression des kaspischen Meeres). |
|---|---|---|---|---|---|
| Postglacialzeit | Die Ausdehnung der Steppen nimmt in Folge des Herandrängens des Waldwuchses an ihre Nordgrenze ab, wodurch der Eintritt eines feuchteren Klimas bezeugt wird. | Klima, Pflanzen- und Thierwelt den Steppenverhältnissen entsprechend, ebenso die Bodenbildung. Doch werden die Flüsse, die von Norden strömen, wasserreicher. | | Ausdehnung der Limane und sodann auch des Asowschen und der nordwestlichen Region des schwarzen Meeres. | |
| Entstehungszeit des Löss. Trockenes Klima. | Ausbildung des Löss und des lössartigen Lehms, der vorwiegend Gehäuse von Landmollusken birgt. Klima, Flora und Fauna den Steppenverhältnissen entsprechend. In Folge dessen nimmt die Menge fliessenden Wassers weiter ab und die Flüsse schneiden ihre Betten mit dem Sinken des Wasserspiegels in dem Bassin, in das sie sich ergiessen, immer tiefer ein, bis zur Zeit seiner Vereinigung mit dem Mittelländischen Meere. | | *Elephas primigenius.* | Das Niveau des Relictenbassins erreicht seinen tiefsten Stand, und zwar vor der Vereinigung mit dem mittelländischen Meere. Sobald diese gegen Ende dieser Epoche erfolgt ist, heben die Fluthen des Mittelmeeres das Niveau und füllen die Unterläufe der Flussthäler mit Seewasser: Entstehung der Limane. | Eindringen von *Cardium edule* ins Kaspische Meer. Das Niveau des Kaspischen Meeres sinkt und sein Umfang nimmt ab. |
| Glacial-Epoche; Das Klima wird trockener. | Verschiebung der Gletscherdecke in das Gebiet des mittleren Dnjepr, wo er seine südliche Verbreitungsgrenze erreicht (46° 50'). Ausbildung des Blockmergels und anderer Glacialformationen. Gegen Ausgang dieser Epoche Rückzug des Gletschers nach Norden. Das feuchte Klima der vorhergehenden Epoche wird allmählich durch ein trockeneres abgelöst. | Mit der Abnahme der Flüsse geht eine Verringerung der fluviatilen Ablagerungen Hand in Hand. Im Alluvium dieses Zeitraumes finden sich nicht selten grosse Steinblöcke, die unter Beihilfe von Eisschollen hierher gelangt sind. Auf dem trockenen Lande bilden sich die röthlichen sandigen Mergel und Lehme. | | Das Relictenbassin von kaspischem Typus büsst seinen Salzgehalt noch weiter ein und sein Niveau fährt fort, sich zu senken. | |
| Seen-Epoche mit feuchtem Klima. | Zahlreiche *Seen* und *Sümpfe* bedecken fast durchweg die Niederungen dieses Rayons, was reichliche Niederschläge bezeugt. Die in diesen Wasserbecken abgesetzten schlammigen feinkörnigen Ablagerungen bergen in Fülle Schalen von Süsswassermollusken, insbesondere kleine Arten von *Planorbis* und *Limnaea*. In den oberen Schichten schon zahlreiche Blöcke, die Vorboten des herannahenden Gletschers. | Ausbildung von Süsswasserablagerungen in ziemlich ausgedehntem Umfange, vorwiegend Sand-, Grand- und Geröllschichten von fluviatilem Typus. Charakteristische Fossilien: *Paludina diluviana*, *Lithoglyphus naticoides*, *Dreissensia polymorpha*, seltener *Corbicula fluminalis*. Auf den vom Festland eingenommenen Partieen entwickelt sich auf subaërialem Wege brauner Mergel und Lehm. | *Elephas trogontherii.* | Bassins mit schwach salzigem Wasser und einer Fauna von kaspischem Typus (*Cardium trigonoides*, *crassum*, *Adacna laeviuscula*, *plicata*, *Dreissensia rostriformis*, *caspia*). Das Niveau dieses mit dem Kaspi und der Propontis communicirenden Wasserbeckens ist etwas höher, als gegenwärtig im Schwarzen Meere. | **Höhepunkt der Transgression.** Allmähliche Verdrängung der Süsswasser-Ablagerungen durch Brackwasser-Sedimente nach Norden. |

## Das Quartär von Dänemark.

Über das dänische Quartär gab kürzlich Ussing[1] eine zusammenfassende Darstellung; die Aufnahmen der geologischen Untersuchung werden noch mancherlei klarlegen müssen.

Den vorläufigen Versuch einer schematischen Gliederung der Quartärbildungen Dänemarks machte Madsen 1899[2], dem wir seine Gliederung vom Jahre 1895[3] hier beifügen (s. Tabelle S. 198 u. 199):

Gegen diese Eintheilung erhebt aber schon Munthe[4] Bedenken. Den Cyprinenthon will er nicht zwischen den alten „norwegischen Strom" und den „älteren baltischen Strom" verlegen, wie es Madsen thut, der den Dryasthon zwischen die ältere „grosse Vereisung" und „jüngeren baltischen Strom" legt; Munthe hält es für wahrscheinlich, „dass wenn es zu Anfang der Quartärperiode einen norwegischen Eisstrom von irgend welcher Bedeutung gegeben hat, dieser mit dem „älteren baltischen" ziemlich gleichzeitig gewesen und daher mit demselben etwa auf die gleiche Linie zu stellen ist".

Die Mächtigkeit des Diluviums scheint auf der jütischen Halbinsel durchschnittlich geringer zu sein, als auf den Inseln; im nördlichen Seeland schwankt sie zwischen 19 und 88 m; im nördlichen Vendsyssel wird sie über 80—100 m. Die grösste Mächtigkeit (wohl eine Ausnahmeerscheinung) fand sich bei Mors in Nyköping mit über 155 m. Für die Umgebung von Kopenhagen hat Rördam die Mächtigkeit des Diluviums in Curven, „Isopachyten" dargestellt.[5]

Der Geschiebemergel, Moränenlehm, Rullstensler, mit seinen gewöhnlichen, bekannten Verwitterungsformen (im normalen Zustand enthält er 10—30% $CaCO_3$) ist im östlichen und südlichen Theil weit verbreitet, kommt aber auch im Nordwesten vor (vergl. die Karte von Ussing).

Bisweilen treten zwei oder mehr getrennte Bänke auf.

Der aequivalente steinige Sand nimmt im Westen grosse Strecken ein, auf den Inseln ist er seltener und bildet meist nur eine 0,6—1,5 m starke Decke auf dem Moränenthon.

Verschiedene Bodenanalysen sind in den bisher erschienenen Kartenblattbeschreibungen der dänisch geologischen Untersuchung veröffentlicht.[6] S. auch oben S. 57 f.

Im nördlichen Jütland kann man zwei verschiedene Moränenablagerungen unterscheiden, den Moränensand und den Geschiebesand, zwar mit vielfachen Übergängen, aber ersterer mit Muschelfragmenten und kalkhaltig.[7]

---

[1] N. V. Ussing, Danmarks Geologi i almenfatteligt Omrids. Danm. geol. Undersøgelse. III Række, Nr. 2. Kopenhagen 1899. — Taf. 3 giebt eine Übersichtskarte über das Quartär Dänemarks. Einige hübsche Bilder von dänischen Quartäraufschlüssen sind soeben veröffentlicht von Milthers, Danm. G. U. III, 4. 1903.

[2] V. Madsen, Inddelingen af danske Kvartærdannelser. (Meddel. fra Dansk. Geol. Foren. Nr. 5. Kopenhagen 1899.)

[3] Istidens Foraminiferer i Danmark. Meddel. Dansk. Geol. Foren. 2, 1895.

[4] Studien über ältere Quartärablagerungen 1898, 34.

[5] Danm. G. U. I, 6, 1899, Taf. 9. — Vergl. de Geer, Über Mächtigkeitskurven, Isopachyten. Geol. För. Förh. 15, 130.

[6] Vergl. auch K. Rördam, geol.-agron. Unders. ved. Lyngby Landbokole. D. G. U. Nr. 5, 1891.

[7] Jessen, D. G. U. I, 3.

Die losen Blöcke, Feldsteine, spielen auch hier eine wichtige Rolle. Ein riesiger Block ist der „Damestein" auf Fünen (44 m Umfang, 9 m Höhe; s. o. S. 60).[1]

Die Steine sind meist Scheuersteine, zuweilen auch Rollsteine oder, wie häufig der Feuerstein, nicht abgenutzt. Das Material ist skandinavisches oder einheimisches, das gewöhnlichste ist: roter und grauer Granit und Gneiss, Dalaporphyr, die verschiedenen Diabase und Diorite, Rhombenporphyr; cambrische Sandsteine von Norwegen und Schweden, grauer und roter Silurkalk, Gotländer Kalk. Daneben kommen mehrfach auch seltene Geschiebe vor, die von besonderem Interesse sind, z. B. Bernstein (z. Th. ziemlich reichlich), Faxekalk, Juragesteine[2] u. a.

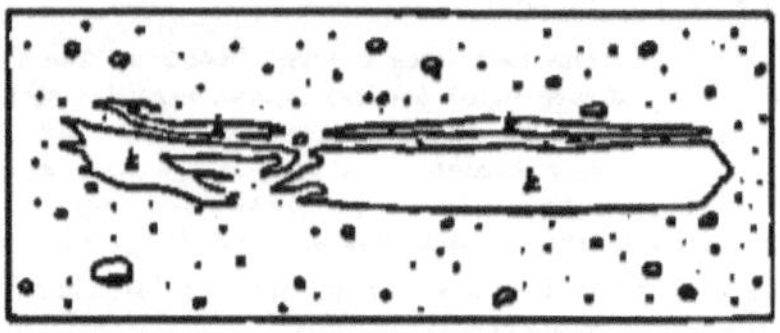


8 Fuss langer Block von Schreibkreide in Moränenthon. Enebärgaard, Dänemark. (Ussing).

Zu den localen Findlingen gehört der Feuerstein, Saltholmskalk, Faxekalk, die Schreibkreide und auch grosse Blöcke und Fetzen von Sand oder Thon.[3] Z. T. kommen so grosse zusammenhängende Brocken von Kreide vor,[4] dass man

[1] S. Ussing, l. c. III, 2, p. 147. Einige andere grosse Blöcke nennt Johnstrup, Z. deutsch. geol. Ges. 1874, 554.

[2] Vergl. u. a. Rördam und Bartholin, Om forekomsten af Juraforsten. I Moränler ved Kjøbenhavn. D. G. U. II, 7, 1897: Die durchschnittlich 9 m mächtige obere Moräne Seelands führt baltische Leitblöcke. Darunter liegt Diluvialsand, der wieder auf Moräne ruht. In dem Sande fanden sich aus der oberen Moräne stammende Blöcke von eisenhaltigem Sandstein, von Bornholm mit Pflanzenresten.

Die Feststellung von baltischen und norwegischen Blöcken hat für die Frage der Bewegungsrichtung des Eises grosse Bedeutung.

[3] Von welcher Bedeutung für die Localgeognosie einzelne Blöcke in der Moräne sein können, zeigt z. B. der interessante Befund aus dem Kopenhagener Freihafen, den G. Madsen mittheilt (Medd. dansk. geol. Foren. 4. 1897).

Dort fanden sich nämlich in der Moräne Blöcke von Holz- und Süsswasserconchylien-führendem Sand, Thon und Torf, welche mit dem englischen Cromer Forestbed identificirt werden konnten. Das Anstehende dieser (altpleistocänen resp. jungpliocänen) Lager ist zwar nicht bekannt, aber in der Nähe, in dem Ostseebecken zu suchen. Das Idealprofil des Kopenhagener Freihafens ist danach:

Strandbildungen
untermeerisches Torfmoor
Moränenthon
Diluvialsand
Moränenthon
Waldschicht mit Eiche und Hasel, Cornelkirsche, Wasserpflanzen u. s. w.
zwei Thonhorizonte von Süsswasserablagerungen mit *Bithynia tentaculata*, *Pisidium*, *Helix*, *Sphaerium* und Pflanzenresten
Thon und Grand
Saltholmskalk.

[4] S. z. B. Ussing, l. c. 151, und Johnstrup, Bornholm.

## Schematische Gliederung der Quartärbildungen Dänemarks, nach Madsen.

| | | | |
|---|---|---|---|
| Postglaciale Zeit. | *Mya*-Schicht.<br>*Litorina*- und *Tapes*-Schicht | Buchen- und Erlenschicht.<br>Eichenschicht<br>Kiefernschicht.<br>Zitterpappelschicht. | Gliederung von 1895.<br>(Text-Tafel V, VI.) |
| Spätglaciale Zeit.<br>Text-Tafel III, IV. | *Zirphaea*-Schicht (glaciale Schalbänke u. *Arca*-Thon in Norwegen u. Schweden).<br>Jüngster Yoldienthon in Vendsyssel (Eismeerthon i Norwegen u. W.-Schweden). | Schicht mit Polarpflanzen. | 12. Spätglaciale, sedimentäre Ablagerungen mit borealer Fauna u. Flora: „Glaciale Schalenbänke" in Norwegen u. Schweden. *Zirphaea*-Schicht in Vendsyssel.<br>11. Spätglac. sedim. Abl. m. arkt. Fauna u. Flora (z. T. gleichzeitig mit 10): Jüngster Yoldienthon in Vendsyssel, Schweden u. Norwegen. Jüngster Dryasthon in Schonen, Dänemark und Norddeutschland. |
| | Åsar und zugehörige Sandflächen der dänischen Inseln. „Durchragungen" auf Samsö und Langeland. | | |
| Das letzte Maximum (Mecklenburgian, Geinitz). | Haideebenen und Endmoränen der jütischen Halbinsel.<br>Oberflächenmoränen der dänischen Inseln, des südlichen Theiles der Ostküste der jütischen Halbinsel (südwestl. Schonen, norddeutsches Küstenland) 2. balt. Eisstrom pr. Geinitz's.<br>Baltische Blöcke allgemein, norwegische sehr selten. | | 10. Moränenablagerung des zweiten baltischen Eisstroms über die niedrigen Gegenden von Schonen, der dänischen Inseln, der jütländischen Ostküste und der deutschen Nordküste. |
| | Fluvioglacialer Sand und Grus mit Fauna des Cyprinenthons auf secundärer Lagerung in Rögle Klint, bei Glambjerg und Gjelsted auf Fünen. | | 9. Interglac. sedim. Abl. mit arktischer oder borealer Fauna und Flora: Älterer Dryasthon in Schonen und Dänemark. |
| Das letzte Minimum (Neudeckian, Geinitz). | Cyprinenthon von Langeland, Aerö (und in Südjütland?).<br>*Cardium*-Turritellensand auf Möen.<br>(Tarbeck, Blankenese, Fahrenkrug? u.s.w., Dornbusch, „Interglacial" Westpreussens.) | Süsswassersand des *Cyprina*-Thones auf Langeland.<br>*Limnaea*-Sand v. Hersnap auf Hindsholm.<br>Diatomeenerde von Fredericia?, Trälle klint? und Hellerup?<br>(Rixdorf, interglacialer Torf v. Fahrenkrug u. s. w. | |
| | Fluvioglacialer Grus in Ostfünen und W.- und NW.-Seeland, mit baltischen und norwegischen Blöcken. | | |
| Das vorletzte | „Untere" Moräne auf Langeland, Aerö und Möen u. a. Inseln, dem südl. Theil der Ostküste Jütlands (südwestl. Schonen und norddeutsche Küste).<br>Oberflächenmoräne des nördl. und westl. Jütland (nordöstl. Schonen, Norddeutschland nördl. vom Baruther Thal, unteres Elbthal, Holland). | | 8. Moränenablagerungen eines Eisstromes, der sich in NO—SW.-Richtung bewegte, in Halland, Schonen und vielleicht Dänemark. |

| | | | |
|---|---|---|---|
| Maximum (Polandian, Geinitz). | In N.- u. W.-Jütland fast ausschliesslich norwegische Blöcke, in Südjütland norwegische u. baltische, auf den dänischen Inseln, in Norddeutschland und Holland fast ausschliesslich baltische Blöcke, in Schonen solche von Nordost.<br>„Älterer baltischer Eisstrom" in Schonen. Transport v. baltischen Blöcken über ganz Jütland? | | 7. Moränenablagerungen des älteren baltischen Eisstromes in Dänemark, Schonen, Norddeutschland u. Nordholland. |
| | (Die tiefliegenden marinen Schichten v. Blankenese und Hamburg. *Cardium*-Sand von Lauenburg.)<br>Sand mit *Leda pernula* und *Tellina calcarea* bei Esbjerg. | | 6. Interglaciale, sedimentäre Ablagerungen m. borealer oder arktischer Fauna und Flora. Esbjerg-Yoldienthon u. a.? |
| Das erste Minimum (Helvetian, Geinitz). | Thon mit *Leda pernula*, *Mytilus edulis* u. s. w. bei Esbjerg.<br>*Tellina*-Thon in Rögle Klint?<br>(Borealer Thon von Burg? u. Nindorf? in Holstein.) | (Klinge-Schichten, Süsswasserkalk des Fläming, Honerdinger Schichten u. s. w. | 5. Intergl. sedim. Abl. m. gemässigter Fauna u. Flora: Cyprinenthon u. a. in Dänemark, Holland, Rügen u. Preussen.<br>4. Interglac. sedim. Abl. mit arktischer oder borealer Fauna und Flora: Vendsyssels älterer Yoldienthon? Esbjerg-Yoldienthon u. a.? |
| | Thon mit *Yoldia arctica* v. Esbjerg, Holbäck? (Rensing? u. Itzehoe i. Holstein).<br>Älterer Yoldienthon v. Vendsyssel (Yoldienthon u. „praeglacialer" Cyprinenthon von Westpreussen). | | |
| Das erste Maximum (Saxonian, Geinitz). | „Untere" Moräne von Esbjerg und wahrscheinlich an mehreren Stellen in N.- u. W.-Jütland (in Norddeutschland südl. vom Baruther Thal und im unteren Elbthal). Tiefste Moräne in Hamburg.<br>Steiniger Yoldienthon von Vendsyssel?<br>Bei Hamburg norwegische und baltische Blöcke.<br>Radiale Eisbewegung? Transport norwegischer Blöcke bis Frederikshorg und Warnemünde, von schonenschen Basalten bis Sachsen, småländischen Gesteinen nach Schlesien, finnischen nach SO. u. s. w.<br>Diese Moränen repräsentiren die sog. grosse Vereisung | | 3. Moränenablagerungen des norwegischen Eisstroms in Dänemark, Nordwestdeutschland, Holland, Belgien, Ostküste Englands. |
| Die praeglaciale Zeit. | Ablagerungen noch unbekannt in Dänemark (Schweden und Deutschland). | | 2. Praeglaciale, sedimentäre Ablagerungen mit borealer und arktischer Fauna und Flora: *Leda myalis* bed, arktisch *freshwater* bed in England. Yoldienthon in Ostpreussen. Älterer Yoldienthon in Vendsyssel?<br>1. Praeglaciale, sedimentäre Ablagerungen mit gemässigter Fauna und Flora: Weybourn Crag, Cromer forest bed in England u. d. Kopenhagener Freihafen. |

sie wohl auch für anstehend gehalten hatte; immer aber zeigt dann die Kreide starke Zerdrückungserscheinungen.

Hierzu gehört auch die „Localmoräne", die meist in der Varietät des „Moränengrus" erscheint; unmittelbar auf oder dicht neben Kalkstein oder Kreide ist sie häufig zu beobachten.

Nach Rørdam findet sich solche localisirte reiche Kreideanhäufung im nordöstlichen Seeland in dem oberen Moränenlehm. Hierzu kann man auch den „steinigen Yoldiathon" rechnen; in der unteren Moräne finden sich Bruchstücke der Conchylien des Yoldiathones (Rørdam führt 10 verschiedene Arten auf).

Im Geschiebemergel ist vielfach auch ein beträchtlicher Gehalt an Foraminiferen nachgewiesen worden, die aus der Kreide, wie aus Quartärablagerungen stammen.

Nach Rørdam [1] sind im nordöstlichen Seeland die Geschiebe der Moränen in folgendem Procentverhältnis vertheilt:

| | Kreideform. | Archaicum | Jura | Silur | Cambrium |
|---|---|---|---|---|---|
| unterer Moränenmergel . . | 34,6 | 48,8 | 1,8 | 8,5 | 0,2 |
| oberer Moränenmergel . . | 11,1 | 81,1 | 1,9 | 2,4 | 3,5 |

In den verschiedenen Theilen auch benachbarter Gebiete fanden sich auffällige Verschiedenheiten in der Vertheilung des Moränenmaterials;[2] z. B.

| | | | | |
|---|---|---|---|---|
| südliche Samsö | 17 —30,2 % | Silurkalk | 5,1—17,0 % | Flint |
| Fünen (Sletten) | 5 —15,7 % | Silurkalk | 25,2—37,3 % | Flint |
| Hindsholm | 15,9—22,3 % | Silurkalk | 12,0—25,8 % | Flint |

Auf Samsö[3] finden sich nur im Norden und in Helgenäs norwegische Blöcke, während die baltischen überall vorkommen.

Schrammen sind auf den dänischen Inseln nur bei Faxe[4], Kjöge[5], Kopenhagen[6] und Grenaa bekannt. Die neuesten Untersuchungen hierüber sind von Bøggild veröffentlicht worden[7].

Bøggild giebt 4 Systeme von Schrammenstreifen bei Faxe an:

1. N. 68° O., das älteste, selten.
2. N. 74° O. (am stärksten ausgeprägt).
3. S. 51° O. (wenig schwächer).
4. S. 81° O., das jüngste, meist ziemlich schwach.

Auf der geschrammten Oberfläche tritt der „hvidler" auf, Localmoräne durch die vielen Kreidestücke weiss, mit eckigen Stücken von Faxekalk. Die Oberfläche des Faxer Kalkberges ist durch das Eis zu Rundhöckern bearbeitet.

[1] Rørdam, De geol. Forhold. i nordøstl. Sjælland. D. G. U. Nr 3. Kopenhagen 1893.

[2] Vergl. Ussing und Madsen, Kortbl. Hindsholm. D. G. U. I. 2. 1897, 23.

[3] Kortbl. Nr. 5, 1897.

[4] 1843 von Forchhammer gefunden; vergl. auch die Bestimmungen bei F. Johnstrup, Iagttag. om Glacialphænomenerne og Cyprina-Leret i Danmark. Kopenhagen 1882, 32.

[5] An 3 Punkten: nach Johnstrup. Abriss der Geologie von Bornholm, 1889, 65.

[6] S. Johnstrup, Abriss der Geologie von Bornholm, 65.

[7] Bøggild, Om skuringsstriber i Danmark. Meddel. fra dansk Geol. Forening. Kopenhagen, Nr. 5, 1899, 73. Mit Karte der Schrammen S 102.

Milthers hat die Schrammen auf dem Faxehügel nochmals untersucht[1] und ist zu dem Ergebnis gekommen, dass die verschiedenen Schrammensysteme nicht verschiedenen Vereisungen angehören, sondern sämmtlich *einer einzigen* und zwar der letzten. Die Schrammen variiren in ihrer Richtung zwischen N. 17° O. und S. 16° O. Die verschiedenen Richtungen können nicht zu scharf begrenzten Systemen zusammengefasst werden, da sich keine scharfe Trennung bemerkbar macht; die Mehrzahl gruppirt sich zu einer Abtheilung, deren Mittelrichtung S. 74° O. ist, daneben lassen sich auch Gruppen mit der Hauptrichtung S. 56° O. und S. 81° O., sowie N. 49° O. und N. 67° O. zusammenfassen. Die südöstlichen Streifen sind jünger als die von Nordosten.

Bei *Kjöge* liegen die Schrammen an zwei Stellen auf Saltholmskalk und haben zwei Systeme, ein älteres von S. 50° O. und ein jüngeres S. 5° O.; bei Lellinge N. 67° O. auf Grünsandkalk.

Die Localitäten bei *Kopenhagen* zeigen fünf Hauptrichtungen, die sich in drei Hauptrichtungen von Eisströmen gruppiren, nämlich:

1. N. 49—64° O. (die älteste), 2. S. 80—40° O., 3. S. 12—20° O. (die jüngste).

*Grenaa* ist bisher der einzige Ort in Jütland[2]; auf Saltholmskalk laufen die Schrammen in der Durchschnittsrichtung von S. 58° O.

Die zwei resp. drei verschiedenen Schrammenrichtungen auf Seeland zeigen, dass zwei verschiedene Eisströme „gleichsam mit einander kämpften, von denen der eine etwa aus der Ostsee, der andere aus dem südwestlichen Schonen kam" (Johnstr. Bornholm, 66). Als allgemeine Regel lässt sich aussprechen, dass man in Dänemark, dort wo mehrere verschieden gerichtete Streifensysteme vorkommen, von links nach rechts, also im Sinne des Uhrzeigers, von älteren zu immer jüngeren Schrammen gelangt.

Beachtenswert sind die *geschrammten Steinpflaster* als Beweis für das vollkommene Durchfrieren des Untergrundes; bei Kopenhagen fand man zu unterst in dem Moränenlehm viele Kubikfuss grosse skandinavische Granit- und Gneissblöcke, die alle auf der Oberfläche geglättet und in derselben Richtung geschrammt waren, wie der unterliegende Saltholmskalk.

Die *geschichteten Ablagerungen*, Sand und Thon, sind grossen Theils als Hvitåbildung anzusehen und daher fossilfrei.

Der *Rullstensgrus* ist nicht sehr weit verbreitet. Local ist er so reich an Geröllen von Saltholmskalk, dass er zum Kalkbrennen benutzt werden kann, z. B. bei Grenaa.

Der *Diluvialsand* mit seiner charakteristischen Schichtung, verschiedenem Korn und Mineralbestand ist weit verbreitet, an der Oberfläche wie in der Tiefe („Korallensand" ist reich an Kreidebryozoen des „Limsten"). Durch Wasser und Luft wird er verändert, daher Kalkausscheidung, Braunfärbung nahe der Oberfläche und Eisensandstein resp. Kalksandstein als tiefere Concretionsbildung, daher auch die Bildung von „Bleisand" und „Ortstein" oder „Al".[3]

In manchen Sanden finden sich Anhäufungen von Bernstein[4] und Kohle und andere Pflanzenreste (die Kohlen stammen wohl meist aus den schwedischen Juralagern).

Die unteren Sande bilden bisweilen langgestreckte Erhebungen, ähnlich den „*Durchragungen*", z. B. auf Samsö und Hindsholm (Ussing und Madsen, Bl. Hindsh., 1897).

---

[1] Milthers, Skuringsstriberne ved Fakse. D. geol. Foren. 8, 1901.

[2] Bøggild, l. c. 93.

[3] Näheres über Bleisand und Ortstein s. Ussing, l. c. 159 und Sarauw, Lyngheden i Oldtiden, Kopenhagen 1898, Aarb. For. Oldk. p. 73. (Umstehende Figur giebt ein instructives Bild über „geologische Orgeln" von Ortstein im Heidesand.)

[4] Vergl. hierüber G. Sarauw, Medd. D. G. For. 4, 1897, 37.

Der Diluvialthon ist bläulichgrau, nahe der Oberfläche gelb durch Verwitterung, sein Kalkgehalt ist ähnlich dem des Moränenthons; er enthält immer feinen Sand in verschiedenen Mengen und findet reichliche Anwendung für Ziegeleien und für Mergeln. Sein Vorkommen entspricht kleineren, von „Hvidaaerne" durch-

Geologische Orgel von Bleisand in Ortstein.

Heidesandprofil: 1 Torf. 2 Bleisand. 3 Ortstein (Al). 4. Untergrundsand.

strömten Seen. Bei Nivaa unweit Kopenhagen finden sich Thonlager verschiedenen Alters, je eines unter und über der Moräne.

Sehr häufig ist der eigentümliche „Brockenthon", durch Eisschub (bisweilen auch durch grosse Blöcke) in Brecciienform gebrachter gewöhnlicher Thon; er besteht aus kleinen, eckigen, bunt durch einander gewürfelten Thonbruchstücken, deren jedes deutlich geschichtet und von glänzenden Flächen begrenzt ist.

Die Åsar, hier Aase genannt, finden sich ebenfalls;[1] einen prachtvollen über 1 Meile langen Ås sieht man längs der Eisenbahn bei Næstved[2].

Der Sand der Aase ist geschichtet, von der Mitte nach beiden Seiten geneigt. Oft herrschen auch Grus und grosse Blöcke vor; häufig ist eine Decke von Moränenlehm oder -sand; (s. beifolgende Profile bei Rördam l. c. 55—57). In der Verlängerung der Aase findet sich häufig eine Sandebene.

Endmoränen:

Nachdem schon Forchhammer im Jahre 1835 und Johnstrup 1875 auf die Endmoränen in Jütland hingewiesen hatten und Johnstrup auch die Umbiegung

[1] Nach der Sage ging ein Riese über das Land mit einem Sandsack, aber darin war ein Loch und der Sand lief aus und bildete den Aas, so wie der Riese weiterging.

[2] Vergl. sein Bild in D. G. U. III, 4, 1903, Taf. 6. — Die Aase des nordöstlichen Seeland sind auf einer Karte bei Rördam l. c. 54 verzeichnet. S. auch Rördam, Bl. Kopenhagen, D. G. U. I, 6.

derselben nach Westen gezeichnet hatte, ist jetzt durch Ussing[1] der zusammenhängende Verlauf derselben constatirt und kartographisch fixirt worden:

Die Endmoräne schliesst sich an den schleswiger Zug in nordsüdlichem Verlauf unmittelbar an, um dann bei Dollerup (in nördlichen Jütland) scharf nach

Querschnitte durch Åsar von Seeland. (Rördam).

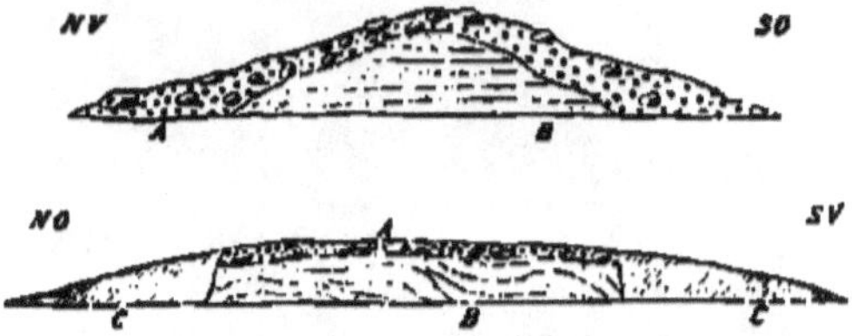


A Grus mit gr. Steinen. B Sand. C Abrutsch.

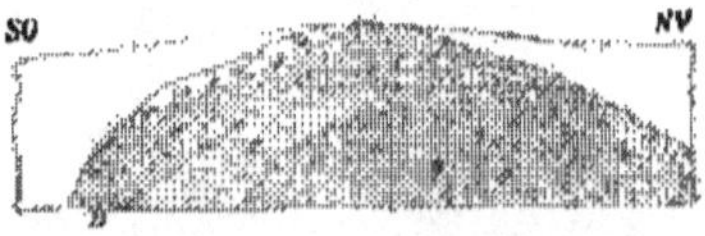


A Moränenthon. B Kies. C steinfreier Sand. D Abrutsch.

Westen umzubiegen und südlich von Lemvig nach der Nordsee auszulaufen. Ausserhalb derselben folgt typische fluvioglaciale Heidelandschaft mit ihrem späteren Entwässerungssystem, innerhalb herrscht typische Moränenlandschaft, z. Th. mit zahlreichen kleinen Seen und Depressionen oder langgezogenen Seewannen, die bei Hjelmhede in einer grösseren Partie die Spuren von „totem Eis" zeigt.

Die scharfe Umbiegung der Moräne nach Westen ist ein Beweis gegen die Construction der de Geer'schen Eiszunge des „jüngeren baltischen Eisstromes" (s. o.) und führt die Conformität der Verläufe der (älteren) „baltischen Endmoräne" und der (jüngeren) weiter nördlich gelegenen „skandinavischen Endmoräne" gut vor Augen. (Vergl. unsere Karten des deutschen Quartärs und der quartären Maximalvereisung Europas.)

Als endmoränenartige Bildungen wird man vielleicht manche Sandhügel mit gestauchter Schichtung ansehen können. Als eine Art Endmoräne sieht Jessen[2] die lange und schmale Hügelkette Allerup Bakker im nördlichen Jütland (Vendsyssel) an.

Die Westseite des Isefjordes wird nach Milthers[3] von einem grösseren System von Endmoränen umgeben.

---

[1] Ussing: Om Jyllands Hedesletter og Teorierne for deres Dannelse. Dan. Vidensk. Selsk. Forh. 1903, 99. Kopenhagen 1903.

[2] D. G. U. I. 3.

[3] M. D. G. F. 8.

An dem Eisrand mögen sich nach Ussing auch manche der kesselförmigen, unseren deutschen Söllen entsprechenden Einsenkungen gebildet haben, die man im ganzen Lande findet. Ussing glaubt sie nicht als Strudellöcher deuten zu sollen, sondern als Reste von „todtem Eis", durch späteres Wegschmelzen desselben entstandene Eisstürze.

Grossartige Schichtenstörungen, welche auf Wirkung des Inlandeises zurückgeführt werden, sind an zahllosen Stellen Dänemarks bekannt, besonders in den coupirten Theilen des Landes. Ein schönes Beispiel theilt Ussing von Valby bei Kopenhagen mit (s. beistehende Figur):

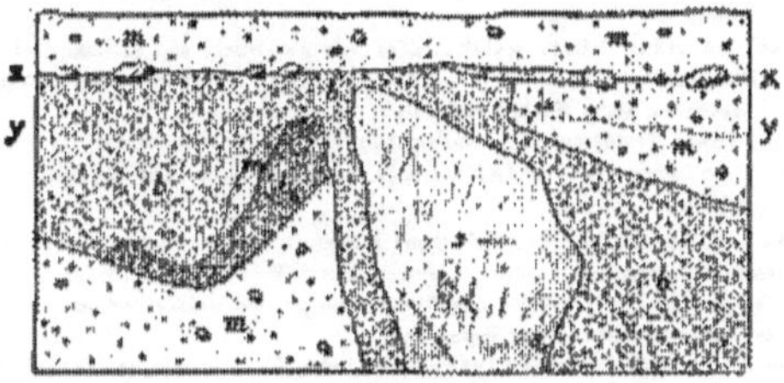


Obere Moräne überlagert untere, an der Grenze x ein geschrammtes Steinpflaster, die untere Moräne besteht aus gewaltigen Blöcken von geschichtetem Sand s, Brockenthon b, und gewöhnlichem Moränenthon in unregelmässigem Wechsel; das Eis hat aus der Nähe älteren (z. T. Feuerstein, Mourracie und Mytilus führenden) Sand und Thon, $s_1$, $b_1$, transportirt und zusammengeschoben.

An der Nordwestküste von Mors liegt fast horizontal zwischen Diluvialschichten eine 18–30 m dicke Schicht von tertiärem Moler, auf 175 m Länge entblösst (s. Taf. I bei Ussing, l. c.)

Auch die „interglacialen" Ablagerungen, besonders der Cyprinenthon, finden sich allermeist in stark gestörter Lagerung, schollenartig zerrissen oder im Geschiebemergel eingeschaltet (s. u.).

Bei manchen dieser Erscheinungen handelt es sich vielleicht nicht um glaciale Druck- und Stauchungserscheinungen, sondern um tektonische Dislocationen.

Ein schönes Beispiel ist die Kreideinsel Möen.

Die Dislocationen auf Möen[1].

Die Lagerungsstörungen auf Möen sind nur auf ein Areal von ¼ Quadratmeile beschränkt, also auf ein verschwindend kleines Gebiet. Auch landeinwärts machen sie sich bemerkbar in kesselförmigen und langgezogenen Vertiefungen; bei den gestörten Stellen liegen die meisten Thäler. Alles gruppirt sich um eine Linie WNW.–OSO. als Hauptrichtung des Druckes.

Johnstrup beschreibt drei Typen:

1. Grosse Falten (Vidskud, Store Stejlebjerg und Graaryg) bilden drei dicht bei einander liegende grosse Bogen, deren mittlere Partie gewaltsam zusammengedrückt ist:

[1] Vergl. Puggaard, Geologie der Insel Möen. Leipzig 1852. — Johnstrup, Über die Lagerungsverhältnisse und die Hebungsphänomene in den Kreidefelsen auf Möen und Rügen. Z. deutsch. geol. Ges. 1874, 533 (s. in beiden Arbeiten die schönen Profil-Panoramen).

2. Zickzackartige Schichten und viele grosse Bruchstücke ohne Ordnung gegen einander gedrückt, überall grosse und kleine Sprünge, z. Th. Schleppung der Flintschichten; (Dronningestol).

3. grossartige Brecccienbildung, riesige Kreideschollen, durch Druck die eine über die andere hinweg zur Seite geschoben.

Die eingeschlossenen Thone sind vor der späteren Wegführung geschützt, sie sind vor der Schichtenstörung abgelagert und nicht von oben durch Klüfte oder Risse in der Kreide herabgerollt; dafür spricht die Übereinstimmung im Lagerungsverhältnis dieser Thonmassen an allen Orten (s. Fig. 3—4, Taf. 11).

Die Schichtenreihe ist:

hellgrauer typischer Geschiebethon mit allmäligem Übergang aus dem unteren Thon, mit Kreide und Flint;

grauer und grüner Thon, steinfrei oder mit nur wenig und kleinen Steinen, spärlichen Silurgeröllen („silurischer Thon"), gegen unten scharf abgegrenzt, oft aus Thonbreccie bestehend, ohne Kreide und Flint;

auf der festen Kreideoberfläche zerbrochene Kreide (Localmoräne);

geschichtete Sand- und Grandschichten (z. T. mit *Cardium* und *Cyprina*) ältestes Glacialgebilde.

Erst nach Ablagerung des Geschiebethons erfolgten diese localen Störungen.

Die Hebungsphänomene sind nach Johnstrup durch Seitendruck nach dem Anfang der Eiszeit entstanden und an die Bewegung des Eises geknüpft, sie weisen auf eine bewegende Kraft in der Richtung der Hauptausdehnung der Ostsee hin:

Nach der ersten Zeit des in der Ostsee treibenden Eises wurde das Inlandeis immer dicker und breiter, der Widerstand der weichen Kreidefelsen wurde überwunden, das Eis grub sich ein tiefes Bett, dessen Seitenwände einem hohen Druck ausgesetzt wurden: das Eis schob Kreideplatten und -schollen ähnlich wie Treib- und Packeis zusammen und zur Seite, die Kreideschollen wurden allmälig hinter einander aufgehäuft, wodurch die früher auf die Oberfläche der Kreide abgelagerten Sand- und Thonmassen zwischen diesen aufgeschobenen Kreideschollen auf die verschiedenste Weise eingeklemmt wurden.

Später betrachtete man diese Störungen als tektonische Dislocationen. Wir werden bei Gelegenheit der analogen Erscheinungen auf Rügen hierauf zurückkommen.

## Gliederung des dänischen Quartärs.

Aus der Richtung der Schrammen und des Blocktransports hat man gefolgert, dass die Bewegung des Eises in verschiedenen Zeiten eine verschiedene war.

Die Vorkommnisse von Schrammen sind oben mitgetheilt. Die meisten Scheuerstreifen verlaufen in der Richtung von Südosten, resp. Süden nach Nordwesten, resp. Norden und entsprechen dem sog. baltischen Eisstrom, dem letzten Abschnitt der Eiszeit (wo nicht mehr das ganze Land eisbedeckt war; ob auch dem älteren baltischen Eisstrom, ist unsicher).

In dem Hauptabschnitt der Eiszeit ging das Eis über das ganze Land von Norden oder Nordosten; Scheuerstreifen aus dieser Zeit sind nur selten, aber man hat hier Rhombenporphyr u. a.

Gegenüber der wenig wahrscheinlichen Annahme, dass die verschiedenen Schrammenrichtungen verschiedenen Eiszeiten entsprächen (das nordöstliche System der sog. grossen Vereisung, das südöstliche einem baltischen Eisstrom), behauptet Milthers, dass die Schrammen von Faxe einer einzigen und zwar der letzten Vereisung entstammen. Verschiedene Flussrichtungen der Eismasse, locale Einflüsse, vielleicht auch Bewegungen in verschiedener Höhe des Eises haben die

Abweichungen veranlasst. Verschiedene Schrammenrichtung kann also nicht zur Unterscheidung selbständiger Abschnitte der Eiszeit benutzt werden. Der verschiedene Ursprungsbezirk der Moränensteine spricht für Transport aus Norwegen, Schweden und dem Balticum. Man unterscheidet wohl auch einen älteren norwegischen und älteren baltischen Strom, während in der Haupteiszeit das Eis von Skandinavien über das ganze Land von Norden oder Nordosten ging.

Nach Rørdam finden sich in der unteren Moräne norwegische Gesteine (N.—S.-Richtung), in der oberen Gesteine der nördlichen Ostseeküste (NO.—SW.-Richtung).

In der Umgebung von Kopenhagen findet sich vielfach nur eine Moräne (die baltische Blöcke enthält), während im nördlichen Seeland mehrere Abtheile von dem Diluvium zu beobachten sind[1]. Die mächtigen Sande, welche im Norden Seelands unter der baltischen Moräne liegen, gehen an der in Rørdam's Karte markirten Grenzlinie über in einen Wechsel von Kieslagern, um in mächtigen, an Kalksteingeröllen reichen Kiesschichten mit unterlagernden Sanden zu endigen. Diese Grenzlinie entspricht sonach ungefähr der Küstenlinie einer grossen, zwischen Kopenhagen und Kjöge gelegenen Insel, an deren Strand sich die (interglacialen) Gerölle ablagerten, während die Sande im Westen und Norden einer interglacialen Meeresbedeckung entsprachen.

In der weiteren Umgebung von Kopenhagen gehören beide Moränen, die obere und die untere, dem baltischen Eisstrome an, ebenso rechnet Ussing die dortigen Scheuerstreifen hierzu. Von der älteren Eiszeit fehle hier jede Spur; der mächtige zwischengelagerte fossilfreie Sand wurde also in kurzen Oscillationszeiten abgesetzt und braucht nicht interglacial zu sein. Nordwestlich aber, am Isefjord, ist wie in Schonen die obere Moräne dem baltischen Eisstrom zugehörig, während die untere aus Nordosten stammt; hier hatte also der baltische Eisstrom nicht mehr die Kraft gehabt, die älteren Ablagerungen wegzufegen und die obere Moräne gehört demnach zu der unteren der Kopenhagener Gegend. Auch in anderen Theilen des Landes trifft man häufig zwei Moränen, doch darf man nicht ohne weiteres die obere der einen Localität als identisch mit der oberen irgend einer anderen Stelle betrachten.

Der „ältere Yoldiathon“[2] von Vendsyssel scheint das älteste bekannte Glied des dänischen Diluviums zu sein (wenn von dem Cromerbed bei Kopenhagen, s. o. S. 197, abgesehen wird).

Der Yoldienthon tritt in verschiedener Form auf, deren zwei extreme Ausbildungen folgende sind:

1. Dunkelblaugrauer ungeschichteter Thon (mit 7—16 % $CaCO_3$) mit Sand- und Grandschmitzen und geschrammten Geschieben, wodurch er ein moränenartiges Aussehen gewinnt; im Thon verstreut, meist in den sand- und kieshaltigen Partien, liegen zahlreiche Trümmer von Muschelschalen, auf den Geschieben haften *Balanus*. Die Blöcke sind meist Gneiss, Granit, Silurkalk, Saltholmskalk, norwegische Porphyre u. a., keine typisch baltischen Gesteine.

2. Geschichteter Thon, ohne Steine, häufig mit starker Schichtenstörung; enthält ganzschalige Muscheln, oft auch zweiklappig; auch viele Moose von arktischem und temperirtem Charakter. Nach oben werden die Conchylien seltener, dafür erscheinen Moose, der Thon geht theils allmählig in gewöhnlichen Diluvialthon über, theils ist er scharf von diesem abgegrenzt.

---

[1] S. Karte S. 51, in Rørdam, D. G. U. I, 6.

[2] G. Forchhammer, Danm. geogn. Forhold. 1822. — F. Johnstrup, Geol. Forh. i d. nordl. Del af Vendsyssel. 1883. — A. Jessen, Beskr. Geol. Kort over Danm., Bl. Skagen etc. D. G. U. I, 3, 1899, 19. — Madsen, Istidens Foraminiferer. 1895, 100.

Die **Fauna** des Yoldienthones (Conchylien, Balanus, Foraminiferen) ist sehr **heterogen**, sie besteht aus **arktischen und gemässigten** Formen. Allerdings zeigt sich eine gewisse Vertheilung: in dem fetten Thon finden sich die arktischen Formen, häufig ganzschalig, wie *Tellina calcarea*, *Yoldia arctica*, *Mya truncata*, *Saxicava rugosa*, *Balanus*; in den moränenartigen Ablagerungen finden sich in Trümmerstücken Formen einer borealen und gemässigten Fauna (*Saxicava rugosa*, *Cyprina islandica*, *Astarte borealis*, *Tellina baltica*, *Zirphaea crispata*, *Turritella terebra*, *Balanus*, *Oculina* etc.). Vergl. Text-Tafel III, IV u. V.

Der ältere Yoldienthon setzt sich also aus einem fetten Thon zusammen mit echt arktischer Fauna, der in einem Eismeer nahe dem Inlandeis abgelagert wurde; Treibeis führte Blöcke herzu, auf denen Balanus sassen. Von eigentlichem Moränenthon unterscheidet er sich dadurch dass Thon, Sand und Blöcke nie innig vermengt sind. Treibeis oder Oscillationen des Eisrandes pressten in den Thon Kies und Steine, sowie die Fragmente einer Fauna von borealen und von temperirten Regionen (*Zirphaea*, *Turritella* etc.) Da der Yoldienthon nicht direkt von Moräne bedeckt wird, sondern in gemeinen Diluvialthon übergeht, so ist er wahrscheinlich vor der Grenze eines abschmelzenden Eises abgesetzt, welches von Norden resp. Nordnordosten kam (Saxonian).

Bei **Esbjerg** (südliches Jütland) scheint das Liegende des Yoldienthons gefunden zu sein. Madsen[1] wies folgendes Profil nach:

1,7 m Moränenmergel (mit Bredvadporphyr, ? småländischem Quarzporphyr und einigen anderen Blöcken, die möglicherweise baltischen Ursprungs sein können; weder sicher baltische noch norwegische Blöcke gefunden).

6 m Yoldienthon.

Darunter an einer Stelle auf 6 m Erstreckung über 1,8 m blauer z. Th. sandiger Geschiebethon, ohne baltische Gesteine, nur ein ? norwegisches.

Gottsche fand,[2] dass sich zwischen dem Yoldienthon und miocänem Glimmersand ein dunkler sandiger Thon mit nordischem Material und grauem Sand, zusammen 0,4 m einzuschieben scheine.

Madsen sagt, wenn diese unterste Moräne nicht etwa bei einer Oscillation des Eisrandes oder durch Treibeis abgesetzt ist, so wurde also der Yoldienthon hier abgelagert, nachdem der norwegische und bevor der ältere baltische Eisstrom Esbjerg erreicht hatte.

Gottsche hält das Vorkommen für wahrscheinlich älter als unteren Geschiebemergel, aber zweifelhaft ob Interglacial I oder Praeglacial.

Die dünne moränenartige Bank unter dem Yoldienthon von *Esbjerg* ist als Absatz durch Treibeis oder geringe Oscillation des Eisrandes anzusehen, also kein Beweis für eine älteste gesonderte Eiszeit.

In denselben Horizont gehört der Thon mit *Leda pernula* von **Selbjerggaard** auf der Halbinsel Hannäs.[3] Die boreale Fauna und Diatomeenflora stimmt mit Stenderup und Burg. Es ist ein Thon mit Schichtenbiegungen, unter Moränenthon. Madsen stellt das Vorkommen in die praeglaciale oder die erste „interglaciale" Zeit.

Auch im nördlichen Jütland, bei **Hostrup**, fand Ussing[4] marines Diluvium in 27 m Meereshöhe unter der Moräne: Auf tertiärem Glimmersand liegt Thon mit

[1] V. Madsen, Istidens Foraminiferer i Danmark og Holsten. Medd. dansk. geol. Foren. 2, 1895.

[2] Gottsche, Endmoränen und marines Diluvium Schleswig-Holsteins. II, 14 u. 56.

[3] Steenstrup, Madsen u. a., Medd. D. G. Foren. 6, 1900, 1.

[4] Comm. pal. Mus. Min. et Géol. Kopenhagen, Note 3. 1909. 111.

marinen, borealen oder arktischen Muscheln und auf diesem Sand mit borealer Fauna (*Leda pernula, Cyprina islandica*). Vermuthlich ist die Ablagerung präglacial.

Der untere gemeine Diluvialthon von Nord-Vendsyssel ist nach Jessen theils regelmässig gelagert, theils stark gestört (durch Eisschub oder auch tektonische Störungen), er enthält bisweilen zahlreiche abgerollte Muschelfragmente und Moose (arktisch und gemässigt). Von gleichem Alter und mit ihm eng verbunden ist hier der untere Sand, der vielfach Moose, Holzreste und Bernstein führt: die Pflanzenreste (unter denen *Brasenia purpurea* zu vermerken) stammen vermutlich aus einem älteren Torfmoor; ähnliches ist auch bei Kopenhagen[1] beobachtet worden, wo den Sand zwei baltische Moränen bedecken. Überall ist eine temperirte Flora in den secundären Einschwemmlingen dieser fluviatilen Sande und Thone zu constatiren; Jessen rechnet sie zu der Zeit des Wegschmelzens des Saxonian und beweist mit ihnen eine Hebung.

Bei Ordrup fand sich folgendes Profil:

0,8 m Humus,
2,9 m Moränenmergel,
1,8 m heller Sand,
0,3 m dunkler Sand mit Bernstein und Holz, und *Brasenia* u. a.
1,3 m heller Sand.

Die unteren Sande wechsellagern mit Kies und werden in 15,4 m Tiefe von grauem 8,8 m mächtigem Moränenmergel unterlagert.

Die 11,9 m mächtigen Sande sollen nicht als postglacial anzusehen sein, vielmehr wahrscheinlich als interglacial und es scheint, als seien die Sande abgesetzt „in der Zeit, die zwischen der Ausbreitung des grossen skandinavischen Landeises und der Wiederbedeckung Seelands durch den baltischen Eisstrom liegt". Die Fossilien sind allerdings nicht sicher interglacial, wie auch Johnstrup besonders betonte. Sie kommen nur in kleinen Streifen und Bändern vor, sind abgerollt. Wahrscheinlich liegen hier verschiedene Horizonte derselben pflanzenführenden (nicht postglacialen) Diluvialablagerung vor.

Die obere Zone des Diluvialsandes von Vendsyssel lässt sich von der unteren nach Jessen nur dort trennen, wo der untere durch organische Reste unterscheidbar ist oder in grossen Profilen. Dieser obere Sand enthält seltener Thoneinlagerungen, aber häufiger Kies; Pflanzenreste führt er nicht, aber Muschelfragmente und Knochenreste von *Phoca foetida*; die Gerölle sind neben norwegischen auch echte baltische.

Jessen constatirt für Nordjütland, dass die unterdiluvialen Ablagerungen keine norwegischen Blöcke führen, dagegen die oberdiluvialen gemengt norwegische und baltische Gesteine enthalten und auch Reste einer temperirten Fauna, die von der unteren Ablagerung abweicht; die Flora der unteren Bildungen fehlt in den oberen. Daher könne man die oberdiluvialen Bildungen auf ein neues Vorrücken des skandinavischen Landeises zurückführen, welches in anderer Rich-

[1] Über die *Brasenia*-führenden Ablagerungen bei Kopenhagen berichtete Andersson (Bih. t. Vet.-Ak. Handl. 22, III. 1. 1896).

tung, nämlich über Nord- (und Ost-) Jütland von Norwegen oder dem Balticum vorrückte. Ähnliches wurde auf der Insel **Anholt** beobachtet.

Eine zeitliche **Unterbrechung** ist aber nicht nachzuweisen!

Sehr häufig, aber nicht etwa durchgängig, ist in Dänemark (ebenso wie in Deutschland) das Profil zu constatiren:

Obere Moräne.
Geschichteter Sand (ohne organische Reste) bisweilen mit Thon und Kies.
Untere Moräne.

Bisweilen ist der Wechsel grösser und man kann drei oder mehr Moränenbänke zwischen Sanden finden oder andererseits wird die Lagerfolge einfacher und gewöhnlich ist nur eine einzige Ablagerung vorhanden, Moräne oder Sand.

Kleinere Sandeinlagerungen können als Absätze von subglacialen Flüssen unter der einheitlichen Eisdecke betrachtet werden; wo man, wie in der Gegend von Kopenhagen, das obige Profil auf weite Erstreckung findet, kann man entweder an Oscillationen des Eisrandes denken (nahe am Schluss der Eiszeit) oder — bei der Allgemeinheit der Erscheinung — an eine grosse Oscillation d. i. an eine **Interglacialzeit**.

Ussing schliesst sich, wenn auch sehr vorsichtig, der Annahme einer, eventuell auch mehrerer **Interglacialzeiten** an. Auf eine früher weite Ausdehnung der interglacialen Ablagerungen am Öresund macht Munthe[1] aufmerksam.

An **Möens Klint** hat Johnstrup[2] Einquetschungen von diluvialem Thon in der Kreide constatirt, der wahrscheinlich jünger als die untere Moräne ist. Der Thon hat durch Druck brecciennartiges Gefüge erhalten. Die von Puggaard 1852 aufgefundenen marinen Muschelschalen in dem Sand müssen nach der Lagerung praeglacial sein, doch geht Munthe[3] nicht näher darauf ein.

Schon Johnstrup wies darauf hin, dass die meisten Schalen (*Cardium*, *Cyprina islandica*, *Turritella* u. a.) zerbrochen und schlecht erhalten waren und es „unentschieden ist, ob die Thiere an diesem Ort gelebt haben oder die Schalen von anderswoher nebst dem Sande hergeführt sind".

**Interglaciale** fossilführende Schichten sind in Dänemark selten:
Von **limnischen** Schichten sei Hollerup und Fredericia genannt.[4]

Hollerup:

9—12 m resp. 5—6 m oberer geschichteter Diluvialsand,
2—3 m „ ca. 6 m Diatomeenerde,
2—2,5 m „ 1,5 m Süsswasserkalk,
1,5 m „ 1,5 m unterer Diluvialsand.

Trälle Klint bei Fredericia:

3—4 m obere Moräne,
0—16 m geschichtete Diluvialsande,
ca. 1 m Diatomeenerde mit Einquetschung von Glimmerthon.
6 10 m Süsswasserkalk,
2—4 m untere Moräne.

---

[1] Qu. Hist. I, 98.
[2] Z. deutsch. geol. Ges. 1874, 550, 563, Taf. 11, Fig. 4.
[3] Qu. Hist. 77.
[4] Hartz und Østrup, Danske Diatoméjord-Aflejringer. D. G. U. II, 9. 1899.

Die Diatomeen der Lager sind sämmtlich Süsswasserformen, in der Diatomeenerde und im Kalk finden sich viele Reste von Süsswasserconchylien, Hecht, Hirsch, sowie Blatt- und andere Reste höherer Pflanzen; von letzteren hervorzuheben Eiche, Kiefer, Fichte (?), Taxus, Erle, *Carpinus betulus*, *Ilex*, *Viscum album*, *Naja marina*, *Brasenia purpurea (!)*. Die Flora entspricht einem milden Klima, ungefähr dem gegenwärtig in Dänemark herrschenden.

Hartz hält die Lager für zweites Interglacial: der obere fluvioglaciale Sand entstamme der Zeit, als der Eisrand des zweiten baltischen Eisstromes in der Nähe lag, die Moräne desselben habe das Lager von Hollerup nicht überschritten, bedecke aber diejenigen der Gegend von Fredericia; der untere Sand sei nicht praeglacial, sondern stamme von dem Rückzug der „grossen Vereisung", deren Moräne in der unteren Moräne der Profile vorliege. Die Lagerungsverhältnisse dieser Vorkommnisse erscheinen nicht ganz zweifellos; Hartz hält sie für wahrscheinlich primär. Die Lage nahe resp. innerhalb der Moränengürtel lässt immerhin die Annahme zu, dass hier postglaciale Bildungen von Eisvorstössen oder localen Ursachen mit Moränenmaterial bedeckt wurden. Aber auch die Möglichkeit des praeglacialen Alters ist nicht ausgeschlossen.

Bei Gudbjerg auf Fünen fanden Madsen und Nordmann[1] in 53 m ü. d. M. einen „interglacialen" Süsswasserthon mit der neuen Schneckenform *Nematurella densistoma* (a. a. O. p. 27). Als Lagerfolge wird angegeben:

2,25 m gelber Moränenlehm und Grus,
1,4 „ blauer geflammter Thon mit einzelnen Steinen,
6,8 „ auskeilende Sandschicht, blauer Thon.

Nur als Vermuthung wird eine Unterteufung durch einen untersten Geschiebethon angenommen.

Über den sog. interglacialen Fund von *Spermophilus* s. u. 217.

Von Mammutresten kennt man im ganzen Land ungefähr 30 Funde, meist in Moränenthon (der baltischen Moräne), also durch Eis hertransportirt.[2] Doch „ist sicher, dass das Mammut während eines Theiles der Eiszeit nicht weit von Dänemark gelebt hat" (Ussing).

## Marines Interglacial.

Nach Munthe war der südliche Theil des Balticums zur Interglacialzeit von einem Meere mit gemässigter Fauna und Diatomeenflora eingenommen, das der heutigen Nordsee entsprach. (Nachweise eines erneuten Überganges in arktische Verhältnisse am Schlusse dieser Zeit scheinen jedoch noch nicht gefunden zu sein.)

Als interglacial betrachtet man den „Cyprinenthon".[3] Derselbe ist auf-

---

[1] Medd. Dansk. Geol. Fören. 8, 21. 1901.

[2] V. E. Ussing, Rester af middelstore Elefanter i nordiske glaciale Aflejringer. Meddel. D. Geol. For. 5, 1898, 17 (s. Karte der Vorkommnisse N. 21). S. auch Steenstrup, M. D. G. F. 6, 1901, 81.

[3] Der „Cyprinenthon", wie ihn Johnstrup zum Unterschied von dem „steinigen Glacialthon der Moräne" nannte, wurde zuerst 1841 von Forchhammer beschrieben. Eine eingehende Behandlung gab später F. Johnstrup in seiner Arbeit: Nogle Iagttagelser over Glacialphaenomenerne og Cyprina-Leret i Danmark. Univ. Skr. Kopenhagen 1892, 46. (Vergl. hier die Profile und die ältere Litteraturangabe.)

geschlossen in den Klinten bei Ristinge auf Langeland, bei Vejsnäss Nakke, Trandrup und Söby auf Aerö, auf Alsen u. s. w.

Ein grauer oder grünlichgrauer, deutlich geschichteter, oft fetter Thon, der reich ist an Schalen der noch jetzt an diesen Küsten lebenden Muscheln, *Cyprina islandica, Mytilus, Cardium, Ostrea*; oben oft von Mytilusthon und Süsswassersand bedeckt; im Ganzen 3–5 m mächtig. Er ist stark gestört und gequetscht, seine Muscheln daher immer zerbrochen. Doch scheint es, dass der Thon nicht auf weite Strecken transportirt ist. Er lagert auf normalem grauem Geschiebemergel und wird nach Johnstrup von dem gleichen bedeckt.

Die Fauna des Cyprinenthons Dänemarks (s. Text-Tafel IV–VI) ist folgende.

*Mytilus edulis, Ostrea edulis, Cyprina islandica, Tapes pullastra, aureus, Corbula gibba, Cardium edule, echinatum, Mactra subtruncata, Mya truncata, Venerupis, Tellina?, Astarte sp., Nucula nucleus, Acera bullata, Nassa reticulata, Cerithium reticulatum, Scalaria communis, Buccinum undatum, Aporrhais pes pelicani, Odostomia sp.* — *Balanus sp., Cytheridea papillosa, Echinocyamus pusillus, Serpula sp.* — *Miliolina seminulum, subrotunda, bicornis, Polymorphina lactea, gibba?, angusta, problema, oblonga, Rotalina beccarii, bec. var. lucida, Nonionina depressula, depr. var. orbicularis, Polystomella striatopunctata, str. var. incerta.*

In Jütland finden sich nach Madsen Ablagerungen von Cyprinenthon bei Kilbäk in 45 m Höhe und bei Lille Ryd, 85 m hoch.

### Aerö, Vejsnäs Nakke:[1]

Discordant kommt eine 2 m mächtige obere Moräne auf den stark verschobenen und gestörten marinen Lagern von Cyprinenthon und Mytilusthon vor. Ein anderes Profil bei Skovbrink zeigt auf Geschiebemergel Cyprinenthon mit temperirter Fauna. Im westlichen Theil findet sich 0,3 m Sand

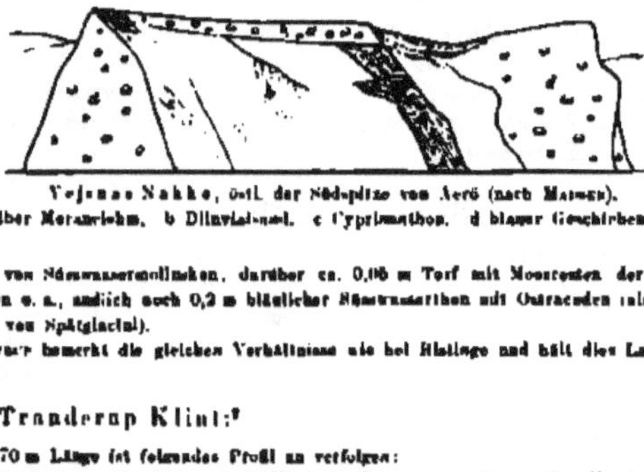

Vejsnäs Nakke, östl. der Südspitze von Aerö (nach Madsen).
a gelber Moränenlehm. b Diluvialsand. c Cyprinenthon. d blauer Geschiebemergel.

mit Schalen von Süsswassermollusken, darüber ca. 0,05 m Torf mit Moosresten der „Birkenzone", Samen, Pollen u. a., endlich noch 0,2 m bläulicher Süsswasserthon mit Ostracoden (also hier directe Auflagerung von Spätglacial).

Johnstrup bemerkt die gleichen Verhältnisse wie bei Ristinge und hält dies Lager für dessen Fortsetzung.

### Aerö, Tranderup Klint:[2]

Auf 170 m Länge ist folgendes Profil zu verfolgen:

Zu unterst grauer Geschiebemergel (Vertreter der grossen oder zweiten Vereisung), local 0,1

---

[1] Munthe, Studien über ältere Quartärablagerungen im südbaltischen Gebiete. Bull. Geol. Inst. Upsala III, 1896, 78. Johnstrup, Cyprina-Leret. Fig. 6, 7, p. 69. Madsen, Foramin. 47.

[2] Munthe, l. c. 80. Profil Madsen, 45.

bis 0,2 m Grandlager; 0,5—1 m verwitterter Cyprinenthon, 3—4 m verwitterter Thon, oben mit Sandschichten als locale Ausbildung; im Cyprinenthon Fragmente von Muscheln und einige Foraminiferen, gemässigter Charakter, entstanden in der jüngeren, zweiten Interglacialzeit; 7—8 m Hvitå-Sand, zu

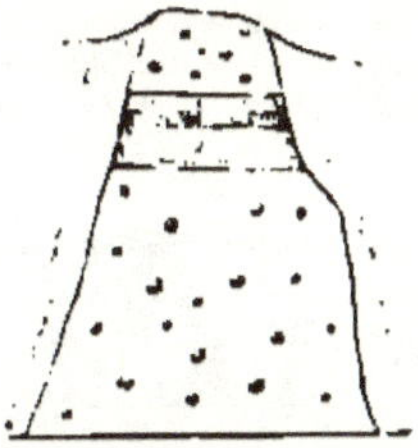

Trendrup Klint, west. v. Lykkesböj (nach Madsen).
a Moränenthon und Thon- und Sandschichten;
b geschichteter Sand;
c Gras;
d Cyprinenthon;
e blauer Geschiebemergel.

oberst 3—4 m verwitterter gelbgrauer Geschiebemergel (Moräne des „jüngeren baltischen Eisstromes").

Im Nordwesten erscheint eine nach Bildung der oberen Moräne erfolgte bedeutende Senkung. Eine dritte Localität ist

Rögle Klint auf Fünen am kleinen Belt:[1]

In dem 20 m hohen Strandprofil treten zwischen zwei Moränen Sande auf, die Madsen als Hvitåbildungen ansah. Quartäre Mollusken und Foraminiferen finden sich neben wenigen tertiären

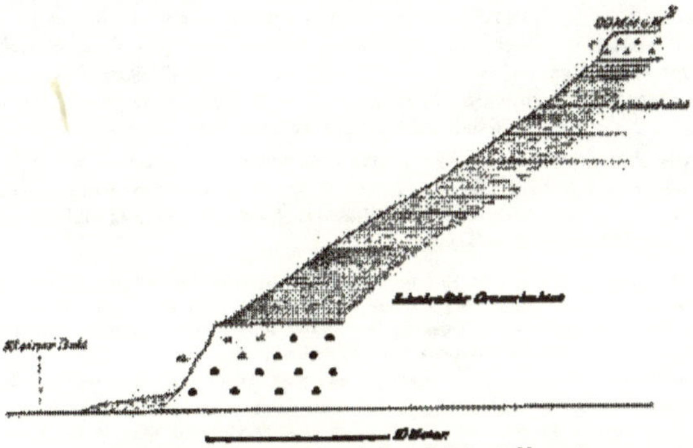

Profil vom Rögle Klint am kleinen Belt (nach Munthe).

Fossilien nur in dem untersten Lager der Sande; diese hält Munthe für interglacial, während er nur die oberen Lagen als Hvitåbildungen der letzten Vereisung angehörend betrachtet.

Beide Moränen enthalten typische baltische Blöcke. Nordseefauna von gemässigtem Charakter;[2]

[1] Munthe, l. c. 64, Profil.
[2] Die Diatomeen von R. Kl. sind nach Østrup (Medd. D. G. For. 6, 21) Formen kalter Meere.

auch der untere Geschiebemergel enthält Foraminiferen. Das Vorkommen kann auch als secundär betrachtet werden, von einer nördlichen nachbarlichen Nordseefauna entnommen.

Ristinge Klint auf Langeland:[1]

Auch über dieses Profil gehen die Ansichten auseinander. Munthe und Andersson glauben, der dortige Cyprinenthon lagere zwischen den Moränen der Hauptvereisung und des jüngeren baltischen Stromes, Madsen setzt dagegen den

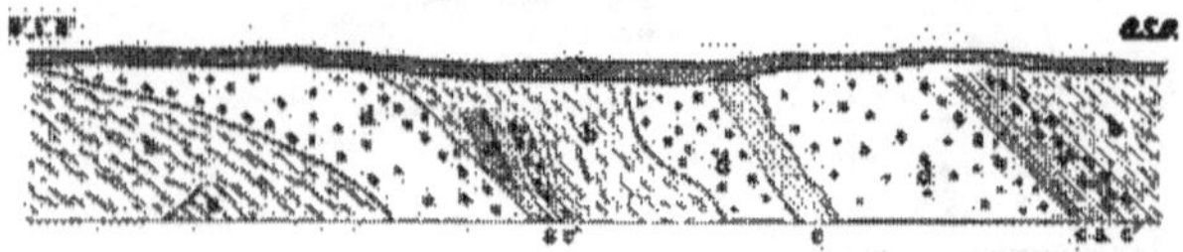

Ristinge Klint (nach Johnstrup)
a Sand mit Süsswassermollusken. b sandiger Thon. c Cyprinenthon. c' Mytilusschicht. d Geschiebelehm.

Thon zwischen die Moränen des ältesten norwegischen und des älteren baltischen Stromes.

Längs des Klintes treten auf 600 m Erstreckung 20—22 isolirte Partien von etwa 3—5 m mächtigem Cyprinenthon auf. In den unteren 1—1,5 m findet sich *Cyprina islandica*, in den oberen Lagen herrscht *Mytilus*, dessen Schalen stark zerbrochen sind. Die Fauna (Johnstrup p. 66) entspricht der der heutigen Nordsee und des Kattegat. Über dem Mytilusbett folgt vielfach ein dunkler steinfreier Thon mit Sandadern und z. Th. noch Sand, meist in allmähligem Übergang; bisweilen aber findet sich auch zwischen *Cyprina*- und *Mytilus*-Lage ein Süsswassersand (also Nähe von Festland während der Bildungszeit).

Alle Aufschlüsse zeigen eine starke Schichtenstörung: das früher einheitliche Lager ist in eine Anzahl (22) steil nach Südosten geneigter Schollen zerlegt. Der Thon ist in sich brecciemartig zerdrückt. Auch der unterlagernde Geschiebemergel hatte Theil an dem Druck.

Der Cyprinenthon lagert als eine flache Meeresbildung nahe einer Küste, auf dem Geschiebemergel, ist also nach der bisherigen Auffassung jünger und wurde vor Schluss der Eiszeit, als wahrscheinlich Dänemark mit Schweden verbunden war, unter mildem Klima abgesetzt, als kein Eis in dem Meer war, was allerdings Andersson p. 157 bestreitet.

Die Möglichkeit ist aber nicht ausgeschlossen, dass die Schollen secundär verschoben sind.

Johnstrup meint, die verschiedenen Partien müssten in einem späteren Abschnitt der Eiszeit im gefrorenen Zustand gewesen sein, der Druck habe ähnlich wie bei Möen in der Richtung von SO.—NW. gewirkt.

Andersson beschreibt ausführlich ein Profil von dort und theilt die Fauna der einzelnen Schichten mit. Die Lager zeigen auch da ein Fallen von ca. 40° nach Südosten, sie lagern auf einer Moräne, eine direkte Überlagerung durch eine zweite ist nicht festzustellen.

[1] Johnstrup, Nogle Jagttagelser over Glacialphänomenerne och Cyprina-Leret i Danm. Kopenhagen 1882. Fig. 4. 5. — F. Andersson, Über die quartäre Lagerserie des Ristinge Klintes. Bull. Geol. Inst. Upsala III, 1890, 115—160.

a. Die untere Moräne (a.) enthält viele Foraminiferen, die allermeist aus der Kreide stammen, einige scheinen auch quartär zu sein. (Über diese Frage hat sich eine längere Controverse zwischen Madsen und Madsen entsponnen.)

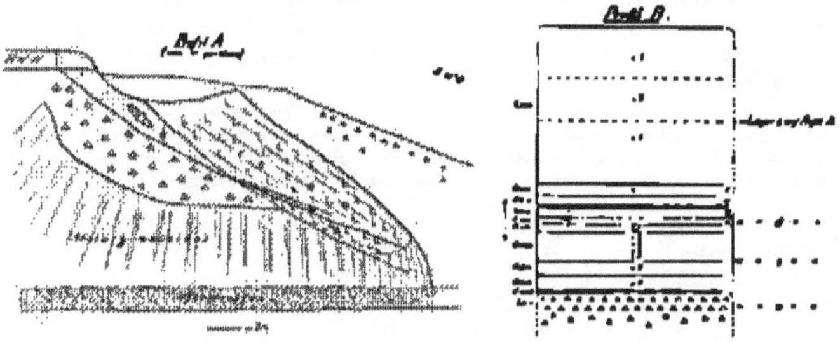


Ristinge Klint auf Langeland.

b.—d. Auf der Moräne lagert im Norden Sand (b.), im Süden fossilfreier Hvitathon (c.), über letzterem eine dünne Sandschicht (d.) und dann der Cyprinenthon (e.).

Der untere Theil des Lagers d. (0,1 m) hat sich als ein Süsswassersand herausgestellt, ebenso wie eine unter ihm auftretende dünne, sandigthonige Grenzschicht mit Ostracodenfragmenten (*Candona candida*, Süsswasserform, charakteristisch für den Ancylussee). Der Sand (mit *Unio*, *Pisidium*, *Valvata*) entspricht einer Landhebung.

e. Die untersten Schichten des folgenden Cyprinenthons (e.) zeigen einen Übergang aus der Hebung in Senkung; die untere Partie entspricht der „Mytilusschicht", die obere dem echten „Cyprinenthon". Zu unterst ($b_1$) sandiger Thon mit *Cardium edule* und *Foraminiferen* (also Senkung, Seicht- und Brackwasserbildung, temperirte klimatische Verhältnisse), grauer Thon ($b_2$) mit *Cardium edule*, *Cerithium reticulatum*, mit zahlreichen Foraminiferen, Diatomeen (in etwas tieferem Wasser abgesetzt).

Die weiter oben folgende Lage (a.) ist ein mytilusreicher, reiner, grauer Thon, mit vielen Muschelschalen von *Mytilus edulis*, daneben *Cerithium reticulatum*, *Tapes*, *Cardium edule*, *Nassa reticulata*, *Hydrobia ulvae* u. a.; ferner *Balanus*, Ostracoden, Tausende von Foraminiferen. (Das Wasser war salzreicher als vorher und auch als gegenwärtig, das Klima vollständig temperirt.)

Der darüber folgende Thon (1—3) entspricht einer Tiefwasserbildung, der Salzgehalt hat in der Mitte (2) den Höhepunkt erreicht, wo auch zahlreiche Fragmente von *Cyprina islandica* auftreten, ferner *Ostrea edulis*, *Tapes aureus* u. a., während die oberste Lage (3) nur *Cardium edule* und *Cerithium reticulatum* führt. (Ostracoden, Foraminiferen und Diatomeen finden sich in allen Lagen; über deren Verwerthung vergl. l. c. 163 u. f.)

Die Specialuntersuchung Andersson's hat das überraschende Resultat ergeben, dass die Lagerfolge des Cyprinenthons von Ristinge Klint eine unverkennbare Analogie mit den spät- und postglacialen Ablagerungen zeigt; es würde hierbei correspondiren:

Lager e ($b_1$—$_3$ oben) . . . . . . . Litorinabildung.
Süsswasser d . . . . . . . . . . Ancylusbildung.
Lager c (7—1 unten) . . . . . . . . Fluvioglaciale und spätglaciale Bildungen.
Die unterlagernde Moräne . . . . . . Grundmoräne des jüngeren baltischen Eisstroms.

Nach Andersson gestatten aber „die Resultate der quartärgeologischen Forschung nicht die Annahme", dass hier in der That eine Ablagerung von jüngerem quartärem Alter vorliegt.

Das Fehlen einer Bedeckung durch jüngere Moräne, die starke Lagerungsstörung lassen indess doch noch erhebliche Bedenken über die Altersbestimmung übrig.

**Anmerkung während des Druckes:** In einer soeben eingegangenen Schrift[1] über die Interglacialfrage hat N. O. Holst mit Bestimmtheit nachgewiesen, dass der Cyprinenthon hier präglacial ist, in Schollen zwischen die eigentliche Grundmoräne und die dünne, keine neue Vereisung repräsentirende Obermoräne eingeschaltet.

Auf der Insel Hven im Öresund findet sich mariner Thon, dessen Fauna aus arktischen, nördlichen und südlichen Elementen gemischt ist (*Yoldia arctica*, *Turritella*, *Cerithium*). Der Thon besteht (wenn nicht ein Theil der Schalen secundär hineingekommen ist, z. B. aus Yoldiathon) ursprünglich aus einigen unter wesentlich verschiedenartigen Bedingungen abgesetzten Lagern, die später zusammengepresst wurden. Das Alter derselben ist noch unsicher.

In Tondern, Schleswig (3 m ü. d. M.), fand eine Bohrung folgende, wahrscheinlich spätglaciale Schichten[2]:

— 2,0 m Marscherde,
—18,0 „ fluvioglacialer Sand,
21,5 „ mariner Thon mit Fauna etwa des heutigen Klimas,
—21,6 „ Schalengrus entsprechender Fauna,
—30,6 „ fluvioglacialer Sand,
—34,2 „ Moränenthon,
—39,5 „ fluvioglacialer Sand,
—53,2 „ Moränenthon,
—63,2 „ fluvioglacialer Sand,
—65,2 „ grauer Thon mit nordischem Material

Bei Höve im nördlichen Seeland fand Milthers einen Thon mit *Tellina calcarea*:[3] (Text-Tafel III, Fig. 6).

In 50 m Höhe an der Grenze zwischen Moränenthon und fluvioglacialen Sanden liegt unter 1,6 m Geschiebelehm steinfreier horizontal geschichteter Thon, in dessen tiefen Lagen massenhaft Schalen von *Tellina calcarea* vorkommen, mit vielen Foraminiferen und Ostracoden, aber ohne Diatomeen. Die Fauna ist arktisch oder boreal, ähnlich der des Yoldiathones. Die Frage ob präglacial, interglacial oder spätglacialer Yoldiathon, ist nicht sicher zu entscheiden; (nebenbei wird auf eine Differenz in der Eintheilung von Madsen und Kellhack aufmerksam gemacht). Der Mangel an norwegischen Blöcken in den den Thon unterlagernden Ablagerungen der Umgebung ist für Milthers Grund zu der Annahme, dass der Hövethon nicht in der Interglacialzeit I abgelagert sei, sondern möglicherweise in dem Interglacial II (Neudeckian). Dies würde ein Novum sein, in dem Interglacial II keine gemässigte, sondern eine arktisch-boreale Fauna zu finden.

## Marines Spätglacial, Yoldiathon in Vendsyssel. (Text-Taf. III, IV.)

In unmittelbarem Anschluss an das Verschwinden des Eises[4] erfolgte im nördlichen und westlichen Dänemark die „spätglaciale" Senkung. Vend-

[1] Sver. Geol. Und. C. 1903, 194.
[2] Hansen, Medd. Dansk. Geol. Fören. 6, 1910, p. 83.
[3] Medd. D. geol. Fören. 6, 1900. 37.
[4] Die Annahme Jessen's, dass die Ablagerung des Eismeerthones gleichzeitig mit dem letzten baltischen Inlandeis (Mecklenburgian) gewesen sei, und das nördliche und westliche Dänemark schon eisfrei war, während das übrige Land noch von dem baltischen Eisstrom (Polandian) bedeckt war, die Grenze des Eises im Norden an der Südküste Norwegens, im Südosten auf den dänischen Inseln, im südöstlichen Jütland und südlichen Kattegat gelegen habe, ist nach der Darstellung des Endmoränenverlaufs durch Ussing (a. a.) nicht mehr haltbar.

syssel lag gegen 45 m tiefer als gegenwärtig und wurde dadurch in einzelne Inseln zerlegt. Das Meer war ein Eismeer mit Drift, am Boden wurde zunächst Sand und dann der „Eismeerthon“ mit *Yoldia arctica* und *Saxicava* abgesetzt. Dieser untere Sand liegt auf dem Moränensand.

Der Eismeerthon ist blaugrau, kalkhaltig,[1] bis 20 m mächtig und breitet sich in horizontalen Schichten als flache, von wenig Sand bedeckte Ebene von 30 bis 10 m Meereshöhe aus. (Die spätere Hebung muss sonach sehr ruhig und gleichmässig gewesen sein.) In dem Thon finden sich zuweilen geschrammte Driftblöcke. Auf dem Yoldiathon von Läsö liegen grössere von Eisschollen transportirte Blöcke.

Fauna des spätglacialen Yoldiathones von Vendsyssel und Läsö:

*Modiolaria discors, Nucula tenuis, Leda pernula, Yoldia arctica, lenticula, pygmaea, Axinopsis orbiculata, Axinus flexuosus, Astarte borealis, Tellina calcarea, moesta, crassula, Lyonsia arenosa, Mya truncata, Saxicava rugosa.* — *Bela nobilis, Trophon clathratus, Buccinum groenlandicum, Neptunea despecta, Cylichna propinqua, Utriculus pertenuis.* — *Balanus* sp. — Foraminifera.

Aus dieser Zeit stammen zahlreiche (meist nicht sehr deutliche) Erosions- und Accumulationsterrassen und Strandwälle im Osten Nordjütlands (die höchsten bei Frederikshavn in 56 m).

Der obere, den Yoldiathon bedeckende Sand („senglaciale Strandsand“) wird bis 10 m mächtig; selten trifft man auch Kies.

## Zirphaea-Sand:

Während der letzten Hebung verschwand das Eis mehr und mehr, die Temperatur des Wassers hob sich, so dass *Yoldia arctica* verschwand und durch gemässigte Formen, wie *Zirphaea crispata* ersetzt wurde. Es bildete sich in der Gegend zwischen Frederikshavn und Hirshals ein 1—2 m mächtiger Strandsand, der sog. Zirphaea-Sand, d. h. Schalenbänke, Kies mit ganzen und abgerollten Muscheln oder feiner Sand mit ganzen Muscheln, die auch in den unterlagernden Thon eingegraben sind.

Schichtenstörungen und zahlreiche Blöcke weisen auf Treibeis in dem flachen Wasser hin; Strandlinien und Terrassen sind nicht selten.

Die Fossilien des Zirphaeasandes sind (Jessen, p. 224):

*Zirphaea crispata, Saxicava rugosa, Mya truncata, Tellina baltica, calcarea, Astarte sulcata, borealis, Cyprina islandica, Mytilus edulis.* — *Chiton* sp., *Trochus* sp., *Natica* cf. *groenlandica*, cf. *clausa, Littorina rudis, Lacuna divaricata, Trophon clathratus, Buccinum undatum, Cylichna alba, Utriculus obtusus, Limacina balea.* — *Balanus* sp. — Foraminiferen.

Ausserdem fanden sich auf und in dem Sand Knochen vom Grönlandswal und Walross (*Balaena mysticetus, Balaenoptera Sibbaldii, Pagomys glacialis*).

## Süsswasser-Ablagerungen:

Weit verbreitet, in kleinen isolirten Partien auch unter Torf, früheren Seen entsprechend, ist der Dryasthon, der z. Th. für Ziegeleien benutzt wird. *Dryas, Salix polaris* und *reticulata, Betula nana* sind auch hier die Leitpflanzen, z. Th. in ganz dünnen Lagen angehäuft; daneben finden sich Süsswasserconchylien (besonders *Sphaerium corneum*) und Renthierreste, auch Moschusochse.

[1] Mechanische Analysen und Kalkgehalt s. A. Jessen, Kortbl. Skagen pp. D. G. U. I, 3, 1899, 161. — S. das Bild der Schichtung des Thones und Sandes, Jessen, l. c. 170 u. 197.

Ein hübsches Profil, wo der spätglaciale Süsswasserthon eine Mulde des Yoldiathones ausfüllt, bildet Jessen[1] ab.

In den spätglacialen (nicht interglacialen, wie Madsen meint, For. 172) Süsswasserablagerungen von Lyngby im nördlichen Jütland fand J. Steenstrup die Spur einer Steppenfauna in Resten von *Spermophilus altaicus*.[2]

Süsswasserthon und -sand erfüllen eine Mulde des spätglacialen Yoldiathones; sie führen Süsswassermollusken, Ostracoden, Pflanzen (*Salix reticulata*) und Renthier nebst *Spermophilus*.

Die Flora und Fauna eines spätglacialen Thones von Allerød im nordöstlichen Seeland wurde von Hartz und Milthers beschrieben.[3]

In dem coupirten Terrain von Moränenlehm und geschichtetem glacialem Thon (Höhenthon, Bakkeler), (welcher von Bönaan als interglacial angesehen wird), findet sich bei Allerød in einem tiefen Becken ein jüngerer Thon unter 3—4 m Torf[4]; er ist 5—6 m mächtig, äusserst fein geschichtet, steinfrei, bisweilen mit Sandlagen, darunter Sand mit Blöcken = Moränensand. In ziemlich gleicher Tiefe liegt in dem Thon ein 30 cm dickes Gytja-Lager, mit unregelmässigen Torfklumpen. Während die Flora der Gytja einem subarktischen Klima entspricht, findet sich in dem Thon eine rein arktische Flora. Es muss also in einer gewissen Zeit das betreffende Becken von dem rückziehenden Eisrande abgesperrt gewesen sein.

Die arktische Flora findet sich in Sandlagern des Thones unmittelbar über und unter der Gytja (neben *Betula nana* und *Dryas* auch eine abgerollte Frucht von *Carpinus betulus*, aus einem interglacialen Sandlager verschleppt).

In dem unteren Thon fand sich auch Renthier, im Thon und der Gytja fand Hartz Excremente, die er dem Lemming zuschreibt. (S. auch [illegible], Geol. För. Förh. 1901, 590.)

Die jütische Heidefläche:

Die Schmelzwässer (hvidaaer) schufen vor dem Eisrande tiefe Rinnen und weiterhin die grossen Sandebenen der Heide, zwischen welchen die älteren Diluvialbildungen als Hügelinseln hervortraten.[5]

Das Eis hinterliess theils seine Moräne (welche die Fruchtbarkeit des südlichen und östlichen Dänemark bedingt), theils Sande, kleine Sandflächen bildend, die auf oder (wegen der Oscillationen) zwischen der Moräne liegen; Åsar und Endmoränen entstammen dieser Periode. Über diese fluvioglacialen Heidebildungen hat soeben Ussing eine specielle Arbeit veröffentlicht.[6]

Die Oberfläche des Landes war am Schluss der Eiszeit im wesentlichen fertig ausgebildet, nur der Küstenverlauf, besonders im Norden, ein anderer.

Der nördliche Theil lag unter dem Meer, ein breiter Sund über Schweden verband Ostsee und Skagerak; die Küstenlinien im Südwesten sind allerdings jetzt vom Meere bedeckt. Im Südosten hing Dänemark mit Schonen zusammen. Allmählig wurde die Temperatur höher (vergl. Zirphaeasund), auf dem Land herrschte noch das kalte Klima (Dryas, Ren).

[1] Jessen, l. c. I, 8, Fig. 4.

[2] A. Jessen, D. G. U. I, 3, 1899, 236, Fig. 4.

[3] Medd. D. Geol. For. 8, 1901, 31.

[4] Im oberen Torf und Thon fand sich Dopplerit, in dem unteren Thon, in einer Characeenschicht winzige Krystalle von Schwefel.

[5] Eine interessante Arbeit über die prähistorischen Alterthümer der Heide lieferte Sarauw (Lyngheden i Oldtiden, Aarbøger nord. Oldk. Kopenhagen 1898, 69). Das typische dreifarbige Profil des Heidebodens: Heidemoor, Bleisand und Ortstein, dient als Wegweiser bei der Untersuchung der alten Grabhügel. Die Gräber und Hügel sind auf altem Heideboden angelegt.

[6] Ussing: Jyllands Hedesletter. D. Vidensk. Selsk. Forh. 1903.

## Postglacial.

Süsswassersand, -thon und -schlick (dynd) sind natürlich weit verbreitet. In dem „dynd“ spielen Diatomeen eine wesentliche Rolle, bis er in „Mosekisel“, Diatomeenerde, übergehen kann, andererseits kann der Schlamm auch Schneckenschalen enthalten.

Die **Torfmoore** und Sümpfe nehmen ungefähr 25 Quadratmeilen ein; das grösste ist das Grosse Vildmos in Vendsyssel.

Man hat zu unterscheiden Wiesenmoore (Kär- oder Engmoser) und Hochmoore (Höjmoser): die zwei Vildmoser und mehrere in der Heidegegend sind Hochmoore; letztere können zuletzt von Heidekraut bedeckt werden (Heidemoor, Lyngmose).

In Dünengebieten sind die von Wanderdünen überschütteten Moore nicht selten; der Torf ist stark gepresst, sog. Meerestorf, **martörv**. In einigen Mooren findet sich auch der harzreiche „Lyseklyne“, Leuchttorf, der mit stark leuchtender Flamme brennt.

Die kleinen und tiefen „Waldtorfmoore“ der nördlichen Umgebung Kopenhagens sind genauer untersucht; sie zeigen die Geschichte der nach und nach zu Torfmooren umgewandelten Seen (die wiederum recht anschaulich von Ussing[1] geschildert wird). Hier wies Japetus Steenstrup[2] die für alle späteren Torfmooruntersuchungen classische Reihenfolge der Floren nach:

Abschlämmsand mit der heutigen Waldvegetation:
Birken (Buchen)-Periode
Eichen-Periode
Kiefern-Periode
Espen (Zitterpappel)-Periode
Hochgebirgs- oder nivale Vegetation.

Die arktische (nivale) Flora bildet einen festen Anhaltspunkt zur Orientirung in den jüngsten Ablagerungen und eine Hauptgrenze zwischen der Eiszeit und der Jetztzeit. Diese Nivalflora war die erste Pflanzendecke auf dem Dänemark, welches dem heutigen Landrelief mit seinen Inseln und Halbinseln entsprach, und eine Niederlands- und Küstenflora. Das nivale Klima muss, auch in dem kurzen (2 bis 3monatlichen) Sommer, sehr rauh und stürmisch gewesen sein. Das Bild rückwärts von dieser Grenzlinie ist ein ganz anderes. Keine Schicht mit Landflora, kein gegliedertes Dänemark, sondern die Schicht des Yoldiathones mit seiner Eismeerfaunula. Diese ist älter als die hochgelegenen Küstenschalbänke (Uddevalla), welche ihrerseits eine besondere Zeitgrenze markiren.

Dass sich die **Fichte** in keinem dänischen Torfmoor findet, erklärt sich aus ihrer späteren Einwanderung aus Osten (s. o.).

Die spätglaciale Flora und Fauna v. Dänemark beschreibt N. Hartz, Danm. G. U. II, 11, 1901.

[1] Ussing, l. c. 213.

[2] Jap. Steenstrup, Geogn. Undersøg. af Skovmoserne Vidnesdam og Lillemose i det nordl. Sjælland. K. Dansk. Vid. Selsk. Afh. 9, 1841. — S. auch J. Steenstrup, Til Istidens Gang i Norden. K. D. Vid. Selsk. Forh. 1896.

## Süsswasser-Alluvium.

Sumpferz ist häufig in den jütischen Haidestrecken und auf Seeland: 0,15—0,30, selten auch 0,8 m mächtig. In ihm und im Torf tritt auch Vivianit auf.

Süsswasserkalk:

a) Wiesenkalk, am Grunde von Seen gebildet, oft unter Torf, daher auch Moorkalk, Muschelk.
b) Kalktuff, *Frauenstein* (Schaumstein), weit verbreitet, z. Th. von bedeutender Mächtigkeit.

Er wurde früher als Baustein für Kirchen verwendet.

Ravn beschrieb[1] aus einem über 4 m mächtigen Kalktuff aus der Gegend von Holbäk in Seeland eine Flora, welche der Espen- und Kiefernperiode entspricht; auch Reste von ? *Dryas* und *Salix reticulata* fand er in einem Stück. In der Eichenperiode scheint der Quellenabsatz auf ein Minimum herabgesunken zu sein. Die von Hartz (a. a.) erwähnten Verwitterungsränder scheinen auch hier vorzukommen.

K. A. Grönwall[2] beschreibt einen recenten Kalktuff westlich von Lellinge. Das südliche Steilufer des Kjögeåaes ist von einer 0,5 m mächtigen Kalktuffschicht bedeckt, die noch im Zuwachs begriffen ist. Die Moosstengelchen sind nur theilweise von der Kalkkruste überzogen. Ihre Spitzen sind noch völlig lebend; von übrigen Pflanzen enthält der Tuff nur Buchenreste und es ist demnach wahrscheinlich, dass seine Bildung erst in relativ später Zeit begonnen hat.

Über die Bildung von Seekreide, Seegytje und Seeerz findet man eine ausführliche Untersuchung von Wesenberg.[3]

## Marines Alluvium.

Die Steilufer, „Klinte“, werden durch die Brandung gebildet; sie rücken in verschiedenem Masse landeinwärts, am stärksten an der Nordseeküste (bei Bovbjerg ist der Klint in der Zeit von 1790—1874 gegen 150 m zurückgegangen). Ein Theil des Sandes und Gruses wird durch Strömungen in Buchten geführt und zu langen regelmässigen Strandwällen (häufig mit Muschelfragmenten) aufgeworfen; bei weiterer Ausfüllung der Bucht können mehrere parallele Wälle vor einander gelagert werden. Ähnlich werden durch Strömungen auch Landspitzen, Odder gebildet (z. B. Skagens Odde u. a.) oder Landzungen, Tange (z. B. am Limfjord sehr bedeutend), letztere können die Buchten zu Lagunen absperren.

Ausser Meeres- (Strand-) Sand (häufig Magneteisensand) und Geröllen, wird weiter aussen Thon abgesetzt oder an den Küsten, wo die Wellenbewegung schwach ist, besonders unter dem Einfluss der Gezeiten Schlick, Marscherde (bes. an der schleswigschen Westküste) gebildet.

Cardiumschlamm oder -thon findet sich bis zu 9 m mächtig auf dem Grund der tiefen Fjorde. Es ist ein blaugrauer Thon, vermengt mit Pflanzenresten und Thierresten und feinem Sand, massenhaft Muschelschalen enthaltend, besonders *Cardium*, *Mytilus*, *Litorina*, auch *Tellina*; in den obersten Lagen *Mya arenaria*, in den untersten *Cyprina*.

Alte Strandlinien und Küstenwälle der „marinen Grenze“ aus der Zeit (oder vor Beginn) des Alluviums sind gut zu constatiren; bei Frederikshavn 56 m

[1] Om Kildekalken ved Vintremöllerne paa Sjælland. Medd. D. G. Foren. 3, 1896, 92.
[2] Medd. D. G. For. 4, 1898.
[3] Medd. D. G. For. 7, 1901.

hoch, auf Anholt 27 m, bei Aalborg 21, Marielyst 10 m und gegen Südwesten verschwindend; also auch hier nicht gleich hoch, sondern der skandinavischen Aufwölbung entsprechend.

Die weiten Ebenen des nördlichen Jütland (Skagens Odde) bestehen aus alluvialem Flugsand und Torf, auf marinen Schichten lagernd; die Dünen bilden ein System von parallelen Rücken (Rimmer), zwischen denen torferfüllte Niederungen (Dopper) verlaufen. Diese Rücken bezeichnen die Lage alter Küstenlinien, ihre Entstehung hat Jessen anschaulich geschildert. Der unterlagernde, horizontal geschichtete Sand und Kies erreicht 10—14 m Höhe; bisweilen hat die Winderosion aus demselben ein Steinpflaster geschaffen, vergl. beistehendes Bild von Raabjerg Steene, nach Jessen:

Steinfelder, wo der feine Sand weggeblasen ist, finden sich am Strand, wie auf den Heidegebieten.

Bisweilen sind dem Sand auch dünne Thon- und Schlammschichten eingeschaltet mit Seetang und Muscheln (hauptsächlich *Cardium* etc.)

Die reiche Molluskenfauna dieser Thone und Sande, die tiefen Fjorde und die Austernbänke erweisen die grossen Veränderungen der Küste; das Wasser hatte von der Nordsee leichteren Zugang und war deshalb auch bedeutend salziger. Zwischen Frederikshavn und Tversted, an dem Rande der Odde, reichen die marinen Thon- und Schlammschichten bis 12 und 13 m Höhe, die Strandwälle bis 15 m.

Die Ablagerungen der Litorinasee sind auf den Inseln Läsö und Anholt [1] gut zu sehen. Auf dem Yoldiathon lagern Bänke von Sand und Geröllen, die Oberfläche besteht aus gehobenen Strandwällen, die von Ebenen marinen Sandes unterbrochen sind. Seit der letzten Hebung ist die Nordküste von Läsö dieselbe geblieben, während man auf der Südseite die Küstenveränderung der letzten 100 Jahre wahrnehmen kann.

Auf Anholt ist ein Thon mit *Litorina*, *Hydrobia*, *Mytilus*, *Cardium*, *Scrobicularia*, *Tellina* u. a. gebildet, über demselben liegt, bis 5 m mächtig, Seekreide, Süsswasserthon, Eichenturf.

Auf Samsö bilden postglaciale Süsswasserschichten mit *Quercus* auf weite Strecken die Unterlage der marinen Schichten mit *Tapes*. Diese recenten marinen Bildungen bestehen hier in früheren Buchten aus Thon, Lehm und Sand mit Mollusken, Diatomeen und Eichenresten; *Tapes aureus* ist typisch.

Nach Rördam lag der Boden Nordseelands in der Zeit zwischen Fichten- und Eichenperiode 8 m höher als gegenwärtig, dann senkte er sich um 11 m, aber schon während der Zeit der Kjökkenmöddinger begann er sich wieder bis zum Schluss des Altertums zu heben. Seit Beginn des Mittelalters ist keine Schwankung des Bodens mehr nachzuweisen.

Dünen (Klitter) nehmen an der jütischen Westküste auf einem von Skagen bis Fanö zusammenhängenden Streifen 10 Quadratmeilen ein, auch auf den kleinen Inseln Läsö und Anholt und bei Tisvilde kommen sie vor, aber viel unbedeutender. Sie erheben sich bis 22 m über ihre Umgebung. Die „Wanderdünen" spielen hier eine grosse Rolle.[2] Trotz scheinbarer Regellosigkeit machen sich doch gewisse charakteristische Züge bemerkbar; an den einzelnen Hügeln bemerkt man oft eine flachere, zur Windrichtung (NW. oder W.) gewendete Seite und eine steilere Leeseite; auf Skagerodde bilden die Dünen gewöhnlich die Form einer Parabel mit offener Seite gegen den Wind. Zusammenhängende parallele Reihen oder Wälle, Dünenrücken, Klittrimmer, folgen der herrschenden Windrichtung; sie sind Reste von Wanderdünen.

Kantengerölle beschreibt Johnstrup[3] aus Jütland.

---

[1] D. G. U. 1, 4.

[2] K. J. V. Steenstrup, Om Klitternes Vandring. Medd. D. Geol. Foren. 1, Kopenhagen 1894. Die grosse Wanderdüne Studeli Mile am Cap Skagen bewegt sich jährlich um 8 m vorwärts.

[3] Forh. skand. Natf. 11, 1874, 273.

## Das Quartär von Norddeutschland.

Die äusserste Verbreitungsgrenze der nordischen Vereisung ist aus der anliegenden Karte[1] zu ersehen. Nach Penck[2] bezeichnet die Südgrenze eine Linie, welche von den Rheinmündungen sich an den Gehängen der mitteldeutschen Gebirge entlang hinzieht, welche das rheinisch-westfälische Schiefergebirge,[3] Harz (bis 200 m),[4] den Thüringer Wald,[5] das Erzgebirge (bis 360 m),[6] Lausitzer und Riesengebirge (bis 560 m)[7] bis zu einer beträchtlichen Höhe ersteigt, welche sich ferner an dem Nordabfalle der Karpathen[8] bis östlich Krakau verfolgen lässt.

Einige mittel- und süddeutsche Gebirge tragen Spuren selbständiger Vergletscherung, so Riesengebirge, Harz, Thüringerwald, Ries, Schwarzwald und Vogesen, über welche die später folgende Darstellung von J. Partsch das Nähere bringt.

G. Steinmann meint sogar, dass während der grössten Ausdehnung des Inlandeises in Mitteleuropa eisfreies Gebiet überhaupt nicht existirt hat. Diesen extremen Standpunkt können wir indessen nicht theilen, wie aus den späteren Besprechungen ersichtlich ist.[9]

### Zusammenfassende Litteratur über das norddeutsche Quartär:

Wahnschaffe, Die Ursachen der Oberflächengestaltung d. nordd. Flachlandes. 2 Aufl. Stuttgart 1901.
Dames, Die Glacialbildungen der nordd. Tiefebene. Berlin 1886 (Virchow-Holtzendorff).
Penck, Die Geschiebeformation Norddeutschlands. Z. deutsch. geol. Ges. 1879, 117.
Credner, Über die Vergletscherung Norddeutschlands während der Eiszeit. Verh. Ges. Erdk. Berlin. 1880.
Berendt, Keilhack, Schröder, Wahnschaffe, Führer durch Theile des nordd. Flachlandes. Berlin 1899 (Jahrb. L.A. f. 1897).
Lossen, Der Boden der Stadt Berlin, 1879.

[1] Vergl. ferner: Penck, Mensch und Eiszeit, Arch. f. Anthropol. XV 1884, Taf. 8. — Vergletscherung der deutschen Alpen. 1882, Taf. 8. — Hahnsecht, Pet. Mitth. 1878, Taf. 6. — Geikie, Prehistoric Europe. Great Ice Age. — Berghaus, Phys. Atlas u. a.

[2] Penck, Mensch und Eiszeit S. 4.

[3] v. Dechen, Geol. Übers.-Karte der Rheinprovinz und Westfalens. 1:500000. 1883. — G. Müller, Das Diluvium im Bereich des Canals von Dortmund nach den Emshäfen. Jahrb. d. preuss. geol. L.A. f. 1895, 40.

[4] u. [5] S. die betr. Erläuterungshefte der geol. Specialkarten — Wahnschaffe, Mitth. über das Quartär am Nordrande des Harzes. Z. deutsch. geol. Ges. 1885, 897.

[6] Der grandige Blocklehm von Schmiedeberg auf dem Kamme des Erzgebirges ist als ein Product glacialer Thätigkeit angesprochen worden. Sauer, Erl. z. Kupferberg, S. 148, 81. — Laube, Glacialspuren im böhmischen Erzgebirge. Verh. k.k. geol. R.A. Wien, 1884, 191.

[7] Die Südgrenze des nordischen Diluviums bildet in den nördlichen Sudeten nach Dathe, Leppla und Wunderlich (Z. Kenntnis des Diluviums in der Grafschaft Glatz, Jahrb. L.A. f. 1894, 269, f. 1899, 247, Karte, Z. d. geol. Ges. 1897, 68) eine vielfach gebogene Linie, die an vielen Stellen weit nach W. und SW. in das Gebirge eingreift; Dathe und Leppla wiesen nach, dass das Eis auch durch das Wartbaer Gebirge in mehreren Armen tief in das Kesselland der Grafschaft Glatz vordrang. Über das Diluvium der niederschlesischen Ebene berichtet Jentzsch, Z. deutsch. geol. Ges. 1887, 877; aus Oberschlesien Stenzel, Abh. Naturf. Ges. Görlitz 19, 1887, 265.

[8] Tietze, Geogn. Verh. der Gegend von Krakau. Jahrb. k.k. geol. R.A. 37, 1887, 58. (Durch die erratischen Blöcke constatirt.)

[9] Über die Bedeutung der tiefgelegenen Glacialspuren im mittleren Europa. Bericht über die 29. Versamml. d. Oberrh. geol. Ver. 1896. — Vergl. übrigens auch die Bemerkungen von Blanckenhorn über pseudoglaciale Erscheinungen in mitteldeutschen Gebirgen. Z. deutsch. geol. Ges. 1895, 576.

Berendt u. Dames, Geogn. Beschreibung der Gegend von Berlin. 1880.
Haas, Die geologische Bodenbeschaffenheit Schleswig-Holsteins. Kiel 1889.
Geinitz, Geol. Führer durch Mecklenburg. Berlin 1899. — Grundzüge der Oberflächengestaltung Mecklenburgs, Güstrow 1899. — Die mecklenb. Höhenrücken pp. Stuttgart 1886.
Deecke, Geol. Führer durch Pommern. Berlin 1899.
Jentzsch, Führer durch die geol. Samml. des Prov.-Mus. Königsberg 1892. — Berichte über die Fortschritte der Geologie West- und Ostpreussens, und über die Verw. der ostpr. Prov.-Mus. Königsberg und Danzig.
Geinitz, Die Einheitlichkeit der quartären Eiszeit. N. Jahrb. f. Min. Beilageband XVI. 1903.
Eine kurze Übersicht (mit Litteraturangabe) über die Entwickelung der Ansichten über die Bildung des norddeutschen Diluviums finden wir bei Wahnschaffe, l. c. S. 78.

Das norddeutsche Tiefland wird fast ausschliesslich von den Ablagerungen des Quartärs, des Diluviums und Alluviums, gebildet, nur als geringfügige Inseln ragen kleine Flecken älteren Gebirges aus der allgemeinen Decke dieses „Schwemmlandes" hervor. Die Quartärablagerungen sind es, welche der Landschaft wie der Bevölkerung ihr eigenartiges Gepräge verleihen.

Der Bau der vorquartären Ablagerungen und ihr Einfluss auf die Oberflächengestaltung ist von Lossen, Jentzsch, Wahnschaffe u. A. untersucht worden.[1] Wir wissen, dass das ältere Flötzgebirge ein Schollengebirge ist, dessen sehr wechselnde Höhen vom Diluvium verschüttet sind, aber wir sind noch nicht in der Lage, die Unterkante des Diluviums in „Isopachyten" de Geer's zu zeichnen, wie es z. Th. für Dänemark und die Gegend von Königsberg geschehen.[2]

Eine Angabe der durchschnittlichen Mächtigkeit ist zur Zeit noch unthunlich, eine Zusammenstellung zahlreicher Bohrungen giebt Wahnschaffe l. c. 18. Manche der über 100 m, ja bis zu 200 m betragenden Mächtigkeitswerthe sind wohl auf Ausnahmserscheinungen, wie Dislocationen oder Erosionsfurchen zurückzuführen. Eine allgemeine Abnahme der Mächtigkeit von Norden nach Süden ist naturgemäss.

## Ablagerungen des norddeutschen Quartärs.

### A. Moränenbildungen.

**Geschiebemergel.**

Der Geschiebemergel resp. -lehm hat in Norddeutschland eine sehr allgemeine Verbreitung; er bildet hier die fruchtbaren Böden. Ausgezeichnete Aufschlüsse desselben bieten die steilen, häufig frisch entblössten Ufer der Küste, z. B. des Brothener Ufers bei Lübeck, der Stoltera bei Warnemünde, Rügens u. s. w. Weiteres siehe oben S. 54 u. f.

#### Die Geschiebe.

Die Geschiebe, Findlinge, erratischen Blöcke, Felsen, sind vielfach die bekannten „Scheuersteine". „Durch eine Jahrtausende fortwährend stattfindende Fortspülung der feineren und leichteren Bestandtheile sind die grösseren Steine

[1] S. z. B. Wahnschaffe, Oberfl. S. 8. — Geinitz, Bez. der mecklb. Seenplatte u. d. Flötzgeb. 17. Beitrag z. Geol. Mecklb., 1899. — Keilhack, Tiefbohrungen auf d. Fläming. Z. deutsch. geol. Ges. 1897, 33. — Jentzsch, Der vordiluviale Untergrund des nordd. Flachlandes. Jahrb. L.A. f. 1899, 266.
[2] Rørdam, Danm. geol. Undersøg. I, 6, S. 80, Taf. 3. Kopenhagen. — Jentzsch, Jahrb. pr. geol. L.A. f. 1899, Taf. 11.

aus dem Geschiebelehmboden allmählig blossgelegt worden," daher das sog. „Wachsen" der Findlinge.

Sie sind in vielen Gegenden des norddeutschen Flachlandes, wo feste Gesteine fehlen, von grosser technischer Wichtigkeit und werden abgesammelt zu Bau- und Chausseesteinen; seit prähistorischen Zeiten dienen sie zu Bauten (vgl. die zahlreichen Dolmen, Steinsetzungen u. a.), bis vor kurzem wurden sie zu Haus- und Kirchenbauten, zu Mauern, Chausseewalzen u. a. verwertet; zahlreiche Pflaster- und Grabsteine, sowie Chausseematerialien werden noch jetzt aus ihnen geschlagen, ja ihre Menge ist so gross, dass sie im Flachland das ausschliessliche Material für Chausseebauten liefern: theilweise hat sich dafür eine besondere kleine Steinschlägerindustrie in den steinreichen Gegenden entwickelt. Die Geschiebe erreichen oft ganz enorme Grössen, vielorts sind derartige Findlinge bekannt und Stätten der Sage geworden[1].

Recht auffällig ist die Erscheinung, dass an manchen Stellen eine besondere **Anreicherung** einer bestimmten Art von Geschieben vorkommt, z. B. von Silurkalk, Kreide oder Kreidefossilien. Dadurch sind manche Stellen besonders reich an

Riesenblock aus der Endmoränengegend von Poretz in der Mark (aus „Brandenburgia", XI, 1903, 418).

bestimmten Findlingen und deren Fossilien; an der Stoltera bei Warnemünde ist eine Stelle (bei der Wilhelmshöhe) reich an Beyrichienkalk, der weiterhin ganz zurücktritt.

Auch solche Anreicherungen hat man technisch verwertet; so wurden früher und werden z. Th. noch jetzt die massenhaft vorkommenden Silurkalke in Kalköfen gebrannt, z. B. in Ostpreussen, ferner bei Sadewitz, Dalmse, Doberan u. a. O.

Man hat sich diese Erscheinung so zu erklären, dass an die betreffende Stelle grössere Schollen verfrachtet wurden, die in situ später zerfallen sind.

[1] Ein 3 m aus dem Boden ragender, 5 m im Durchmesser zeigender Block wird z. B. bei Carlsberg erwähnt, Erl.-Bl. Gramzow, Lief. 66, S. 5. — S. auch e. N. 69. — Hübsche Abbildungen von Riesenblöcken bei Treuenbrietzen gab Stimmer in der „Brandenburgia", XI, 1903, 402. Das Bild eines Opfersteins von Poretz verdanken wir dem Märkischen Provinzial-Museum.

Bisweilen liegen auch ganze Schollen von einheimischem Gestein als Erratica im Geschiebemergel, die zur Verwechselung mit Anstehendem Veranlassung geben können. Meistens stammen dieselben aus nicht sehr bedeutender Entfernung und stehen in Zusammenhang mit einer „Localmoräne“ oder sind nur von dem benachbarten Anstehenden durch tiefes Eingreifen des Glacials getrennte Stücke, deren Zusammenhang allerdings oft nicht mehr aufzufinden ist. Bohrungen und Grabungen zeigen dabei oft seitlich wie unten ein unvermutetes Abschneiden des älteren Gebirges an Diluvium.

Hierzu gehören manche mit der Zeit ganz abgebaute Kreidevorkommnisse, z. B. bei Basedow i. Meckl. und die 27—34 m mächtige, 350 m lange, 120 m breite Kreidegebirgsscholle in Osterode, ähnlich in Tapiau[1]. Solche Erscheinungen gehören allerdings schon mehr in das Kapitel der glacialen Schichtenstörungen, da solche Schollen wohl nur Fetzen vom Gebirge aus direkter Nachbarschaft sind.

Hier mag auch der zerquetschten Geschiebe gedacht werden, die durch spätere Verkittung häufig auch zu einer „Individualbreccie“ geworden sind. Sie mögen in der Grundmoräne durch den Eindruck gebildet sein, wo durch Steinpackung oder durch grössere Blöcke ein hartes Widerlager gebildet wurde. Übrigens finden sich solche Breccien auch in Kieslagern. Immer aber gehören sie naturgemäss zu den Seltenheiten[2].

Seit langer Zeit sind die Geschiebe Gegenstand wissenschaftlicher Untersuchungen und zwar nach der Richtung ihrer petrographischen oder faunistischen Verhältnisse, wie nach der Frage ihrer Ursprungsgebiete.

Von den wichtigsten Arbeiten über Geschiebe (einschliesslich der Gerölle aus Sanden und der isolirten Findlinge) seien folgende genannt. In denselben ist auch die weitere Litteratur ersichtlich.

a) Krystallinische Geschiebe:

Liebisch, Die in Schlesien vorkommenden massigen nordischen Geschiebe. Breslau 1874.
Heinemann, Die krystallinischen Geschiebe Schleswig-Holsteins. Kiel 1879.
Geinitz, Basaltgeschiebe, Geschiebe krystallinischer Massengesteine im meckl. Diluvium. Arch. Nat. Meckl. 1881, 1882. — Die skandinavischen Plagioklasgesteine und Phonolith a. d. meckl. Diluvium. N. A. Leopoldina. 1882.
Sauer, Phonolithgeschiebe bei Leipzig. Ber. Naturf. Ges. Leipzig. 1882.
Caspers, Herkunft d. norddeutschen Nephrite. Corr.-Bl. Deutsch. Anthrop. Ges. 14, 1883.
Nathorst, Om skand. block på Helgoland. Geol. Fören. Förh. Stockholm, 6. 785.
Eichstädt, Errat. Basaltblock ur N. Tysklands och Danmarks Dil. Geol. För. Förh. 6, 557, 1883.
Stelzner, Granitische Diluvialgeschiebe Ost- u. Westpreussens. Z. deutsch. geol. Ges. 1884, 584.
Dames, Die Diluvialgeschiebe der Umgebung von Berlin in Berendt und Dames: Geogn. Beschr. der Umgebung von Berlin. 1885, 61—118.
Haas, Beitr. z. Geschiebekunde Schleswig-Holsteins. Kiel 1885.
Klockmann, Charakt. Diabas- u. Gabbrotypen d. nordd. Diluvialgeschiebe. Jahrb. L.A. f. 1885.
Lundbohm, Ost- u. Westpreuss. Geschiebe. Schriften phys.-ök. Ges. Königsberg, 1886, 1888.
Cohen u. Deecke, Über Geschiebe aus Neuvorpommern u. Rügen. Naturw. Ver. Neuvorp. 1891, 1896.
Koken, Über diluviale Geschiebe der Königsberger Tiefbohrungen. Jahrb. L.A. f. 1894. — Über das östlichste Basaltgeschiebe bei [illegible]; in Jahrb. L.A. f. 1900, LXXXVIII.

[1] Jentzsch, Ber. Verw. Prov.-Mus., Sitzungsber. phys.-ök. Ges. Königsberg 1891, 5. Neue Gesteinsaufschl. Jahrb. L.A. f. 1890, 52.

[2] Vergl. Meyn, Über gekritzte und zerspaltene Geschiebe. Z. deutsch. geol. Ges. 1871, 399. — Sauer, N. Jahrb. f. Min. 1878, 893 (Leipzig). — Zeise, Über zerquetschte Geschiebe. Schr. Nat. Ver. Schl.-Holst. VII, 2. 1889, 57. — v. Calker, Die zerquetschten Geschiebe. Z. deutsch. geol. Ges. 1889, 343, Taf. 16, 17. — Erl. zu Bl. Pillnitz, 46, Königswartha, 19.

Martin, J., Diluvialstudien III, 1. Heimat der Gesch. Osnabrück 1895. — Centralbl. f. Min. 1903, 300.

Wiegmann, Zur Kenntn. des Diluviums der Umgebung von Lüneburg. Halle 1899.

Petersen, Geschiebestudien. Mitth. geogr. Ges. Hamburg. 1899, 1900. — Über krystallinische Geschiebe der Insel Sylt. N. Jahrb. f. Min. 1901, I, 99. — Unters. üb. kryst. Gesch. von Sylt, Amrum, Helgoland. Jahrb. f. Min. 1903, I. 61.

Hatz, O., Krystallinische Leitgeschiebe aus dem mecklenb. Diluvium. Ein Beitrag zur Kenntnis der Bewegungsrichtung d. diluvialen Inlandeises. Arch. Nat. Meckl. 1905. 1—44.

b) Sedimentärgeschiebe: (Vergl. Leth. palaeoz. 2, 77.)

F. Roemer, Über die Diluvialgeschiebe von nordischen Sedimentärgesteinen in der nordd. Ebene. Z. deutsch. geol. Ges. 1862, 575. — Lethaea erratica, Berlin 1885 (Dames, Pal. Abh. II, 5). — Die foss. Fauna der silurischen Diluvialgeschiebe von Sadewitz b. Oels. Breslau 1861.

Dames, Die in der Umgebung von Berlin beobachteten Diluvialgeschiebe. Geogn. Beschreibung der Gegend von Berlin, 1880. (Darin: Bestimmung d. silurischen Korallen v. F. Frech.)

Gottsche, Die Sedimentärgeschiebe der Prov. Schl.-Holst. 1883. — Verbreitung tertiärer Geschiebe. Z. deutsch. geol. Ges. 1886, 247.

Remelé, Katalog der Geschiebe-Sammlung. 1885. Geolog. Congress 1885, Berlin.

v. d. Marck, Nordd. Versteinerungen aus dem Diluvium Westfalens. Verh. nat. Ver. Rheinl. 52, 1895.

Vanhöffen, Einige für Ostpreussen neue Geschiebe. Z. deutsch. geol. Ges. 1886, 454.

Deecke, Rügensche Diluvialgeschiebe. Führer f. d. V. Geogr.-Congr., 1889. — Muschelkalkgeschiebe von Neubrandenburg. Mitth. naturw. Ver. Neuvorp. 1897, 1898. — Geschiebe mit *Aegoceras capricornu* bei Ückermünde. Nat. Ver. Neuvorp. 1887. — Wealdengeschiebe aus Rügen. Nat. Ver. Neuvorp. 1888. — Eocaene Kieselschwämme in Vorpommern u. Mecklenburg. Nat. Ver. Neuvorp. 1894. — Palaeocaene Echinodermenbreccie ibid. 1899. — Liasische Gesch., jurass. Korallen. Mitt. Natw. Ver. Greifsw. 1903.

Bornemann, Diluviale Sedimentärgeschiebe von Halle, 1887.

Struck, Die Versteinerungen führenden Sedimentgeschiebe d. nw. Sachsens. Z. f. Naturw. 1898.

Stolley, Einige neue Sedimentgeschiebe aus Schl.-Holstein u. benachbarten Gebieten. Schr. naturw. Ver. Schl.-Holst. 11, 133. — Die cambrischen u. silurischen Geschiebe Schl.-Holsteins u. ihre Brachiopodenfauna. Kiel 1895. — Neue Siphoneen aus balt. Silur. Die sil. Algenfacies. Schr. naturw. Ver. Schl.-Holst. 1898, 11. — Ein neues Sedimentärgeschiebe aus Schl.-Holstein. 1897. — Neocomgeschiebe aus Schl.-Holstein. Kiel. Mitth. Min. Inst. I, 1888. — Diluvialgeschiebe des Londonthones in Schl.-Holstein. Kiel 1899.

Geinitz, Beiträge zur Geologie Mecklenburgs V, VIII (1883, 86). — Cyathaspis-Geschiebe v. Rostock, Z. deutsch. geol. Ges. 1884. — Receptaculitiden der mecklenb. Geschiebe. Z. deutsch. geol. Ges. 1888. — Die Kreidegeschiebe des mecklenb. Diluviums. Z. deutsch. geol. Ges. 1888. — Aphrocallistes im mecklenb. Diluvium. Centralbl. f. Min. 1901.

Wysogórski, Über das Alter der Sadewitzer Diluvialgeschiebe. Z. deutsch. geol. Ges. 1894, 407.

Noetling, Die cambrischen und silurischen Geschiebe der Prov. Preussen. Jahrb. L.A. f. 1882. — Beitrag zur Kenntnis der Cephalopoden aus Silurgeschieben Ostpr. Jahrb. L.A. f. 1884. — Fauna der baltischen Cenomangeschiebe. Pal. Abh. II, 4. 1885.

Kiesow, Silur- u. Devon-Geschiebe Westpr. Schr. naturf. Ges. Danzig, 6. — Coelosphaeridiengestein u. Backsteinkalk des westpr. Diluviums. Nat. Ges. Danzig 6, 1886. — Cenoman von Danzig. Schr. Danzig, 1881, 1889.

Felix, Silur bei Leipzig. Ber. naturf. Ges. Leipzig, 1883.

Chmielewski, Leperditien der obersilurischen Geschiebe d. Prov. Preussen. Schr. phys.-ök. Ges. Königsberg 1900.

Wigand, Trilobiten der silurischen Geschiebe Mecklenburgs. Z. deutsch. geol. Ges. 1888.

Koken, Die Hyolithen der silurischen Geschiebe. Z. deutsch. geol. Ges. 1889, 79.

Meyer, Rugose Korallen als ost- u. westpreuss. Diluvialgeschiebe. Königsberg 1881.

v. Linstow, Über Triasgeschiebe. Jahrb. preuss. L.A. f. 1900, 200 (s. dazu Deecke, neue Materialien zur Geologie Pommerns. 1902, S. 9).

Fiebelkorn, Nordd. Geschiebe der oberen Juraformation. Z. deutsch. geol. Ges. 1893, 378.

Lohse, Jura-Geschiebe Mecklenburgs. Arch. Nat. Meckl. 1896.

Schlüter, Zur Heimatfrage jurass. Geschiebe im westgerman. Tiefland. Z. deutsch. geol. Ges. 1897.
Jentzsch, Über Kugelsandsteine als char. Diluvialgeschiebe. Jahrb. L.A. f. 1881. — Ist weissgefleckter Feuerstein ein Leitgeschiebe? Z. deutsch. geol. Ges. 1896.
Martin, Diluvialstudien IV (weissgefl. Feuerst.). Osnabrück 1896.
Schröder, Senon Ost- u. Westpr. Z. deutsch. geol. Ges. 1882, 1885.
v. Ungern-Sternberg, Die Hexactinelliden der senonen Dil. geschb. in Ost- und Westpreussen. Schr. phys.-ök. Ges. Königsberg 1903.
Neumann, Angebliche Vorkommen von Geschiebe der Bernsteinsteine in nordd. Diluvium. Arch. Nat. Meckl. 1890.
Kunt, Phosphoritvorkommen im Mitteldiluvium. Jahrb. L.A. f. 1896. CXLIII.
Conwentz, Über d. versteinerten Hölzer aus dem nordd. Diluvium. Breslau 1876. — Die fossilen Hölzer am Zobten. Breslau 1880. — Fossile Hölzer a. d. Sammlung d. K. geol. Landesanst. Berlin. Jahrb. L.A. f. 1881. — Untersuchungen über fossile Hölzer Schwedens. Stockholm 1892.
Hoffmann, Fossile Hölzer d. mecklb. Diluviums. Arch. Nat. Meckl. 1883.

Für die Heimatsbestimmung der Geschiebe dienen manche charakteristische Gesteine, welche ein eng beschränktes Vorkommen haben; viele derselben, besonders von den krystallinischen, können danach als „Leitblöcke“ dienen.

Im allgemeinen stammen die norddeutschen Diluvial-Geschiebe aus Skandinavien und zwar meist aus Schweden und den Ostseeinseln, weniger häufig aus den russischen Ostseeprovinzen und aus Norwegen (skandinavische Findlinge). Dazu kommen Geschiebe, welche vermutlich ihren Ursprung in jetzt von der Ostsee eingenommenen Gebieten haben (baltische Findlinge), sie dienen ihrerseits zum Nachweis der einstigen Ausdehnung gewisser massiger und sedimentärer Gesteine im Balticum, und endlich solche, welche dem norddeutschen Boden entnommen sind (einheimische Findlinge). Letztere werden um so häufiger, je weiter südlich man kommt.[1]

Hierher gehören u. a. Kreide und Feuerstein, versteinerungsführende Gesteine des Teutoburger Waldes, von Dortmund und Münster[2], die verschiedenen Jurageschiebe, Wealden, Muschelkalk, Eocän, Septarien, die oberoligocänen „Sternberger Kuchen“, das miocäne „Holsteiner Gestein“, Bernstein, die zahlreichen Kieselhölzer (die nach Conwentz meist tertiären Ursprungs sind), ferner die localisirten Rollsand-Kieselhölzer von Kamenz i. S.[3]; weiter die Grauwacken von Mickwitz, Zschocher[4], die Porphyrtuffe von Rochlitz, Basalt von Stolpen i. S., vom Weinberg bei Jauer[5] u. a. m.

Wenn die dem Untergrund entnommenen Gesteinstrümmer vorwiegen, entsteht die sog. „Localmoräne“ oder „Localfacies des Geschiebemergels“, in der das nordische Material oft fast ganz zurücktritt.

Vorkommnisse der Art sind reichlich bekannt:[6]

Hinter, d. h. meist südlich von Kreidevorkommnissen, wird der Geschiebemergel überreich an

[1] Stolley hatte, anknüpfend an die Geschiebe im Sylter Miocän, darauf hingewiesen, dass manche Geschiebe sich vielleicht schon auf secundärer Lagerstätte befanden, als sie von dem Inlandeis in dessen Moräne einverleibt wurden (Geol. Mitt. v. d. Insel Sylt, II, 1900). Felix macht auf die Möglichkeit aufmerksam, dass solche Verfrachtung früher durch Baumstämme und Äste in Strömen geschehen sein könnte. (Felix, über einige nordd. Geschiebe u. s. w. Sitzber. Naturf. Ges. Leipzig 1903).

[2] Wermbter, Z. deutsch. geol. Ges. 1891, 465. — Müller, Jahrb. L.A. f. 1895, 53. — Hosius u. Mosen, Verh. naturw. Ver. Rheinl. 50, 1893, 534, Taf. 6 u. 7.

[3] Menzel, Die fossilen Pflanzenreste im Diluvium der Umgebung von Kamenz i. S. Halle, Z. f. ges. Naturw. 1893.

[4] Credner, Z. deutsch. geol. Ges. 1879, 23 und 1880, 576.

[5] Wahnschaffe, Z. deutsch. geol. Ges. 1893, 708.

[6] S. Wahnschaffe, Oberfl. 105.

Kreide und (oft gebrannten) Feuerstein, so dass er als Backkalk gebrannt wird (z. B. bei Brodhagen und Diedrichshagen i. M.); der Rüdersdorfer Muschelkalk ist z. T. von typischer Localmoräne bedeckt (s. beistehendes Bild von Rüdersdorf, nach Wahnschaffe); am Segeberger Gypsberg in Holstein beobachtete Meyn eine an Gyps und Dolomitstücken reiche Localmoräne; am Koschenberg

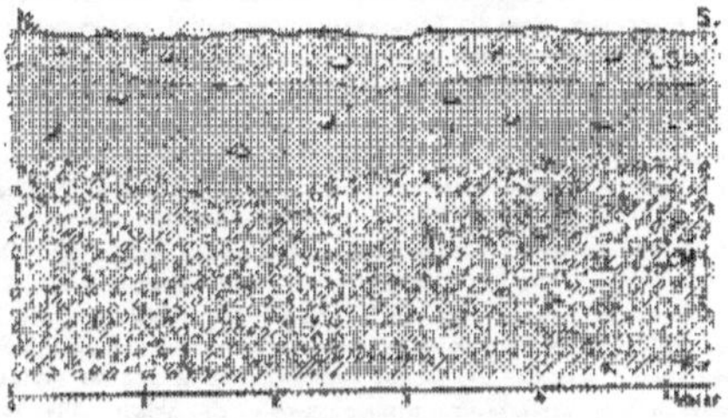


LS lehmiger Sand. L Lehm des Oberen Diluviums. LM Localmoräne. K Schichtenköpfe des Muschelkalkes.

bei Senftenberg und bei Zschocher in Sachsen betheiligt sich die Grauwacke daran; hinter den Porphyr- und Basaltkuppen Sachsens wird der Geschiebelehm angereichert an Porphyr und Basalt. Beim Überschreiten des Rothliegenden färbt er sich roth u. s. Beispiele mehr.[1]

Zu den einheimischen Materialien, welche der Geschiebemergel aufgenommen hat, gehören auch häufig quartäre Fossilien; so die Süsswasserconchylien, wie *Paludina diluviana*, *Valvata* u. a.[2], ferner marine Conchylien oder auch Foraminiferen, und endlich Säugethierknochen.

Die Frage, ob im Oberen und Unteren Diluvium verschiedene Geschiebe vorkommen, ob vielleicht für eines oder das andere „Leitblöcke“ nachzuweisen sind, ist recht schwierig, und man wird gut thun, die hierauf bezüglichen älteren Angaben mit Vorsicht aufzunehmen.[3]

Aus den Untersuchungen von Gottsche, Zeise, Cohen und Deecke, sowie von Kohn[4] ergiebt sich, „dass zwischen den Bildungen des oberen und unteren Diluviums ein Unterschied in der Geschiebeführung sich nicht nachweisen lässt“.

Die Untersuchungen der Geschiebe haben weiter zur Klärung der Frage nach

---

[1] Vergl. auch Weerth, Über die Localfacies d. Geschiebelehms in der Gegend von Detmold und Herford. Z. deutsch. geol. Ges. 1881, 465 und Müller, Das Diluvium im Bereich des Kanals von Dortmund pp. Jahrb. L.A. f. 1895, 49, dort bedingt die einheimische Beimengung Kalkgehalt resp. -armut des Geschiebemergels. — Friedrich, Localmoräne von Grünsandstein bei Ivendorf b. Lübeck. Beitr. z. Geol. Lübecks 1896, 238.

[2] Vergl. Wahnschaffe, Süsswasserfauna von Rathenow, Jahrb. L.A. f. 1884, 262, 265.

[3] Vergl. z. B. die Ansichten Stolley's über Sylt, die über Holland u. a.

[4] Gottsche, Die Sedimentärgeschiebe der Prov. Schleswig-Holstein 1883. — Zeise, Beiträge z. Kenntnis der Ausbreitung sowie der Bewegungsrichtung d. nordeurop. Inlandeises in dil. Zeit. 1889. — Cohen u. Deecke, Über Geschiebe aus Neuvorpommern u. Rügen. 1891, 1896. — Kohn, Über diluviale Geschiebe der Königsberger Tiefbohrungen. 1895.

der Bewegungsrichtung des Inlandeises beigetragen, nachdem sich gezeigt hatte, dass die Schrammen auf dem Untergrund sich hiefür weniger eignen. Insbesondere sind hier die Arbeiten von Martin und Petersen, sowie die von Cohen und Deecke zu nennen.[1]

Nachdem Martin schon früher zu dem Schluss gekommen war, dass das Haupteis ein baltischer Strom war, wies er später nach, dass die Bewegungsrichtung der Haupteismasse während aller Entwickelungsphasen überall dieselben geblieben sind. Petersen zeichnete die Strömungskegel für einige Leitblöcke (Kristianiagesteine, schonensche Basalte, Cancrinit-Aegirin-Syenit, Rödö-, Ålands- und Småland-Gesteine).

Nach Petersen liegen, von localen Bewegungsrichtungen abgesehen, für die im westlichen Skandinavien, etwa vom 17. Meridian gerechnet, vorkommenden Gesteine die Hauptbewegungsrichtungen zwischen NO.—SW. und N.—S., für die östlicher gelegenen zwischen ca. NO.—SW. und mehr oder weniger nach Osten von der N.—S.-Richtung abweichenden Richtungen. Die Eismassen der Diluvialzeit bewegten sich von den höchsten Erhebungen der skandinavischen Halbinsel, von der Linie Jötunfjelde – Lappmarken, radial nach der Eisgrenze. Die einzelnen Theile des Nährgebietes sind nicht stets von gleicher Bedeutung gewesen, sondern die östlichen Theile haben vorherrschend die Eisbewegung beeinflusst. Während der letzten Vereisung scheint nur der östliche Theil des Nährgebietes die Norddeutschland erreichenden Ströme gespeist zu haben. Die von den genannten Bewegungen abweichenden Stromrichtungen sind von geringerer Ausdehnung und verdanken ihre Existenz theils veränderten Lagen der Vereisungsgrenze, theils dem Einfluss des Meeres, das Eismassen zum Kalben brachte und daher die Stromrichtung abänderte. Aus den Untersuchungen über krystallinische Geschiebe von Sylt, Amrum und Helgoland[2] (welche Orte durch ihren Reichthum an Christiania-Gesteinen ausgezeichnet sind, so dass dort die älteste Vereisung vertreten sein soll) folgert Petersen, dass die Hauptbewegungsrichtungen des Inlandeises gewechselt haben. Im Westen Schleswig-Holsteins sei die Bewegung zuerst N-S bis NO-SW gewesen und erst später eine ONO-WSW geworden.

Martin[3] weist die Heranziehung eines norwegischen Stromes von Petersen zurück, die norwegischen Geschiebe in Holstein sollen nicht direct, sondern secundär dorthin verfrachtet sein. Die Strömungskegel Petersen's haben daher nicht den Wert, den P. ihnen beilegt.

Zeise fand, dass bereits zur Zeit der ersten Vereisung ein O.—W.-Gesteinstransport erfolgt sein müsse, und zwar zum Anfang, sowie vielleicht auch wieder zum Schlusse derselben. Es hätten also zwei oder drei baltische Eisströme existirt (zu Beginn und zum Schlusse der ersten und während der zweiten Vereisung).

Das Vorkommen von Geschieben aus östlichen Distrikten (estländer Silur u. a.) bei Königsberg kann man mit Korn so erklären, dass ein sich über Finnland ergiessender Eisstrom zuerst nach Westen abgelenkt worden war, daher konnten estländische und finnische Gesteine nach Westen verbreitet werden; sie wurden später von dem aus dem Bottnischen Busen kommenden N.—S.-Eisstrom aufgenommen und radial im norddeutschen Flachlande ausgebreitet.

Das Vorkommen vereinzelter norwegischer Gesteine westlich der Elbe bis nach Holland kann auf die Weise erklärt werden, dass sie zuerst von einem vom Kristianiafjord sich vorschiebenden Strom etwa bis ins Kattegat verfrachtet waren und später von dem schwedischen Eisstrom aufgenommen und verbreitet wurden.

Das jetzige Resultat der betreffenden Untersuchungen fasst Wahnschaffe[4] wie folgt zusammen:

---

[1] J. Martin, Diluvialstudien II. Das Haupteis ein baltischer Strom. 1894. — Diluvialstudien VII. Über die Stromrichtungen des nordeuropäischen Inlandeises. 1898. — Petersen, Geschiebestudien II, 1900, 189 (Litteratur). — Cohen u. Deecke, Geschiebe aus Neuvorpommern u. Rügen I u. II, 1891, 1896. — s. auch Mats, Kryst. Geschiebe in d. mechl. Diluvium. Arch. Nat. Meckl. 1909.

[2] Jahrb. f. Min. 1903. I, 91.

[3] Martin, Zur Frage der Stromrichtungen des Inlandeises. Mitth. Geogr. Ges. Hamburg. 17, 1900. S. auch Centralbl. f. Min. 1903, 800, 453.

[4] Wahnschaffe, Oberflächengestaltung pp. S. 101.

Die Hauptmasse der Geschiebe ist nach unserem Gebiete durch einen Eisstrom verbreitet worden, der sich von Norden nach Süden im Bottnischen Busen vorgeschoben und von Nordwesten her aus den schwedischen Landschaften Angermanland und Jemtland seitliche Zuflüsse erhielt. Er überschritt die Ålandsinseln und breitete sich von dort, der grösseren Erweiterung des Ostseebeckens entsprechend, radial nach Süden zu aus. Südlich von den Ålandsinseln erhielt er Zuflüsse aus Dalarne und der östlichen Hälfte des weiter südlich gelegenen Schwedens. Das die westlichen Theile Norddeutschlands überziehende Eis folgte nach dem Überschreiten der Ålandsinseln der schwedischen Küste bis etwa zur Nordspitze der Insel Oeland, um dann wieder auf das schwedische Festland zu treten; indem es aus der NNO.—SSW.- in eine NO.—SW.-Richtung überging, behielt es dieselbe von Schonen bis zum Unterrhein bei. Die Pommern erreichende Partie des Eises rückte von den Ålandsinseln an im Ostseebecken gegen SSW. vor und überschritt dabei den Kalmarsund, die Küste von Småland und die Inseln Öland, Gotland und Bornholm. Nach Königsberg gelangte der Hauptstrom von den Ålandsinseln aus in N.—S.-Richtung. Innerhalb des norddeutschen Flachlandes breiteten sich die Inlandeismassen radial aus.

Den Einfluss des alten Gebirgsreliefs auf Richtung der Eisströme hat Verf. an einigen speziellen Beispielen des mecklenburgischen Quartärs nachgewiesen (Arch. Nat. Meckl. 53, 1899. — 17. Beitr. z. Geol. Meckl. S. 98.)

### Verhalten der Moräne zu ihrem Untergrund.

#### a) Gletscherschliffe.

Über die im norddeutschen Tiefland bekannten Glacialschrammen (und z. T. auch Rundhöcker) giebt Wahnschaffe eine Übersicht mit Litteraturverzeichnis und Karte (Oberfl. 90).

Bis jetzt sind folgende Orte bekannt:

Piesberg b. Osnabrück, Velpke und Danndorf in Braunschweig, Gr.-Wanzleben b. Magdeburg, Hundisburg b. Neuhaldensleben, Magdeburg, Gommern, Halle; in Sachsen Taucha und Beucha, Hohburg b. Wurzen, Oschatz, Lommatzsch, Lüttichau, Kamenz, Schweidnitz b. Löbau; in Schlesien Jauer, Rummelsberg b. Strehlen; berühmt sind die schönen Schliffe auf dem Muschelkalk von Rüdersdorf b. Berlin (s. umstehendes Bild); endlich Bartschin b. Inowrazlaw. Aus dem südlichen Hannover beschreibt Menzel[1] Glacialschrammen mit NNW.—SSO.-Richtung auf dem Trochitenkalk des Hendelah bei Eime, südlich von Elze im Leinethal.

Bei mehreren Stellen beobachtet man zwei sich kreuzende Schrammensysteme von verschiedenem Alter. So hatte in Rüdersdorf das ältere System (mit nur wenig tief eingeritzten, meist vereinzelt auftretenden und oft völlig abgeschliffenen Schrammen) im Mittel die Richtung NNW.—SSO., das jüngere (oft nur allein vorhandene, mit sehr deutlichen und oft tief eingeritzten Schrammen) die Richtung O.—W.; bei Hundisburg fanden sich scharfe, von der Richtung Nord 43° Ost nach Süd 43° West und vereinzelte ältere von Nord 68° Ost.[2]

Da die Schrammen stets ziemlich nahe der Oberfläche unter nur dünner Moränenbedeckung beobachtet worden sind, so ist die Frage schwer zu entscheiden, ob sie einer älteren oder jüngeren Vereisung angehören. „Da man im Allgemeinen annimmt, dass das Eis der letzten Eisbedeckung nicht so weit nach Süden reichte, als in der vorhergehenden Hauptvereisung, so gehören wahrschein-

[1] Centralbl. f. Min. 1903, 509.

[2] Bei Hundisburg kommen neben den Schrammen auch keilförmige, in der Richtung der Schrammen gelegene Figuren vor, von NO. her mit einer feinen Spitze einsetzend, während die breitere, nicht ausgeschliffene Vertiefung nach SW. unvermittelt absetzt; die wie von Meisseln abgesplitterten Vertiefungen verdanken dem Druck des vorrückenden Eises ihre Entstehung. (Siehe Wahnschaffe, Über das Vorkommen v. Glacialschrammen auf d. Culmbildungen des Magdeburgischen bei Hundisburg. Jahrb. L.A. f. 1898, 52, Taf. 4.

Gletscherschrammen auf Schaumkalk bei Rüdersdorf
(nach Wahnschaffe; mittlere Schrammenrichtung N 35 O nach S 35 W).

lich die Schrammen im Königreich Sachsen und in Schlesien der früheren Periode an". Die Ansicht, dass die O.—W.-Schrammen einer O.—W.-Bewegungsrichtung des Eises und zwar zur zweiten Ausbreitung des Inlandeises entsprächen, hat Wahnschaffe widerlegt; nach ihm lässt sich ein O.—W. gerichteter Eisstrom weder für die erste, noch für die zweite Vereisung aufrecht erhalten. Diese jüngeren O.—W.-Schrammen zeigen nur locale Abweichungen von den radialen Hauptstromrichtungen des Inlandeises an; in Sachsen haben aufragende Kuppen älteren Gesteins die Bewegung des (an seinem Rande weniger mächtigen) Eisstromes verschiedentlich beeinflusst.

Rundhöcker aus Granit bei Kamenz in Sachsen (nach [illegible]).

### b) Ungestörter Untergrund.

Sehr häufig, wenn nicht am häufigsten, zeigt die Moräne eine einfache Auflagerung auf ihrem Untergrund. Auf den losen Sand- oder Thonschichten ruht der Geschiebemergel in concordanter Lagerung, oft ist seine untere Partie zu Kies, Sand oder Thon umgearbeitet; vielfach überkleidet der (obere) Geschiebelehm die welligen Unebenheiten des Untergrundes, ohne sie abgehobelt und planirt zu haben. In anderen Fällen bedeckt er schräge Sandschichten geradlinig und ohne Störung, wahrscheinlich war er hier auf fest gefrorenem Boden abgelagert. (S. umstehendes Bild).

### c) Schichtenstörungen.

Häufig ist der Untergrund aber auch gestört; seine oberflächlichen Partien sind zusammengestaucht, schleifen- und zungenartig gefaltet und ausgezogen, zerrissen und verschleppt. Der Geschiebemergel resp. Blocklehmkies greift in Buchten oder Zacken in den Untergrund ein, zeigt Pressungserscheinungen u. a. m.

Beispiele der Art sind aus allen Gegenden bekannt. Diese Erscheinungen eingehend beschrieben und erklärt zu haben, ist das Verdienst H. Credner's[1]. Credner betont, dass eine der Hauptbedingungen für das Zustandekommen der Stauchungen die oberflächliche Unregelmässigkeit des Bodens oder das flache An-

[1] H. Credner, Über Schichtenstörungen im Untergrunde d. Geschiebelehms. Z. deutsch. geol. Ges. 1880, 75.

Feiner Diluvialsand, dessen falsche Schichtung durch Wiederwehung sichtbar, auf Thon. Die Schichten abgeschnitten durch überlagernden lehmigen Geschiebesand. Schwaan i. Meckl. (März 1894).

steigen des Untergrundes überhaupt ist; frühere Bodenerhebungen des Flötzgebirges oder thalartige Senken im Untergrund werden dabei also eine wichtige Rolle gespielt haben. Allerdings muss man sich hüten, alle Schichtenstörungen allein auf Eisdruck zurückzuführen, oft können sie auch durch andere Factoren (Gleitung durch einseitige Druckentlastung, z. B. an Thalrändern, tektonische Dislocationen u. a.) bedingt sein. Schichtenstörungen glacialer Natur finden sich bei dem aufgearbeiteten Material der „Localmoränen".

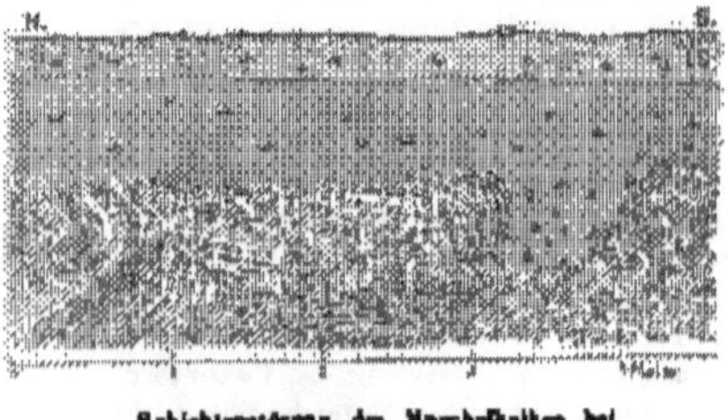


Schichtenstörung des Muschelkalkes bei Rüdersdorf (nach Wahnschaffe).
LS lehmiger Sand. L Lehm. LM Localmoräne. K Schichtenköpfe des Muschelkalkes, gestaucht.

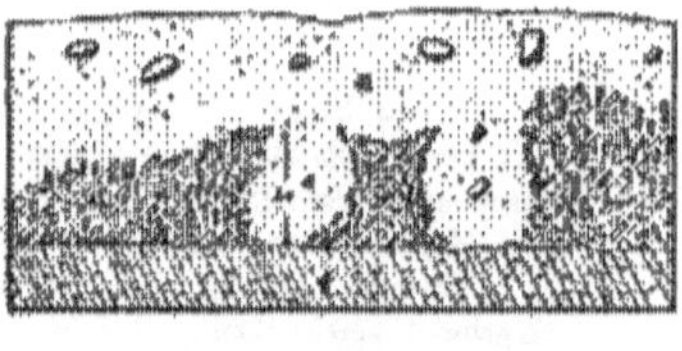

Localmoräne mit Stauchung auf Grauwacke (g) bei Klein Zschocher (nach Credner).

Lossen und Penck haben schon viele Beispiele erwähnt[1], weitere Angaben finden sich bei Wahnschaffe (Oberfl. 107). Als besondere instructive Beispiele mögen hier genannt sein:

α) Auf älterem Gebirge:

Grauwacke von Eschenbach, Velpke und Dannsdorf (s. vorstehende Fig.):
Muschelkalk von Rüdersdorf (s. vorstehende Figur):
Kreide von Gielow bei Malchin.
Tertiär von Itzehoe[2]
Oligocaen der Leipziger Gegend.
Braunkohlengebirge der Breslauer und Danziger Gegend.[3]

Auf der Nordseite der Trebnitzer Berge hat das Inlandeis eine Reihe complicirter Störungen hervorgerufen. Der liegende Tertiärsand ist über den hangenden Tertiärthon geschoben, hierbei keilförmig in den Thon eingefaltet, wobei die unteren Lagen des Sandes noch die ursprüngliche Kreuzschichtung zeigen. Später ist auch der Untergrund (in gefrorenem Zustand) durch den Gletscher abgehobelt worden. (S. beistehende Figur).

β) Auf Diluvium:

Von den zahlreichen Beispielen sei hier hingewiesen auf die Darstellung von Credner (l. c. 103); ferner auf zwei Bilder, die Wahnschaffe[4] giebt; auf die Gegend von Elbing[5].

Folgende Figur zeigt schön die zickzackförmigen Biegungen von Diluvialthonschichten in einer Thongrube von Stülow bei Doberan in Mecklenburg.

Die Stauchungen der Thonschichten und Verquetschungen mit Sand und Geschiebemergel in einem Aufschluss von Schwaan i. Meckl. sind vielleicht Gleitungserscheinungen am Rande des benachbarten Warnowthales. S. Fig. auf S. 237, 238.

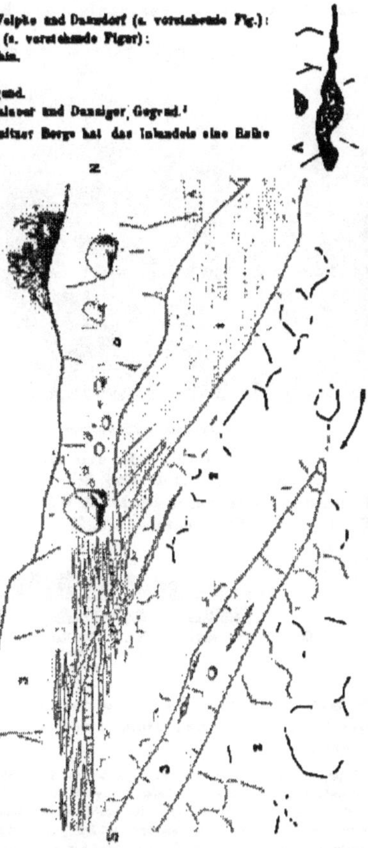


Glaciale Druckerscheinungen nördlich von Trebnitz unweit Breslau (nach Frech 1901).
Tertiärsand (1), das Liegende des Tertiärthons (2), ist übergeschoben und z. T. in den Lehm (3) eingepresst, z. T. an der Grenze von Geschiebelehm und Thon ausgewalzt; der Geschiebelehm in den Tertiärthon eingreifend. Im Geschiebelehm Bänderthon (A).

[1] Lossen, Boden Berlins, S. 870. Penck, Z. d. geol. G. 1879, S. 126.

[2] Haas, Über Stauchungserscheinungen im Tertiär und Diluvium von Itzehoe. Mitth. Min. Inst. Kiel, I, 1. 1886.

[3] Frech, Zeitschr. Ges. f. Erdkunde, Berlin 1901. Keilhack, Jahrb. d. L.A. f. 1898, LXXXIX.

[4] Z. deutsch. geol. Ges. 1883, 570, 573.

[5] Jentzsch, Jahrb. L.A. f. 1884, 440.

Als Beispiel dafür, dass neben den auf echten Eisdruck zurückzuführenden Störungen auch andere vorkommen, führt Wahnschaffe (Führer 18) die von Keilhack beschriebenen Quellungserscheinungen bei Pölitz und Messenthin an.

Schichtenbiegungen im Diluvialthon. Stülow bei Doberan.

Am Ufer der unteren Oder zeigt sich, dass der Septarienthon sich vom Gehänge herab in Bewegung gesetzt und diluviale Schichten überquollen hat.

Aufpressungserscheinungen beschreibt Wölfer aus den Durchragungen bei Woldegk (Erl.-Bl. Woldegk, 1899, 7):

Bei manchen Vorkommnissen ist es noch unsicher, in wie weit glaciale und tektonische Störungen etwa nebeneinander gewirkt haben. Weitere Beispiele seien genannt:

Grünberger Höhenzug (Jentzsch, Z. deutsch. geol. Ges. 1887, 677). — Posener Flammenthon (v. Rosenberg-Lipinsky, Jahrb. L.A. f. 1890, 36). — Kreide und Tertiär von Finkenwalde (Berendt, Z. d. geol. Ges. 1884, 866; s. o. S. 77, 78). Die Kreide ist hier zerdrückt, der Septarienthon stark zusammengepresst und verdrückt, auf gewaltigen, seitlich, von Norden oder Nordosten wirkenden Druck zurückzuführen; da der untere Geschiebemergel und der ihn überlagernde Diluvialsand mit überschoben sind, muss die Hauptstörung zur Zeit des oberen Diluviums erfolgt sein. Die Überschiebungen und gewaltigen Störungen im Tertiär von Buckow[1] und der Braunkohlenformation von Frankfurt-Wriezen

[1] Wahnschaffe, Führer, 19; Jahrb. L.A. f. 1893.

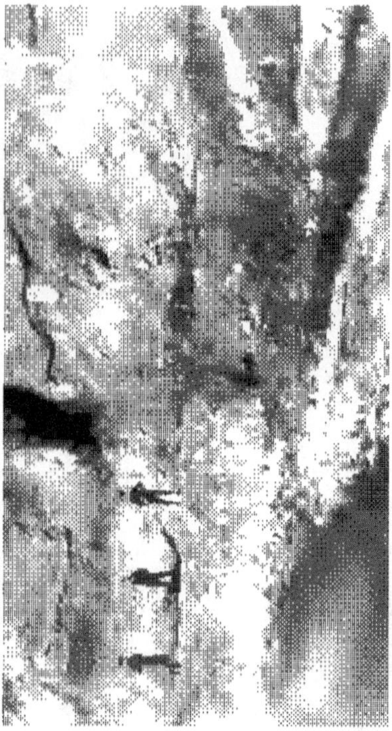

werden von Wahnschaffe und Berendt[1] auf tiefgreifende Druckwirkungen des Inlandeises zurückgeführt; vielleicht sind sie aber tektonischer Natur.

Westlicher Flügel einer Diluvialsandmulde, mit eingelagerter Thonbank, stark zerrüttet; rechts der liegende, ebenfalls aufgerichtete graue Geschiebemergel.
Steilufer der Stoltera bei Warnemünde, bei Punkt G'. 1896.

Nach Jentzsch[2] sind die grossen Schollen älteren Gebirgs, die im Diluvium vorkommen (z. B. Jura in Pommern, Kreide in Pommern, Mecklenburg,

[1] Abh. geol. K. Pr. VII, 2, 38.
[2] Z. d. g. G. 1901, 102.

Schleswig-Holstein, West- und Ostpreussen, Oligocän und Miocän in zahlreichen Orten), ebenso wie vielleicht manche untere Diluvialmassen in oberem, als Überschiebungen zu betrachten, wobei sich das Inlandeis wie ein Gestein verhielt: verticaler Druck des Eises, bei beweglicher Unterlage seitliche Verschiebung waren die Ursache jener oft zunächst sehr auffälligen Erscheinungen.

Aufgequetschter grauer Geschiebemergel, westlicher Rand einer Sandmulde.
Stoltera bei Warnemünde, Punkt J, bei Bahne 25. 1902.

Zu den Erscheinungen, welche mehr oder weniger auf tektonische Störungen zu beziehen sind, gehören die der Kreide von Wollin und Rügen (s. u.).

Die grossartigen, localisirten Schichtenstauchungen von Sandmulden im Geschiebemergel an dem Abbruchsufer der Stoltera bei Warnemünde sind vielleicht auch mit auf tektonische Verschiebungen zurückzuführen, da der unterlagernde Geschiebemergel dieselbe Aufquetschung mit erfahren hat. Vorstehende Bilder S. 239, 240 zeigen einen Theil jener Stauchungen.

Den Stauchungserscheinungen wird auch ein grosser Einfluss auf die Bodengestaltung zugeschrieben; z. B. glauben einige, der baltische Höhenrücken sei infolge von Aufpressung vor dem rückweichenden Eisrand entstanden. Vergl. hierüber weiter unten.

### d) Riesenkessel.

Analog dem Vorkommen von Riesenkesseln in anderen ehemals vergletscherten Gebieten und unter recenten Gletschern muss man auch auf dem festen und ge-

Grosser Gletschertopf mit drei kleineren Strudellöchern im Schaumkalk des Alvensleben-Bruches bei Rüdersdorf (nach Hennig).

schrammten Gebirgsuntergrund Norddeutschlands Riesenkessel erwarten, wenn auch in Folge der wenig geeigneten Beschaffenheit des Untergrundes nur selten. In der

That sind dieselben an einigen Stellen nachgewiesen worden. Manche der beschriebenen Vorkommnisse sind allerdings nicht einwandfrei und werden mit Recht auf die auflösende Thätigkeit des Sickerwassers, als sog. „geologische Orgeln" zurückgeführt.[1]

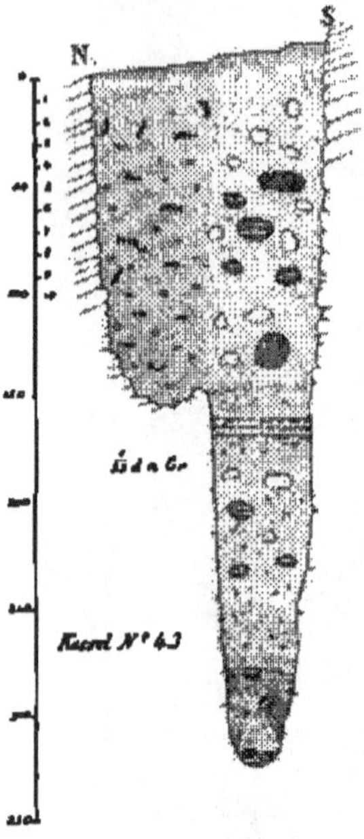


Auf der geschrammten Oberfläche des Rüdersdorfer Muschelkalkes finden sich zahlreiche Riesentöpfe in allen Formen, von den normalen bis zu den vermeintlichen geologischen Orgeln;[2] viele derselben sind nicht einwandfrei.

Vorstehende Abbildung giebt eine Ansicht jener berühmten Vorkommnisse; die folgenden Verticalschnitte zeigen die bisweilen unregelmässige Wandung der Kessel.

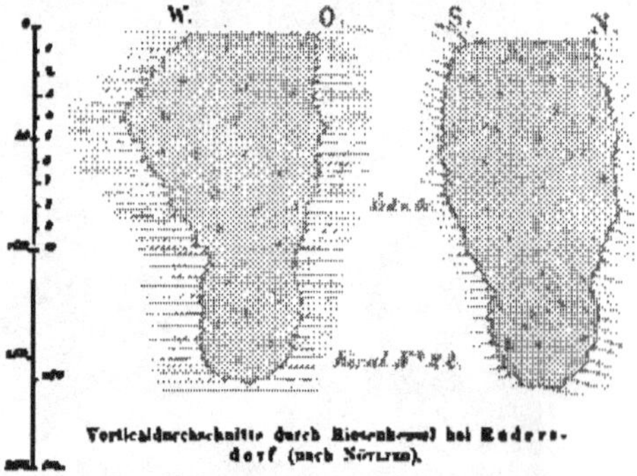


Verticaldurchschnitte durch Riesenkessel bei Rüdersdorf (nach Nötling).

Brauns beschreibt Riesenkessel von dem Gyps bei Wapno.[3] Das von ihm angeführte Beispiel von Soltin kann wohl auch zu den Riesenkesseln gehören. Geinitz erwähnt Riesenkessel vom Gogoliner Muschelkalk.[4]

Bei Gommern unweit Magdeburg wies Wahnschaffe Gletschertöpfe auf dem Silurquarzit nach.[5]

Der grösste ist 0,85 m tief, bei einem Durchmesser von 1,3–1,85 m, daneben liegen noch viele kleine flache Löcher. Die Oberfläche des Sandsteins ist stark geglättet, von fliessendem Wasser bearbeitet. Die Löcher stehen nicht senkrecht auf der Oberfläche. Das unmittelbare Hangende bilden Sande und Grande, über denen Geschiebemergel folgt, welcher weiterhin direct auf der Grauwacke aufsitzt.

---

[1] Frech, Die Geschiebeformation Norddeutschlands. Z. deutsch. geol. Ges. 1879, 132.

[2] Nötling, Über die Vorkommnisse von Riesenkesseln im Muschelkalk von Rüdersdorf. Z. deutsch. geol. Ges. 1879, 339, Taf. 7 u. 8!

[3] Brauns, Über Riesentöpfe und ihre allgemeine Verbreitung in Norddeutschland. Z. deutsch. geol. Ges. 1880, 56, Taf. 5–7.

[4] Z. deutsch. geol. Ges. 1880, 183. Zu den regelmässigen Erscheinungen (1884–1903) gehören hier geologische Orgeln. Anm. d. Herausgeb.

[5] Jahrb. pr. geol. Landesanst. f. 1903, 93.

Die von Berendt als Riesenkessel gedeuteten Erscheinungen im Westerweyer Diatomeenkalk (l. c. 63) sind nicht hierher gehörig, sondern geologische Orgeln; ebenso die von Keilhack aus dem Kalk von Belzig und Görzke beschriebenen.[1] Dieselben „Taschen“ finden sich auf der Kreide (z. B. in Lüneburg, Lägerdorf,[2] Adamshoffnung i. M.), ferner auf diluvialem Thon, auf Heidesand, an vielen Stellen. Hierzu rechne ich auch die sog., durch subaërische Verwitterung gebildeten Riesentöpfe auf dem Granit vom Adlerfels im Riesengebirge, die Berendt beschreibt und abbildet.[3]

Die „Sölle“ sind allerdings auch Strudellöcher, aber nicht unter dem Eis entstanden; sie liegen nicht, wie die Riesentöpfe, unter einer Geschiebemergeldecke, sondern auf derselben (s. u.).

Anm. Echte Riesenkessel, unabhängig von der direkten Glacialwirkung, kommen in mehreren Thälern vor, z. B. im Chemnitzthal in Sachsen, in Schluchten der sächsischen Schweiz (vergl. u. a. Thelle: Riesentöpfe der sächsischen Schweiz „Über Berg und Thal“, Dresden 1883, Nr. 11, 12. 1884 Nr. 5). Die Cañonbildung mit den ursprünglichen Wasserfällen hat dort prächtige Riesenkessel erzeugt, wie man sie in den Schluchten der Schweiz, z. B. der Aareschlucht sehen kann; bekannt sind dieselben im Uttewalder Grund in allen Stadien der Erhaltung, ferner in der Edmundsklamm zu sehen, wo z. B. der „Stille See“ ein vorzüglich erhaltener grosser Evorsionskessel einer kleinen Seitenschlucht ist.

## B. Sedimente.

Die Sedimente des norddeutschen Diluviums stehen entweder in engstem Zusammenhang mit den nordischen Moränenabsätzen — es sind die „fluvioglacialen“ Absätze — oder es sind selbständige Ablagerungen einheimischer Gewässer, und zwar von Flüssen, Seen oder dem Meere, — extraglaciale Bildungen — zwischen beiden kommen in dem „gemengten Diluvium“ Übergänge vor.

Im Jahre 1880 wies Jentzsch auf die Bedeutung der geschichteten Einlagerungen im Diluvium und deren organischen Einschlüsse hin. (Er erklärte sie damals noch als Ablagerungen von eisfreien Inseln der Diluvialzeit.)[4]

Die geschichteten Bildungen nehmen in dem Diluvium mindestens dieselbe Mächtigkeit ein, wie die Geschiebemergelablagerungen. Jentzsch fand für Ost- und Westpreussen eine Summe von 606 m für erstere, gegen 612 m für Geschiebemergel.

Die einheimischen Gewässer werden, besonders in den Grenzgebieten, auch Material von Süden zugeführt haben. Nach Credner[5] zeichnet sich die Lausitzer Sandfacies durch den wesentlichen Antheil aus, den einheimisches Material an ihrer Zusammensetzung nimmt, der soweit gehen kann.

---

[1] Jahrb. L.A. f. 1889, 145, 155.

[2] S. z. B. Zeise, Über die Vorkommen von Riesenkesseln bei Lägerdorf. Z. deutsch. geol. Ges. 1887, 518 (etwa 800 Kessel, cylindrisch oder flach trichterförmig, mit rotem Lehm, untermischt mit abgerundeten nordischen Geschieben). — Haas, Mitth. Min. Inst. Kiel I, 1. S. 7, Taf. 1.

[3] Berendt, Spuren einer Vergletscherung des Riesengebirges. Jahrb. L.A. f. 1891, Taf. 7. — Führer zum Gletschergarten auf dem Adlerfels in Schreiberhau (Naturw. Wochenschr. VIII, 18). — Die Auffassung von Verwitterungserscheinung wurde jetzt von Cramer bestätigt (Z. deutsch. geol. Ges. 1901, 25). Dagegen sucht O. Vierwaro (Über Steinkessel, Hertschdorf, 1903) neuerlich ausführlich nachzuweisen, dass der Deutung der riesengebirgischen Steinkessel als Strudellöchern und als Gletschertöpfen nichts entgegenstehe.

[4] Z. deutsch. geol. Ges. 1880, 666.

[5] Z. deutsch. geol. Ges. 1876, 157.

dass die Sande durch aufgearbeitete feuersteinführende, aber sonst vollkommen reine Granitgrusse oder Braunkohlensande und Thone erzeugt werden.

Über die petrographische Natur der diluvialen Sande und Thone s. o. den allgemeinen Theil.

## C. Extraglaciale Bildungen.

Zu dieser Gruppe gehören ausser einigen der vorher genannten Sedimente, wie Flussschotter, folgende:

Diatomeenerde, Süsswasserkalk, Moorerde, Torf, Kohle, Kalksinter und -tuff, Höhlenablagerungen, Löss.

### Gliederung des norddeutschen Diluviums.

Nach der oben im allgemeinen Theil gegebenen Auffassung der Eiszeit als einer einheitlichen Erscheinung ist es doch von Interesse, die nach und nach erfolgten Meinungsänderungen über eine Gliederung des Quartärs zu verfolgen.

Penck sagte 1884 (Mensch und Eiszeit, S. 7): „Die Gletscherentwickelung der Eiszeit stellt sich als eine Potenzirung der heutigen heraus, welche allmählig eintrat, grosse Oscillationen in ihrem Umfange erlitt und ebenso ruhig endete, wie sie entstanden war." „Die alten Gletscher waren in ihrer Ausdehnung so beträchtlichen Schwankungen unterworfen, dass man von wiederholten Vergletscherungen grosser Landtheile, sogar von einer Repetition der Vergletscherungen überhaupt reden möchte" (deren letzte nicht den Umfang der vorhergehenden erlangte).

Den gegenwärtigen Stand der Ansichten über eine Gliederung des norddeutschen Diluviums charakterisiren Keilhack und Wahnschaffe folgendermassen:[1]

Zunächst wurde eine rein stratigraphische Trennung der Schichten in solche des oberen und unteren Diluviums beibehalten und es wurden zum unteren diejenigen Schichten gezählt, die unter der jüngeren Grundmoräne oder den sandigen Aequivalenten derselben (Geschiebesanden) liegen. Trotz des Nachweises zweier Geschiebemergelhorizonte wurde das ganze Diluvium für eine einheitliche, zusammenhängende Bildung angesehen.

Dies spricht Wahnschaffe 1882[2] dahin aus, dass man „unter Annahme einer nur einmaligen Vergletscherung unser ganzes unteres Diluvium mit seinen geschichteten und ungeschichteten Ablagerungen als ein einheitliches, seiner Bildungszeit nach mehr oder weniger gleichzeitiges Formationsglied auffassen muss, so dass eine Specialgliederung nur von localer Bedeutung ist". Für die geschichteten Bildungen, die als Auswaschungsproducte der Grundmoräne gelten, lässt sich ein bestimmtes Niveau auf grössere Erstreckung hin nicht festhalten.

Penck und Helland waren die ersten, die darauf hinwiesen, dass auch in Norddeutschland eine mehrfache (nach Helland eine zweifache, nach Penck eine dreifache) Vergletscherung mit langen dazwischenliegenden Interglacialzeiten stattgefunden habe. Dames konnte 1885 bereits zwei Eiszeiten mit einer dazwischenliegenden Interglacialzeit als sicher annehmen. — Die von Keilhack beschriebenen „praeglacialen" Ablagerungen der Mark und der Lüneburger Heide mit ihren organischen Resten bildeten zusammen mit dem schon längst bekannten Kieslagerhorizonte vom Kreuzberg und von Rixdorf, der mit seinen zahlreichen Säugethierresten zwischen den beiden dort entwickelten Grundmoränen liegt, den Ausgangspunkt für eine historische Gliederung des Diluviums in zwei Eiszeiten, eine praeglaciale und eine interglaciale Zeit; die bis dahin bekannten übrigen marinen und Süsswasser-

[1] Führer durch Theile des norddeutschen Flachlandes. 1890, 89. — Oberflächengestaltung des norddeutschen Flachlandes 1901, 214.

[2] Über das Vorkommen geschiebefreien Thones, Jahrb. L.A. f. 1881, 544.

## Gliederungstabelle des norddeutschen Diluviums (nach der bisher üblichen Eintheilung).

| | Petrographische Ausbildung. | Vorkommnisse. |
| --- | --- | --- |
| **3. Postglacialzeit (Jungquartär).** | | |
| Jüngere, Erlen und Buchen (Mya-) Zeit: Recente Fauna und Flora. | | Absätze der heutigen Gewässer; Stromverlegungen; Küstenveränderungen. |
| Eichen (Litorina-) Zeit: Senkung der älteren Torflager des Küstengebietes. | | Entstehung der Schlickbildungen und jüngeren Torfschichten, z. T. Litorinaschichten am Conventer See, in Warnemünde, Wismar (Geinitz) und Lübeck (Friedrich). |
| Ältere, Birken, Kiefern (Ancylus-) Zeit: Thalsand z. T. (Gommern mit eingeschlossenen Torfbänken m. *Betula*). | | Entstehung der älteren, jetzt unter dem Meeresspiegel gelegenen Torfschichten im Küstengebiet (Warnowthal, Oderthal u. a.), sowie der Süsswasserfauna bei Pillau und Königsberg. |
| **1. Die Eiszeit in ihren verschiedenen Phasen (Altquartär).** | | |
| Spätglaciale Phase: Dryas-(Yoldia-) Zeit (Älteste Postglacialzeit). | Süsswasserkalke und Thone. | Süsswasserbildungen am Grunde norddeutscher Torfmoore mit arktischer Fauna und Flora. Fauna und Flora noch durch die subarktischen Verhältnisse beim Rückzuge des Eises beeinflusst: Kurische Nehrung (mit *Hypnum fluitans* nach Berendt), Schroop in Westpr., Kramphewitzer See in Pommern, Oertzenhof b. Neetzka, Nantrow in Mecklenburg, Holtenau in Holstein. |
| III. Vereisung b. Abschmelzperiode der dritten Glacialzeit. | Endmoränen und Sandrbildungen, Thalsand und Terrassen, Åsar, Kames, Geschiebesand; Deckthon, Löss. | Jüngste diluviale Bildungen der Hochflächen und Thäler, local mit arktischer Flora. |
| a. Inlandeisbedeckung: | Oberer Geschiebemergel (Grundmoräne), subglaciale Sande u. Grande; beim Herannahen des Eises vorgeschüttete fluvioglaciale Bildungen. | Oberer Geschiebemergel Norddeutschlands und sämmtliche bis jetzt bekannten Endmoränen östlich und nördlich der Elbe. Geschiebemergel, Endmoränen, Durchragungszüge, z. T. mit älterem Kern. |
| 2. Interglacialzeit. | Sande und Grande in Thälern; Wiesenkalke, Kalktuffe, Torf-, Thon- und Diatomeenlager in Becken; marine Ablagerungen. | Fauna der grossen diluv. Säugethiere: Rixdorf, Tempelhof, Britz, Phöben, Müggelsheim, Halbe, Oderberg (Berliner Gegend); Umgegend von Posen; Königsberg in Preussen; Sintelberg im Weserthal; Rostock, Neubrandenburg u. a.<br>Interglaciale Torflager: Lauenburg a. E., Tesperhude, Sahlau; Beldorf und Gross-Bornholt bei Grünenthal (Weber); Fahrenkrug bei Segeberg; Honerdingen; Neuenburg a. Weichsel; Memel und Widminnen (durch Bohrungen erschlossen).<br>Schichten mit Süsswasserconchylien: Alt-Geltow bei Potsdam, Valvaten- und Ostracodenmergel und -Sande bei Frankfurt a. O. (Berendt und Keilhack, vielleicht Interglacial I?); Werder (Korn); Korbiskrug (Wahnschaffe); Posen; Lindenberg bei Rössel, Hallaberg, Gertenstein, Taubendorf; Gegend von Tuchel; Kalktuff v. Biederitz b. Magdeburg (Wahnschaffe), Schwanebeck (Wahnschaffe). |

| | | |
|---|---|---|
| | | Marine Bildungen: Austernbänke von Blankenese; Tarbeck, Stöfs (Gottsche), vom Panderkliff auf Sylt (Stolley); Cyprinenthone von Süderholz bei Sonderburg auf Alsen, Burg in Dithmarschen, Dornbusch auf Hiddensee (Müller); Cyprinenthon von Hostrupholz, Thone von Fahrenkrug (Gottsche). Diluviale Nordseefauna Ost- und Westpreussens: Marienwerder, Mewe, Dirschau, Marienburg, Riesenburg, Rosenberg, Freystadt, Vogelsang bei Elbing, Goldmühlenberg bei Heilsberg, Bartenstein, Graudenz, Kl.-Witten. Diatomeenlager bei Elbing (marin und limnisch); Klieken bei Dessau (Keilhack); Zinten. |
| II. Vereisung. | Unterer Geschiebemergel (Grundmoräne), oft in mehrere durch Sand getrennte Bänke gespalten. Fluvioglaciale grandige, sandige und thonige Sedimente beim Vorrücken und Rückgange des Eises abgelagert. | Bisheriger Unterer Geschiebemergel **Norddeutschlands.** Rother Geschiebemergel der Altmark. |
| I. Interglacialzeit. | Sande, Grande, Thone, Kalke, Diatomeenlager, Torflager in Süsswasserbecken; marine Ablagerungen thoniger und sandiger Natur. | Marine Schichten: Dockenhuden, Nienstedten, Hamm bei Hamburg (Tiefbohr.), Lauenburg a. E. (Gottsche), Boizenburg, Bleckede?, Cardiumsande von Schwaan in Mecklenburg (?), Itzehoe, Högle Klint, Esbjerg, Hvidding, Nindorf, Farnewinkel, Warringholz, Oleve, Ronning, [illegible], Rendsorth, Kehdels, Keterum (nach Gottsche fraglich, ob Interglacial I oder praeglacial), Burg in Dithmar. (Gottsche und Zeise), Stade (nach Schröder vielleicht interglacial I?), Elbinger Yoldien- und Cyprinenthone, Interglacial von Rügen, Marienburg und Dirschau (Tiefbohrg. Jentzsch). Diatomeenschichten bei Rathenow, Oberohe (Keilhack), Wiechel in der Lüneburger Heide (nach Wahnschaffe fraglich, ob Interglacial I oder II), Wehningen, Boizenburg. Süsswasserschichten: Paludinenbank von Berlin und Rüdersdorf, Torf und Süsswasserkalke von Honerdingen (Weber), Klinge (Nehring), Süsswasserkalk von Belzig und Werder (Keilhack), Valvatensande von Neuhausen bei Rathenow (Brauns?). |
| I. Vereisung. | Geschiebemergel und fluvioglaciale Sedimente wie in der zweiten Glacialzeit. | Grundmoräne bei Rüdersdorf und Hamburg (Schwielow-See, [illegible]), fluvioglaciale Sedimente im Liegenden des Interglacial I. |
| Praeglacialzeit. | Noch keine Ablagerungen mit Sicherheit nachgewiesen. (?) | Marine und Süsswasserbildungen bei Lauenburg (Müller), schwarze Thone bei Hamburg (Gottsche). Flussschotter der Pleisse, Unstrut u. a. |

ablagerungen wurden in dieses Schema hineingezwängt. Die neue Gliederung von Geikie wurde zwar in ihrer künstlichen Nomenclatur von Keilhack für Norddeutschland nicht acceptirt[1], aber es wurde bei dieser Gelegenheit betont, dass man von der Annahme nur zweier Eiszeiten abzusehen und in Übereinstimmung mit den Forschungen in den Alpen und in Nordamerika drei Eiszeiten mit zwei Interglacialzeiten anzunehmen habe.

Man stellt in neuerer Zeit die fluvioglacialen Sedimente als ebenso beweiskräftig hin, wie die ihnen entsprechenden Moränenbildungen. Dies kommt zum Ausdruck, wenn man die Definitionen des Begriffes „interglacial" gegenüber stellt:

Früher hiess es: Eine Fauna und Flora ist nur dann sicher interglacial, wenn sie auf primärer Lagerstätte befindlich zwischen zwei Moränen liegt und wenn für ihre Existenz die Annahme eines gemässigten Klimas notwendig erscheint, welches das Eis der vorausgegangenen Vergletscherung zum vollständigen Rückzug (im speciellen Falle aus Deutschland) zwang.

Jetzt sagt man: Eine pflanzenführende Ablagerung ist interglacial, wenn sie im Hangenden und im Liegenden von irgend welchen Glacialbildungen begrenzt wird, gleichgiltig, ob dies Grundmoränen, Endmoränen, fluvioglaciale Bildungen oder dergleichen sind, vorausgesetzt, dass die eingeschlossenen Pflanzen und Tiere ein nicht ständig glaciales Klima anzeigen und am Orte oder doch in der Nähe gewachsen sind, und vorausgesetzt ferner, dass die hangenden Glacialbildungen nicht erst in späterer Zeit secundär (durch Abstürze, Abspülung u. dgl.) über die pflanzenführenden Schichten gerathen sind.

Weitere Funde, so denen namentlich die durch Gottsche 1897 bekannt gegebenen tiefsten Glacialablagerungen von Hamburg gehören, führten zu der Annahme von drei Eiszeiten, resp. der Verschiebung von „praeglacialen" Ablagerungen in das erste Interglacial.

Von vielen Sanden und Thonen, die man früher theils zum Altalluvium, theils zum Unterdiluvium gestellt hatte und von denen die letzteren noch jetzt bei der Kartirung als Unterdiluvium bezeichnet werden, ist das Alter exacter erkannt worden.

Die ältere Auffassung spiegelt sich in der Theilung der Eiszeit wieder, die Torell gab.[2]

5. Periode: Eis auf die Grenzen Skandinaviens beschränkt, zieht sich in die Gebirgsgegenden zurück.
4. Periode: Gletscher auf die grossen Gebirgsthäler beschränkt.
3. Periode: Eismassen noch mehr vermindert; Finnland noch von Eis bedeckt, welches das Ostseebecken füllte und sich in der Richtung der Mittellinie der Ostsee bewegte; Gotländer Blöcke bis nach Groningen und Jever; gewisse Theile von Schweden vom Eise der Ostsee überschwemmt.
2. Periode: Die Eismassen haben sich bedeutend vermindert; Waldai nicht mehr überschritten.
1. Periode: Zeit der grössten Ausbreitung des Inlandeises.

Jentzsch gliederte 1898[3] das ost- und westpreussische Diluvium folgendermassen:

Jungglacial, Prussian
Interglacial, Neudeckian
Altglacial, Stargardian
Frühglacial, Elbingian.

In den einzelnen Stufen giebt er noch weitere Unterabtheilungen.

Über die Werthigkeit der „Interglacialzeiten" gehen die Anschauungen recht auseinander: während einige in denselben nur grössere, langdauernde Oscillationen der Vereisung erblicken, glauben andere wieder, dass ihre Dauer sehr bedeutend war, das Klima wurde so mild, dass sich das Eis bis weit nach Norden zurückgezogen hatte; die einzelnen Eiszeiten würden somit eine vollkommen separate Glacialepoche darstellen, jede mit ihren Anfangs-, Culminations- und Endstadien.

[1] Auch Stolley verwirft die Geikie'sche Gliederung und Parallelisierung in seiner Schrift: Das Diluvium Schleswig-Holsteins und die J. Geikie'sche Klassifikation der europ. Glacialbildungen. Arch. Anthropol. Schl.-Holst. IV, 18… (Anm. während des Druckes.)

[2] Unders. ö. istiden, 1874, 62.

[3] Ber. Verw. d. ostpreuss. Provinzialmus. 108.

Weber versucht nach Analogie mit den vier alpinen Vergletscherungen „sogar folgende vier Eiszeiten" zu unterscheiden:[1]

IV. baltische Endmoräne: Würmvergletscherung, Niederterrassenschotter.
III. oberer Geschiebemergel der südlicheren Theile Norddeutschlands: Rissvergletscherung, Hochterrassenschotter.
II. sog. unterer Geschiebemergel Norddeutschlands: Mindelvergletscherung, jüngerer Deckenschotter.
I. unterste Grundmoräne bei Rüdersdorf und Hamburg: Günzvergletscherung, ältere Deckenschotter.

Die heutige Anschauung über die Gliederung des Diluviums ergiebt sich aus den Tabellen von Müller, Keilhack und Wahnschaffe. Die in dem „Führer durch Theile des norddeutschen Flachlandes" 1899 gegebene Tabelle, mit Zusätzen von Wahnschaffe (Oberfl. 237) und einigen weiteren Ergänzungen würde vorstehende Aufeinanderfolge resp. Unterabtheilungen des norddeutschen Quartärs ergeben; Vergl. die Tabelle S. 244, 245.

Um einen Überblick und zugleich ein Urtheil über die Berechtigung dieser Eintheilung zu gewinnen, wollen wir ihr im allgemeinen folgend die wichtigsten Aufschlüsse hier zusammenstellen. Ausführlich sind sie in der Arbeit über die Einheitlichkeit der quartären Eiszeit[2] behandelt. In der oben S. 245 gegebenen Tabelle der Entwicklung des baltischen Quartärs ist unsere Auffassung ersichtlich.

## 1. Praeglacial (Altquartär).

Lauenburg:

Lauenburg ist bekannt durch seine alt- oder praeglacialen Ablagerungen, die nordöstlich der Stadt im Binnenlande auftreten, und seine sog. interglacialen Schichten, westlich der Stadt, am Elbufer.

Die dortige Schichtenfolge ist nach Müller und Keilhack folgende:[3]

| | | | |
|---|---|---|---|
| Kuhgrund | 1. Oberer Sand mit seiner geschiebereichen Decke, glaciale Bildung nach Keilhack. | | |
| | 2. Interglacialer Torf (Süsswasserbildung), interglaciale Bildung. | | |
| | 3. Obere Bank des unteren Geschiebemergels. | | glaciale Bildung.[4] |
| | 4. Spath- u. Mergelsande (nicht *Cardium*-Sande). | | |
| Kuhgrund / Elb-Trave-Canal | 5. Untere Bank des unteren Geschiebemergels. | | |
| | 6. Spathsande, an der Basis mit Bänken von Bänderthon und Mergelsand. | | |
| Elb-Trave-Canal | 7. *Cardium*-Sand | marine bezw. brack. Bildung. | praeglacial nach Müller.[5] |
| | 8. Fetter Thon mit *Mytilus edulis*. | | |
| | 9. Braunkohle, unrein, mit Resten von Nagern, Fischen, Käfern u. s. w. | Süsswasserbildung. | |
| | 10. *Anodonta*-Bank, stellenweise in eine reine Diatomeenschicht übergehend. | | |
| | 11. Sand ohne Fossilien. | marine Bildung?, früher als Miocän (Pliocän) angesehen. | |
| | 12. Fetter schwarzer Thon. | | |

Die Aufschlüsse des Elb-Trave-Canals an der Schleuse (s. folgendes Profil) zeigten als ältesten Glied der Reihe den dunklen Thon, welcher eine Mächtigkeit

[1] Centralbl. f. Min. 1902, 110.
[2] N. Jahrb. f. Min., Beilageband XVI. 1903.
[3] Z. deutsch. geol. Ges. 1898, p. 145.
[4] Den jetzt als untersten Geschiebemergel angesehenen Thon im Elbniveau am Kuhgrund hatte ich früher für den grauschwarzen Thon gehalten; möglich wäre es immer noch, dass es dieser ist, eingepresste Geschiebe führend, indessen bescheide ich mich mit dem Resultat der neueren Aufnahmen.
[5] Jahrb. preuss. geol. L.-A. f. 1899, p. LVII.

bis zu 100 m besitzt, ohne Fossilien. Derselbe Thon, den man bisher zum Miocän gerechnet hatte, zieht sich weiter elbabwärts bis Hamburg hin. In Hamburg, wo er an mehreren Stellen durchsunken ist, wurden unter ihm Grundmoränenbildungen beobachtet; deshalb stellt ihn Gottsche zum unteren Diluvium.

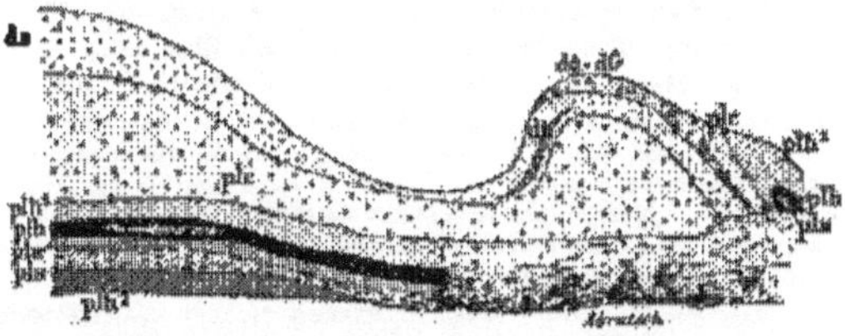


Altquartär von Lauenburg (G. Müller).
*dg*, *dti* = Grand- und Geschiebepackung; *ds* = unterdiluvialer Spathsand; *dh* = unterdiluvialer Bänderthon; *plc* = *Cardium*-Sand; *pld* = Diatomeenbank; *plh*¹ = fetter Thon mit *Mytilus edulis*; *plb* = Braunkohle; *pla* = Anodontenbank; *pls* = Sande, stellenweise vivianitführend; *plh*² = fetter Thon ohne Fossilien.

Die folgenden Süsswasserbildungen bestehen aus braunkohlenartigem Torf mit zahlreichen Pflanzenresten, einem Thon mit *Anodonta*, einem versteinerungsleeren Sand und einer kalkhaltigen Diatomeenerde, welche sehr der schwedischen jüngeren „gytja" ähnelt. Die Schichten keilen sich nach Nordwesten aus.

Über den folgenden *Mytilus*-Thon stellen sich dann die feinen thonigen Sande ein, die in örtlichen Anhäufungen Millionen von *Cardium*-Schalen enthalten, daneben nur als Seltenheiten noch andere marine Reste.

Die Schichten sind in ausserordentlich complicirter Weise gefaltet, über dem Schleusenbett ist eine überkippte Falte aufgeschlossen, die an einer Überschiebung abschneidet, wobei auf der Überschiebungsfläche Grande und Gerölle zu einer dünnen Bank ausgezogen erscheinen.

Auch bei Bleckede (Breetze), 2 Meilen oberhalb, sowie bei Boizenburg fand Müller die gleichen Schichten mit mariner Fauna. Unter „Thalgrand" und graugelbem thonigen Sand liegt 2 m *Mytilus*-Thon mit einer unterlagernden Schicht von Diatomeenpelit (Süsswasserformen und Süsswasserconchylien führend); ein anderer Aufschluss zeigt unter gelblichgrauem Geschiebemergel resp. Thalsand hellgrauen Thonmergel mit massenhaften Cardien, nach unten übergehend in thonigen Sand mit *Mytilus*, unter welchem noch schwarzer Thon folgt.

Auch bei Boizenburg wies Müller starke tektonische Störungen nach.

Praeglaciale Flussschotter.

Zu der praeglacialen Zeit gehören auch einige alte Flussläufe mit ihren einheimischen Schottern, so die Saale- und die Pleisseschotter im Leipziger Flachland. Andere, deren Gerölle einheimischen und nordischen Ursprung besitzen, sind etwas jünger, d. h. „altdiluvial"; dazu gehören die Elster- und Muldeschotter jener

Gegend.[1] Da letztere auch vom Geschiebelehm bedeckt werden, so ist ihr Alter jedenfalls für die dortige Gegend „praeglacial".

Hierzu gehört auch der Melanopsis-Kies des alten Unstrutlaufes bei Zouchfeld, den v. Fritsch[2] beschreibt. Derselbe ruht auf Sand, Thon und Tertiär und wird überlagert von Sand und Moor. Darüber liegt über 1 m Geschiebemergel bis 0,5 m mächtig eine kiesige Schneckenschicht, von einer oberen 0,3—0,57 m mächtigen Geschiebemergelbank überdeckt, auf die noch Kies, Löss, Gehängelehm und Humus folgen. Das Ganze erfüllt noch jetzt eine Thalniederung!

Die jüngere Schneckenschicht ist eine Rietbachbecken-Facies[3], die zu ihrer Bildung allerdings geraume Zeit gebraucht haben wird, v. Fritsch ist trotz der geringen Mächtigkeit der Geschiebemergel geneigt, hier eine Interglacialschicht anzuerkennen (s. u.).

(Ich möchte dagegen, in Anbetracht der geringen Mächtigkeit der, übrigens auch durch Kies- und Sandmassen vermengten, oberen Geschiebemergelbank viel eher an örtliche Oscillationen und geringfügige Vorstösse des jeweiligen Eises denken.)

Zu den untersten Ablagerungen der Glacialzeit rechnet Wahnschaffe[4] auch die altglacialen Flussschotter von Uellnitz bei Magdeburg.

Endlich gehören hierher auch die deltaartigen Harzschotter.[5]

## 2. Erste Vereisung, I. Glacial.

Penck hatte 1879[6] die Ansicht ausgesprochen, dass Norddeutschland mindestens dreimal (vielleicht sogar viermal) vereist gewesen sei, indem er drei durch Sedimente getrennte Geschiebemergelbänke nachwies, welche jede einer Vereisung entspräche, während die dazwischen liegenden, interglacialen Sedimente durch Ausschlemmung und Umlagerung der vorigen Grundmoräne entstanden wären. Er führt als Grundmoräne der ältesten Eiszeit den untersten Geschiebemergel vom Schwielow-See in der Potsdamer Gegend[7] und von Möckern bei Leipzig[8] auf.

Allerdings sagt er auch, dass nicht etwa jede Geschiebemergelbank als eine selbständige Grundmoräne anzusehen sei und dass manche Bank auch auf Oscillationen des Gletschers zurückgeführt werden müsse, sodass bei Bohraufschlüssen die mannigfachsten Wechsel erscheinen können; fügen wir noch die Verhältnisse von Stauchungen oder Dislocationen hinzu, so mag damit zur nötigen Vorsicht

[1] Credner, Z. deutsch. geol. Ges. 1880, 584. — Der Boden der Stadt Leipzig. 1883, 23 Profile! — Erl. geol. Karte von Sachsen, Sect. Markranstädt, S. 10. Sect. Leipzig, S. 14, s. auch Erl. S. Baruth-Neudorf, u. s. w.

[2] v. Fritsch, Ein alter Wasserlauf der Unstrut. Z. f. Naturw. 71, 1898, 17.

[3] Die fragliche „Melanopsis-Schicht" enthält: *Patula, Helix, Limnaea, Ancylus fluviatilis, Valvata piscinalis, Bythinia tentaculata, Vivipara, Lithoglyphus naticoides, Melanopsis acicularis, Anodonta, Unio, Sphaerium.*

[4] Wahnschaffe, Quartärbildungen der Umgegend von Magdeburg. Abh. geol. K. v. Preussen VII, 1. 1885, 57.

[5] Wahnschaffe, Z. deutsch. geol. Ges 1885, 897.

[6] Penck, Die Geschiebeformation Norddeutschlands. Z. deutsch. geol. Ges. 1879, 117.

[7] Berendt, Umgebung von Berlin. Abh. geol. Specialkarte von Preussen II, 3, 10. (Hier finden sich unter dem „Glindower Thon" noch 3 Bänke von Geschiebemergel und darunter in 26 bis 29,3 m Bohrtiefe ein Geröllager, welches nach unten in 0,2 m Geschiebemergel übergeht; dann sind noch 19,5 m diluviale Sedimente erbohrt. — Das Profil ist somit ganz übereinstimmend mit zahlreichen anderen, welche eine Wechsellagerung geschiebeführender und geschiebefreier Bildungen im Unterdiluvium zeigen.)

[8] Penck, 188. (Bei Möckern fand P. unter dem Kies, der das Liegende des in dortiger Gegend verbreiteten Geschiebelehms bildet, einen schwarzgrauen sandigen Geschiebelehm, den er für einen älteren hält. Die an mehreren Stellen zwischen Geschiebelehmen eingeschalteten Kiese scheinen altglaciale Flussschotter zu sein, also eine locale Erscheinung, auf die übrigen Diluvialkiese nicht auszudehnen.)

erwähnt sein. (Das Bohrloch von Probst-Jesar i. M.[1] mit seinen drei Geschiebemergelbänken kann nicht als Beispiel für eine dreifache Vergletscherung angeführt werden, zumal in seiner Nachbarschaft die übrigen Bohrungen weit einfachere Verhältnisse ergeben haben.)

Es sind nun die Befunde Gottsche's in Hamburg,[2] welche diese frühere Ansicht wieder haben aufleben lassen. G. fand in 4 Tiefbohrungen unter mächtigem, bald unter der Oberfläche beginnendem Geschiebemergel ausser zweifellos fluvioglacialen Ablagerungen, 11—30 m mächtige thonige und sandige Sedimente mit marinen Litoralfossilien gemässigten Klimas.

Unterlagert werden diese Sedimente an zwei Stellen von grobem Kies und (4,7, resp. 22 m mächtigem) Geschiebemergel, so dass unter Voraussetzung, dass die genannten Fossilien sich wirklich in situ befinden, die sie beherbergenden Sedimente einer Interglacialzeit angehören. Indem er aus der Mächtigkeit des oben liegenden Geschiebemergels (bis 33 m) folgert, dass derselbe nur der untere sein könne, müssten die durchsunkenen Schichten mit mariner Fauna in eine ältere Interglacialzeit zu verlegen sein. Sonach wäre eine Grundmoräne unter dem unteren Geschiebemergel nachgewiesen, mit mächtigen zwischengelagerten Sedimenten. Zu beachten ist jedenfalls, dass hier drei Geschiebemergelbänke niemals beobachtet sind und dass manche Bohrungen überhaupt nur eine Geschiebemergelbank getroffen haben; der „tiefste Geschiebemergel“ findet sich hier in abnormer Tiefenlage, nämlich bis 150 resp 179 m u. d. M.; man wird daher die Annahme von späteren Lagerungsstörungen nicht ohne weiteres von der Hand weisen dürfen.

Niveau und Gliederung der Hamburger Profile ergeben sich aus folgender Tabelle der betreffenden Unterkanten der einzelnen Ablagerungen, bezogen auf den heutigen Meeresspiegel:

| | Dockenhuden b. Blankenese (+ 40 m). | Nienstedten b. Flottbeck (+ 10 m). | Hamm in Hamburg (+ 7,5 m). | Horn (+ 4 m). |
|---|---|---|---|---|
| | m | m | m | m |
| Auftrag, Sand und Kies | + 29,4 | + 9,3 | + 4,4 | — 5,8 |
| Geschiebemergel | — 8,5 | — 11,8 | — 16 | — 28 |
| Feine Sande (z. Th. Korallensand) | — 13,6 | — 18,5 | — 46,4 | — 39,2 |
| Thon oder thonige Sande mit mariner Fauna | — 80,8 | — 29,7 | — 57,8 | — 42,9 |
| Schwarzer, z. Th. fetter Thon mit feinem nordischen Material | — 153,8 | — 171,5 | — | — |
| Thonmergel, Sand und Mergelsand | — | — | — 116 | — 109 |
| Sand und Kies mit grobem nordischem Material | — | — 175 | — 126,1 | — 119[4] |
| Schwarzer z. Th. fetter Thon, mit feinem nordischem Material | — | — | — | — 129 |
| Tiefster Geschiebemergel[3] | — | — 179,7 | — | — 151 |
| Tertiäre Glimmersande und Thone | — | — | — | — 167,6 |

[1] Geinitz, Beitr. z. Geol. Meckl. I. 1879, 12.

[2] Gottsche, Die tiefsten Glacialablagerungen der Gegend von Hamburg. Mitth. geogr. Ges. Hamburg. 1897, 130. Endmoränen und das marine Diluvium Schleswig-Holsteins, ebenda, 1898.

[3] Sandiger Geschiebemergel und grober Kies.

[4] Mit Silur, Kreide und Tertiär, sowie Rhombenporphyr.

Hiernach giebt Gottsche folgendes Normalprofil für das Hamburger Diluvium:

9 m Decksand.
3,5 „ oberer Geschiebemergel (Moräne III).
25 „ Korallensand.
9,3 „ oberer Bänderthon.
20 „ unterer Geschiebemergel (Moräne II).
30 „ mariner Interglacialthon.
63,7 „ unterdiluvialer Thon.
61,8 „ unterdiluvialer Sand.
17,8 „ tiefster Geschiebemergel (Moräne I).
232,6 m.

Schröder[1] nimmt die Erstreckung des ältesten Glacials bis Stade an. Wenn man eine normale Lagerungsfolge annehmen will, so könnte man sich den Vorgang etwa so vorstellen: Der schon bestehende tiefe Elbmündungstrichter (Elbthalspalte) mochte sich als breiter Fjord bis weit oberhalb, vielleicht bis in die Gegend von Boizenburg, erstrecken; in ihm wurde von dem miocänen Untergrundmaterial der schwarze (altglaciale oder praeglaciale) Thon abgelagert; derselbe erhielt z. T. feine nordische Materialbeimengung. Aber als locale Erscheinung gelangte auch nordischer Kies ja sogar Moränenmaterial in sein Liegendes in 185 resp. 126 oder 155 m u. d. M. Diese untersten Geschiebemergel führen norwegische Gesteine. Auch bei Annahme von Niveauschwankungen bleibt immer die Thatsache zu beachten, dass das Inlandeis, um nach der Hamburger Niederung zu gelangen, die ihm vorliegenden Höhen hätte überwältigen müssen (wenn es nicht durch Meeresarme des südlichen Holsteins vordrang); es erscheint nicht unmöglich, dass ein Theil des Eises als Packeis westlich um Jütland herum seinen Weg nahm (daher auch die Beimengung von norwegischem Material). Als diese vorgeschobenen Eismassen verschwunden waren (durch Eintritt von Gezeitenbewegung oder Strömungen der Mündungstrichter gewissermassen von ihnen gereinigt war), setzten sich die Thone und thonigen Sande mit ihren litoralen Nordseemollusken ab: endlich erfolgte die Ablagerung der mächtigen Moränenmassen des bedeckenden Geschiebemergels in normaler Weise.

Rüdersdorf. Eine Tiefbohrung zu Seebad Rüdersdorf bei Berlin aus dem Jahre 1897 ergab nach v. Fritsch[2]:

0 — 5 m gelber Diluvialsand,
5 — 25 „ Geschiebemergel,
25 — 99,08 „ sandige und kiesige Schichten mit Lehmeinlagerungen
(von 75,5 – 81 m ist das Hauptlager der *Paludina diluviana*),
99,08—136,0 „ sandiger Lehm,
136,0 —158,0 „ Geschiebemergel (ca. — 75 m Oberkante),
—172,0 „ sandiger Lehm,
—178,5 „ Geschiebemergel,
darunter Keuper.

Auch im Dorfe Rüdersdorf wurde der graue Geschiebemergel, der bisher als unterer bezeichnet zu werden pflegte, in 4—37 m Tiefe durchbohrt, darunter folgten sandige und kiesige, sowie thonige Schichten bis 133,2 m Tiefe und hierunter wieder 27,8 m grauer Geschiebemergel.

v. Fritsch folgert hieraus, „dass die Grundmoräne der Vereisung, die der Entstehung der Paludinenbank vorausging, bis zur Spreelandschaft in einer erheblichen Mächtigkeit vorgeschoben wurde. Die Südgrenze der entsprechenden In-

[1] Jahrb. pr. L.-A. f. 1896, CLXII.

[2] v. Fritsch, Ein alter Wasserlauf der Unstrut. Z. f. Naturw. 71. 1898. 80. — Wahnschaffe, Erläut. zu Bl. Rüdersdorf. 1899. p. 45.

landeismasse dürfte hiernach wohl noch weiter südlich gewesen sein, vielleicht beim 52. Grad n. Br."

Leider hat auch dieses Profil nicht die normale Entwickelung von drei Geschiebemergelbänken.

Die beträchtliche Tiefenlage des untersten Geschiebemergels lässt die Annahme gerechtfertigt erscheinen, dass sich hier eine Gletscherzunge in ein altes, praeglaciales Thal oder eine Grabensenke oscillirend vorgeschoben hatte, um sich dann wieder zurückzuziehen und das erneute Nachdringen der gemässigten Fauna in jenes Thal wieder zu ermöglichen; es hätte also gewissermassen ein Kampf zwischen dem oscillirend sich verschiebenden Eise und den einheimischen Bildungen stattgefunden.

Reste dieser ältesten Vereisung will auch Stolley auf Sylt und Föhr nachgewiesen haben.[1] Dort findet sich nämlich unter der Moräne alter Diluvialsand, von fliessendem Wasser geschichtet, in seinen oberen Partien äolisch umgearbeitet (mit Windschliffen auf den Geröllen), an der Grenze gegen den Geschiebemergel oft mit mächtigem rostfarbigem Conglomerat (z. Th. der Ortseinbildung analog, z. Th. auch durch das von dem Geschiebemergel ausgelaugte Eisen verkittet), gegen den unterlagernden tertiären Sand ohne scharfe Grenze, sehr reich an tertiärem Quarzbestand, z. Th. auch mit Thonellipsoiden und kleinen Thonschichten. Die Gerölle dieses Sandes zeigen die Eigentümlichkeit, dass südschwedische Basalte, Smaland- und Alandgesteine fehlen, Diabase selten sind, Gneisse den Graniten überwiegen, und Christianiagesteine häufig sind; dass also ihre Herkunft auf nördliche, höchstens nordöstliche Gebiete verweist. Stolley betrachtet diese Sande als Schlämmrückstände der ersten Moräne, „interglacial"; die Intensität der Verwitterung der Sande beweise die längere Dauer jener Interglacialzeit.

Die einzige Stütze dieser Annahme ist die andere Herkunft der Gerölle und die Annahme, dass die jüngste Vereisung nicht bis in jene Gegend gereicht habe: der Mangel an irgend welchen sicheren Resten einer verarbeiteten älteren Grundmoräne, dagegen die massenhafte Aufnahme von tertiärem Untergrundsmaterial in den Sand, die eine unmittelbare Überdeckung des Tertiärs durch jene fluviatilen Sande bezeugt, lassen jene Auffassung als äusserst schwach begründet erscheinen.

Aus gleichen Gründen muss man auch dieselbe Annahme Stolleys für Föhr abweisen, wo gestauchte, an Tertiär reiche Sande und Thone älter als die erste Vereisung sein, also in die erste Vereisung resp. die erste Interglacialzeit gehören sollen, so dass das Quartärprofil von Föhr sein soll:

| | |
|---|---|
| Jetztzeit: | Jüngste Flugsandbildung. |
| Von der Postglacialzeit bis zur zweiten Interglacialzeit zurück: | Heidesand (bis 1 m mächtig), zu oberst stark humos. |
| Zweite Vereisung resp. zweite Interglacialzeit: | Geschiebesand (1/4 bis über 1 m mächtig), zu oberst stark humos. |
| Erste Vereisung resp. erste Abschmelzperiode: | Feine Sande, fast geschiebefrei, gefaltet (bis zu mehreren m mächtig). Schwarze Thone und Thonmergel, stark gestaucht (aus der Tiefe ansteigend). |

[1] Geol. Mittheil. v. d. Insel Sylt, III, Arch. Anthrop. u. Geol. Schleswig-Holst. IV, 1901, 67 f.

## 3. Erstes Interglacial.

### a) Marines Diluvium oder Altquartär.

Die marinen Diluvialschichten Deutschlands beschränken sich auf die Küstengebiete der Nord- und Ostsee und auf ehemalige in das Land tiefer eingreifende Buchten oder Arme; sie sind fast ausschliesslich beschränkt auf Schleswig-Holstein, die Unterelbe und die Umgebung des Weichseldeltas.

Vergl. ferner die Karte des deutschen Quartärs. Eine Karte des marinen Diluviums giebt Jentzsch im Jahrb. preuss. geol. L.-A. f. 1884, Taf. 27.

Jentzsch theilt das preussische Diluvium ein in:[1]

Jungglacial: gelber und grauer Geschiebemergel (oberer und unterer) mit eingelagerten Sedimenten. Geschiebesand. (*Cardium edule* neben *Yoldia arctica*, meist auch *Dreyssensia polymorpha*.)

Interglacial: Sande und Thone, Diatomeenpelit, Diluvialkohle. Nordseefauna und Süsswasserbildung. (*Cardium edule* oder Süsswasserfauna, aber keine *Yoldia*.)

Altglacial: grauer Geschiebemergel mit eingelagerten Sedimenten. (*Yoldia arctica* neben *Dreyssensia polymorpha* oder *Valvata piscinalis*, aber weder *Cardium* noch *Mactra* noch *Nassa*.)

Frühglacial: Thon, Sand, Grand mit Eismeer- und Süsswasserfauna. (*Yoldia arctica* oder *Cyprina islandica*, oder reine Süsswasserfauna mit *Dreyssensia* oder *Valvata*.)

Neuerdings meint Jentzsch, dass die Elbinger Yoldienthone noch von einer Grundmoräne unterteuft sind, womit das Frühglacial zum Interglacial I wird.

Gottsche gliedert die Molluskenfauna des Diluviums von Schleswig-Holstein folgendermassen:[2]

a) Gemässigte Gruppe: *Buccinum undatum*, ***Nassa reticulata***, *Bela turricula*, *Parthenia interstincta*, *P. spiralis*, *Odostomia* sp., *Bittium reticulatum*, *Aporrhais pes pelecani*, *Scalaria communis*, *Margarita? helicina*, *Omalaxis supranitida*, *Lacuna divaricata*, *Litorina litorea*, *L. rudis*, *Onoba striata*, *O.* cf. *proxima*, *Hydrobia ulvae*, *Cylichna umbilicata*, ***Ostrea edulis***, *Mytilus edulis*, *Nucula nucleus*, *Montacuta bidentata*, *Cardium edule*, *C. echinatum*, *C. minimum*, *C. fasciatum*, *Cyprina islandica*, *Tellina baltica*, *T. exigua*, *Scrobicularia piperata*, *Saxicava? arctica*, *S. pholadis*, *Mactra subtruncata*, *Mya truncata*, *M.? arenaria*, *Corbula gibba*, *Pholas crispata*, *Valvata piscinalis*, *V. contorta*, *V. macrostoma*, *Planorbis contortus*, *Pisidium obtusale*, *Unio*.

b) Boreale Gruppe: *Trophon clathratus*, *Neptunea? antiqua*, *Buccinum undatum*, *B. typus*, *Bela* cf. *Trevelyana*, ***Natica groenlandica***, *N. Alderi*, *Turritella* cf. *terebra*, *Litorina litorea*, *Hydrobia ulvae*, *Utriculus* cf. *semen*, *Mytilus edulis*, *Limopsis* cf. *minuta*, *Nucula nucleus*, *N. tenuis*, ***Leda pernula***, *Astarte compressa*, *Tellimya? ferruginosa*, ***Axinopsis orbiculata***, *Cardium edule*, *C. fasciatum*, *Cyprina islandica*, *Tellina baltica*, *T. exigua*, ***Cyrtodaria siliqua***, *Saxicava pholadis*, *Mactra*, *Mya truncata*.

c) Arktische Gruppe: *Amauropsis islandica*, *Turritella* cf. *terebra*, *Litorina litorea*, *Utriculus semen*, *Modiolaria corrugata*, ***Yoldia arctica***, *Y. lenticula*, *Astarte* cf. *compressa*, ***Tellina calcarea***, *T. baltica*, *Saxicava pholadis*, *Pandora glacialis*, *Mya truncata*.

Die sämmtlichen Faunen sind Litoralfaunen.

Aus dem Vorkommen der marinen Ablagerungen folgert Gottsche, dass eine alte Verbindung zwischen Ost- und Nordsee von Itzehoe, Rensing durch das heutige Thal der Osterau über Fahrenkrug, Tarbeck, Plön und durch das Thal der Kossau in die Kieler Bucht geführt haben mag; auch durch das Thal der Eider, Sorge und Schlei scheint eine ähnliche Verbindung bestanden zu haben. Der Geest-Rand scheint in seiner Anlage älter als das Diluvium zu sein und einen alten Bruchrand zu bezeichnen.

[1] Über neuere Fortschritte. Schr. naturf. Ges. Danzig. VII. 1888. — Z. deutsch. geol. Ges. 1890. 599. — Führer durch d. geol. Samml. d. Prov.-Mus. Königsberg 1892.

[2] Gottsche, Die Endmoränen und das marine Diluvium Schleswig-Holsteins, II. Mitth. Geogr. Ges. Hamburg, 1898.

Die wichtigsten Vorkommnisse sind folgende:

Hamburg (s. o.), von Gottsche und Wahnschaffe als interglacial I angenommen, mit „ungenügend bekannter, aber nicht arktischer" Fauna.

**Stade.**

Focke, Abh. nat. Ver. Bremen. 7. 1882. p. 284.
Schröder, Mittheilungen über die Aufnahme bei Stade. Jahrb. preuss. geol. L.A. f. 1888. p. CL.

Am schwarzen Berg bei Stade treten in vielfachem Wechsel mit Grundmoränen und versteinerungsfreien fluvioglacialen Sanden, Granden und Thon drei Bänke von arktischem Thon (mit *Saxicava arctica*, *pholadis*, *Modiolaria corrugata*, *Yoldia arctica*, *intermedia*, *Cylichna propinqua* und Foraminiferen) auf, mit einer dazwischen liegenden Austernbank von nur 0,1 m Dicke. Die Schichten bilden eine zum Theil steil aufgerichtete Serie.

Profil des Eisenbahneinschnittes am Schwarzen Berge bei Stade.

In dem Profil bezeichnet: *a* Geschiebesand, *b* feiner Sand, *c* Kies, *d* Kies, *e* fetter brauner Lehm mit kleinen Steinen, *f* schwarzer Thon, *g* Sand mit unregelmässigen gelbbraunen Bändern und Kieseinlagerungen, *h* geschichteter fester sandiger Lehm, *i* feiner heller Sand, darin einzelne Kies- und Thonbänder, *k* thoniger Blocklehm, *l* unregelmässiges Lager von Sand und Kies, *m* Kies, *n* brauner Thon, *o* Austernbank, *p* Sand mit Einlagerung von Kies und rothem Thon (*q*), *r* thoniger Blocklehm, *s* Sand, *t* lehmiger Sand, *u* Sand und Kiesschichten, *v* brauner Thon mit Muschelresten, *w* ?, *x* geschichteter Sand, *y* Blocklehm. (Darauf folgen westlich noch Sande mit Kiesstreifen, theils wenig geneigt, theils fast senkrecht.)

Die eigenthümliche Lagerung erklärt Focke als staffelförmige Abrutschungen, Schröder hält sie für normal. Er sagt, „dass die Geschiebelehme nur langgezogene linsenförmige Einlagerungen im Sande oder die Sande nur linsenförmige Einlagerungen im Geschiebelehm sind". Wenn nicht die interglaciale Conchylienbank vorhanden wäre, „müsste man das Ganze als Product einer einzigen Vergletscherung auffassen und für das Stader Gebiet mehrfache Oscillationen eines Inlandeises annehmen". Die *Saxicava*-Thone sind nach ihm zweifellos in der Nähe des Eisrandes entstandene marine Sedimente; ausser ihrer Fauna spricht auch dafür die Beimengung von grobem und Geschiebematerial, die *Saxicava*-Thone sind glacialen Ursprungs. Dagegen ist die von den arktischen Massen über- und unterlagerte Austernbank nach ihm interglacial und er sagt, dass hier Ablagerungen zweier Inlandeisperioden, deren jede marine Thone führt, und einer sie trennenden Interglacialzeit, deren Absätze ebenfalls marine sind, vorliegen. Er ist geneigt, die glacialen Ablagerungen der ersten und zweiten *Eiszeit* zuzutheilen.

Vielleicht kann man aber auch die drei schwarzen *Saxicava*-Thonschichten für eine einzige Bildung ansehen und die dem Thon an einer Stelle auflagernde, nur 0,1 m dünne Austernbank als eine Scholle oder den Rest einer entfernteren, durch Stauchung oder dgl. in den jetzigen Verband gelangten Ablagerung. Man kann auch annehmen, dass in dem tiefen Elbfjord schwimmende und Packeismassen existirt haben, wo, den Oscillationen des Eisrandes entsprechend, theils die arktischen Randablagerungen, theils die gemässigte Litoralfauna und die dünne Austernbank (durch temporäre wärmere Strömungen begünstigt) abgelagert wurden.

So könnte man diese Ablagerungen der Hamburger Gegend hinauf bis Lauenburg und Boizenburg als altquartäre Bildungen verschiedener Zeitabschnitte in dem Elbmündungstrichter ansehen.

Als sicher älter wie unterer Geschiebemergel, aber fraglich, ob interglacial oder praeglacial giebt Gottsche auch Itzehoe an:[1]

Der Thon mit arktischer oder borealer Fauna liegt unter 1,5 m grauem Geschiebemergel und Sand; starke Schichtenstauchungen lassen Gottsche vermuten, dass Thon und Sand ältere, in den „unteren" Geschiebemergel eingestauchte Lager sind.

## Burg in Dithmarschen.

Zeise, Mittheilungen des Mineralogischen Instituts Kiel. I. 79; Haas, ibid. I. 236; Munthe, Studier. p. 89, 91; Madsen, l. c. p. 78; Gottsche, p. 17; Wahnschaffe, p. 226.

Auf dem sanft in die Moorbildung abfallenden Plateau liegt in 10 m Meereshöhe die fragliche Thongrube mit borealer Fauna:

1,5—2 m Decksand und Steinsohle,

z. Th. fehlend {
1 „ geschichteter grauer Thon mit spärlichen marinen Schalen,
2—3 „ gelagerter, mit dünnen Sandlamellen versehener, grauer, Tellina-führender Thon,
1 „ gelagerter, Mytilus-führender Thon mit spärlichen Rutschflächen,
}
3 „ fetter blaugrauer, Leda-führender Thon mit zahlreichen Rutschflächen, unten mit eingekneteten, fossilfreiem, fettem Thon, localen Einlagerungen von grobem Sand mit kleinen geschrammten Geschieben.

Der untere Theil ist nach Munthe unter nördlicheren Bedingungen abgesetzt, da er Leda pernula führt; das Meer soll zu dieser Zeit 40 m höher als jetzt gestanden haben, wodurch eine offene Verbindung zwischen Nord- und Ostsee hergestellt war. Die Störung der unteren Lagen und Einlagerung von Geschieben soll durch Eisberge des kalbenden Hauptinlandeises verursacht sein, während die regelmässige Lagerung der oberen Schichten und das Fehlen einer Moräne beweise, dass das Landeis die Ablagerung nicht mehr überschritten habe; den Decksand erklärt Munthe als Strandablagerung oder auch als eine Art Geschiebesand.

(Zeise hielt den Thon für praeglacial, Gottsche und Munthe für interglacial, Gottsche wahrscheinlich für älter als unterer Geschiebemergel, aber fraglich, ob prae- oder interglacial I.)

## Tarbeck.

Gottsche, l. c. p. 47. (Hier auch Literatur.)
Gagel, Über eine diluviale Süsswasserfauna bei Tarbeck in Holstein. Jahrb. L.A. f. 1901, 293.

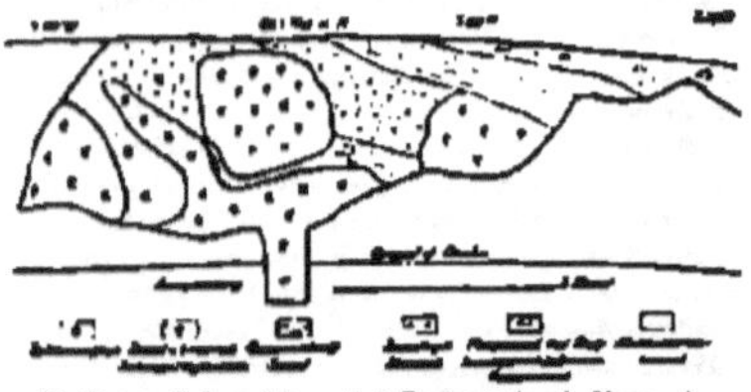

Profil am Grimmelsberg bei Tarbeck (nach Munthe).

Das Profil dieses schon seit 1835 bekannten Vorkommens von einer Austernbank mitten im Lande, 80 m ü. d. M., zeigt, wie aus der obigen Skizze Munthe's ersichtlich, die Austernbank oder den „Schalengrus" (mit verhältnissmässig vielen kleinen

[1] l. c. 24. Haas Mitth. Min. Inst. Kiel I, S. 8.

Geschieben) durch mechanische Kräfte stark gestört. Munthe nimmt an, dass das Landeis, welches über das Lager gegangen ist, nicht sehr bedeutend gewesen sein kann und dem „jüngeren baltischen Eisstrome“ entsprochen hat; ein Theil der oben liegenden Blöcke möge auch durch Eisberge dahin geführt sein. Der Salzgehalt und die Temperaturbedingungen entsprechen denen des heutigen nördlichen Kattegat.

Die ganze Austernbank kann auch als grosse Scholle an ihren jetzigen Ort gelangt sein. Sie gehört nicht zusammen mit den dabei aufgefundenen Thonen. Gagel wies nach, dass hier marine Thone von Brackwasser- und Süsswasserschichten überlagert werden. Das Alter der Tarbecker Schichten ist noch unbekannt.

## Elbing.

Jentzsch, Jahrb. f. Min. 1876. 728—749; Schr. phys.-ökon. Ges. Königsberg. 1876. 189; Jahrb. preuss. geol. L.A. f. 1896. p. CCXXXV.

Die Schichten bei Elbing sind sehr gestört. Die älteste Serie ist die Süsswasserstufe; es sind 16—20 m mächtige feine Sande mit dünnen Lamellen von Kohlen und fast kalkfrei, als Vorläufer der ältesten Vergletscherung aufgefasst. Darauf legt sich eine dünne Bank von Geschiebemergel, 0,3 m mächtig und nur kleine Geschiebe führend, anderwärts etwas mächtiger werdend. Darüber folgt 0,5—0,6 m Sand mit Kohlelamellen und darüber das 25 m mächtige, kalkhaltige Hauptthonlager; sein unterster Theil ist fossilleer, die folgenden 8—10 m bilden den wahren „Elbinger Yoldienthon“; darüber folgt Thon mit *Cyprina* und einzelnen (umgelagerten) Yoldien. Die obersten 10 m sind muschelleer, aber reich an Blaueisenerde.

Jentzsch unterscheidet in der Elbinger Stufe, dem „Elbingian“, Elbinger *Yoldia*-Thon, Valvatenmergel, Cyprinenthon, Renthierbett und Waldschicht.[1]

Hiernach wird der Elbinger *Yoldia*- und *Cyprina*-Thon dem ältesten Interglacial zugetheilt und die Süsswasserschichten dem Praeglacial. Wenn man aber beachtet, dass der unterste Geschiebemergel hier nur eine 0,3 m dicke Bank bildet, so darf man denselben doch kaum als Repräsentant einer selbständigen Eiszeit ansehen, sondern ebenso gut als den Absatz einer sich nähernden oscillirenden Eismasse und wird die ganze Elbinger Serie als praeglacial betrachten können, derart, dass die Sande der unteren Süsswasserstufe als alte Uferbildung angesehen werden, auf welche sich erst die kleine Geschiebemergelmasse absetzte und darauf, nach nochmaliger geringfügiger Süsswasserbildung, die mächtigen Thone, zuerst mit arktischer, dann mit gemässigter Fauna, den wechselnden Meeresströmungen entsprechend.

Vogelsang bei Elbing (Jentzsch, Ber. 1896 p. 78). An dem Thalgehänge des Hommelbaches ist folgendes Profil[2] unter diluvialem Sand des Gehänges (nach Jentzsch nicht Abrutsch):

| | | | |
|---|---|---|---|
| 1 | m | dunkelgrauer Staubmergel mit undeutlichen Conchylien („Negatives“), | |
| 0,1 | „ | lehmiger Sand mit zahlreichen *Cardium edule*, *Tellina solidula* u. a. „Cardium-Bank“ mit marinen Diatomeen = „Yoldia“, | |
| 0,8 | „ | grauer Staubmergel, scharf abgeschnitten, mit einzelnen Süsswasser-Conchylien, | „Hommelien“ |
| 1,0 | „ | hellgrauer Staubmergel mit massenhaften Süsswasser-Conchylien. „Süsswasserschicht“ mit Süsswasser-Diatomeen, | „Hommelien“ |
| 0,4 | „ | mittelkörniger Sand. | |

[1] Ber. Verw. Prov.-Mus. f. 1895—1896, 1896. 108.

[2] Jentzsch, Schr. phys.-ökon. Ges. 1881. p. 149.

Noetling unterschied (Zeitschr. deutsch. geol. Ges. 1883 p. 340) in der kaum 3 m mächtigen Ablagerung eine obere marine sandige, thonige und untere mergelige Süsswasserabtheilung (letztere in einem stehenden grösseren Gewässer in nächster Nähe der See abgesetzt).

Bei dem 12,2 km entfernten Succase fand Noetling[1] ebenfalls Staubmergel mit Süsswasser-Diatomeen in gestörter und ungestörter Lagerung; die Lagerungsverhältnisse des Geschiebelehms konnten nicht beobachtet werden. Dieses Profil wurde von Jentzsch[2] ergänzt. Er fand auch hier einen Complex extraglacialer Schichten, die er für unterdiluvial erklärt, über Geschiebelehm, und zwar oben *Cardium*-Bank, unten Süsswasserschichten.

„So war in früher Diluvialzeit die Gegend von Elbing eine Meeresküste mit haffartigen Süsswasserbildungen, deren Fauna und Flora durch das vordringende Eis schliesslich vernichtet wurde."

Die marinen Cardiensande von Marienburg und Dirschau stellt Jentzsch[3] zum Interglacial 2 (indem er die beiden oberen Geschiebemergelbänke seines Profils zusammenzieht), während sie Wahnschaffe zu Interglacial 1 rechnet. Auch hier sind übrigens wieder mit dem marinen Diluvium Süsswasserbildungen verbunden:

Marienburg: + 14 m.

14—20 m grauer sandiger Geschiebemergel,
—28 „ Diluvialsande,
—30 „ sandiger kalkarmer Thon,
—33 „ Sand mit zahlreichen marinen Muscheln (*Cardium echinatum*, *Corbula gibba*, *Cyprina*, Gastropodenspindeln),
—35 „ Sand mit Holzresten (Süsswasserbildung),
—37 „ nordischer Diluvialsand,
—39 „ Thonmergel,
—41 „ Sand,
—43 „ Thonmergel.

Durch 10 m mächtige Sedimente getrennt von dem höheren Geschiebemergel und unterlagert von mindestens 11 m mächtigen Sedimenten, treten hier im Niveau von — 16 m marine Sedimente mit gemischter, gut erhaltener Fauna auf.

Dirschau: + 30 m.

3 m Geschiebemergel,
— 9 „ Sande,
—13 „ Geschiebemergel,
—33 „ Grand und Sand, unten mit Diluvialkohle,
—36 „ marine Sande (*Cerithium lima*, *Nassa*, *Corbula*, *Mytilus*, *Cardium edule*, *Venus*),
38,6 „ Mergel.

Ein directer Nachweis von unterlagernder Moräne ist an beiden Orten nicht erbracht. Jentzsch sucht in benachbarten Bohraufschlüssen den Nachweis, dass die fraglichen Schichten von Geschiebemergel unterteuft werden, somit interglacial (2) seien.

In der Gegend von Danzig fand Zaddach[4] eine Scholle des frühglacialen Yoldienthons in dem dort nur als eine Bank auftretenden Geschiebemergel. Auch hier war der Yoldienthon innig verbunden mit Süsswasserschichten.

Marienwerder.

Jentzsch, Die Lagerung der diluvialen Nordseefauna bei Marienwerder. Jahrb. preuss. geol. L.A. f. 1881. p. 584.

[1] Zeitsch. deutsch. geol. Ges. 1883. p. 335.
[2] Ibid. 1884. p. 170, 1887. p. 492.
[3] Jentzsch, Das Interglacial bei Marienburg und Dirschau. Jahrb. preuss. geol. L.A. f. 1895. p. 165.
[4] Jahrb. preuss. geol. L. A. f. 1896. p. LXXXVIII.

Die Conchylien liegen in echtem Geschiebemergel, dessen untersten 0,5 m erfüllend; „man kann sich bei der Reichlichkeit des Vorkommens des Eindrucks nicht erwehren, dass das Material des Geschiebemergels sich vorwärts schob entweder über den Meeresgrund oder doch über eine muschelreiche Meeresschicht“. Der Geschiebemergel gehört dem unteren Diluvium an.

Durch Combination der Profile fand Jentzsch folgende Lagerung:

i) 15,0 m Wechsel von Geschiebemergel von Sand oder Grand, Conchylien im Grand;
h) 6,2—9,4 „ Sand oder Grand, spärlich Conchylien (auch *Dreyssensia*);
g) 1,0—3,1 „ Thonmergel, ohne Conchylien (auch im hangenden Theile von f keine);
f) 3,1 „ Geschiebemergel, an der unteren Grenze mit Conchylien;
e) 7,8 „ Sand bis Grand, reichlich Conchylien der Nordseefauna, auch *Yoldia arctica*;
α, γ) je 0,15 „ zwei dünne Geschiebemergelbänke, reich an Conchylien (*Scalaria*-Bank);
d) 1,8—3,1 „ Sand, }
c) 0,9 „ Lehm, } ohne Petrefacten;
b) 3,7 „ Thon, }
a) (als unterstes Glied fügt Jentzsch den Geschiebemergel von Klein-Schlanz hinzu).

Der vorherrschenden Nordseefauna ist untergeordnet beigemischt angelagerte Eismeerfauna (*Yoldia*); Süsswasserreste sind in den oberen Theilen (g und h) ziemlich allgemein verbreitet; in den höheren Horizonten liegen die Conchylien im Grand, in den tieferen vorwiegend im Geschiebemergel, nahe dessen Sohle.

Ähnlich ist die Gliederung auf dem linken Weichselufer, von Dirschau bis Mewe.

Jentzsch gliedert[1] das Unterdiluvium nördlich von Mewe von oben nach unten:

Thonmergel,
Geschiebemergel,
Spathsand mit Mergelsand, Thon und Grand }
Geschiebemergel } mit diluvialer Fauna,
mächtiger Spathsand und Grand mit Thon }
Geschiebemergel,
Spathsand.

Alle 3 Diluvialfaunen sind in tiefliegenden Schichten des Unterdiluviums bereits vorhanden, die Nordseefauna ist in den tiefsten Schichten am reichsten vertreten, so „dass möglicherweise hier alle jüngeren Unterdiluvialschichten davon Reste erst auf secundärer Lagerstätte enthalten“. Jentzsch betont die Reinheit der Vorkommen von Jacobsmühle, Klein-Schlanz und Grünhof am Weichselthale gegenüber der gemischten Fauna der zahlreichen umgebenden Fundpunkte; „die betreffenden Mollusken müssen irgendwo in der Nähe gelebt haben, können nicht durch den Gletscher verschleppt sein“. In dem die Nordseesande unterteufenden Geschiebemergel fand Jentzsch Klappen von *Yoldia*; „beide Faunen sind also durch einen Geschiebemergel, d. h. durch ein mindestens locales Vordringen der Gletscher getrennt.“

Schröder hält indessen die Beweisführung für primäre Lagerstätte nicht für ausreichend und kann sich auch nicht den aus jenen Fundpunkten gezogenen Schlüssen für eine Interglacialzeit anschliessen (Jahrb. preuss. geol. Landesanst. f. 1885 p. 239).

[1] Jahrb. preuss. geol. L.-A. f. 1883. p. LXVI.

Neudeck bei Freystadt[1] ist der südöstlichste Punkt von marinem Interglacial in Westpreussen, 114 resp. 109 m ü. d. M.:

Mächtiger Diluvialsand unter Thon (welcher von oberem Geschiebemergel bedeckt wird) ist in seinem hangendsten Theil auf 0,5—0,8 m schwach thonig und erfüllt von Tausenden von Muschelschalen, welche fast nur den 3 Arten angehören: *Cardium edule*, *Tellina solidula*, *Cyprina islandica* (selten noch: *Nassa reticulata*, *Cardium echinatum*, *Mytilus edulis*; ferner Foraminiferen). Nach Jentzsch lebte diese Faunula zur Zeit der Ablagerung jenes Sandes in nächster Nähe, die Überlagerung durch Geschiebemergel ist ihm auch sicher. Die Schichten zeigen einige Verwerfungen. In Verbindung mit Mewe u. a. hält Jentzsch das Vorkommen für interglacial. Die *Cardium*-Schicht von Neudeck wurde von Geikie als Type der Stufe „Neudeckian“ erwählt.[2]

Gegenüber den zahlreichen verschleppten Funden ist die Anzahl von solchen, die mit mehr oder weniger Sicherheit als primär angesehen werden, äusserst gering. Von grosser Bedeutung ist die Bemerkung, welche Schröder (der auch Vogelsang nicht unbedingt für primär ansieht) über diese Frage macht (l. c. p. 235). Er sagt:

„Der Umstand, dass eine diluviale Schicht Fossilien auf primärer Lagerstätte führt, beweist an und für sich noch nicht ihre interglaciale Stellung, auch wenn sie zwischen Geschiebemergeln lagert. Vielmehr war während der ausgedehnten Gletscheroscillationen (über welche man auch bei Annahme einer Interglacialzeit für ost- und westpreussische Verhältnisse nicht hinwegkommt) die Möglichkeit zur Ablagerung von Faunen und Floren führenden Schichten gegeben, zumal das Über- und Nebeneinandervorkommen von Meeres- und Süsswasserabsätzen die damalige Oberfläche und die Vertheilung von Wasser und Land als sehr complicirt gestaltet erscheinen lässt.“

„Die primäre Lagerstätte und ihr Auftreten zwischen Geschiebemergeln ist für Kiwitten und Heilsberg als erwiesen zu betrachten. Die grosse Verwandtschaft der diluvialen Fauna mit der recenten des jetzigen Westbalticums lässt das Vorhandensein eines milden Klimas während jener Bildungsperiode möglich erscheinen, jedoch hat sie nicht beweisende Kraft,“ denn sämmtliche Formen gehen auch hoch nach Norden hinauf. Schröder spricht deshalb „der marinen Fauna Beweiskraft für ein gemässigtes Klima und somit für eine Interglacialzeit ab“.

Auch der Schluss, dass wegen der älteren arktischen Fauna im Gegensatz zu der jüngeren „Nordseefauna“ in Preussen auf das arktische Klima der ersten Vergletscherung eine mildere Zeitperiode gefolgt sei, „dürfte nicht genügen, um das interglaciale Alter der zweiten Fauna zu beweisen“.

Als feststehend ist augenblicklich nur zu bezeichnen, dass während der unterdiluvialen Bildungszeit ein Meeresarm bis in das Herz Ostpreussens gereicht hat und dass daneben aber auch Süsswasserbecken existirt haben; wie die genaue Altersfolge dieser verschiedenartig charakterisirten Schichten war, bleibt der Zukunft zu erforschen vorbehalten.

Trägt man die Funde des preussischen marinen Diluviums in die Karte ein, so zeigt sich, dass dasselbe in einer, immerhin beschränkten Meeresbucht abgelagert

[1] Jentzsch, Ein neues Vorkommen von Interglacial zu Neudeck. Z. deutsch. geol. Ges. 1890, p. 597; Sitz.-Ber. physikal.-ökonom. Ges. Königsberg 1896, p. 19; Erl. zu Bl. Freystadt. Berlin 1898, p. 12.

[2] Geikie, Classification of European Glacial Deposits. 1895, p. 250.

ist, welche sich bis zu dem Knie des Weichselstromes erstreckte (deren genauere Form aber wegen vieler Landzungen, Inseln oder Untiefen kaum sicher anzugeben sein wird). An der offensten Stelle dieser Bucht finden sich auch arktische Mollusken und machen am selben Orte später der sogenannten Nordseefauna Platz, welche überhaupt wohl die Hauptmasse an allen Punkten darstellt.

Mit den marinen Absätzen sind in mannigfacher Form Glacialerscheinungen verbunden, Geschiebemergel-Einschaltungen, Schichtenstauchungen, Grande mit den reichlichen verschleppten Muscheln; dazu treten noch in verschiedener Weise Süsswasser- und Landbildungen in engen Connex. Die Annahme ist danach wohl berechtigt, dass zur Eiszeit hier die Ostsee in dem erwähnten Busen südwärts reichte, dass hier im Wesentlichen eine gemässigte Fauna der westlichen Ostsee lebte, die an einigen Punkten, welche freieren Strömungen (sei es aus NO., sei es aus NW.) Raum boten, durch arktische Einwanderer vertreten wurde.

In welcher Form das Eis die Ostsee überschritt, ob als schwimmende zusammenhängende Masse, ob auf dem Boden aufsitzend, oder in Gestalt von Packeis, bleibt ja immer noch eine offene Frage. Die beiden letzten Annahmen, vielleicht auch in combinirter Form, sind die wahrscheinlichsten. Dass nun die Eismassen in jenen südlichen Meeresbusen stellenweise auch (wenigstens zu Anfang) eisfreie Theile übrig liessen, ehe sie alles überzogen, hat auch viel für sich.

### b) Süsswasserbildungen.

Von den folgenden Süsswasserablagerungen darf man wohl die meisten als praeglacial bezeichnen; nach der jetzt üblichen Classification werden sie meist als „interglacial I“ aufgefasst. Die Fossilien sind meist Formen der heutigen Gegenden, z. Th. mit Spuren etwas milderen Klimas. Die Ablagerungen erscheinen an einigen Stellen theilweise durch Producte örtlicher Oscillationen des vorrückenden Eises oder fluvioglacialer Bildungen unterlagert.

#### α) Flussablagerungen.

Ausser den unzweifelhaft praeglacialen Flussschottern der südlichen Randgebiete gehören hierzu muschelführende Flussablagerungen verschiedener Gegenden.

Paludinenbank. Berendt, Gottsche und Wahnschaffe zeigten,[1] dass im Untergrund von Berlin und Umgegend etwa 40—50 m u. d. M. eine 1—6 m mächtige Paludinenbank mit kalkfreiem Thon auftritt; dieselbe besteht fast ausschliesslich aus den noch mit Epidermis versehenen Schalen dieses Leitfossils für „unteres“ Diluvium.[2]

[1] Berendt, Z. deutsch. geol. Ges. 1882, p. 453; Wahnschaffe, Z. deutsch. geol. Ges. 1893, p. 288. Im Bohrloch zu Rixdorf fanden sich *Paludina*-Schichten in 122 m Tiefe, —88 m NN. Wahnschaffe fand bei Spandau (Z. deutsch. geol. Ges. 1902, 1):

19 m unterer Diluvialsand.
—28,8 „ Geschiebemergel.
—57,0 „ Diluvialsand.
57,0—59,5 „ *Paludina*-Bank (gut erhaltene Schalen) Oberkante —9,4 m unter NN.).
—67,5 „ Diluvialsand und Grand.

[2] Kunth, *Paludina diluviana*. Z. deutsch. geol. Ges. 1865, p. 33, Taf. 7 Fig. 6.

(Neben *Paludina diluviana* treten auf: *Bithynia tentaculata*, *Valvata naticina*, *V. piscinalis*, *Neritina fluviatilis*, *Unio*, *Pisidium pusillum*, *P. Henslowianum*, *Sphaerium solidum*, *S. rivicola*, *Lithoglyphus naticoides*.)

Wahnschaffe zeigte, dass die *Paludina diluviana* in der Zeit vor dem unteren Geschiebemergel hier einheimisch war und ihr Vorkommen im unteren Geschiebemergel und den Sanden secundär, erratisch ist, den Charakter eines Leitfossils für das „untere" Diluvium also verloren hat. Nach Neumayr's Untersuchung ist sie dann nach der unteren Donau ausgewandert.[1] Als Liegendes waren bisher nur diluviale Sedimente bekannt; bei Rüdersdorf aber fand v. Fritsch das Liegende einer *Paludina*-Schicht in — 14 m als Geschiebemergel.

Es wurde oben gesagt, dass man die *Paludina*-Bank trotzdem als praeglacial oder altquartär betrachten kann, d. h. gebildet in der Zeit, als die eigentliche Vereisung jene Gegenden noch nicht in ihrem ganzen Umfange, sondern nur in einzelnen Thalvorstössen erreicht hatte.

Während Wahnschaffe die *Paludina*-Bank für ein älteres Interglacial hält, glaubt Maas, dass er in Westpreussen in der Nähe der Weichsel *Paludina diluviana* auf primärer Lagerstätte zwischen unterem und oberem Geschiebemergel gefunden habe.[2] An anderen Stellen, bei Leipzig, Meyenburg, Hagenow, liegt sie in den Diluvialsanden auf secundärer Lagerstätte, die aber ihre weite Verbreitung anzeigt.

Auch die Valvatensande aus der Gegend von Rathenow im Westhavelland[3] mögen hierher gehören.

b) Ausfüllung von Seeniederungen (Süsswasserkalke, Diatomeenpelit):

Belzig im Fläming[4]. Der 4—5 m mächtige Süsswasserkalk lagert auf unterem diluvialen Sand und wird bedeckt von 1.5—2 m, zapfenförmig in ihn eingreifendem „unteren" Geschiebemergel, resp. von 0,5 m Geschiebelehm, 1—2 m Diluvialsand und 0.5—1 m „oberem" Geschiebesand mit geologischen Orgeln. Das Lager ist an ein altes Thal gebunden.

Fauna und Flora: *Pupa muscorum*, *Vertigo antivertigo*, *V. pygmaea*, *Helix pulchella*, *Achatina lubrica*, *Valvata macrostoma*, *Limnaea minuta*, *Planorbis marginatus*, *Pl. laevis*, *Pisidium nitidum*, *Cyclas cornea*; *Cervus capreolus*, *C. elaphus*, *C. dama*, *C. alces*, *Cyprinus carpio*, *Perca fluviatilis*, *Esox lucius*; *Alnus glutinosa*, *Acer campestre*, *Salix*, *Carpinus betulus*, *Cornus sanguinea*, *Pinus silvestris*, *Tilia*, *Brasenia*, zahlreiche Diatomeen.

Westerweyhe bei Uelzen.[5] In Mulden abgelagert. Unter 1 m „oberem" Diluvialsand, 1—3 m „unterem" Diluvialsand und z. Th. dünner Bank von (?) unterem

[1] S. oben p. 6. (Auch in der Wolga leben ganz ähnliche, wenn nicht übereinstimmende Formen, *Pal. Hagstiana*.) Über *Lithoglyphus naticoides* berichtet Gottsche (Sitz.-Ber. Ges. naturf. Fr. Berlin. 1886. p. 74): Die Schnecke scheint erst vor Kurzem aus den südöstlich gelegenen Flussgebieten des Bug, Dnjepr, Dniestr und der Donau wieder eingewandert zu sein. (Vergl. auch Geikie, Bemerkung hierzu in Gr. Ice Age p. 834.)

[2] Z. deutsch. geol. Ges. 1902 -4-.

[3] Wahnschaffe, Die Süsswasser-Fauna und Süsswasser-Diatomeen-Flora im Unteren Diluvium von Rathenow. Jahrb. L.A. f. 1884, 260.

[4] Keilhack, Über praeglaciale Süsswasserbildungen im Diluvium Norddeutschlands. Jahrb. preuss. geol. L.A. f. 1882, p. 133; Über einen Damhirsch aus dem deutschen Diluvium. Ibid. 1887, p. 283.

[5] Keilhack, l. c. p. 146; Brenner, Über Riesentöpfe etc. Z. deutsch. geol. Ges. 1890, p. 61; Geinitz, Jahresh. naturw. Ver. Lüneburg. 1885—1886.

Geschiebemergel, an deren unterer Grenze eine braune, thonige Verwitterungsrinde mit geologischen Orgeln, folgt der graue diatomeenreiche Süsswasserkalk.

Von besonderem Interesse sind die weitausgedehnten Lager von **Diatomeenerde in der Lüneburger Heide**[1] (Oberohe, Niederohe, Wiechel, Schmarbeck, Grevenhof, Steinbeck, Hützel). Der Diatomeenpelit der Lüneburger Heide erfüllt mehrere grosse Becken, in denen das jetzige Thal der Lohe fliesst. Hangendes bilden 0,5—1 m „oberer" Geschiebesand und 3—6 m wohlgeschichteter „unterer" Diluvialsand, das Liegende wird von groben Diluvialsanden gebildet.

Von grösseren Resten sind bekannt: *Perca fluviatilis, Quercus robur, Qu. sessiliflora, Fagus silvatica, Betula alba, Alnus glutinosa, Salix, Populus, Myrica gale, Vaccinium myrtillus, Acer campestre, A. platanoides, Pinus silvestris, Utricularia.*

Bünte führt 135 Species Diatomeen auf, die sämmtlich Süsswasserformen sind und noch heute lebend in Deutschland vorkommen; das Klima zur Zeit der Ablagerung hat somit dem des heutigen Deutschlands entsprochen.

Einen ganz eigenartigen Typus stellt **Wendisch-Wehningen** a. d. Elbe dar.[2] Auf dem bis 40 m hohen Berg ist eine 0,6 m mächtige schwarze Diatomeenschicht dem diatomeenführenden Thon eingelagert, beide sind z. Th. stark gestaucht; überlagert werden sie von Dilurialsanden. Am Elbsteilufer markirt sich die schwarze Schicht in bogenförmigen Linien wenig über dem Elbspiegel zwischen grauem Geschiebemergel, der an der oberen und unteren Grenze der Diatomeenschicht in dünnen Thonschichten erscheint; über ihm folgt weiter oberhalb mächtiger geschichteter Dilurialkies, der vielleicht als von oberem Diluvium bedeckt angesehen werden kann.

Sehr interessant ist der Befund, dass hier nur zwei Arten vorkommen: die schwarze Schicht enthält als Hauptmasse die Süsswasserform *Melosira granulata*, denen ganz spärlich die marine *Coscinodiscus subtilis* beigelagert ist, während der Thon auch nur diese zwei Formen enthält, aber in umgekehrtem Verhältnis, daher als marin angesprochen wird. Der Punkt steht sicherlich (als Ufer) mit dem benachbarten Boizenburger Diatomeenlager in Zusammenhang und dürfte wohl ebenfalls als praeglacialen Süss- und Brackwasserbecken anzusehen sein, etwa als Ausläufer des benachbarten Gebietes von Lauenburg und Boizenburg.

**Diatomeenerde von Ruthenow**[3]. Bei Neuhausen liegt zwischen unterem Geschiebemergel und kalkfreiem tertiären Thon, bis 2 m mächtig, grauweisse Diatomeenerde, in ihr herrscht vor *Melosira granulata, M. crenulata* und *M. arenaria* (ähnlich mit Klieken); am Rollberg 0,5 m diatomeenführender Süsswasserkalk zwischen Grand, z. Th. auch „unterer" Geschiebemergel auf dem Kalk. Hier herrscht *Pinnularia oblonga*, die (ähnlich Hommelbach bei Vogelsang) auf Ablagerung in bewegtem Wasser hindeutet.

**Domblitten und Wilmsdorf bei Zinten am Stradickflüsschen**[4], Ost-

[1] Keilhack, l. c. p. 160; Cleve und Jentzsch, Über einige diluviale und alluviale Diatomeenschichten Norddeutschlands. Schrift. physik. Ges. Königsberg. 1882. 22 p. 120 ff.; Bünte, Die Diatomeenschichten von Lüneburg. Archiv Ver. Nat. Mecklenburg. 1901. p. 39–62.

[2] Geinitz, 1. Beitrag zur Geologie Mecklenburgs. 1879. p. 40; Bünte, l. c. p. 108; Cleve und Jentzsch, l. c. p. 129; Geinitz, Ver. Lüneburg. 10. 56.

[3] Wahnschaffe, l. c. p. 269.

[4] Jentzsch, Z. deutsch. geol. Ges. 1880, 679. — Bauer, ebenda 1881, 196. — Cleve u. Jentzsch, Diatomeenschichten, 1882, 165.

preussen: Auf nordischem Sand lagern die Diatomeenmergel, 6—7,5 m mächtig, mit Süsswasser- und vereinzelten Brackwasser-Diatomeen; darüber lehmiger Sand (1 bis 1,5 m) oder Geschiebemergel, dann weisser Staubmergel, in inniger Beziehung zu dem folgenden Deckthon stehend, z. Th. oben noch Sand. Das Profil ist das einer alt-(prae-)glacialen Ablagerung.

Bei Seehesten in Ostpreussen fand Klebs[1] Diatomeenkalk im oberen Geschiebemergel eingelagert; „derselbe wäre die Frage, ob hier wirklich während der Vereisung Lebewesen existirt haben, oder ob hier eine Einlagerung fremden Ursprungs vorliegt".

Vielleicht gehört zu dem Altquartär auch Insterburg: Eine Bohrung zeigte in dem 87,5 m mächtigen Diluvium bei 84,5—84,75 m eine dünne Kiesbank, die erfüllt mit Süsswasserschnecken (*Paludina diluviana*, *Valvata*, *Pisidium*), darunter eine Lage „schwarzer Erde" mit *Picea excelsa*[2]. In den bedeckenden Schichten kommt typischer (oberer) Geschiebemergel vor.

### γ) Torf.

Von praeglacialen Pflanzenresten sind an mehreren Orten Nachweise erhalten:

Am Kieler Bach bei Stubbenkammer fand Munthe (Hist. p. 64, Stud. p. 57) an einer Verwerfung zwischen Geschiebemergel ein 8 m mächtiges Sandlager, in dessen unterer, gebogener Partie Moose gefunden wurden, die z. Th. ein arktisches Gepräge haben. Falls sich das interglaciale Alter dieses Sandes nachweisen liesse, würde Munthe es zum Interglacial 1 stellen und hier einen Nachweis von drei Eiszeiten sehen. Nach den Lagerungsverhältnissen, die in den berühmten Dislocationen vorliegen, kann man aber die Sande nur als altglacial ansehen. Deecke[3] meint, dass diese wenig mächtige, in den Geschiebemergel eingeschaltete Sandschicht nicht als das Product einer besonderen Interglacialzeit anzusehen ist, sondern das Product localer Factoren.

(Das würde genau mit den Verhältnissen von Möen stimmen, wo auch eine fossilführende Sandbank in den unteren Geschiebemergel eingeschaltet ist und mit diesem die Dislocationen erfahren hat. Man ersieht daraus nur, dass vor Ablagerung des unteren Geschiebemergels in der Nähe Pflanzen und marine Conchylien existirt haben; das durch sie erwiesene Klima scheint verschieden gewesen zu sein.)

Über ein Torflager im älteren Diluvium des sächsischen Erzgebirges am Muldenufer bei Klösterlein, berichten Beck und Weber[5]:

- 2 m lehmiger Gesteinsschutt (oben),
- 3 m thoniger Lehm,
- 4 m lichtgrauer Thon,
- 1,5 m Torf,
- 0,5 m sandig dunkelgrauer Thon mit *Picea omorikoides*.

Von Interesse ist das Auftreten der südeuropäischen Omorika-Fichte. Das Alter des Torfes lässt sich nicht feststellen, nur sagen, dass es älter ist, als die bis 8 m mächtigen Schichten der Diluvialterrasse.

[1] Jahrb. L.A. f. 1879, XCII.
[2] Jentzsch, Neuere Gesteinsaufschlüsse p. 68.
[3] Führer für die Rügen-Excursion. Greifswald 1899. p. 25.
[4] Berendt, Z. deutsch. Geol. Ges. 1884. p. 186.
[5] Z. deutsch. geol. Ges. 1897, 662. — Englers Bot. Jahrb. 24. 1898, 510.

### 4. Zweite Vereisung. II. Glacial.

Allgemein wird angenommen, dass diese „II. Vereisung“ die mächtigste und ausgedehnteste war, wir können sie deshalb auch als „Hauptvereisung“ bezeichnen (von Geikie nach ihrer Ausdehnung bis Sachsen „Saxonian“[1] genannt.) Ihre Verbreitung ist auf unserer Karte ersichtlich. Ihre Ablagerungen sind:

1. Die vor dem vorrückenden Eisrand entwickelten Sandr- und Gletscherbach-Absätze, also Kies und Sand (mit gemengtem Gesteinsmaterial in sehr verschiedenem Masse), z. Th. auch wohl Thon. Diese in ihrer Entstehung mit dem Eise zusammenhängenden Sedimente dürfen nicht als praeglacial bezeichnet werden.

2. Die Grundmoräne (z. Th. auch wohl Absätze von Packeis in Buchten oder tiefen Flussthälern), der (untere) Geschiebemergel, in einer oder mehreren, durch (subglaciale) Sedimente getrennten oder mit ihnen verzahnten (und in sie übergehenden) Bänken.

3. In gleicher Weise, wie beim Vorrücken, fand auch beim Rückgange (Abschmelzen) oder bei localen Oscillationen der einzelnen, die Eisdecke zusammensetzenden Eisströme aus den trüben Wässern der Sandr fluvioglaciale Sedimentation statt. Eventuelle „Innenmoränen“ deponirten ihren Schutt.

4. Die gleichalten extraglacialen, einheimischen Bildungen, Verwitterungsschutt, Flusssedimente u. a., sind insofern von Wichtigkeit, als sie z. Th. an der Bildung der glacialen Ablagerungen Theil nahmen. Ebenso ist die derzeitige Fauna und Flora, (des Landes und des Meeres) zu berücksichtigen (z. Th. enge Beziehungen zu „interglacialen“ Bildungen).

In unmittelbarem Anschluss an die Ablagerungen des Rückzuges der Eismassen erfolgten dann die extraglacialen Bildungen, wie Flussschotter und Löss mit den äolischen Umlagerungen.

Bezüglich der näheren Verhältnisse der genannten Ablagerungen im eigentlichen norddeutschen Flachlande — Petrographie derselben, Leitblöcke, einheimische Findlinge und Fossilien, gemengtes Diluvium, gegenseitige Lagerung, Stauchungserscheinungen, Schrammen und Bewegungsrichtung, Endmoränen, Sandr, Localfacies u. s. w. — mag auf die einleitenden Mittheilungen verwiesen sein.

Naturgemäss sind alle Verhältnisse der Aufeinanderfolge und Anzahl der einzelnen Ablagerungen, sowie die gesammte Mächtigkeit an den äusseren Randgebieten des Hauptdiluviums (wo das Eis nur kurze Zeit und wahrscheinlich nur wenig mächtig gelegen hatte) einfacher und das obige Schema viel leichter erkennen lassend, als weiter rückwärts.

### β. Übersicht über das Diluvium der äusseren Randbezirke:[2]

**Sachsen:**

Gliederung des sächsischen Quartärs.

**Alluvium:**

Dünen. Kalktuff, Eisenocker, Raseneisen, Moor, Torf.[3] Auelehm, Diatomeenerde, Flussschotter, Kies, Lehm. Alluvium der Thäler, Gehänge und Höhen.

[1] Der Name ist vieldeutig d. h. unbenutzbar geworden, weil Lapparent etwa gleichzeitig das deutsche Ober-Rothliegende als „Saxonien“ bezeichnet (Leth. palaeoz. Bd. 2. p. 492 Anm.). Ohnehin dürfte keiner der beiden Namen einem Bedürfnis entsprechen. Anm. des Herausgebers.

[2] In diesem Abschnitt mögen vorgreifend auch die jüngeren Abtheilungen des Quartärs jener Gebiete mit besprochen werden.

[3] In den Hochmooren des Erzgebirges findet sich noch lebend *Betula nana* (vergl. S. Kapferberg 63).

**Diluvium der Thäler und Thalgehänge:**

7. Gehängeschutt, -lehm, -löss.
6. jungdiluvialer Thalsand, -grand, -lehm (niedere und untere Terrassen).
5. hochliegende Schotter und Sande; Heidesande.

**Diluvium der Hochflächen:**

**Jungdiluviale Deckschicht:**

4a. Aeolisch umgearbeitete Deckschicht (Kantengerölle, Dünen). Steinbestreuung mit Geschieben von z. Th. nordischer Herkunft.
4. Decksand, Lösssand, Lösslehm (Decklehm), Löss.

**Altdiluvium:**

3. Geschiebelehm (und lössartiger Lehm) z. Th. Geschiebesand.
2a. Bänderthon, Thonsand.

2. altdiluv. Schotter:
   - a. Glacial-Schotter, Kies und Sand mit ausschliesslich nordischem und nördlichem Material;
   - b. fluvioglaciale Schotter mit gemengtem Material (Flussschotter), mit Einlagerung von lössartigem Sand.

1. (präglaciale) Schotter ohne nordisches Material.

Die ältesten Diluvialbildungen Sachsens sind die weit verbreiteten „sandigen Lehme und Schotter der Hochflächen".

1. Diese Schotter sind mit ihrem theils gemengten, theils einheimischen (und dann z. Th. „praeglacialen") Material von 1—3 m, selten auch mehr Mächtigkeit, von den alten Strömen (Elbe, Erzgebirgs- und Lausitzer Flüsse) abgelagert. Die gewaltige extra- oder praeglaciale Denudation, deren Resultat in der sächsischen Schweiz die sog. „Ebenheiten" sind, betrug dort z. B. bis 260 m. „Das nordische Eis fand die Elbschotter bereits vor, seine Schmelzwässer lagerten sie um und vermischten sie mit dem Material seiner Grundmoräne." Diese hochgelegenen Schotter verdanken ihre Entstehung den diluvialen Vorläufern der heutigen Gewässer, als dieselben während einer Epoche besonders kräftiger Erosion und Denudation aus ihrem Oberlauf so reichlich Gerölle herbeiführten, dass der Unterlauf es nicht mehr bewältigen konnte. Auf diese älteste Zeit der Thalaufschüttung (und des sich darauf verschiebenden Geschiebelehms) folgte dann eine Epoche der diluvialen Einschneidung der Flüsse, die aber durch eine zweite und dritte Schotteraufschüttung unterbrochen war; daher die z. Th. ausgezeichnet entwickelte Terrassenbildung mit Heidesand u. a.[1]

2. Annähernd gleichalt mit den altdiluvialen Schottern sind die sandigen Lehme der Hochflächen. Die Lagerungs- und Verbandsverhältnisse deuten darauf hin, dass er ebenso wie der unterlagernde Schotter fluviatilen Ursprungs ist. Der sandige Lehm, welcher die Klüfte des Quadersandsteins bei Posta unweit Pirna erfüllt, enthält Reste von Mammut und Renthier.

Eine sehr weite Verbreitung und auch z. Th. bedeutende Mächtigkeit haben die oft sehr mächtigen altdiluvialen fluvioglacialen Kiese und Sande, bisweilen auch lehmigen Kiese mit nordischem und einheimischem Material, zu denen auch (in innigem Verband mit den Sanden) in geringerer Ausbreitung die diluvialen Bänderthone treten. Dieselben führen auch diluviale Thierreste und werden von den altdiluvialen einheimischen Schottern unterlagert. Bisweilen erreichen sie eine bedeutende Mächtigkeit (bis zu 30 m). Zuweilen kommen in den Schottern Einlagerungen von Geschiebelehm vor.

Von besonderem Interesse sind Vorkommnisse von altdiluvialen Schottern mit Moränenstructur (mit reichem nordischen Material), die bei Pillnitz kuppenförmig auf den Granit aufgesetzt sind oder sich saumartig an die Granithügel anlehnen; sie bestehen aus ungeschichtetem oder plump linsenförmig gelagertem, grobem und feinem, einheimischem und nordischem Material in raschem

[1] Vergl. das „Diluvium des Elbthales", mit Terrassen von Elbschotter und z. Th. ausserordentlich mächtigem Heidesand, deren Material theils einheimisch, theils böhmisch ist, auch mit nordischen Beimengungen.

Wechsel. Ähnliches wird aus der Lausitz beschrieben. Möglich ist es, dass hier Andeutungen oder Überreste von endmoränenartigen Erscheinungen vorliegen.

3. Meist jünger als der Schotter und Diluvialkies ist der Geschiebelehm. Häufig ist er als „Localmoräne" entwickelt, meist stark entkalkt und entthont. Stauchungserscheinungen in seinem Untergrund sind nicht selten; Rundhöcker (meist ohne Schrammen) auf Granit, z. Th. unter Geschiebelehm, z. Th. auch aus dem Decksand herausragend, sind im Lausitzer Granitgebiet bekannt; Verschleppungen anstehender Gebirgsarten hinter dem betreffenden Gipfel nicht selten (z. B. die Schweife von grossen Basaltblöcken am südwestlichen Abhang des Strohmberges bei Hochkirch, in der sächsischen Schweiz ist der Geschiebelehm z. Th. stark sandig; u. s. w.).

Seine Zusammensetzung ist recht schwankend.

Analyse von Geschiebelehm (Sect. Borna, 26):

| | | | |
|---|---|---|---|
| gröberer Sand, 2—0,2 mm: | 26,7 | resp. | 32 % |
| feinerer Sand, 0,2—0,05 mm: | 28,5 | „ | 35 % |
| Staub, 0,05—0,01 mm: | 18,9 | „ | 17,2 % |
| feinste Theile, unter 0,01 mm: | 25,7 | „ | 15,7 % |

Zuweilen schieben sich zwischen den Geschiebelehm Schmitzen von Sand und Kies ein und verdrängen allmählig durch Zunahme ihrer Zahl und Stärke die lehmigen Zwischenmittel gänzlich, so dass der Geschiebelehm in discordant geschichtete Diluvialsande und -kiese übergeht. Ausser der Unterteufung durch Schotter findet sich, besonders am Elbthale, auch wohl noch eine Überlagerung durch dieselben: man erkennt hier ein Beispiel von der ziemlich gleichzeitigen Zusammenwirkung glacialer und fluvioglacialer Agentien.

Die südlichste Grenze des Diluviums wird nicht von Geschiebelehm, sondern von dem Diluvialkies und von nordischen Blöcken erreicht, z. Th. mag der Kies aus Geschiebelehm stammen. Beide haben später eine starke Denudation erfahren, so dass sie häufig nur noch als mehr oder weniger isolirte Flecken erhalten sind. Einige der südlichsten Punkte des nordischen Diluviums in Sachsen sind folgende:

| Nord. Kies | Höhe ü. d. M. | Geschiebelehm | Höhe ü. d. M. |
|---|---|---|---|
| Reichenhain bei Chemnitz | 415 | Lauterbach, Cultes | 201, 270 |
| Hohwald | 440 | Dresden | 200 |
| Kottmar | 480 | Neumannsdorf | 275 |
| Lückendorf | 500 | Taubenheim | 320 |
| | | Eibau | 465 |
| | | Kottmar | 460 |

Entsprechend den Höhenlagen des nördlichen Geländes ist das Höhenvorkommen des Geschiebelehms nördlich vielfach niedriger; so liegt er bei Radeberg 300 m, nördlich von Löbau und bei Reichenbach nur bis 270, während er auf S. Löbau-Neusalza Höhen bis 440 m erreicht.

An diese altdiluvialen Bildungen schliessen sich unmittelbar — ohne „interglaciale" Zwischenbildungen — die des jüngeren Diluviums an. Wenn man nicht in den zweimaligen Perioden der Schotteraufschüttungen mit ihren Terrassenbildungen Anzeichen von tiefgreifenden klimatischen Unterbrechungen sehen will, so würde also in Sachsen, wie allgemein angenommen wird, nur das Hauptdiluvium (in zwei Abtheilungen) entwickelt sein.

Diese jüngeren Diluvialbildungen sind: 4. Diluvium der Hochflächen, 5, 6. Diluvium der Thäler, 7. Gehängebildungen.

4. Die Deckschicht ruht häufig discordant auf dem älteren Untergrund und wird nirgends von jüngerem Diluvium überlagert. Es lassen sich vier Typen der Ausbildungsweise der Deckschicht unterscheiden:

fein sandig-grandiger Decksand, lehmiger Decksand, Lösssand, Löss.

Die Ausbildungsformen gehen in horizontaler Richtung in der Weise ineinander über, dass die ersten drei Typen unmittelbare Übergänge ineinander bilden, während der Löss sich nur aus dem Lösssande entwickelt.

Der Decksand überzieht in weiter Verbreitung als allgemeine Hülle oder schwache Decke von nur geringer Mächtigkeit sämmtliche ältere Bildungen in meist discordanter Auflagerung.

Er kommt in zwei Ausbildungen vor, der lehmigen und der lehmarmen bis -freien, rein sandig-grandigen (Geschiebesand); eine dritte Ausbildung ist der Lösssand. Allmählige Übergänge dieser drei Gebilde, sowie gewisse gemeinsame Eigenschaften derselben beweisen die Aequivalenz derselben. Er ist meist ungeschichtet. Seine Geschiebe variiren sowohl in ihrem Mengenverhältnis wie auch in ihrer Grösse (von kleinen Körnern bis zu cubikmetergrossen Blöcken). Sie bestehen aus nordischem und südlich-einheimischem Material, meist herrscht eine grosse Mannigfaltigkeit[1]. Die Vertheilung der Geschiebe ist anscheinend eine ganz unregelmässige, sehr häufig trifft man an der Grenze des Decksandes gegen seine Unterlage (seltener etwas über ihr im Sande selbst) eine mehr oder weniger deutlich ausgebildete Steinsohle, in welcher local alle Geschiebe concentrirt sein können. Ihrer Form nach gehören viele der Steine zu den Kantengeröllen, zahlreiche zeigen wenigstens eine mehr oder weniger vollkommene Politur ihrer Oberfläche durch die aeolische Umarbeitung.

Die Grenze des Decksandes gegen seine Unterlage ist fast stets sehr scharf, mag letztere aus Geschiebelehm, aus Schotter oder älterem Gebirge bestehen; oft finden sich bis 1 m tiefe topf- oder sackartige Einsenkungen. „Deuten schon diese sackartigen Vorsprünge auf eine active Einwirkung des den Decksand producirenden Mediums auf dessen Liegendes hin, so wird eine solche noch wahrscheinlicher gemacht durch eine gewisse Abhängigkeit in der Zusammensetzung des Decksandes von der Beschaffenheit seines Untergrundes; wo er auf Granit oder Grauwacke lagert, enthält er fast nur Fragmente dieser Gesteine"[2]. Zuweilen ist der Decksand direkt als modificirter Geschiebelehm zu betrachten. Mancher Geschiebesand und -grand unterscheidet sich vom Geschiebelehm nur durch den Mangel der feineren und besonders thonigen Theile und eine sich local geltend machende rohe Schichtung: er ist dann als ein direktes Auswaschungsproduct des Geschiebelehms zu betrachten; am besten wird man diese Bildungen als „Rückzugsbildung" ansehen, als Ablagerungen der „Innenmoräne". Andere Vorkommnisse bilden nur eine oberflächlich äolisch umgelagerte sandige Modification der Grundmoräne.

Lösssand ist ziemlich verbreitet; er geht seitlich aus Decksand hervor. Die Verschiedenheit der Zusammensetzung beider ergiebt sich aus folgender Analyse:

| | | Decksand | Lösssand | Löss |
|---|---|---|---|---|
| Bodenskelett | | 37,3 | 18,5 | 0 — 2,2 |
| Feinerde | 0,5—0,05 mm | 57,3 | 42,3 | 1,3— 4,0 |
| | 0,05—0,01 mm | 9,0 | 23,2 | 56,5—47,0 |
| | unter 0,01 mm | 1,8 | 15,5 | 43,3—46,9 |

Es ist ein sehr feiner, kalkfreier, ungeschichteter Sand, der 2 und mehr Meter mächtig wird. Die Geschiebe sind spärlicher und sammeln sich meist in einer Steinsohle an. Auch in den untersten Partien des Löss tritt Lösssand auf, er enthält dann auch die Lössfauna.

Löss ist im normalen Zustand lichtgelb bis hellgelblich braun gefärbt, porös und durchlässig, im trockenen Zustande leicht zerreiblich, färbt mehlartig ab, ist oft pfeilerförmig zerklüftet und bricht in senkrechten Wänden, zerfällt aber leicht und rasch im Wasser. Gröberes Material fehlt ihm gänzlich, nur in seinen untersten Partien stellen sich zuweilen dünne Schmitzen von Sand oder einzelne Gerölle und Brocken des benachbarten Untergrundes ein. Selten finden sich in ihm homogene Einlagerungen. Sein Kalkgehalt schwankt sehr, er kann bis 12% geben. Die Concretionen der „Lösskindel" sind bekannt; ebenso die Lössfauna.

Der Löss besitzt eine weite Verbreitung. Löss und Lösslehm überdecken nicht nur häufig in discordanter Auflagerung die unterdiluvialen Gebilde oder den alten Gebirgsuntergrund auf den Hochflächen, sondern kleiden auch die Gehänge der kleineren und grösseren Thäler aus und ziehen sich in diesen herab bis zur Thalsohle. Die Lössdecke ist später vielfach zerlappt. Von Interesse

[1] Bisweilen führt er bloss nordische Gesteine und tritt dadurch in schroffen Gegensatz zu den unterlagernden altdiluvialen Schottern.

[2] Durch Zurücktreten der Geschiebe und Feinerwerden seiner sandigen Grundmasse geht er allmählig in Lösssand und Löss über, der sich „vom eigentlichen Löss durch Auftreten zahlreicherer grober Sandkörner in der schichtlosen Grundmasse und durch das Fehlen des Kalkgehaltes unterscheidet".

ist die Bemerkung, dass „der Löss an seiner Grenze mit dem nördlich vorliegenden Geschiebelehm meist ziemlich plötzlich und steil aufsteigt, so dass er von Norden gesehen den Eindruck eines Plateaus macht, dabei erreicht er gleich die Mächtigkeit von 5 m“. Die Mächtigkeit des Löss schwankt zwischen Decimetern und 16, ja 27 Metern.

Der Lösslehm (Decklehm) unterscheidet sich vom Löss nur durch den Mangel an kohlensaurem Kalk. Bei normaler Ausbildung stellt er eine gelbbraune, sehr feinerdige, fast homogen erscheinende Masse dar. Gerölle kommen nur selten vor, Kantengerölle sind seltener als im Decksand. Seine Verbreitung ist wie die des Löss allgemein, deckenförmig, seine Fauna die gleiche, an den Gehängen zeigt er zuweilen eine deutliche Schichtung, meist horizontal, erweist sich aber überall als eine einheitliche, ungegliederte Ablagerung.

5, 6. Jüngeres Diluvium der Thäler:

In zahlreichen Thälern und alten Thaldepressionen finden sich die jüngeren Diluvialschotter, Thalgrande, -sande und -lehme. Sehr häufig sind zwei oder drei Terrassen zu beobachten, so in den Thälern der erzgebirgischen oder lausitzer Flüsse, sowie besonders schön im Elbthal von Bodenbach bis unterhalb Meissen. Die „Thalgrande“, mit nordischem, einheimischem und südlichem Material, enthalten auch wohl Diluvialsäugetiere.

Zu den Diluvialsanden mit gemischtem Material gehören auch die meist feinen Heidesande der Dresdener Heide nördlich von Dresden. Es sind wesentlich Aufbereitungsproducte zerstörter Quadersandsteine, sowie zu Grus zerfallener erzgebirgischer Gneisse und lausitzer Granite, denen sich neben anderen auch nordisches Material beigesellt. Im Elbthal bis 15 und 60 m mächtig, auf den Höhen nur wenige Meter. Er lagert auf den diluvialen Flussschottern.

Von Wichtigkeit sind die häufig vorkommenden Dünen!

7. Diluvium der Thalgehänge (in ihrer Bildungsdauer vom jüngeren Diluvium zum Alluvium herüberreichend):

α. Gehängesande und -schutt, Blockwerk: verdanken ihre Entstehung der Verwitterung und Abschwemmung von anstehendem Gestein oder von diluvialem Material von den Hochflächen herab.

β. Gehängelehm: ungeschichtet oder flach thalwärts gerichtete Schichtung zeigend, durch Einschaltung von dünnen Lagen und Schmitzen von Grus und Sand erzeugt. Ihren Ursprung verdanken sie wesentlich einer durch lange Zeit andauernden Abschwemmung der feinsten Bodenbestandtheile sowohl des Diluviums, als des Verwitterungsschuttes höher gelegener Gebirgstheile von den Berglehnen.

γ. Gehängelöss: meist auch eine Bildung des geneigten Terrains. Hat ganz feine, staubförmige Beschaffenheit und Kalkgehalt.

„Die Entstehung des Löss oder lössartigen Lehms der Gehänge ist auf mehrere Ursachen zurückzuführen. Die untersten und meist feingeschichteten Lagen, die fast immer auf altem Flussschotter lagern, sind namentlich an Flusskrümmungen vor sich gegangene Schlammabsätze der Hochwasser (Flusslöss). Über die so entstandene Lehmschicht wird bei Regen und Schneeschmelze von dem Plateau und den höheren Theilen des Abhanges fortwährend feinerdiges Material zugeführt, so dass ein allmähliges Wachsen der Mächtigkeit erfolgt. Dann trägt endlich als dritten Agens auch der Wind bei, der die feinerdigen Bodenbestandtheile, welche er von höher gelegenem Terrain wegfegt und mit sich führt, in den Thalwannen zum grösseren Theile wieder niederfallen lässt.“[1]

Auch in Ostthüringen und der Provinz Sachsen

ist die gleiche Randfacies ausgebildet: Schotter mit nordischem und einheimischem Material, sowie zerstreute Einzelblöcke reichen weiter als der eigentliche Geschiebelehm; immer ist nur eine Bank des Geschiebelehms entwickelt.[2] Das Diluvium ist meist conform seiner Unterlage aufgelagert.

[1] Section Wallwitz, 110.

[2] Bei Trotha-Seeben(?) unweit Halle hat v. Fritsch einen „älteren Geschiebelehm“ unterschieden, der mit „älterem Kies“ eng verbunden ist, so dass beide nur als Facies ein und desselben geognostischen Gliedes zu betrachten sind; der Geschiebelehm wird hier bis 10 m mächtig. Älter ist dort eine Rollkieselschicht und Bänderthon, zwischen welche sich zuweilen, mit dem Thon innig verbunden, ein Geschiebelehm einschiebt. Als „jüngerer Geschiebelehm“ sind die Producte gleichzeitiger Zerstörung einheimischer älterer Gebilde und des älteren Geschiebelehms bezeichnet; eine besondere jüngere Moränenablagerung also nicht darunter zu verstehen, es ist die „Innen- oder Obermoräne“.

Wüst parallelisirt die thüringischen und schlesischen Diluvial-Ablagerungen mit den norddeutschen wie folgt:[1]

| | Schlesien | Weimar-Taubach und Süssenborn | nach Naumann[2] | Westdeutschland | Norddeutschland |
|---|---|---|---|---|---|
| Postglacial | Löss u. Sande mit Säugethierresten | Löss | Löss und Humus | Thallöss und sec. Löss | Arktische Flora im Grunde v. Torfmooren |
| III. Glacial | | Schott. a. d. Basis d. [illegible] d. ob. Schichten v. Weimar | Gerölle | Niederterrasse Renthierzeit | Oberer Geschiebemergel |
| 2. Interglacial obere | | Obere Weimarer und Ehringsdorfer Schichten, durch Kies getrennt von: | Sumpfbildung mit Landschichten wechselnd<br>Werkkalk<br>Letten<br>Schicht mit *Helix canthensis*<br>Quellentravertine mit *Belgrandia*<br>Schicht mit *Valvata cristata* | Hauptlöss „Berglöss" | Rixdorfer Fauna (Löss von Thiede u. Westeregeln) |
| untere | | untere Weimar. Schicht, Taubacher Schicht (Zone der *Helix canthensis*) | | Sandlöss | Travertin von Schwanebeck (*Helix canthensis*) |
| II. Glacial | Geschiebemergel | Conglomerat u. Kies, Geschiebemergel an der Basis d. Travertin Parkhöhlen-Conglomerat | Kiesschichten | Mittelterrasse [illegible] | Unterer Geschiebemergel |
| I. Interglacial | Petersdorfer Sande (*El. trogonth.*) | Süssenborner Kiese (*El. trogonth.*) | feste Travertine Knochentuffe (menschl. Milchzahn) | Mosbacher Sande (*El. trogonth.*) | Paludinenbänke Berlins, Torflager von Klinge, Cardiensand v. Lauenburg |
| I. Glacial | | | Thone (regenerirte Trias), Kiese und Conglomerate | Hochterrasse Tonnenschott. bei Mosbach) | ältere Grundmoräne d. östl. balt. Seengeb., fluvioglaciale Bildg. bis in die südl. Mark |
| Praeglacial | | | | | |
| Oberstes Pliocän: | | | Schichten des *Elephas meridionalis*. | | |

Die Reihenfolge ist überall die, dass zu unterst Schotter und Sande (zuweilen mit beigesellten Thon) liegen und darüber der Geschiebelehm (älterer Diluviallehm) folgt, der weiter, an der Grenze mit einer Steinsohle, von Löss resp. (Löss-) Lehm bedeckt wird. Daraufhin hatte Lepsius eine Dreitheilung des Diluviums in unteres, mittleres und oberes angegeben. Dort wo der Geschiebelehm nicht mehr entwickelt ist, lagert Löss direkt auf dem Schotter. Zimmermann und Wüst[3] betonten, dass man noch recht ungenügend über die Zusammensetzung und zeitliche Aufeinanderfolge des Thüringer Diluviums unterrichtet ist.

[1] Z. deutsch. geol. Ges. 1899, 166.

[2] Naumann, N. Jahrb. 1898 I 136.

[3] Zeitschr. d. deutsch. geol. Ges. 1899, -18-. — Beiträge zur Kenntnis des Flussnetzes Thüringens. Mitth. Ver. f. Erdkunde Halle, 1901.

Von Osten her schiebt sich das nordische Diluvium in zwei Buchten in den nördlichen Ausläufer des Thüringer Waldes und in das Land zwischen jenem und dem Harz:

Hier kommt Geschiebelehm vor; seine Mächtigkeit ist nur gering, nämlich 0,5—4,5 m. Zuweilen ist er innig mit Geschiebekies verbunden (selten auch eine Schichtung zeigend); über die Ränder dieser Einbuchtungen reichen die lössbedeckten unteren Schotter, und noch weiter oft die Einzelblöcke.

Die unteren Schotter führen als Seltenheit *Paludina diluviana* und andere Süsswasserconchylien, nicht selten auch diluviale Säugethiere.

Ein jüngerer Kies und Sand bei Teutschenthal, mit vorherrschend einheimischen Gesteinsfragmenten, enthält viele diluviale Säugethierreste und Conchylien, unter denen die *Corbicula fluminalis* besondere Beachtung verdient.[1]

Den Saalekies von Uichteritz bei Weissenfels, in dem neben *Elephas trogontherii* (auf secundärer Lagerstätte) viele Conchylien vom Horizonte des 2. Interglacials gefunden wurden, sieht Wüst[2] als Interglacial 2 an, da seine nordischen Gesteine erweisen, dass er nicht vor der Thüringen erreichenden (II.) Vereisung abgelagert sein könne.

Ein 3—4 m mächtiger pleistocäner Unstrutkies in Bottendorf bei Rossleben,[3] mit Lehmbänken, bedeckt von 1 m Löss, arm an nordischem Material, enthält neben andern Mollusken *Corbicula fluminalis* und *Melanopsis acicularis.* Der benachbarte Fundpunkt Hopperg hat dieselben ebenfalls, doch wird angenommen, dass *Corbicula* am Hopperg und *Melanopsis* in Bottendorf auf secundärer Lagerstätte sich befinden; der entferntere Punkt Edersleben führt *Melanopsis*; er wird als älter angesehen (1. Interglacial), als die beiden anderen Orte, deren Kies „in der 2. oder 3. Interglacialzeit oder in einem der früheren Abschnitte der Zeit nach der 4. Eiszeit abgelagert worden sein muss". Ein interglacialer Kies mit Resten von Brackwasserorganismen im mansfeldischen Hügellande[4] enthält nach Wüst nordische Materialien und wird von einem gleichen, fossilfreien Kies überlagert, der weiter in der Nachbarschaft von Löss bedeckt wird.

Der Löss („Flusslehm") in seiner weiten Verbreitung und mit der bekannten, z. Th. sehr reichen Fauna, erreicht zuweilen beträchtliche Mächtigkeit.

An der Altenburg bei Pössneck fanden sich folgende Steppenformen: *Canis lagopus, C. vulpes, Spermophilus altaicus, Arvicola subterraneus, A. amphibius, Alactaga jaculus, Lagomys pusillus, Tetrao tetrix, T. albus.*

In dem Lösslehm bei Lausnitz ist ein kleines kohliges Schmitzchen eingelagert.

Von anderen Erscheinungen dieses Gebietes mag noch auf folgendes hingewiesen sein:

Die Klüfte des Gypses von Köstritz mit den diluvialen Säugethierresten (Mammut, Rhinoceros, Renthier u. a.) sind mit älterem und jüngerem Lehm erfüllt.

Von den Höhlenfunden sei die Lindenthaler Hyänenhöhle bei Gera erwähnt.[5] Aus den Untersuchungen Liebe's geht folgendes hervor: Die Lindenthaler Höhle war eine Spalte im Dolomit an einer abschüssigen Terrasse des Elsterthales. Sie ist erfüllt von Dolomitgrus, Lösslehm und -sand, mit zahllosen Knochen. Von thierischen Überresten sind gefunden:

*Hyaena spelaea* sehr häufig, *Felis spelaea, Mustela putorius, Canis lupus, C. vulpes, Ursus spelaeus, U. arctos, Rhinoceros tichorhinus, Sus scrofa, Elephas primigenius, Equus caballus, Bos primigenius, B. priscus, Bison, Cervus elaphus canadensis, C. alces, C. tarandus* (viel abgeworfene Geweihe), *Alactaga jaculus, Arvicola gregalis, A. amphibius, Myodes lemmus, M. torquatus, Lepus, Arctomys marmotta-bobac;* endlich viel menschliche Reste, als gespaltene Knochen und Feuersteingeräte (Etage moustérien resp. Solutréen).

[1] Erl.-Bl. Teutschenthal, 40.
[2] Fossilführender Saalekies. Zeitschr. f. Naturw. 74, 1901, 65.
[3] E. Wüst: Zeitschr. f. Naturw. 75, 1903, 209—272.
[4] Centralbl. f. Min 1902, 107.
[5] Liebe, Jahresber. Ges. Fr. Naturw. Gera 1873/4, 24 und 1875/7, 19.

Die Ablagerungen gehören drei Perioden an:

Im ersten Zeitabschnitt füllte sich die Höhlenspalte und entstanden auf der Terrasse die untersten Partien von Dolomitschutt, in der zweiten wurde die Spalte vollends ausgenutzt und wuchs die Terrassenablagerung durch Dolomitbrocken, Grus und Lehm, in der dritten bauten sich die obere umbachische Lössdecke und die fluviatilen Sand- und Lehmlager am Berghhang auf.

In der ersten Periode herrschte Hyäne, Pferd, Ur, Höhlenbär und Rhinoceros, ganz vereinzelt trat Renthier und Wisent auf. Die zweite Periode ist eine Periode des Übergangs und in der ersten Abtheilung der dritten Periode überwiegt das Renthier und tritt das Wisent zurück. Mammut reicht in die zweite Periode, Höhlenlöwe reicht durch die beiden älteren in die dritte herein. Die dritte ist besonders ausgezeichnet durch die Steppenthiere (deren Einwanderung schon in der zweiten begann). Die Ablagerungen sind jünger als der Geschiebelehm, vor und während der Ablagerung des Löss entstanden. In der Mitte der Ablagerungen ist ein Sinken der Temperatur zu constatiren. Dass hier der Lemming über den Schichten mit Mammut auftritt, gegenüber Thiede (wo es umgekehrt ist), kann durch Lagerungsstörung erklärt werden oder durch die Annahme von zwei Perioden der nordischen Nager in Norddeutschland, dann wäre Thiede etwas älter als Lindenthal, und beide hätten die Zeit der Wildpferde, Hyänen und Rhinoceroten gemeinsam; dies wäre die Interglacialzeit.

(In den Knochenhöhlen vom Gamsenberg bei Oppurg in Thüringen fand sich neben den incrustirten Knochen von Höhlenbär die Landschnecke *Zonites verticillus*, die einem gemässigten milden Klima entspricht; diese kommt auch in Burgtonna vor.[1])

Das gleiche Lagerungsverhältnis zeigt der Kalk von Taubach bei Weimar (Bl. Weimar, 8).

Diluvialer Kalktuff: In Thüringen lässt sich oft ein älterer und ein jüngerer Kalktuff unterscheiden. Die lange bekannten Lager von Burg- und Gräfen-Tonna bei Gotha erscheinen zwischen dem geschiebefreien postglacialen Lehm und diluvialem Schotter zu liegen. Bei Gräfentonna ist die Lagerung folgende von oben nach unten:[2]

bis 9 m lose, zerreibliche Tuffmassen,
1, 3—1, 8 m feste Kalksinterbildungen,
5, 6 m feste Tuffbänke.

Von der reichen Fauna sei von den Mollusken das Leitfossil *Belgrandia marginata*, von Säugern: *Elephas antiquus*, *E. primigenius*, *Rhinoceros tichorhinus*, *Cervus elaphus*, *C. capreolus*, *Ursus spelaeus*, *Bos primigenius*, *Hyaena spelaea*, *Elbaye* genannt.

Neben *Corbicula fluminalis* ist *Helix banatica* aus dem Kalktuff von Bilzingsleben von grossem Interesse, aus dem Interglacial 2.[3]

Ein älterer und jüngerer Tuffkalk wird auch von Mühlhausen in Thüringen angegeben.

Müller[4] wies darauf hin, dass die Weimar-Taubacher Kalktuffe von Thon und Kies unterlagert werden, deren letzterer „gemengtes" Diluvium ist und der ersten Eiszeit entstammen soll; der Travertin selbst wäre sonach interglacial I, wenigstens seine unteren Lagen (Kalktuffsand) und gleichalterig mit der Paludinenbank. Das erste Eis habe danach bis nach Weimar gereicht.

Die Funde menschlicher Thätigkeit zeigen weiter, dass der Mensch hier vor der ersten Eiszeit gelebt hat (älteste Reste des altdiluvialen Menschen in Europa; Chelléen).

---

[1] S. Liebe, Jahresber. Ges. Fr. Nat. Gera 1874, 86.

[2] Bl. Gräfen-Tonna, 11.

[3] S. Wüst, Z. f. Naturw. 1901, 73 und Untersuchung über das Pliocän und ältere Pleistocän Thüringens. Abhandlung naturf. Ges. Halle 1901, 46.

[4] S. Müller: Über die geol. Stellung der Weimar-Taubacher Kalktufflager. Z. f. Naturw. 1901, 237 und 1900, 41.

In den Kalktuff-Schichten hat Müller auch glaciale Faltungen gefunden (dem vordringenden zweiten Eisspiele zugeschrieben.).

Eine Aufzählung der im Kalktuff von Taubach gefundenen Säugethiere giebt Pohlig in Palaeontographica 25 1878,[1] die Conchylienfauna beschreibt Weiss,[2] nach ihm finden sich dort 95 Arten, die noch in Deutschland leben, 17 aus Deutschland ausgewanderte, 4 ausgestorbene.

## Harzrand.

Die Ostgrenze des nordischen Diluviums gegen den Harz liegt bei Gerbstedt. Der genaue Verlauf am den Nordrand des Harzes wird durch die demnächstige Kartirung bekannt werden. Nach Müller fällt am Harzrande die Verbreitungsgrenze der nordischen Blöcke annähernd mit der südlichsten Grenze der Eisbedeckung zusammen. Bei Halberstadt und bei Wolfenbüttel wies er z. Th. recht mächtigen Geschiebemergel nach.[3]

Zwischen Hannover und Göttingen tritt der Geschiebemergel erst bei Gr. Freden auf, bis zur Höhe von 160—200 m; dagegen reicht der (ziemlich mächtige) nordische Schotter weiter südwärts (z. B. Bahnhof Kreiensen) und der Löss noch weiter (z. B. im Leinethal sehr verbreitet).

Das als regelmässige Decke auftretende Diluvium ist später vielfach durch die Erosion zerschnitten, wir finden also auch hier ganz allgemein eine jüngere kräftige Erosionsthätigkeit, welche, wie die zahllosen Terrassen im Gebirge und ausserhalb bekunden, periodisch gewirkt zu haben scheint. Ob hierbei die successive zurückweichenden Eisbarrièren durch ihren Stau eine bedeutende Rolle gespielt haben oder etwa abwechselnde trockene kältere Zeiten und Zeiten stärkerer Niederschläge, bedarf noch genauer Localprüfung; vorerst kann man wohl ungezwungen den ersteren Fall zur Erklärung heranziehen.

Schliesslich sei noch darauf aufmerksam gemacht, dass im Gebirge bisweilen praeglaciale Sedimente beobachtet werden, die z. Th. auch als pliocän bezeichnet sind.

Im Mansfeldischen Hügellande fand Wüst[4] einen Kies mit Süss- und (von den Ablagerungen des Mansfelder Sees stammenden) Brackwasser-Organismen; darunter die *Corbicula fluminalis*. Der Kies führt einheimisches und nordisches Material, er wird von fossilfreiem Kies bedeckt, dessen Analoga von Löss bedeckt sind; nach der Fauna wird der Kies als interglacial angesprochen und zwar zwischen der zweiten und dritten Eiszeit.

Von der Einhornhöhle bei Scharzfeld am Harz berichtet Struckmann[5] das Vorherrschen des Höhlenbärs, bei vollständigem Fehlen von Hyäne, Mammut, Rhinoceros und Renthier. Die Höhle soll durch Auswaschung einer Spalte entstanden sein, in der Zeit des Gletscherrückzuges vom Menschen bewohnt und später, bei erneutem Vorrücken des Gletschers z. Th. ausgeschwemmt sein. Die Rübeländer Höhlen führen Reste des palaeolithischen Menschen der Chelléen-Stufe.

Endmoränen: Dass auch in dem südlichsten Gebiet des nordischen Diluviums Endmoränenbildungen vorkommen, muss als sehr wahrscheinlich angenommen werden, wenn auch natürlich ihre Spuren durch die spätere Erosion und Denudation vielfach verwischt sein werden. Schon oben ist auf analoge Bildungen in der sächsischen Lausitz hingewiesen. Müller beschreibt[6] Endmoränen vom nördlichen Harzrande. Auf Spathsanden liegen bei Gr. Freden geschichtete Kiese und Geschiebemergel, miteinander verzahnt, so dass beide als vollkommen gleichwerthige Gebilde zu erachten sind. (Dort

[1] Wolterstorff, Über fossile Frösche von Weimar und Taubach, Z. deutsch. geol. Ges. 1896, 197. — Nehring, fossiler Menschenzahn. Verh. Berliner Anthr. Ges. 1895, 336, 573.

[2] Weiss, Nachrbl. D. Malak. Ges. 1894. 145 (ref. N. Jahrb. 1890 I 124) und Z. deutsch. geol. Ges. 1896, 171.

[3] Jahrb. L.A. f. 1893, 58.

[4] Centralbl. f. Min. 1902, 107. — Als eine ähnliche Localerscheinung von Brackwasser-Ostracoden ist ein Mergel zu erwähnen, der bankförmige Einlagerungen in (an nordischem Material reichen) Unstrutkies bei Memleben bildet; s. Wüst, Centralbl. f. Min. 1903, 586.

[5] Arch. Anthrop. 14. 191.

[6] Müller, Glaciale Ablagerungen im südlichen Hannover und am nördlichen Harzrande. Z. deutsch. geol. Ges. 1896, 431.

wo die Geschiebemergelbänke sich zertheilen, findet man im Grande Geschiebemergelgerölle.) Die bedeutende Mächtigkeit der glacialen Ablagerungen (60 m) beweist, dass der Gletscher weiter rückwärts lange still gestanden haben muss; die als Querriegel aufgeschütteten Sand- und Kiesmassen sind danach als Endmoränen aufgefasst. Ähnliche Endmoränen sind noch mehrere beobachtet, z. B. bei Harlingerode, Harzburg, Grauhof. (Die Grundmoräne ist z. Th. als Localmoräne entwickelt.)

(Die postglacial angelagerten Kiese (mit *Rhinoceros antiquitatis*) werden als gleichalterig mit dem Lösslehm und dem Süsswasserkalk jener Gegend angesprochen.)

## Westfalen:

Die Litteratur des westfälischen Diluviums hat Müller[1] angegeben. Die Verbreitung des nordischen Diluviums hat v. Dechen auf seiner Karte der Rheinprovinz und Westfalens verzeichnet.

In Westfalen ist wie im mittleren Emsgebiet nur ein Geschiebemergel vorhanden. Localmoränen, Schrammung des Untergrundes sind hier bekannt.

Müller wies nach, dass die Vergletscherung Westfalens im Becken von Münster bis an den Haarstrang gereicht hat und eine z. Th. bedeutende Geschiebemergelbank abgelagert hat. Die Geschiebe deuten auf N.—S.-Richtung der Eisbewegung; die einheimischen zeigen meist deutliche Abschleifung und Schrammung, von nordischen sind zur Zeit nur cambrische und silurische bekannt; nordische Kalkgeschiebe sind nicht selten. Geschiebefreie Lehme („Senkel") sind im Becken von Münster fluviatil umgelagerte Geschiebemergel resp. Kreidemergel. Terrassenbildungen und Löss sind in der Rheinprovinz typisch.

## Schlesien:

Gürich, Erl. z. geol. Übersichtskarte von Schlesien. Breslau 1890, s. hier auch die Litteratur.

Orth, Geogn. Durchforschung des schlesischen Schwemmlandes zwischen Zobtener und Trebnitzer Gebirge. Berlin 1872.

Das Diluvium Schlesiens gehört grösstentheils dem Randdiluvium an. Gürich unterschied ein älteres, mit nordischem Material, und ein jüngeres, den Löss. Ein einziger Geschiebemergel kommt vor, den man mit Gürich als den „unteren" betrachten muss. Michael meint allerdings, dass man die unter dem Geschiebemergel lagernden Sande von Bielschowitz in Oberschlesien, ebenso wie das gesammte Diluvium Schlesiens überhaupt, nicht als „Unterdiluvium" betrachten solle; vielmehr sei das schlesische Diluvium zum grössten Theile unzweifelhaft oberes, die letzte Vereisung habe also auch fast ganz Schlesien überdeckt.[2] Beweise erbringt er dafür freilich keine.

Die Höhengrenze wird wieder durch die vereinzelten erratischen Blöcke angegeben; im Gebiete der Eule bis 560 m, im Hirschberger Thale selten über 400 m reichend.

In der Ebene tritt in grosser Verbreitung der Geschiebelehm resp. -mergel auf, mit verschiedener Mächtigkeit (in Breslau 20 m).

An der Oberfläche herrschen sandige Ablagerungen vor, besonders in den niederschlesischen Haidegebieten (z. Th. mit Dünen), wohl geschichtet, mit nordischem Material, am Gebirgsrand mit gemengtem.

Der Löss ist besonders im südlichen Gebiet verbreitet, er reicht bis 330 m Höhe und bedeckt die plateauartigen flachen Rücken zwischen den Karpathen und österreichisch-schlesischen Gebirgen einerseits und der Weichsel und Oder andererseits, sowie auch zwischen der obersten Weichsel und der Oder. Besondere Beziehungen zu den Flussufern lässt die Verbreitung des Löss hier nicht erkennen.

---

[1] G. Müller, Das Diluvium im Bereich des Canals von Dortmund nach den Emshäfen. (Jahrb. preuss. geol. L.-A. f. 1895, 40—59. S. auch v. Dechen, geol. Übersichtskarte der Rheinprovinz und Westfalens 1867.

[2] Z. deutsch. geol. Ges. 1902, 13. —

Nach Frech[1] besteht das Quartär der Gegend von Breslau aus:

1. Alluvium der Thäler, Torf und Dünen,
2. Postglacial (Alt-Alluvium),
   a) der Höhen: Löss mit Steinsohle,
   b) des alten Oderthales: geschiebefreier Lehm und meist darunter Thalsand;
3. Quartär (nur Ablagerungen der Grossen Eiszeit): oberer Diluvialsand nebst Grand und Geschiebelehm.

Landschaftlich sind drei Typen zu unterscheiden: 1. die vollkommen flache, zuweilen durch Moore und Dünen unterbrochene Ebene des Oderthales; 2. flachwellige Diluviallandschaft von Geschiebesand und -lehm; 3. der durch Erosion modellirte Höhenzug von Trebnitz, auf dessen Gehängen der Löss bis zu 6–8 m anschwillt.

Auf der Nordseite der Trebnitzer Berge hat der Geschiebelehm Kies- und Thoneinlagerungen; auf der Südabdachung ist der Geschiebelehm zu Geschiebesand umgelagert worden oder bis auf die Steinsohle verschwunden. Der Trebnitzer Löss ist äolischen Ursprungs; nur dort, wo auf den Hügeln Geschiebelehm den Untergrund bildet, findet sich Löss, fehlt aber meist auf der Höhe der steileren Hügel. Je näher der diluvialen Wellenlandschaft, um so mehr nimmt seine Mächtigkeit ab. Die Oberfläche des schlesischen Diluviallandes war eine vom Winde ungehindert überwehte Sandfläche, daher die vielen Kantengerölle.

Diluvialfauna ist zumeist aus Kalktuff (z. B. Paschwitz Taf. 2 Fig. 17) bekannt, theilweise aus Geschiebemergel, sowie aus Sanden, Löss und Höhlen (Ojcow i. Polen). Besonders zahlreich ist Mammut und Rhinoceros; von Interesse ist auch der Moschusochse.[1]

Interessant ist der reiche Fund von Elephantenresten, und zwar *Elephas primigenius* neben *El. trogontherii* in einem Sand von Petersdorf bei Gleiwitz in Oberschlesien[3]. Der Sand liegt unter Geschiebemergel und ist sonach „altdiluvial", präglacial oder interglacial I. Müller hält ihn für das Product der zurückweichenden ersten Glacialepoche, deren Reste also bis hierher nach Oberschlesien gereicht hätten. Die Gleiwitzer Sande sollen danach ebenso wie die Kiese von Süssenborn ähnliches Alter wie das englische Forestbed haben (in der warmen interglacialen Periode zwischen der ersten diluvialen Vereisung und der pliocänen „kleinen Eiszeit" gebildet, mit maximaler Verbreitung des *El. trogontherii*.

(Bei Krakau finden sich nach Tietze keine Endmoränen, im Wesentlichen herrschen dort Schotter und Sande[4].)

Altmark:

Das Quartär in der Umgegend von Magdeburg zeigt dieselben Erscheinungen, wie am Südrande. Wahnschaffe[5] gliedert es von oben nach unten wie nebenstehend folgt.

Also auch hier ist nur eine Geschiebemergelbank bekannt, dagegen hält W. die an der Basis des Löss sich findende Steinsohle für den letzten Rest eines ausgeschlämmten Geschiebemergels und stellt sie in Parallele mit dem oberen Geschiebesande.

[1] F. Frech, Über glaciale Druck- und Faltungserscheinungen im Odergebiet. Zeitschr. d. Ges. f. Erdk. Berlin, 36, 1902. 219–229, 6 Taf.

[2] Römer, Z. deutsch. geol. Ges. 1874, 600 und Michael, ib. 1902. — 19 —.

[3] Volz u. Leonhard, Z. d. deutsch. geol. Ges. 1896, 356. — Volz, Jahresber. schles. Ges. vaterl. Cultur 1896, 8. — Centralbl. f. Min. 1901, 588; 1903, 55. — Müller, Z. f. Naturwissensch. 1901, 204.

[4] Tietze, Die geognostischen Verhältnisse der Gegend von Krakau. Jahrb. d. R.A. Wien 1887.

[5] Abh. geol. Specialkarte v. Preussen, VII, 1, 1885.

Die geschichteten Sande und Thone, welche als Einlagerungen im Geschiebemergel bei Hohenwarte auftreten, sind nach W. nur Localerscheinungen, durch vielfache kleine Oscillationen des Eisrandes verursacht, können also nicht als interglacial gelten. Dagegen spricht W. den Kalktuff in der Sudenburg, der auf unterem Sand liegt und von Löss mit kleinen Geröllen an der Basis bedeckt wird, für interglacial an, da er letztere nach Analogie der Steinsohle für den Restbestand des aufgearbeiteten oberen Geschiebemergels hält.

| | |
|---|---|
| **Postglaciale Bildungen (Alluvium):** | |
| Jüngere Flusssande,<br>Moormergel in der Börde, Schlick. Torf unter demselben. | jüngere |
| Dünensand.<br>Elbgerölle auf dem braunen Lehm im östlichen Theile der Börde,<br>Thalsand, Torfbildungen in demselben bei Gommern. | ältere |
| **Glaciale Bildungen (Diluvium):** | |
| Abschmelzperiode: Oberer Geschiebesand,<br>Geröllelehm,<br>Bördelöss,<br>Steinsohle des Bördelösses.<br>II. Vereisung: Oberer Geschiebemergel fehlt, nur durch Steinsohle und oberen Geschiebesand angedeutet. | spät-glacial |
| Sande und Grande (mit Thoneinlagerung) des vorrückenden Inlandeises.<br>Interglacialzeit: Kalktuff bei der Sudenburg.<br>Sande u. Grande aus südlichen Gebieten kommender Flussläufe.<br>I. Vereisung: Sande und Grande des abschmelzenden Inlandeises. | mittel-glacial |
| Unterer Geschiebemergel (Grundmoräne der Hauptvereisung).<br>Altglaciale Flussschotter bei Uellnitz (s. o.).<br>Praeglacialzeit: Praeglaciale Bildung durch das Vorkommen der *Paludina diluviana* (im unteren Geschiebemergel) angedeutet. | alt-glacial |

## 5. Zweites Interglacial.

Hierzu werden die meisten der bisher allgemein als „interglacial“ bezeichneten Ablagerungen gestellt.

Ursprünglich war „interglacial“ ein stratigraphischer Begriff, nach den neueren Ansichten hat man dies Moment mehr in den Hintergrund gestellt und sucht die Fossileinschlüsse als maassgebende Beweise auf.

Die zwischen den oberen und unteren Geschiebemergeln eingeschalteten Sedimente können auch nicht mehr ohne weiteres als beweisende Aufschlüsse angesehen werden, wie von vielen Autoren richtig bemerkt wird.

Das Vorkommen von Geschiebemergel-Geröllen in Granden kann als ein Zeichen von einer zeitlichen Unterbrechung in der Ablagerung der beiden angesehen werden, denn im Allgemeinen wird anzunehmen sein, dass der Geschiebemergel erst eine Zeit lang trocken und fest geworden sein wird, ehe er vom Wasser zu Klippen ausgearbeitet und seine losgerissenen Bruchstücke zu Geröllen umgearbeitet werden; zumal wenn die Grande Knochenreste führen, ist eine solche Deutung naheliegend[1]. Dass aber das Vorkommen nicht immer auf eine erhebliche Altersverschiedenheit deuten muss, geht aus den Beobachtungen von Hamm[2] aus der Gegend von Osnabrück hervor. Dort ist nur ein einziger Geschiebemergel bekannt, er bedeckt z. Th. Diluvialsande, in denen auch eine kleine, grundmoränenartige Bank eingeschaltet ist und welche in ziemlicher Häufigkeit Gerölle von dem Lehm enthalten, die aus Grundmoränenmaterial von localem Charakter bestehen und offenbar vor oder nach

[1] Vergl. Geinitz, Arch. Nat. Meckl. 1886, 210. — Schroeder, Jahrb. pr. L.A. f. 1897, 20.
[2] Z. deutsch. geol. Ges. 1901, 503.

unter dem Eisrande abgelagert sein müssen, also auch im Grossen und Ganzen gleichalterig mit der Grundmoräne sind.

Auch etwaige Absätze in der Grundmoräne selbst, wie Verschiedenheit der übereinander lagernden Geschiebemergel, lagenweise Anhäufung von Geschieben, geschrammte Steinpflaster, sind nicht Anzeichen von zeitlichen Unterbrechungen im Moränenabsatz, sondern dafür, dass „immer nur der obere Theil der Grundmoräne von dem Eise fortbewegt wird“[1].

Als Andeutungen von (interglacialen) Unterbrechungen wird man nach Jentzsch die kalkfreien Einlagerungen ansehen können, sie sind Beweise für extraglaciale Verwitterung.[2]

Endlich geben auch die Dislocationen z. Th. Hinweise auf interglaciale (?) Unterbrechungen (s. u.).

Ein recht beachtenswerther Umstand ist noch folgender: Bei vielen der unten zu schildernden „interglacialen“ Ablagerungen bemerkt man, dass dieselben sich an denselben Stellen finden, an welchen entweder schon praeglaciale (z. Th. interglacial 1) auftreten oder welche sich auch als postglaciale Niederungen noch heute markiren; hier wäre also die spätere Vereisung nicht imstande gewesen, die Bodenvertiefungen auszufüllen oder auszugleichen! (Bei Besprechung des oberen Geschiebemergels werden wir auf diese Thatsache zurückkommen, derselbe schmiegt sich z. Th. ganz den vorgefundenen Oberflächenformen an).

### a) Marines Diluvium, meist als Interglacial 2 angenommen.

**Blankenese.**

Bezüglich der Litteraturangaben sei verwiesen auf:

Gottsche, Endmoränen und marines Diluvium Schleswig-Holsteins. II. 1898.

Munthe, Studien über ältere Quartärablagerungen im südbaltischen Gebiete. (Bull. Geol. Institut. Univers. Upsala. 3. Upsala 1897, 67.

Blankenese hält Gottsche für Interglacial 2. In einer Schlucht zwischen Süllberg und Klündersberg zieht sich eine Austernbank unter einem Winkel von 20° hinab. Das alte Profil ist:

Geschiebesand, eisenschüssiger Sand mit Mergel,
Gelber thoniger mit Austern erfüllter Sand, 0,5—0,6 m (Oberkante + 40 m).
Eisenschüssiger Sand 3—4 m.
Fester fetter schwarzer Thon.

Das Profil hat Ähnlichkeit mit Stade. Ein späterer Aufschluss am Krähenberg zeigte:

1,4 m Humus und Decksand,
—2,1 „ grünlicher Lehm,
—3,2 „ Austernbank,
—5,8 „ grober Kies mit Bruchstücken von *Litorina*, *Ostrea*, *Cardium* u. a.
—7,2 „ brauner schwarzer Thon,
—7,7 „ gelblichgrauer Thon mit *Aporrhais*, *Litorina*, *Ostrea* u. a.
—29,5 „ weisser feiner Sand.

Eine nachbarliche Bohrung ergab, dass die Austernbank nur eine ganz geringe Ausdehnung hat.

Von Lamstedt bis Basbeck links der Elbe scheinen nach Gottsche im Niveau von + 7 m Cyprinenthone aufzutreten, wie es scheint unter Geschiebemergel oder Sanden. Nach Schröder (Jahrb. preuss. geol. Landesanst. f. 1898.

[1] Wahnschaffe, Oberflächengest. 120.

[2] S. Jentzsch, Marienburg. Jahrb. pr. L.A. f. 1895, 189; Z. deutsch. geol. Ges. 1894, 111.

p. CLIX) scheint hier vom Liegenden zum Hangenden ein Wechsel von arktischen zu borealen und gemäßigten Formen stattzufinden und somit direkt klimatische Schwankungen angedeutet zu sein.

Fraglich im Alter (jung- oder altquartär) ist die Austernbank vom Panderkliff auf Sylt[1] in 4 m Meereshöhe, mit dem Profil:

0,60—1,00 „ geschiebefreier Decksand[2]
0,05—0,08 „ Austernbank,
0,50—0,60 m geschiebereicher Decksand[3], auf Kaolinsand

Sie wurde von Zeise als postglacial angesehen, von Stolley als Interglacial 2.

Die Hebung bei Tarbeck und Blankenese (Lage 40—60 m) war bedeutender als auf Sylt, boreale und arktische Fauna fehlt über wie unter der Austernbank, die Senkung hatte also erst begonnen, als das Klima bereits einen milden Charakter angenommen hatte, ebenso fällt die spätere Hebung in diese Zeit.

Fahrenkrug, südwestlich von Tarbeck.

Berendt, Die Ablagerungen der Mark Brandenburg. 1863. p. 67. Taf. 2 Fig. 6; Gottsche, p. 51; Cleve, Diluviale und alluviale Diatomeen. 1882, p. 132.

Nach Berendt liegt der Diluvialthon unter gemeinem Diluvialsand und wird durch eine 3 m mächtige Feinsandschicht in zwei Bänke zerlegt, deren obere dem Brockenmergel ähnelt: alles wird discordant von Geschiebesand überdeckt; an

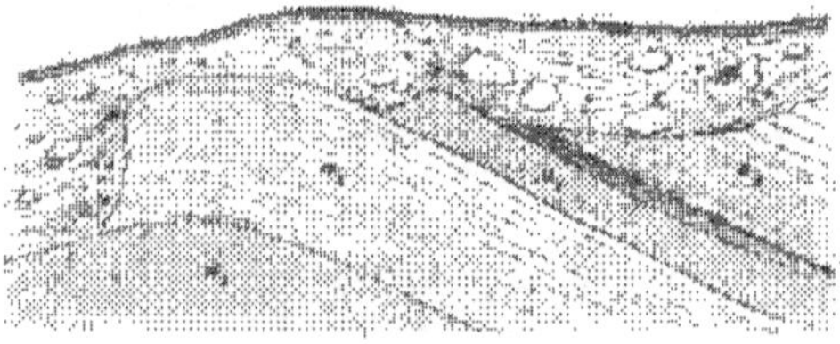

Fahrenkrug (nach Berendt).
a₁ Diluvialthon. a₂ Diluvialglimmersand. a₃ gemeiner Diluvialsand. e Decksand.

einer Stelle schiebt sich noch ein sandiger Geschiebemergel dazwischen. Nach Münthe mag die dortige Moräne die jüngste sein und die unterlagernden Schichten mit ihrer gemässigten Fauna in die jüngere Interglacialepoche gehören.

Oldesloe in Holstein.

Friedrich, Der Untergrund von Oldesloe. Mitth. Geogr. Ges. Lübeck. 16. 1902. p. 45.

In Oldesloe ist auf eine 1 km lange Fläche durch Bohrungen „Interglacial 2“

[1] Stolley, Geologische Mittheilungen von der Insel Sylt. I. Arch. Anthrop. Schl.-Holst. 3. 1900, p. 147. — Meyn, Sylt. Abh. z. geolog. Karte v. Preussen. I. (4.) 1876, p. 660 (als Kjökkenmödding angesehen).

[2] Vielleicht in der zweiten Interglacialzeit oder jünger.

[3] In der Abschmelzperiode der zweiten Eiszeit gebildet.

nachgewiesen; die Oberkanten liegen zwischen — 7 und — 20 m NN. Eine Bohrung (+ 16,5 NN.) ergab:

| | | |
|---|---|---|
| 0— 5,8 m | gelber Geschiebemergel, | oberer Geschiebemergel. |
| — 7,7 „ | eisenschüssiger Grand, | |
| — 8,3 „ | grauer Geschiebemergel, | |
| — 9,3 „ | „ Grand, | |
| — 12,6 „ | „ Geschiebemergel, | |
| — 18 „ | grandiger Sand, | z. Th. Vorschüttungsproducte des letzten Inlandeises, |
| — 18,4 „ | grauer Thonmergel, | |
| — 22,5 „ | „ grober und feiner Spathsand, | |
| — 23,8 „ | „ Mergelsand, | |
| — 24 „ | „ Geschiebemergel | |
| — 32,8 „ | „ Sand, | |
| — 33 „ | schwarze sandige Modde, | Interglacial 2 (4,6 m mächtig) (Oberkante — 20 m NN.), |
| — 33,9 „ | grauer kalkfreier Sand, | |
| — 35,5 „ | schwarze sandige Modde, | |
| — 35,8 „ | dunkler humoser kalkfreier Sand, | |
| — 37 „ | grünlichgrauer kalkhaltiger sandiger Thon, | |
| — 37,4 „ | blaugrauer fetter Thon, | |
| —103 „ | grauer Geschiebemergel mit dünnen Einlagerungen von grobem Sand, | unterer oder Haupt-Geschiebemergel. |
| —105,1 „ | grauer thoniger Sand, | |
| —116,6 „ | „ grandiger Sand, | |

In dem unteren Thon fanden sich Brackwasserconchylien, Ostracoden und Diatomeen (neben einzelnen Land- und Süsswasserpflanzen). Die sandige Modde enthält höhere Pflanzen und Diatomeen, welche die Modde als Süsswasserbildung charakterisiren, unserem jetzigen gemässigten Klima entsprechend.

Das allgemeine Bild der Ablagerung ist nach Friedrich folgendes: Von dem Verbindungsarm zwischen Nord- und Ostsee zweigte eine schmale Bucht mit nur schwach brackischem Wasser südwärts bis Oldesloe ab, das Wasser des toten Armes süsste bald aus und wurde von einer artenreichen Flora belebt. Laub- und Nadelholz bedeckte die Ufer. „Es ist das Bild, wie wir es heute noch dort zu sehen gewohnt sind."

Es war hier offenbar ein tiefer Flussarm mit der Ostsee in Verbindung, dessen Ausfüllung nachmals von Eis oder Drift beschüttet wurde. Die hangenden Diluvialbildungen haben hier eine viel grössere Mächtigkeit (12,5 m) als an anderen holsteinischen Orten, mehr dem Moriesburger Interglacial entsprechend. Ihr mehrfacher Wechsel von Geschiebemergel und Sanden deutet auf ein wiederholtes Vorrücken und Abschmelzen des Eises dicht hinter der Endmoräne hin.

Friedrich parallelisirt den unteren Thon mit den Austernbänken von Tarbeck und Blankenese und dem Thon von Fahrenkrug. Die Höhenlage der Orte ist allerdings von der des Oldesloer Thones sehr abweichend und diese Differenz wäre nur durch spätere Niveauschwankungen zu erklären. Tarbeck und Fahrenkrug liegen unmittelbar ausserhalb der „äusseren Hauptendmoräne", Oldesloe innerhalb.

Man würde also anzunehmen haben, dass der Eisrand sich weiter als die baltische Endmoräne zurückgezogen hatte und später infolge eines erneuten Vorstosses bis in oder über die Endmoränengegend kam, was einer normalen „Interglacialerscheinung" oder wenigstens der eines verhältnissmässig geringen Rückzuges (mit den üblichen Oscillationen) infolge der allgemeinen Klimaverbesserungen entsprache.

Betrachtet man aber Tarbeck und Fahrenkrug mit ihrer bedeutenden Meereshöhe als Bildungen der Nordsee und Oldesloe als Absatz eines mit der Ostsee in Verbindung stehenden Flusses, der alten Trave, so erscheint die Annahme nicht ungerechtfertigt, die Oldesloer pflanzenführenden Schichten als Ablagerungen der Litorinazeit aufzufassen, auf welche später von den Rändern des schmalen Thales (allerdings recht mächtige) Massen der benachbarten Diluvialhöhen durch Abrutsch u. dergl. geraten sind.

Der im dänischen Quartär gut entwickelte „Cyprinenthon“ soll nach Madsen beweisen, dass der südliche Theil des Balticums zur Interglacialzeit von einem Meere eingenommen war mit gemässigter Nordseefauna und Diatomeenflora. Die Lagerungsverhältnisse sind meist stark gestört oder sonst unsicher und wir dürfen wohl einfach den Cyprinenthon als praeglacial ansehen.

Auf deutschem Boden sind folgende Vorkommnisse von Cyprinenthon bekannt:

Apenrade. Bei Hostrupholz (13 m) wird 10 m Cyprinenthon von 2—3 m unbestimmten feinen Sanden überlagert und wahrscheinlich von unterem Geschiebemergel unterteuft: vielleicht ist in letzterem der Thon nur eine Scholle.

Alsen. Die Strandprofile von Mommark, Kekenis und Habernis[1] zeigen gemeinen Cyprinenthon (mit gemässigter Fauna) in starken Stauchungen und schollenartiger Verbindung mit grauem unteren Geschiebemergel und z. Th. Korallensand; theilweise auch in wenig gestörter Lagerung. Unterlagerung durch miocänen Glimmerthon resp. Geschiebemergel. Bei Kekenis auch eine kleine Süsswassereinlagerung. Gottsche hält den Thon für praeglacial, Madsen für interglacial. Es liegt nahe, die Punkte als praeglacial oder altglacial anzusehen.

Der Cyprinenthon bei Süderholz auf Alsen gegenüber Kekenis zeigt folgendes Profil[2].

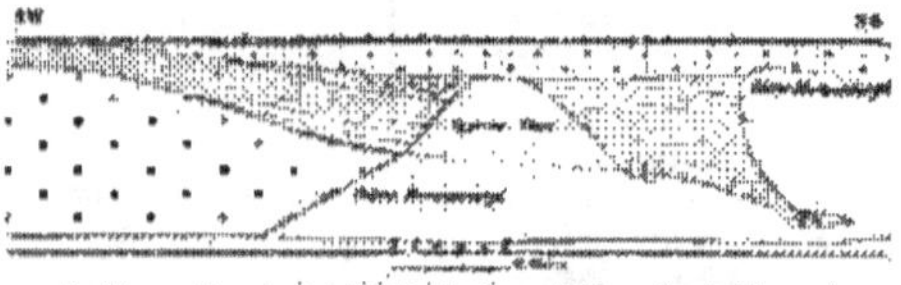

Profil am Strande bei Süderholz auf Alsen (nach Madsen).

Auf grauem Geschiebemergel, (bis 14 m, als der Hauptvereisung angehörig betrachtet) liegt eine sich verdickende Schicht von steinfreiem geschichtetem Cyprinenthon, darüber z. Th. Sand oder direkt 2—3 m graubrauner, mehr verwitterter Geschiebemergel (des jüngeren baltischen Eisstromes).

Wichtig ist im Cyprinenthon eine 0,2—0,3 m mächtige Sandablagerung mit Süsswassermollusken. Das Vorkommen von Süsswasserformen wird durch Verschiebungen der Strandlinien erklärt. Geschiebemergelähnliche Schichten und thonige Sande mit kleinen Geschieben im Cyprinenthon führt Madsen auf Oscillation des Eises oder Treibeis zurück. (Also Eisberge im gemässigt temperirtem Meer!) Auch im unteren Geschiebemergel fanden sich zweifellos quartäre Foraminiferen, die vielleicht aus zerstörten praeglacialen Lagern stammen. Z. Th. geht Geschiebemergel nach unten in marinen Thon über.

Unter Voraussetzung, dass die sedimentären Lager in situ auftreten, hält Madsen und Gottsche den Thon für interglacial; Madsen glaubt, „dass das Landeis während des wärmeren Theiles dieses Abschnittes sich nicht nur vom südbaltischen Gebiete zurückgezogen habe, sondern vielleicht zum grösseren Theil sogar in Skandinavien hinweggeschmolzen sei“. Johnstrup hatte die Störungen durch Treibeis zu erklären versucht; die Gleichartigkeit des hangenden und liegenden Geschiebemergels zwinge nicht zu der Annahme, dass nach Absatz des Cyprinenthons eine erneute Zufuhr von Moräne stattgefunden habe.

Auf die Ähnlichkeit der Verhältnisse hier und im Weichseltaldelta sei hier besonders hingewiesen: an beiden Orten marine und Süsswasserablagerungen, an beiden auch dichte Nachbarschaft „prae- und interglacialer“ Ablagerungen.

Das marine Quartär der cimbrischen Halbinsel ergiebt folgendes Bild: Der von Hamburg etwa 100 km landeinwärts reichende Elbmündungstrichter zeigt in

[1] Gottsche, p. 43—46. Johnstrup, Nogle Iagttagelser, p. 62—65, Fig. 10—12. Madsen, Studien 1896, p. 59.

[2] Madsen, Studien, p. 54; Profil. Gottsche, p. 42. Johnstrup, Nogle Iagttagelser, p. 60.

seinem oberen Theil praeglaciale Süss- und Brackwasserbildungen, bei Hamburg in bedeutender Tiefe gemässigte Litoralfauna mit Glacialeinschüben. Eine Erweiterung nach Westen ermöglicht für das Nordseewasser freiere Zugänge; daher bei Stade arktische Thone mit dünner Austernbank (schwimmende Eismassen, verschiedene kalte und warme Strömungen). Rechtsseitig hat Ütersen gemässigte Fauna.

Erhebliche Niveaudifferenzen deuten auf weitere Senkung innerhalb der Bucht.

Fundorte auf der Westseite der Halbinsel zeigen, dass das Meer einen Saum des Landes bedeckte (Landsenkung bis mindestens 20 m). Der freiere Zugang des Meeres ermöglichte z. Th. arktische und boreale Fauna (Sylt mit seiner jungen Austernbank lehrt, dass auch in späterer Zeit die Senkungen sich wiederholten, resp. fortbestanden).

Im Süden der Provinz scheinen sich Arme nach der Ostsee zu erstrecken, deren Wasser bei Burg 40 m höher als heute stand. Die Fauna ist theils arktisch, theils gemässigt. Die Schichten wurden später oft von Glacialvorschub gestaucht oder von Dislocationen betroffen.

Von Osten her greift die Ostsee bei Alsen und Langeland ein und führt Nordseefauna von gemässigtem Charakter. Süsswasserbildungen zeigen die Nähe von Land an. Die Lagerungsverhältnisse sind oft stark gestört und unsicher.

Dieses Gebiet ist auch in der eigentlich „spätglacialen" und postglacialen Zeit theilweiser erneuter Senkung unterworfen gewesen (jüngerer Yoldienthon, Litorina-Ablagerungen).

Rügen.

Hiddensöe[1]. Profil nach Munthe:

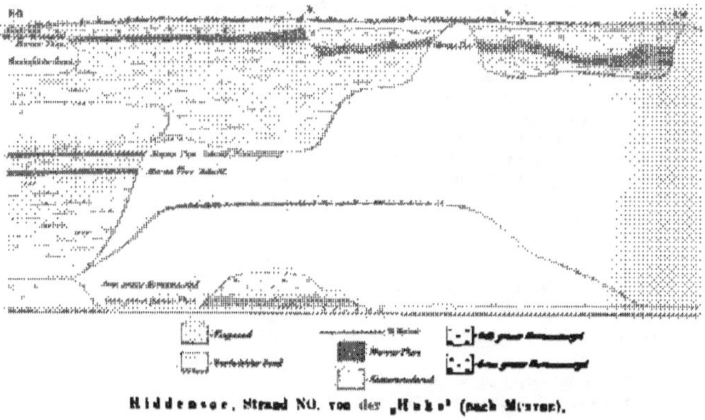

Hiddensoe, Strand NO. von der „Huke" (nach Munthe).

[1] Geinitz, Die Dislocationen auf Hiddensöe. Berlin 1891. Munthe, Studien p. 40, Prof. p. 42. Deecke, Geologischer Führer durch Pommern, p. 55.

1—3 m Flugsand und Steinpflaster, mit windgeschliffenen Steinen,
4 „ gelbgrauer Geschiebemergel (auch mit einigen quartären Foraminiferen),
3 „ mariner fossilführender Thon,
20—30 „ geschichteter Sand, in ihm eine 6—7 m dicke Bank von Geschiebemergel, darunter zwei dünne Thonbänke, deren untere mit Foraminiferen,
am Strand unten Geschiebemergel, darunter mariner Thon, vielleicht abgerutscht.
Im obersten und untersten marinen Thon die gleichen Mollusken des Cyprinenthones und Foraminiferen von gemässigtem Charakter,
von den zwei mittleren Thonbänken die obere wahrscheinlich fluvioglacial, die untere mit Foraminiferen von kälteren Bedingungen, ähnlich wie im untersten Cyprinenthon.

Die drei Moränenhorizonte braucht man natürlich nicht, wie auch Munthe betont, als Producte von drei Eiszeiten anzusehen. Die vielen Abrutsche und Dislocationen, die an dem Kliff wahrzunehmen sind, lassen eine folgende Erklärung des Profils zu.

1. Obere Moräne mit Flugsand;
2. darunter mariner Cyprinenthon mit gemässigter Fauna,
3. darunter fluvioglaciale Sande und
14. unterer Geschiebemergel am Strande.

Die mittlere Moränenbank mit ihrer Unterlage von:

a) fluvioglacialem Thon,
b) Sand,
c) unterem marinem Thon von etwas anderer Fauna als oben,

kann als in postglacialer Zeit abgerutschte Scholle von oberer Moräne mit ihrer Unterlage gelten.[1] Ebenso ist das Vorkommen der untersten Thonlage, von Deecke als praeglacial angegeben, vielleicht auf Abrutsch zurückzuführen.

Nach Munthe musste die fragliche Gegend um etwa 60—65 m niedriger gelegen haben als heute.

In Sassnitz auf Rügen auf (+ 40 — 50 m) fand Struckmann[2]:

7 „ bräunlicher Geschiebelehm,
1,25 „ Sand mit marinen Mollusken, *Tellina baltica*,
0,75 „ Sand mit Süsswassermollusken,
0,75 „ geschichteter Thon und Sand ohne Versteinerungen,
2.5 m bläulicher Geschiebemergel.

Struckmann und Munthe sehen die Schichten als interglacial an, Jentzsch als praeglacial.

Als ein isolirtes Vorkommnis von marinem Diluvium erschien Kolberg mit Nordseefauna im Diluvialgrand. Branco theilte aber neuerlich mit, dass die Schalreste nicht als Diluvialfauna gelten dürfen, sondern dass es sich dort nur um alten, unter der Düne zum Vorschein gekommenen Schiffsballast handelt.[3]

## Ost- und West-Preussen.

Die Verbreitung der unterdiluvialen Meeresfauna umfasst im östlichen Norddeutschland ein grosses Gebiet, welches sich zwischen Danzig und Thorn und von da östlich bis fast zur russischen Grenze erstreckt[4]. Bei den meisten Funden ist

[1] S. auch Munthe, p. 50, vergl. Taf. 3 bei Geinitz.

[2] Struckmann, Z. deutsch. geol. Ges. 1879, p. 788. Wahnschaffe, ibid. 1882, p. 598. Munthe, Hist. p. 62.

[3] Branco, Zeitschr. d. geol. Ges. 1884, 168. Ebenda 1902, 116.

[4] Karte von Jentzsch, Jahrb. pr. L.A. f. 1884, Taf. 27; die neuen Kartirungsarbeiten haben noch mehr Funde ergeben.

die Fauna auf secundärer Lagerstätte, daher das Zusammenvorkommen von *Cardium* und *Dreyssensia*. Es sind hier Einschwemmlinge, die nur beweisen, dass die betreffenden Lager in der Nähe existirt haben.

Es findet sich hier arktische und „Nordseefauna", erstere weniger räumlich ausgedehnt als letztere.

Jentzsch hat die „interglaciale" Fauna als „Nordseefauna" bezeichnet¹ und nennt: *Cardium edule*, *C. echinatum*, *Tellina solidula*, *Corbula gibba*, *Mactra subtruncata*, *Scrobicularia piperata*, *Tapes virgineus*, *Cyprina islandica*, *Ostrea edulis*, *Mytilus edulis*, *Nassa reticulata*, *Cerithium lima*, *Litorina litorea*, *Scalaria communis*.

Schröder will dagegen die Bezeichnung „Nordseefauna" nicht gelten lassen, sondern stellt die marine Diluvialfauna Preussens der recenten Fauna der westlichen Ostsee an die Seite².

Gliederung nach Jentzsch (Ber. Prov.-Mus. 1896. p. 75; 108. Sitzber. phys.-ökon. Ges. 1896):

| | | | |
|---|---|---|---|
| Jungglacial | Geschiebemergel, Spathsand, Mergelsand, Geschiebemergel. | Prussian | Oberer Geschiebemergel = Mecklenburgian. Rothöfer Geschiebemergel = Rothöfian. |
| Interglacial | Thon, Meeressand, Sand mit Kohle, Spathsand, Grand, Thon. | Neudeckian | Schlanzer Stufe, darüber bei Marienburg: Hangende Neudeckian-Sande, Nogatstufe, Weichselstufe = Vistulian, darunter bei Marienburg: Hommelstufe, Hummelian, Liegende Neudeckian-Sande. |
| Altglacial | Geschiebemergel und Thon mit wenigen dünnen Sandlagen. | Stargardian | Oberster Geschiebemergel = Fiedlitzer Mergel, Unterster Geschiebemergel = Lenzener Mergel. |
| Frühglacial | Spathsand. | Elbingian | |

Für die östliche Umgebung des Weichseldeltas giebt Jentzsch³ folgende Gliederung:

| | | |
|---|---|---|
| Jungglacial (20 m) | Oberdiluvialsand, Block- und Geschiebebestreuung (1—2 m), Oberer Diluvialmergel (3—4 m). Unterer Diluvialsand, Grand, Mergelsand und Thonmergel (11 m). | Nordsee-, Eismeer-, Süsswasser- u. Landthiere vermischt auf zweiter Lagerstätte. |
| | Unterer Geschiebemergel, z. Th. mit geschiebefreien Einlagerungen (5 m). | Nordseethiere auf zweiter Lagerstätte |
| Interglacial (32 m) | Unterer Diluvialsand mit Einlagerungen von Mergelsand und Thon (32 m). | Nordseethiere auf erster Lagerstätte |

¹ Jahrb. preuss. geol. L.A. f. 1881, p. 546 und Führer durch das Provinzialmuseum Königsberg 1892, Tab. 1.
² Jahrb. preuss. geol. L.A. f. 1885, p. 234.
³ Erl.-Bl. Riesenburg, 1895, 20, vergl. auch Bl. Gr. Krebs 14.

Man kennt nur wenig Fundorte, wo die marine „interglaciale" Fauna auf primärer Lagerstätte sich findet; und auch diese werden z. Th. noch angezweifelt.

Jentzsch u. A. rechnen hierzu Dirschau, Marienwerder, Mewe, Graudenz, Neudeck, Gawdin, Kiwitten, Heilsberg u. A.

### b) Die „interglacialen" Süsswasserbildungen.

#### a) Torflager.

Den Torflagern ist folgendes gemein: Es entwickelten sich in breiten alten Flussthälern oder Niederungen, resp. in Mulden von Geschiebemergeln Torflager mit Pflanzen gemässigten Klimas *(Brasenia)*; Klimaschwankungen sind z. Th. nachweisbar. Arktische Pflanzen sind z. Th. an der Unterkante gefunden, im hangenden Schwemmthon nur bei Klinge. Die Lager wurden später durch Thalgrande oder andere Ablagerungen localen Ursprungs bedeckt und dabei z. Th. oberflächlich zerstört. Vielfach ist die alte Niederung noch jetzt im Gelände erkennbar.

Die wichtigsten Funde liegen ausserhalb der Vereisungsgrenze der „jüngeren" Eiszeit, die unsicheren preussischen innerhalb derselben.

**Klinge bei Kottbus.**

Litteratur s. Geinitz, Einheitlichkeit der quartären Eiszeit S. 87.

| Nach Nehring | nach Credner |
|---|---|
| ist das Klinger Profil folgendes: | |
| 1. Gemengter Sand ca. 1/2 m.<br>2. Horizontal geschichteter gelber Decksand 2 m. | 3. Discordant auflagernd Decksand, weisser bis hellgelber dünnschichtiger Sand. |
| 3. „Oberes Torflager" 1/2–1 m, nach S. auskeilend, mit meist undeutlichen abgeriebenen Pflanzenresten (hier *Megaceros, Rhinoceros*).<br>4. „Oberer Thon", graugelb, plastisch, fein, kalkreich, 2–2 1/2 m.<br>5. Derselbe Thon mit sehr dünnen, horizontalen, torfigen Zwischenlagen in 1/2–1 m (hier *Bison, Equus*).<br>6. „Unteres Torflager", kohlig-torfige Schicht mit zahlreichen wohlerhaltenen (meist horizontal gelagerten Pflanzenresten), 1/2–3/4 m, nach S. auskeilend, comprimirt (hier *Emys, Tinca, Cervus tarandus, Equus, Rhinoceros, Elephas, Castor*).<br>7. „Lebertorf", hart, scherbig-blätterig, 0,5 m, nach S. auskeilend = „*Cratopleura*-Torf" (mit *Emys, Tinca, Esox, Megaceros*).<br>8. Übergangsschicht, theils sandig, theils Süsswasserkalk, ca. 0,2 m, z. Th. unten mit lebertorfähnlicher Schicht.<br>9. Sehr feiner kalkreicher hellgrauer Thon, meist steinfrei „unterer Thon" bis 4 m (*Megaceros Ruffii, Cervus alces, C. elaphus, Rhinoceros, Vulpes, Castor*; ganze Skelette). | 2. Die Klinger Schichten.<br>a) Oberer graugelber Thonmergel, unten durch dünne vegetabilische Lagen schwarz gebandert, noch oben local innig gemengt mit pflanzl. Masse, welche im nördlichen Theile an reinerem Torf anreichert und das obere Torfflötz bildet.<br>b) Schichtig gesonderter Torf, zu unterst Lebertorf.<br>a) Unterer grünlichgrauer Thonmergel. |
| 10. Conglomeratähnlicher Kies (Bischschotter) bis 1 m.<br>11. Gelbrother weicher Thon ca. 0,5 m.<br>12. Schwarzer schliffiger Thon ca. 1 m. | 1. Diluvialgrand, reich an nordischem, jedoch auch mit Lausitzer Material. |

Das Hauptinteresse concentrirt sich auf die kohlig-torfige Schicht 6 (das „untere Torflager") mit ihren zahlreichen Pflanzenresten, die vorzugsweise aus Samen und Früchten bestehen, daneben auch viele Blätter, Stamm- und Zweigstücke von Bäumen, sowie Rhizome u. A. enthalten. Die allermeisten kommen

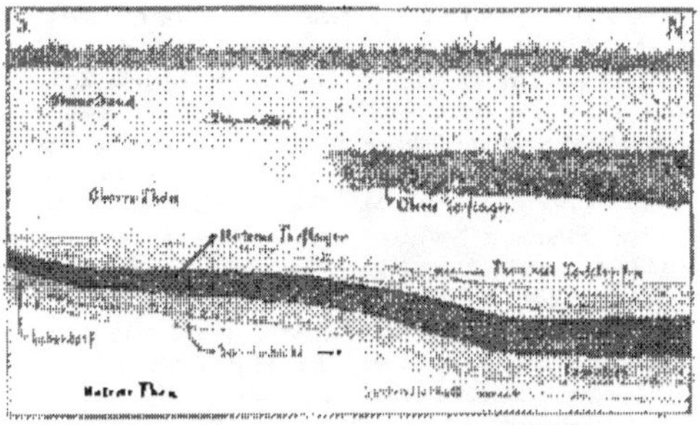


Profil aus der Thongrube zu Klinge (nach Nehring).

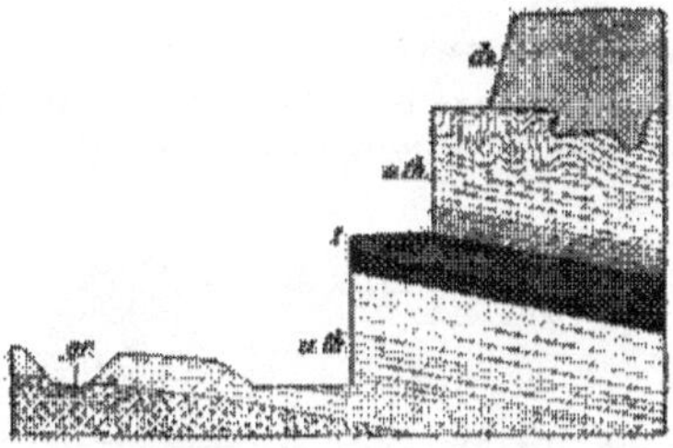


Profil durch die im südlichen Theile der Schulz'schen Thongrube zu Klinge aufgeschlossenen Diluvialgebilde. (Credner).

*gr* = sandiger Grand; *u. th* = unterer Thonmergel; *t* = Torfflötz, zu unterst Lebertorf; *o. th* = oberer Thonmergel, zu unterst mit dünnen Lagen von Torf, im nördlichen Theile des Tagebaues zu oberst mit einer wolkig begrenzten humosen bis torfigen Einlagerung; *ds* = Decksand.

noch heute in Deutschland vor, keine nordische Art ist gefunden, alle deuten auf ein gemässigtes Klima. 1 Species *(Cratopleura = Brasenia holsatica)* ist ausgestorben, von den beiden anderen Samen hat sich Folliculites als recent erwiesen (Stratiotes[1]).

Das untere Torflager ist an Ort und Stelle gebildet, während das obere Torflager als ein Ausschwemmungsproduct auf secundärer Lagerstätte angesehen wird.

[1] Keilhack, Jahrb. f. Min. 1899, II. 843.

Obwohl von keiner Grundmoräne überlagert, hält Nehring das Lager für interglacial, da es zwischen fluvioglacialen Bildungen liegt und weil Nathorst im oberen Thon *Betula nana* gefunden hat; Nehring stellt es zum Interglacial I.

Das Resultat der ausgedehnten Discussion über Klinge ist folgendes: Der liegende Schotter ist „altdiluvial", Product der sogen. zweiten Eiszeit. Die früheren Niederungen sind durch den Decksand mehr oder weniger eingeebnet. Für den hangenden Decksand kann man nach Analogie mit seinem ganzen Vorkommen in Sachsen nicht behaupten, er sei der Vertreter einer neuen selbständigen Vereisung, sondern muss ihn noch zur Haupteiszeit rechnen. Will man auch die Andeutung einer Klimaverschlechterung am Schluss der Klinger Ablagerung durch den *Betula nana* führenden oberen Thon zugeben, ist doch kein Nachweis eines genügend weiten südlichen Vorstosses des Eises erbracht. Die Blättchen von *Betula nana* können auch aus weiterer Entfernung herbeigeschwemmt sein. Andererseits sind die für das südliche Gebiet „postglacialen" Klinger Schichten kein Beweis dafür, dass das Eis sich bis in den hohen Norden völlig zurückgezogen habe. Es kann vielmehr ganz wohl im nördlichen Deutschland noch existirt und mag grosse oder kleine Vorstösse nach Süden ausgeführt haben. Im Allgemeinen schoben sich die wärmeren Klimabedingungen langsam weiter nach Norden. Man kann also überhaupt keine zeitliche Parallelisirung geben; was für den Süden schon postglacial war, ist im Norden noch glacial.

## Lauenburg a. Elbe.

Litteratur in Geinitz, Einheitlichkeit der quartären Eiszeit, S. 82.

Das Torflager am Kuhgrund bildet die Ausfüllung einer Mulde des dort in mehrfachen flachen Wellen aufsteigenden unteren grauen Geschiebemergels, deren

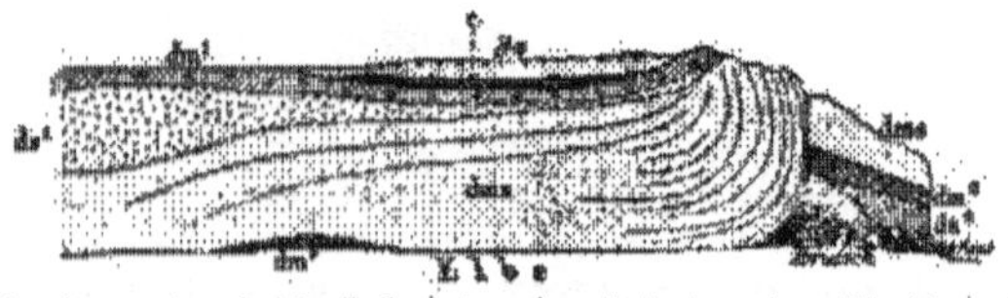


ds = Decksand; *t* = interglacialer Torf; *dm*¹ = obere Bank des unteren Diluvialmergels; *ds*¹ = unterdiluvialer Spathsand; *dms* = unterdiluvialer Mergelsand; *dm*² = unterer Diluvialmergel im Liegenden des Mergelsandes; *ds*² = unterdiluvialer Spatsand im Liegenden der unteren Geschiebemergelbank.

einer seitlich aufsteigender Flügel zuerst fälschlich für überlagernden oberen Geschiebemergel angesehen worden war. Die Überlagerung durch oberen ist nicht vorhanden. Das Hangende des Torflagers bilden bis zu 10 m mächtige Sande von diluvialem Aussehen; dieselben werden jetzt in ihrer Gesammtheit als „Decksand" angegeben, einer Deutung der hangenden Sande als jungdiluviale, resp. postglaciale „Thalgrande" steht aber nichts im Wege.

Das Lager erstreckt sich auch weiter landeinwärts unter die Wiesen der noch deutlich erkennbaren Niederung.

Allein massgebend für die Altersbestimmung ist die Flora, deren Charakter „zu der Annahme eines dem heutigen mindestens gleichstehenden, wenn nicht etwas wärmeren Klimas und damit nothwendig zu der Annahme zwang, dass zur Zeit der Entstehung dieses Torflagers das Inlandeis mindestens bis tief nach Skandinavien hinein sich zurückgezogen haben müsste". Für das diluviale Alter wird das Vorkommen der in Europa ausgestorbenen *Cratopleura holsatica* = *Brasenia purpurea* als wichtiger Beweis angeführt.

Nach dem durch Weber erweiterten Begriff interglacial will man Lauenburg als „interglacial 2" bezeichnen. Nathorst sagt: „nur im Verhältnis zur ersten Eisbedeckung kann demzufolge das betreffende Torflager als „postglacial" (supramoränisch) bezeichnet werden"[1].

Im Zusammenhang mit dem Torflager am Kuhgrund standen vermutblich drei weiter unterhalb an der Elbe vorkommende; sie liegen unter noch heute vorhandenen Rinnen!

Das Lager von Tesperbude beschreiben Koert und Weber[2]: Sie fanden am Elbufer, beim Ausgange des Hahnebergthales unter einer Thonbank als Einlagerung im „unteren" Sand ein „interglaciales" Torflager mit stark zusammengepressten Holzresten. Die Sande werden nicht an dieser Stelle, aber weiterhin von „oberem" Geschiebemergel bedeckt. Das beifolgende Profil ist ein Combinationsprofil!

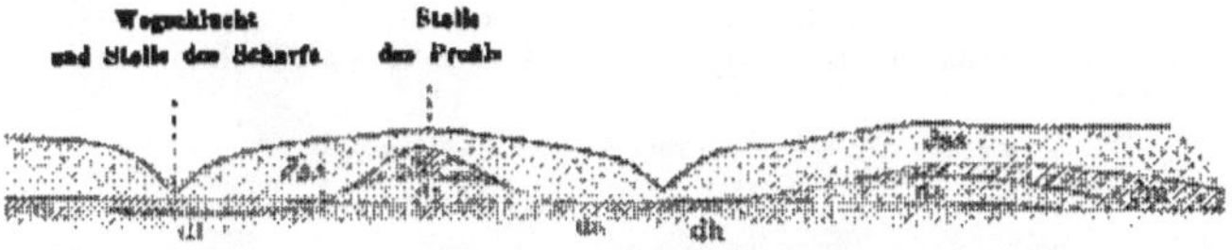


*das* = Thalsand; *dm* = oberer Geschiebemergel; *ds* = unterer Sand, *dth* = Thonbank im unteren Sand; *dt* = Diluvialtorf.

Honerdingen bei Walsrode in der Lüneburger Heide, 40 m ü. d. M., zeigt in einer flachen Thaldepression die Süsswasserausfüllung eines steiluferigen Seebeckens[3] mit folgendem Profil:

7. Oberer Geschiebesand, oft ohne scharfe Grenze nach unten, mit unregelmässig vertheilten Geschieben verschiedener Grösse, ungeschichtet oben, mit Ortstein.
6. Discordant geschichteter Quarzsand, ohne Geschiebe.
5. Sandiger Torf, z. Th. mit thonigen Bänken, z. Th. fast reiner Torf mit *Bos primigenius*, Edelhirsch.
4. Moostorfbank.
3. Lebertorf mit viel Pflanzen.

[1] Lauenburg ist natürlich „absolut" jünger wie Klinge. — Anm. F. Meunier beschreibt einige Käferreste aus der praeglacialen Braunkohle und dem interglacialen Torf von Lauenburg im Jahrb. preuss. geol. L.A. f. 1900, 30.

[2] Über ein neues interglaciales Torflager (Jahrb. preuss. geol. L.A. f. 1899 p. 185).

[3] Weber, Über die fossile Flora von Honerdingen und das nordwestdeutsche Diluvium. Abh. naturw. Ver. Bremen. 1896, p. 413.

2. Süsswasserkalk, unten thonig und sehr muschelreich, in der Mitte feingeschichtet, kalkreich, oben kalkärmer. Er enthält Diatomeen, zahlreiche Samen und Früchte, Holz und Blattreste; Fische, Schildkröte, Biber, Hirsch, Reh, *Megaceros*, *Bos primigenius*, *Bison priscus*.

1. Unterer Geschiebesand mit reichlichen Bryozoen (nur an den Rändern beobachtet); von den Steilufern der Mulde sind Zwischenlagen des Grandes in den liegenden Kalk geführt. Dieser Sand „muss als der Rückstand einer vorausgegangenen Glacialzeit aufgefasst werden“.

Die Zerstörung der Randtheile der Ablagerung ist nach Weber durch äolische Verhältnisse erfolgt (Mullwehen). Die beiden hangenden Sandschichten weisen darauf hin, dass das Klima schliesslich in das einer neuen Gletscherzeit überging; der discordant geschichtete Quarzsand soll seinen Ursprung in einem Sandr genommen haben, als Spur des neuen Landeises gilt der obere Geschiebesand. An der Unterkante der fossilführenden Ablagerungen wurden arktische Pflanzen gefunden. Weber hält Honerdingen für interglacial [1]. Man kann Honerdingen wohl auch mit dem Lauenburger Torf parallelisiren. Die Überlagerung durch Sande bietet keine Schwierigkeit, wenn wir ähnliche Verhältnisse an zweifellos postglacialen Torfmooren wiederfinden (vergl. z. B. das scheinbar in Heidesand eingelagerte Torflager der Rostocker Heide, s. u.).

Auch das Vorkommen von Fahrenkrug in Holstein ist nicht interglacial, sondern entspricht einem postglacialen Torfmoore im Gebiet der Endmoräne.

Ebensowenig ist für die interglaciale Stellung der Torflager von Beldorf und Gross-Bornholt am Nordostsee-Canal eine stratigraphische Begründung erbracht [1] worden.

Wir lassen das Weber'sche Profil hier nochmals folgen:

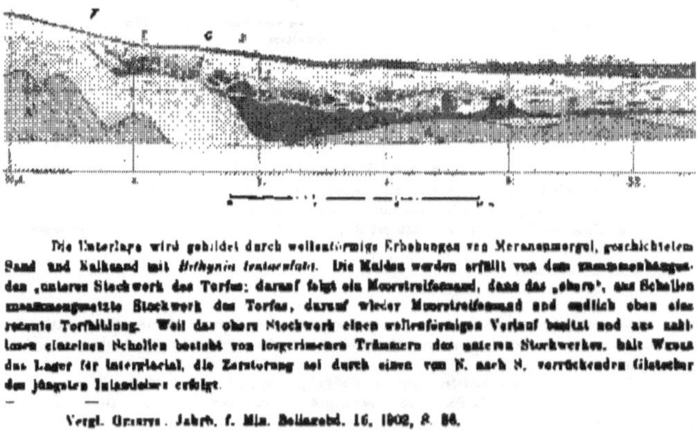

Die Unterlage wird gebildet durch wellenförmige Erhebungen von Moränenmergel, geschichtetem Sand und Kalksand mit *Bithynia tentaculata*. Die Mulden werden erfüllt von dem zusammenhängenden „unteren Stockwerk des Torfes; darauf folgt ein Moorstreifensand, dann das „obere“, aus Schollen zusammengesetzte Stockwerk des Torfes, darauf wieder Moorstreifensand und endlich oben eine recente Torfbildung. Weil das obere Stockwerk einen wellenförmigen Verlauf besitzt und aus zahllosen einzelnen Schollen besteht von losgerissenen Trümmern des unteren Stockwerkes, hält Weber das Lager für interglacial, die Zerstörung sei durch einen vom N. nach S. vorrückenden Gletscher des jüngsten Inlandeises erfolgt.

1 Vergl. Geinitz, Jahrb. f. Min. Beilagebd. 16, 1902, S. 56.

Diluvialkohle von Purmallen (in dem bekannten Bohrloch):

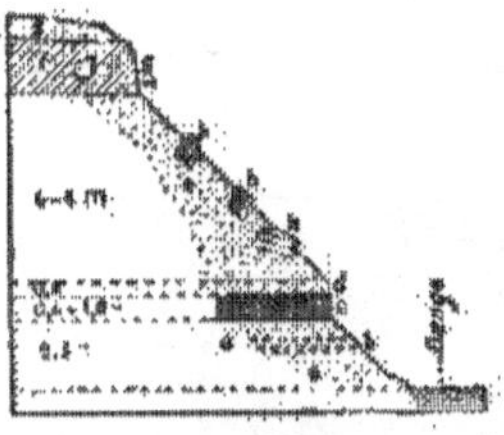

Jentzsch, Beitr. z. Ausbau etc. Jahrb. preuss. geol. L.A. f. 1884, p. 510; Z. deutsch. geol. Ges. 1880, p. 669.

„Die Purmallener Kohle ist als locale Torfbildung aufzufassen, die nachher versandet und schliesslich unter dem vorrückenden Gletscher begraben ward.“ Es ist keine Scholle tertiären Materials, wie Berendt annahm.

Dieselbe Kohle fand Jentzsch im gleichen Niveau 2 km nördlich davon, bei Gwilden an der Dange (ibid. p. 511); siehe beistehendes Profil.

Auf diluvialem Sand eine 0,6—1 m mächtige Bank von Kohle, bedeckt von 6—8 m Diluvialsand, darüber 2 m gelbbrauner Geschiebemergel und 1 m Sand und Grand.

Jentzsch ergänzt nun das Purmallener Profil wie folgt:

3 m zweite Vergletscherung (Diluvialsand, Geschiebemergel, Sand),
21,6 „ Interglacial (Diluvialsand, Kohle, Sand, Thon),
27 „ erste Vergletscherung (Geschiebemergel, Sand, Geschiebemergel),
27 „ Verläufer der ersten Vergletscherung (Sande, ?Geschiebemergel, Sande).

Ebenso fand sich in Memel[1] und bei Widminnen[2] Diluvialkohle:

5—12 m Schlick,
15,5 „ Gerölle, Grenzschicht zwischen Alluvium und Diluvium,
-17 „ Diluvialsand,
18 „ Thon,
—24 „ geschiebefreier Sand,
27 „ Sand mit Diluvialkohle,
32 „ Thon,
57,5 „ Geschiebemergel,
61,5 „ Sand,
62 „ Geschiebe,
65 „ Geschiebemergel,
Jura.

3 m Alluvium,
—28 „ Sande,
—36 „ Thon und Mergelsand,
—46 „ Geschiebemergel,
—56 „ Mergelsand und Thon,
—57 „ Geschiebemergel,
—59 „ Thonmergel,
—60 „ dünnplattige Moorkohle (mit *Hypnum trifarium*),
—92,5 „ Geschiebemergel,
—95 „ Grand und Sand.

Jentzsch lässt noch unentschieden, welcher Interglacialperiode die Widminnener Moorkohle angehört; „unter der Annahme, dass die Tiefenangaben aller Bohrproben richtig sind und natürliche Faltungen oder Überschiebungen nicht vorliegen, möchte er das Profil so deuten, dass es für die Schichten von 46—60 m einen nicht unerheblichen Rückzug der Gletscher andeutet, in welchem der geschiebeführende Mergel von 56—57 m einen örtlichen nochmaligen Vorstoss der Gletscher bezeichnet. Danach würde also die Widminnener Moorkohle den Rückzugsbildungen eines älteren mächtigen Inlandeises angehören. Bemerkenswerth sind die Reste des Holzes, welches für die in Frage kommende Zeit jedenfalls ein hochnordisches Klima ausschliesst.“

In untenstehender Figur giebt Jentzsch ein Profil durch Memel und Purmallen, wo die kohlenführende Interglacialstufe sichtbar ist und bemerkt, dass sie nahe der hangenden Grenze des dortigen Diluviums auftritt, mithin die jüngste der deutschen Interglacialstufen vertritt. Er fasst die mit der Kohle von Purmallen und Memel verbundenen Sande und Thone als „Gwildener Schichten“ zusammen. (Profil s. nebenstehende Seite.)

[1] Jentzsch, Neue Gesteinsaufschlüsse. Jahrb. preuss. geol. L.A. f. 1895, p. 14.
[2] Bericht, Schr. phys. Ges. Königsberg 1896, p. 31.

Dieses Profil erscheint ja recht einleuchtend, ist aber doch wohl mit Vorsicht anzusehen, da es nur auf Combination beruht. Der Memeler Torf könnte z. B. ganz gut als postglacial gelten; Purmallen liegt in einem Thaleinschnitt, Gwilden am Thalgehänge.

Das Vorkommen von torfigen Lagen mit Holzresten in Sanden darf man nicht als „Interglacial-

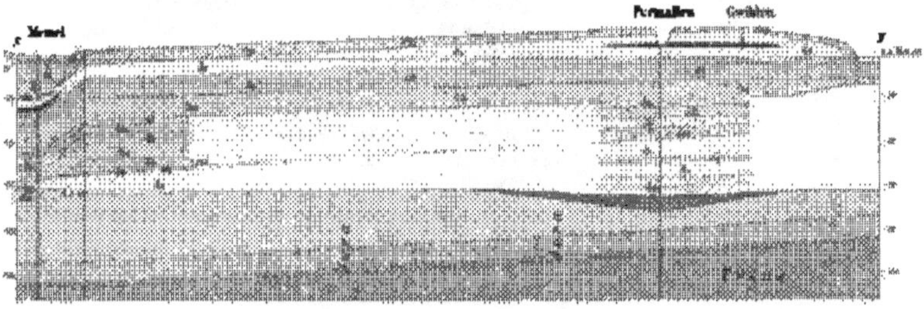


Aufschluss" verwerten. Solche Dinge können eingeschwemmt oder auch unmittelbar am Rande des Eises gebildet sein, ohne echte Interglacialbildungen zu sein. Man vergl. die Eiswälder von Alaska p. 4, 5. Beobachtungen der Art, wie z. B. Jentzsch aus Westpreussen mittheilt[1], lassen sich an manchen anderen Orten wiederholen; ich fand früher ähnliches in Diluvialsanden bei Bützow und Parchim.

### β) Diatomeenlager.

## Klieken in Anhalt.

Staiger, Das Bacillarienlager bei Klieken. Dessau 1884. Festschrift. Siehe Karte und Profil.
— Mittheilungen über das Diatomeenlager bei Klieken. 1891. 9. Jahresbericht des Realgymnasiums.
Keilhack, Geologische Mittheilungen aus dem südlichen Fläming. Jahrb. pr. geol. L.-A. f. 1898, 128.

Ein ziemlich grosses Lager am Elbgehänge, bedeckt von Geschiebesand und unterlagert von geschiebefreiem Sand, z. Th. mit Sand wechsellagernd, enthält Süsswasserformen, Fischreste, *Pinus*, ist die Ausfüllung eines alten Seebeckens, dessen südlicher Theil bereits der Erosion durch Elbwasser anheimgefallen ist.

Staiger nimmt für das Diatomeen- und das benachbarte Ockerlager ein interglaciales Alter an. Eine Betrachtung des Profils und der Lage am Rande des grossen Elbthales macht aber die Ansicht, dass es ein postglaciales Vorkommen ist, sehr wahrscheinlich.

### γ) Lager mit Süsswasserconchylien.

Wahnschaffe hebt hervor, dass die Molluskenfauna jener Ablagerungen sich nicht von der heutigen unterscheidet (bis auf die *Paludina diluviana*, deren Vorkommen auf primärer Lagerstätte übrigens nicht feststeht).

Die gewöhnlichen Arten sind: *Valvata piscinalis*, *Bithynia tentaculata*, *Planorbis marginatus*, *Pl. carinatus*, *Limnaea auricularia*, *L. stagnalis*, *L. ovata*, *Sphaerium solidum*, *S. rivicolum*, *Pisidium amnicum*, *P. nitidum*, *Dreyssensia polymorpha*, *Unio*, *Anodonta*.

Bei Werder fand Koert[2] auf Spathsand 2—2,5 m Sande mit Valvaten und Pflanzenresten, darüber Grand mit eingeschalteten dünnen Bänken von diatomeenführendem Süsswasserkalk. Im Hangenden folgen Spathsande und am Fusse des

[1] Zeitschr. d. deutsch. geol. Ges. 1901, -97-.
[2] Zeitschr. deutsch. geol. Ges. 1899, p. 60.

Gehänges horizontal geschichteter Thalsand. Kobert rechnet dieses Vorkommen zu den primären und stellt es zum jüngeren Interglacial, es schliesst sich nach ihm eng an das vom Rollberg bei Rathenow an.

## Korbiskrug bei Königswusterhausen.

Laufer. Ein Süsswasserbecken der Diluvialzeit. Jahrb. preuss. geol. L.A. f. 1881, p. 496.

Der Fundort ist auf eine kleine Strecke beschränkt, die innerhalb einer Thalfläche liegt. In der Umgebung tritt mächtiger Diluvialthon auf, frei von Conchylien; er wird von unterem Geschiebemergel bedeckt, von Diluvialsand unterteuft, der Geschiebemergel erscheint nach dem Liegenden zu Thonmergel ausgebildet.

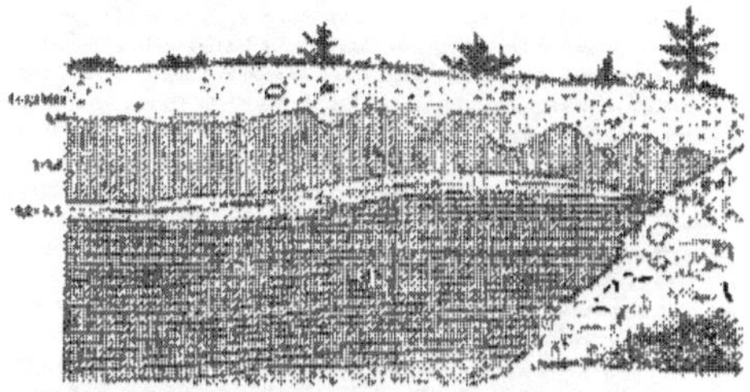

Thongrube von Korbiskrug.

*ds* = oberer Diluvialsand, schwach bedeckt von Thalsand, über Schleppsand des unteren Diluviums; *E* = Ockersandschicht; *dh*$_1$ = conchylienreicher Diluvialthon; *ds* und *ds*$_2$ = unterer Diluvialsand; *dh* = Diluvialthonmergel, Übergangsbildung zu Mergelsand.

Der Fundpunkt zeigt unter 1—1,5 m ungeschichtetem „oberem Diluvialsand" mit unterer Verwitterungsgrenze, eine 1—1,5 m mächtige Bank eines geschiebearmen Thonmergels (welcher als eine Grenzausbildung des Diluvialthones zum unteren Diluvialmergel anzusehen ist) = „Oberbank", von dem Hauptthonlager (Unterbank) getrennt durch eine dünne Sandbank. Die „Oberbank" allein führt Conchylien, von denen am häufigsten *Valvata piscinalis*, ferner *Bithynia tentaculata*, *Pisidium*, *Planorbis*, *Limnaea* und eine *Paludina diluviana*. Nach Laufer ist der Fund ein Becken des unteren Diluviums. Wahnschaffe rechnet ihn zum Interglacial 2, Keilhack zum „Praeglacial" jetzt Interglacial 1[1].

Die ganze Lagerung, das Beschränktsein der Conchylien auf die obere Schicht lassen aber ebenfalls an postglacial denken, oder „jungglacial", als eine Ablagerung in dem Thale, zusammengeschlämmtes Material des Diluvialthones, mit Anreicherung an Süsswasserconchylien und Pflanzen, sowie spätere Bedeckung durch geschiebeführende Sande der „Einschlammwässer". Man wird aber beide Vorkommnisse dem Alter nach als unsicher bezeichnen müssen.

In den von Wahnschaffe und Maas bekannt gewordenen „unteren" Sanden von Johannisthal bei Posen fanden sich in gutem Erhaltungszustand Süsswasserschalen[2] neben Säugethierknochen; die Mollusken entsprechen Seeformen, nicht denen von rinnendem Wasser.

Die Süsswasserkalkvorkommnisse von Zebihn und Carzenburg i. Pr.[3] bilden bis zu 1,5 m mächtige Einlagerungen in geschichteten feinen unteren Sanden und werden als Interglacial 2 angesehen. Ihr Vorkommen an einem Thalgehänge resp. in jungdiluvialen Sanddistrikten spricht aber durchaus nicht für diese Auffassung: es können sehr wohl einfache Kalkbildungen im Sandr sein, wie sie auch anderwärts vorkommen.

[1] Wahnschaffe, Jahrb. preuss. geol. L.A. f. 1896, p. 134; Keilhack, ibid. 1882, p. 156.

[2] Maas und Neumann, Über einige interglaciale Süsswassermollusken der Umgegend von Posen. Z. deutsch. geol. Ges. 1902. Briefl. Mitth. 39.

[3] Erläut. zu Bl. Korow. 1896, p. 12, und zu Bl. Carzenburg. 1895, p. 20.

Ähnliches möchte ich für Tuchel annehmen. Hier fand Maas im Westtheil der Tucheler Heide nur einen Geschiebemergel, von Sand und Grand unter- und überlagert. Maas[1] hält ihn für oberen, weil die unterlagernden Sande z. Th. Reste von Süsswasserfauna (auf primärer Lagerstätte), *Valvata piscinalis, Bithynia tentaculata, Pisidium amnicum*, ferner *Elephas primigenius* führen. Häufig werden diese „durch ihre organischen Einschlüsse als interglacial charakterisirten Sande und Grande auch unmittelbar vom Heidesand überlagert". Sie führen stellenweise Gerölle von Geschiebemergel.

Die Deutung vieler solcher Funde als spätglacial, die ich früher gab,[2] ist durch das Vorkommen von Schlutup und Herrenfähre bei Lübeck bestätigt:[3]

Der ganze Aufschluss ist die Ablagerung des typischen Sandr:

In Kies und grobem Grand mit Kreuzschichtung (der oben in seine Verwitterungs- resp. Aufarbeitungszone der ½ bis ¾ m mächtigen braunen, ungeschichteten „Decksandes" übergeht) ist eine ½ m mächtige feine Sedimentschicht eingelagert, horizontal oder flach wellig gebogen, die sich auch bisweilen verschlägt, so dass der Kies zahnförmig eingreift. Stratigraphisch ist der Aufschluss eine Einheit. Die Sedimente bestehen aus dünnen Lagen von sandigem Thon und thonigem Sand (Schlick), z. Th. auch mit grösseren Sandkörnern; sie zeigen fast durchgängig Oxydationserscheinung in ihren bräunlichrothen Farben, dazwischen unvermittelt aber auch bläuliche Farben. Die Süsswasserconchylien sind *Valvata, Limnaea, Bithynia, Pisidium, Anodonta* u. a.

Wenn man sich die Verhältnisse eines Sandr vergegenwärtigt, wo die abströmenden Gewässer den Kies aufschütteten, sich in dem eben aufgeschütteten Boden alsbald in raschem Wechsel ihren Lauf bahnten, grosse Wannen auskolkten und wieder verschütteten; so ist es sehr leicht denkbar, dass an einigen Stellen sich auch auf längere Zeit todte Arme oder offene Seebecken bildeten, in denen nach kurzer Zeit eine Conchylienfauna sich ansiedeln konnte, bis dann später von neuem ein Wasserschwall diese Becken und ihre feinen Sedimente verschüttete. Einen erneuten Vorstoss des Eisrandes braucht man dafür gar nicht anzunehmen, auch keine erheblich lange Zeitdauer.

Die Ablagerungen sind danach gleich alt, wie die Sandrbildung, also „spätglacial", (vergl. auch oben S. 262), ebenso wie Klägerup (s. oben S. 103).

Über die Lagerungsverhältnisse des Kalktuffes von Schwanebeck bei Halberstadt ist nichts Genaues bekannt. Zech[4] sagt, er liegt in 133 m Höhe auf Septarienthon, nach den angeführten Profilen scheint er von keinen weiteren Diluvialmassen überlagert zu sein.

Aus dem Gebiet des Endmoränenzuges an dem grossen Thalkessel von Graudenz ist das Bohrloch bei Dreschin, sowie ferner das Profil bei Suchau[5] in Westpreussen bemerkenswert:

7,5 m oberer Geschiebemergel,
1,5 „ oberer lehmiger Grand,
5 „ „interglacialer grauer Thon,
2,5 „ kalkiger sandiger Humus, interglacial,
20 „ unterer Geschiebemergel mit eingelagerten Mergelsanden, in dessen oberem 1 m graugrüner Moormergel mit unbestimmbaren Wurzeln,
3 „ unterer Sand,
8 „ grauer Thon.

3 m Thalsand,
2 „ sandiger oberer Geschiebemergel,
5 „ oberer Sand und Grand,
3 „ eisenschüssiger Sand mit *Valvata antiqua, Planorbis* u. a.,
6 „ unterer Sand,
grauer unterer Geschiebemergel.

[1] Jahrb. preuss. geol. L.A. f. 1898, p. CCII.

[2] Einheitlichkeit der quartären Eiszeit, S. 40.

[3] Struck, Diluviale Schichten mit Süsswasserfauna an der Untertrave. Jahrb. preuss. geol. L.A. f. 1900, 208. Im Oktober 1903 besuchte ich mit Herrn Dr. Holst den Fundpunkt unter Führung von Dr. Struck.

[4] Vergl. Zech, Geologische Verhältnisse der nördlichen Umgebung von Halberstadt. Jahresber. der Oberrealschule zu Halberstadt. 1894, p. 14; Wolterstorff, Z. deutsch. geol. Ges. 1898, p. 192. Die Fossilien des Schwanebecker Kalktuffes sind Chararaste, Abdrücke von höheren Pflanzen, Ostracoden, zahlreiche Conchylien und Säugethierreste. Der Kalktuff enthält nordische Gesteine und wird an einer Stelle von Geschiebemergel überlagert, ist nach Wüst interglacial. (Wüst, Beiträge zur Kenntnis des pleistocänen Kalktuffes von Schwanebeck bei Halberstadt. Z. deutsch. geol. Ges. 1903. Briefl. Mitth. 14.)

[5] Maas, Über Endmoränen in Westpreussen. Jahrb. preuss. geol. Landesanst. f. 1900. p. 150. 136.

Für das ostpreussische Diluvium hatte Jentzsch[1] folgende Gliederung entworfen:

Jungglacial,
Interglacial: Sand und Grand, Kohle, Sand und Grand, Thonmergel,
Altglacial,
Frühglacial.

Die einzelnen Profile sprechen für diese Gliederung. Bedenken wir aber die complicirten Oberflächenverhältnisse des Landstriches während der ganzen Quartärzeit, die sich in dem Verbundensein von marinen mit Süsswasserablagerungen oft genug zeigen, sowie die anerkannte Thatsache, dass der Gletscher hier wie anderswo vielfache Oscillationen ausführte, so wird man die Profile (der innerhalb der Endmoränenzone gelegenen Punkte) z. Th. auch als „alt- und jungdiluvial“ ansehen können: wir müssen annehmen, dass hier manche eisfreie Stellen existirten, die z. Th. auch offenes (Süss- wie Meeres-)Wasser trugen; endlich sind ja noch die glacialen Schichtenstauchungen zu beachten.

## Lindenberg bei Rössel.

Schröder, Diluviale Süsswasserconchylien auf primärer Lagerstätte in Ostpreussen. Jahrb. preuss. geol. Landesanst. f. 1887, p. 349.

In diluvialen Sand und Grand eingelagerte Schichten von Kalk- und Thonmergel sind, ebenso wie der hangende und liegende Sand, reich an Süsswasserconchylien. Die Serie ist ca. 15 m mächtig; Schröder hält die ganze Schichtenfolge für Süsswasserabsatz.

## Süsswasser-Interglacial von Tapiau am Pregelthal.

Jentzsch, Ber. d. Verw. d. ostpreuss. Provinzialmus. 1896. p. 61; Neue Gesteinsaufschlüsse p. 56. Über Allenberg bei Wehlau vergl. Jentzsch, Ber. d. Verw. d. ostpreuss. Provinzialmus. 1896. p. 73; Neue Gesteinsaufschlüsse. p. 62.

| | | |
|---|---|---|
| —3 | m Auftrag, | |
| —5,5 | „ gelber Lehm zweifelhafter Stellung, | |
| —10 | „ gelber feiner Sand mit Schnecken (? *Paludina diluviana*), | Königsberger Stufe oder Regimontan (interglacial). |
| —14 | „ grauer Thonmergel mit *Paludina diluviana*, | |
| —15 | „ grauer Sand mit Süsswasserconchylien, *Pal. diluviana* u. *Valvata*, | |
| —17 | „ gelblicher Sand, | |
| —20 | „ kalkarmer grauer Schlick, | |
| —22 | „ dto. kalkig, | |
| —24 | „ feiner grauer Sand mit *Paludina diluviana*, | |
| —25,5 | „ grauer Thonmergel, | |
| 28,19 | „ Sand, schwach kalkhaltig, | |
| —29,5 | „ grünlichgrauer Fayencemergel, | |
| —40 | „ rother fetter Thonmergel | Wehlauer Thon, |
| —45,5 | „ grauer magerer Thonmergel (vielleicht Rückzugsbildung der vorhergehenden Gletscherablagerungen); von Jentzsch als Analogon einer Lateritbildung aufgefasst, | |
| —46 | „ nordischer Grand. | |

Insterburg: Eine Bohrung zeigte in dem 67,5 m mächtigen Diluvium (mit typ. Geschiebemergel in den bedeckenden Sandschichten) in 34,5—34,75 m eine dünne Kiesbank, erfüllt mit Süsswasserschnecken (*Paludina diluviana*, *Valvata*, *Pisidium*), darunter eine Lage „schwarzer Erde“ mit *Picea excelsa*.

8. Eine Hauptstütze für die Annahme von Interglacialzeiten sind die Funde der diluvialen Säugethiere, Rixdorf an der Spitze:

*Elephas primigenius*, *Rhinoceros tichorhinus*, *Rh. Merkii*, *Equus (caballus)*, *Bos primigenius*, *Bison priscus*, *Ovibos moschatus*, *Rangifer groenlandicus*, *Cervus alces*, *C. elaphus*, *Canis lupus*, *Ursus sp.* (Dames, Geogn. Beschr. d. Umg. v. Berlin, 1885, 66).

Sehr bemerkenswerth ist die Erscheinung, dass je weiter nach den südlichen Gebieten des norddeutschen Quartärs, um so reichlicher die Mammutfunde werden. Dasselbe gilt für die ausser-

[1] Bericht über die Verwaltung des ostpreussischen Provinzialmuseums Königsberg 1896. p. 63.

deutschen Landschaften. Auch die westrussischen Mammutfunde sind alle auf prä- oder postglaciale Ablagerungen zurückführbar. Das Thier hat eben seine Hauptverbreitung längs der Aussenränder der Vereisung gehabt (ob es im späteren Quartär nach NO., Sibirien, ausgewandert ist, ist eine Frage, die der näheren Untersuchung werth erscheint).

Es fragt sich aber, 1. Sind es Reste der an Ort und Stelle untergegangenen Thiere oder sind sie zusammengeschwemmt auf secundärer Lagerstätte? 2. Sind diese Säugethierformen prae-, inter- oder postglacial, oder gehören sie allen drei Zeitabschnitten an? 3. Sind die stratigraphischen Beweismittel ausreichend?

Manche Funde an den äusseren Randgebieten sind sicher praeglacial (Schlesien), andere auch postglacial (in Sachsen, in den Terrassen bei Halbe, Oderberg, Hameln); viele sind deutlich verschleppt.

Die berühmte Fundstätte Rixdorf ist zuletzt von Berendt beschrieben und abgebildet (Erläuterungen zur geologischen Specialkarte von Preussen, Blatt Tempelhof. 1882. Taf. I Fig. 2):

Unter der ziemlich gleichmässigen Decke von 2—5 m oberem Geschiebemergel resp. -lehm und

Sandgrube gegenüber dem Rathhause von Rixdorf bei Berlin, Hauptdiluvialprofil (nach Berendt).
dm = oberer Diluvialmergel; ds = unterer Diluvialsand; dm = unterer Diluvialmergel.

-sand liegen die mächtigen Diluvialsande, z. Th. mit Grandeinlagerungen; an ihrer unteren Grenze ist unmittelbar auf dem unteren Geschiebemergel eine Grandbank, welche meist die Säugethierreste führt. Der untere Geschiebemergel bildet nur mehr oder weniger mächtige Einlagerungen im Sand (er ist hier ein guter Fundpunkt für *Paludina diluviana*). (Das folgende Profil Berendt's zeigt, dass der untere Geschiebemergel seitlich in Grand übergehen kann, und weiter, dass es bei der aufgeschlossenen Lagerung oft sehr schwer ist, unteren und oberen Geschiebemergel an solchen Gehängen zu trennen, wo beide streckenweise die Oberfläche bilden.)

Rixdorf ist scheinbar ein sicheres Beispiel von „interglacialem" Vorkommen: Die fossilführenden Grande liegen zwischen zwei Geschiebemergeln. Aber aus der Schilderung ergeben sich doch auch hier Bedenken: Meist sind die Grande besonders fossilreich an ihrer Basis, unmittelbar an der Grenze gegen den unterlagernden Geschiebemergel; wie nun auch im Geschiebemergel, also auf secundärer Lagerung, Knochen und *Paludina diluviana* vorkommen, so können sie in den überlagernden Sand auf tertiäre Lagerstätte gelangt sein. Gegen diese Ver-

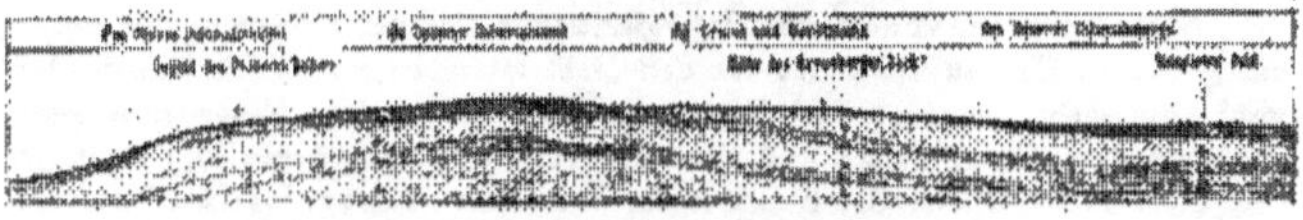

Durchschnitt des Templower Berges, östlich des Kreuzberg.

allgemeinerung spricht nur die Masse und theilweise gute Erhaltung. Auch WOLFF und G. MÜLLER[1] betonen, dass das interglaciale Alter der Rixdorfer Fauna durchaus nicht feststehe, die Skelettheile können recht gut auf secundärer Lagerstätte ruhen.

Die untere Geschiebemergelbank ist gar keine mächtige Bank, sondern geht seitlich in Grand über und stellt eine Einlagerung im Sande vor (ganz abgesehen davon, dass oberer und unterer Geschiebemergel an der Oberfläche nicht immer sicher zu trennen sind); das mächtige Diluvium der Tiefbohrung (Blatt Tempelhof. p. 17) zeigt darunter nur Sedimente. Es hat also hier ein länger andauernder Kampf zwischen Moräne und fluvioglacialen resp. einheimischen Sedimenten stattgefunden[2], ohne dass eine eigentliche mächtige Moräne zum Absatz gelangte (BERENDT weist auf die eigentümlichen Beziehungen zwischen Geschiebemergel und Thon hin: wo der eine zu grösserer Ausbildung entwickelt ist, tritt der andere zurück). Moräne und Grand haben dabei die in der Nachbarschaft befindlichen Thierreste in sich aufgenommen, so dass diese theilweise auf primärer Lagerstätte abgesetzt sind; die Reste sind typisch „glacial“ und bezeichnen keine Epoche eines grösseren Rückzuges des Eises infolge milderen Klimas. Wenn auf diese glacialen und fluvioglacialen Ablagerungen eine ziemlich gleichmässige Decke von oberem Geschiebemergel abgelagert ist, so kann dies im Vergleich mit den zahlreichen anderen Wechsellagerungen im eigentlichen unteren Diluvium auf oscillatorische Vorstösse des Eises in der Zeit des allgemeinen Rückzuges zurückgeführt werden.

POHLIG hatte die Rixdorfer Fauna nach den zoologischen Verhältnissen seinem thüringer Diluvialsystem einzugliedern versucht:

3. Mammut-Stufe (Löss, Cavernen-Eluvium, Ob. Geschiebelehm, Thalschotter) Unt. Oberpleistocän.
2. Stufe des *Rhinoceros Merkii*, Mittelpleistocän:
   - 2. *Antiquus*-Stufe der Travertine Thüring. (*Rhin. Merkii* häufig, Mammut sehr selten, *El. antiquus* ganz überwiegend) Oberes Mittelpleistocän.
   - 1. *Trogontherium*-Stufe der älteren fluviatilen Sande und Schotter, mit *El. trogontherii*. Unteres Mittelpleistocän.
     - a. Rixdorfer Stufe, höhere Terrassen und Plateauschotter (*Ovibos*, *Rhin. tichorh.*, Mammut häufiger, *Rh. Merkii* sehr selten).
     - b. Mosbacher Stufe, tiefere Terrassenschotter (*Hippopotamus*, *Trogontherium*, *El. antiquus*).
1. Hauptglacialstufe, Unterpleistocän; ältere Geschiebelehme.

[1] Zeitschr. d. deutsch. geol. Ges. 1903, 4.

[2] In der Nähe mag sich ein grösseres Gewässer, z. B. ein „*Paludina*-Fluss“, befunden haben.

Demgegenüber betont aber [illegible] (Z. d. G. 1896, 219), dass Pohlig's Gliederung auf der übertriebenen Vorstellung von dem Wert einer einzigen Thierspecies für das Altersverhältnis von mehreren durch andere Species hinreichend charakterisirten Schichten beruht; das Vorwalten von *El. primigenius, Rh. tichorhinus* und *Rang. groenlandicus* bringe Rixdorf vielmehr in die nächste Nähe zur Lössfauna, Mosbach sei älter als Rixdorf.

Spuren des Menschen zur „Interglacialzeit“ sind durch folgende drei Funde nachgewiesen: Krause beschreibt aus den „echt interglacialen“ (nach Dames aber wohl nicht mehr ursprünglichen) Kiesen von Eberswalde einen Feuersteinschaber, ein bearbeitetes Knochenstück und ein abgeschnittenes Rennthiergeweih,[1] Maas aus dem Sand zwischen zwei Geschiebemergeln Feuersteinwerkzeuge,[2] Dames[3] aus den interglacialen Sanden von Halensee ein bearbeitetes Schulterblatt vom Pferd.

## 6. Dritte Vereisung, letzte Eiszeit.

Für die „dritte oder letzte Eiszeit“ hat man weder ein charakteristisches Kennzeichen, noch eine sichere Andeutung ihrer Grenze auffinden können. Nach Berendt nennt man alle diejenigen mit Grundmoränenstructur begabten Vorkommnisse, welche von keiner anderen Bank überlagert werden, oberen Geschiebemergel (resp. seine Vertreter). Leitgeschiebe giebt es für den oberen oder unteren nach den bisherigen Erfahrungen nicht. Auch die petrographische Verschiedenheit, namentlich in Farbe, Kalkgehalt, sandiger Beschaffenheit, verschieden hohem Blockgehalt, ist nicht verwerthbar. Die Abgrenzung zwischen oberem und unterem Diluvium geschieht in der Art, dass der obere Geschiebemergel für die Trennung beider Abtheilungen gewissermassen den Normalhorizont abgiebt und dass er und die darüber liegenden Bildungen dem oberen oder jüngeren, die darunter liegenden dem unteren oder älteren Diluvium zugerechnet werden.

Die Schwierigkeit, im einzelnen Falle zu entscheiden, ob ein zu Tage tretender Geschiebemergel oberer oder unterer sei, ist einleuchtend und ebenso, dass in vielen Fällen hierbei die individuelle Auffassung entscheiden wird. Man wird immer auf den Zusammenhang der benachbarten Aufschlüsse angewiesen sein. Vorläufig kann man nach Jentzsch den oberen (jungglacialen) und unteren (altglacialen) Geschiebemergel nur durch trennende Interglacialschichten unterscheiden.

Obgleich man jetzt zugiebt, dass sich diese rein stratigraphische Gliederung des norddeutschen Diluviums mit der Trennung in Absätze von verschiedenen Eiszeiten nicht deckt, ist sie als Schema für die Kartirung die einzig massgebende geblieben.

Von vielen Gegenden wird berichtet, dass der obere Geschiebemergel sich den Unebenheiten seiner unterdiluvialen Unterlage vollkommen anschmiegt, sich in Senken und Rinnen hineinlegt, über Höhen hinweggeht, also in seiner Oberfläche nur das Abbild seines Untergrundreliefs zeigt.

Die Mächtigkeit der Grundmoräne der letzten Vereisung werde gewöhnlich nur gering angenommen, etwa 2—5, oder auch 8 m (dies ergiebt eine Bestätigung für den wesentlichen Einfluss des Untergrundes auf die Gestaltung der Oberfläche). In anderen Gebieten fand sich eine grössere Mächtigkeit, z. B. in der hinterpommerschen Küstenzone bis 10—15 m. Nach Massgabe dieser

---

¹ Krause: Über Spuren menschl. Thätigkeit aus interglacialen Ablagerungen der Gegend von Eberswalde. Arch. Anthrop. XXII. — Dames, N. Jb. f. Min. 1896. I, 224.

² Maas: Über 2 anscheinend bearbeitete Gesteinsstücke a. d. Dil. Jb. LA. f. 1897, 32.

³ Dames: Über eine v. Menschenhand bearbeitete Pferde-scapula a. d. Interglacial v. Berlin. N. Jb. Min. 1896. I, 224.

Beobachtung glaubte man Moränen von erheblicher Mächtigkeit als unteren Geschiebemergel deuten zu müssen.

Wie beim unteren Geschiebemergel bisweilen ein Übergang in Thon vorkommt, so auch beim oberen.

Schon früher[1] habe ich darauf aufmerksam gemacht, dass wie man die Thalsande und die Ablagerungen der Sandr vor den Endmoränen als jungdiluvial bezeichnen muss, so auch viele der sogen. „unteren" Sande in erheblicher Mächtigkeit verschiedenen Alters sein können, nämlich entstanden entweder bei dem Rückzug der älteren Vereisung (unterdiluvial), oder in der Interglacialzeit, oder auch bei dem Herannahen der letzten Vereisung (oberdiluvial). Man muss sogar noch weiter gehen: Wenn die mehrfachen in dem „unteren" Diluvium im Wechsel mit Sedimenten vorkommenden Bänke von Geschiebemergel nicht ohne weiteres für Repräsentanten ebensovieler Eiszeiten angesehen werden dürfen, so kann man auch annehmen, dass zur Zeit des „Oberdiluviums" ein solcher mehrfacher Wechsel von Moränen und sub- oder extraglacialen Sedimenten erfolgt ist, mit anderen Worten, man kann auch mehrere Geschiebemergelbänke mit ihren zugehörigen Sedimenten zum bisherigen Oberdiluvium zählen. Auch Wolff kommt bei einer Besprechung der Beziehungen von oberem Geschiebemergel zu unterlagernden Sanden zu einem gleichen Resultat:[2]

Da gewiss eine intensive subglaciale Schmelzung stattgefunden hat, so liegt es nahe, in unseren Plateaugebieten den glacialen unteren Sand als Sediment dieser Schmelzung anzusprechen; ebenso wohl auch den unteren Sand der coupirten Endmoränenlandschaft, wo häufig das obere Diluvium aus mehreren durch Sande getrennten Geschiebemergeln besteht; hier hat man die Wechsellagerung nicht allein auf Oscillationen des Eisrandes zurückzuführen.

Jentzsch betonte später auch, dass es sehr unwahrscheinlich ist, dass die nur wenige Meter mächtige oberste Mergelbank (etwa vereint mit dem gleichfalls geringmächtigen oberen Grand, Sand und Deckthon) der alleinige Vertreter einer ganzen „zweiten Vergletscherung" sein soll, wenn das bis 130 m mächtige „Unterdiluvium" mit seinem complicirten Schichtenbau der Absatz einer „ersten" (resp. zweier) Vergletscherung ist. Er giebt dann auch für sein Jungglacial von Marienburg nicht bloss eine Moränenbank an, sondern drei![3] und sagt in seiner Eintheilung des Diluviums, dass auch im Jungglacial mehrere Bänke von Geschiebemergel auftreten, zwischen denen geschichtete Sedimente vielorts eingeschaltet sind.

Auch Wahnschaffe äussert sich ähnlich: „Es muss die Möglichkeit zugestanden werden, dass, wie in der ersten, so auch während der zweiten Vereisung in gewissen Gebieten beträchtliche Oscillationen des Inlandeises stattgefunden haben, so dass demnach auch im Oberdiluvium durch geschichtete Sande von einander getrennte Geschiebemergel vorkommen können."[4] Keilhack erwähnt in der pommerschen Moränenlandschaft zwei durch beträchtliche Sandmassen getrennte Geschiebemergelbänke des oberen Diluviums, deren Bildung durch Oscillationen des Eisrandes erklärt werden.[4]

In dieser neuen Auffassung hat Maas[5] in zwei Bohrprofilen aus westpreussischen Sandrgebieten zum oberen Geschiebemergel eine 72,5 resp. 41 m mächtige Masse gerechnet. Ebenso giebt Klautzsch[6]

[1] Geinitz: Die meckl. Höhenrücken und ihre Beziehungen zur Eiszeit. Stuttgart, 1886, S. 94.

[2] Jb. LA. f. 1900, LXXI.

[3] Interglacial bei Marienburg. Jahrb. preuss. geol. Landesanst. f. 1895. p. 178.

[4] Balt. Höhenrücken, Jahrb. preuss. geol. Landesanst. f. 1889. p. 164 u. 212.

[5] Maas, Endmoränen in Westpreussen. Jahrb. preuss. geol. Landesanst. f. 1900. p. 110, 111.

[6] Bericht über Endmoränen und Tiefbohrungen im Grundmoränengebiete des Blattes Rastenburg. Jahrb. preuss. geol. Landesanst. f. 1900, p. XXII—XXXIX.

dem oberen Diluvium bei Rastenburg am nördlichen Abfall des masurischen Höhenrückens eine Mächtigkeit von 59—167 m.

## Ausdehnung der sog. dritten Vereisung.

Über die Ausdehnung der „letzten Vereisung" gingen und gehen nach dem vorher Gesagten die Auffassungen sehr auseinander. Unter Festhalten der Ansicht über geringere Mächtigkeit und Verbreitung des oberen Geschiebemergels nahm man an, dass sie geringer war, als die der vorhergehenden Vereisung. Während in dem südlichen Verbreitungsgebiet, z. B. in Sachsen, in der Regel nur ein Geschiebemergel vorkommt, den man der Hauptvereisung zurechnet, treten weiter nach Norden mehrere auf, so dass dort die Trennung in unteren und oberen Mergel möglich ist. Der obere hat grosse Verbreitung in Schleswig-Holstein, Mecklenburg, Pommern, Brandenburg, Posen, Ost- und Westpreussen.

Eine Zeit lang betrachtete man die im Laufe der Zeit nachgewiesene Endmoräne als Südgrenze der „zweiten, südbaltischen" Eisdecke. Die neueren Untersuchungen lassen aber die Grenze des oberen Geschiebemergels immer mehr nach aussen verschieben.

In der Magdeburger Börde glaubt Wahnschaffe sichere Reste des oberen Geschiebemergels theils völlig erhalten, theils als Auswaschungsreste in der Steinsohle des Löss erkannt zu haben. Auch in Holstein hat nach Gottsche der obere Geschiebemergel mindestens 40 km vor die Endmoräne gereicht, nämlich bis zu den westlichen Blockpackungen.

Keilhack hat auf Grund seiner Untersuchungen[1] den südlichsten Rand der letzten Eiszeit ziemlich weit nach Süden vorgeschoben. Er lässt ihn zusammenfallen mit der Höhe des Fläming, weiter über die Trebnitzer Höhen (Katzengebirge) verlaufen und im Westen wahrscheinlich auf der Lüneburger Heide liegen; südlich von dem Rande lag das älteste der Urstromthäler, das „Breslau-Hannoversche" Thal. Doch ist bei Trebnitz und in der ganzen Umgebung Breslaus zwischen Löss und Tertiär sicher nur ein Geschiebemergel vorhanden (nach Frech).

## 7. Einwirkung der Eiszeit auf die Oberflächengestaltung.

Den wesentlichen Antheil an der Oberflächengestaltung des norddeutschen Flachlands hat die Eiszeit und die ihr in naturgemässem Zusammenhang folgende Abschmelzperiode. Überall finden wir das Gepräge, welches Eis und Wasser jener Zeit dem Boden aufgedrückt haben. Demgegenüber erscheint der Einfluss der tektonischen Verhältnisse des vordiluvialen Untergrundes mehr untergeordnet, wenn er auch im speciellen Falle (und je weiter südlich, je stärker) eine nicht zu unterschätzende Rolle mitgespielt haben wird. Verschüttungen oder Zerstörung früherer Oberflächenformen werden stattgefunden haben, andere werden erhalten geblieben sein. Dislocationen oder allgemeine Niveauschwankungen sind ebenfalls zu berücksichtigen.

Wir können die Schilderung der einschlägigen Verhältnisse kurz fassen, indem wir auf das Buch von Wahnschaffe[2] verweisen.

[1] Keilhack, Die Stillstandslagen des letzten Inlandeises. Jahrb. preuss. geol. Landesanst. f. 1899, p. 91. Taf. VII.

[2] Wahnschaffe: Ursachen der Oberflächengestaltung des nordd. Flachlandes. 2. Aufl. Stuttgart, 1901.

## I. Moränen.

Die Gebiete der Moränenablagerungen im norddeutschen Flachland zeigen zwei verschiedene Moränen-Landschaftstypen:

1. „Moränenebene" (Moränenplateau), ausgedehnte Hochflächen, eben und ungegliedert oder schwach wellig, meist von der Oberen oder Innenmoräne gebildet; bisher als „Grundmoränenebene" bezeichnet.[1]

2. „Endmoränenlandschaft" (Moränenlandschaft im engeren Sinne), stark hügelig, unregelmässig bewegt, reich an geschlossenen Depressionen.

Als eine dritte Art hat Keilhack[2] die Drumlin- oder „Rückenlandschaft" eingeführt, die eine Abart der Moränenebene in der Nähe der Endmoränen vorstellt.

1. Die bisher als Grundmoränenebene bezeichnete Landschaft hat eine weite Verbreitung, besonders im Gebiet des sog. oberen Geschiebemergels. Da man nach den Ausführungen von Holst[3] von der eigentlichen Grund- oder Bodenmoräne auch die zu derselben Vereisung gehörige Innere oder Obermoräne unterscheiden muss und die letztere naturgemäss bei weitem die grössere Verbreitung hat, trifft der Name „Grundmoränenlandschaft" nicht das richtige. Diese Obermoräne unterscheidet sich (besonders in grösseren Aufschlüssen) leicht durch ihre lockere, mehr erdig-sandige Beschaffenheit gegenüber der festen Pressung der eigentlichen Bodenmoräne, durch die Führung von eckigen, selten geschrammten Geschieben, sowie durch ihren meist deutlichen Zustand der Oxydation; auch beobachtet man wohl eine rohe Schichtung und Führung von Sandschmitzen; alles erklärt sich leicht durch die Natur der beiden Moränen: die untere Bodenmoräne war unter dem Eisdruck fortgeschoben, die obere im Eis, daher zugänglich der Oxydation und dem Wasser, ohne feste Pressung.

Der sog. obere Geschiebemergel oder sein Vertreter, der obere Geschiebesand, erscheint häufig wie ein nachträglicher Überzug der unter ihm lagernden Sedimente, gewissermassen wie ein letzter schaumiger Absatz von schlammigen Massen, wie eine Fettschicht, die zu oberst abgesetzt wurde; hierbei ist auch nicht selten der Übergang der unteren Partie des Geschiebemergels in einer Art Aufschichtung oder sedimentirte Aufarbeitung zu beobachten. Mehrfach ist eine Auflagerung des oberen Geschiebemergels auf den wellig entwickelten Sanden des Untergrundes beobachtet, so dass die Geschiebemergelkuppen nicht Anhäufungen der Grundmoräne sind, sondern in ihrem Kern aus geschichteten Sanden bestehen. Diese Thatsache verliert von ihrem Besonderen, wenn man die unterlagernden Sande nicht durch eine scharfe schematische Grenze von dem oberen Geschiebemergel als Unterdiluvium trennt.

Auf grösseren oder kleineren Stellen kann der Geschiebemergel durch den ungeschichteten Geschiebesand vertreten werden, der z. Th. als Auswaschungsrest des Geschiebemergels angesehen werden kann. Dieser (obere) Geschiebesand, oft reich an grossen Blöcken, bildet weite Flächen in der Lüneburger Heide, in der Altmark u. a., z. Th. gehören diese Gebiete aber schon zu den Sandr s. u.

Die Drumlins, welche als eine Abart der Grundmoränenlandschaft zu betrachten sind, bilden mehr oder weniger langgestreckte, elliptische, aus Geschiebemergel bestehende und in der Richtung der Eisbewegung liegende Rücken. Keilhack wies sie in Pommern und Posen nach, Baltzer in Rügen.[4] Z. Th. haben sie auch einen gestörten Kern von Sand. Sie laufen auf den Endmoränenbogen zu.

Ihre Bildung wird meist als subglacial angesehen, Tarr erklärt sie aber für umgewandelte ältere Endmoränen und Baltzer rechnet sie demgemäss zu den Zerstörungsformen, nicht zu den Aufschüttungsformen; auch Wahnschaffe glaubt, dass die Drumlins mit gestörtem Sandkern aus schon vorhandenen Durchragungen hervorgegangen seien. (Über die etwas von einander abweichenden Ansichten betreffs der Entstehung der Grundmoränenlandschaft äussert sich Wahnschaffe l. c. 182.)

---

[1] Bildet den „schweren Boden" eintöniger, aber fruchtbarer Flächen.

[2] Keilhack: Die Drumlinlandschaft in Norddeutschland. Jahrb. Landesanst. f. 1896. 163.

[3] Holst: Hat es mehr als eine Eiszeit gegeben? 1899, S. 7. — Berättelse om en resa till Grönland. 1880, S. 50. — Om Skrifkritan i Tullstorpstrakten. 1903, S. 14.

[4] Baltzer, Z. d. G. 1896, 536. — Bemerk. v. Schmidt: Jahrb. Landesanst. f. 1900, 91.

## 2. Endmoränen:

Im norddeutschen Flachland sind deutliche Endmoränen auf die Länge von mehr als 1000 km nachgewiesen, besonders deutlich im Gebiet des baltischen Höhenrückens (sog. südbaltischer Endmoränenzug).[1]

Der bisher bekannte Verlauf der norddeutschen Endmoränen folgt im Allgemeinen der südlichen Umrandung des Ostseebeckens und zwar in so auffälliger Weise, dass eine genetische Beziehung zwischen beiden zu vermuten ist. Dabei tritt weiter noch von Westen nach Osten eine Auflösung in mehrere, sich ostwärts immer weiter von einander entfernende Arme oder Gabeln der Moränenzüge ein.

Im Grossen wie im Kleinen setzt sich der Zug aus mehreren, an einander gereihten Bogentheilen zusammen (mit den convexen Seiten nach Süden); besonders die kleineren Antheile zeigen vorzüglich die Bogenform, welche unzweideutig die Endgrenzen der einzelnen Gletscher erkennen lässt. An der Vereinigungsstelle solcher Bogen bildet die Endmoräne oft einen weit rückwärts, parallel der Bewegungsrichtung laufenden Rücken, den man als Ås oder als „Zwischenmoräne“ betrachten möchte.

Im Westen verläuft der 240 km lange schleswig-holsteinische Moränengürtel[2], von Hadersleben in N.—S.-Richtung nach Schleswig; hier nimmt er allmählig eine NW.—SO.-Richtung an und erstreckt sich über Rendsburg nach Eutin, um dann einen grossen Bogen um die Lübecker Bucht zu schlagen und weiter in den Mecklenburger Moränenzug[3] überzugehen. Dieser verfolgt auf 225 km in mehrfachen Einzelbögen noch die NW.—SO.-Richtung. In Mecklenburg sind aber zwei deutliche, in 30 km Entfernung von einander parallel verlaufende, das Gebiet der Seen einschliessende, Moränenzüge erkannt worden; ausserdem findet sich noch nördlich wie südlich davon je ein undeutlicher Rest von Moränenzügen, und zwischen den Hauptzügen noch undeutliche Spuren von Geschiebestreifen.

Die beiden Hauptendmoränen Mecklenburgs umfassen das eigentliche Gebiet der Seenplatte. Die Landschaftsformen sind bei einem Profil von Norden nach Süden folgende: Von Norden kommend a. zuerst die Moränenebene, dann b. die Endmoräne (jüngere), c. darauf Sand resp. Thon, alsdann von neuem a. Grundmoräne und b. Endmoräne (ältere) und aussen c. weite Sanderstreckung mit Thalsanden, die zum Elbthale verlaufen. Also deutlicher, staffelförmiger Rückzug; die Sandr der jüngeren, nördlichen Hauptstaffel reichen nicht bis zur älteren südlichen Hauptmoräne heran, sondern endigen schon vorher, um die (ältere) Obermoräne zu Tage treten zu lassen.

Ein Ähnliches ist auch in dem westlichen Verlauf der schleswigschen Endmoränen der Fall, wo vereinzelte Steinpackungen und geschiebereiche Gebiete wahrscheinlich zerstörte äussere Rückzugsmoränen derselben Vereisung darstellen.

Struck hat[4] die Verbindung der mecklenburgischen und holsteinischen Moränen aufgefunden. Auch in der weiteren Umgebung von Lübeck konnte er zwei parallele Züge ermitteln, den beiden mecklenburgischen Hauptendmoränen entsprechend. Die nördliche verläuft parallel der Ostseeküste über Ivendorf bis zum Süseler See, um sich dort dem dänischen Zug anzuschliessen; die südliche von Gadow über Mölln zunächst in mehreren Einzelbogen mit WNW.-Richtung nach Hoisbüttel zwischen Hamburg und Oldesloe, um von da in nördlicher Richtung über Segeberg bis zum Plöner See zu streichen. Einige isolirte Moränenpartien finden sich auch hier noch zwischen den beiden Hauptendmoränen. Die Endmoräne besteht hier aus Aufschüttung, Bestreuung und Staumoränen. Die Blockpackung erreicht eine Dicke von 7—8 m, an dem Aufbau betheiligen sich auch Sedimente, wie Sande (z. Th. Korallensand), Mergelsande und Thone, die Struck als äquivalent dem Decksand bezeichnet. Die Thone der Gegend von Lübeck finden sich in dem Becken zwischen den beiden Moränenzügen, Struck erklärt sie für oberdiluvial, als Absätze in dem Staubecken.

[1] Eine eingehende Beschreibung und Litteraturangabe mit einer Übersichtskarte findet sich in Wahnschaffe's Buch. Vergl. auch unsere Karte. Spätere Nachträge werden nicht ausbleiben.

[2] Gottsche: Die Endmor. u. d. marine Diluv. Schleswig-Holst. I. Mitt. Geogr. Ges. Hamburg. XIII, 1897. (Karte.)

[3] Geinitz: Die meckl. Höhenrücken (Geschiebestreifen) und ihre Beziehungen zur Eiszeit. Stuttgart 1886. Die Endmor. Mecklenburgs. Mitth. meckl. geol. L.A. IV, Rostock, 1894. (Karte.)

[4] Struck: Der Verlauf d. nördl. u. südl. Hauptmoräne in der Umgebung Lübecks. Mitth. Geogr. Ges. Lübeck, 1902 mit Karte.

An die nördliche Hauptmoräne Mecklenburgs schliesst sich bei Feldberg der uckermärkisch-neumärkische Gürtel an[1], der in einem weiten Bogen das untere Oderthal umschliesst. Keilhack nennt die Eiszunge, welche sich hier in der centralen Depression des Oderhaffgebietes vorschob, den „Odergletscher". Von Feldberg in NNW.–SSO. Richtung über Chorin nach der Oder bei Oderberg gehend, (bei Fürstenwerder auch eine parallele „zweite Endmoräne" bis nach Gerswalde aufweisend[1]), streicht er auf der rechten Seite des Flusses durch die Neumark mit nunmehr WSW.—ONO. Richtung. In diesem Theile lassen sich drei parallele Züge unterscheiden. Bei dieser Hauptumbiegungsstelle ist der Verlauf des Moränenzuges sehr complicirt; der Zug besteht aus einer ganzen Anzahl von Einzelbögen mit hinter einander liegenden mehr oder weniger parallelen Rücken.

Der sich unmittelbar anschliessende hinterpommersche Moränenzug[2] verläuft gleichfalls in mehreren Bogentheilen parallel der Küste in SW.—NO. Richtung bis an die Grenze Westpreussens über die Gegend westlich von Stettin, Bublitz, Rummelsburg bis nach Sullenczyn östlich von Bütow in der Kassubei, auf 200 km. Länge. Er besteht wieder aus Steinpackung in kleinen Kegeln oder schmalen Rücken, oder auch nur aus Geschiebebeschüttung, abhängig von den Terrainverhältnissen. Auch hier schliessen die Moränenzüge das Seengebiet ein. (Keilhack, Peterm. Mitth. 1891, 11.)

Eine südliche Abzweigung von diesem Theil ist bei Dramburg nachgewiesen, wo die südpommerisch-westpreussische Endmoräne ansetzt,[3] die Maas auf 200 km. verfolgte. Eine Bogenreihe zieht sich von der Drage nach Neblin, von da in 2 parallelen Zügen zum Küddowthal und jenseits in zwei Bogen nach Konitz und zur Tucheler Heide, hier ein Gewirr von parallelen und sich kreuzenden Einzelbogen und Staffeln bildend,[4] bis sie nach Schwetz a. O. und im nördlichen Zweig bis Mewe reicht. Der nördliche Theil von Mewe wird sich wohl anschliessen über Pr. Stargard an die Fortsetzung des eigentlichen hinterpommerschen Zuges. Ausserdem sind auch südlich vereinzelte Reste von Endmoränen nachgewiesen, bei Schneidemühl.

Östlich der Weichsel schliessen sich bei Culm resp. Marienwerder zwei Hauptzüge an, im N der über Riesenburg und Lessen, sowie die Kernsdorfer Höhen, im S der in 3 Theilen erscheinende von Rheden und Schönsee.

Der Verlauf in Ostpreussen wird sich mit der fortschreitenden Kartirung genauer ergeben, vorläufig ist in den Kreisen Ortelsburg und Neidenburg[5] auf 60 km ein von Bischofsburg über Passenheim NNO.—SSW. verlaufender Gürtel von hintereinander liegenden Endmoränenzügen nachgewiesen. Diese zeigen vielfach nicht die „Geschiebewälle" und treten auch nicht immer orographisch aus der übrigen Diluviallandschaft heraus; es ist nicht eine einzelne Endmoräne, sondern verschiedene Endmoränenbildungen kreuzen sich und sind z. Th. von jüngeren Systemen zerstört, eingeebnet oder anderweitig verändert. Die Entwickelung ist daher sehr verschiedenartig. Bald sind es Kiesberge mit mehr oder weniger dichter Geschiebeanhäufung, wo der obere Geschiebemergel sich z. Th. zwischen Grand mit Geschiebebedeckung und Spathsand einschiebt, oder der obere Geschiebemergel herrscht gegenüber dem oberen Sand vor, beide oft in starker Stauchungslage, bald sind es wieder Kuppen oder lange Züge, bald einseitliche Rücken, bald typische Geschiebewälle oder Blockpackungen; auch blosse Feinsande, mit schwacher oder fehlender Geschiebebildung, können die Endmoräne bilden; auch mehrfache Unterbrechungen kommen vor.

Die Endmoränen bei Kutten in Ostpreussen, z. Th. in imposanten Wällen, beschreibt Klautzsch in seinem Aufnahmebericht, Jahrb. L.A. f. 1900.

An der Ostseite des Oderthales zweigen sich weitere Endmoränenzüge ab, die durch den süd-

[1] Berendt: Die südl. baltische Endmor. i. d. Geg. v. Joachimsthal, Jahrb. L.A. f. 1887, 301; f. 1887, 368; f. 1888, 110; f. 1891, 227 u. a. — Keilhack: Die balt. Endmor. in d. Neumark und im südl. Hinterpommern. Jahrb. L.A. f. 1893, 180. Karte.

[2] Keilhack: Der baltische Höhenrücken in Hinterpommern u. Westpr. Jahrb. L.A. f. 1889. 149. (Karte Taf. 26.)

[3] Maas: Über Endmor. in Westpr. u. angrenz. Gebieten. Jahrb. L.A. f. 1900. 93. (Karte.)

[4] Von Interesse ist hier das häufige Vorkommen von abgerollten Feuersteinen, die Maas als „Wallsteine" bezeichnet hatte. S. Erl. Bl. Carzemburg. Lief. 59, 11.

[5] Gagel und Müller. Die Entwicklung d. ostpr. Endmor. i. d. Kr. Ortelsburg u. Neidenburg. Jahrb. L.A. f. 1896. 250. (Karte) — Klautzsch, Endm. b. Rastenburg, Jahrb. L.A. f. 1900. XXII.

**Endmoränenlandschaft am Glambecker See bei Warin i. Meckl. 1897.**

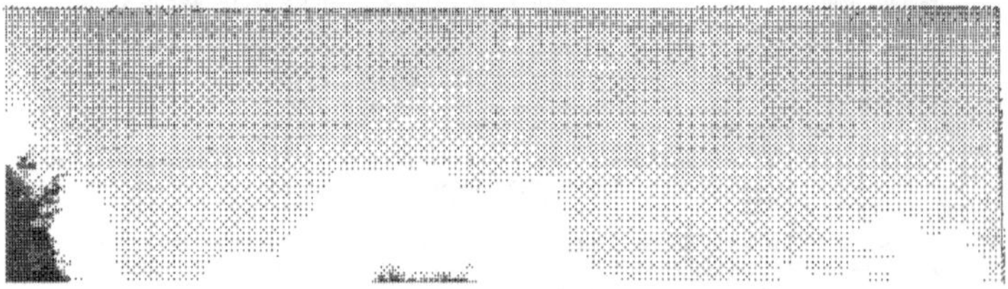

liches Theil der Neumark und die Provinz Posen verlaufen.[1] Zwischen Drossen und Zielenzig erstrecken sich, in zwei Theilen, mit NW.—SO.-Richtung nesthafte Hügelzüge mit dichter Blockbestreuung, durch mehrere Thalniederungen unterbrochen, über Schönow und Neu-Lagow bis Gross-Kirschbaum nach Schwiebus und Bomst. Der Zug setzt über das Warschau-Berliner Hauptthal fort, bei Storchnest nordwestlich Lissa in zwei deutlichen Parallelen erscheinend, vor welchen ein Beschüttungsgebiet liegt; er zieht sich weiter über Dolzig bis Pleschen und zum Prosnathal; jenseits finden diese Endmoränen nach Siemiradzki im Gouvernement Kalisch ihre Fortsetzung.

15 km südlich von der Pleschener Endmoräne zweigt sich ein Bestreuungsstreifen ab, der bei Krotoschin vorüber in die Gegend südlich von Kalisch verläuft, und von Berendt und Keilhack als die älteste Eisrandlage (durch eine in die Breite gegangene Endmoräne) angesehen wird.

Im Norden ist südlich von Gnesen ein vereinzelter als Staumoräne ausgebildeter Endmoränenzug nachgewiesen. Die baltische Endmoräne setzt in die russischen Ostseeprovinzen fort. Vergl. oben S. 179. —

Von vereinzelten Beobachtungen endmoränenartiger Erscheinungen im Süden sei das Vorkommen eines Geschiebewalles bei Vinzelberg in der Altmark erwähnt,[2] der einen weiten nach Westen, dem Harze zugewendeten Concavbogen bildet. Ferner die eskerartigen Kieshügel von Taucha und Dahlen bei Leipzig, die Credner als Rückzugsbildungen des Inlandeises deutet.[3]

Einen Endmoränenzug in der Lausitz beschrieb Keilhack:[4] Auf dem Höhenrücken des Fläming, der das südlichste der norddeutschen Urstromthäler, das Breslau-Hannoversche, von dem nächst nördlichen, dem Glogau-Baruther trennt, liegt in dem Gebiete zwischen Dahme und Spremberg eine bis jetzt auf 96 km Länge nachgewiesene, als Blockpackung entwickelte Endmoräne. Sie bildet die Wasserscheide des Fläming, ist 50—150 m breit und zeigt nur unbedeutende Lücken. Die Hauptmasse der Blockpackung besteht aus Kalksteinen; (der graue Orthocerenkalk des gothländischen Untersilur macht mehr als die Hälfte des Endmoränenmaterials aus.)

Tragen wir die Ergebnisse der Endmoränenforschungen auf eine Karte ein, so ergiebt sich für Norddeutschland folgendes:

Vor der fast zusammenhängenden nördlichen Hauptendmoräne liegen theilweise Reste einer etwas jüngeren; südlich davor erstreckt sich eine zweite Hauptmoräne in parallelem Verlauf, welche in Schleswig zum grössten Theil zerstört, von Holstein an aber bis zur Oder deutlich zu verfolgen ist. (Dazwischen finden sich häufig noch kleinere Reste, Geschiebestreifenantheile). Rechts der Oder divergirt sie mehr nach Süden. Ausserdem findet sich noch eine weitere äussere Endmoräne im westlichen Theil. Vielleicht entspricht ihr der deutliche, nach SO. gerichtete Zug rechts der Oder.

In Holland, nördlich vom Harz, in Sachsen, im Fläming sind endlich Spuren älterer Endmoränen gefunden.

Die verschiedenen Endmoränenzüge stellen nicht die Grenze des Eises der einzelnen Eiszeiten dar, sondern nur die auf einander folgenden Stillstandslagen des sich zurückziehenden Eisrandes.

Als eine besondere Eigenthümlichkeit der Endmoränen sind neben dem Vorkommen zug- und wallartig auftretender Blockanhäufungen oder Blockstreuung die Bodenformen (Moränenlandschaft) zu nennen. Zu bemerken ist auch, dass die Endmoränen unabhängig von der Höhenlage des Geländes sind, sie setzen über bedeutende Höhen, wie durch tiefe Thäler gleichmässig fort.

Es sind Züge von einzelnen oder an einander gereihten Rücken und Kuppen von sehr verschiedener Länge, bald Kegel und kurze Rücken, bald kilometerlange Wälle mit Unterbrechungen durch Kessel[5] oder kleine und grosse Thäler; auch verbunden durch breite und schmale Flächen von

---

[1] Berendt und Keilhack: Endmor. i. d. Prov. Posen. Jahrb. L. A. f. 1894. 235. (Karte.)

[2] Gruner: Erl. Bl. Lüderitz. 1887. 20.

[3] Credner: Z. d. G. 1880. 586.

[4] Z. prakt. Geol. 1901. 416.

[5] Manche kesselartige Vertiefungen im Endmoränengebiet mögen so entstanden sein, dass hier grössere Eisbruchstücke in dem Moränenschutt begraben waren, deren späteres Schmelzen eine Einsenkung verursachte.

Endmoränen-Blockpackung bei Oldenstadt i. Holstein (nach Gottsche).

Einseitige Schichtenaufrichtung in der Endmoräne von Glaisin i. Meckl. (Geinitz 1898).

Stein- und Blockbestreuung. Beistehende Bilder und Texttafel geben eine Vorstellung von den Formen. Die Züge zerlegen sich in einzelne Theile, welche flach oder stark gekrümmte Bogen bilden, im Einzelnen wieder aus zahlreichen Bogenstücken zusammengesetzt.

Der mannigfaltige innere Bau der Endmoränen ist fast ausnahmslos ausgezeichnet durch einen ganz hervorragenden Reichtum an (erratischen) Blöcken und Geschieben, unter denen solche von den grössten Dimensionen vorkommen. (Dieselben werden an zahlreichen Stellen technisch ausgebeutet und so allmählich immer seltener.)

Die *Einzelrücken* bestehen entweder aus Blockpackung, durchspültem Moränenkies, mit gar keiner oder undeutlicher grober Schichtung (s. Bild von Idarstedt), oder aus Grand und Geröll mit

Thonaufbiegung in der Endmoräne bei Kl. Gürnow i. Meckl. (Geinitz 1892).

Sanden, in discordanter Parallelschichtung und Stauchung oder auch aus sog. „unterdiluvialen" Sedimenten, Sanden oder Thon, die neben einfacher, der Hügelcontur folgender Übergussschichtung sehr oft eine einseitige Schichtenaufrichtung oder gewaltige Stauchung zeigen (s. Bild von Ölsnitz); endlich findet sich wohl auch im Kern ein Theil von „unterem" Geschiebemergel; Verwerfungen sind auch zu beobachten. An- und aufgelagert ist diesem Kern in allen Formen häufig, wenn auch nur wenig mächtig, „oberer" Geschiebemergel resp. Blockkies oder Einzelblöcke.

Nach Schröder ist die Blockpackung nicht ständiger Begleiter, also kein „Leitfossil" der Endmoränen. Die Einschaltung einer Geschiebemergelbank zwischen steinig-grandigem Sand zeigt das Hin- und Herbewegen des Gletscherrandes auch während der im Allgemeinen als Stillstand aufzufassenden Periode. Das „untere" Diluvium macht bisweilen die Erhebungen der Endmoräne mit, nach Schröder in Folge einseitigen Druckes des Eisrandes und Schubes bei jeweiligem Vorrücken. Während

# Tafel 2.

## Quartäre Land- und Süsswasser-Mollusken.

Zusammengestellt nach der vom Herausgeber revidirten Bestimmung.

Die Formen aus dem Thüringer Kalktuff sind von A. Weiss bestimmt. Sämmtliche Originale im Breslauer geologischen Museum.

### A. Süsswasser-Mollusken.

Fig. 1. *Ancylus fluviatilis* L. 5/1. Exemplar aus Schlesien. Lebend und fossil. Leitform des postglacialen baltischen Süsswassersees.

2. *Valvata naticina* Menke. 2/1. Mosbacher Sand. Schierstein im Rheingau. Ges. von F. Frech.

3. *Planorbis (Gyrorbis) carinatus* Müll. 2/1. Mosbacher Sand, Schierstein bei Wiesbaden. Ges. von F. Frech. Lebend und quartär weit verbreitet, u. a. in den Kalktuffen von Thüringen und Schlesien.

4. *Planorbis (Gyrorbis) calculiformis* Sandb. 3/1. Quartärer Kalktuff, Paschwitz bei Canth (Schlesien). Hier häufig, selten im Mosbacher Sand.

5. *Bithynia tentaculata* L. 2/1. Quartärer Kalktuff. Weimar. (det. A. Weiss.)

6. *Limnaeus palustris* Müll. *(Limnophysa.)* 2/1. Taubach.

7. *Cyrena (Corbicula) fluminalis* Graup. 1/1. Quartärer Süsswasserkies, Kelsey Hill, East Yorkshire. (Etwas abgerieben entsprechend dem gewöhnlichen Vorkommen.)

### B. Land-Mollusken.

8. *Succinea putris* L. sp. 1/1 und

9. *Succinea oblonga* var. *elongata* Braun. 4/1. Beide aus dem quartären Mosbacher Sand von Schierstein, Rheingau (gesammelt von F. Frech).

Zwischen den beiden nicht sonderlich verschiedenen Formen werden noch zwei weitere Species *Succinea Pfeifferi* Rossm. und *Succinea oblonga* Drap. genannt, die sich nur durch verschiedene Zahl der Windungen und Dicke des letzten Umgangs unterscheiden.

10. *Helix (Eulota) strigella* Drap. 1/1. Kalktuff von Taubach; ausserdem weit verbreitet im Löss und lebend in ganz Deutschland, Frankreich, Nordeuropa (excl. England) und Sibirien.

11. *Helix (Fruticicola) hispida* L. 2/1. Expl. aus dem Mosbacher Sand von Schierstein (var. *major* Sandberger) leg. F. Frech. Weit verbreitet im Löss Mittel- und Südeuropas (hier bei Toulouse und Lyon), im Mosbacher Sand und Thüringer Kalktuff. Lebend in Mittel- und Nordeuropa (bis 63½° n. Br. in Norwegen, in Sibirien bis 65° n. Br.).

Fig. 12. *Helix (Hyalina) cellaria* MÜLL. 2/1. Kalktuff, Taubach.

13. *Helix (Trigonostoma) obvoluta* MÜLL. teste SANDB. Taubach. 2/1. (= *Tropidiscus*[1] *umbilicatus* teste WEISS). Weit verbreitet in den Quellkalken v. Weimar, Cannstatt, Paris; ausserdem bei Mosbach, Castelarquato und lebend.

14. *Helix (Patula od. Discus) rotundata* MÜLL. 1/1. Kalktuff, Paschwitz b. Canth. Ausserdem im Kalktuff Thüringens, im Mosbacher Sand lebend in Europa bis 59° n. Br.

15. *Helix (Tachea) tonnensis* SANDB. 1/1. Burgtonna in Thüringen. Nach A. WEISS eine der 4 ausgestorbenen Arten aus den thüringischen Quelltuffen.

16. *Helix (Tachea) vindobonensis* PFR. 1/1. Taubach. Osteuropäische, in Mitteleuropa ausgestorbene Form.

17. *Helix (Campylaea) canthensis* BEYR. Typ. 1/1. Kalktuff. Paschwitz bei Canth unweit Breslau.[2]

Die typische Form des ursprünglichen Fundorts unterscheidet sich durch schärfere Zuspitzung der in der Mitte jedes Umgangs gelegenen Kante von

18. *Helix (Campylaea) banatica* PARTSCH var. 1/1. Das abgebildete Exemplar stammt von Jasłowiec (Galizien), leg. NIEDZWIEDZKI und stimmt mit dem von SANDBERGER abgebildeten Thüringer Exemplar (Gräfentonna), sowie mit einem lebenden Exemplar (Banat, Zoolog. Mus. Breslau) durchaus überein. Auch die Abbildung SANDBERGERS ist somit als *C. banatica* zu bezeichnen. Ob *H. canthensis* als selbständige Art oder als altersverschiedene Mutation von *H. banatica* aufzufassen ist, erscheint von geringer Bedeutung.

19. *Belgrandia marginata* MICHAUD sp. 3/1. Weimar. Unterquartär. (Besonders bezeichnend für die Thüringer Travertine.) Lebend in Südfrankreich in Quellsümpfen der Gebirge, in Thüringen erloschen.

20. *Cionella (Zua) lubrica* MÜLL. 3/1. Mosbacher Sand. Mosbach.

21. *Buliminus (Chondrula) tridens* MÜLL. sp. 2/1. Löss, Leschnitz in Oberschlesien. Lebend. Weit verbreitet im Thallöss Süd- und Mitteldeutschlands (bes. Elbthal), überall nicht häufig. Scheint eine osteuropäische Art zu sein, wie das häufige Vorkommen in Oberschlesien und das Auftreten in der Ukraine beweist.

22. *Pupa (Pupilla) muscorum* L. 3/1. Exemplar aus dem Mosbacher Sande, Schierstein. Weitverbreitetes Leitfossil des postglacialen Lösses.

23. *Helix (Zonites) verticillus* FÉR. var. *praecursor* A. WEISS. 1/1. Copie nach SANDBERGER. Eine der 4 ausgestorbenen Formen der Thüringer Kalktuffe.

[1] *Tropidiscus* ist für eine Helicide nicht verwendbar, da schon längst ein *Tropidiscus* von MEEK auf einen Bellerophontiden begründet ist.

[2] Die übrigen in den altquartären längst verlassenen Kalksteingruben gefundenen Arten sind:
*Planorbis contortus* L.
*Planorbis calculiformis* SANDB.
*Planorbis corneus* var. nov. (einen Übergang zu dem tertiären *Planorbis Mantelli* DUNK. bildend).
*Helix rotundata* MÜLL.

b Strec.

der Stillstandsperiode wurde die Blockpackung, der Geschiebemergel und der Geschiebesand aufgeschüttet, andererseits auch der Untergrund aufgestaucht (s. Bild von Görnow).

Dr. Holst machte mich auf den Umstand aufmerksam, dass die Moränenmasse der Endmoränen meist aus gelbbraunem lehmigem Kies besteht, also Verwitterungserscheinung zeigt; das Material derselben stamme also aus der Ober- oder Innenmoräne, nicht aus der (unverwitterten) Grundmoräne.

Vor den Endmoränen liegen ausgedehnte mit Geröllen und Sand bedeckte Flächen, die Sandr (s. u.), während rückwärts sich die stark kupierte Moränenlandschaft anschliesst; hier treten je näher dem eigentlichen Endmoränenkamm, um so ausgeprägter alle Charaktere der blockreichen, stark welligen, z. Th. wie von Riesenpflügen durchfurchten, von Kesseln und anderen Depressionen unterbrochenen Moränenlandschaft auf, welche die „Geschiebestreifen" kennzeichnen,[1] „also gewissermassen der bald lang, bald kurz, bald vor-, bald zurückgeworfene Schatten der Endmoräne".[2] Man kann die ganze Breite dieser Moränenlandschaft im Grossen zum Bereich der Endmoräne ziehen.[3]

Liegen mehrere Züge vor einander, so wiederholt sich die Folge der Bodenarten, doch sind häufig die äusseren Rücken (als die älteren) durch die Erosion mehr oder weniger stark zerstört.

Auch als „Kiesmoränen" oder Kames (Grandkuppen) sind zuweilen einige der äusseren Theilstücke entwickelt. (Wahnschaffe erwähnt solche aus der Lüneburger Heide, in Mecklenburg sind ähnliche Formen bei Brüel bekannt.[4])

Die Angabe, dass der Obere Geschiebemergel sich ununterbrochen unter der Endmoräne hindurchziehe, ist wohl nur so zu verstehen, dass derselbe vor und hinter der Endmoräne identisch ist, aber nicht dass er wirklich unter der Endmoräne durch Bohrungen nachgewiesen lagert; hier ist er eben durch sein Äquivalent, die Endmoräne, vertreten und auf der südlichen Aussenseite noch durch den Sandr.

Als Eissedimente, welche sich, analog dem grönländischen Kryokonit zonar im Eise angesammelt und im Randgebiete desselben abgelagert haben, betrachtet v. Linstow[5] eigentümlich gelagerte Feinsande im Fläming, in der Neumark und in Ostpreussen. Dieselben nehmen im Fläming ein zusammenhängendes langgezogenes Band von 50 km Länge und bis 5 km Breite in WNW.—OSO.-Richtung ein, welches nach Norden d. h. nach dem Innern des ursprünglichen Landeises, allmählich verschwindet. Sie sind an keine Höhenlage gebunden, sondern überkleiden in gleichbleibender, geringer Mächtigkeit das ganze flachwellige Gelände, wobei sich Höhendifferenzen von 100 m ergeben. In Bezug auf den Gehalt an Staubtheilchen nehmen sie eine Zwischenstellung zwischen Löss und Mergelsand ein.

v. Linstow erklärt ihre Bildung ähnlich, wie Drygalski die Ansammlung von Gletscherstaub (Kryokonit) in zahllosen Löchern der Eisoberfläche in der Randzone beschreibt: Nach gänzlichem Wegschmelzen des Eises wird sich dieser in und auf dem Eise enthaltene Gletscherstaub auf dem Boden ablagern und zwar in einer bandförmigen Zone.

---

[1] Geinitz: Die meckl. Höhenrücken, Geschiebestreifen, 1886. — I. Beitr. z. Geol. Meckl. 1879, 48, 54. — Boll: Z. d. G. G. 1851, Taf. 19.

[2] Berendt und Wahnschaffe: Jahrb. L.A. f. 1887, 371.

[3] Berendt und Wahnschaffe hielten die Endmoräne für jünger als den Oberen Geschiebemergel und als eine Bildung der Abschmelzperiode der zweiten Inlandeisbedeckung. Man wird aber dieselbe als gleichwertig mit dem Absatz des Oberen Geschiebemergel rückwärts der Endmoräne ansprechen müssen.

[4] Auch in früherer Zeit werden sich Endmoränen gebildet haben, die von dem erneut vorrückenden Eise eingeebnet und zerstört wurden; Reste von Blockpackungen in sog. unterdiluvialen Sandlagern können vielleicht z. Th. derartig gedeutet werden, z. B. bei Neubrandenburg. (s. Steusloff, Arch. Nat. Meckl. 1893, 80.)

[5] O. v. Linstow: Über jungglaciale Feinsande des Fläming. Jahrb. preuss. geol. L.A. f. 1903, 278, 1 Taf. — Vergl. Holst über Kryokonit, in seinem Bericht über Grönlandsreise, Sver. G. U. 1881, S. 57 f.

## II. Durchragungen, Staumoränen.

Einige als „Staumoränen" bezeichnete Rücken besitzen steil aufgerichtete Sande und Grande, vermischt mit Bänken gröberen Gerölles, deren Schichten steil mit der Böschung einfallen und auf der anderen Seite von dem anlagernden Geschiebemergel abgeschnitten werden; Blockpackung tritt an einigen Stellen auf.

In der Uckermark, Mecklenburg und Pommern finden sich vielfach Kuppen und Kämme, allein in langer Linie verlaufend oder sich gabelnd und scharend. Sie bestehen im Innern aus geschichteten Sanden, Grand und Geröllen, sowie vereinzelten Geschieben, auch eingeschalteten Geschiebemergelbänken; ihr Bau ist sattel- oder halbsattelförmig in verschiedenem Masse, das Streichen fällt mit der Richtung der Kämme zusammen. Die Oberfläche ist oft sehr reich an grossen Geschieben. Der an den Seiten oder auch oben auftretende Geschiebemergel wird als oberdiluvial angesehen, der Kern als unterdiluvial. Ich betrachte die Moränen und jene Kämme als ein einheitliches Ganzes; daher ist ihr Sedimentkern als relativ gleichalt mit der an- und auflagernden Moränenmasse, nicht als unterdiluvial zu bezeichnen.[1] Dann wäre auch der Name „Durchragung" nicht mehr naturgemäss. Nach Schröder[2] sind die Grundzüge nicht durch Erosion oder Aufschüttung gebildet, sondern stellen Aufstauchungen oder Durchragungen dar: Ihre Entstehung verdanken sie einseitig lastendem Druck d. h. der Stauung und Aufpressung durch den Eisrand, z. Th. auch dem Seitenschub.

Die Feinsande, welche die ostpreussischen Endmoränen z. Th. aufbauen, würden zunächst als „unterdiluvial" im Sinne Berendts zu bezeichnen sein. Gagel und Müller[3] zeigen aber sehr anschaulich, dass dieselben hier jungdiluvial, gleichalt mit dem oberen Geschiebemergel sind, ebenso wie einige der ausgedehnten Ablagerungen von sogen. „unterem Thonmergel" mit dem Sande gleiches Alter haben.

Bei den Durchragungen nahe der Endmoräne im Kassubischen Hochland hat der obere Geschiebemergel nach Wolff eine von der gewöhnlichen abweichende Zusammensetzung, vielleicht sind die Durchragungen späteste Schmelzrückstände. Verf. bespricht die Beziehungen von oberem Geschiebemergel zu den unterlagernden Sanden: Viele der Durchragungszüge sind als Endmoränen aufzufassen, für die meisten ist der Name „Staumoräne" sehr passend, sie stellen nach Schröder eine weiter nach NO zurückliegende Stillstandsetappe in der Rückzugsperiode der zweiten Vergletscherung dar.

Eine andere Art von Durchragungen bilden die nord-südlich verlaufenden Wallberge bei Nechlin.[4] Folgende Figuren zeigen, dass sich an dem Aufbau Oberer

---

[1] Geinitz, Endmoränen Mecklenburgs 36. und Arch. Nat. Meckl. 1893, 80.

[2] Schröder, Über Durchragungszüge und -zonen in der Uckermark. Jahrb. L.A. f. 1888, 166. — Endmoränen in der nördl. Uckermark. Z. deutsch. geol. Ges. 1894, 293. — Berendt, Jahrb. L.A. f. 1888, CXXVIII; f. 1890, LXXXVII.

[3] Gagel u. Müller, Die Entwickelung der ostpreussischen Endmoränen in den Kreisen Ortelsburg und Neidenburg. Jahrb. L.A. f. 1896, 250. Taf. 6.

[4] Krause, Die diluvialen Wälle in der Umgebung von Nechlin. Jahrb. L.A. f. 1896, 231.

Geschiebemergel und unterdiluviale Schichten betheiligen und stark gestörten Bau zeigen. Bei ihrer Bildung waren aufpressende und aufschüttende Kräfte thätig; nahe dem Eisrand war das Eis von Spalten zerrissen; dort wo das Eis mächtig und die Spalten eng waren, fand eine Aufpressung des Untergrundes statt. Diese diluvialen Wälle gehören schon zu den Åsar im weiteren Sinne.

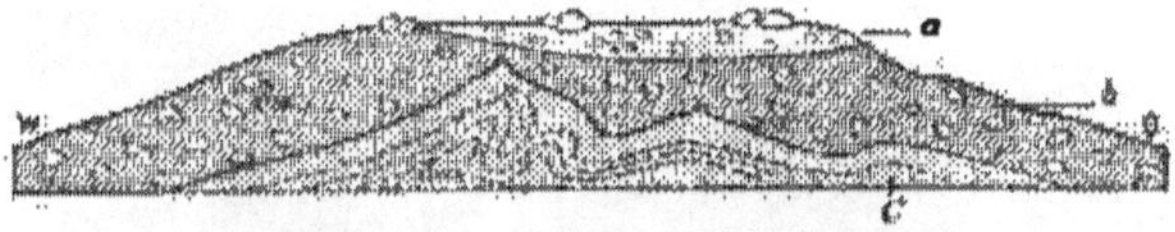


Querschnitt durch den Wallberg bei Nechlin (nach Klemm).

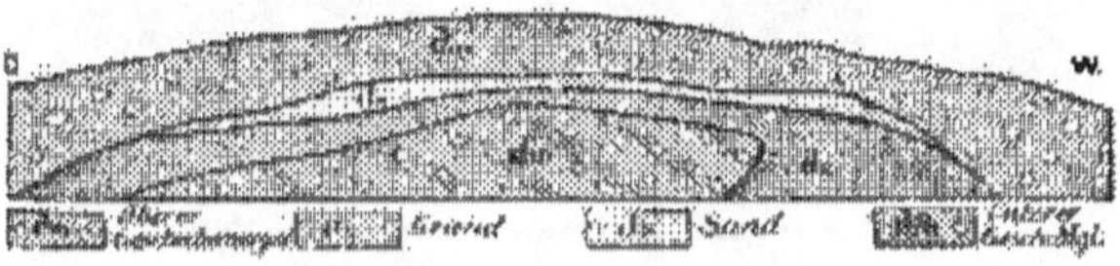


Aufpressung von unterem Geschiebemergel im Malchower Wall bei Nechlin (nach Klemm).

Bei Naugard zeigen wallartige Hügel,[1] bis 10 m hoch, mit geschlängeltem Verlauf den Drumlins parallel, also in der Richtung des Eisstromes liegend, einen Aufbau mit Aufpressung unteren Diluviums, gehören also zu den „Durchragungen". Auch obere Grundmoräne ist z. Th. mit aufgewälbt. Sie sind mit den Drumlins gleichzeitige Bildungen, den Staumoränen als zweite Gruppe als sog. „Stau-Åsar" gegenüber zu stellen.

### III. Fluvioglaciale Bildungen.

**Åsar:**

Åsar oder „Wallberge" sind in guter Ausbildung an mehreren Stellen des nördlichen Deutschlands innerhalb des Endmoränengürtels bekannt.[2]

Ihre Längserstreckung fällt ungefähr mit der Bewegungsrichtung des Eises zusammen, (vergl. z. B. die Karte in Geinitz, Endmor. Meckl. 1894). Oft treten sie wie riesenhafte Wälle oder Dämme hervor. Ihre absolute Höhe ist zwar in Norddeutschland meist nicht grösser als die ihrer Umgebung, aber doch heben sie sich ausgezeichnet von ihr ab, weil sie an einer oder beiden Seiten von einer schmalen Moorniederung begleitet werden, die meist mit Torf erfüllt, z. Th. auch von offenem Wasser durchflossen ist. An dem Aufbau der Rücken betheiligen sich gewaschene Kiese mit

---

[1] M. Schmidt, Über Wallberge auf Bl. Naugard. Jahrb. preuss. geol. L.A. f. 1900, 61.

[2] Geinitz, Über Åsar und Kames in Mecklenburg. Arch. Nat. Meckl. 1886, 115. — Mitth. über einige Wallberge in Meckl., ibid. 1898, 1. 1896, 74. — Berendt, Åsarbildungen in Norddeutschland. Z. deutsch. geol. Ges. 1888, 483. Wahnschaffe, Über einen Grandrücken bei Lubasz. Jahrb. L.A. f. 1890, 277. Ebend. 170. — Keilhack, Drumlinlandschaft. Jahrb. L.A. f. 1896, 164. — [illegible], Über einen Grandrücken bei [illegible]. Jahrb. f. 1891, 268.

Ås (Wallberg) bei Evesdorf i. Meckl. (Geinitz 1892).

Grand und Sand, sowie Geschiebemergel resp. Kiespackung und Decksand. In den meisten Fällen sind es steinreiche Kiesrücken, an deren Oberfläche viele Blöcke liegen, selten sind es steinarme Sandberge. Die Sedimente zeigen in ihrer Kreuzschichtung und Wechsellagerung die Arbeit von stark bewegtem Wasser an. Die Schichten folgen gewöhnlich ungefähr der Aussenböschung und bilden ein Kiesgewölbe, oder fallen von einem steil aufgerichteten Kern nach beiden Seiten ab; oft erscheint auch ein einseitiges steiles Einfallen. Stauchungserscheinungen und kleine Verwerfungen sind häufig. Seltener ist auch ein Kern von Geschiebemergel vorhanden, an welchem sich Kies und Grand anlagern. Häufig sind die Sedimente noch von Moränenschutt bedeckt, mit gleichmässigem Überzug oder nur oben oder nur an der Seite. Dieser Moränenschutt ist entweder Geschiebemergel resp. -lehm oder Kiespackung und Geschiebesand und greift vielfach keil- und taschenförmig ein, von starken Schichtenstauchungen der Sande begleitet.

Eine Anschauung des verschiedenen Baues der mecklenburgischen Wallberge giebt die Zusammenstellung von Profilen auf nebenstehender Seite (s. Geinitz, Beitr. XIV. z. Geol. Meckl.).

Die verschiedenen Ansichten über die Bildung der Åsar erörtert Wahnschaffe (l. c. 172). Er betont mit Keilhack, dass man bisweilen nach der äusseren Form gleiche Bildungen vielleicht mit Unrecht zusammengefasst hat. So bilden die von Keilhack bekannt gemachten Wälle (s. o.) einen Übergang zu den sog. Längsmoränen. Wenn man noch den Begriff „Querås" festhält, so hat man hier die Möglichkeit der Übergänge in Endmoränen, zu denen wohl ein Theil der Schröder'schen „Durchragungen" zu stellen wäre. Auch Berendt sagt selbst: Die theoretische Wahrscheinlichkeit spricht für ein jungglaciales Alter des Kerns der sog. „Åsar", doch hält er an der Bezeichnung „unterdiluvial" für den Kern fest, da die Gerölle, Grande, Sande und Mergelsande der Durchragungen, die sich in nichts von den übrigen unterdiluvialen geschichteten Produkten unterscheiden, mehrfach von der Grundmoräne in bedeutender Mächtigkeit und unveränderter Beschaffenheit bedeckt werden; dieselben können daher nur älter als die Ablagerung der Grundmoräne und zum grossen Theil beim Vorrücken der zweiten Vereisung aus der Grundmoräne ausgewaschen sein.

Deckthon. Ein anderes, auf das Gebiet innerhalb der Endmoräne beschränktes Gebilde ist der namentlich in Ostpreussen, Hinterpommern und bei

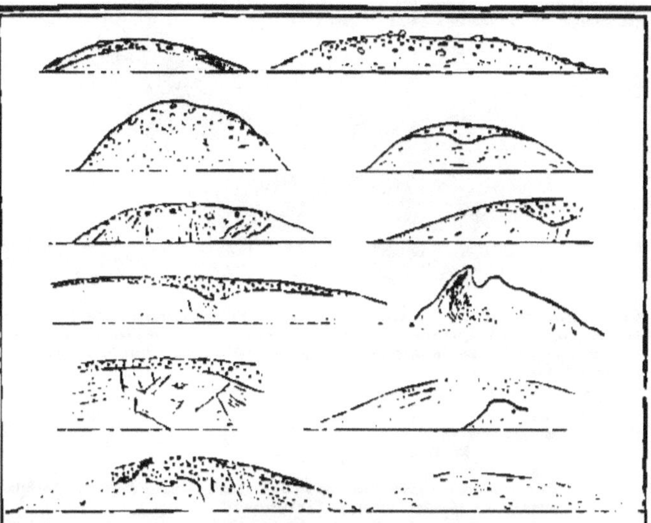

Profile von Wallbergen mit verschiedenartiger Structur.

Dolgener Berg (Horst)

Lübeck verbreitete „Deckthon“[1], zuweilen mit mariner Fauna. Klebs fand, dass bei Heilsberg der Deckthon, zuweilen von Decksand überlagert und auch allmählig in horizontaler Richtung in Decksandgebiete übergehend, in demselben Bezirk mit einer unteren Thonstufe zusammen vorkommt (der obere ist rot, der untere grau und geschichtet).

Der Deckthon erfordert für seine Bildung ruhiges Wasser. Klebs hält ihn für ein Ausschlämmungsproduct aus dem oberen Geschiebemergel, in der Abschmelzperiode entstanden. Für die Frage der Bildung des unteren Thones ist es von Wichtigkeit, dass in ihm bei Heilsberg eine reiche marine

---

[1] Jentzsch, Sitzber. ph.-ök. Ges. Königsberg, 1880, 11. — Ber. üb. d. Durchforsch. d. Prov. Preussen, 1876, 186; 1877, 218 (in Schr. ph.-ök. Ges. 17 u. 18). — Klebs: Der Deckthon etc. am Heilsberg. Jahrb. L.A. f. 1883, 590.

Fauna gefunden ist. Beistehendes Bild zeigt nach Klebs eine Zwischenschaltung von oberem Geschiebemergel und Diluvialsand zwischen die zwei Thone.

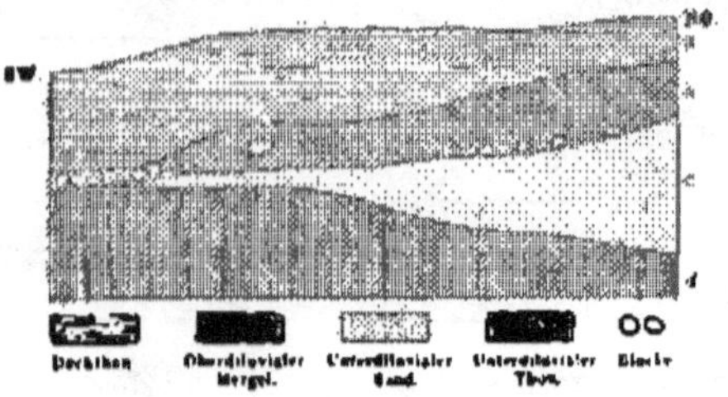


Klebs beschreibt dann aus der Nachbarschaft[1] den Deckthon als nicht oder nur wenig geschichtet, eine dünne, kaum über 5 m mächtige Decke bildend, im wesentlichen auf die Thalsohle beschränkt; in den Gebieten, wo Deckthon die Oberfläche bildet, pflegen auch in geringer Tiefe die unterdiluvialen Thone aufzutreten.

Das Idealprofil der dortigen Diluvialbildung wäre nach Klebs:

Decksand,
thonhaltiger Decksand,
decksandhaltiger Deckthon,
Deckthon,
Oberer Geschiebemergel (meist sehr arm an Geschieben! Übergang in Thon). Darunter unterdiluviale Thone und Sande mit Geschiebemergel.

Jentzsch beschreibt[2] den Marienburger Deckthon als Äquivalent des Thones der Gegend von Marienwerder als „jungdiluvialen" Diluvial-Thon, welcher den dort obersten Geschiebemergel in eigenartigem Verbandverhältnis flächenhaft überlagert.

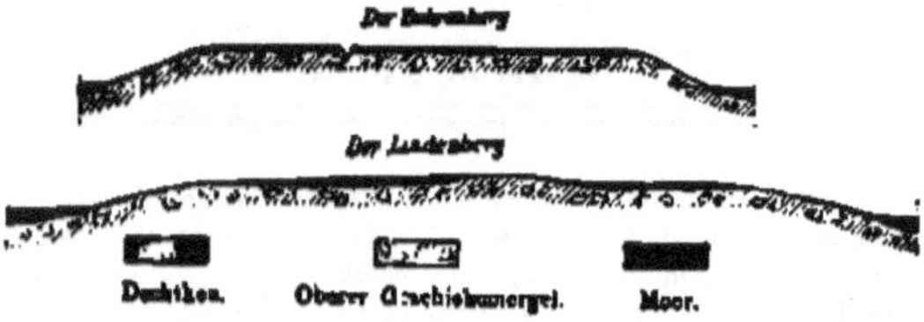


Auch in Hinterpommern hat Keilhack[3] Deckthon nachgewiesen. Derselbe tritt in kleinen und grösseren Flächen deckenartig auf den Bergen auf, von den Höhen sich theilweis herunterziehend und den Geschiebelehm darunter frei hervortreten lassend; Sand ist weder auf, noch zwischengelagert. (S. obige Profile). „Der Deckthon muss in ruhigen Becken abgesetzt sein; es waren nach Keilhack

[1] Klebs, Erl. Bl. Gr. Peisten, 1898, Lief. 61, 9. — S. hier auch Analysen!
[2] Das Interglacial b. Marienburg. Jahrb. L.A. f. 1895, 176
[3] Keilhack: Der balt. Höhenrücken in Hinterpommern. Jahrb. L.A. f. 1889, 165. — Erl. Bl. Bublitz, 1895, Lief. 59, 24

vielleicht Seen im Eise selbst, mit der Grundmoräne als Boden, die Thon und feinsten Sand durch supraglaciale Zuflüsse erhielten.

Friedrich rechnet hierzu auch den Bänderthon der Lübecker Ebene,[1] der an die Stelle des oberen Geschiebemergels tritt, 1—3 m mächtig, gegen den unteren Korallensand und den ihn überlagernden Decksand scharf abgegrenzt, bildet er eine weite, ununterbrochene Ablagerung, die sich allen Unebenheiten der Oberfläche anschmiegt. Er erscheint als ein Süsswassergebilde, am Grunde eines Sees abgelagert; „Lübeck war nur einmal vom Inlandeis bedeckt“.

## Sande.

Die oben bezeichneten diluvialen Sedimente, die Sande und Thone, treten sowohl innerhalb, wie ausserhalb des Endmoränengürtels neben dem Geschiebemergel vielfach zu Tage, in ihrer Mächtigkeit dürften sie wohl auch der des Geschiebemergels mindestens gleich stehen. Als fluvioglaciale Bildungen sind sie auch mit dem Namen „Hvitå-Bildungen“ bezeichnet.

In der Nähe der südlichen Grenzen sind diesen Sedimenten (ähnlich wie auch vielfach an ihren unteren Theilen) einheimische Massen reichlich beigemengt, wodurch das „gemengte Diluvium“ entsteht; dazu treten ganz im Süden die rein einheimischen Schotter.

Wahnschaffe betont mehrfach, dass die unmittelbar unter dem oberen Geschiebemergel folgenden, 4—5 m mächtigen Sande das Bodenrelief mehr oder weniger beeinflussen. Oft ragt auch der Sand durch die Lehmdecke, und zwar entweder in Folge von Aufwölbung der Sandschichten oder mit horizontaler Schichtung. Vergl. folgendes Bild aus Berendt, Umgebung Berlins, 1877, 15:

Die kuppelförmige Lagerung (oft mit steilster Schichtenstellung) kann auf Druckwirkung des Eises zurückgeführt werden, in anderen Fällen ist es lediglich eine conforme Aufschüttungsform, an deren Rändern auch der Geschiebemergel angelagert erscheint.

Solche Durchragungen im kleinen finden sich in allen Gebieten, sie bedingen das sog. „Verschiessen“ des Bodens. Andererseits haben die „unteren“ Sande auch häufig eine grosse Flächenausdehnung, viele diluviale Sandheiden gehören hierzu. In ihnen findet man aber sehr oft auch das Vorkommen von Diluvialthon mit Übergängen zu den sandigen Varietäten.

Auch Süsswasserkalk liegt zuweilen (wenn auch selten) in der Heidelandschaft. So beschreibt Keilhack (Jahrb. L.A. f. 1889, 186) solchen aus Pommern.

## Thon.

Die weiten Thonlager des norddeutschen „Unterdiluviums“ lehren, „dass während der Eiszeit grosse Seebecken existirten, in denen der feine Gletscherschlamm zum ruhigen Absatz gelangen konnte“.[2] Der Wechsel in der Menge der Schmelzwasser und in der Stromgeschwindigkeit bildete die deutlich geschichteten Absätze mit den Streifchen feinsten Sandes, die den Namen „Bänderthon“ rechtfertigen. Die weite Ausdehnung der meisten Thonlager weist auf die grosse Erstreckung jener alten See- und Flussbecken hin; das Verbundensein mit feinen

---

[1] Friedrich: Beitr. z. Geol. Lübecks, 1895, 234. (Festschr. Naturforscherverss.)

[2] Wahnschaffe, l. c. 168.

Sanden, sog. Mergelsanden oder Schluff, im Liegenden und besonders im Hangenden lässt sich auf gleiche Art erklären.

An die Oberfläche treten die Thone nicht so häufig wie die Sande. Sie bilden strenge Bodenarten, die der Feldbestellung nicht immer günstig sind, oder wenn feiner „Mahlsand" das Hangende bildet, sterile Gegenden. Dass der Thon auch durch Aufpressungen zu Tage treten kann, ist selbstverständlich, er wird dann immer nur beschränkte Flecken bilden. Muldenförmige Lagerung ist für artesisches Wasser von grösster Bedeutung.

An vielen Stellen macht sich auch der seitliche und verticale Übergang aus Thon in Geschiebemergel bemerkbar, z. Th. sind an der Oberfläche und in den oberen Lagen des Thones nur einzelne Blöcke eingelagert oder aufgelagert, wie Steinbestreuung oder Einquetschung. Dann ist die Grenze zwischen Thon und Geschiebemergel schwer zu kartiren. Dies ist für die Frage des Zusammenhanges beider Bildungen von grösster Bedeutung.

Sandr.

Vor dem Eisrande breiteten die abströmenden Gletscherbäche das aufgearbeitete Moränenmaterial in Kiesen, Geröllen und Sanden aus, die weiten Kiesflächen der „Sandr" bildend, entsprechend den Sandr, sandsletter, in Island[1], in denen mächtige Gletscherbäche ihr Geröll ablagern, fortwährend ihren Lauf verändernd und ihr Bett erhöhend und wohl auch steilere Kieshügel, die Kiesmoränen, aufwerfend. Die Sandr stellen gewissermassen grosse Inundationsflächen vor, in denen das Wasser den soeben aufgeschütteten Boden in regelmässiger oder ordnungsloser Weise austiefte, bis sich endlich von der allgemeinen Inundationsfläche nach einer oder mehreren Seiten ein mehr oder weniger geregelter Abfluss entwickelte.[2] Wo sich die Gewässer schliesslich Thalfurchen ausgruben, da setzten sie den feinen, bis dahin suspendirten Sand, den Thalsand, ab[3], erst weiterhin auch den Thon, die Marscherde.

So findet man überall im Anschluss an den Aussenrand der Endmoränenbogen diese Sandr in mehr oder weniger reiner Entwickelung, oft gelangt man mit einem Schritt aus dem Gebiet der Endmoräne in das kiesige Sandrgebiet, zuerst noch mit steinigem Kiesboden und welliger Oberfläche, mit Kesseln und Trockenthälern, bis allmählig unter Verringerung der Steine sich die reine Feinsand-Haideebene entwickelt, mit flachen Thalanfängen und flachen moorigen Depressionen.

Nebenstehende Karte giebt ein Beispiel der Sandrentwicklung ausserhalb eines Endmoränenbogens. Die Tiefen des grossen Müritzsees zeigen deutlich den Lauf einer alten Schmelzwasserrinne. (Die Tiefencurven sind bezogen auf den Meeresspiegel; Oberfläche der Müritz 62,5 Meter ü. d. M.) Die Schraffirung giebt die Ausdehnung der einstigen Wasserflächen an, sowohl der Seen, wie der Flüsse. Innerhalb derselben sind die Grenzen der heutigen Seen durch Strichelung angegeben; leider erscheint hierbei durch die Reproduction die Grösse der noch gegenwärtigen Fläche der Müritz auf den ersten Blick kleiner als in Wirklichkeit: Die ausgezogene Curve ist die 60 m-Curve, die innerhalb derselben verlaufende gestrichelte Linie erst die wahre Wassergrenze.

---

[1] Helland, Arkiv Math. og Natv. Kristiania, 1883. — Keilhack, vergl. Beobachtungen an isländischen Gletscher- und norddeutschen Diluvialablagerungen. Jahrb. L.A. f. 1883.

[2] Geinitz, Endmoränen Mecklenburgs. Taf. A. — Grundzüge der Oberflächengest. Mecklenburgs. 1899, 58.

[3] Berendt, Die Sande im norddeutschen Tieflande und die grosse diluviale Abschmelzperiode. Jahrb. L.A. f. 1881, 482. Berendt erkannte hier Heide- und Thalsand einerseits und Geschiebesand und Geröllbestreuung andererseits „als gleichzeitige Bildungen" an.

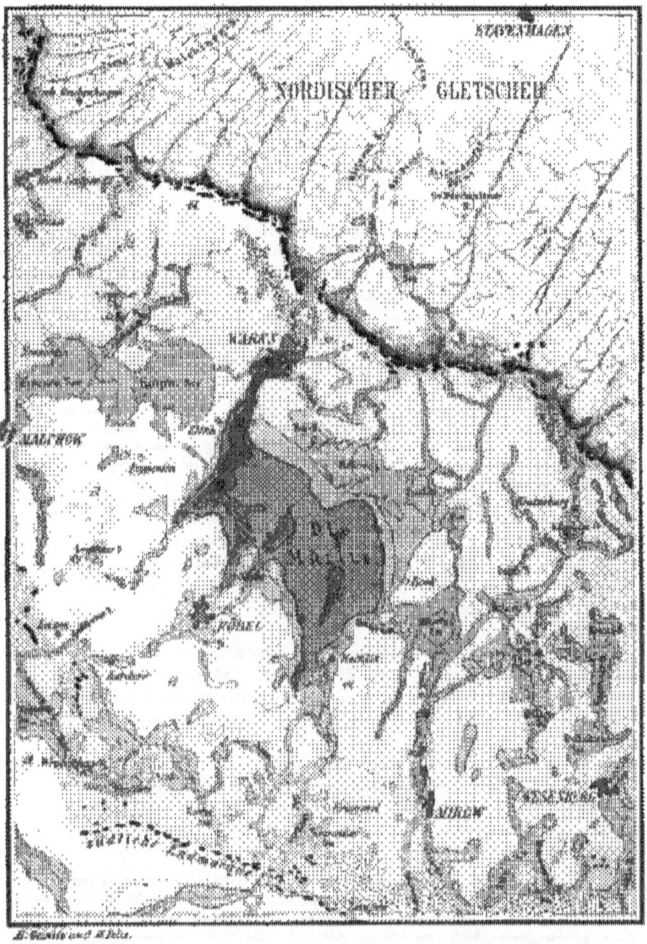


Das grosse Inundationsgebiet der Müritz in der diluvialen Abschmelzperiode.
= Sandbeschüttung. = ehemalige Wasserflächen.

### IV. Erosionswirkungen der Schmelzwässer.

Das Schmelzwasser des Eises hat einen ganz hervorragenden Antheil an der Entwickelung der Oberflächengestaltung genommen. Dasselbe wird zwar in allen Phasen der Eiszeit seine Wirkungen in dieser Hinsicht ausgeübt haben, besonders markant aber, weil aus der letzten Zeit stammend und deshalb am wenigsten verwischt, sind diejenigen der grossen Abschmelzperiode, in welcher das Eis zum endgiltigen Rückzug genöthigt wurde. Diese Umformung des Geländes ist somit geologisch gleichalt mit den letzten Grundmoränen-, Endmoränen-, Sandr- und Thalbildungen.

Das rasche Abschmelzen der enormen Eismassen lieferte ganz ungeheure Mengen von Wasser; die mannigfachen Wirkungen dieser Wassermassen sind so in die Augen fallend, dass gerade sie dem „Diluvium“, unserem „Schwemmland“, das Gepräge aufzudrücken scheinen. Man muss sich vorstellen, dass das ganze von dem schwindendem Eise bedeckte oder schon von ihm verlassene Gelände gewissermassen plötzlich unter Wasser gesetzt wurde und dass hier Stromschnellen und Wasserfälle eine gewaltige Arbeit der Ausstrudelung, Abtragung und Zerfurchung leisteten.[1]

Ausnahmsfälle können durch Aufstau eintreten, wo sich Terrassen bilden können. Solche Staubecken konnten eventuell auch Klärbecken für den Absatz von Thon sein; (vielleicht kann man so die Thonlager auffassen, die z. B. in der sog. Werliner Haide in Mecklenburg auftreten und die theilweise zu Staumoränen aufgepresst sind; auch die Thonlager bei Wesenberg i. M. u. a. lassen eine ähnliche Erklärung zu). An geeigneten Stellen konnten sich wohl auch kleine Becken mit Wiesenkalk oder thonigen, Versteinerungen führenden Sedimenten füllen, vergl. z. B. diese Erscheinung in der Sandhaide von Carzenburg, o. S. 291, bei Schlutup u. a. O.

Wenn das Eis nochmals auf kurze oder längere Strecken vorrückte, konnte es die Sande mit neuem Moränenmaterial (Geschiebemergel oder Decksand und Steinbestreuung) überdecken, in vielen Fällen wird eine solche Bedeckung auch durch Schlammeis der Gletscherströme bewirkt worden sein, so dass eine weitere Gliederung gar nicht nöthig wird.

Der Thätigkeit der Schmelzwässer verdanken sowohl die weiten, meist von tiefen Alluvialmassen erfüllten Flussthäler und viele Seen, welche Überreste solcher Ströme sind, als auch zahlreiche der isolirten oder durch spätere kleinere Abflüsse entwässerten Seen, Teiche, Sümpfe, Moore, Kessel und Sölle ihren Ursprung.[2]

Die meisten unserer Thäler sind zu weit und zu tief für ihr jetziges Drainagesystem, viele sind überhaupt frei von fliessendem Wasser, andere haben ein dem ursprünglichen Gefälle entgegengesetztes Flusssystem, alle zeigen eine viel grössere Erosionswirkung, als sie das heute in ihnen fliessende Wasser hervorzubringen im Stande wäre.

[1] Um über die Mengen der Schmelzwasser sich eine ungefähre Vorstellung zu machen, wollen wir annehmen, dass z. B. auf dem mecklenburgischen Boden eine vielleicht 1000 m dicke Eisschicht gelegen hatte; dies giebt ein Eisquantum, welches bei dem Schmelzen etwa 160 Billionen Hektoliter Wasser geliefert hätte. Auch wenn man nur eine Dicke von 10 m annehmen würde, ergäben sich noch 1½ Billionen Hektoliter Wasser für den Boden des kleinen Mecklenburg.

[2] Vergl. hierüber: Geinitz: Seen, Moore und Flussläufe Mecklenburgs. Güstrow 1886. S. 2 u. f.

Verfolgen wir eine der kurzen Seitenschluchten niederer Ordnung nach oben hin, so führt uns dieselbe auf das Plateau und wir finden ihren „Thalbeginn" vielfach in einer kleinen flachen Senke oder in einer Reihe von Söllen oder ähnlichen Bodendepressionen. Dies und die Thatsache, dass oft in unmittelbarer Nachbarschaft Thäler neben einander herlaufen, führt uns wieder vor Augen, dass die ganze Gegend plötzlich unter Wasser, d. i. unter den Einfluss der mächtigen Schmelzwässer geraten war.

**Eversion.** Die Thalbildung ist aber nicht das einzige Ergebnis der Schmelzwasserarbeit. Die Circusform der amphitheatralisch rasch zum Plateau ansteigenden Thalanfänge ist der Wirkung strudelnder Wässer, der „Eversion", zuzuschreiben.

**Sölle.** Schon oben wurde des Vorkommens der Sölle im Geschiebelehmboden gedacht, die in enormer Menge vorkommen. (Die Messtischblätter erscheinen von ihnen z. Th. wie durchsiebt.) In allen möglichen Übergängen sind sie mit flachen runden Depressionen und tiefen Kesseln grösseren Umfanges verbunden. Sehr häufig sind diese Niederungen ganz isolirt, ringsum in das Plateau eingesenkt, in anderen Fällen senden sie mit Wasser oder Torf erfüllte Zipfel von verschiedener Länge, Breite und Tiefe in das Plateau, als die Anfänge einer Thalbildung. Endlich können auch solche Depressionen in einer Reihe hinter einander in Verbindung treten und wie unfertige Thäler eines „Überfliessthales", eine perlschnurartige Aneinanderreihung von Vertiefungen bilden. Die **Bildung** der „**Sölle**" (Singular der Soll, auch Wasserlöcher oder Pfuhle genannt) habe ich zuerst im Jahre 1879 (Arch. Nat. Meckl. B. 33, S. 264) erklärt und sie als **Strudellöcher** aufgefasst, welche das **Schmelzwasser in dem Untergrunde aufwühlte**, „theils noch unter dem Eise durch Gletschermühlen, theils auf dem vom Eise eben befreiten Boden durch strudelnde Wildwässer" der Abschmelzstromschnellen. Die erstere Bildungsart, die besonders von Berendt (Z. d. G. 1880, 64) betont worden ist, welcher die Sölle als **Riesenkessel** anspricht, besitzt wohl nur eine minimale Bedeutung[1], da die Sölle, wie erwähnt, immer auf, nicht unter der Geschiebemergeldecke vorkommen, also eine reine **Oberflächenerscheinung** sind.

Sölle finden sich:

1. In der Moränenlandschaft, als oft tiefe Kessel zwischen den Moränenschutthügeln (hier können Kessel von gleicher Form auch entstanden sein als Zwischenräume bei dem Zusammentreten der zahlreichen Aufschüttungskuppen).

2. Auf dem fast ebenen Geschiebemergelplateau, unvermittelt und völlig isolirt, ohne deutlichen Zusammenhang mit Bodendepressionen.

3. Ebenfalls oben auf dem Diluvialplateau, aber mit, wenn auch geringer, flacher Bodeneinsenkung, die z. Th. zu nachbarlichen gleichen Formen hinführt, z. Th. als „Thalbeginn" eines weiterhin sich entwickelnden Thales. Diese reihenweise Anordnung hat schon Brauns belegt. Es sind eben die Sölle hier die ersten Auswaschungsformen, das überschüssige Wasser musste sich weiter seinen Weg bahnen und Thalläufe schaffen.

Eine andere Erklärung der Sollbildung ist die, dass es ein Nachstürzen des Bodens sei, infolge von Wegschmelzen von todtem Eis in oder unter dem Geschiebemergel.[2]

[1] Vergl. auch meine früheren Veröffentlichungen, z. B. Entstehung der Seen, Arch. Nat. Meckl. 1885, 9.

[2] Struckmann, Naturw. Wochenschr. 1896, Nr. 39. — Dagegen Geinitz, Arch. Nat. Meckl. 1896, 271. Ule, Jahrb. L.A. f. 1889, 52; s. auch Holst, Ussing, Davis u. A.

Ein Soll in der Moränenlandschaft bei Hagebök i. Meckl. (Geinitz 1892).

Kleine Wasserreste einstiger ausgedehnter Seen, sog. „Blänke", sind natürlich nicht mit den Söllen zu verwechseln (s. Ule, l. c. 58).

(In Gebieten starker Culturen sind die Sölle häufig verwischt, durch Ausebenen und dergl., doch konnte ich auch noch im südlichsten Gebiet, z. B. auf der Ebenheit der sächsischen Schweiz, unterhalb der Bärensteine, deutliche Spuren derselben auffinden).

## Urstromthäler. (S. unsere Karte.)

Litteratur:

Führer durch Theile des norddeutschen Flachlandes. 1899, 67.
Berendt, Umgebung von Berlin. 1877, 8 u. 18. — Z. deutsch. geol. Ges. 1879, 18, Taf. I.
Wahnschaffe, Oberflächengest. 175 u. Karte.
Keilhack, Stillstandslagen, 1899, Taf. 7, und Übersichtskarte von Pommern.

Berendt erkannte, dass am Rande des immer weiter nach Norden zurückweichenden Eises durch dessen Schmelzwässer die mächtigen sog. „Urstromthäler" entstanden sind, deren Lauf in O.—W. resp. OSO.—WNW.-Richtung durch die Thalantheile der heutigen Ströme, sowie die verbindenden Niederungen deutlich erkennbar ist. Sie sind nacheinander von S. nach N. entstanden, so dass das südlichste, das „Berlin-Hannover'sche oder Breslau-Magdeburger Thal" das älteste ist; ihm folgen das „Glogau-Baruther", das „Warschau-Berliner" und endlich das „Thorn-Eberswalder Thal". Sie hatten ihren Abfluss zuerst vielleicht durch das untere Weserthal, später durch das untere Elbthal.

Ausser diesen südlich des baltischen Höhenrückens verlaufenden Thälern wies Keilhack noch ein jüngeres System nördlich des Rückens nach, welches er als „pommersches Urstromthal" bezeichnete. Dieser Strom fand aber nicht zur Elbe seinen Ablauf, sondern blieb durchaus selbständig, als „Fehmarn- und Belten-Strom" zum Kattegat mündend.[1] Wir können diesen, vor dem Innenrand der baltischen Endmoränen verlaufenden Urstrom den „baltischen Urstrom" nennen.

Dieser baltische Urstrom vervollständigt sehr schön mit seinen Nebenthälern die Symmetrie und Parallelität unserer deutschen Urstromthäler, wie ein Blick auf unsere Karte der Urstromthäler zeigt.

Im allgemeinen entsprachen dem jeweiligen Nordrand der Urstromthäler die Stillstandslagen des Eisrandes[2], die durch Endmoränen oder das Auftreten der charakteristischen Grundmoränenlandschaft, sowie durch die Sandr gekennzeichnet sind.

Innerhalb der grossen Thalniederungen finden sich (besonders im Oderthal und im pommerschen Gebiet), oft scharf gegen einander abstossende Thalsandterrassen, theils dieselbe Höhe beibehaltend, theils allmählig an Höhe abnehmend. Keilhack führt diese Erscheinung auf grosse hinter einander gelegene und nach und nach abgezapfte Stauseen zurück, deren Geschichte z. Th. sehr genau zu verfolgen ist.

So sind drei wohlausgeprägte Terrassen z. B. im Oderthal schön entwickelt (vergl. Keilhack, l. c. und Schröder, Führer, Taf. 2), ebenso im Warthethal (Wahnschaffe, 184 u. Jahrb. L.A. f. 1898, LXXVIII), auch im Gebiet der baltischen Seenplatte finden sich Terrassen, die auf plötzliche Entleerung von Staubecken zurückzuführen sind, z. B. im Gebiet der Lewitz in Mecklenburg. Andere

[1] Geinitz, Die geograph. Veränd. d. sw. Ostseegebietes mit der quart. Abschmelzperiode. Peterm. Mitth. 1903, mit Karte, und Das Land Mecklenburg vor 3000 Jahren, Rostock, 1903.

[2] Speciell für das Ostseeküstengebiet unterschied Keilhack 11 verschiedene Phasen in der Lage des Eisrandes, mit ihren einzelnen Stauseen, von denen der Haffstausee eine besondere Wichtigkeit hat.

Becken, z. B. das der nördlichen Heide Mecklenburgs, zeigen keine Spur von ruckweiser Entleerung, sondern verwaschene Ufergrenzen, dagegen Spuren von späterer Senkung.[1]

Den grossen Sammelrinnen strömten von Süden die einheimischen[2], von Norden die Gletscherflüsse zu und zerfurchten das Diluvialplateau; in späteren Phasen benutzten die Hauptströme bei dem Nordwärts-Verlegen ihres Laufes theilweis diese (früher entgegengesetzt gerichteten) Läufe und erhielten so die auffällige rechtwinklige Umbiegung (vergl. die Übersichtkarte der Umgebung von Berlin), während Theile der alten Thalläufe versiegten und zu moorigen Verbindungsniederungen wurden.

Bei rascher Erosion, welcher später keine alluviale Ausfüllung folgte, bildeten sich oft scharf ausgeprägte Trockenthäler; Beispiele dafür finden sich an vielen Orten.

Trockenthal in Kies bei Fürstenberg i. Meckl. (nach Geinitz).

Zur Erklärung der eigentümlichen, von der Seenplatte weg,[3] nach S. und N. gerichteten Thäler glaubte Braun eine selbständige Vergletscherung als Rest der Eiszeit auf der Seenplatte annehmen zu sollen. Dieser Annahme stehen manche Bedenken gegenüber, die nördlichen Thäler sind als subglaciale Bildungen anzusehen.

Hierbei muss auf einen sehr ausgeprägten Unterschied aufmerksam gemacht werden, der sich in den Thälern auf den beiden Abhängen der Seenplatte zeigt. Während die nach Süden gerichteten Thäler einen normalen Verlauf in ihrem Anfang nehmen, nämlich sich allmählig aus dem Sandr entwickeln (zuerst flache Niederungen in den Sandebenen, weiter breite und tiefe Thäler), zeigen die nach N. gerichteten, wenigstens sehr deutlich in Mecklenburg, einen ganz anderen Charakter; sie setzen sofort in voller Breite und grosser Tiefe mit ihrem kesselförmigen Cirkus-Thalbeginn ein, der das Produkt der Evorsion ist. Diese Erscheinung, die gut auf den Karten zu erkennen ist, ist entweder durch subglaciale Thalbildung zu erklären (wobei das Schmelzwasser unter dem Gletscher geflossen wäre) oder so, dass das Eis sehr rasch von der Endmoränengrenze nach N. resp. NW zurückwich und das Land sofort der offenen Evorsion und Erosion preisgab.

[1] Klockmann, die nordöstliche Heide Meckl. Mitth. Meckl. L.A. XIII, 1901.
[2] Z. B. die Elbe mit ihrem Durchbruch durch das Elbsandsteingebirge, die Mulde, Unstrut u. a.
[3] S. Geinitz: Seen, Moore und Flussläufe Mecklenburgs. — Endmoränen Mecklenburgs.

Vielfach scheint auch der tektonische Bau des norddeutschen Untergrundes für die Thalbildung massgebend gewesen zu sein und es scheinen manche Thäler schon vor der Abschmelzzeit, ja z. Th. schon vor dem Diluvium überhaupt vorgebildet gewesen zu sein. Diese Frage ist allerdings wegen der bedeutenden Mächtigkeit der Diluvialmassen nicht leicht zu entscheiden, doch liegen von einigen Gegenden sichere Anzeichen dafür vor. Es können Mulden, Grabenvertiefungen u. a. sein, welche für die Thalentwicklung massgebend waren.[1]

So ist nach Berendt das Berliner Hauptthal schon während der ersten Eiszeit gebildet, (vergl. die bekannte Paludinenbank); auch bei Magdeburg ist das Elbthal schon in früheren Perioden vorhanden; neuere Bohrungen bei Wittenberge ergaben dieselbe Erscheinung, die auch durch die Erkenntnis der muldenförmigen Lagerung des Malliser Braunkohlengebirges schon von der Dömitzer Gegend bekannt war (flache Mulde bis Dömitz, steile Flügel am linken Elbufer). Die Hamburger Elbniederung ist nach Gottsche ein alter Mündungstrichter, wo der Geestrand als alter Bruchrand schon während der Diluvialzeit die wirkliche Meeresküste gebildet hat (marine Diluvialablagerungen sind auf ihn und seinen Sockel beschränkt, ungeheure Mächtigkeit des Diluviums im eigentlichen Elbthal, geringe auf dem Plateau). Ebenso ist die Oderbucht nach Deecke auf tektonische Bruchlinien zurückzuführen. Maas wies für einige Thäler der Gegend von Posen nach (Jahrb. L.A. f. 1898, 66), dass sie Synklinalen sind und in Zusammenhang mit Auffaltungen des Tertiärs standen; diese Thalfurchen seien schon zur Interglacialzeit vorhanden gewesen, sie blieben auch während der letzten Vereisung erhalten und dienten beim Abschmelzen derselben als Abflussrinnen. Für das Pregelthal hat Jentzsch ebenso ein hohes Alter nachgewiesen. Klautzsch unterscheidet auf Blatt Promnitz (Lief. 66, 1896) jüngere Erosionsthäler (deren Entstehung nach Ablagerung des oberen Mergels erfolgte) und ältere, die bereits im Unterdiluvium vorhanden waren, in welche der obere Geschiebemergel hineintritt. Auch Maas schildert solche alte Thäler aus der Gegend von Posen, wo die Grundmoräne der letzten Vereisung die interglacialen Rinnen auskleidet und z. Th. die alten Thalränder aufpresste. (Jahrb. L.A. f. 1898, 82–84). Wahnschaffe erwähnt „Faltenthäler“, entstanden zur Ablagerungszeit des oberen Geschiebemergels senkrecht zu der Bewegungsrichtung des Landeises. (Jahrb. L.A. f. 1896, LXXVIII). Die Trebnitzer Höhen sind (nach Frech[2]) als [illegible], dem Sudetenrand parallele Auffaltung während des jüngeren Tertiärs entstanden.

## Die Seen.

Die zahlreichen Seen Norddeutschlands sind in ihrem Vorkommen wesentlich auf die „baltische Seenplatte“ beschränkt und müssen wohl nach ihrer Entstehung in engem Zusammenhang mit derjenigen der Seenplatte oder ihrer jungdiluvialen Ablagerungen stehen. So finden sich die meisten Seen Mecklenburgs zwischen den beiden Hauptendmoränenzügen.[3]

Die verschiedenen Auslotungen haben ergeben, dass die Oberflächengestalt

---

[1] Vergl. die Arbeiten von v. Koenen. — Auch Wahnschaffe, Oberfl. 78, 166.

[2] Zeitschrift d. Berliner Ges. f. Erdkunde 1902.

[3] In folgenden chronologisch geordneten Schriften über norddeutsche Seen findet man auch die weitere Litteratur: 1885/6 E. Geinitz: Die Entstehung der mecklenburgischen Seen. Arch. Nat. Meckl. 39, 1885. — Die Seen, Moore und Flussläufe Meckl., Güstrow 1886. (Weitere Arbeiten über mecklenburgische Seen vergl. Archiv Ver. Nat. Meckl. 1886, 149; 1892, 1, 96; 1898, 154, 243; 1902, 196). — 1887 Wahnschaffe: Zur Frage d. Oberfl. gest. im Geb. d. balt. Höhenrück. Jahrb. L.A. f. 1887, 161. — 1890/1 Ule: Die Tiefenverhältnisse der masurischen und der ostholsteinischen Seen. Jahrb. pr. geol. L.A. f. 1889 und 1890. (Messungen pommerscher und preussischer Seen finden sich weiter in den Erläuterungsheften zur geolog. Specialkarte v. Preussen. — 1901 Halbfass: Beitr. z. Kenntnis der pommerschen Seen. Peterm. Geogr. Mitth. Ergänzungsheft 136. — 1903 G. Braun: Ostpreussens Seen. Schr. phys.-ökon. Ges. Königsberg. 42. — Einen Überblick giebt Wahnschaffe l. c. 197 u. 209.

unterhalb des Seespiegels oft derjenigen des Geländes oberhalb desselben entspricht (im einfachem Gelände einfache Formen, in stark cupirtem mannigfach gegliedert, mit Inseln und Halbinseln, raschem Wechsel der Tiefen).

Die norddeutschen Seen haben verschiedene Entstehungsart. Danach kann man sie eintheilen in:

1. Evorsions-Seen, durch vertical oder schräg wirkende Schmelzwässer ausgestrudelt. „Sollseen", Theilstücke vieler reich gegliederter Seen. Ufer mit Abschnittsprofil.

2. Grundmoränen-Seen (Wahnschaffe), die Vertiefungen der cupirten Grundmoränenlandschaft einnehmend; der obere Geschiebemergel reicht von den Höhen bis an und unter die Ränder der Seen, ohne Abschnittsprofil. „Durch die unregelmässige Lagerungsform der unterdiluvialen Sande und Grande und die darüber gebreitete Grundmoräne, welche den Höhen und Tiefen folgte und das vielgestaltige Relief noch mannichfach beeinflusst hat, wurde eine für die Ansammlung grosser Wassermassen günstige Oberflächengestalt dargeboten und so Veranlassung zur Bildung zahlreicher Seen gegeben".

3. Stau-Seen:

a) Hinter Endmoränen aufgestaute, flache Becken mit Sandboden, oft von bedeutender Ausdehnung.

b) Die nur vom jeweiligen Eisrand aufgestauten Becken, an denen später Terrassenbildung möglich war (Keilhack).

Der schmale Lucinsee bei Feldberg i. Meckl. (Vom östlichen Ufer gesehen.)
Typus eines schmalen Fluss-Sees

4. Rinnen- oder Fluss-Seen, völlige oder theilweise Wassererfüllung von früheren (Gletscher-)Flussläufen, in Durchbruchsthälern bei Endmoränenzügen, in der Grundmoränenlandschaft oder in Sandern (subglacial oder extraglacial = „Finger-lakes" in Nordamerika) entstanden. S. obenstehendes Bild.

5. Falten- oder Mulden-Seen, durch Wasseransammlung innerhalb glacialer resp. älterer Mulden entstanden. Die Senken können eventuell auch durch Dislokationen, Gräben u. a. verursacht sein; sicher nachgewiesen sind derartige Fälle noch nicht.

6. Gletscher-Erosions-Seen, durch unmittelbare Glacialerosion entstanden. Im Hintergrund Glacialstauchungen; können am Ende von Mulden- u. a. Seen als Combination vorkommen (z. B. am Südende des Plauer Sees).[1]

7. Einsturz-Seen. Ausfüllung von Pingen; selten.[2]

8. Strand-Seen, durch Dünen u. dergl. abgeschnittene Mündungstrichter u. a.; selten.

## Der Löss.

Am südlichen Rande des norddeutschen Flachlandes verläuft ein schmaler, ziemlich zusammenhängender mit Löss bedeckter Streifen von dem Oberlauf der Weichsel bis zu den Mündungen des Rheins.[3]

Die Lösslandschaft ist namentlich im nördlichen Sachsen (Meissen-Lommatzscher Pflege, wo der Löss bis 20 m mächtig das hügelige Terrain überzieht), in der Gegend von Halle, an den Rändern des Harzes, in der Magdeburger Börde und in Schlesien entwickelt, besonders charakteristisch aber im Rheinthale.

Die Meereshöhe des Löss reicht in Sachsen zu 125—280 m, im Harzvorland zu 190 m, bei Magdeburg zu 125 m. Der Löss zeigt keine Beziehung zu einem alten noch jetzt erkennbaren Flussthale. Die Gestaltung der Lösshochflächen ist häufig flachwellig, die Mächtigkeit wechselt mit den Unebenheiten des Untergrundes. Er liegt entweder auf älterem Gestein oder auf Geschiebelehm, resp. dessen Steinsohle. Der Löss ist entweder scharf von seinem Untergrunde geschieden oder geht in ihn über, besonders wo das Liegende aus verwittertem Gesteinschutt besteht.

Der Löss ist in seiner ursprünglichen Ausbildung eine im allgemeinen ungeschichtete, hellgelbe Ablagerung von sehr feiner gleichmässiger Ausbildung, vorwiegend aus staubartig feinen, meist eckigen (im Meissner Löss abgerundeten) Quarzkörnchen von 0,05—0,01 mm Durchmesser, neben einem sehr schwankenden Kalk- und geringen Thongehalt (mit 55—73% Kieselsäuregehalt).

In Folge des geringen Thongehaltes hat er im nassen Zustand nur geringe Plasticität, wegen der Feinkörnigkeit aber im trockenen Zustand einen bedeutenden Zusammenhalt: er bricht in senkrechten Wänden. Überall besitzt er eine lockere poröse Structur und enthält feine, oft mit Kalk ausgekleidete Röhrchen. Bekannt sind seine Kalkconcretionen, die Lösspuppen oder Lösskindel. Er enthält reichlich Land- und Süsswasserconchylien, (Taf. 2) sowie Landsäugethiere.

Im Meissner Löss sind die Schnecken fast immer vergesellschaftet, durch die ganze Ablagerung vertheilt, aber sehr ungleichmässig verbreitet; nach Sauer haben sie an Ort und Stelle gelebt, sind nicht eingeschwemmt.

---

[1] Martin, (Zur Frage der Entstehung der Felsbecken. Abh. naturf. Ver. Bremen, 1899) meint, dass das Inlandeis auch die Fähigkeit besitzt, lose Ablagerungen ähnlich wie festes Gestein mit Hilfe seiner Grundmoräne abzutragen und sich Vertiefungen zu schaffen, welche den späteren Seen entsprechen; die glaciale Erosion sei abhängig von dem Vorhandensein von Spalten, die Glättung und Schrammung nur als der letzte Akt der glacialen Denudation aufzufassen.

[2] Z. B. der See von Probst Jesar i. Mecklenburg, s. Baloram, Arch. Nat. Meckl. 1896, Taf. 8.

[3] S. Penck, Mensch und Eiszeit. 1884, 11. Karte. — Klockmann, Verbreitungsgr. des oberen Geschiebemergels. Jahrb. L.A. f. 1883, 258. — Wahnschaffe, Oberfl. 191. — Geikie, Ice Age 646.

Durch die vollkommen gleichmässige Zusammensetzung ist der Mangel an Schichtung im Löss zu erklären. Nur vereinzelt wird eine Schichtung beobachtet, und sind in den unteren Theilen Sandstreifen eingeschaltet. Beimengungen von grobem Material beruhen auf örtlichen Einschwemmungen. In der Börde ist er in seinen oberflächlichen Theilen stark humos und erlangt dadurch eine Ähnlichkeit mit dem russischen Tschernosjom.

Man muss verschiedene **Varietäten** unterscheiden:

1. **Echter oder Plateau- und Berg-Löss** (bei Strassburg stets nur **Landschnecken** führend, keine Süsswasserschnecken); ärmliche Fauna.
2. **Gehänge-Löss**, lössähnlicher Lehm, oft stark verlehmt, Fauna reicher.
3. **Thal-Löss**, lössähnlicher Lehm, Sandlöss, meist wohlgeschichtet, mit Sandschmitzen, in der Umgebung der heutigen Niederungen; mit einer reichen, aus **Land- und Süsswasserschnecken gemischten Fauna**.

Bei Altenburg (und Weissenfels) finden sich zwei verschiedene Lösse. KEILHACK theilt[1] folgendes Profil mit:

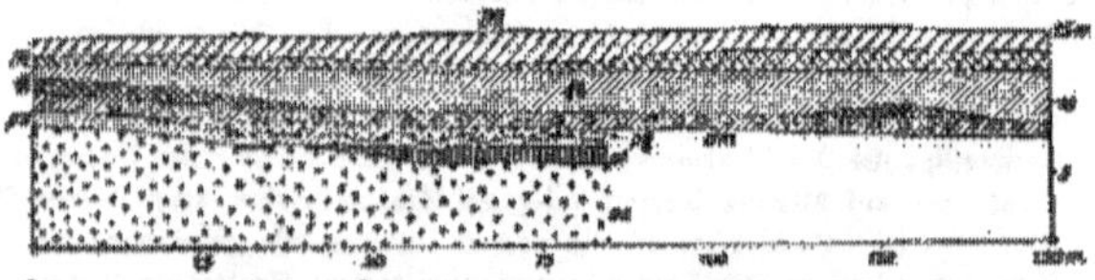

∂ll = jüngerer Lösslehm; ∂l = jüngerer Löss; dll = älterer Lösslehm; dl = älterer Löss; dm = Geschiebelehm; pg = präglacialer Schotter; ps = präglacialer Sand; ot = oligocäner Thon; os = oligocäner Sand.

Sandgrube bei Altenburg (KEILHACK).

Auf Oligocän gelagerte praeglaciale Sande und Schotter, bedeckt von 1 m Geschiebelehm, darüber 6,5 m Löss, innerhalb dessen zwei Lagen von kalkhaltigem Lösse übereinander auftreten, die in ihren oberen Theilen entkalkt und in Lösslehm umgewandelt sind. Dadurch würde die im Rheingebiete beobachtete Zweigliederung auch für den norddeutschen Sandlöss wahrscheinlich gemacht.

**Lössfauna:**

*Alactaga acontion (= jaculus)* NEHRING, (Jahrb. Min. 89. II, 1),
*Spermophilus rufescens, Sp. mugosaricus,*
*Arctomys bobac,*
*Lagomys pusillus,*
*Cricetus* (Jahrb. K. K. g. R. A. 1893, 179. — Jahrb. Min. 1896, I, 376),
*Arvicola gregalis; A. oeconomus,*
*Equus hemionus, E. caballus ferus,*
*Talpa europaea,*
*Felis spelaea,* | für beide ist Thiede der nördlichste Punkt; gleichzeitig mit dem Menschen.
*Hyaena spelaea,* | s. NEHRING, N. Jahrb. Min. 1895, I, 518.
*Canis vulpes, C. lupus,*
*Foetorius lutreola, F. vulgaris, F. putorius* (kein Nörz und Fischotter!),
*Meles taxus* (bei Thiede und Westeregeln kein Bär?)
*Arvicola amphibius, A. arvalis,*
*Hystrix? Lepus, Rangifer, Cervus, Ovibos, Bos, Elephas, Rhinoceros.*

[1] Z. d. geol. G. 1898, 179.

Von den Conchylien sind am häufigsten *Helix hispida*, *Pupa muscorum*, *Succinea oblonga*.

Der Löss ist eine extraglaciale Bildung.[1] Bezüglich der Frage nach der Entstehung des Löss stehen sich noch die beiden Ansichten mehr oder weniger schroff gegenüber, welche den Löss als fluviatile oder äolische Bildung erklären.[2]

a) Fluviatile Bildungstheorie:

Nach Wahnschaffe und Klockmann bildete der nordische Eisrand einen mächtigen Stauwall, an welchem zu Beginn der Abschmelzperiode die Gewässer zu einer mächtigen Hochflut angestaut wurden; in diesem Becken setzten sich die feinen Schlemmprodukte ab. Unter Annahme verschiedener Staubecken erklärt sich die einseitige Verbreitung des Löss am nördlichen Fuss der deutschen Mittelgebirge. Nach weiterem Rückzug des Eises hörte die Lössbildung auf und es entwickelte sich nach Trockenlegung dort eine steppenartige Grasvegetation. Neben den Einwänden, die Sauer gegen diese Auffassung vorbringt, möchte ich daran erinnern, dass von jenem Staubecken keinerlei Ufergrenzen oder Terrassen hinterblieben sind, und dass die oben erwähnten, so deutlich nachgewiesenen Urstromthäler mit jenen Staubecken nichts gemein haben.

Penck[3] schreibt 1884 (Mensch und Eiszeit, 13) dem Löss eine extra-fluviatile Entstehung zu und erklärt ihn für Flussschlamm, der später durch Wind mehrfach umgelagert und verweht worden ist.

b) Äolische Theorie:

Von hervorragender Bedeutung sind die Entdeckungen einer Steppenfauna im Löss, die man A. Nehring zu verdanken hat[4]. Nehring vertritt in seinen zahlreichen Publicationen[5] die äolische Theorie, doch betont er auch, dass auch eine abwechselnde Thätigkeit von Wind und Wasser in Betracht kommen kann; nicht alle Lössablagerungen brauchen gleichalterig zu sein und es giebt neben subaërischen auch fluviatile oder lacustre Lössbildungen.

Nehring entwirft ein Bild von der Tundra oder arktischen Steppe und der subarktischen Steppe mit ihren charakteristischen Faunen: Lemming, Eisfuchs, Ren, Moschusochse, veränderlicher Hase, Vielfrass; resp. Pferdespringer, Ziesel, Bobak, Pfeifhase, Wühlmäuse). Er betont die Verwertung von Faunenlisten, bei denen darauf zu achten, ob die Funde auf primärer oder secundärer Lagerung, ob es Charaktertiere sind. Das Klima der Eiszeiten war nach ihm feuchtkalt, ähnlich dem des heutigen Grönland, nicht so wie in den Gebieten um die heutigen Gletscher der Schweiz oder Neuseelands).

Die Lemminge waren bei Thiede einheimisch, bei Westeregeln nicht, sie sind erst durch die grosse Eiszeit aus den Polargegenden nach Deutschland geführt worden. (Die Reste von Thiede sollen aus dem Anfang der Interglacialzeit stammen, die der höheren Horizonte vielleicht aus der zweiten Eiszeit). Aus ihrem Vorkommen muss man auf Klima und Vegetation Schlüsse ziehen (sie leben jetzt mit der Zwergbirke).[6] In der Gegend zwischen dem Nordfusse des Harzes und Braunschweig müssen

---

[1] Penck sagt (Länderk. v. Europa: I, 1, 511): „Indem der mitteleuropäische Löss den Schwerpunkt seiner Entwicklung gerade ausserhalb der Gletschergebiete besitzt und an Stellen aufzutreten pflegt, welche sowohl dem Eise wie auch dessen Schmelzwassern unzugänglich waren, ist der zwingende Beweis dafür geliefert, dass der Löss Mitteleuropas nichts mit den Vergletscherungen zu thun hat". Die Schlussfolgerung in dieser Fassung ist nicht richtig.

Holst erklärt den Löss für Kryokonit. Sver. G. U. G. 81, 1881, 47.

[2] Wahnschaffe: Die lössartigen Bildungen am Rande des nordd. Flachlandes. Z. d. G. 1886, 353; s. hier dier die ausführl. Litteraturangaben! — Z. d. G. 1888, 261. — Die Quartärbildungen d. Umg. v. Magdeburg. Abh. geol. K. v. Preussen, VII, 1. 1885. — Sauer: Über die äolische Entstehung des Löss am Rande der nordd. Tiefebene, Zeitschr. f. Naturw., 1889.

[3] S. auch Penck Z. deutsch. Geol. Ges. 1883, 394.

[4] Nehring: Foss. Lemminge etc. Z. f. ges. Naturw. 1875, XI, S. 1.

[5] Nehring: Über Tundren und Steppen der Jetzt- und Vorwelt. Berlin 1890. (S. hier die sehr zerstreute Litteratur und das Profil von Thiede; oben p. 21.

[6] Von arktischen Pflanzen ist neben den Lemmingen allerdings bisher noch nichts gefunden worden; eine kleine Torfschicht in Westeregeln lieferte keine deutlichen Reste. An die Schilderungen Nehring's über Schneestürme erinnert die Annahme von Davison, der die Bildung des Löss mit dem Staubgehalt von Schneefällen bei heftigen Winterstürmen in Zusammenhang bringt; Davison: Deposits from Snowdrifts, with ref. to the origin of the Löss and the preservation fo Mammoth Remains. Q. a. J. 50, 1894, 472.

während und unmittelbar nach der (bezw. den) Eiszeiten Tundren oder tundra-ähnliche Distrikte vorhanden gewesen sein.

Ein Vertreter der äolischen Theorie ist auch Sauer. Er fand in der Steinsohle Kantengerölle. Übrigens betont er, dass die Steinsohle in Sachsen in den höheren Theilen fehlt, erst etwa bei 160—180 m beginnt, und also nicht der anschwemmenden Thätigkeit einer glacialen Stauflut ihre Entstehung verdanken kann. Sauer zeigte, dass der Löss nach dem Gebirge zu immer feiner wird, die gröberen Abstufungen grenzen unmittelbar an das Tiefland an, nach dem Gebirge zu nehmen sie mehr und mehr an Feinheit zu, bis sie z. B. im Erzgebirge in Höhen von 400 m scheinbar thonig werden, in Folge der staubartigen Beschaffenheit ihrer Theile.[1]

So stellen Lösslehm, typischer Löss und Lösssand von Süd nach Nord auf einander folgend eine untrennbare einheitliche Formation dar.

Sauer und Chelius wiesen (N. Jahrb. Min. 1890, II, 89) in der Rheinebene bei Frankfurt einen allmähligen Übergang von Löss in Flugsand und damit die Gleichalterigkeit beider Ablagerungen nach; (auf den unterlagernden Schottern fanden sie Kantengerölle).

Nach Sauer war also das Verhältnis folgendes: „Am Ende der altdiluvialen Periode stellte nach dem Rückzuge und der Abschmelzung der norddeutschen Eisdecke die norddeutsche Tiefebene den Schauplatz grossartigster äolischer Thätigkeit dar, eine endlose Steppe mit ihren Wirbelstürmen, welche vom Frost unterstützt, den alten Gletscherboden aufarbeiteten, die feineren Producte an den Gehängen, den allerfeinsten Staub aber bis auf die plateauartigen Erhebungen der die norddeutsche Tiefebene umsäumenden Gebirge trugen, während der gröbere Sand, ein fortwährendes Spiel der Winde, die aus dem Boden hervorragenden und auf der Oberfläche liegenden Gerölle in und nahe der Tiefebene glättete, abschliff und die Kantengerölle schuf. Auf den mit Gletscherschutt bedeckten Abhängen und Höhen der Gebirge lagerte sich der feine Lössstaub direct ab und drang zwischen alle Fugen des Steinschuttes ein. An anderen Stellen wurde dieser auch wohl durch örtlich starke Regengüsse von den noch lössfreien Gipfeln in die bereits mit Löss erfüllten Eintiefungen eingeschwemmt, wodurch die Schuttstreifen im Löss entstanden."[2]

Auch Jentzsch betont,[3] dass im Löss die Landfauna vorherrscht, dass Absätze aus Gletscherwasser geschichtet sind. Er ist Gegner der Theorie [illegible] Schmelzwässer oder Überschwemmungen. Auf den soeben vom Eise verlassenen, vegetationsarmen Gebieten fand ein in regelmässiger Periode wehender „Eiswind" feinen Gletscherschlamm vor und lieferte durch oberflächliche Saigerung der freigelegten Grundmoränen Staub.

Steinmann meint,[4] dass der Löss der Umgegend von Freiburg sich aus Gegenden rekrutirt haben muss, wo über weite Strecken durch Wind leicht aufbereitbare Materialien von sehr gleichartiger Zusammensetzung verbreitet sind. Während des Rückganges der grossen Eiszeit, als sich die Lössmassen absetzten, waren dort ähnliche Verhältnisse, wie im heutigen südlichen Patagonien. In dem Maasse als das Eis zurückwich, verschob sich auch die Klimazone gegen das Gebirge, so dass die Steppe im Allgemeinen immer mehr an Ausdehnung gewann; die Thäler füllten sich mit geschichteten und relativ mächtigen Ablagerungen an, (im Thallöss ist der Wechsel von löss- und lehmartigen und sandigen Schichten erklärlich). Auch die faunistischen Unterschiede erklären sich im Vergleich mit den patagonischen Verhältnissen; in Patagonien finden sich auch verschiedene klimatische Zonen

[1] Dieser Saigerungsprocess wird durch die äolische Theorie erklärlich: „die durch den Wind aufgearbeiteten, unter Mitwirkung von Frost gelockerten Bestandtheile der Geschiebemergeloberfläche wurden nach Maassgabe ihrer Korngrösse abgelagert, die gröberen und gröbsten am Rande des Berglandes, während der feinste Staub weit hinauf in das Gebirge getragen wurde". Die regionale Vertheilung von Lehm und Löss fand sich auch in der Rheinpfalz (von Lepsius aber für die fluviatile Theorie verwertet; s. N. Jahrb. Min. 1890, II, 92).

[2] Die localen Einschwemmungen sind von keiner Bedeutung; der Boden, auf dem sie abgelagert wurden, mag vom Wind oder vom Wasser gebildet sein, denn letzterer ist auch nicht in einem Gusse gebildet worden, es werden kurze Unterbrechungen stattgefunden haben, während deren der Schlamm trocknen konnte.

[3] Jentzsch, Beiträge zum Ausbau der Glacialhypothese. Jahrb. L.A. f. 1884, 523.

[4] Über Pleistocaen und Pliocaen in der Umgebung von Freiburg. Mitth. Bad. L.A. II, 1. Heidelberg 1890, S. 56.

und so werden auch im Rheinthale ähnliche Verschiedenheiten und Gegensätze existirt haben. Steinmann erklärt also auch das gleichzeitige Erscheinen der Flusslehme, die oft als Löss bezeichnet werden und dieselben Säugethierreste enthalten (z. B. in Baden), vielleicht aber doch jünger sind. „Eiszeiten und Lösszeiten sind als die Extreme klimatischer Schwankungen aufzufassen, von denen das eine dem anderen auf dem Fusse folgen musste.“[1]

Alter des Löss:

Von mehreren Seiten wird ein interglaciales Alter behauptet, aber Wahnschaffe spricht den Löss mit Recht als „postglacial“ an, nie findet sich eine Bedeckung des Löss durch Glacialbildungen, nirgends reicht sein Vorkommen in das Gebiet der „letzten“ Vereisung, was doch bei Annahme des interglacialen Alters naheliegend wäre. Der Bördelöss mit seiner Steinsohle ist ein Alteräquivalent des oberen Geschiebesandes, „sein Absatz war bereits erfolgt, als sich in nördlicheren Gebieten aus dem oberen Geschiebemergel der Geschiebesand zu bilden begann“. Wahnschaffe hält den Löss für jungglacial, „sein Absatz musste aufhören, als das weitere Zurückweichen des Eisrandes einen schnelleren Abfluss der anfangs gestauten Wassermassen nach Westen oder Nordwesten herbeiführte“.

Nach der Fauna der lössartigen Ablagerungen muss man schliessen, dass dieselbe während eines gewissen Abschnittes der jüngeren Diluvialzeit den Charakter einer subarktischen Steppenfauna an sich getragen hat. Im allgemeinen folgte auf eine Tundra- die Steppen- und dann die Waldfauna (nach Nehring Lemming-, Pferdespringer- und Eichhörnchenzeit).

Jedenfalls wird Europa nach Nehring während der postglacialen Steppenzeit weiter nach Westen und Nordwesten ausgedehnt gewesen sein.

Um einen Überblick über das Alter und die Bildung des Löss zu gewinnen, wollen wir die Hauptpunkte nochmals zusammenstellen:

Der norddeutsche Löss ist auf die südliche Randzone des Vereisungsgebietes beschränkt. Für diese Zone, (wohin nur eine, die Hauptvereisung, gereicht hat), ist er postglacial, d. h. nach der grössten Vereisung entstanden. Da Löss nirgends von späterem Glacial überlagert wird, folgt, dass seine Bildungszeit in unmittelbarem Anschluss an die Haupteiszeit mit sehr langer Dauer alle folgenden Phasen (sog. Interglacial 2 und Glacial III) ununterbrochen überdauert hat (mit seiner Reihenfolge arktisch, subarktisch, Wald). Diese Reihenfolge stimmt genau mit derjenigen der typischen „postglacialen“, die auch mit der Dryaszeit beginnt und ebenfalls keinen erheblichen Rückschlag aufweist. Es wäre zu vermuten, dass diese einfache Reihenfolge irgendwo umgekehrt sich wiederholen müsste, wenn eine „Interglacialzeit“ ihren Einfluss auf die Lössgebiete ausgedehnt haben würde, man würde also irgend einmal in den oberen Lösslagen nochmals arktische Formen finden müssen (die angeblich bis Skandinavien reichende Wirkung des warmen Interglacialklimas, welches die Gletscher bis nach Skandinavien zurückdrängte, müsste doch auch im Süden sich bemerkbar gemacht haben).

Bei Magdeburg liegt auch der obere Geschiebemergel unter dem Löss, dort ist also nach Wahnschaffes Angabe der Löss jünger, als Glacial III und gleich-

[1] Das Abschmelzen der Eismassen erforderte eine bedeutende, nach Nehring „gletscherfeindliche“ Änderung des Klimas. — Früh hält an der rein aeolischen Bildung des Löss fest und nennt auch den intermoränen Löss des Rheinthales postglacial. Dem letzten Vorstoss der Gletscher folgte dort ein postglaciales Steppenklima. (N. Jahrb. Min. 1901, II, 449.)

alterig mit dem echten Postglacial; die Lemmingfauna ist hauptsächlich hier gefunden. Tietze[1] erkannte den galizischen Löss als jünger als die nordischen Glacialablagerungen, der Löss zeigt bei Krakau ein deckenartiges Verhalten.

Alle Versuche, dem Löss ein interglaciales Alter zuzuschreiben, sind mehr oder weniger gekünstelt; das ganze Lössvorkommen bringt keinen Beweis für Interglacialzeiten, im Gegentheil, es spricht als einheitliche Bildung für eine ununterbrochene Zeitfolge des (lange Dauer beanspruchenden) Postglacials.

Nun zur Frage der Entstehungsart des Löss und zwar zunächst des Höhenlöss:

Welches Bild soll man sich von den riesig aufgestauten Gewässern machen, die in einer Breite von 50—70 km zwischen dem Eisrand und den mitteldeutschen Gebirgen sich erstreckten? Der Eisdamm müsste, wenn man nicht grosse Erhebung des nördlichen Landes annehmen will, eine Höhe von mehr als 200 m gehabt haben, während man sonst annimmt, dass der Rand des abschmelzenden Eises eben durch das Abschmelzen sehr geringe Mächtigkeit hatte.

War es ein See, der von Gletscherflüssen gespeist wurde und dessen Nordufer mit dem Eisrand zusammenfiel, so müsste er bei dem colossalen Aufstau im Westen (durch Packeis in Holland) abgeschlossen gewesen sein. War es ein Strom, so musste er noch viel gewaltiger gewesen sein, als der erste grosse „Urstrom“ und musste dann auch irgendwo (auch wenn man eine noch so kurze Zeitdauer für seine Existenz annimmt) Uferlinien oder Terrassen gebildet haben. Auf letzteren Umstand braucht man allerdings weniger Gewicht zu legen, denn auch die (im Verhältniss kleineren) Stauseen des nördlichsten pommerschen Urstromes und seiner Stauseen haben nicht überall Uferlinien hinterlassen. Der Widerspruch mit den so deutlich markirten Urstromthälern bleibt aber doch bestehen. Auch bei nur geringer Fliessgeschwindigkeit hätte der Strom doch Sande und Gerölle absetzen müssen, besonders da seine Gewässer den oberen Geschiebemergel und -sand bis zur Steinsohle ausgewaschen haben sollen.

Eine schwer erklärbare Frage würde es auch sein, warum sich nicht später noch einmal Lössbildung auf dem baltischen Höhenrücken entwickelt hat, als zur Zeit des baltischen und pommerschen Urstromes ähnliche Verhältnisse des Aufstaus eintraten und der baltische Höhenrücken die Stelle der mitteldeutschen Gebirge einnahm.

Der Steppentheorie stehen andererseits folgende Fragen entgegen:

Warum ist das Vorkommen des Lössstaubes nur auf gewisse Höhenlagen beschränkt, warum wurde der Staub nicht noch höher hinauf geführt? Man könnte sagen, er ist dort auch abgelagert worden, aber später erodirt; irgend welche Reste dürfte man aber dann noch erwarten. Man könnte auch sagen, diese Höhen lagen unter Schnee und der darauf gefallene Staub ist bei dem Wegschmelzen mit verloren gegangen, weggespült. Das wäre auch die annehmbarste Erklärung, für den Süden, wie für den Norden.

Ein anderes Bedenken liegt darin, dass die Hauptthäler (und auch manche kleinere) schon vorher existirten, im Norden wie im Süden; ausgeschüttet sind sie auch nicht, vielmehr muss man annehmen, dass sie gerade am Schluss der Eiszeit theils gebildet, theils schon vorhanden, jedenfalls reich an Wasser waren; also das ganze Land reich an Strömen und sogar Seen, wie verträgt sich dies mit continentalem Klima und Steppen? Wir dürfen doch nicht zwischen Eis- und Abschmelzzeit eine solche Zeit der trockenen Steppen einschieben. Allerdings betont schon Nehring, dass auch andere Lössbildungen vorkommen können und dass neben den Tundrengebieten auch andere Verhältnisse vorhanden (vergl. auch Patagonien); jedenfalls wären neben den Steppen auch grosse Ströme vorhanden gewesen. Ein Ausweg aus diesem Widerstreit würde folgende Annahme sein:

In der Abschmelzperiode (die im Süden früher einsetzte, als im Norden und von keiner weiteren Glacialperiode unterbrochen wurde) traten in den nördlichen Distrikten die oben geschilderten Verhältnisse jener Zeit in die Erscheinung; die weiten Sandr, sowie die blossgelegten Grundmoränenflächen wurden im Sommer auf den getrockneten Stellen und im Winter auf dem gefrorenen Boden von starken

[1] Tietze, Krakau. p. 95.

Winden ausgeblasen,[1] es bildeten sich dort die Kantengerölle und auf den Heideflächen die Binnendünen; der feine Staub aber wurde nach Süden verweht und im Sommer zwar z. Th. von den Strömen aufgenommen, im Winter dagegen über die zugefrorenen Gewässer hinweg nach den südlichen Höhen getragen.

Die klimatischen Verhältnisse der ganzen postglacialen Zeit, mit ihrer langsamen Veränderung aus arktischen in subarktische und Waldverhältnisse, spiegelten sich auch in der Fauna des Löss wieder. Fliessendes Wasser bemächtigte sich der Plateaulössmassen und bildete den Gehänge-, sowie den Thallöss und -lehm, mit seiner reichen Fauna. Überschwemmungen konnten neuen Schlamm absetzen, der in Wechselspiel später wieder zu Löss umgearbeitet wurde und umgekehrt.[2]

Das letzte Stadium des Rückzuges aus Deutschland wird auf dem baltischen Höhenrücken keinen Löss abgesetzt haben, denn wenn er hier herauf geweht wurde, so gelangte er auf die von Berendt erwähnten Schneefelder und mit deren Abschmelzen zurück in die Thäler als Wiesenlehmbestand oder in das Meer als Marscherde.

Die zuerst aus dem Norden bis nach Mitteldeutschland gedrängten Thierformen wanderten gemäss der Veränderung des Klimas wieder zurück oder nach Osten aus; es ist dasselbe Bild, wie es die ganze Diluvialfauna überhaupt darstellt.

## Glaciale und postglaciale Dislocationen.[3]

Wenn einerseits im ganzen baltischen Gebiet grossartige Niveauschwankungen während und nach der Glacialzeit nachgewiesen sind, andererseits im südlichen Randgebirge ebenso wie im Untergrund des norddeutschen Flachlandes vielfach tektonische Schichtenstörungen bekannt sind, so ist der Gedanke sehr naheliegend, dass solche Dislocationen auch in das Quartär hineingereicht haben[4] und dass ein Theil der Oberflächengestaltung nicht blos der Erosion, Aufschüttung oder seitlichem Glacialstauchung zuzuschreiben ist, sondern dass auch Dislocationen hierbei eine Rolle spielten. Freilich ist es bei der Verschiebbarkeit der diluvialen Ablagerungen nicht immer leicht, die wahre Natur zu erkennen, ebenso wie es schwer sein wird, bei den Niveauschwankungen zu entscheiden, in wie weit einfache Krustenbewegung wie Faltung, oder localisirte Bruchерscheinung in Frage kommt.[5]

Einige hierher gehörige Beispiele[6] seien aufgeführt:

[1] Dass auch heute solche Staub- und Sandwehen sehr energische geologische Factoren sind oder sein können, ist bekannt, vergl. Sauer Z. d. G. 1888, 575. Peltz fand starke Sandaufwehungen auf dem Eise der Müritz nach einem einzigen Sturm, die in jahrelanger Fortsetzung den Boden der Müritz aufhöhen müssen. (Arch. Nat. Meckl. 1891, 180.)

[2] Vergl. hierzu die Bemerkung von Frech: Z. Ges. Erdk. Berlin, 35, 228. Läge das Oderthal direct neben den Trebnitzer Höhen, so könnten dort äolischer Löss und fluviatiler Auelehm ohne jede Grenze in einander übergehen.

[3] Vergl. auch oben S. 141 f.

[4] Dass diluviale Niveauschwankungen auch im südlichen Randgebiet stattgefunden zu haben scheinen, wurde von Michael nachzuweisen versucht, der den alten Lauf der Ilm über die Finne erkannte. Z. d. G. 1903, Briefl. Mitth. S. 1.

[5] Anm. während des Druckes: Eine übereinstimmende Ansicht begrüsse ich in der letzten Arbeit von Deecke über „Tektonik und Eindruck“: Geolog. Miscellen, Mitth. Ver. Nat. Greifswald, 1903.

[6] S. Wahnschaffe, Oberfl. 68 u. f.

## Rügen:

Die Dislocationen auf Rügen sind nach Johnstrup[1] ganz analog denen der Insel Möen (s. o. S. 324). Es erscheint zwar eine einförmigere Lagerung, es finden sich weit grössere Partien mit ziemlich übereinstimmendem Fallwinkel als auf Möen, die Schichtenstörungen scheinen in einem grossartigeren Maassstabe erfolgt zu sein. (Auch hier Verschiebungen in horizontaler Richtung, aber die Riesen-Breccienbildung findet sich nicht, auch wenig Sprünge und Schlierchen. Aber auch hier gebogene Kreideschichten, einige „Schollen", ihre nördlichen Ränder sind in die Höhe geschoben, wo kein Thon dazwischen lag, zeigt die Kreide Schleppung.) Weiter im Süden sehr grosse Ähnlichkeit mit Möen: dieselbe Wechsellagerung von Kreide mit Glacialbildungen, gebogene, geknickte und gefaltete Flintlagen, gehobene Kreideschollen. Die Kreideoberfläche zeigt keine locale Breccie, sondern ist wellenförmig, mit kleinen von Grand erfüllten Aushöhlungen; über das Ganze ist ein kreide- und flintreicher Geschiebemergel ausgebreitet. Derselbe geht allmählig nach oben in den steinfreien oder skandinavische Gesteine (aber keine Kreide) führenden Thon über. Johnstrup macht auch auf die terrassenförmigen Absätze der Schichtenköpfe parallel der Küste aufmerksam. Johnstrup erklärte die Erscheinungen als durch seitlichen Gletscherdruck entstanden.[2]

Zuletzt bildeten die Inseln Möen und Rügen ähnliche Orte des Widerstandes, wie Bornholm, neue Störungen traten ein und das Eis schritt über dieselben hinweg. (Hiernach brauchten wir also keine interglaciale Zeitunterbrechung zwischen Störung und Ablagerung des „oberen" Geschiebemergel anzunehmen.) Diese Erklärung Johnstrup's nahm G. Berendt nochmals für die Hebungserscheinungen auf Rügen auf.[3]

Dieser Auffassung entgegen wurden die Störungen, nachdem zuerst v. Koenen[4] darauf hingewiesen, als tektonische Vorgänge, Brüche und Verwerfungen aufgefasst.[5]

Eine Gegenüberstellung der Profile Berendt's und Cohen-Deecke's zeigt am besten die Differenz der Auffassungen. Vergl. auch folgendes Profil (Deecke, Führer durch Pommern, S. 41):[6]

R. Credner fasst die früheren und eigenen Untersuchungen folgendermaassen zusammen:

Das Grundgebirge Rügens stellt ein von Spalten durchsetztes und auf diesen vielfach verworfenes Schollengebirge dar, die Dislokationen sind in bestimmten Richtungen und zwar namentlich in der N.—S., in der O.—W. und der NO.—SW.-Richtung angeordnet, von denen eine jede die Lagerungsstörungen eines bestimmten Gebietes mehr oder weniger ausschliesslich beherrscht. Die Hauptdislocationen des Grundgebirges fallen in die Zeit zwischen dem Absatz der

---

[1] Z. d. G. 1874, 539, Taf. 12.

[2] Als Stütze seiner Ansicht weist Johnstrup auf das Vorkommen von grossen Kreideschollen im Diluvium Holsteins und Mecklenburgs hin. Gegen die Annahme von grossen Schollen-Geschieben älterer Formationen sprach sich Berendt (Z. d. G. 1889, 153) entschieden aus.

[3] Berendt: Die Lagerungsverhältnisse und Hebungserscheinungen in den Kreidefelsen auf Rügen. Z. d. G. 1889, 147 und 1890, 585.

[4] v. Koenen: Über postglaciale Dislocationen. Jahrb. preuss. L.A. f. 1886, 3.

[5] H. Credner: Die Lagerungsverhältnisse in den Kreidefelsen auf Rügen. Z. d. G. 1889, 365. — Cohen und Deecke: Sind die Störungen in der Lagerung der Kreide an der Ostküste von Jasmund (Rügen) durch Faltungen zu erklären? Mitth. naturw. Ver. Neuvorpommern 21, 1889. — R. Credner: Rügen. Eine Inselstudie. Stuttgart 1893, 22 f. — S. auch Deecke: geol. Zusammensetzung d. Insel Rügen. Geogr. Ges. Greifswald 1899, 21.

[6] Anm. während des Druckes: Die Dislocationen von Rügen und Möen bestehen nach Deecke in schief einfallenden, schräg zum Streichen gerichteten Verwerfungen, welche die Kreide durchsetzen und dadurch das Diluvium unter das Senon einschieben lassen. Auch im Untergrunde von Stralsund sind gleiche Verhältnisse nachgewiesen. Es sind Bruch- oder Schollen- und Rückenbildungen. Die Schollenbildung ist nach Deecke älter als die Drumlin-Rückenbildung. Deecke führt sie auf den verticalen Druck des Eises zurück, indem er meint: das südliche Balticum war ein von vielen Bruchlinien durchzogenes Areal, in welchem die Gleichgewichtsstörung durch die Belastung des von Norden vorrückenden Eises die alten verschiedenen Spalten wieder beleben liess; dadurch wurden Horste und Senkungen hervorgerufen. Deecke, Geologische Miscellen. Mitt. Ver. Nat., Greifswald, 1903.

älteren und der jüngeren Glacialbildungen, in die Interglacialzeit, während v. Koenen das Alter der Dislocationen für postglacial erklärte. Über diesem aus Kreide und unterem Diluvium bestehenden, dislocirten und durch Denudation umgestalteten Schollengebirge breiten sich

Profil durch Rügen.

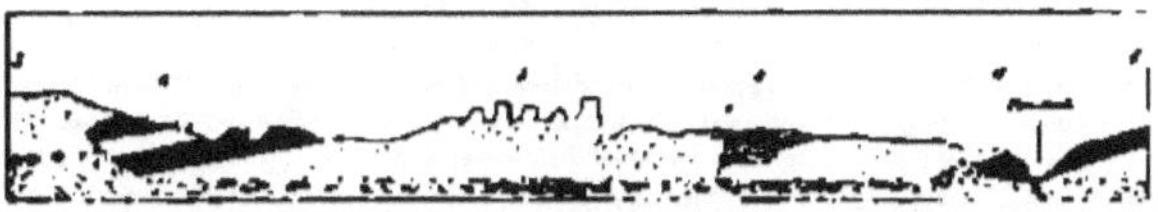

1) Kreide. 3) Unt. Diluv. Sand. 4) Sand Schichten in 3).
2) u. 5) Unt. Geschiebemergel. 3a) Bänderton Lage in 3). Ob. Geschiebemergel.

die oberen Glacialbildungen, der unregelmässigen Gestaltung des Untergrundes entsprechend, in einer äusserst ungleich mächtigen, aber einheitlichen Decke als echtes „Deckdiluvium" aus.

Folgende Profile R. Credners erläutern die Verhältnisse:

„Die Thatsache, dass sich 1. gewaltige Zerstückelungen und Verwerfungen zwischen der Ablagerung zweier nordischer Moränen vollzogen hat, dass 2. das durch diese Dislocationen erzeugte

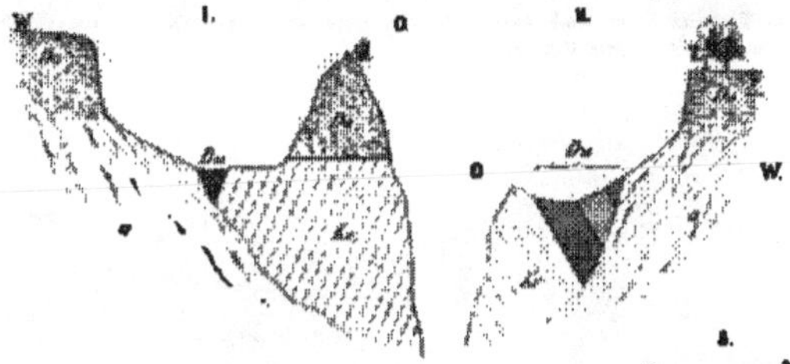

1. Profil durch den Hauptfelsen der Wissower Klinten.
2. Profil durch die Steilwand nördl. der Wissower Klinten.
3. Profil an der Steilwand südlich vom Kieler Bach.
*Kr* = Schreibkreide; *Du* = unterer Geschiebemergel mit Sandeinlagerung; *Do* = oberer Geschiebemergel: *a* = Abrutschmassen.

Oberflächenrelief eine intensive Denudation erlitten hat, bevor die Moräne zur Ablagerung gelangte, sind zugleich ein schwerwiegender Beweis für die lange Dauer des Zeitraums zwischen beiden Vereisungen."

Kürzlich haben Hill und Bonney[1] eine andere wenig wahrscheinliche Erklärung der Hebungserscheinungen von Möen und Rügen versucht.

Hiddensöe.

[illegible] hatte auf Hiddensöe 2 Systeme von Spalten nachzuweisen versucht, längs deren das Diluvium schollenartig zusammenstürze. (Die Dislocationen auf Hiddensöe. Berlin, 1891. Dissert. Rostock.) H. Credner bezweifelt das Vorhandensein wirklich tektonischer Dislocationen.

[1] Relations of the Chalk a. Drift in Möen a. Rügen. Quart. Journ. Geol. Soc. vol. 55 (1899) 305—324 und Qu. Journ. 57, 1901, 1.

**Lüneburg**

Als ein Beispiel von quartären Störungen führt Müller[1] Aufschlüsse von Lüneburg an. Dort finden sich Grand- und Sandnester, die nur durch Dislocationen in den Kreidekalk gelangt sein können; die Verwerfungen streichen nahezu N.—S.

**Lauenburg:**

Altdiluviale Schichten bei Lauenburg und Boizenburg a. Elbe sind nach Müller[2] durch tektonische Krustenbewegungen gestört, vor Ablagerung inter- resp. jungglacialer Bildungen. Müller meint mit Lossen, dass die Störungen durch eine noch eben ungleichmässig fortgepflanzte und dabei in Gleitung und Stauung umgesetzte Bewegung der festen Unterlage erklärt werden muss.

**Scharmützelsee b. Fürstenberg a. O.:**

Zache beschreibt eine Verwerfung zwischen Diluvium und Tertiär, s. Wahnschaffe Oberfl. 76.

**Provinz Preussen:**

Jentzsch überträgt die v. Koenen'schen Anschauungen auf die Oberflächenformen des preussischen Diluvialbodens und sieht hier eine Reihe von Horsten und Verwerfungen.[3] „Schichtenstörungen von diluvialem oder noch jüngerem Alter sind weit verbreitet."

In der Tucheler Heide fand Maas 3 Hauptsysteme von Dislocationen,[4] auch bildet er eine deutliche Verwerfung diluvialer Schichten ab:

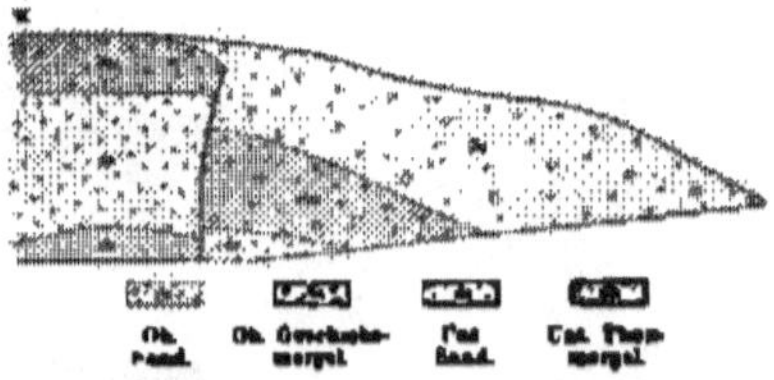


Die Schichtenstauchungen infolge von Aufpressungen an Thalrändern (Druckentlastung) sind Erscheinungen, auf die Lappen aufmerksam gemacht hat und die wohl oft vorkommen, (z. B. an Thalrändern aufgerichtete Thonschichten), die aber im einzelnen nicht immer sicher nachzuweisen sein werden.

Nicht zu den eigentlichen tektonischen Erscheinungen gehören die grösseren oder kleineren Erdrutsche, welche die von Berendt abgetheilten „Abrutschmassen" der Kartirung rechtfertigen. Ihre grosse Bedeutung ist bekannt, neuerlich hat Jentzsch darüber einige Mittheilungen gemacht.[5]

Die Frage nach der Entstehung des baltischen Höhenrückens gehört nur z. Th. hierher, es fehlen noch viele Beobachtungen, um ein endgültiges Urtheil hierüber aussprechen zu können, s. Wahnschaffe, Oberfl. 136. Ausser seinen schon praeexistirenden Höhen kann bei seiner Herausbildung mitgewirkt haben glacialer Druck resp. Druckentlastung bei Rückzug des Eises, postglaciale

[1] Müller: Zur Altersfrage der N.—S.-Störungen in der Kreide von Lüneburg. Jahrb. L.-A. f. 1900.
[2] Jahrb. L.-A. f. 1899, L. und Arch. Nat. Meckl. 1899, 169.
[3] Z. d. geol. G. 1890, 618. Jahrb. L.-A. f. 1884, 440. S. dagegen Wahnschaffe Oberfl. 77.
[4] Maas: Über Endmor. in Westpr. Jahrb. L.-A. f. 1900, 157.
[5] Z. d. G. M. 1902, S. 196.

Erhebung bei Krustenbewegung des Ostseebeckens. Dass der Höhenrücken schon einen gewissen Einfluss auf Herausbildung der Endmoränenzüge gehabt haben kann, suchte ich früher an dem Beispiel der mecklenburg. Seenplatte nachzuweisen (XII. Beitr. z. Geol. Meckl. 1890).

### 8. Spätglacial und Postglacial (Alluvium).

Nachdem sich das Eis zurückgezogen hatte, bildeten sich nach und nach die heutigen Verhältnisse heraus, natürlich mit allmähligen Übergängen und ohne scharfe Grenzen. Zunächst wird das Klima noch ziemlich rauh gewesen sein, reiche Niederschläge werden die früheren Schmelzwassermengen theilweise noch ersetzen können, die einstigen Stromthäler und Seebecken dürften noch ihre ausgedehnten Wasserspiegel behalten haben, bis allmählig die heutigen Verhältnisse eintraten. Zu dieser Zeit haben auch erhebliche Bewegungen der Erdrinde stattgefunden.

Einfluss des Windes. Die vom Wasser verlassenen Thalsandebenen unterlagen dem Einfluss des Windes, der Wind ebnete hier grosse Flächen ein, häufte dort den Sand zu Dünen auf oder trieb ihn die Uferhöhen hinauf, um das

Binnendüne von Sichelform. Heiddorfer Forst im südwestlichen Mecklenburg. (Geinitz 1896).

Plateau mit einer Decke von Flugsand zu überziehen. So finden sich in den meisten grösseren Feinsandgebieten, besonders der Thalsande und der Sandr, da wo es die topographischen Verhältnisse gestatteten, Binnendünen in oft sehr grossem Maasstabe entwickelt. In buntem Wechsel ihrer Formen bilden sie bald flache Wellen, bald steile Hügel, lang gestreckte Rücken und Kuppen, isolirt oder zu wirren Gruppen oder dammartigen Zügen vereinigt.

Die Binnendünen zeigen oft deutliche Schichtung, zuweilen schöne discordante Parallelstructur. Zwischenschichten von humusreichem Sand zeigen die erneute Überwehung einer einst bewachsenen Düne an.

Nach Sabban[1] sind die Sande der Flussdünen viel ungleichkörniger als die der Stranddünen, deren Korngrösse meist 0,5—0,15 mm beträgt, während die Korngrössen von Flugsandproben der mechl. sw. Heide folgende Masse zeigten:

| 5—3 mm | 3—1 mm | 0,5—1 mm | 0,5—0,15 mm | unter 0,15 mm |
|---|---|---|---|---|
| 0—0,27 % | 0—2,5 % | 0,009—6,1 % | 18,9—83,5 % | 2,6—67,1 % |

Wo aus einem Kiesfeld der Feinsand ausgeblasen ist und der Wind den Sand auf Steine aufgetrieben hat, finden wir die Kantengerölle, Dreikanter oder sandgeschliffenen Steine in ihren mannigfaltigen Ausbildungsformen. Die Kantengerölle

Kantengerölle, cambr. Sandstein, 55 cm lang. Mallies.

sind in den Heidegebieten und unter dem Löss sehr häufig, von Sachsen bis in die baltischen Länder. Recente Winderosion beschreibt Beck aus der sächsischen Schweiz.[2]

Anhangsweise mag noch der Fulgurite gedacht sein, die in manchen Sandgebieten Norddeutschlands gefunden werden.[3]

Erwähnt mögen noch die „Furchensteine" sein: sie sind eine recente Erscheinung, von Algen geätzte Silurkalkgeschiebe.[4]

[1] Sabban: Die Dünen der sw. Heide Mecklenburgs. Mitth. L.A. Meckl. VIII, 1897.

[2] Eine Zusammenstellung der reichen Litteratur gab Mügge in seinem Bericht über die Kantengerölle bei Münster, 14. Jahresber., Naturw. Ver. Osnabrück, 1901. — Beck, Z. d. G. 1894, 537.

[3] Die Blitzröhren aus der Senner Heide bei Paderborn sind bekannt; vergl. auch E. Geinitz: Arch. Nat. Meckl. 1898, 60; 1902, 188. — Jentzsch: Führer, Samml. Prov. Mus. Königsberg 1892, 21; schöne Fulgurite bis 3 m lang finden sich in Oberschlesien. (F. Rathgen.)

[4] Müller, Z. d. G. 1897, 27.

Flusssand, Wiesenthon, Schlick.

Auf den Fluss- und Seeböden wird sich häufig Sand und Geröll finden. Der Flusssand ist meist bläulich grau gefärbt, in Folge Beimischung von organischen Substanzen und reducirenden Einflüssen, und kalkfrei, wenn nicht Conchylienschalen beigemengt sind. Seine Zusammensetzung kann sehr wechseln. Andere Böden bestehen aus Thon, meist von blaugrauer Farbe, dem Aus- und Zusammenschlemmungsproduct des Untergrundes; solcher Wiesenthon oder Auelehm, Klei, Marschboden, Schlick, tritt in grösserer Ausdehnung in den Marschniederungen, z. B. im Elb- und Oderthal an die Oberfläche.

Die Wiesenthone haben natürlich ihr Material von verschiedenen Ursprungsgesteinen, von Geschiebemergel, Kreidethon u. s. w. Hierzu gehört der „Sankel" bei Dortmund.[1] Diese Thone enthalten häufig eine reiche Conchylienfauna.

Die alluviale Ausfüllung der von den Schmelzwässern erodirten Bodensenken lieferte ausser den Sanden und Thonen noch Moorerde (Diatomeenerde), Wiesenkalk und Torf. Auch das Raseneisenerz und der Vivianit gehört zu den alluvialen Neubildungen.

Den Entstehungsverhältnissen entsprechend trifft man in den Thalniederungen sehr gewöhnlich folgende Dreigliederung der Alluvionen:

1. Zu unterst Sande, von dem noch strömenden Wasser abgesetzt, oder Thone und Schlick, als Zusammenschwemmungsproduct.

In den Sanden kommen bisweilen Knochen von jungdiluvialen Thieren vor; auch zuweilen Baumstämme, z. B. in der Elbe z. Th. in so grosser Zahl, dass sie der Schiffahrt hinderlich werden. Thone finden sich gewöhnlich in den isolirten Niederungen und kleineren Thälern.

2. Moorerde oder Wiesenkalk, als Product des langsamer fliessenden resp. stagnirenden Wassers, mit üppiger Wucherung des Algen- und Conchylienlebens.

3. Torf, aus den Wasser- und Sumpfpflanzen entstanden, welche allmählig von der Niederung Besitz ergriffen.

Eine ähnliche Schichtenfolge giebt Wahnschaffe in folgendem Profil:[2]

0,60 „ jüngster Alluvialsand,
0,85 „ Torf,
0,25 „ Wiesenkalk (der Havel),
0,70 m Elbschlick (nach unten völlig kalkfrei), auf Thalsand.

Die feineren Sedimente haben sich, wie Wahnschaffe bemerkt, in früherer Zeit, als die Ströme noch nicht durch Deichbauten eingeengt waren, bei Hochfluten in ausgedehntem Maasse in den breiten Thälern abgelagert. Hierzu gehören u. a. die durch die Ziegelindustrie bekannten „Havelthone" bei Rathenow, die nach Wahnschaffe[2] Absätze der Elbwässer sind; sie gehören der mittleren Stufe der dortigen 3 Terrassen an (untere Thalsand-, mittlere Schlick-, obere Torfniveau).

Im Thalsandgebiet der unteren Elbe (Vorgeest und Elballuvium-Marsch) haben schlickführende Hochwässer einen Saum von Schlicksand und -lehm an die Vorgeest angelagert. In Buchten der Vorgeest finden sich Moorbildungen, die im Inneren rein, nach aussen von Thon durchsetzt und von Schlick bedeckt sind; an der Basis gewöhnlich Dargtorf, aus zersetzten Rohrtheilen bestehend. Das Vorkommen dieser Schlickschütze ist neben den topographischen Verhältnissen ein Merkmal für

[1] Müller, Jahrb. L.A. f. 1895, 49.

[2] Oberfl. 242. — Jahrb. L.A. f. 1886, 197.

[3] Jahrb. L.A. f. 1882, 429. W. Koert: Bericht über d. Aufnahmearbeiten auf d. Bl. Artlenburg und Winsen. Jahrb. pr. geol. L.A. f. 1899, LVIII.

spätere Veränderungen der Flussläufe, wie dies sehr eingehend von Wahnschaffe an dem Elbthale bei Rathenow-Hanlen gezeigt wurde.

Die alluviale Ausfüllung früherer Seeniederungen kann auf verschiedene Weise erfolgt sein. Die Torfmooruntersuchungen haben darüber specielle Auskunft geliefert (s. u.).

Der Grund unserer Binnenseen ist natürlich verschieden beschaffen, abhängig von der Umgebung und der Beschaffenheit des Geländes, in welches der See eingelassen ist. Jentzsch hat kürzlich[1] auf die Verschiedenheit der randlichen Zone und der eigentlichen „limnetischen" Region hingewiesen. Dort ist die Hauptquelle der Bodenerhöhung das Plankton, dessen niedersinkende Theile vermischt werden mit Staub, Coniferenpollen, Sinkstoffen und chemischen Niederschlägen; letztere liefern in Folge Mangels an Licht und Sauerstoff auch Schwefeleisen (Schwefelbakterien); diese Region ist frei von höheren Pflanzen. Der Tiefenschlamm wird vom Ufer her überdeckt und zu Lebertorf, Gytja, Diatomeenerde oder Seeerz. Inmitten vorkommende Sandinseln können durch Strömungen entstanden sein. Vom Ufer her wächst ein Streifen von Schilf u. a. Pflanzen, als „Schaar", der sich allmählig neigt, um am Rande plötzlich steil abzusinken.

Nach Passarge ist die Vertheilung der Pflanzenwelt der Seen sehr charakteristisch: bis zu 5—6 m Tiefe findet sich auf dem Seeboden eine mehr oder weniger geschlossene Pflanzendecke, die sich dann schnell lichtet; innerhalb derselben lassen sich unterscheiden die Schilfformation, der Pflanzenrasen und die Tiefenzone. Die Ablagerungen sind: die Sand- und Geröllzone des Ufers, der helle Kalkschlamm des Chara-Rasens, der dunkelgrünlichgraue bis schwärzliche Schlamm der gemischten Pflanzendecke, der schwarzgrüne Schlamm der Vaucheriazone, der Tiefenschlamm, die Muschelbreccien, die Torfzone der Wiesenränder.

Die **Moorerde** ist eine schlammige, schwärzliche Masse, die aus feinstem Sand, Thon und zerriebenen Pflanzenresten besteht und in der massenhaft Diatomeen, neben häufigen Resten von Conchylien, Ostracoden und Fischen liegen; z. Th. bildet sie sich noch jetzt in Seen und Flüssen fort.

Von faulenden Stoffen imprägnirt, hat sie vielfach einen sehr üblen Geruch, durch $SH_2$ und $CH_4$. Ihr Gehalt an Schwefel und Schwefelverbindungen macht sie auch geeignet für Verwerthung zu Moorbädern.[2] **Brennbare Gase** können sich auch in grösseren Tiefen anfinden. Oft berichten die Brunnenmacher von plötzlich auftretenden Gasentwicklungen. Jentzsch erwähnt von Tiefensee in Prov. Preussen aus 34 m Tiefe aus blauem Schlick ausströmende brennbare Gase, die dem Tertiär oder Unteren Diluv. entstammen (Erl. Bl. Rehden, Lief. 65, 1895, S. 18) und von Scharfenberg bei Lenzen aus 12 m Tiefe dasselbe. (Neue Gesteinsaufschl., 1897, S. 89).

Der **Wiesenkalk** oder die Seekreide ist ein Niederschlag von kohlensaurem Kalk aus dem Wasser, der vermittelt wird durch die Wasserpflanzen oder Thiere.

Beachtung verdient die Abhandlung von Passarge über die Kalkschlammablagerungen in den Seen von Lychen, Uckermark: Jahrb. L.A. f. 1901, 79.

Beimengungen verschiedener Art beeinflussen den Gehalt an kohlensaurem Kalk (der oft über 90 % betragen kann) und andere Eigenschaften.[3] Oft ist er überreich an Conchylienschalen, auch enthält er zahlreiche Diatomeen und Chara.[4]

---

[1] Z. deutsch. Ges. 1902, 144.

[2] S. a. R. Hoffmann: Unters. d. Moorerde v. Bad Sülze. Z. anal. Chemie, 40, 1900, 22.

[3] Als Beispiel der Zusammensetzung mag die Analyse eines Wiesenkalkes von Ravensbrück bei Fürstenberg i. M. gegeben sein, s. Fiebelkorn, Z. f. prakt. Geol. 1895, 688.

| | | | |
|---|---|---|---|
| 88,14 kohlensaurer Kalk | u. eine andere aus Meckl. (Mitth. Meckl. G. L.A. II). | | |
| 1,17 kohlensaure Magnesia | 86,54 $CaCO_3$ | | |
| 0,32 Eisenoxyd und Thonerde | 1,04 $MgO$ | 0,45 löslich. | $SiO_2$ |
| 0,97 Kieselsäure | 0,17 $CaSO_4$. | 0,41 unlösl. | $SiO_2$ |
| 6,35 Organ. Substanz | 0,91 $Fe_2O_3$, $Al_2O_3$ | 10,45 organ. Substz. | |

[4] Vergl. Cleve und Jentzsch: Dil. u. all. Diatomeensch. Nordd. Königsberg, 1882. Cleve in VI. Beitr. z. Geol. Meckl. 1884. — Heiden: Diat. d. Conventer Sees, Mitth. Meckl. L.A. X. 1900.

Gagel[1] fand in Terrassensanden Lager von Wiesenkalk, deren Alter jungdiluvial oder altalluvial ist, da sie gebildet sind, als am Nordrande des [illegible] noch Eis lag.

Auch Jentzsch hat das altalluviale Alter mancher ost- und westpreussischen Wiesenkalke betont, weil sich in denselben Dryas und Renntiergeweihe finden.[2] (s. o.)

Hier sei auch der **Kalktuff** erwähnt, der z. Th. fossilreich an vielen Orten des norddeutschen Flachlandes vorkommt.[3]

**Torf.** Die **Torfmoore** entsprechen früheren Flussläufen, einstigen Seen, Söllen und anderen Niederungen. Bereits auf dem Thalthon oder im Thalsand ist es bisweilen zu geringer Torfbildung innerhalb der grossen Thalebenen gekommen. So erwähnt Berendt „Thaltorf“ aus dem Elbthal der Altmark, der aus Moosen

Alter Torfstich bei Melbeck in der Lüneburger Heide. 1898.

zusammengesetzt ist.[4] Ebenso gehört hierher das soeben von Geinitz und Weber beschriebene, von 2,8 m Heidesand überwehte Moostorflager der postglacialen Kiefernzeit am Strande der Rostocker Heide.[5]

Der Torf hat eine sehr wechselnde Mächtigkeit. Bisweilen ist es auch nicht bis zur eigentlichen Torfbildung gekommen; in vielen Brüchen findet man nur eine schwarze Erde, die sehr reich an

[1] Jahrb. L.A. f. 1900, LXXII.
[2] Jahrb. L.A. f. 1897, 28.
[3] Vergl. Geinitz, Beitr. z. Geol. Meckl. 1879, 69. — Keilhack, balt. Höhenz. Jahrb. L.A. f. 1889, 191 u. a. m.
[4] Jahrb. L.A. f. 1886, 110.
[5] Arch. Ver. Nat. Meckl. 58.

Humus oder vertorften Pflanzenresten ist. Weber definirt als „Moor" als ein Gelände, das mit einer reinen Humusschicht von einer gewissen Mächtigkeit bedeckt ist. Er unterscheidet zwischen Torf und Moder.[1]

Vielfach finden sich inmitten der Torfniederungen noch Überreste der einstigen Wasserfläche als kleine oder grössere Seen, die sog. „Blänke". Ähnliche Wasserflächen auf Hochmooren, die Meere oder Teiche, werden als Reste flacher Mulden oder durch Quellen entstanden erklärt, andere haben nach Weber ihren Ursprung in Wasseransammlungen in und zwischen den Bulten in regenreichen Perioden, das Wasser vertieft und erweitert das Becken, Algen treten als Zerstörer des lebenden Sphagnum hinzu.

Wie man in flache oder höhere Inseln als Reste des Plateaus findet, so liegen auch solche Horste, Werder oder „Woorte"[2] in grosser Anzahl in manchen Torfmooren verteilt.

Im Torf tritt als Neubildung nicht selten der Vivianit (Blaueisenerde) auf; auch kommt es in manchen Mooren und Sümpfen zur Bildung von Raseneisenerz, Sumpferz, Klump.[3]

[*] In manchen Heidegegenden wurde der Raseneisenstein als Baumaterial benutzt.

Beistehendes Bildchen zeigt ein solches Dorfhaus aus Canow in der südwestlichen Heide Mecklenburgs.

Besondere Varietäten von Torf sind der „Darg", eine verschiedenartige, oft schmierige Masse in der Tiefe, vielfach nur aus Resten von Schilf zusammengesetzt, und „Lebertorf" oder Torfschiefer, eine braune, elastische Masse, die beim Trocknen schiefrig und hart wird, aus Algen und z. Th. thierischen Excrementen bestehend.[4]

[1] Analysen von Torf finden sich mehrfach angegeben. Z. B. Jentzsch, Die Moore der Provinz Preussen. Schr. phys. Ges. Königsberg 1878. S. auch Früh: Über Torf und Dopplerit. Zürich, 1883. (Hier Litteratur.) Der gegenwärtige Standpunkt d. Torfforschung. Ber. schweiz. bot. Ges. 1891, 62. Senft: Humus-, Marsch-, Torf- u. Limonitbildung. Leipzig 1862.

[2] Über Blank und Woort s. Geinitz: Die Seen pp. Meckl. 1886, 20 u. 7.

[3] Vivianit: Glaeser: Über Vivianit und Eisenopal in meckl. Mooren. Arch. Nat. Meckl. 1897, 73. — v. Bemmelen: Eisenanhäufungen in und unter Mooren. Z. f. anorg. Chemie, 1899, 313. Raseneisen: Klebs: Das Sumpferz, u. Ber. d. in Masuren vorkommenden. Königsberg, 1896. (Verschiedene Versuche, zur Entphosphorung des Raseneisensteins und Verwertung der Phosphorsäure haben bis jetzt noch zu keinem befriedigenden Resultat geführt.)

[4] Geinitz: Über Torfschiefer oder Lebertorf. Arch. Naturw. Meckl. 1885, 109. (VII. Beitr. z. Geol. Meckl.)

Der Torf ist bisweilen reich an Kalk, der ihn entweder gleichförmig in Körnchen und Muschelfragmenten durchsetzt oder in den zahlreichen Conchyliengehäusen besteht, welche den Torf erfüllen. Die Torfasche wird dann als Bau- und Düngekalk verwertet.

Alter Waldboden, unter 2 m Torf. Dummerstorf bei Rostock. 1898.

Nach den Pflanzen, welche den Torf bilden, unterscheidet man:

Moostorf (*Sphagnetum*, *Hypnetum*, *Hypneto-Sphagnetum*)

Rasentorf (*Caricetum* = Seggenmoor, *Graminetum* = Grasmoor, *Caricelo-Grami-*

*netum, Arundinetum* = Schilfmoor, *Eriophoretum* = Wollgrasmoor, auch „Foose", *Caricto-Arundinetum)*
Heidetorf (*Callunetum, Ericacetum)*
Mischtorf (z. B. *Calluneto- Eriophoretum, Calluneto- Eriophoreto-Sphagnetum)*
Waldtorf *(Silvetum)*.

Man kann unterscheiden zwischen **Hochmoor** (Heidemoor), **Flach-** oder Wiesen-(Grünland-)moor und **Mischmoor**. Hochmoore sind über Wasser oder in Teichen mit kalkfreiem Wasser (supra-aquatisch) gebildet; sie bestehen im Wesentlichen aus Torfmoos (Sphagnum), Heide und Wollgras; ihre Oberfläche ist vielfach flach gewölbt. Flachmoore erfordern dauernde Benetzung von stagnirendem oder langsam fliessendem, hartem Wasser (infra-aquatisch); ihre Flächen überragen nur das Mittelniveau des Wassers; sie bestehen aus Gräsern, Seggen und Moosen wie Hypnum.

Die Heidemoore bildeten sich besonders in Depressionen von Sanden, auch wohl auf undurchlässigem Thonboden.[1] Man sieht im Untergrund des Moores den humosen Sand, der in tieferen Lagen durch Auslaugung eine bleigraue Farbe zeigt.

Dieser „Bleisand" ist ein durch Verwitterung und Auswaschung von fast allen Mineralstoffen mit Ausnahme der Kieselsäure befreiter, schwach humoser Sand; es ist derselbe Sand, der die weiten Strecken der Thalsandheiden einnimmt (wo er zu Tage tritt, wird er hellgrau bis weiss). Unter ihm entsteht oft eine undurchlässige Lage von „Ortstein", durch Anreicherung an gelösten und wieder ausgefällten Humussubstanzen verkittet,[2] ein Humussandstein, der bisweilen auch taschenartig in den liegenden Sand eingreift. Die von Ramann genau studirten Secundärbildungen finden sich übrigens auch auf zahlreichen nicht von Torf bedeckten Heidesandflächen.

Die **Hochmoore**, ausser kleineren Becken, finden wir entwickelt in West- und Ostpreussen und besonders im Westen der norddeutschen Tiefebene zwischen der Lüneburger Heide und den westlichen Ausläufern des subhercynischen Hügellandes.[3]

Die Schichtenfolge eines normal aufgebauten norddeutschen Moores, das aus einem stehenden Gewässer entstanden und bis zum Hochmoor fortgeschritten ist, ist nach Weber[4] von oben nach unten folgende:

7. Sphagnumtorf.
6. Scheuchzeria- oder Eriophorumtorf.
5. Übergangswaldtorf (terrestrisch).
4. Semiterrestrischer Niederungsmoortorf (Bruchwald- etc.).
3. Telmatischer Niederungsmoortorf (telmatischer Schilftorf, Seggentorf etc.).
2. Limnischer Niederungsmoortorf (Schlamm-, Leber-, Muddetorf etc.).
1. Limnische Bildungen mit überwiegend mineralischer Beimengung (Seemudde, Seekreide, Seeschlick etc.).

---

[1] Graebner: Studien über die d. nordd. Heide. Leipzig. 1895.

[2] Ramann: Der Ortstein und ähnliche Secundärbildungen in den Diluvialsanden. Jahrb. L.A. f. 1885 (hier Litteraturangaben u. Analysen). Über Bildung u. Kultur des Ortsteins. Z. f. Forst- u. Jagdwesen, Berlin, 1886, 1. — Sarauw: Lyngheden in Oldtiden. Kopenhagen 1889. (s. o.)

[3] Kittan: Die Gegenden der Hochmoore im nw. Deutschl. Abh. schles. Ges. f. vaterl. Cultur. Breslau, 1864. — Salfeld: D. nordd. u. niederl. Moore. Ausland 1882. D. Hochmoore auf dem früheren Weserdelta. Z. Ges. Erdk. Berlin, 1881, 161. Geogr. Beschr. d. Moore d. nw. Deutschl. Landw. Jahrb 1883/6.

[4] Augstumal, S. 226.

Die Moore der Niederungen der grossen Hauptthäler und isolirten Seen und ähnlichen Depressionen gehören meist zu den Grünlandsmooren. (In Oldenburg und der Provinz Hannover sind 17% der Landfläche von Mooren eingenommen, in Pommern 10,2, in der Provinz Preussen 6,4, in Sachsen 3,3).

Die Grünlandsmoore sind in der Nachbarschaft von Geschiebemergel häufig mit Kalk imprägniert worden, wodurch eine Moormergeldecke entstand, die oft reich an Süsswasserconchylien ist.

Schriften über norddeutsche Moore:


Berichte der Central-Moor-Commission zu Berlin.
Jentzsch: Die Moore der Prov. Preussen. Schr. ph.-ök. Ges. Königsberg. 1878.
Schacht: Moore d. Gr. Oldenburg. Pet. Mitth. 1883, I.
v. Fischer-Benzon: Die Moore d. Prov. Schleswig-Holstein. Abh. Naturw. Ver. Hamburg. 11, 6. 1891.
Geinitz: Die Seen, Moore u. Flussl. Meckl. Güstrow, 1886.
Dinnesaich: Über d. foss. Flora d. mecklb. Torfmoore. Arch. Nat. Meckl. 1894.
Müller: Verbreitung der deutsch. Torfmoore nach statist. Gesichtspunkten dargestellt. Z. f. prakt. Geol. 1899, 193, 277, 314.
Weber: Über d. Vegetation zweier Moore b. Sassenberg i. Westf. Abh. Naturw. Ver. Bremen, 1897. II.
— Über die Vegetation und Entstehung des Hochmoores von Augstumal im Memeldelta. Berlin 1902.
Lemcke: Über d. botan. Unters. o.- u. w.-preuss. Torfe. Sitzber. ph. ök. Ges. Königsberg 35.


Die Untersuchung der pflanzlichen Bestandtheile der Torflager hat zu vielen interessanten Resultaten geführt und gezeigt, dass vielfach während der langen Zeit der Bildung unserer Torflager sich die äusseren klimatischen Bedingungen wesentlich verändert haben. Die Glacialflora wurde später von anderen Formen verdrängt, auf welche wieder neue Einwanderer folgten, die ihrerseits bis zur Gegenwart theilweisen Verschiebungen unterliegen.[1]

Weber schliesst aus der Pflanzenfolge der nordwestlichen Hochmoore, dass nach der Eiszeit 2 wärmere, trockene und 2 kühlere, feuchte Perioden einander folgten, deren eine noch in die Gegenwart reicht; die Grenzschicht fällt wohl in die wärmere und trockene Periode der Ancyluszeit.

Manche Untersuchungen haben einen Anschluss an die Blytt'sche Eintheilung (s. u. S. 166) ergeben.[2] Auch die Beobachtung Menzel's aus dem südlichen Hannover[3] kann hier angeführt werden:

Sandiger Torf mit reicher Land- und Süsswasser-Molluskenfauna,
Conchylienerde mit vielen Süsswasser-Conchylien, einigen Landschnecken und Sumpfflora.
Bänderthone mit wenig Pflanzenresten, einigen Süsswasser-Conchylien, Hecht, Barsch.

---

[1] Vergl. die in Norddeutschland im Aussterben begriffenen Pflanzen, Taxus und Wassernuss, deren Restverbreitung von Conwentz verfolgt worden. *Betula nana* ist lebend in norddeutschen Mooren aufgefunden worden, in Westpreussen bei Neu-Linum und in der Lüneburger Heide bei Schafwedel. Plettke wirft mit Recht die Frage auf, ob man diese Vorkommen als Relicte aus der Eiszeit auffassen dürfe, oder nicht vielmehr als Einwanderer. Plettke, Botan. Skizzen vom Quellgebiete der Ilmenau. Abh. Nat. Ver. Bremen XVII, 447.

[2] Wie vorsichtig man aber bei Beurtheilung des Alters einzelner Torflager sein muss, zeigt die falsche Annahme v. Fischer-Benzon's, welcher meinte, dass in Holstein während der Kiefernzeit die Eiszungen der zweiten Vergletscherung von neuem vorgerückt seien und dabei manche Moore überschüttet hätten und diese in Wirklichkeit echt postglacialen Moore daher als interglacial anzusehen seien.

[3] Menzel: Diluviale Süsswasser- und Torfablagerung bei Wallensen im südlichen Hannover Z. d. G. 1903, 165.

Diese Absätze eines Sees überlagern 2—4 m fossilfreien Mergelsand, darunter folgt 4—6 m steinige Grundmoräne, auf Braunkohle lagernd. Alle diese Schichten sind aufgerichtet, verworfen, gefaltet (nicht durch Glacialdruck), und werden discordant überlagert (horizontal) von Torf, der Knochen von Hirsch, Elch, Rind führt. (Vielleicht sind die Störungen nicht durch Glacialdruck, sondern durch Abgleitung erfolgt, wie Zimmermann bemerkt (ibid. S. 196).

Wirbelthierreste der Torfmoore:

Mensch, Wolf, Fuchs, Hund, Biber, Wildschwein, ? Bär, ? Fischotter, Elch, Renthier,[1] Edelhirsch, Reh, Auerochs, Rind, Pferd, verschiedene Vögel, Sumpfschildkröte, Flussbarsch, Hecht, Karpfen.

Die Abschlemm-Massen sind als secundäre Bildungen praktisch oft von grosser Bedeutung.

### Erscheinungen im Küstengebiet.

Nachweise von Niveauschwankungen in spät- und postglacialer Zeit sind an zahlreichen Orten des Küstengebietes vorhanden. Das Weserdelta muss nach Salfelds Untersuchungen[2] lange vor dem Einbruch des Jadebusens entstanden sein und während seiner langen Bildungszeit über dem Niveau der Flut gelegen haben; zwischen der unteren Kleischicht und dem Hochmoor liegen Reste von früherem mächtigem Waldwuchs, mit Andeutungen vom Dasein des Menschen. Durch spätere Senkung ist der Untergrund von Theilen des Moores unter Fluthöhe geraten, der nördliche Teil taucht sogar in den jetzigen Jadebusen.

Gleiches geht aus den Angaben Prestels[3] über die in Ostfriesland bis zur Tiefe von 10—16 m wechsellagernden Marsch- und Dargschichten hervor. Auch in Ditmarschen ruht der Marschboden vielfach auf Moor. (Die Aufschlickung erfolgte nach der Eindeichung sehr rasch.) Der submarine Torf „Tuul" des Weststrandes von Sylt soll älter als die Litorina-Senkung sein. Schucht[4] wies drei Perioden der postglacialen Zeit der Wesermarschen nach: Bildung der altalluvialen Schlickböden und ihrer Moore, säkulare Senkung mit Aufschlickung der Wesermarschen bis zur heutigen Höhe (Senkungsbetrag rund 20 m) und schliesslich Küstenzerstörung, begründet in den durch die Zerstörung der Dünenketten hervorgerufenen neuen Flutverhältnissen der Nordsee und Weser.

Werden diese Befunde an der Nordseeküste sich gut in Einklang bringen

[1] Das Renthier, welches nach Norden zurückwanderte hat sich also noch in postglacialer Zeit hier gefunden und zwar scheint es häufig in den nördlichen Gegenden vorzukommen (s. B. in Mecklenburg, s. Geinitz, Arch. Nat. Meckl. 1897, 50); auch aus Wiesenkalk ist es bekannt, (Jentzsch, Jahrb. L.A. f. 1897, 28); ebenso aus alluvialem Schlamm. Vergl. Struckmann: Die im Schlamme des Dümmersees in Hannover gefundenen subfoss. Säugethiere. Jahresber. naturh. Ges. Hannover 1897. Nehring (Tundren, S. 167) glaubt allerdings nicht, dass Renthier und Reh dauernd neben einander gehaust haben, „die Renthierfunde aus dem Boden des Dümmersees sind wohl kaum mit Sicherheit zu datiren". Struckmann zeigte (Über d. Verbr. d. Renthieres, Z. d. G. 1880, 728) in einer Zusammenstellung aller bekannter Renthierfunde, dass das Renthier gegen Ende der Eiszeit noch immer zahlreich vorhanden war, sich bei allmählig feuchter werdendem Klima auch noch in den baltischen Küstenländern hielt, bis es von da seinen Rückzug nach dem Norden nahm. (Etwa 1/3 aller Funde entfallen auf das norddeutsche Alluvium.)

[2] Salfeld: Hochmoore auf dem früheren Weser-Delta. Z. Ges. f. Erdk. Berlin, 1881, 171.

[3] Prestel: Die Bodenverh. Ostfrieslands, 1870. Forchhammer erwähnt gleiches von den dänischen Küsten. Z. f. allgem. Erdk. 1, 475.

[4] Schucht, Beiträge z. Geologie d. Wesermarschen. Z. f. Naturwiss. 76, 1903, 1.

lassen mit denen Hollands, so liegen gleiche Daten auch für die Ostseeküste vor. Dieselben gehören hier der Litorinazeit an (s. oben S. 128).

Ablagerungen der Litorinazeit bei Warnemünde.[1]

Die neuen Hafenbauten von Warnemünde ergaben im Jahr 1901 folgendes Profil:

Im Niveau von 5 m n. d. M. tritt grauer Geschiebemergel auf, mit einem deutlichen Waldboden an seiner Oberfläche, darüber folgt 2,5 m mariner muschelführender mooriger Thon,[2] (mit massenhaften *Cardium edule* und *Scrobicularia piperata*, *Hydrobia ulvae* und *Litorina litorea*, nebst Foraminiferen und Diatomeen. Hierüber folgt Kies und Grand, 3 m und feiner Sand mit zahlreichen dünnen Torfstreifen, bis oben ein dünnes sandiges Torfmoor den Boden bildet, mit der Oberkante + 0,3—0,5 m NN.

In der marinen Meererde und dem darüber liegenden Sand fanden sich neben vielen Holzstämmen Schädel und andere Knochen von Mensch, Delphin, Seehund, Hirsch, Elch, Renthier, Pferd, Rind und Gans.

Ähnliche Ablagerungen kommen bei Heiligen Damm, bei Wismar und bei Lübeck vor.

Die Warnemünder Beobachtungen ergeben folgendes.

1. In der Post- oder Spätglacialzeit (Ancylus?), noch nach der Bildung der Heidesande, muss das Land hier höher gelegen haben. Das Gebiet südlich derselben zeigt auf Geschiebelehm Sölle und in einigen Soll-Mooren *Betula nana* (Diluvialzeit); ein Wald von Eichen bedeckte den Geschiebemergelboden. Besiedelung durch den neolithischen Menschen.

2. Zur Litorinazeit trat eine Senkung ein, es bildete sich ein Meeresbusen und folgende mächtige horizontale Schichten von moorigem Thon.

3. Ein plötzlicher neuer Einbruch des Meeres beschüttete diese Waltenbildung mit Geröllen und Grand, bis eine ruhigere Ablagerung von feinem Strandsand erfolgte.

4. Auf diesem Strandsand begann eine neue Torfbildung, mit vielfachem Wechsel von Meereseinbrüchen, daher die Zerstörung des Torfes und Bildung des torfstreifigen Sandes, bis zuletzt die Torfbildung, vielleicht hinter einer Düne, ruhiger stattfinden konnte.

5. Erneute Sandbedeckung zeigt eine geringe Senkung oder Überschüttung mit Dünensand an.

## Veränderungen der Küste.

Unser Küstenverlauf war seit der Postglacialzeit grossen Schwankungen unterworfen. Sicher war Holstein, Mecklenburg und Pommern zur Ancyluszeit mit Dänemark und Schonen landverbunden, die heutige mecklenburgische Bucht lag trocken, mindestens 60 m höher als gegenwärtig, die ostpreussische Küstengegend ebenfalls höher.[3]

Die Litorinasenkung brachte dann das Land tiefer, als es heute liegt[4] und hat die Formen unserer deutschen Ostseeküste geschaffen, die Föhrden, Haffe, Buchten, die Flach- und die Steilküsten, sowie die Inseln und Halbinseln.

---

[1] Geinitz: Centralbl. Min. 1901, 583; und Mitth. XIV a. d. Meckl. Geol. L.A. 1902, Rostock.

[2] Die Meererde entwickelt reiche Ausströmungen von brennbaren Kohlenwasserstoffen und Schwefelwasserstoff, letzterer giebt zur Ausscheidung von gediegenem Schwefel an der Luft Veranlassung.

[3] Vergl. die Karte von Geikie, Ice Age XII und E. Geinitz: Peterm. Mitth. 1903, 4; und Das Land Mecklenburg vor 8000 Jahren, Rostock, 1903.

[4] Die Litorinasenkung ist wahrscheinlich identisch mit der „cimbrischen Flut“, welche die Bewohner jenes weit ausgedehnten Landes zu Auswandern zwang. Ihre Zeit kann schätzungsweise auf das Jahr 700 v. Chr. verlegt werden. Vergl. Geinitz: Peterm. Mitt. 1903, 4 und Das Land Mecklenburg vor 8000 Jahren. Rostock, 1903.

v. Drygalski meint, dass seit der Diluvialzeit eine positive Strandverschiebung der norddeutschen Ostseeküste bis heute die dominirende Bewegung gewesen sei. Z. Ges. Erdk. Berlin, 1887, 344.

Denken wir uns das Land mit allen seinen Unebenheiten — flachen Wellen und Tiefungen, steilen Erhebungen, Flussthälern, Thalmündungen, Seebecken und Torfmooren — von einer willkürlichen Linie abgeschnitten und den an dieser Linie herantretenden Meeresspiegel auf einem beliebigen

Steilufer (Klint) der Stoltera bei Warnemünde, ca. 15 m hoch. Von Punkt T nach Westen. Okt. 1896. (Die untere wasserundurchlässige Lage des grauen Geschiebemergels markirt sich durch ihre Feuchtigkeit, gegenüber der oberen, durch Verwitterung durchlässiger gewordenen).

Horizont (also unser N. N.) fixirt, so muss sich das Bild des thatsächlichen Küstenverlaufes von selbst ergeben. Alle tiefer gelegenen, von der Linie angeschnittenen See- oder Moorniederungen und Thäler werden von dem Meerwasser bedeckt, bilden Buchten und Haffe von verschiedenster Richtung, Lage und Ausdehnung; das höher gelegene Land bleibt trocken und bildet je nach seinem Niveau Steil- oder Flachufer, oder wenn rings von Niederung umgeben, auch Inseln und Halbinseln. Unterstützt wird die Arbeit auch von Sturmfluten, die aber im grossen Maassstabe immer nur niedrig

Steilufer (Klint) der Stoltera bei Warnemünde, zwischen 8. und 7. Okt. 18[illegible]. Verticale Spalten (ähnlich Diaklasen) bedingen Abbrechen der Geschiebemergel-Wand.

gelegene Landtheile dauernd dem Meere erobern können. Grossartige Beispiele dieser Art aus historischer Zeit sind die Bildungen der Dollart (von 1218—1282), des Jadebusens (1218). Aus älterer Zeit stammt die Abtrennung der bekannten Nordseeinseln mit ihrem Diluvial- und Miocän-Kern, mit dem hinterliegenden „Wattenmeer". (Bornhöft fand, dass der Greifswalder Bodden[1] während des Hauptabschnittes der Alluvialzeit an der Ostseite gegen die Ostsee abgeschlossen war; erst in historischer Zeit ist der östliche Landdamm durch Sturmfluten zerstört worden.)

Unsere Küste ist reich an Beispielen von Erscheinungen der „Senkungsküsten". Später kommt noch hinzu die Wirkung von Küstenströmungen, von Abbruch, Dünen u. s. w.

Die Beschaffenheit des Strandes hängt ab von der Natur der Küste. Besteht das Ufer aus Geschiebemergel oder anderen festen Diluvialbildungen, oder älterem Gebirge (Helgoland, Rügen, Sylt u. s. w.), so werden hier durch die Abspülung senkrechte Wände geschaffen, es entsteht das Steilufer, der „Klint", das Kliff. (S. die Bilder p. 342 u. 343).

Das Material des Klintes wird von den Wellen verarbeitet: Aus dem Geschiebemergel werden die grossen und kleinen Blöcke herausgewaschen und fallen aus der Steilwand auf den Strand, die leicht abschwemmbaren Thon- und Sandtheilchen, welche an frisch abgebrochenen Stellen das Wasser völlig trüben, werden in die See hinausgezogen oder in Küstenströmungen weggeführt, um anderswo neue Absätze zu bilden. Der übrig bleibende Grand und Sand wird weiter gesondert, von stärkeren Wellen bald über die Blöcke geschüttet, bald fortgeführt. So finden wir im allgemeinen hier einen steinigen Strand, der aber nach den Jahreszeiten und Wellenbewegungen seinen Anblick sehr häufig wechseln kann. Die Steine werden zu den runden Strandkieseln abgerollt, der Sand nach seinen Mineralbestandtheilen gesondert: so kann auch eine Anreicherung der schweren Magneteisenkörner erfolgen. — Besteht der Klint aus Heidesand, so wird der Strand nur feinen Sand führen; finden sich doch hin und wieder Steine, so entstammen diese dem unter dem Heidesand vorkommenden Geschiebemergel. In derselben Weise erklärt sich das reiche Vorkommen von Feuersteingeröllen an dem Strand von Rügen, die Ortsteingerölle am Klint von Heidesand, u. a. m.

Da wo dem Geschiebemergel des Klintes kleine Sandmulden eingelagert sind, holt das Meer den leichter entführbaren Sand rascher heraus, als den Mergel; es entstehen nischenartige Einbuchtungen in der Küstenlinie, zwischen denen wie Nasen die Steilwände des Geschiebemergels vortreten; (sehr hübsch kann man dies bei der Stoltera westlich von Warnemünde beobachten).[2]

Das sehr wechselvolle Material des Strandes, Sand, Grand, Gerölle und Steinblöcke, stammt von dem Ufer selbst, es sind nur die hier vom Wasser verarbeiteten Theile desselben.

Neben vielen Beobachtungen, z. B. der Schichtenbildung, dem Aufwerfen von Strandlinienwällen, Thierfährten u. s. w. lässt sich in dem Gebiet des Strandes auch sehr schön die mannichfaltige Leistung des Windes beobachten, wie Winderosion, Rippelmarken u. s. w. Einer Eigenthümlichkeit des Strandsandes darf noch gedacht werden, des sog. klingenden Sandes. Wenn die vorher von den Wellen benetzten Sandkörner getrocknet sind, so bilden sie einen gewissen festen Zusammenhang, vielleicht durch Verkittung mit minimalen Salztheilchen oder auch durch die blosse Adhäsion, und jeder Fusstritt, der diesen Zusammenhang zerstört, reibt die einzelnen Körnchen aneinander und ruft ein eigenthümliches schrilles oder schnarrendes Geräusch hervor.

Die Küstenzerstörung Helgolands ist bekannt. Hier wie bei allen Klintufern wirkt auch der Frost (z. Th. auch das Sickerwasser) kräftig mit an der Zerstörung; die herabfallenden Schuttmassen werden dann vom Wasser erfasst und fortgeführt oder vorgelagert, bis auch sie von einem späteren Sturm mit seiner Flut hinausgeführt werden. Nicht bloss bei starken Sturmfluten, sondern auch in jedem Frühjahr und Herbst sehen wir diese Abbrüche. (Schön kann man das z. B. an dem zerklüfteten Geschiebemergelklint der Stoltera bei Warnemünde beobachten, wie die grossen quaderförmigen Geschiebemergelblöcke abstürzen und nach einiger Zeit verarbeitet werden. Aber auch durch directe Unterspülung erfolgt der Absturz; kleine Höhlenbildung ist nichts seltenes. Vielleicht sind auch vorhandene Dislocationsspalten bei dem Abbruch mit massgebend.[3]

Alljährlich verliert der Strand, d. h. das Hochufer, bald mehr, bald weniger an Gebiet; das weiss der Landmann, dessen Acker an die See grenzt, das sieht man an den Wegen, die früher parallel der Küste verlaufend, jetzt abgeschnitten sind und durch neue zurückliegende alle paar Jahre

[1] Der Greifsw. Bodden. Jahresber. Greifsw. geogr. Ges. 1884.

[2] S. auch Berghaus's Beschreibung der pommerschen Küste (s. o.).

[3] S. [illegible], Die Dislocationen auf Hiddensöe. Berlin, 1891.

Beispiel von Küstenzerstörung: Buntsandsteinfelsen an der Nordspitze von Helgoland.

ersetzt werden müssen. Die verschiedenen Schutzbauten verlangsamen den Verlust, eine völlige Verhinderung erreichen sie aber nicht.

Ein Beispiel von starkem Landverlust an einer Küste, die noch keine erheblichen Schutzvorrichtungen hat, ist das Brodtener Ufer bei Lübeck; hier wies Friedrich einen jährlichen Verlust von 1,2 m nach.[1] Der mittlere jährliche Landverlust der Stoltera bei Warnemünde beträgt 0,72 m.

Eine ausführliche Behandlung dieser Frage erschien von der mecklenburgischen Küste.[2]

Producte der Anschwemmung sind die Mündungsverschiebungen der Flüsse. Küstenströmungen führen Materialien gegen die Mündung und veranlassen dadurch eine seitliche Verschiebung, es braucht dabei gar nicht erhebliche Landgewinnung stattzufinden, wenn Küstenstrom und Fluss noch Kraft genug besitzen, Sedimente hinauszuführen (s. das Bild der Lebamündung nach Lehmann in Wahnschaffe l. c. 263).

An die hervortretenden Erhebungen setzen die Küstenströmungen Sandmassen an oder lagern sie auch im Meere parallel der Küste als Sandbänke ab. Die über Wasser ragenden Sandmassen, als Anhängsel (Huke) verlängern sich dauernd und bilden schmale oder breite, flache unfruchtbare Landzungen, Nehrungen, die auch endlich das hinterliegende Haff völlig abschneiden und in einen Strandsee verwandeln können, oder Inseln mit dem Land verbinden.

Die Nehrungen an der Nordseeküste sind teilweise wieder vom Meere zerstört, an der Ostseeküste dagegen gut erhalten. Unter dem Schutze dieser Nehrungen konnten sich an der Nordsee die feinen Schlammmassen der Flüsse als Klei- oder Marschboden ablagern. (Wenn sie im Wattenmeere durch Deiche vom Meere abgeschnitten werden, erzielt man die fruchtbaren Böden, z. B. in Ditmarschen, an der Unterems; sog. „bitterer Klei" ist durch seine beigemengten Sulfate als Bodenart ungünstig). Eine Vertretung des Klei durch Feinsand ergibt sich aus den Verhältnissen. Muscheln und Diatomeen sind natürlich vielfach in diesen Ablagerungen. (Vergl. auch Meyn: Die Bodenverh. Schlesw.-Holst. Abh. pr. geol. Karte III, 3; 34.) Inseln im Schlick sind die Woorte, Wurte, dem nachbarlichen Geestlande entsprechend.

Die Deltas der Elbe und Weser sind vereinigte Bildungen der Flüsse und des Meeres. Im Gegensatz zu R. Credner meint Wahnschaffe mit Jentzsch, „der Umstand, dass die Flüsse uneingedeicht noch gegenwärtig bei Hochfluten ihre Deltas z. Th. überschwemmen würden, ist vielleicht ausreichend, um die allmählige Aufhöhung und das Emporsteigen des Deltas über den gewöhnlichen Wasserstand zu erklären". In den Haffs haben die einmündenden Flüsse Deltas in postglacialer Zeit aufgeschüttet, z. B. das meist von Schlick erfüllte Weichseldelta.[3] Die Alluvionen des Weichseldeltas sind durchschnittlich 9 m mächtig; ihr Untergrund ist Heidesand, der wie auch älteres Diluvium in kleinen Inseln aus dem Schlick hervorragt. Der gesamte Haffzuwachs beträgt nach Jentzsch etwa 1¼ Qu. Meilen

---

[1] Friedrich: Das Brodtener Ufer bei Travemünde. Lübeckische Blätter, 1901.

[2] E. Geinitz: Der Landverlust der meckl. Küste. Mitt. XV a. d. Meckl. G. L. A. 1903, mit Karten und Bildern. Vergl. auch die Schilderungen von Lehmann: Pommerns Küste von Dievenow bis zum Darss. Breslau, 1878. — Das Küstengebiet Hinterpommerns. Z. Ges. Erdk. Berlin, 1884, 333. — Gerhardt: Handbuch des deutschen Dünenbaus. Berlin 1900.

[3] Jentzsch: Geol. Skizze d. Weichseldeltas. Schr. ph.-ök. Ges. Königsberg 1880, 154, Karte.

in 2⅓ Jahrhundert. Im Memeldelta tritt der Schlick mehr zurück, es kommen ausgedehnte Moosbrüche vor.

Die Frage der recenten Senkung.

Wenn der Schlickuntergrund und die aus ihm hervorragenden Heidesandrücken wirklich, wie Berendt annahm, marine Bildungen sind, so würde nach Jentzsch das Weichsel- und Memeldelta in altalluvialer Zeit mindestens 10—18 m unter dem heutigen Niveau gelegen haben (Torf unter dem Haffspiegel gilt aber nach Wahnschaffe nicht als beweisend für die Annahme, dass das Land noch in jungalluvialer Zeit höher gelegen habe). Wir müssen aber diese Schlussfolgerung umkehren: nach der heutigen Auffassung ist der Heidesand nicht marin, sondern fluviatiles Produkt der Abschmelzperiode, also muss das Land zur Abschmelzperiode dort mindestens 10—18 m höher gelegen haben; darauf trat die Senkung ein. Die Zeit der Erhebung entspricht der Ancyluszeit, die der Senkung der Litorinazeit (s. o.)

Submarine Torfmoore.

An der Nord- und Ostseeküste sind seit langer Zeit submarine Torf- und Waldreste, auch mit Thierresten, bekannt, z. Th. als Lagunenmoore Forchhammers, von Marschboden bedeckte Moore, z. Th. unter dem Meeresspiegel liegende Baumstubben (vergl. v. Fischer-Benzon: Moore Schleswig-Holsteins, S. 28). Wo im Binnenland ein Torfmoor bis zur Küste reicht, finden wir vor der Düne den Torfboden oft fest gepresst und auch auf den Meeresboden reichend. Von diesem Torfboden brechen die Wellen Stücke los, werfen sie an den Strand und rollen sie zu den ellipsoidischen Rollstücken ab (Torfgerölle, „Martörv“). (Vergl. umstehende Bilder.)

Jentzsch erwähnt[1] den „untergegangenen Wald“ von Cranz, der vorwiegend aus eingetorften Erlenwurzeln in einem unter dem Meere liegenden Boden besteht, und hält „die Möglichkeit nicht ausgeschlossen, dass der Druck des darüber gewanderten Dünensandes den in der Nähe des Haffes gewachsenen Wald um ein geringes unter sein ursprüngliches Niveau gedrängt habe“. Er sagt aber weiter: „An sich können wir somit diesem Walde keine absolute Beweiskraft für eine Landsenkung zusprechen,“ ebensowenig wie anderen ähnlichen Befunden. „Wenn wir aber die Gesammtheit der Erscheinung ins Auge fassen und alle Umstände abwägen, so müssen wir doch bei Berendt's Ansicht verbleiben, dass unsere Küste in langsamer Senkung begriffen sei.“

Hiermit drückt er das aus, was ich 1883[2] über die recente Senkung der mecklenburgischen Küste ausgesprochen habe. Ich gebe zu, dass ich damals die altalluviale Senkung mit der jetzigen zusammenhängend angesehen habe, also zwei verschiedene Phasen vermengte. Wahnschaffe hielt unsere Begründung nicht für ausreichend, um eine recente Senkung anzunehmen.

Ob man von einer noch andauernden Senkung reden darf, scheint nach den Pegelmessungen von 50 Jahren zweifelhaft, welche im Westen der Ostsee eine Constanz der relativen Höhenlage der Küste gegen die Ostsee ergaben.[3]

Auch Lehmann hält eine gegenwärtige Senkung der hinterpommerschen Küste für unbeweisbar und wenig wahrscheinlich, aber er leugnet nicht eine vielleicht bis in die letzten Jahrhunderte ausgedehnte Senkungsperiode, wodurch wenigstens eine Reihe von Erscheinungen ungezwungen erklärt würden.

Abrasion und Transgression, nach v. Richthofen Folgen einer Küstensenkung, finden sich an der ganzen Ostseeküste.

Kürzlich zeigte Krause,[4] dass in dem mecklenburgischen Küstengebiet die Erscheinungen an den Küstenmooren (welche alle Stadien des Abschneidens durch die Küstenlinie zeigen) auf eine allgemeine Küstensenkung zurückgeführt werden müssen und sich nicht durch alleinigen Druck der auf ihnen lastenden Dünen erklären lassen. Die Grenzen des dortigen Heidesandgebietes zeigen sich von Südosten zum Meere, d. i. nach Nordwesten, auch die Uferzonen der Heide machen dasselbe Einfallen mit, was sich durch die ungleichmässige Senkung des mecklenburgischen Küstengebietes erklären lässt.

---

[1] Weichseldelta. Schr. ph.-ök. Ges. 1880, 192.

[2] Über d. gegenwärtige Senkung d. meckl. Ostseeküste. Z. d. g. G. 1883, 301.

[3] Seibt: Das Mittelwasser der Ostsee bei Travemünde. Berlin, 1885, 50.

[4] Die nordöstl. Heide Meckl. Mitth. L.A. XIII, 1901.

Torflager am Strand vor der Düne, Gr. Müritz, Mecklenburg.

Bekräftigt wird die Senkungstheorie nach Lehmann durch die Transgression der grossen Rollsteine. An der hinterpommerschen, wie an der mecklenburgischen Küste u. a. findet man häufig Streifen von grossen Geröllen hinter der Düne auf eingesandeten Torflagern; Lehmann erklärt sie richtig als von der Brandungswelle im Laufe der Zeit der wachsenden Abrasionsfläche durch jeweilige Sturmfluten abgelagert. Noch aus den letzten Sturmfluten von 1872 und 1883 sehen wir solche Geröllagen bei Warnemünde, Wustrow, in Pommern u. s. w. Sie beweisen aber im strengen Sinne auch nicht direkt eine recente Senkung.

Postglaciale d. h. Litorina-Senkung ist noch erwiesen durch die Tiefenverhältnisse vieler Thäler, welche die sichere Annahme verlangen, dass zu ihrer Bildungszeit das Land bedeutend höher lag als gegenwärtig.[1] Für die Frage der recenten Senkung sind diese Thatsachen allerdings belanglos.

## Stranddünen und Uferwälle.

Scharf zu unterscheiden sind die beiden Küstentypen: Klint und Düne. Wo das Binnenland eine niedrige Moor- oder Sandgegend bildet, greift das Meer oft weit in das Land oder das Land ist durch eine Düne oder einen Uferwall geschützt. Am Heiligen Damm in Mecklenburg findet sich ein 2,5 km langer Uferwall, aus Geröllen bestehend, den die See selbst aufgeworfen hat, als Abgrenzung gegen eine landeinwärts gelegene Niederung.[2]

Im Gegensatz zum Uferwall ist die Düne vom Wind aufgeweht. Sehr wichtig ist das Wandern der Dünen. Nach Berendt beträgt der jährliche Fortschritt derselben auf der Kurischen Nehrung 6 m, bei Stolpmünde nach Keilhack[3] in zwei Jahren 10,5—17 m.

An flachen Küsten bilden sich zuweilen ganze Systeme von parallelen Vordünen aus. Die Überwehung der hinterliegenden niederen Wiesen ist oft recht beträchtlich, wie aus dem Profil von v. d. Borne aus Pommern ersichtlich:[4]

0,34 m Dünensand,
0,47 m Torf,
0,47 m Dünensand,
0,53 m Dünensand mit Wurzeln von Strandhafer,
1,88 m Torf auf Wiesenkalk.

Auch hinter der Hauptdüne finden sich auf den überwehten Wiesenflächen oft unregelmässige niedrige Dünenzüge, z. B. bei Wustrow i. M.

Dünenlitteratur:

Berendt: Geol. d. Kur. Haffes. Königsberg, 1869.
Meyn: Geogn. Beschr. d. Insel Sylt. Abh. pr. geol. Karte. I, 4. 1876.
Gerhardt (Jentzsch): Handbuch d. deutsch. Dünenbaus. Berlin, 1900.

---

[1] Vergl. hierüber Geinitz, Beitr. z. Geol. Meckl. X. (Tiefenkarte der Warnow). Arch. Nat. Meckl. 1888 und Jentzsch, Z. d. deutsch. geol. Ges. 1890, 617. — Neue Gesteinsaufschl. 1897, 116.: „Im Alluvium wurden Süsswasserschichten bis 12 m unter dem Ostseespiegel im innersten Winkel des Weichseldeltas und bis 10 m im Pregelthal zu Tapiau nachgewiesen, in Königsberg bis 20 m, in Pillau bis 31 m. Dies beweist eine dem Jungalluvium angehörige Senkung, welche sich tief in das Land erstreckte".

[2] Geinitz: Der Conventer See bei Doberan. Mitth. Meckl. L.A. IX. 1898.

[3] Jahrb. L.A. f. 1896, 194. Ein hübsches Bild von einer über Wald fortschreitenden Wanderdüne giebt Keilhack, Ztl.-Bl. Leipzig. 1897, 18 und „Prometheus", Num. 215.

[4] Z. d. G. 1857, 478.

Recente Dünenbildung durch Sandanwehung vor dem Heidesandklint am Strand bei Graal an der mecklenburgischen Küste (Juli 1901).

Düne am Ostseestrand von Niehagen in Mecklenburg, von der Landseite gesehen. 1902.

# Das Quartär im Nordseegebiet

## westlich der Weser (Oldenburg, nordwestliches Hannover, Holland, Belgien).

Ausführliche Litteraturangaben finden sich in den Veröffentlichungen von J. Martin: Diluvialstudien I—VII. (Jahresb. naturw. Ver. Osnabrück, und Abh. naturw. Ver. Bremen, 1893—1898. Vergl. ferner die zahlreichen Arbeiten von: v. Calker, v. Cappelle, Lorié, Schroeder v. d. Kolk. Auch v. Calker: Die niederl. geol. Karte. Z. f. prakt. Geol. 1896, 129.

### I. Holland.

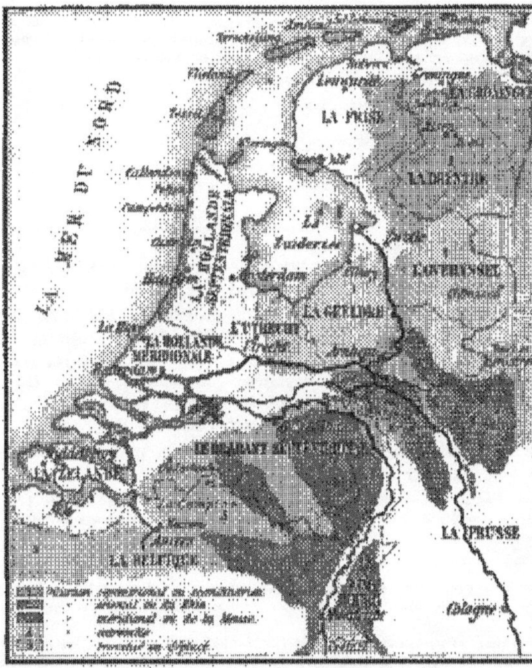


Geologische Übersichtskarte der Niederlande von T. C. Winkler.

Vier Factoren sind es, welche in diesem Grenzgebiet des nordeuropäischen Diluviums eine wesentliche Rolle spielen und vielfach sowohl in horizontaler wie in verticaler Richtung in einander eingreifen: das skandinavische Inlandeis, welches nur einmal bis hierher vordrang, seine Schmelzwässer, die von Süden kommenden Flüsse und das Meer.

Diese verschiedenartigen Factoren haben denn auch eine sehr verschiedene Ausbildung des Diluviums veranlasst.

Staring hat 1860 die verschiedene Faciesentwicklung zu einer Horizontalgliederung des holländischen Diluviums wie folgt verwertet:

1. skandinavisches Diluvium, nördl. der Vecht,
2. gemengtes Diluvium, zwischen Vecht und Rhein,
3. Rhein-Diluvium, } südlich des Rheins, (dazu käme noch Ems- und Weser-Diluvium),
4. Maas-Diluvium, }
5. Localablagerungen von Belgien, Limburg und am Rhein.

Die vorstehende „theoretische" Übersichtskarte von Holland, die Winkler[1] entwarf, giebt einen guten Überblick in die Vertheilung dieser Facies, wenn auch die spezielle Abgrenzung viele Schwierigkeiten bietet und seine Auffassungen theilweise zu corrigieren sind.

In der Verticalgliederung unterschied Staring:

1. Sandiges Diluvium, Zanddiluvium,
2. Lehm, Löss,
3. Geröll-Diluvium, Grintdiluvium.

Gegen das Staring'sche System sind manche Bedenken zu erheben. Martin theilt[2] das Diluvium der Niederlande nach den reliefgestaltenden Factoren in folgende drei Gebiete:

Das glaciale, nördliche,
Glacial-fluviatile, zwischengelegene (Grenze nicht sicher, nicht die Vecht; „gemengtes Diluvium" kann auch im glacialen Gebiet vorkommen).
Fluviatile, südliche (der Rhein bildet die Grenze zwischen beiden letzteren).
(Daran schliesst sich im Süden und Südwesten das marine Gebiet.)

Fast durchgängig besteht das niederländische Diluvium aus Sand, von gelblicher Farbe in allen Nuancen (weiss in der Nähe der Thonlager im östlichen und gemengten Diluvium, braun durch Ausscheidung von Eisenoxyd, grau durch Humusbeimengungen); seine petrographische Zusammensetzung ist Gegenstand späterer Untersuchungen geworden (vor allem durch Schröder v. d. Kolk[3]). Besonders im nördlichen Diluvium kommt auch Lehm und Thon vor.

Der Sand gehört entweder der Moräne an mit ihren Auswaschungsresten oder er ist fluviatil oder fluvioglacial.

(Nach Winkler sind von der 3283996 ha grossen Oberfläche der Niederlande 1604850 ha, d. i. die Hälfte vom Diluvium bedeckt, die andere vom Alluvium; Flugsand und Dünensand rechnet er mit zum Diluvium.)

---

[1] Winkler: Consid. géol. sur l'orig. du Zand-Diluvium. Arch. Mus. Teyler, V, Haarlem, 1880, Tab. 5. (Winkler nannte diese Gebiete: nördliches, gemengtes, östliches, südliches und umgearbeitetes Diluvium.)

[2] J. Martin, Diluvialstudien III, 2. Gliederung des Dil., 1896 und III, 3. Verticalgliederung d. nieder! Dil. 1897. Die auf dem Standpunkt der Drifttheorie stehenden Beobachtungen Staring's haben eine Menge wichtigen Materiales beigebracht; J. Martin würdigt seine Arbeiten in sympathischer Weise (Diluvialstudien V: Staring's Diluvialforschung im Lichte der Glacialtheorie. 1898).

[3] J. L. Schröder v. d. Kolk: Bijdrage tot de Karteering onzer Zandgronden. I, II, III. (Verh. K. Akad. Wetensch. Amsterdam, 1895, 1897 u. 1898). Z. f. prakt. Geol. 1896, 192. — Beitr. z. Kartirung d. quart. Sande. Z. d. G. 48, 773. Lorié: Zand-Onderzoekingen, Leiden, 1897.

Die vielen späteren Eintheilungsversuche einer eingehenden Kritik unterwerfend, kommt Martin zu nebenstehender schematischen Verticalgliederung:[1]

Wenn der Eisrand gleichmässig und ohne Unterbrechung vor- und rückwärts geschritten wäre, so müsste zwischen Rhein und Weser folgende Reihenfolge der Diluvialbildungen von oben nach unten abgelagert worden sein:

7. obere fluviatile Schotter; 6. gemengtes Diluvium; 5. obere fluvio-glaciale Sedimente, Rückzug des Eises, Wiederholung in umgekehrter Folge; 4. Moräne, eigentliche Vergletscherung; 3. untere fluvio-glaciale Sedimente, Alleinherrschaft der Gletscherwässer; 2. gemengtes Diluvium, Zusammenwirken der Flüsse und Schmelzwässer, mit dem Naherrücken des Eises; 1. untere fluviatile Schotter, als der Eisrand noch fern lag und die Flüsse die Alleinherrschaft besassen.

Im einzelnen werden aber vielfache Ausnahmen von dieser Regel stattgefunden haben: die Schmelzwässer hatten z. Th. nicht die Kraft, um die von Süden herandrängenden Flüsse zurückzudrängen, das Eis konnte direkt mit fluviatilen Bildungen zusammentreten u. s. w. (Übrigens werden einzelne Profile von den verschiedenen Autoren auch verschieden aufgefasst; vergl. z. B. die abweichende Deutung von Capellé und Martin in v. Capellé, Nieuwe Waarnem. Verh. Ak. Wetensch. Amsterdam. VI: 2 1898. Fig. 1, p. 8).

Je weiter nach Süden, um so mehr betheiligt sich nach v. Capellé[2] das praeglaciale Diluvium an dem Bodenrelief, die Moränendecke bildet nur noch kleine Inseln. Nach v. Capellé konnten vor Ankunft des Landeises 3 Ablagerungen gebildet sein: 1. praeglaciale, 2. glacial geschichtetes gemengtes Diluvium, 3. glacial geschichtetes skandinavisches Diluvium.

Interstadial nennt Martin Sedimente, die von einem Moränenmaterial bedeckt sind, das auf eine zeitlich und örtlich beschränkte Oscillation des Inlandeises zurückzuführen ist.

Martin betont besonders sein „Inglacial“, die Innenmoräne, und hält die (theils lehmfreien, theils lehmigen) steinführenden Sande Hollands, welche das Hangende der Endmoräne bilden,[3] in ihrer Hauptsache ebenso wie die Geröllsande (Schuenemannde) Oldenburgs für ein selbständiges Glied des dortigen Diluviums, die Innenmoräne darstellend, welche beim Abschmelzen des Inlandeises auf der Grundmoräne oder andern älteren Bildungen liegen blieb. Es sind die von v. Capellé unter-

[1] Martin: Diluvialstudien III, 3, S. 37.

[2] Nieuwe Waarnem. Verh. Ak. Wet. VI, 1898, Amsterdam.

[3] Vergl. Holst, Grönland: Sver. Geol. Und. C. 81. 1888.



Martin's Verticalgliederung:

| | | | | | |
|---|---|---|---|---|---|
| Sanddiluvium . . . . . . . | Spätdiluvial: | 6. Spätfluviatil | spätheitaglacial-fluviatil. | . . . . . . . . . . Oberer Flussschotter, -sand u. -thon — meist in Hügelform auftretend, z. Th. auch in Pseudoåsar u. -endmoränen, z. Th. Ein- u. Durchragungen. | |
| | | 5. Späthvitaglacial | | . . . . . . . . . . Oberer Hvitå-sand w. (Heitådecksand, Schwemmsand | |
| Scandinavisch. Glazialdiluvium | Moränenglacial: | 4. Inglacial; Innenmor. od. Geröllglac. . . . Geröllsand = Kriesand u. -Lehm | | | bildet; Geröll- resp. Geschiebedecke, -hügel, -åsar u. -Endmoränen |
| | | 3. Subglacial; Grundmor. od. Geschiebeglac. . . . Geschiebelehm und -lehm | | | |
| Pothlel . . . . . . . . . ; Rijn- und Maasdiluvium . | Frühdiluvia | 2. Frühhvitaglacial | frühhvitåglacial-fluviatil | . . . . . . . . . . Unterer Hvitåsand u. -thon (pothlel) | z. Th. in Ein- und Durchragungen auftretend. |
| | | 1. Frühfluviatil | | . . . . . . . . . . Flussschotter pp. | |

25

schiedenen Bildung „keizand“ = Steinsand, (nach v. Capelle durch späteren Einfluss der Atmosphärilien etc. aus dem gleichaltrigen Geschiebelehm entstanden), und „rolsteenzand“ = Geröllsand, entsprechend dem Zanddiluvium, Geschiebedecksand, Heidesand z. Th. (durch die Schmelzwasser umgearbeitete Grundmoräne).

Dieses Ingiacial hat in Oldenburg eine weite Verbreitung; in W.-Drenthe findet sich vielorts eine bis 1 m mächtige „Steinsandbedeckung“.

Das Profil vom Havelterberg nach der Deutung v. Martin III. 3 14/6, Capelle: W.-Drenthe 13/4 1892 erläutert die verschiedene Auffassung:

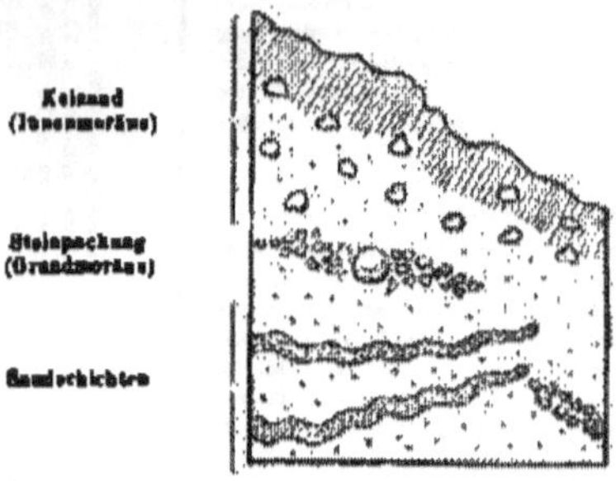


Die Gliederung, welche v. Capelle[1] für das Diluvium von West-Drenthe vorschlägt, deckt sich nicht ganz mit der Martin'schen:

| | |
|---|---|
| a. Dekzand en dekzand (Thal-sand Decksand), Zanddiluv. Staring's (nach Schroeder v. d. Kolk „hellingzand“, d. h. aus dem die Abhänge (hellinge) der Höhen bedeckenden Sand ausgeschwemmt) | 1. Jungdiluvium (am Ende der 2 Eiszeit). |
| b. Heidesand (hierzu der „rolsteenzand“ = Geschiebesand = durch die Schmelzwasser umgelagerte Grundmoräne) | 2. Mitteldil. (Ende der 1. Eiszeit u. währ. d. 2. Interglacialzeit). |
| c. Keileem = Geschiebelehm (nach Lorié „glac. aangelegd Dil“) = ursprüngliche Grundmoräne; (Keizand = Steinsand = verwitterte Grundmoräne) | 3. Altdiluvium (1. Eiszeit) |
| d. Glaciaal gelaagd (geschichteter) skandinavisch Zand und Grint | |
| e. Glaciaal gelaagd gemengd Zand en Grint | |
| f. Praeglaciaal Zand en Grint | |

I. a. Das glaciale Diluvium im Norden vom Rhein:[2]

Das skandinavische Diluvium findet sich in den Niederlanden hauptsächlich im Norden des Landes (östlicher Theil der Provinzen Groningen, Drenthe, Ostfriesland mit den Nordseeinseln, dem Roode Klif und den Inseln im Zuider-

[1] v. Capelle: Het Diluvium van West-Drenthe. Verh. k. Ak. Wetensch. Amsterdam 1892, I. 2. S. auch Schroeder v. d. Kolk: Proeve van geolog. Kartering v. Markelo. Verh. K. Ak. Wetensch. S. IX, Amsterdam 1891.

[2] Vergl. die zusammenfassenden Arbeiten von J. Martin.

see[1]). Es bildet ausser ebener Landschaft oft Hügelreihen (z. B. den Hondsrug). Kiesiger Quarzsand mit nordischen Geröllen setzt es zusammen; nach Süden werden letztere sehr selten. Neben thonigem Sand kommt auch reiner Thon vor, z. Th. mit Geschieben und Geröllen. Unter Groningen findet sich eine Thonbank von 25 m Mächtigkeit; unten blaugrau, oben graubraun ist es die sogenannte „Potklei“, d. i. Töpferthon. Mergel ist selten (im Hondsrug findet sich ein solcher mit 6% Kalk).

Die Gerölle schwanken von Erbsengrösse bis zu grossen erratischen Blöcken von 50000 kgr., sie liegen unregelmässig im Sand verstreut; auch hier sind dieselben seit Jahrhunderten für technische Zwecke schon stark abgesammelt. Solche erratische Blöcke finden sich hauptsächlich massenhaft in den östlichen Theilen der Drenthe und der Overyssel (in der Drenthe trifft man auch Dolmen, „hunnebedden“).

Im glacialen Diluvium nördlich der Vecht ist das Spätfluviatil nur auf vereinzelte Findlinge beschränkt; dagegen sind die glacialen Glieder mächtig entwickelt. Das Inglacial verliert von Osten nach Westen hin an Mächtigkeit. Das Frühfluviatil nimmt an der Oberflächengestaltung keinen Antheil. Da sich nur eine Grundmoräne findet, so ist dieses Diluvium als das Produkt einer einmaligen Vereisung anzusehen; ihre Grenze bildet der Rhein.[2]

Je weiter südlich, um so mehr nimmt die Grundmoräne einen sandigen Charakter an, wodurch die Grenze zwischen Grundmoränengebiet und gemengtem Diluvium sehr schwer zu bestimmen ist. Am südlichen Rand der Veluwe kommt die Moräne in der Gegend von Wageningen und Arnheim in isolirten Flecken vor in der Meereshöhe von 20—40 m (bei Wageningen selbst ist keine Grundmoräne, sondern nur Rheindiluvium angetroffen, nach Lorié).[3] Der südlichste Punkt ist der Hemelsche Berg bei Oosterbeek, wo über 40 m hoch ein sandiger Lehm mit riesigen Granitfindlingen durch v. Capelle nachgewiesen ist.[4] (Über den berühmten Block von Oudenbosch s. u.)

Die Geschiebe und Gerölle der Grundmoräne sind eingehend untersucht; es finden sich auch sog. Leitblöcke, wie schonensche Basalte, Scolithussandsteine u. s. m.[5]

Martin wies nach, dass für das ganze Glacialgebiet im Westen der Weser derjenige Theil des südlichen und mittleren Schwedens, welcher östlich resp. nördlich der grossen Verwerfungslinie gelegen ist, mit Einschluss angrenzender Gebiete der Ostsee und des bottnischen Busens die Hauptmasse der Geschiebe geliefert hat. Relativ nicht minder zahlreich sind schonensche

[1] Lorié: Le Rhin et le Glacier scandinave quaternaire. Contrib. 9. — Bull. Soc. belge XVI, 1902, 129. (Mém.) — In einer Übersicht über die Hoch-, Mittel- und Nieder-Terrassen des linken Rheinufers zwischen Bonn und Nimwegen (Taf. 7) zeigt Lorié, dass die Hochterrasse z. Th. oberflächliche Stauchungen durch Eisschub erfahren hat, dass auf der Mittel- und Niederterrasse keine scandinavischen Blöcke, vielmehr nur Absätze von Rhein und Maas vorkommen und kommt zu dem Resultat, dass am unteren Rhein der scandinavische Gletscher die Gegend des jetzigen Rheinthales überschritten hat, (während der Rhein weiter westlich floss). Die bedeutende Erosion nach dem Abschmelzen bildete ein fächerförmiges Delta.

[2] S. die Karte von Martin: Dil. stud. II, 1894, Taf. 2.

[3] Lorié: Mededeel. Geol. Nederl. 23, p. 15; Verh. Ak. Wet. Amsterdam V. 9. 1897.

[4] N. Waarnem. 1896, 21.

[5] Vergl. die Arbeiten von van Calker, Bonnema u. a. Kolk. (Bijdr. Kennis d. verspreid. mas. Krist. Zwervelingen. Leiden 1891. m. Karte), Martin u. A., Roemer, Z. deutsch. geol. Ges 1868, 863.

Gesteine vertreten, wogegen aus dem ganzen übrigen Gebiet im W. und SW. der Verwerfungslinie, ebenso wie aus Finnland und dem Ostbalticum bestenfalls nur ganz sporadisch erratisches Material dahin gelangt ist.

Die Bewegungsrichtung war nach ihm NO.—SW.; das Hauptels ein baltischer Strom. An vielen Stellen ist die Grundmoräne auch reich an südlichem Material, z. Th. ist auch Localmoräne entwickelt.

Einige Angaben über Mächtigkeit der Grundmoräne:

Bei ten Arlo kaum 1 m, bei Zuidwolde (Drenthe) 4—10 m, in Oldenburg ist der Geschiebemergel nicht über 4 m mächtig, bei Uraeburg 5—6 m, im südwestlichen Friesland über 11 m, zu Assen 7 m, bei Winterswijk 4—10, mit einer Unterkante von 21—26 m. Z. Th. ist er hier durch eine Bank von Kelsand getrennt.[1]

Nur bei Meppel in W.-Drenthe und in Sneek, sowie in Oldenburg fanden sich zwei getrennte Grundmoränen; Martin fasst dies als durch Oscillation des Eisrandes hervorgerufene Localerscheinung auf.[2]

Das Niveau der Grundmoräne ist verschieden. Wohl die tiefsten Stellen sind Deventer, im Thale der Ijsel, wo sie in — 81 m, und Nijkerk, in — 52 m gefunden wurde.[3]

Eine mechanische Analyse des Geschiebemergels von Groningen von v. Calker mag hier folgen, um an 2 Proben die Verschiedenheit auch hier zu illustriren:

| Grand | Sand | | | | | Staub | feinste Teile |
|---|---|---|---|---|---|---|---|
| über 2 mm | 2—1 mm | 1—0,5 | 0,5—0,25 | 0,25—0,1 | 0,1—0,05 | 0,05—0,01 | unter 0,01 |
| 4,08 | 64,85 | | | | | 18,54 | 15,96 |
| | 1,70 | 6,81 | 14,93 | 14,85 | 26,66 | | |
| 0,86 | 70,48 | | | | | 0,89 | 24,98 |
| | 1,56 | 7,26 | 18,27 | 17,90 | 25,49 | | |

Glaciale Druckerscheinungen sind natürlich auch hier mehrfach beobachtet.[4]

Die unteren Hvitåbildungen, d. h. die Ablagerungen der Gletscherbäche des herannahenden Eises, an deren Zusammensetzung Fragmente nordischer Gesteine wesentlich, ältere nur untergeordnet betheiligt sind, finden sich sehr häufig

[1] Lorié, Med. Géol. Ned. 28, p. 19.

[2] Diluv. Stud. III, 3, 10.

[3] Lorié: Contr. VI, 108. Bewhr. u. Grundbor. 1899, 18. Martin hält diese Kiesschicht aber nicht für Moräne (III, 2, 1898).

[4] Vergl. v. Calker, Z. deutsch. geol. Ges. 1888, 258, v. Cappelle, Dil. stud. im SW. v. Friesland, Verh. Ak. Wet. 1895, u. a.

im Liegenden der Grundmoräne und auch als Durchragungen. Es sind Sande und auch Thon; zu letzterem gehört die (häufig mergelige) „potklei“[1] und der in Oldenburg als „Schmink“ bezeichnete, im feuchten Zustand schwarze, glimmerhaltige Thon.

Die Bildungen können eine erhebliche Mächtigkeit erlangen. So wurde im Neuenburger Wald in Oldenburg unter der Grundmoräne bis 60 m Tiefe nur

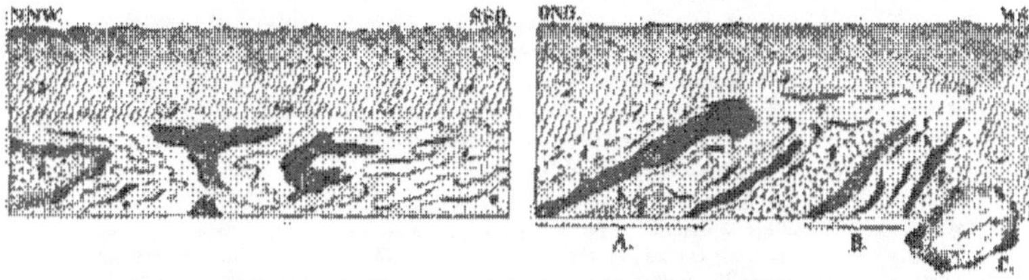


Glaciale Druckerscheinungen im Groninger Hondsrug (nach v. Calker).
a Humus; b humoser Sand.; c lehmiger Geschiebesand; d Grand mit lehmigen Lagen; e feiner Sand; f fetter Lehm; g Grand.

Schmink angetroffen, bei Sneek in Holland der Thon von 63—118,5 m Tiefe, ähnlich bei Assen; in Groningen ist die potklei nicht durchsunken.

Die oberen Hvitåbildungen sind nur in der sandigen Facies entwickelt und weniger mächtig als die unteren, aber in weiter Ausdehnung, als sog. „Schwemmsand“, auch in Westhannover und Oldenburg. (Thon wurde nur einmal als Ausfüllung eines Riesenkessels im Oldenburgischen beobachtet.)

Durch diesen Mangel an Thon unterscheidet sich das Diluvium im Westen der Weser erheblich von dem der baltischen Gebiete, wo dieses Glied in weiter Ausdehnung vorkommt. Dies erklärt sich, wie Martin bemerkt, daraus, dass hier die feinen Schlammmassen der Schmelzwasser leichter ins offene Meer hinausgeführt werden konnten, während sie in der Umgebung der Ostsee auf dem Festlande zur Ablagerung gelangen mussten, so lange das Ostseebecken vom Inlandeis ausgefüllt war.

Die obere Hvitåformation ist also hier im wesentlichen als ein Auswaschungsproduct der benachbarten Moränenhügel zu betrachten.

Das frühdiluviale Fluviatil mit seinen südlichen Gesteinsgemengtheilen scheint sich über ganz Holland zu erstrecken, da es auch bei Groningen in einer Bohrung nachgewiesen ist. Oft tritt es, südliches Material mit Untermischung von nördlichem führend, in Bänken zwischen das Hvitåglacial eingeschaltet auf; auch liegt es in sehr wechselnder Tiefe, von 1,4—60 m; bei Arloo liegt es unmittelbar unter der Grundmoräne. Bisweilen mögen auch „interstadiale“ spätdiluviale Bildungen vorliegen.

Spätdiluviale Fluviatilbildungen sind im nördlichen Holland noch nicht sicher nachgewiesen.

IIb. Das Gebiet zwischen Vecht und Rhein (Geldern, Overyssel, Utrecht) ist das Hauptgebiet des „gemengten Diluviums“.[2]

---

[1] Ein Mergel von Stapelfeld und Vahren i. O. hatte 10,5 resp. 11,7 % kohlensauren Kalk.

[2] Vergl. die Karten von Wanner und Lorié, Contrib. III, 1887, s. auch Carlier, Bijdr. tot de Kenn. v. h. Gem. Dil. Leiden 1896.

In sehr wechselnder Ausbildung sind seine Ablagerungen aus den 3 Ursprungsgebieten des N., O. und S. entnommen. Es bildet häufig niedrige (auch bis 107 m hohe) Hügel und sandige Ebenen. Mehrfach finden sich erratische Blöcke in erheblicher Menge. Auch Lehm und thoniger Sand kommt vor. Je weiter man nach S. vorschreitet, um so mehr betheiligt sich das „präglaciale" Diluvium v. Capelle's an dem Bodenrelief und die Moränendecke bildet vielfach nur noch winzige Inseln.

Nach Martin ist hier im wesentlichen nur „Fluviatil" entwickelt,[1] welches auch die zahlreichen Erhebungen zusammensetzt; Martin hält es im allgemeinen für jünger, als das Moränenglacial. Eine Überlagerung durch Moräne, wie bei Almelo, ist als örtliche Erscheinung einer geringfügigen Oscillation des abschmelzenden Eises zu erklären. Die fluviatilen Durchragungen des Lochemer Berges erklärt Martin als interstadiales Spätdiluvium.

Von den nach v. Capelle „präglacialen" Sanden und Lehmen, die unter der Grundmoräne in Twente und im östlichen Gelderland auftreten, gehört nach Martin die untere Abtheilung, Lorié's „westfälisches Diluvium", zur unteren Heidebildung, die obere Grundabtheilung dem Endabschnitt der Eiszeit an. Eine mehrere Meter mächtige Kiesschicht mit zahlreichen skandinavischen Gesteinen im Untergrund von Deventer (in 82,5—90 m Tiefe), welche Lorié als Grundmoräne ansieht, ist nach Martin untere Heideformation.[2] In der 110 m tiefen Bohrung bei Zütphen traf man nur Sande mit Kieseinlagerung bei 12, 20 und 25 m; die tieferen Lagen sind Heide- und theilweise ältere Fluss-Ablagerungen. In der Provinz Utrecht auf Feinsand mit südlichem Material lagernder nordischer Geschiebelehmhaufen deutet auf Absatz von strömendem Wasser, an dessen Zufuhr sowohl Gletscherbäche als die aus Süden kommenden Flüsse betheiligt gewesen sind.

Die Innenmoräne, die in Oldenburg sich bis 87 m hoch erhebt, im nördlichen Holland nur noch in der deckenförmigen Facies des Geröllsandes nachweisbar ist (also an Mächtigkeit um so mehr abnimmt, je mehr man sich den Grenzen des Inlandeises nähert) kann im mittleren Holland nicht mehr als selbständige Schicht nachgewiesen werden, doch kann vielleicht eine 0,3—0,8 m mächtige Schicht von „lemig keizand" in Twente als Innenmoräne aufgefasst werden.[3]

Ein grosser Theil des „Gehänge- oder Heidesandes" ist das Abspülungsproduct der Höhen, aus verschiedenen Perioden stammend.

Das jüngste Glied des Diluviums ist im mittleren wie im nördlichen Holland Staring's „Zanddiluvium". Dasselbe besteht aus demselben Sand, welcher das „grintdiluvium" zusammensetzt, unterscheidet sich aber von diesem zwar durch den Mangel an gröberem Gesteinsmaterial, durch seine oft wahrzunehmende horizontale Schichtung.

Es ist identisch mit dem „Schwemmsand" Martin's und ist, wie auch die petrographischen Untersuchungen Schroeder v. d. Kolk's nachgewiesen haben, als Auswaschungsproduct von den nachbarlichen Höhen anzusehen; da diese aus fluviatilem Schutt bestehen, so hat der Schwemmsand zwischen Vecht und Rhein trotz der heitäglacialen Entstehungsweise meist ein fluviatiles Gepräge.

(Ob wie im nördlichen Holland auch frühglaciales Sanddiluvium an die Oberfläche tritt in Form von Durchragungen, ist noch nicht nachgewiesen.)

Winkler nennt dieses „Zanddiluvium" Diluvium remanié, aufgearbeitetes Diluvium. Seiner Schilderung sei folgendes entnommen: Es bildet die über alle Diluvialgebiete weit verstreuten Sand-

[1] Eine Bohrung auf der Zeister Heide ergab bis zu 112 m nur Rheindiluvium.

[2] Diluv. stud. III, S. 43.

[3] Martin III, S. 41. v. Capelle sieht den „Geschiebesand" überhaupt nicht als Innenmoräne an, sondern als Verwitterungssand.

ablagerungen. Nach Belgien in grösserer Einheit auftretend, wird es mit der dortigen Campine-Etage identificirt. Es ist ein horizontal geschichteter quarziger Sand (mehr oder weniger thonig, zuweilen auch mit kleinen Lehmbänken), bisweilen mit feinen horizontalen Grandschichten, im Allgemeinen mit nur wenig Geröllen und noch selteneren erratischen Blöcken. Der Sand bildet eine ebene Oberfläche (die „broeken") mit wenigen, nur 3—4 m hohen Erhebungen (ausser den Binnendünen), durch fluviatile Alluvionen oder Sümpfe getrennt. Als jüngstes Glied des Diluviums, liegt er unter dem Alluvium (sowohl dem marinen als dem der Moore). Auch die sandigen Alluvialmassen bestehen hier nur aus umgearbeitetem Sanddiluvium. Binnendünen, „Zandstuivingen", sind häufig (1852 berechnete man noch über 10000 ha solchen beweglichen Sandes). In und auf dem Sand finden sich häufig Reste von *Elephas primigenius* (an der Scheldemündung in 8 m Tiefe geradezu ein Mammutfeld, nördlich von Norwich in England über 2000 Molaren!). *Rhinoceros tichorhinus*, Hirsch, Pferd, Renthier, Elen, *Bos primigenius* und *priscus*. Über die Bildung des Zanddiluviums äussert sich Winkler vom Standpunkt der Drifttheorie folgendermassen: Die Niederlande waren Inseln und Untiefen, das Meerwasser hatte also leichte Arbeit, die Diluvialmassen umzuarbeiten, ein grosser Theil der Sande wurde von Strömungen nach Westen und Süden geführt und bildete die Sande der Campina. Dieser Campinesand nimmt in Limburg und dem niederen Belgien die Stelle des „limon hesbayen" ein, lagert direct auf den Geröllen.

Nur selten finden sich im Sanddiluvium erratische Blöcke, sie sind durch Drift aus Norden hineingerathen. U. A. gehört hierzu der berühmte Granitblock von Oudenbosch in Brabant, wo „gemengtes Diluvium" den „donderahher" bildet.[1]

Die Lehmbänke, die als aequivalent mit dem limon hesbayen angesehen werden, sind nach Winkler als Facies aufzufassen, da das grandige Diluvium der Campine identisch ist mit dem niederländischen „südlichen Diluvium"; der Campinesand ist jünger als die grandigen Diluvial- und Lehmschichten. Staring hielt 1857 das Zanddiluvium für entstanden durch Regen und Eisschmelze, von den höher gelegenen kiesigen Lagern ausgewaschen und in die Thalniederungen eingeschwemmt.[2]

Dagegen fasst man gegenwärtig[3] das Sanddiluvium Staring's, das Campinien, nicht als Meeresbildung sondern als fluviatil auf.

Es bildet in den Niederlanden eine zusammenhängende Lage, welche die älteren Massen umgiebt, sich an dieselben seitlich anschmiegt, die Thäler hinaufsteigt (z. Th. von alluvialem Flusslehm überlagert) und sich andererseits in dem Untergrund der Küstenprovinzen ausbreitet. Nur in einem engen Bezirk (in der Provinz Nordholland und im Gelderschen Thal) ist es marin, mit marinen Conchylien, so dass hier das Meer einen Golf bildete = Eemien s. u. (Auf dem Muschelsand liegt hier muschelführender Thon, darauf steinarmer Feinsand und einige Thonschmitzen, dann Torf.) Zum grössten Theil ist es nicht marin, sondern fluviatil, von dem Rhein in das mittlere Niederland herbeigeführt und in den grossen Thälern während einer langen Senkungsperiode abgesetzt.

Die Senkung hat von Osten nach Westen zugenommen, ihr hoher Betrag ergiebt sich aus einigen Bohrungen: In Deventer ist das Liegende des Sanddiluviums (Moräne?) bei — 68 m, in Utrecht (Granitgerölle) bei — 150 m gefunden, bei Amsterdam ist die Tiefe — 200 m.

Im Norden ist das Sanddiluvium nur in den kleinen Thalniederungen entwickelt, in den mittleren Provinzen erreicht es eine grosse Mächtigkeit. Die Verschiedenheit der Bodenarten von Norden nach Süden erklärt sich nach Lorié aus der Natur des Deltas, aus der abnehmenden Geschwindigkeit der Flüsse und den Oscillationen des Bodens.

Bezüglich des Alters des Sanddiluviums glaubt Lorié nicht, wie Harmer es für den „Thalsand" und Geschiebesand annimmt, eine Gleichalterigkeit des

[1] Nach Lorié ist der Block von Oudenbosch ebenso wenig wie andere nordische Blöcke im nördlichen Brabant auf ursprünglicher Lagerstätte und finden sich dort keine Spuren glacialer Einwirkung, wie Delvaux meinte. Vergl. die Referate im N. Jahrb. Min. 1887, I, 129, 133.

[2] G. Austen hatte es für Dünenbildungen angesehen.

[3] Lorié, Quelques considérations sur le sable campinien et sur le dil. sableux. Bull. Soc. belge de géol. II. 1888, 93 und Contrib. Géol. des Pays-Bas III. 1887, Haarlem. Karte!

Sanddiluviums und der Kiese der Höhen annehmen zu dürfen, sondern hält letztere für älter.

Harting's „Systême Eemien" (vom Eemthal bei Amersfoort im Gelderschen Thal) enthält 46 Molluskenarten, darunter 0 fluviatile und Landformen, von den 20 häufigen Arten kommen 7 d. i. 32% nicht an der holländischen Küste, sondern an der englischen vor: dieser Wechsel in der Fauna spricht dafür, das Sanddiluvium noch zum jungen Diluvium zu rechnen. Das Klima entsprach dem des norddeutschen Interglacial, es war das heutige Klima mit grösseren Niederschlägen; boreale Formen finden sich nicht. Lorié weist aber das postglaciale Alter des Eemien nach.[1]

## Ic. Oberflächengestaltung.

Das Diluvium betheiligt sich in dem Gebiet nördlich vom Rhein wesentlich an der Bildung von Höhen.[2] Man findet hier Endmoränen,[3] Asar, Drumlins (Geschiebeåsar), Durchragungen, sowie die sog. Pseudo-Endmoränen und -åsar; Beeinflussung durch älteres Gebirge ist ganz ausnahmsweise zu constatiren.

Die Dammer Berge im südlichen Oldenburg, mehrere parallele, NO. streichende Hügelzüge, deren grösste relative Höhe zu 60—70 m ansteigt, bei einer Länge von 18 km und Gesammtbreite von 4,5 km, wurden als Geröllåsar aufgefasst. Discordant parallele Bänke von Sand auf Grund mit Innenmoräne, im Liegenden ist Grundmoräne nachgewiesen. An sie schliessen sich nach Norden, nach Vechta gleichgerichtete Hügel an.

Auch der NO-SW streichende Hümling ist eine Gruppe von Geröllåsarn, aus 4 gleich gerichteten Hauptåsarn bestehend, an die sich mehrere Nebenåsar anschliessen. Als Ausläufer gelten die anhaltenden Hügel bei Kloppenburg und Friesoythe. Im Amt Westerstede und Varel kommen Geschiebeåsar (Drumlins) vor, z. B. bei Neuenburg; auch Durchragungen von älterem Hvitåglacial wurden mehrfach constatirt. Auch im nördlichen Theil von Westhannover scheinen die Höhen von Grundmoränen, Fluvioglacial und Durchragungen gebildet zu sein.

In den Niederlanden haben die Diluvialhöhen nördlich der Vecht meist glacialen Ursprung.

Hier fehlt das in Oldenburg und Hannover vorkommende Ingiacial, Fluviatil betheiligt sich nur ausnahmsweise an der Reliefgestaltung. Frühhvitåglacial nimmt in Form von Ein- und Durchragungen Theil; südlich der Vecht dagegen sind sie vorwiegend von fluviatilen Ablagerungen gebildet.

Im nördlichen Theil gehören zu den Geschiebeendmoränen der 62 km lange, NNW-SSO streichende Hondsrug, ferner vermutlich die N-S streichende Vosser Endmoräne (in Oldenburg) und der Zug Rhebruggen-Ansen-Ruinen, der Nerdearche Berg, die Höhen von Markelo und Diepenheim. Die übrigen Hügelzüge werden als Åsar aufgefasst. Den Havelter- und Bisschopsberg, die Höhenzüge von Steenwijk und Steenwijkerwold, sowie die 3 gaasterländischen Moränenrücken fasst Martin als Geschiebeåsar, Drumlins auf.[4]

[1] Centr. III, 139.

[2] (Wir folgen hier der Auffassung Martin's (Groningen stud. III, 4, 1897; s. hier Litteratur), die allerdings vielfach von derjenigen v. Cappelle's und Lorié's abweicht.)

[3] v. Calker hat zuerst Endmoränen in den Niederlanden nachgewiesen und zwar im Hondsrug. Z. d. deutsch. Ges. 1885, 792.

[4] v. Cappelle, Verh. Ak. Amsterdam IV, 3, Karte.

Die bedeutendsten Åsar finden sich westlich der Ijssel (also im peripheren Theil des Inlandeisgebieten). In ihnen herrscht das gemengte Diluvium. Hier treffen wir besonders deutlich die Pseudoåsar und Pseudoendmoränen,[1] die von v. Capelle als Durchragungen resp. Staumoränen aufgefasst werden. Sie bestehen wesentlich aus südlichem Material und sind wie Endmoränen und Åsar zum Eisrand orientiert, stehen aber genetisch nicht mit diesen in Zusammenhang.

Die Pseudo-Endmoränen bildeten sich in der Weise, dass die von Süden kommenden Flüsse während des Eisrückzugs ihre Schotter vor dem Eisrande nach Art von Uferwällen anhäuften; ihr Alter ist sonach spätdiluvial. Nun ist allerdings vielfach eine Schichtenstauchung und Auflagerung von Moränenschutt bei diesen Höhen zu constatieren (die, wie erwähnt, von v. Capelle als Staumoränen bezeichnet werden.)

So gelten die Höhen, welche parallel dem einstigen Eisrand verlaufen, als Pseudoendmoränen. Es sind die Höhenzüge bei Sulsbergen, Emsbüren (Kottenberg), Uelsen, Hellendorn mit dem Besteuerberg, der Lemeler und Luttenberg und der 4 km lange, wallartige Lochemer Berg,[2] endlich am äussersten Rande, nahe dem Rhein die Amersforter'sche Hügelgruppe.

Die Elterner Berge und die Höhenrücken der östlichen Veluwe, die Höhenrücken Wageningen-Lunteren, Garderen-Harderwijk, Vierhouten-Leuvenum sind ebenfalls vorwiegend aus südlichem Material aufgebaut: sie haben meist eine NO.-SW-Richtung, parallel der Bewegungsrichtung des Inlandeises.[3]

Diese „Pseudoåsar" sind so entstanden, dass die aus Süden kommenden Wassermassen ihren Schutt über das vom Inlandeis verlassene Gebiet theils in ihren Flussbetten nach Art von Inseln, theils unmittelbar vor dem Eisrand nach Art von Uferwällen anhäuften; wenn nach dem vorübergehenden Stillstand des Eisrückzuges eine neue Abschmelzung eintrat, so wurden diese Schottermassen von den Schmelzwässern in Höhenrücken zerlegt, deren Längsaxen mehr oder weniger senkrecht zur Streichrichtung des Grenzen orientiert sind.[4]

Sölle und Sollmoore erwähnt Lorié bei Gelegenheit der Besprechung der Hochmoore (Contr. VI).

Aus der Karte von Martin (Dil. st. II) ist die Lage des Eisrandes und seine periodischen Rückzugsstadien gut ersichtlich. Die Richtung der Bewegung war aus NO. Die Spuren der Endmoränen Hollands zeigen, wie ein Blick auf unsere Karte des deutschen Quartärs lehrt, eine deutliche Parallelität mit der Richtung des nördlich gelegenen baltischen Zuges.

Inlanddünen der Oseberge, auf dem Dwergter Sand u. s. w. verdanken ihre Bildung der Entwicklung fluvioglacialer Sande.

Die Lössformation am Saume der Veluwe nimmt nach v. Capelle[5] eine 2 km breite Zone am östlichen Rand zwischen Arnhem und Dieren ein und steht in engem Zusammenhang mit dem des Rheins und Limburgs, nach v. Capelle als Schlamm dieser beiden Flüsse anzusehen (zur Zeit als das Eis nicht weit von der holländischen Grenze stand).

II. In dem Diluvium südlich des Rheins, also im Gebiet des Staring-schen „Rhein- und Maas-Diluviums", ist keine Grundmoräne beobachtet, das Inlandeis hat den Rhein nicht überschritten. Aber nordische Gesteine sind durch Localdrift über Südholland bis nach Belgien verbreitet, daher findet sich hier „gemengtes Diluvium" und erst weiter südlich herrscht das reine Fluviatil vor.

[1] Martin, Dil. stud. VI.

[2] v. Capelle erklärt denselben für eine „Durchragung" Med. Geol. Ned. 12, 1893.

[3] S. die Karte von Martin, Dil. stud. II.

[4] v. Capelle zeigte (Dil. stud. im SW. v. Friesland, Med. Geol. Ned. 18, 1895), dass das Moränenmaterial später eine bedeutende Aufbereitung erfuhr, zu Geschiebedeckzand und hügeligem Sandterrain, welch letzteres weiter z. Th. wieder fortgeführt wurde.

[5] v. Capelle: N. Waarnem. op het nederl. Dil. II. Verh. Ak. Wet. Amsterdam, 1900.

Dieses letztere ist in der Art entstanden, dass die Flüsse zuerst, als das Eis noch fern war, allein als Sedimentbildner thätig waren, während mit dem Heranrücken des Eisrandes und während der Abschmelzzeit in den dem Eisrand naheliegenden Gebieten neben den Flüssen auch die Schmelzwasserströme sich betheiligten. Dieses „Präglacial-Fluviatil" braucht aber nicht, wie Lorié annimmt, das jüngste Glied des Diluviums zu sein, sondern es kann auch später darauf noch reines Fluviatil abgelagert worden sein, wegen des möglichen zeitweisen Rückganges des Eises ist es denkbar, dass Wiederholungen stattgefunden haben.

In diesem Gebiet südlich des Rheines kann Fluviatil während der ganzen Eiszeit abgelagert worden sein und ebenso kann hier Beimengung von nordischen Gesteinen sowohl in früh- als auch in spätdiluvialer Zeit erfolgt sein. Wegen des Fehlens einer Moräne ist eine Trennung in früh- und spätdiluvial nicht durchführbar.

Das Rheindiluvium bildete sich nach Winkler im südöstlichen Theile der Niederlande aus den Flüssen, unter denen der Rhein der hauptsächlichste war. Die Sandebenen der Mookerheide und die Kieshügel bei Nimwegen sind als Deltabildungen aufzufassen (Sand, Lehm und durch Wassertransport abgestossene Gerölle der rheinischen Gebirgsgegenden).

Unter den Kieseln herrschen weisse Quarze vor, daneben finden sich Porphyre von Kreuznach u. a. Das Rheindiluvium bildet nur einen kleinen Theil der Niederlande, Fortsetzung der Hügel des Reichswaldes von Cleveland zwischen Niers und Düsseldorf und in Geldern, Straelen und Venlo zwischen der Niers, der Maas und der Ruhr. Bisweilen finden sich Nester von Thon in dem Sand, lehmiger Sand wird gegen Süd reichlicher.

Das Maasdiluvium bildet die kiesigen oder steinbestreuten Sandebenen in den Provinzen Limburg und Nord Brabant, von Maastricht ab das Thal der Maas begrenzend und weiterhin unter das Sanddiluvium (Campinien) einschiessend.

Es entspricht dem Dumont'schen „Diluvium à silex et cailloux" resp. „Dil. à cailloux roulés" Dewalque's. Die Gerölle stammen aus dem Condroz und den Ardennen, unter ihnen herrschen Quarzite vor; ihre Grösse schwankt von Nuss- bis Eigrösse. Die Beschreibung der belgischen Vorkommnisse stimmt genau mit den niederländischen Verhältnissen.

## Postglacial, Alluvium.

Am Alluvium betheiligen sich in unserem Gebiete Süsswasser- (Flusssande, Thon, Klei und Torf) und Meeresablagerungen (Sande und Thone). Beide greifen mehrfach, auch in Wechsellagerung in einander und bekunden die bekannten Niveauschwankungen, von denen die Senkung am auffälligsten ist. Flugsandbildungen, an der Küste und im Binnenland sind ferner ausserordentlich ausgedehnt. Das Alluvium nimmt weite Strecken ein, wohl wie in keinem anderen Gebiete des nordeuropäischen Glacialareales.

Moore (veen, peel). Man kann hier Hochmoore und Flachmoore unterscheiden. Die Bodenvertiefungen, in denen sich die Moore entwickelt haben, stammen zum grossen Theil aus der Glacialzeit. Sie gehören zur Moränenlandschaft, zu Niederungen, die durch Gletscherstauchung entstanden sind, zu Strudellöchern (Evorsionsniederungen), Thalungen der Schmelzwässer oder der einheimischen Ströme, ferner zu weiten Ebenen des Sanddiluviums; auch der Wind kann Vertiefungen im Feinsand ausgehöhlt haben.

Aus der reichen Litteratur sei nur erwähnt:

Lorié: Contrib. géol. Pays-Bas. V und VI Harlem, 1890, 1895 (mit Karten). Mededeel. Geol. Nederl. Amsterdam. Num. 11, 14, 22, 25. — Salfeld: Geogr. Beschr. d. Moore d. nw. Deutschl. Landw. Jahrb. 1883, 1886. — Penck: II. 1, 465.

Das grösste Hochmoor Europas, das berühmte Bourtanger Moor (nach der früheren kleinen Festung Bourtange an der hannoverschen Grenze genannt), wurde ausführlich von Lorié (VI) beschrieben. Es wird im Osten von der Ems, im Westen von den Abhängen des Drenthe-Plateaus begrenzt und in seiner nördlichen Hälfte von der sandigen Ebene bei Westerwolde in zwei Arme zerlegt. Im Osten bildet das Thal der heutigen Ems die Grenze des auf einem ganz flach nach Norden und Osten geneigten Sandterrain (von „Grand- und Sanddiluvium“) entwickelten Moores; viele Dünen sind hier am Rande und an Diluvialvorsprüngen aufgesetzt; auch älterer Flugsand ist nicht selten. Die Westseite wird im Süden durch das Thal der Vecht und die Niederungsmoore des Schoonebeeker und Drostra-Diep gebildet, welche letztere vom Hochmoor mehr oder weniger überwuchert werden; sie werden von Sanddiluvium und Flugsand begleitet. Bei Neu-Dortrecht beginnt die Grenze des Hondsrug. Hier findet sich die grösste Mächtigkeit des Torfes, 1,5—6 m, z. Th. auch bis 9,4 m. Im Norden bildet das Moorthal der Hunse die Grenze (rechts mit zusammenhängendem Ufer von Sanddiluvium, links mit einigen Erosionsresten desselben („zand-voort“); das 1,3 m tiefe „Zuidlaarder Meer“ gehört zu dem Thallauf der Hunse, es ist vermutlich ein alter Torfstich, später ist von Norden mariner Thon eingeschlemmt. In der Landschaft von Winschoten ist die Moränenlandschaft Ursache von Torfbildung, die mit dem Hochmoor verschmilzt; das „Hunnige-Meer“ ist ursprünglich ein See dieser Moränenlandschaft. Das Land von Westerwolde besteht aus ebenem Sanddiluvium, als Absatz der Gletscherschmelzwasser, in welches ein breites, flaches Thal erodirt wurde, das der Ruiten-Aa: bei weiterer Erosion wurden kiesige Hügel als Inseln herausmodellirt. Die tiefere Drainage jenes Gebietes verhinderte das Hochmoor, in das Thal vorzudringen. Auch hier bildete sich Flugsand, z. Th. älter als der Torf.

Die Vecht und Ems waren also ein sich bei Neu-Amsterdam gabelnder Schmelzwasserstrom; die untere Vecht war etwas früher in Thätigkeit. Später wurde auch die Ems ausser Thätigkeit gesetzt und die Weser vorab die Arbeit der Schmelzwasserabfuhr. Ähnlich, nur in geringem Maasse waren auch die Hunse und die Ruiten-Aa Thäler von Schmelzwassern.

Das Auftreten von Flugsandmassen, die älter sind als der Torf, scheint nach Lorié[1] eine Periode der Trockenheit zu verlangen, welche der Abschmelzzeit folgte; während dieser Periode konnten Stürme die Sandwüste bearbeiten. Eine folgende feuchtere Zeit ermöglichte dann die Bildung der Hochmoore. In verschiedenen Niveaus finden sich in dem Torf des Bourtanger Moores Baumstümpfe, die einer (vielleicht wiederholten) Trockenperiode entsprechen, welche die Torfbildung unterbrach.

An den Hochmooren von Nord-Brabant und Limburg zeigte Lorié,[2] dass sehr viele derselben dem wechselnden Thallauf der Maas und Schelde angehören. Die Bodenconfiguration der südlichen Niederlande ist ein Werk des Wassers. Die Maas und die Schelde haben ihren Lauf mehrfach verändert; ihre Erosion hat verschiedene Formen gehabt, von den Ausstrudelungen der Wildwässer bis zur langsamen Umwandlung eines Canals in ein eigentliches Thal. Die Stromverlegungen sind durch eine Bodenerhebung im NO. oder O. bedingt.

Frühere Torflager sind vielfach in folgenden Zeiten infolge der mannigfachen Veränderungen der Wasserläufe ganz oder theilweise zerstört und durch die Flusssande u. A. ersetzt; in zahlreichen Fällen ist dies Verhalten in Holland nachgewiesen.

Durch die Kultur ist übrigens mehr als die Hälfte der einstigen Hochmoorflächen verschwunden.

Die Niedermoore nehmen eine breite Zone der Provinz Süd- und Nordholland ein, z. Th. sind sie allerdings schon ausgestochen, z. Th. auch vom Meere bedeckt, wie der Zuider See[3] und Haarlemer See. Ihr Untergrund ist im Osten Sanddiluvium, weiter nach Westen mariner Thon und Sand; daraus ergiebt sich, dass die lange Zeit der säcularen Senkung (seit dem Pliocän bei Utrecht 370 m)

[1] Vergl. Lorié, Contr. VI, 100.

[2] Lorié: De Hoogvenen en de Gedaantewisselingen der Maas in Noord-Brabant en Limburg. Mededeel. Géol. Nederl. 14, 1894; Verh. K. Ak. Amsterd. III, 7. — Contrib. VII, 1895.

[3] Über den Zuider See s. Lorié, Contr. V, 50.

nicht ununterbrochen bis zur Gegenwart andauerte, sondern von einer geringen Hebung (um 5 m) unterbrochen wurde.

Die Insel Schokland im Zuider See zeigt 1—1,5 m recenten Meeresthon auf 6—7 m Torf, welcher auf Sanddiluvium lagert; ebenso war der Golf vom Y früher ein 4 m mächtiges Torflager. In dem Polder von Scheerpenisse hat der Torf eine Dicke von 3—3,7 m, der untere Thon 2,8—3,2 m. In Westflandern ist der 1—3 m dicke Torf bis Dünkirchen meist von marinem Thon überlagert und ruht auf marinem Thon oder Sand. Auch nahe der Schelde haben die Moore eine weite Ausdehnung, sie ruhen, bei einer Mächtigkeit bis zu 3 und 4 m, auf Sand und Thon; im Untergrund wurzelnde Baumstämme sind häufig. Mehrfach reichen die Moore in das Meer hinaus.

Bisweilen finden sich (in den südlichen Niederlanden, aber nicht in Belgien) auch sehr tief liegende Moore, bedeckt von Sand oder Thon, doch nie unter —19 m. Die grösste Mächtigkeit beträgt 9 und 10 m.[1] Am Voorneschen Canal unter Sand und Klei ein durch Thon geschiedenes Torflager, darunter Sand und in —18 m wieder ein Torflager (dieses tiefe Torflager fand sich auch bei Numansdorp); bei —23,6 m beginnt das Diluvium.[2]

Der Untergrund dieser Moore neigt sich nach N. und W.; im W. sind vielfach Theile derselben während der Landsenkung zerstört und von marinen Ablagerungen bedeckt worden, während weiter landeinwärts (im O.) das Moor ungestört weiter wachsen konnte. Nach einer Hebungsunterbrechung folgte dann eine neue Senkung, die Flüsse, besonders Rhein und Vecht, zerstörten theilweise die Torflager, dann wurden ihre Betten verschlemmt oder es erfolgten Meereseinbrüche in dem Kampfe zwischen Senkung des Bodens und fluviatiler Sedimentation. Ausgehobene Moore haben Veranlassung zur Bildung vieler kleiner Seen (plassen) gegeben, z. B. des Horster Maar, Naarder Maar u. a.

In den Mooren und sumpfigen Alluvionen kommt auch Limonit und Vivianit vor.[3]

In dem grossen Moorgebiet Nord- und Südhollands und Frieslands tritt aus den Mooren das „Brunnengas" in so bedeutenden Mengen auf, dass es sogar industrielle Verwendung findet. Meist stammt es aus einer Tiefe von 25—32 m unter Null, die Rohrtiefen liegen zwischen —12 und —50 m. Die Bodenart ist meist scharfer Diluvialsand, oft reich an Muschel- und Holzresten. Das Gas besteht in der Hauptsache aus Sumpfgas, daneben Stickstoff und Kohlensäure, Wasserstoff und Kohlenoxyd. Es ist entweder gebildet aus der Zersetzung der Muscheln oder aus Cellulosegährung und findet sich auch in anderen Mooren.[4]

Die Senkung des Bodens zur Alluvialzeit hat weit bis in die historische Zeit hineingedauert und speciell den Niederlanden ihr eigenartiges Gepräge verliehen. Genaue Beobachtungen haben einen abweichenden Betrag im S., N. und O. nachgewiesen. Die in historischer Zeit erfolgten Meereseinbrüche, welche den Zuider-See und die Dollart schufen, die Inseln vom Land abtrennten, ferner das Vorrücken der Dünen, weit ins Meer hinausreichende Torflager und Ruinen von menschlichen Bauten, u. a. m., sind handgreifliche Beweise.

Eine ziemlich umfangreiche Litteratur befasst sich mit diesen Erscheinungen, wir verweisen auf die klare, durch Kärtchen illustrirte Darstellung von Penck in Kirchhoff, Länderkunde von Europa, I, 2. 1889, 452—464, 425—436, 520. (S. nächste Seite.)

Durch die künstliche Eindeichung der Watten und Theile von Binnenseen, oder durch Trockenlegung von Binnenseen ist nach und nach wieder neues Land

[1] Vergl. Bohrprofile, Contr. V. Taf. 2.

[2] J. Lorié, Beschrijving van eenige nieuwe Grondboringen. IV. Verh. K. Ak. Wetensch. Amsterdam, IX, 9. 1903.

[3] Über Vivianit und kohlensaures Eisen in Mooren s. v. Bemmelen, K. Ak. Wet. Amsterdam, 1895, I, 3 und Arch. Néerland. 30, 1896. — Retgers, Pulver- und röhrenförmiger Raseneisenstein in Groningen und Drenthe. Geol. Ctrbl. 1903, 330.

[4] Vergl. Lorié, het Brongas in Nederland, Leiden, 1899.

gewonnen worden; dasselbe ist zunächst von marinem Schlick bedeckt und bildet die fruchtbaren „Polder" (jüngster Polderthon = recent).

Einen guten Überblick über den Landverlust in Quadratkilometern giebt die Penck'sche Zusammenstellung für die Niederlande:

| | Verlust | Gewinn | Verloren |
|---|---|---|---|
| Seeland-südholl. Archipel und Biesbosch . | 2336 | 1659 | 677 |
| Zuidersee, Watten und Dollart . . | 5155 | 826 | 4329 |
| Aussenküste . . . | 1500 | — | 1500 |
| Binnenseen . | — | 850 | |
| | 8991 | 3335 | 6506 |

Über die Kalkneubildungen in vielen Teichen der Niederlande, die durch Versandung und Eindeichung aus den alten Meeresarmen entstanden sind, welche vor 4—5 Jahrhunderten diesen Theil Hollands in ein Haufwerk kleiner Inseln zerlegten, berichtet Lorié.[1] Es sind z. Th. winzige Riffe.

[1] J. Lorié: Contributions à la Géologie des Pays-Bas, VIII. Les incrustations calcaires de la mare de Rockanje (près Brielle) et de quelques autres mares. (Bull. Soc. belge de Géol., de Pal. et d'Hydrol. 10, 1896. 1897). — Schilderung der Watten vergl. Wichmann, l. c. 49.

z. Th. Einzelblöcke, am Boden und im Moor liegend, die aus Bryozoen gebildet sind. In der „Waal“ bilden die Blöcke eine 0,2 m dicke Lage, die z. Th. von Schilf überwuchert wird. Die Blöcke sind von Kalkkrusten überzogen, so dass die ursprüngliche Natur verdeckt wird und ein blumenkohlartiges Aussehen erscheint. Auch auf Schilfstengeln findet sich Kalküberkrustung. Lorié meint, dass in dem Teich von Rockanje die Kalkabsonderung das Resultat der Thätigkeit von gewissen Algen ist. Der Kalk entstammt dem Sandboden des Teiches, der reich an Meeresmuschelschalen ist.

Unter den alluvialen und spätdiluvialen Bildungen jener Gebiete spielen die Dünen eine sehr wichtige Rolle. Längs der ganzen Nordseeküste erstreckt sich, mit ganz verschwindenden Unterbrechungen, der Saum der Dünen, welche in den Niederlanden die tiefliegenden Gelände gegen das Meer schützen und dadurch von der höchsten Bedeutung sind. In spätdiluvialer Zeit bildeten Küstenströme Sandbänke und Nehrungen, welche das dahinter liegende Land zu Haffs abschnürten; auf den Nehrungen erhoben sich die Dünen, die Haffs erfuhren wechselnde Veränderungen. In der Römerzeit müssen die Dünen z. Th. mit Wald bewachsen gewesen sein. Erst später trat nach dieser Zeit der Ruhe eine neue der Bewegung ein. Bekannt sind die vielen Beispiele des Landeinwärtsschreitens der Dünen.[1]

Auch Binnendünen und weite ebene Flugsandstrecken sind in dem sandigen Diluvialboden der Geest unseres Gebietes sehr häufig und von grosser bodengestaltender Bedeutung.[2]

Kantengerölle werden aus den Niederlanden von v. Calker, Z. d. deutsch. Ges. 1884, 731, und 1890, 577 erwähnt.

## Profile einiger Tiefbohrungen im niederländischen Diluvium:

Assen (Prov. Groningen).

| | |
|---|---|
| + 18,5 bis + 9 m | Flugsand und Decksand |
| + 7,3 „ | Geschiebelehm |
| — 55,7 „ | Feinsand |
| 62,5 „ | Pottklei |
| — 94 „ | feiner Sand |
| — 115,5 m | grober Sand, mit wenig skandinav. Gesteinen. |

Groningen.

| | |
|---|---|
| + 6,75 — 5,75 | Auftrag |
| bis — 5,5 | Grundmoräne mit Sand-streifen. |
| — 29,5 | feiner Sand |
| — 45,5 | Sand nach unten gröber werdend, Quarzsand |
| — 56,5 | gemengtes Diluvium, Grand, mit einer Sandeinlagerung. |

Sneek (Prov. Friesland) (+ 1,5).

| | |
|---|---|
| 1,5 — 0 | thoniger Sand mit Meeresmuscheln und Torf |
| — 13 | Feinsand, thonhaltig, z. Th. in Süsswasser abgesetzt |
| 13 — 17 | „Stoenklei“, grober Sand mit nordischem Material, d. Grundmoräne entsprechend |
| 17 — 28 | feiner Sand, glacial gelagert Diluv., übergehend in Pottklei |
| — 31 | sandiger Thon |
| — 54 | Feinsand, z. Th. gröber werdend, mit Pflanzenresten |
| — 55,5 | Grand } gemengtes Diluvium, praeglacial |
| — 58,5 | Pottklei, } gemengtes Diluvium, praeglacial |
| — 61,5 | Grand, Rheingerölle |
| 110 | Pottklei, schwarz, zäh |
| — 150 | hellgraue sandige Pottklei, nach unten in feinen Sand übergehend. |

[1] Beispiele von Wanderung der Dünen giebt Winkler, l. c., 61 f.

[2] Winkler, Arch. Mus. Teyler, V. 1880. — Lorié, Contrib. V, 1890. — [illegible] v. d. Kolk, Ursache der ungleichen Fruchtbarkeit in Dünen. Nederl. Heidemaatschappij 1895, 1. — Penck, l. c. u. A. — Martin, Dil. stud. III. 4.

Nijkerk (Prov. Gelderland). + 0,65 — 11,6 m fluviatiles Sanddiluvium (Alluvium)
— 52,6 „ Eemsande
— 53,6 „ glaciales angeschichtetes Diluv. (Keileem)
— 69,6 „ praeglaciales Rheindiluvium.

Winterswijk (Gelderland): (Diluvium nur 9—14 m dick, das Miocän tritt schon in + 21 bis + 26,5 A. P. auf. (Lorié 22. 1897. p. 19).

Alkmaar (Nord Holland). — 8,56 m Alluvium
— 34,1 „ marines Kemlen
72,6 „ fluviatiles Sanddiluvium
— 118,6 „ Granddiluvium.

Amsterdam, Diemerbrug. — 0,7 m.

16,7 m Recente Ablagerungen. 3 marine Ablagerungen von Thon, resp. Feinsand, mit Torf wechsellagernd.
— 24,6 „ Marines Sanddiluvium, étage amstelien.
— 65,9 „ Fluviatiles Sanddiluvium (Sande mit thonigen Kieslagerungen).
— 169,2 „ Granddiluvium.

Darunter bis — 191,7 ? fluviatiles Scaldisien, bis — 535 marines Scaldisien und Diestien (? Red Crag mit einzelnen arktischen Muscheln).

Nordholland.

| Haarlem. | | Overveen: | | Vogelenzang: | |
|---|---|---|---|---|---|
| 0,8 bis — 8,5 m | Torf. | 0,25 bis — 9,75 m | feiner alluvialer Seesand | 1,9 bis 18,7 m | alluvialer feiner Seesand |
| — 21 „ | Alluvialer fein Seesand. | — 10,75 „ | hellgrüne Klei | | |
| | | — 29 „ | alluv. feiner Seesand | | |
| — 34,1 „ | grober Seesand, Kemlen | 42 „ | grober Seesand, Kemlen | — 26,6 m | feiner u. grober Kemlensand |
| 46 „ | feiner und grober Sand. | — 100 „ | grober u. feiner Sand. | — 67,8 „ | feiner u. grober Sand u. Kiel. fluviatiles Sanddiluvium. |

(Grinddiluvium ist hier nicht angetroffen, während es gegenüber bei Aalsmeer schon bei — 10 m auftritt.)

| Utrecht. | | Utrecht. | |
|---|---|---|---|
| + 5,75 bis — 1,85 m | Alluvium, Auftrag u. Flusslehm | 1,65 bis 0,5 m | Alluvium |
| — 29,25 „ | Grand mit feinem Sand | 3,1 „ | Zanddiluvium |
| — 69,75 „ | Feinsand, mit Thon und Torf (fluviatil, ? interglacial, Deltabildung) | 116,4 „ | Grinddiluvium, bestehend aus feinem und grobem Sand, Thon und bei — 48 und — 59 Torf (bis 27 m oberes, bis 69 m mittleres Diluvium). |
| — 152,75 „ | Grand. | | |

Bei — 151,25 = 155 m Tiefe untere Grenze des Diluviums durch einen Granitblock angezeigt. (Die Bohrung reicht bis 360 m in das Tertiär.)

Rotterdam (Südholland).
+ 3,5 bis — 0,9 m Auftrag
— 88,5 „ Flusslehm und Sand
28,9 „ grober Sand und Grand mit Meeresmuscheln (Rheingerölle)
— 53,8 „ Klei mit Torf und Sand (entsprechend Utrecht und Gorkum)
— 91,5 „ glimmerhaltiger Feinsand ohne Muscheln
— 101,5 „ dto. mit Bruchstücken von Süsswassermuscheln (analog Diemerbrug 169—191) = ? fluviatiles Scaldisien.

Goes (Seeland): + 1 m bis — 80 Sand und Thon des Alluviums (und ? Diluv.): darunter bis — 220 m Pliocän und Rupelien.

## Das Quartär von Belgien.

Das Quartär Nord-Belgiens schliesst sich z. Th. unmittelbar an das der südlichen Niederlande an.[1] Die Mächtigkeit des belgischen Quartärs nimmt nach Rutot[2] mit der Annäherung an die Küste zu: bei Brügge ist es 5—8 m, bei Ostende 33,5 m, bei Blankenberghe 30 m mächtig. Auch von SW. nach NO. soll die Mächtigkeit anwachsen. Auch in Belgien spielen Oscillationen des Bodens eine wichtige Rolle.

Dumont hatte das belgische Diluvium eingetheilt in:

c Sable campinien, Sand der Campine.
b Limon hesbayen, Lehm der Hesbaye.
a Sande und Gerölle.

Rutot zeigte, dass der campinische Sand in Flandern fast überall die Oberfläche bildet und auf dem grauen Lehm mit Helix und Succineen, dem wichtigsten Glied der Etage „limon hesbayen", lagert, während er in der limburger Campine und im mittleren Belgien zum unteren Quartär gehört. Danach nennt er den ersteren das „Flandrien", flandrische Schicht, und behält nur für die untere Abtheilung den Namen „Campinien".

Nach Rutot und Mourlon theilt man jetzt das belgische Quartär in vier Etagen ein:

4. Flandrien.
3. Hesbayen.
2. Campinien.
1. Moséen.

Flandrien und Moséen führen stellenweise, besonders in den Sanden, marine Mollusken, Hesbayen entspricht dem Löss, Campinien wird als fluviatil angesehen.

Rutot[3] zeigte sehr eingehend und lehrreich, dass die Niveauschwankungen des Tertiärs sich auch bis in das Quartär fortgesetzt haben. Allmählich haben sich hierbei die heutigen Wasserläufe der unteren Maas und Schelde, sowie des Rheins entwickelt.

Die Gliederung und Bildung des belgischen Diluviums ist nach Rutot folgende (vergl. die beigefügte tabellarische Zusammenstellung):

1. Das unterste, praeglaciale Quartär ist Mourlon's[4] Moséen (nur in der Campine entwickelt). Es bildete die (zuerst marinen) sandigen Sedimente, welche die Maas in das weite Ästuar des sich zurückziehenden Pliocänmeeres (Poederlien) ablagerte; eine weitere Senkung lieferte Maasdeltabildungen bis in Gegend von Bilsen und Maastricht (geschichtete weisse Sande). Ein folgender Rückzug des Meeres veranlasste ein fluviolagunäres System (Rutot), welches auf die marinen Sande im Westen Thone (mit Cerviden und Bison) und mehrere Niveaus von Torf ablagerte. In dem gleichaltrigen englischen Chillesfordthon finden sich viele Gerölle der Ardennen und des Rheins. Die Schelde breitete sich fächerförmig aus. Das Land war von Menschen bewohnt (mesvinische Industrie, vom Orte Mesvin bei Mons).

2. Campinien. (Unteres Quartär Lapparent's.) Sande und Gerölle von Feuerstein, Ardennengesteinen des Maasplateaus, z. Th. Sande und Gerölle der Hügel des mittleren und unteren Belgien.

[1] Einen Vergleich zwischen beiden Ablagerungen gab Winkler, Arch. Mus. Teyler, V, 1880.

[2] Rutot: Bull. Soc. belge Géol., Pal. pp., VIII, 1894, 29.

[3] Rutot: Les Origines du Quaternaire de la Belgique. Mém. Soc. belge Géol. pp. XI, 1897 (Vergl. p. 105, 106, 108, 109, 110, 112, 115, 117, 120, 124, 127, 130).

[4] Mourlon: Les mers quat. en Belgique. Bull. R. Acad. belg. 1896. Faune marine du Quat. Moséen, Bull. 1897. Excursionsbericht Bull. Soc. belge géol. pp. XIV, 1900, 193. — Lorié: (Bull. XIV, 1900, 207. Petermann Mitt. 1898, Litteraturbericht, S. 28) hält das Moséen nicht für marin, sondern für fluviatil, und die an nur wenigen Stellen überhaupt gefundenen marinen Muscheln als auf secundärer Lagerstätte befindlich, zumal darunter tertiäre Formen vorkommen. Lorié hält auch den oberen Teil des Flandrien für fluviatil, nur den unteren („Zanstaisel") für marin.

Vergleic

| Glacial Mitteleurq | |
|---|---|
| 4. Periode | Rü |
| | Vor |
| 3. Periode | Rü |
| | Vor |
| 2. Periode | Rüc |
| | Vort |
| 1. Periode | Rüc |
| | Vort |

Charakterisiert durch das Vorkommen von Mammut, *Rhinoceros tichorhinus* und zahlreichen Artefacten des „Mesvinien“. Eine bedeutende Senkung veranlasste eine starke Neigung des Landes gegen Nordwesten; die vorher ruhigen Gewässer wurden Stromschnellen, welche die vorher abgesetzten Alluvionen zerstörten und dem Meere bis zur Campine zuführten; (die Maas breitete die Ardennengerölle bis zu einer Dicke von 20 m aus). Ebenso erhielten die Gewässer der Schelde grössere Kraft, mit der Tendenz, nach Westen zu verlaufen und das höher liegende Gelände zu Inseln und Hügelketten umzuformen, welche den Weg und die Thalbildung des Flusses nach und nach beeinflussten. Eine folgende Senkung veranlasste langsameres Fliessen des Wassers und Absatz von Alluvionen in den Thälern und auf den Terrassen. Gegen Schluss der Periode trat mehr Ruhe ein und es bildeten sich mehrfach Torf- und Humuslager auf den campinischen Schichten; zu dieser Zeit existierte der Mensch der etwas vollkommeneren Industrie von Acheul und Mesvin und bewohnte in Folge des rauhen Klimas die Höhlen der Thäler der Lesse, Vesdre u. A. Es breiteten sich die grossen Säuger aus, wie Mammut, Bär, Höhlenhyäne, Moschusochse, Riesenhirsch u. A. Die Campineperiode entspricht einer Eiszeit. (Gletscher drangen aber nicht bis hierher.)

3. Hesbayen. (Mittleres Quartär Lapparent.) Geschichtete graue oder in umgewandeltem Zustand braune Lehme mit *Helix hispida, Succinea oblonga, Pupa muscorum* sowie Sanden und Geröllen an der Basis. Reste von Mammut und Rhinoceros aus umgearbeiteten Campinienlagern stammend. Ablagerungen von allgemeiner Inundation. Die Gerölle an der Basis enthalten viele Steinsplitter des Typus von Acheul und Moustier. Im Zusammenhang mit der Eisschmelze in höheren Gegenden trat nun eine Regenperiode ein, zugleich senkte sich der Boden von neuem (um ca. 150 m im mittleren Belgien). Flandern, die Hesbaye und Umrandung des Condroz wurden eine weite, wellige, niedrige Ebene (während Holland hoch lag). In dieser „interglacialen“ Zeit verursachten in das Land eindringende Rhein-Maas-Gewässer grossartige Überschwemmungen, welche von heftigen Regengüssen begleitet waren. Anfangs noch mit starkem Gefälle strömend, vertheilten sich während des Maximums der Senkung die Gewässer ohne Gefälle in den Thälern und über sie hinweg, so dass eine einzige grosse Wasserfläche von der Maas bis zur Nordsee entstand. Hier setzte sich der geschichtete Lehm, der fruchtbare Boden der Hesbaye ab, mit lehmigem Sand oder plastischem Thon wechsellagernd, zugleich die an den Flussufern lebenden Conchylien einbettend; Menschen oder die grossen Quartärsäugethiere konnten natürlich hier nicht existieren (nur auf einigen hochgelegenen Punkten finden sich Steingeräte). Die Maas hatte den Hauptantheil an jener Inundation, an ihren Ufern finden sich die grössten Mächtigkeiten der Lehme (15 bis 20 m).

Später vereinigten sich die Gewässer, der lehmige Boden wurde trocken gelegt und das alte Flusssystem erschien wieder; trockene Winde trugen den Staub weithin nach Westen auf den geschichteten grauen Lehm von Brabant und Ostflandern als eine Decke von feinem ungeschichtetem hellbraunem Löss, „Brabantien“. An anderen Stellen bildeten sich Torfmoore, im nördlichen Frankreich Humus mit *Succinea*.

4. Flandrien. Allermeist marine, z. Th. fluviatile oder fluviomarine Ablagerungen der Provinz Brabant, Limburg und Antwerpen oder durch Wind umgearbeitete Dünen in der Antwerpener und Limburger Campine. In den Küstenebenen ist das Flandrien häufig bedeckt von Polderthon und reich an Muscheln (und zwar marinen Formen des jetzigen Strandes und fremden, fluviatilen und terrestischen, sowie fossilen Tertiärmuscheln). Von besonderem Interesse *Corbicula fluminalis*. Sie wurde in einer Bohrung zu Ostende in 26—33 m gefunden. Die betreffenden Schichten sind nach Rutot der flandrischen Stufe angehörend (nicht, wie Dollfus meinte, alluvial); aber die *Corbicula* soll sich hier auf secundärer Lagerstätte befinden. Nach Rutot scheint die *Corbicula fluminalis* in Belgien nicht in das Flandrien zu reichen, sondern mit dem Campinien zu verschwinden. Rutot zeigte,[1] dass die *Corbicula fluminalis* in England, Frankreich und Belgien nach dem Pliocän noch in den Flussthälern fortlebte während des unteren Quartärs (Mosien) — im unteren Interglacial von Erith, im oberen Interglacial von Cergy, und in der unteren Partie des mittleren Quartärs. Das Campinien scheint sie dort nicht überlebt zu haben.

[1] Rutot: Position stratigr. de la Corbicula fluminalis dans les couches quat. du Bassin anglo-franco-belge. Mém. Soc. belge de Géol. pp. XIV, 1900, 1.

Nach West (zur französischen Grenze) tritt eine andere Facies ein, die obere Partie wird lehmig; unter dieser Facies aber tritt noch der marine Sand auf (unten grandig und oft auf dem geschichteten grauen Hesbaye-Lehm lagernd). Nach Norden schalten sich mehrere graue lehmige Schichten in den Sand ein; auch hier wieder allmähliger Übergang nach unten in den typischen marinen Muschelsand. Nach Ost finden sich alternirend dünne Lehm- und Sandschichten (Fluss- oder Ästuarablagerungen).

Eine erneute Senkung, die aber auf das nordwestliche Belgien und auf Holland beschränkt war, brachte die nördlichen Landtheile wieder unter den Meeresspiegel. Lys, Schelde, Dendre, Senne, Dyle und Demer bildeten breite Mündungstrichter, die Maas verblieb auf dem Festland. Das Meer schlug enorme Mengen von Sand auf die hesbayischen Schichten nieder, mit einer reichen Muschelfauna.

Eine folgende Hebung drängte das Meer nach Norden zurück und veränderte die Flussrichtungen; auch wurden dadurch die Lehme des Hesbayen in verschiedene Niveaus gebracht. Die erhöhte Geschwindigkeit der Flüsse erodirte ihre Thäler tiefer und führte in den Golf von Gent Sandmassen, hier Barren bildend. Auch scheint eine stärkere Regenperiode wieder eingetreten zu sein. Die Wässer lagerten den Lehm um, so dem geschichteten, sandigen „Ergeron",[1] mit Schnecken. Bewohnbarkeit nur sehr geringfügig, nur die Ufer der Maas zeigen in den Höhlen menschliche Reste (Zeitalter des Ren); Mammut und andere diluviale Säuger sind verschwunden.

Rutot meint, die erste Hälfte des Flandrien gehöre zur 3. Glacialzeit.

In die neue Zeit des Flandrien fällt auch die Abtrennung von England vom Continent. Noch während der hesbayischen Stufe war England mit dem Continent verbunden (seit dem Ende des Pliocän, dem Diestien). Von den Kreidebergen von Artois floss ein Strom in einem breiten und tiefen Bett nach Nordosten in der Gegend der heutigen belgischen Küste, welche dem rechten Ufer jenes verschwundenen quartären Flusses entspricht. In dieses Thal drang bei der flandrischen Senkung das Meer ein und die Wasserscheide der Artoiser Kreideberge ging durch Erosion verloren. Die spätere Hebung hat diese Bresche nicht repariren können.

Nach Bannes ist der Canaleinschnitt von den Quartärströmen Englands und Frankreichs unter dem Einfluss der Hebung geschaffen worden; die Somme, Seine und südenglischen Flüsse waren Nebenflüsse des grossen Canalstroms, der sich erst bei Quessant ins Meer ergoss. Der einstige Isthmus des Pas de Calais, die Wasserscheide des Rheins und der Themse, wurde nach Bannes durch die von beiden Seiten wirkende Meereserosion unter dem Einfluss der sich geltend machenden Niveauveränderung zerstört.

Eine Senkung nimmt auch Gosselet auf Grund der Vorkommnisse der massenhaften Mammutreste am Grunde des Canals und der submarinen Torfmoore an.[2] Das gegenwärtige Flussnetz Belgiens stammt aus dem Ende der flandrischen Periode.

Lorié[3] zeigte an den Veränderungen der Läufe der Maas und Schelde, dass die Configuration der

[1] Der „Ergeron" Ladrière's ist ein sandiger geschichteter Lehm. Die Inundation des Ergeron scheint nur auf das Pariser Becken localisirt gewesen zu sein; während dessen existirte im Maasthal die Renthier-Industrie (magdalénienne). Analyse von Ergeron s. Bull. Soc. belge Géol. Pal. pp XIV, 1900, S. 160.

[2] Gosselet: L'ouverture du Pas-de-Calais. Bull. Soc. belge Géol. pp XIV, 1900, 44. Von grossem Interesse ist das massenhafte Vorkommen von Zähnen und Knochen von Mammut am jetzigen Meeresboden im Canal: so findet sich nördlich von der Doggerbank zwischen Dover und Calais, 10 Meilen seewärts von Dünkirchen, der sog. burying ground und viele andere Stellen, wo die Fischer massenhafte Funde aufbringen. Vergl. hierüber die Karten von L. Adams, Monogr. brit. foss. Elephants, Palgr. Soc. London XVIII, Taf. 17, 18. Ferner Sauvage, Le Mammouth dans la partie Sud de la mer du Nord. Bull. Soc. belge Géol. Pal. pp. XIII, 1899, 59, (Proc.-Verb.). Nach Harmer war damals die Nordsee zwischen Holland und Norfolk Festland, mit einem östlich von Chillesford gelegenen Ästuar, in welches sich ein von Süden kommender Fluss, der Rhein, ergoss. Hébert nimmt in seiner interessanten Studie über die geologische Geschichte des Canals mit d'Archiac an, dass die Zeit der Öffnung des Canals im Quartär lag, nachdem die Landverbindung die massenhafte Einwanderung von Mammut und Rhinoceros erlaubt hatte. d'Archiac meinte, es sei eine plötzliche Zerreissung gewesen, in Zusammenhang mit der Hebung des nördlichen Frankreich und den Vulcanerscheinungen des Rheinthales. (Comptes rendus XC, 1860, 1869.)

[3] Contrib. à la géol. des Pays-Bas, VII. Les métamorphoses de l'Escaut et de la Meuse.

südlichen Niederlande ein Werk des Wassers ist. Zuerst bildeten die aus den Ardennen strömenden Wildwässer einen grossen Schuttkegel; die Erosionsformen der Vennen wurden ausgehöhlt und vertorften später, „antiker Typus". Die Erosion des „mittleren Typus" schritt von unten nach oben vor; aus dem Gebiet der Wildwässer entwickelte sich ein Deltanetz mit zahlreichen breiten Armen der Maas. Später wurden diese Canäle von der Maas und Schelde verlassen, „moderner Typus".

Interessante Untersuchungen über den Lauf der Maas seit dem Tertiär (zwischen Namur und Lüttich) stellte Stainier[1] an. Die ältesten Schotter werden als tertiär angesprochen und entsprechen einem ausserordentlich breiten Flusse; Hoch-, Mittel- und Niederterrassen erweisen Bodenschwankungen.[2]

Nach Rutot[3] zeigt das Quartär der belgischen Thäler grosse Gleichmässigkeit: Das Moséen erhebt sich nur bis 85 m über den heutigen Meeresspiegel, meist bedeckt es die 30 m-Terrasse; das Campinien erfüllt die Thalgründe, erhebt sich nie über 30 m; das Hesbayen steigt von den niederen Niveaus bis zum Maximum von 160 m; der äolische Löss ist an keine bestimmte Höhe gebunden; die marine Facies des Flandrien erhebt sich nicht über 30 m über den heutigen Wasserspiegel der Thäler, die continentale Facies (Ergeron) kommt in verschiedenen Höhenlagen im Bassin de la Haine vor.

5. Alluvium, moderne Aera.

Besonders in dem Küstengebiet Belgiens lassen sich verschiedene Veränderungen während der Alluvialzeit constatiren. Rutot teilt die Zeit in 5 Unterperioden.

a. Marine Unterperiode. Das flandrische Meer hat sich nicht vollständig zurückgezogen; es hat Schlamm von einigen Metern Dicke abgesetzt, den man als muschelführenden sandigen Thon oder thonigen Sand zwischen der Oberfläche der flandrischen Sedimente und dem Torf findet.

b. Continentale oder Torfperiode. Nach dem vorigen Stillstand setzt sich die Hebung langsam fort, östlich Ostende hat sich das Meer einige Kilometer über seine heutige Grenze weiter zurückgezogen. Die Flüsse suchen in grossen Windungen ihren Weg durch die Ebene, es bilden sich Torfmoore, die sich weithin stromaufwärts ausdehnen. Eine erneute Senkung bedeckt die torfigen Küstenebenen, während im Binnenland der Torf zu 5–6 m Dicke anwächst. Die Senkung schreitet vorwärts. In den Mooren finden sich Stein- und Knochengeräte, Urnen, Münzen u. A. In tiefen Lagern sind es neolithische Funde, in höheren Horizonten (den letzten 30 cm) gallische und galloromanische des Endes des 3. Jahrhunderts. (Bei einer mittleren Mächtigkeit von 4 m für den Torf und dem Alter von 1500 Jahren für den obersten Meter hätte diese Periode ca. 6000 Jahre gedauert.

c. Grosse Meeresinundation. Mit dem 4. Jahrhundert n. Chr. beginnt eine grosse Senkung, welche das Meer bis Furnes, Loo, Brügge bringt und einen Golf von Antwerpen schafft. Die äusseren Dünen werden zerrissen, auf den Torflagern breiteten sich 2 m mächtige marine Sande, sandiger Thon und Schlamm aus, mit *Cardium edule, Mytilus, Ostrea, Scrobicularia plana*. Gegen das 6. Jahrhundert breiten sich germanische Völkerschaften auf dem gehobenen und trocken gelegten Boden aus, bis 840 dauern die Stürme und wiederholten Meereseinbrüche.

d. Lagunenperiode, unterer Polderthon. Nach Aufhören der Stürme trocknen die höheren Stellen rasch und das Meer ist in einzelnen Lagunen vertheilt, die durch Canäle den Gezeiten ausgesetzt sind. Hier setzt sich am Grunde der graue reine Polderthon ab.[4] Die Öffnungen der Lagunen werden durch Verschlammen oder Dünen geschlossen, der Schlamm trocknet und bietet fruchtbaren Boden für die nachdringende Bevölkerung. Man errichtet die ersten Deiche. Diese Periode dauerte nur bis gegen das Jahr 1000.

e. Marine Überschwemmungsperiode. Von Holland ausgehend breitete sich eine neue Senkung aus und es folgte eine neue Periode von Stürmen, die in Belgien weniger unheilvoll waren, als in Holland; im Westen sind die Spuren bis gegen Ostende zu beobachten. Die schwachen Dünen und Deiche wurden bald zerstört, das Meer drang bis gegen Brüssel vor. Der Dünensand wird über die älteren Schichten vom Meere ausgebreitet in 1–2 m dicker Lage. In Belgien dauerte diese

[1] Bull. Soc. belge Géol., Pal. pp. VIII, 1894.
[2] Quartär der Sambre-Meuse: Bull. Soc. belge de Géol., Pal. pp. XIV, 1900, 168.
[3] Bull. Soc. belge de Géol. XIII, 1899, 221.
[4] „Polder" heissen die horizontalen Marschebenen Hollands und Belgiens.

Zeit nur 2 Jahrhunderte, in Holland aber bis gegen 1570. 1170 bildete sich der Zuider See und die Reihe der holländischen Inseln; in dieser Zeit bildete sich auch die heutige Mündung der Schelde. Die getrockneten Sande wurden alsbald bebaut, von 1200 an begann für Belgien die ruhige Zeit, die man mit Deichbauten ausnutzte.

f. Periode des oberen Polderthones. Seit 1570 scheint der Boden Belgiens stationär zu sein, der Boden der Küstenebene liegt unter der Linie der Hochflut, und ist gegen das Meer durch Dünen und Deiche geschützt. Auf den marinen Sanden oder auf dem unteren Polderthon hat sich hier der obere Polderthon abgesetzt, aber lediglich durch künstliche Überschwemmungen in den Kriegszeiten, hauptsächlich zwischen den Jahren 1570 und 1700.[1]

M. Reade beschreibt die postglaciale Lagerfolge des Brügge-Canals unweit Blankenberghe.[2] Das Profil ist von oben nach unten folgendes:

e Oberer Polderthon, aus flacherem Wasser abgesetzt, von Dünen bedeckt.

d Sand mit *Cardium edule*, 3—4 m, in tieferem Wasser abgesetzt, mit zahlreichen Foraminiferen und Ostracoden, z. Th. aus dem tertiären Untergrund stammend, wenig Diatomeen.

c Unterer Polderthon. 2 m, aus flacher See gebildet.

b Thon mit *Scrobicularia plana-piperata*, 1—6 m (mit Foraminiferen und Diatomeen) als Absatz einer langen Inundation des unten folgenden

a Torfes.

## Das Quartär von Grossbritannien.

Das Glacialphänomen, die „Drift“, Grossbritanniens weist auf eine selbstständige Vergletscherung der hochliegenden Gebirgstheile, insbesondere des schottischen Hochlandes hin; erst in den Stadien der grössten Entwicklung vereinigten sich die Eismassen mit denen des skandinavischen Gebietes. In welcher Art diese Vereinigung erfolgte, ob in Form von zusammentretenden Eisdecken oder von Packeis oder Driftblöcken, darüber gehen die Ansichten noch stark auseinander.[3] Auch die Frage einer mehrfachen Niveauschwankung mit wechselnder Meeresbedeckung und deren Einfluss auf die pleistocänen Ablagerungen wird noch lebhaft umstritten. In auffälligem Gegensatz zu den lebhaften Discussionen, welche an die theoretischen Fragen über die complicirte Quartärgeschichte Englands anschliessen, steht die Vernachlässigung der agronomischen Bodenuntersuchungen (für die ein Vorbild in den Arbeiten der preussischen Landesanstalt gegeben wäre).

Für dieses Gebiet hat James Geikie in seinem Werke[4] eine zusammenfassende Darstellung gegeben, welcher wir in den Hauptzügen zunächst folgen, an den geeigneten Stellen Einschaltungen anderer Meinungen und Beobachtungen gebend.[5]

---

[1] Eine sehr interessante Mittheilung über historische und neolithische Funde in der westflandrischen Küstenebene, mit einer Zusammenfassung der geologischen Verhältnisse, veröffentlicht Rutot in den Mém. Soc. d'Anthropol. de Bruxelles 1899.

[2] T. Mellard Reade, Post-Glacial Beds exposed in the Cutting of the new Bruges Canal. Quart. Journ. Geol. Soc. vol. 54 (1898).

[3] Entgegen anderen Darstellungen ist also auf unserer Karte die britische Vergletscherung selbständig neben der skandinavisch-russisch-deutschen gezeichnet.

[4] „The great Ice-Age“, 3. Aufl., London 1894.

[5] S. auch die kurze Darstellung über die Eiszeit in England, Schottland und Irland von F. Hahn in Kirchhoffs „Länderkunde von Europa“ 2, I: Die brit. Inseln. 1890. S. 214 und Bonney: Ice-Work present and past; Internat. Scientif. Series 48. London 1896. In den Litteraturnachweisen ist auch vielfach auf die (speciellen u. Übersichts-)Karten verwiesen. Vorkommende Lücken in der Heranziehung der Litteratur bittet Verfasser entschuldigen zu wollen, da ihm gar vieles hiervon unzugänglich war.

## A. Schottland.[1]

Geschiebelehm. Die Grundmoräne des Inlandeises (nach der Auffassung Anderer der steinhaltige Schlamm, den Packeis und Eisberge ablagerten), der Geschiebelehm, till oder boulderclay, ist allgemein verbreitet: auf weite Strecken bildet er allein die Oberfläche.[2] Über ihm lagern Sande oder Thone oder Kiese und Blöcke, in den Küstengebieten meist feiner Ziegelthon.

Der till ist auch hier (besonders in den niedrigen Landestheilen) ein fester, zaher, stark zusammengepresster steiniger Thon; häufig wird er aber auch sandiger und durchlässiger oder bildet eine grobe Zusammenhäufung eckiger und halbeckiger Steine mit einer spärlichen groberdigen Grundmasse (z. B. in den niederen Theilen der Hebriden).

Durch Pressung hat der till oft eine roh schiefrige Absonderung oder Bankung erfahren (Lamination); durch Einlagerung von Nestern von Sand oder Thon, sowie durch lagenweise Anordnung von Blöcken oder blockreichen und blockarmen Theilen resultirt eine Art roher Schichtung. Diese Schichtung ist theils horizontal, theils gestört und gestaucht.

Die Heimath der Geschiebe sind die schottischen Berge, und zwar mehr oder weniger localisiert, wodurch der till immer localen Charakter besitzt. Auch als „Localmoräne" ist der till bisweilen ausgebildet.

So besteht er in Sandsteingebieten oft aus groben Bruchstücken des unterliegenden Sandsteins, untermischt mit einigen Findlingen entfernteren Ursprungs.

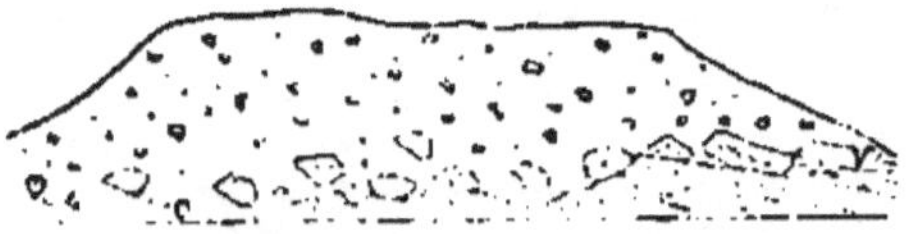

Zertrümmerter Sandstein unter till.
Union Bridge, Tweed (nach Geikie).

Auch die Farbung des bindenden Thones ist vielfach abhängig von dem Untergrund; in Gegenden des rothen Sandsteines ist der till roth oder braun und sandiger, in Gebieten der dunklen Schiefer u. A. dunkel graublau und fest.

Der obere Geschiebelehm, welcher über den selbständigen, auf einem unteren till auflagernden Sedimenten liegt, ist nicht selten sandiger als der untere und führt oft grössere Blöcke, die nicht so schön geschrammt und geglättet sind. Diese Trennung kann auch fortbestehen, wenn sich die Sedimente auskeilen. Wir finden also auch hier den Unterschied zwischen eigentlicher Grundmoräne und der Ober- oder Innenmoräne wieder.

Von Interesse ist das Vorkommen von geschrammten Steinpflastern „horizontale Flächen von till, wo alle hervorragenden Geschiebe nicht nur ihre eigenen und unabhängigen Schrammen haben, sondern wo sie nachträglich eine neue Schrammung erlitten haben, die parallel und gleichmässig über alle verläuft".

Besonders in den Küstengebieten enthält der (obere) till häufig mehr oder

[1] Vieles von dem über Schottland Mitgetheilten bezieht sich auch auf das übrige Britannien.

[2] Vergl. über seine Lagerungsverhältnisse das Idealprofil von Geikie. l. c. p. 6.

weniger reichlich eingestreute Fragmente von diluvialen Muschelschalen, theilweise auch mit geschrammten Flächen: Arktische, nördliche und britische Arten, die sich bisweilen auch in reinem Thon finden. (Über die Bedeutung dieses „shelly boulderclay“, dessen Vorkommen auch für die Packeistheorie verwerthet werden kann, s. u.).

Seine grösste Mächtigkeit hat der till in den niedrigen Landstrichen, wird nach oben zu schwächer und löst sich in der Höhe über 800 m in einzelne Flecken auf.[1] In Hochthälern tritt er gern in Form von Terrassen auf, in den niedrigen Theilen zeigt er eine breite wellige Oberfläche und ist häufig in langen, parallelen runden Rücken angeordnet, die in der Richtung des Hauptthales der Gegend und des ehemaligen Eisstromes verlaufen.[2] Es sind dies die drums, drumlins (Schweinsrücken „sowbacks“). In den mittleren Theilen des Thales bestehen die drums durchaus aus till, an den Rändern haben sie zuweilen einen Kern des Untergrundgesteins, entsprechend den Kiesbänken im Bette von Flüssen.[3]

### Beeinflussung des Untergrundes.

„Crag and tail“. Hinter hervorragenden Klippen härteren Gesteins[4] ist oft zu beträchtlicher Mächtigkeit till angehäuft, der sich in sanfter Neigung wie eine Schleppe (tail) hinzieht; vor der Klippe (crag) ist das (weichere) Gestein tiefer ausgehöhlt und oft von till entblösst, dahinter liegt es höher und hier ist auch der till angehäuft. Die Bildung ist vergleichlich mit den Erscheinungen, welche das strömende Wasser vor und hinter einem grossen Stein hervorbringt, der in dem Laufe eines Flusses liegt.

Crag and tail (nach Geikie).

Geschrammte Felsflächen und Rundhöcker, sind allgemein verbreitet (s. das Bild bei Geikie, p. 21); weiche Gesteine sind häufig stark zertrümmert und haben zur Bildung von „Localmoränen“ Veranlassung gegeben, oder zur Losreissung riesiger Schollen.[5]

[1] In den steileren Lagen konnte der Eisstrom wenig Schutt ablagern, denn hier hatte er gleich einem Wasserstrom mehr transportirende Wirkung, er beförderte den Schutt in niedrige Gebiete, wo die Tendenz zur Anhäufung vorherrscht.

[2] Z. B. in den breiten Thälern des Tweed und Nith.

[3] S. auch Tarr: Origin of drumlins. Am. Geol. 13. 1894, 393.

[4] Z. B. Edinburg Castle Rock, Arthurs Seat u. a.

[5] So fand sich bei Elgin eine 12 m dicke Jurabank in till; manche solcher Schollen werden wie Anstehendes abgebaut.

Die Richtung der Schrammen fällt gewöhnlich mit der Richtung der Hauptthäler zusammen, im Niederland weichen sie allerdings vielfach auseinander und kreuzen sich.

Blackman beschreibt als Beispiel von Gletschererosion in einem vorhandenen Flussthal die schräg geneigten, ebenen Thalwände des Great Glen in Schottland. Am Loch Lochy sind seine Wände (an denen noch Reste von Moränenschutt kleben) von zahlreichen, meist 3—4,5 m tiefen Canälen durchfurcht, als Beweise einer postglacialen subaerischen Erosion: die Verhältnisse erweisen nach ihm die kurze Dauer der Postglacialzeit.[1]

Wenn im allgemeinen auch die Bewegung des Eises in der Richtung der Hauptthäler erfolgte, so finden sich bisweilen Ablenkungen des Stromes, die erwiesen werden durch verschiedene Schrammenrichtung und zugleich durch Mischung der Steine aus verschiedenen Ursprungsgebieten.

Die Hügelreihen und isolirten Hügel des centralen Schottland wurden von dem Eis überschritten,[2] deshalb kreuzen die Schrammen auch bisweilen die kleineren Thäler. Die Schrammen reichen bis in die höchsten Theile des Landes hinauf[3] und zeigen, ebenso wie der dort abgelagerte till, dass das Land von mächtigem (bis 900 m dickem) Inlandeis bedeckt war, welches allseitig ausstrahlte (siehe Karte p. 69); nur die höchsten Spitzen ragten als Nunatakr aus dem Eis hervor.

Auch alle schottischen Inseln zeigen die Glacialerscheinungen:

Die Shetland Inseln waren nach Peach und Horne[4] zweimal vereist, zur Zeit der grössten Vereisung von dem skandinavischen, von der Nordsee zum Atlantic fliessenden Eise (daher die merkwürdigen Ablenkungen der Schrammen) und dann von localen, von den Höhen normal ausstrahlenden Gletschern.

Die Orkney-Inseln wurden von dem schottischen Eisstrom in NW.-Richtung überzogen, der mit dem skandinavischen zusammentreffend, in der Nordsee eine Theilung desselben verursachte (NW.-Streichen der Schrammen, Vertheilung der schottischen Geschiebe, Übereinstimmung des boulderclay mit dem von Caithness, Muschelführung des Geschiebelehms).[5]

Ebenso wurden die Aussen-Hebriden von schottischem Eis in NW. Richtung überzogen.[6] (s. u.)

Auf Skye bildeten die Coolin-Berge zunächst wohl ein selbständiges Centrum.

Jedenfalls war nach Geikie Schottland zu Beginn der Eiszeit infolge einer etwa 90 m betragenden Hebung viel grösser als jetzt, doch mag das Meer später, „als die riesigen Gletscher anfingen, aus den Gebirgsthälern in das Niederland vorzurücken", wieder eine grössere Ausdehnung erfahren haben als heute. Das Eis kann wohl auch die trennenden Wassermassen ausgefüllt und überschritten haben, ebenso wie es im Osten mit dem skandinavischen in Verbindung trat.

[1] Qu. Journ. 56. 1900, 198, Taf. 9.

[2] p. 79 führt Geikie einige Beispiele an.

[3] Bis in die jetzigen Höhen von 1065 m.

[4] Peach and Horne: The Glaciation of the Shetland Islands Geol. Mag. 1881, 65. S. dagegen Home in Qu. Journ. 55, 778.

[5] Peach and Horne: The Glac. of the Orkney Islands Qu. Journ. 1880, 648. S. die beiden Karten Taf. 26 und 27!

[6] J. Geikie: Glac. Phenom. of the Long Island or Outer Hebrides Q. J. 29, 1873, 532; s. 1878, 819.

### Gliederung des schottischen Diluviums.

**Oberer und Unterer Geschiebelehm.**

Bisweilen sind (abgesehen von unbedeutenden, zu dem till mitgehörenden Einlagerungen) zwei Ablagerungen von till getrennt durch Sedimente, (Kies, Sand, Thon[1] und Torf) von sehr verschiedener Mächtigkeit;[2] hierbei ist häufig eine petrographische Verschiedenheit der beiden Bänke wahrzunehmen (der obere weniger fest, reicher an eckigen unpolirten Steinen); vielfach ist es aber petrographisch unmöglich, den oberen vom unteren zu unterscheiden.

Die oben erwähnten „geschrammten Steinpflaster" (die besonders in den Küstengebieten zu beobachten sind) entsprechen nach Geikie einer langen Pause in der Anhäufung des till und werden als alte Landoberfläche gedeutet; zumal wenn der überlagernde till eine von der des unteren abweichende Beschaffenheit hat, werden sie als Beweis einer Unterbrechung der Eisbedeckung, d. h. einer Interglacialzeit angesehen. Indessen möchte ich daran erinnern, dass die grönländischen Forschungen eine gewisse Unbeweglichkeit der unteren Partien der Grundmoräne dargethan haben: so darf man auch die beiden Geschiebelehmbänke als Product ein und derselben Eismasse ansehen.

Bisweilen sind auch mehr als zwei Bänke von Geschiebelehm zu beobachten. Geikie theilt z. B. das Profil der Ausfüllung eines praeglacialen Thales von Towncroft, Grangemouth, mit:

| | | |
|---|---|---|
| Obere Abtheilung | Oberflächensand | 1,8 m |
| | Blauer Schlamm | 0,9 „ |
| | Muschelschicht | 0,8 „ |
| | Kies | 0,6 „ |
| | Blauer Schlamm | 3,4 „ |
| | Kies | 0,9 „ |
| | Blauer Schlamm und Sand | 4,6 „ |
| | Rother Thon | 14,9 „ |
| Untere Abtheilung | Blauer till und Steine | 6,1 m |
| | Sand | 6,1 „ |
| | Harter blauer till und Steine | 7,8 „ |
| | Sand | 0,6 „ |
| | Harter blauer till und Steine | 12,2 „ |
| | Sand | 2,1 „ |
| | Harter blauer till | 7,5 „ |
| | | [illegible] m |

Die zwischengeschalteten und unterlagernden Sedimente sind entweder fossilführend oder subglaciale Bildungen oder auch von Eisstauseen abgelagert. Diese infra- und intraglacialen Bildungen scheinen weit verbreitet zu sein (je weiter nach den niederen Theilen des Landes, um so häufiger), oft sind sie freilich nur schwach, oft fehlen sie auch gänzlich.

(Einige Bohrprofile, die Geikie, l. c. 91, 92, mittheilt, zeigen zugleich den sehr wechselnden Habitus, der auch in Schottland die Diluvialablagerungen kennzeichnet.)

[1] Z. Th. der „Gotraper-bothon", ein äusserst feiner, in ganz regelmässigen Lagern oder Bändern geschichteter Thon.

[2] Die Möglichkeit der Erhaltung von interglacialen Schichten unter dem till erörtert Geikie in Geol. Mag. 1878, N. 2.

Geikie bildet verschiedene Typen der Lagerungsformen ab, aus denen ersichtlich, dass die Sedimente auch häufig durch den till gestaucht oder in verschiedener Weise abgeschnitten sind:

Geschiebemergel (t) in geschichtete Sande (s) und Kies (g) eingreifend. Clyderiver bei Covington (nach Geikie).

Von besonderem Interesse sind die sog. interglacialen fossilführenden Schichten:

a. Süsswasserabsätze.

Da diese Sedimente aus Wasser abgelagert sind und eine allgemeine Verbreitung haben sollen, auch z. Th. einem gemässigten Klima entsprechen, schliesst Geikie auf eine zeitliche Unterbrechung in der Vereisung, wo mindestens die niedrigen Landestheile gletscherfrei waren und hier die subaërischen Ablagerungen (im Gegensatz zu den subglacialen fossilfreien Sedimenten), aus Wasser sich bildeten, bis später eine erneute Ausdehnung des Landeises dieselben von neuem mit till bedeckte. Vielfach wurden dabei auch diese losen Sedimente von den Eisströmen wieder zerstört und weggeführt, zusammengedrückt und gestaucht, und blieben nur an geschützten Stellen (oder in den niedrigen Landestheilen, wo die Eisbewegung schwächer war) verschont.

Die drei einzigen Localitäten in Schottland, deren Reste ein milderes Klima anzeigen, sind Cowdon Glen, Red hall und Hailes. Geikie beschreibt diese Vorkommnisse ausführlich: (l. c. 151—164, vergl. die Profile).

Die zwischen till auftretenden fossilführenden Schichten erfüllen häufig muldenartige Vertiefungen: ihre Profile werden z. Th. so aufgefasst, dass der überlagernde till sich auf secundärer Lagerstätte befindet und von den steilen Gehängen übergetrieben wurde; Geikie weist allerdings derartige Auffassung zurück.

In dem Profil von Neilston im Cowden Burn-Thale fanden sich in dem zwischengelagerten Thon (c), Schlamm, Sand und Torfstreifen unter den reichen Resten einer gemässigten Fauna und Flora auch *Bos primigenius*, Riesenhirsch und Pferd:

Neilston in Cowden-Burn-Thale.

Das Profil von Hailes Quarry unweit Edinburg zeigt zwischen Geschiebemergelbänken dünne Sedimente mit torfigen Streifen resp. reinem Torf, mit Baumstammresten, von oben nach unten:

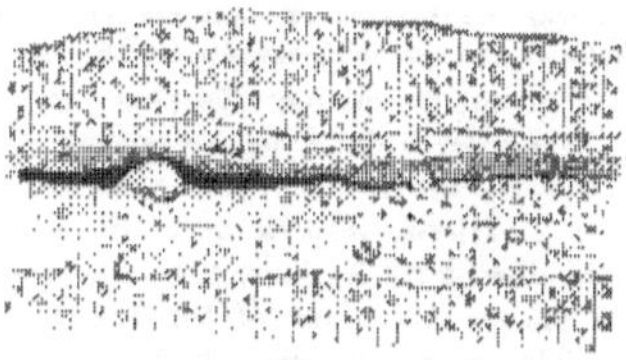

Hailes Quarry bei Edinburg.

6) Typischer Geschiebelehm. Grundmoräne eines Landeises, das ebenso wie das frühere eine westöstliche Bewegung hatte.[1]
5) 0,6—0,9 m grober sandiger Thon mit Blöcken; wieder in stark strömenden Gewässern abgesetzt.
4) 5—10 cm blauer sandiger Thon resp. Schlamm mit Pflanzenresten, z. Th. den Torf ersetzend, auch unter ihm auftretend. Absatz aus Seen und stagnirenden Flüssen.
3) 0,02—0,3 m Torf, mit vielen Birkenresten, Zweigen und Ästen; Wurzeln in den unteren Sand reichend. Bildung am Rand flacher Seen.
2) Grober erdiger Sand mit einzelnen grossen Blöcken, an anderer Stelle mit discordant geschichtetem Grand verbunden. Producte von Schmelzwassern.
1) gemeiner dunkelgrauer till. Grundmoräne eines Landeises, nicht localer Gletscher.

Ebenso soll bei Redhall (unweit Edinburg) zwischen zwei Massen von Geschiebemergel Torf mit Sand und Kies lagern; aus dem Torf beschrieb Cl. Reid 50 Pflanzen, insbesondere Hasel, Eller,

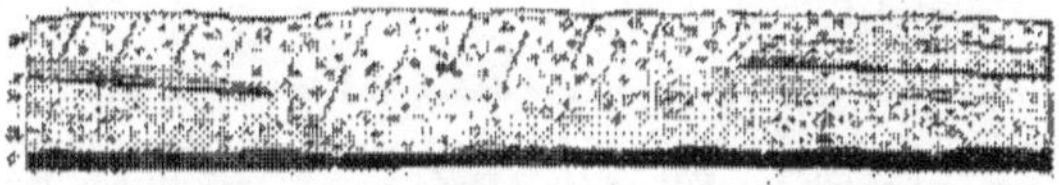

Redhall: $B_1$ unterer, $B_2$ oberer Geschiebemergel. S Sand. P. Torf. C Carbonschichten. (Nach Geikie).

Kiefer u. a., welche bis auf 3 Ausnahmen alle mit den recenten Arten des schottischen Flachlandes identisch sind; eine kleine Kinderart fand sich hier.

Von hoher Wichtigkeit ist es nun, dass Cl. Reid[2] diese drei Vorkommnisse nicht als interglacial anerkennt, da einerseits der sichere stratigraphische Beweis fehle, andererseits aber die Flora eine durchaus recente Zusammensetzung zeige.

Andere Funde, allerdings ohne charakteristische Flora, mögen aber auch nach Reid interglacial sein, so vor allem Kilmaurs in Ayrshire mit seinen Mammutresten,[3] wo Reid nur eine ärmliche (für Mammutschichten charakteristische) Flora fand.

Weiter liegt Torf unter till bei Chapelhall unweit Airdrie mit zwei nördlichen Torfpflanzen, Zwergbirke u. a.[4] „Interglaciale" Thone enthalten mehrfach Stämme und Wurzeln von Hasel.

[1] Vergl. Geikie: Preh. Europe, 256.
[2] Cl. Reid: On Scottish interglacial Deposits, Geol. Mag. 1895, 317.
[3] Gr. Ice Age 133, 149, 162.
[4] Chapelhall war früher (Geikie: Ice Age 2. Aufl. 175) als Beweis für eine interglaciale Senkung um 160 m angegeben worden, später aber nicht mehr angeführt (s. Bell, Geol. Mag. 1896, 322).

Von einer anderen Localität erwähnt Geikie Knochen von Fröschen und Wasserratten, massenhaft in Sanden, die auf till lagern und von steinig-kiesigem Blocklehm überlagert sind.

Geikie führt eine Reihe instruktiver Beispiele an von präglacialen Flussläufen, deren Thäler durch die Ablagerungen der Eiszeit ganz oder theilweise verschüttet und in denen die heutigen Thäler nur theilweis ihren Erosionslauf nehmen (s. l. c. 111). Hierzu gehören auch die alten Flussläufe auf der Oberfläche der Kohlenformation, deren Ausfüllung als „clay- oder sand-dikes" bekannt sind. Auch till konnte mit zur Ausfüllung solcher Thäler dienen; Profile solcher Thalausfüllungen mit 2 Bänken von till, wie z. B. l. c. 113 darf man aber nicht als Beweise für 2 Vereisungen und Interglacial verwenden. Manche dieser tiefen aquatischen Bildungen haben auch einen lacustrinen Charakter.[1] Einige dieser Ablagerungen können sehr wohl zu der Zeit gebildet sein, als noch die glacialen Bedingungen herrschten.

Auch im Geschiebelehm selbst finden sich, wenn auch selten, Fossilien, Reste von Mammut, Renthier, Fragmente von Eiche u. A., ebenso wie Diluvial-Conchylien, als Geschiebe. Man kann diese Reste besser von praeglacialen Ablagerungen herleiten.

Ob die verschiedenen bisher bekannt gewordenen Ablagerungen (die ja natürlich nur als vereinzelte, der späteren Zerstörung durch die jüngeren Eismassen entgangene Überreste anzusehen sind) alle gleichalterig waren, ist zwar nicht sicher, aber nach Geikie doch wahrscheinlich. Verschiedene Funde aus derselben Zeit können doch einem verschiedenen Klima entsprechen: am Anfang und Ende der Interglacialzeit war noch (resp. wieder) kaltes, in der Mitte wärmeres Klima. Man muss für das Interglacial einen langen Zeitraum annehmen.

Die wenigen Beispiele von „interglacialen" limnischen Bildungen sind somit durchaus nicht einwandsfrei; bei einigen ist die frühere muldenartige Ausfüllung noch nicht verwischt!

β. Die marinen Ablagerungen zwischen und unter dem till:

sind nach Geikie bisweilen auch eng mit Süsswasserablagerungen verbunden. So fanden sich unter till bei Kilmaurs (Ayrshire, SW. Schottland) Reste von Mammut und Ren und Süsswasserpflanzen, zusammen mit Seemuscheln in schmutzigem stinkendem moorigem Thon; auch arktische Ostracoden und Foraminiferen fanden sich in dem Thon.[2]

Smith[3] (G. M. 1896, 296) theilt in mehreren Localitäten in Ayrshire interglaciale muschelführende Schichten aus der Höhenlage von 16,7 bis 275 m mit, die bis über 80 m mächtig sind:

e) Oberer Geschiebelehm mit grossen geschrammten Blöcken 33 m.
d) Sandlager, wenige Fuss.
c) muschelhaltiger Geröllethon 4,8 m.
b) Scharfer Sand, Kies und schlammiger Sand 30 m.
a) Unterer Geschiebelehm mit grossen geschrammten Blöcken 9,1 m

Nach Craig und Brown sind die fraglichen Schichten praeglacial, Geikie erklärt sie aber für interglacial, da sich zuweilen ein Geschiebelehm unter ihnen einschiebt (der untere Sand von Drummuir ist nach Geikie sein Vertreter). Der Geröllthon ist nach Smith in tiefem Wasser durch

---

[1] Vergl. die übersichtliche Darstellung der alten ursprünglichen Erweiterung des Tweed bei Neidpath und der Clydeniederung bei Glasgow l. c. 118, 121.

[2] Geikie, Ice Age 184; J. Bryce, Q. J. 21. 218.

[3] Ein Specialwerk über die Glacialablagerungen von Ayrshire ist von J. Smith in Geol. Mag. 1898. 285. angezeigt.

Strömungen und Küsteneis abgelagert, die Muscheln sind in scharfkantigen Bruchstücken oder auch ganz erhalten eingelagert.

Unter einem typischen zähen, Nester von Sand führenden till bei Tangy Glen bei Campbeltown (39,5 m über dem Meere) liegt geschichteter Thon mit denudirter Oberfläche; in ihm liegen einige arktische Mollusken und Ostracoden.[1] Das Liegende ist nicht bekannt (s. Profil l. c. 136), daher das interglaciale Alter sehr zweifelhaft.

Im nördlichen Schottland, in Aberdeenshire, Banff, Elgin und Nairn, finden sich bis zu 12—18 m mächtige Lager von Thon, Sand und Kies mit marinen Muscheln, in verschiedenen Höhen, bis zu 152 m; dieselben liegen zuweilen auf Geschiebelehm und sind bisweilen von einem zweiten till überlagert. Diese altdiluvialen marinen Ablagerungen mit ihrem gemischten Charakter der Fauna werden von Geikie als echte marine Bildungen in situ und zugleich als Beweise für eine interglaciale Senkung um 150—180 m angesehen, nach anderen wurden sie als Erratica durch das Landeis aus niederen Lagen, vom Meeresboden an höhere Stellen verfrachtet, ähnlich wie andere grosse Schollen anstehenden Gesteins.

Hierzu gehört der Thon von Clava im Nairnthal, Inverness, dessen Lagerungsverhältnisse von einer besonderen Commission untersucht worden sind. Das Profil ist:

e) 14 m sandiger Geschiebelehm (Höhe 172,5 m).
d) 6,6 m feiner Sand.
c) 5,9 m Muschelthon, unten mit Steinen, nach oben und unten scharf abgegrenzt.
b) 4,9 m grober Kies und Sand.
a) 7,16 m brauner Lehm und Steine, mit einigen Foraminiferen (nach Geikie „boulder-clay“, nach Anderen fraglich), auf Old red.

Die diluvialen Conchylien zeigen eine Mischfauna.

Während Geikie und Murton, ebenso wie neuerlich J. Smith[2] annehmen, der Thon sei eine marine Bildung in situ, trotzdem in der Umgebung ähnliche Lager fehlen, erklärt sich D. Bell[3] entschieden für die Ansicht der Minorität der Commission, d. h. erratisches Vorkommen. Das Fehlen jeder Meeresspuren (wie Klippen, Strandlinien, Geröllschichten, Sand- und Thonbänke, marine Organismen) in gleicher Höhe rings in dem ganzen Gebiete, das Fehlen mariner Reste in dem oberen Geschiebelehm sprechen gegen Annahme einer Senkung. Derartige Ablagerungen brauchen nach Bell nicht als ganze Schollen transportirt zu sein, sondern nach und nach in einem extraglacialen, an der Seite des Eisrandes gebildeten See abgelagert, in welchem Theile des Materials (feiner Schlamm, gerundete Steine, Muscheln u. a.) angeschwemmt wurden. Hiernach würde der „obere Geschiebelehm“ auch nicht die Grundmoräne einer „zweiten Eiszeit“ sein, sondern nur der Absatz des über jene Sedimente in Folge veränderter Richtung vorrückenden Eises.

Auch der bei Chapelhall östlich Glasgow in 155 m Höhe im Geschiebelehm durch eine Bohrung angetroffene Thon mit *Tellina calcarea* beweist nach Bell[4] keine Senkung, sondern ist nur ein grosses Geschiebe.

[1] Brady and Crosskey: Monogr. Posttertiary Entomostraca of Scotl. Pal. Soc. XXVIII.

[2] J. Smith: The great Submergence. Geol. Mag. 1898, 498—502. Smith betont gegenüber Bell, dass der muschelhaltige Thon keine einzige geschrammte Schale enthält, auch die Steine derselben seien nicht geschrammt, z. Th. sitzen sogar Balanus auf ihnen. Smith hält die ganze Drift für eine Meeresbildung.

[3] D. Bell: Notes on the Great Ice Age in relation to the question of submergence. Geol. Mag. 1896, 391 (351), 1897, 97 and 63. Vergl. die Controversen zwischen Bell und Reade, ibidem 1897, 143 und 189.

[4] Transact. Geol. Soc. Glasgow 9. Referirt in N. Jahrb. 1895 I, 519; s. auch Bell, Q. J. 51, 1895, 472.

Im südlichen Arran sind bis zur Höhe von 60 m Schichten von Thon und Sand zwischen Geschiebelehm bekannt, welche arktische und boreale Mollusken führen (eine Senkung des Gebietes um 90 m anzeigend).

Nach eingehender Prüfung des folgenden Vorkommnisses schliesst sich H. Munthe[1] der Theorie einer interglacialen Senkung an.

Bei Cleongart auf Kintyre, sw. Schottland, ergab eine genaue palaeontologisch-stratigraphische Untersuchung, dass die verschiedenen Schichten ihre bestimmten Faunen haben und dass somit eine „Mischfauna" nicht vorhanden ist. An drei Punkten in Flussthälern der Westküste sind die marinen muschelführenden Thone in folgendem Profil aufgeschlossen:

oben 24.3 m rothbrauner, fossilfreier Geschiebelehm,
9,8 m muschelführender Thon (Oberkante + 59 m über dem Meere, in dem Thon eine dünne Lage von Geschiebelehm!).
3,6 m grober Sand und Kies. Auf ? Glimmerschiefer.

Über die Ausdehnung des Thonlagers sind die Ansichten getheilt, jedenfalls ist dasselbe mehrfach in der Umgebung noch getroffen worden. Die Bewegung des Eises war O.-W., das Thonlager also auf der geschützten Leeseite!

Während eine Gesammtprobe der Conchylien aus 22,8% südlichen, 29,7% weitverbreiteten, 24,3 nördlichen und 15,2% arktischen Formen bestand, auch nach den bathymetrischen Bedingungen ungenügende Vermischungen zeigte, ergaben die Proben aus den einzelnen Schichten folgendes: a) zuerst war das Klima schon arktisch, dann etwas günstiger, bis es wieder strenger wurde und von localen (!) Thalgletschern das dünne Lager von Geschiebelehm gebildet wurde; b) das Meer war etwa 40 m tief. Darauf wurde das Klima wenig milder, bis es bald gemässigt wurde und die Maximaltiefe des Meeres 25 m betrug. Nach dieser Zeit der *Ostrea edulis*, *Turritella terebra* u. A. traten zuletzt nochmals arktische Verhältnisse ein (*Yoldia lenticula*). Minimaltiefe 40 m, und endlich bedeckte ein grosses Landeis das Gebiet mit dem 25 m mächtigen oberen Geschiebelehm.

Wenn der untere grobe Sand und Kies eine Art Moränengrus ist, und nicht Fluss- oder Strandsand (echte Grundmoräne ist er nicht!), so wäre das interglaciale Alter der marinen Thone nachgewiesen, zu einer gewissen Zeit hätte also dieses Gebiet mindestens 100 m tiefer gelegen als gegenwärtig. (Nach Munthe und Bell war also eine Senkung, welche die Ausdehnung von hohem Land verminderte und Meeresströmungen freier zuliess, günstig für eine Milderung des Klimas, nicht, wie Geikie meint, umgekehrt.)

Gegenüber Munthe hat Jamieson[2] den muschelführenden Thon von Kintyre mit dem älteren Yoldiathon Nordjütlands parallelisiert, welcher marine arktische Fauna in situ, und südliche Muscheln als secundäre Einschwemmlinge (zerbrochene Exemplare!) führt. — Er macht sich folgendes Bild von den betr. Verhältnissen: Das gehobene Schottland war von localen Gletschern oder Landeis bedeckt, Gletscherströme führten Thonschlamm in die See, deren Temperatur etwa die des heutigen norwegischen Meeres war; Vorstösse brachten den Eisrand bis an die Küste und erodirten eine ältere gemässigte marine Ablagerung, deren Fragmente mit Geröllen und Sand durch die Ströme in die See geführt wurden (auf kurze Zeit war der Geröllstransport so bedeutend, dass ein geschiebelehmähnlicher Thon abgesetzt wurde); in Folge der mächtigen Thon- und Geröllabsätze wurde das organische Leben eingeschränkt, daher hier nur wenig arktische Mollusken in situ. Später verringerten sich die Gletscher, die Gletscherflüsse mit ihnen, die arktische Fauna erschien wieder, während nur Schlamm in die See getragen wurde. Noch später wurde das Land von einer grossen Eisdecke bedeckt, welche den mächtigen Boulderclay absetzte, der die marinen Thone bedeckt oder zerstört hat. (Derselbe enthält keine Muscheln.)

Hiernach sind also die muschelführenden Thone nicht interglacial, sondern nur vor der grössten Eisentwicklung abgesetzt, die von der vorherigen geringeren nicht

[1] H. Munthe: On the Interglacial Submergence of Gr. Britain. Bull. Geol. Inst. Upsala 5. III. 2. 1897. 369—411.
[2] Jamieson: On the Shell-bearing Clay in Kintyre. Transact. Geol. Soc. Edinburg, 1901, 76.

durch eine Zeit des Rückzuges getrennt war. Nach Jessen[1] ist nur soviel sicher, dass der muschelführende Thon älter als der überlagernde Geschiebemergel und jünger als eine marine pleistocäne Ablagerung mit gemässigter Fauna ist (von welcher die Reste in den arktischen oder nordischen Cleongart-Thon geführt wurden).

Vielfach findet sich auch, aber nur auf niedrig gelegene Küstendistricte beschränkt, schalenführender Geschiebelehm, local sehr verschieden ausgebildet; die Muscheln sind zerrieben, z. Th. gekritzt und ordnungslos vertheilt, wie echte Geschiebe. Selten finden sich auch gut erhaltene ganze Schalen. Eine ziemliche Verbreitung hat dieser „shelly till" in Caithness (nördlicher Theil Schottlands[2]), besonders in den tiefer gelegenen Landtheilen und an der Küste, bis 30 m mächtig werdend. An der Ostküste ist er arm an Steinen, es herrschen mehr Gerölle vor, landeinwärts dagegen kommen die einheimischen Blöcke von Old red-Sandstein mehr und mehr zur Geltung; nach verschiedenen Beobachtungen ist anzunehmen, dass der till in SO.-NW.-Richtung hergeschoben ist. Geikie rechnet diesen till zum oberen Geschiebelehm, den von Lewis erklärt er für etwas älter.

Die vorkommenden Muscheln zeigen eine eigenartige Mischung von arktischen, borealen und südlichen Arten, und weniger litorale als Tiefwasserformen. Auch auf den Orkney-Inseln wurde shelly till gefunden.[3]

Ähnliche Befunde wie in Caithness sind noch mehrere zu verzeichnen, z. B. an der Küste von Berwick (s. Profil l. c. 143), in Ayrshire u. s. w.

Bei Port of Ness im Norden von Lewis folgen auf die denudirte Oberfläche des unteren arktische und boreale Muschelfragmente führenden till Schichten von Feinsand und Thon und auch zuweilen grobe Sande mit denselben Fragmenten und vereinzelten Steinen; der überlagernde, etwas verschiedenartige till scheint bisweilen nach unten in die geschichteten Massen überzugehen; Schalfragmente kommen auch in ihm vor.[4]

Eine eigentümliche, als erratisch erklärte Molluskenfauna fand Jamieson[5] in dem sog. „Slains Gravel" an der Ostküste von Aberdeenshire, nördlich vom Ythan: Auf Gneiss liegt grauer Geschiebelehm mit geschrammten einheimischen Graniten und Gneissen 3—5 m, den Jamieson als Glacialablagerung ansieht, darauf z. Th. 1,5 m lockerer Kies und dann 12—18 m Sand und Kies mit Muscheltrümmern; diese sind Formen des Red Crag, ausserdem erscheint *Tellina baltica*, deren Vorkommen als secundär erklärt wird. Die Kiese reichen bis 68 m, meist zwischen 30 und 60 m, ihr Transport ist aus Süden erfolgt, durch Eis, welches längs der Küste floss. Oben folgt noch (als Repräsentant der späteren Senkungsperiode) 0,3—1,5 m rother Thon (glacial-marin), auf dessen Oberfläche Granitblöcke. Dieser „rothe Thon"[6] hat besonders in den niedrigen Lagen zwischen Aberdeen und Peterhead eine weite Verbreitung; (er steigt bis 91,5 m an).

Ausnahmsweise (in Thälern) 6—9 m mächtig und fein, ohne Steine, ist er meist weniger mächtig und gröber, mit Geröllen und grösseren Steinen, dann dem Geschiebelehm ähnlich; in den geschichteten Partien bisweilen mit Sandbeimengung und -Zwischenschichten. Die Steine des rothen

[1] Jessen: On the Shell-bearing Clay in Kintyre. Transact. Geol. Soc. Edinburg. 1901, 76.
[2] Vergl. Jamieson: Qu. J. 22, 261 und Peach u. Horne. Proc. R. Phys. Soc. 6. 316.
[3] Peach and Horne: The Glaciation of the Orkney Islands. Qu. J. 36, 1880, 656.
[4] S. d. Profile von Geikie p. 146—147.
[5] Jamieson: On the Crag-shells of Aberdeenshire. Q. J. 38, 1882, 145.
[6] Jamieson: On the Red Clay of the Aberdeenshire Coast pp. Qu. J. 38, 1882, 160.

Thones sind meist Quarzite des Old red-Gebietes, von Kincardineshire, der Thon stammt also aus Süden, vom Eis längs der Küste bewegt (Packeis, wahrscheinlicher aber Gletschereis), während der untere graue Geschiebelehm von Landeis gebildet wurde, das sich vom Lande nach der See bewegte.

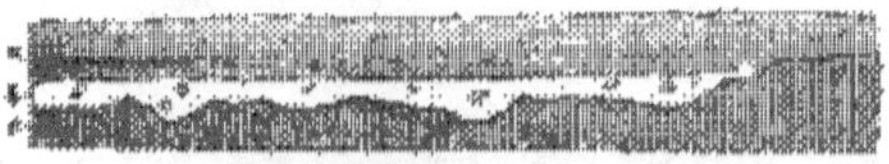

a. Rother Boulder-clay, 4—6 Fuss mächtig.
b. Grauer Boulder-clay, 1—3 Fuss mächtig.
c. Granit.

N. vorstehendes Profil. Dieser verschiedenen Bewegung entsprechen auch 2 verschiedene Schrammensysteme (s. Karte l. c. 161). Der Thon enthält nur ganz selten organische zerbrochene Reste.

An der Küste von Banffshire kommt ein dunkelblauer Thon vor (aus den Schieferdistricten stammend), der von einem Eisstrom geliefert wurde, der längs der Küste des Moray Firth verlief und sich mit dem von Süden kommenden traf. Ebenso ist im Süden bei Stonehaven ein Küsteneisstrom nachzuweisen.

Jamieson erklärt das Vorkommen folgendermassen: Während das Eis noch mächtig war, erfolgte eine Senkung (deren Betrag nach seinen Folgerungen über 170 m war), erst später gewann das Wasser Terrain und bald darauf hob sich das Land wieder; darauf folgte eine lange wärmere Zeit, mit dem Hereinrücken der Säugethiere. Später, nach Ablagerung des rothen Thones, drang ein neuer Gletscher aus dem Innenlande im Ythanthale vor, der den Thon theils zerstörte, theils mit Moränenschimmeln überdeckte.

Der rothe Thon ist nach Jamieson in ruhigem Wasser abgelagert. Die Muscheln, die man in ihm gefunden hat, leben jetzt in nördlichen Meeren, ebenso wie die der anderen ostschottischen Vorkommnisse, sind also wohl jünger als die der Bridlingtonbeds in Yorkshire (s. u.), vielleicht vom selben Alter wie die Kelsey Hill-Kiese in Yorkshire und die glacialen Thone von Lancashire. Die Funde von Errol und Montrose sind nach Jamieson nicht arktisch, wie Geikie glaubt, sondern Formen der tiefen See und gehören derselben Senkung an, wie die rothen Thone der Aberdeenküste.

Der Auffassung von Jamieson widerspricht D. Bell.[1] Die Kiese mit Conchylienresten (Stein gravels) und auch der rothe Thon sind als glaciale Ablagerung aufzufassen, die beiden verschiedenartigen Ablagerungen entsprechen nur verschiedenen Stadien der Vergletscherung, eine Senkung beweisen sie nicht. Die Annahme einer Senkung würde vielmehr Widersprüche ergeben, die Nordwärtsbewegung des Eises schliesst tiefes Wasser aus und umgekehrt; der Thon kann in eingedämmten extraglacialen Seen abgesetzt sein (ähnlich wie bei Flamborough Head).

Die genannten Befunde mit marinen Resten können nur zum Theil als sichere Beweise für eine Landsenkung verwerthet werden, zum anderen Theil sind sie belanglos. Die marinen Sedimente, die unmittelbar auf dem alten Untergrund lagern, können wohl ebensogut als präglacial gelten, wenn man sie nicht mit Geikie auf die Analogie mit denjenigen Funden hin, wo till oder als Moräne deutbarer Kies unter ihnen vorkommt, mit diesen als interglacial betrachten will (und zwar zum Ende der Interglacialzeit gehörig, als das Klima wieder kälter zu werden begann): Der till mit marinen Muschelfragmenten braucht keine Meeresbildung zu sein; ein Theil der Muscheln mag von zerstörten marinen (inter- resp. präglacialen) Thonlagern stammen, (wie es Jamieson Q. J. 30, 319 sehr einleuchtend erklärt), andere direct durch das Eis dem Boden der See entnommen sein.

---

[1] Bell: The shelly clays and gravels of Aberdeenshire. Qu. J. 51, 1895, 472. (Übersichtskarte.)

Die ersten Absätze von Grundmoräne einer (neu) hereinbrechenden Vereisung werden sehr reich an Muscheln sein, die dem interglacialen Untergrund oder dem Meeresboden entstammen, die folgenden immer ärmer; die reichen älteren sind weit auf den jetzigen Meeresboden hinausgeschoben und daher unzugänglich. Nur in Caithness liegt der Fall vor, dass hierher das Eis erst gelangte, nachdem es eine weite Strecke des (östlichen) Seebodens überschritten hatte. (Die Muscheln werden immer seltener, je weiter von der Küste nach dem Binnenland).

Dagegen hält E. Hull[1] an der Auffassung einer Senkung fest und gliedert die Ablagerungen von Aberdeenshire wie folgt:

3. Die Senkung dauert fort, erneute Kältebedingungen (2. Eiszeit); Gletscherschmelzströme tragen Schlammmassen in die See: Bildung des oberen Geschiebelehms mit vereinzelten marinen Schalen.

2. Senkung um über 150 m, während welcher Zeit die Flüsse Sand und Grand in die See führen: Ablagerung der „interglacialen" Sande mit Schalresten.

1. Allgemeine Vergletscherung des Landes; Ablagerung des unteren Geschiebelehms.

Dies würde sich mit der Ansicht über die Einheit der Eiszeit vereinigen lassen: In Folge des Eisdruckes Senkung und damit die Absätze eines Meeres mit z. Th. durch Strömungen gemässigter Fauna, bis im weiteren Verlauf die Gletscherwirkungen (z. Th. in veränderter Form) zur Geltung kommen, entsprechend den „spätglacialen" Ablagerungen der Sandrgebiete.

Geikie hat eine andere Vorstellung. Er nimmt an, dass das schottische Eis mit dem skandinavischen am Grunde der Nordsee vereinigt war; daher wurde der muschelführende Geschiebelehm von Caithness durch die Eisbewegung aus SO. gegen NW. (vom Meere gegen das Land) abgelagert (auch durch die localisirten Kreide- und Jurageschiebe wahrscheinlich).

Die Hebriden waren bedeckt von Landeis, das sich von Skye, Ross und Sutherland her über den Minch nach Nordwesten vorschob (Rundhöcker, Geschiebe!), nur im nördlichen (niedrigen) Lewis finden sich Geschiebe von Skye oder Schottland, im übrigen sind es einheimische. Muschelführender till ist auch nur auf das nördliche Lewis beschränkt (Zusammenhang mit dem Caithness-Eis).

Auf einer Karte S. 168 zeigt Geikie dass auf der Ostseite der Hebriden die grossen Meerestiefen, wo die unteren Teile des Eises sich anfanden, eine Ablenkung der Eisströme verursachen mussten, und eine Unterströmung entstand, welche in den niedrigen Theilen den muschelführenden till absetzte, während der obere Teil den Rest der äusseren Hebriden überschritt und hier den normalen Geschiebelehm ablagerte. In der folgenden Interglacialzeit wurde der Minch wieder eisfrei, von arktischer und borealer Fauna belebt, vielleicht erfolgte auch eine Senkung von 80—120 m. Erneute Hebung lieferte Strandbildungen auf den marinen Thonen von Lewis, bis unter wiederholten arktischen Verhältnissen der folgenden Eiszeit der Minch wieder von Gletschereis erfüllt wurde, welches die Muschelbänke auffüllte und seiner Grundmoräne einverleibte.

Sonach wäre nach Geikie's Darstellung die Geschichte des älteren Quartärs von Schottland folgende.

1. Zu Beginn der Eiszeit lag Schottland etwa 90 m höher als jetzt.

1a. Das Eis dehnte sich mit einer Mächtigkeit von ca. 900 m über die benachbarten Meerestheile nach den äusseren Inseln aus; vielleicht trat zu dieser Zeit schon eine Senkung ein.

2. Das Eis schmolz so weit ab, dass die See in das Innere von Schottland eindringen konnte und mindestens die niedrigen Landtheile frei wurden. Dies war nur durch Klimamilderung möglich, eine Senkung allein hätte einen so bedeutenden Wechsel nicht hervorrufen können; für eine

[1] Geol. Mag. 1895, 450—458.

sehr beträchtliche Senkung während oder nach dem Verschwinden des Eises liegen keine Anzeichen vor, vielmehr reicht die höchste marine Grenze nur bis 150—180 m. Wahrscheinlich war die Senkung nicht überall gleich (zwischen 105 und 170 m). Bei Kilmaur erwies sich, dass das Eis ohne Meeresbedeckung weggeschmolzen sei; auf der Grundmoräne hat sich Landvegetation angesiedelt, mit Resten von Mammut und Ren, und erst später wurde dieses eisfreie Land vom Meere bedeckt.

Ob die Senkung ein- oder mehrmal eintrat, hier flache, da tiefere See bildend, ist nicht sicher zu sagen. Zu Anfang und Ende der Interglacialzeit mit ihrem dem heutigen entsprechenden Klima herrschten natürlich Übergangsverhältnisse, d. i. arktische resp. boreale, wie dies auch Murray's Untersuchungen erwiesen haben. Bei dem sporadischen Vorkommen der einzelnen erhaltenen Funde kann demgemäss bald dieser bald jener Klimatypus auftreten. Die gemischte Fauna von Caithness zeigt, dass die Nordsee eine ähnliche Fauna hatte wie heute; später erschienen arktische Formen und leiteten die neue Eiszeit[1] ein.

3. Eine erneute Hebung rief dieselben Glacialverhältnisse von ziemlich derselben Ausdehnung hervor, wie sie zur ersten Epoche geherrscht hatten. Der hier abgesetzte till unterscheidet sich häufig von dem unteren, er allein ist nach Geikie auch muschelführend.

Fluvioglaciale und glaciale Bildungen auf dem jüngeren till der Abschmelzperiode:

1. Subglaciale Åsar finden sich in der bekannten Ausbildung (Geikie 168) zahlreich und folgen gewöhnlich der Richtung der Eisbewegung und der Thalläufe, in denen sie liegen; sie ruhen entweder auf Geschiebelehm oder auf festem Fels und bestehen theils aus groben Sanden und Kies mit unvollkommener Schichtung, auch aus grossen Blöcken in erdigem Sand, theils aus gut geschichteten feinen Sanden. Die schönsten Beispiele sind die der Lothians und der unteren Strecken der Thäler des Tweed und Nith.

2. Terrassen von geschichtetem Sand ohne marine Organismen, als Ufer von einstigen, zur Zeit der Eisschmelze durch das Eis aufgedämmten Seen, finden sich mehr oder weniger zusammenhängend oder fetzenweise erhalten in einigen hügeligen Districten Schottlands bis zur Höhe von 330 m. Sie zeigen eine geringe Neigung von den Höhen nach aussen. Ein gutes Beispiel wird von Enoch bei Glasgow erwähnt.

Die Thalgehänge werden oft von Kies- und Sandrücken begleitet. Zuweilen reichen diese Überreste der Abschmelzperiode, durch locale Umstände veranlasst, auch bis über niedrige Pässe.

3. Weite Verbreitung hat die Endmoränenlandschaft:

Die Kames (Kaims) werden als Moränen und fluvioglaciale Bildungen angesehen, entsprechend den Endmoränen oder „Rückzugsmoränen"; es sind charakteristische abgerundete Rücken und Kegel, deren Zusammenliegen der Landschaft den Anblick einer bewegten See verschafft; oft in bogenförmiger Anordnung hufeisenförmig quer vor den Thälern, mit der concaven Seite nach oben gerichtet,[2] zwischen ihnen liegen oft unvermittelt kleine Seen.

[1] Das von Geikie als Beleg für die neue Eiszeit angeführte Vorkommen von Tangy-Glen wird von Anderen als praeglacial gedeutet. Eine ähnliche Dreitheilung des schott. Diluv. hatte auch Jamieson 1874 (Qu. J. 30, 317) durchgeführt.

[2] Jamieson: On the Last Stage of the Glacial Period in N. Britain. Qu. J. 30. 328. Hummel: On Eskers or Kames. Geol. Mag. 1883, 438.

Sie bestehen aus geschichteten, fossilfreien Sanden und Kiesen, selten mit Geschieben, zuweilen auch mit Thon; nach oben geht der Kies auch in Moränenkies über; bisweilen enthalten

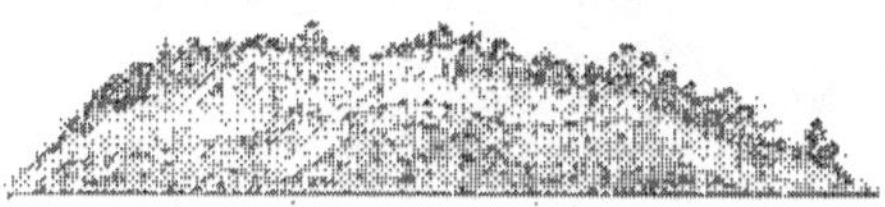

Kame in Lancashire (nach Geikie).

sie einen Kern von Geschiebelehm. Grobkiesige Moräne begleitet zuweilen diese Kames, besonders an der Ausmündung von Thälern.

Andererseits stehen die Kames auch mit breiten Sandflächen (Sandr) in Verbindung, z. B. in Strathmore. Alle drei Ablagerungen sind natürlich gleichaltrig.

In den Hochthälern (besonders schön in Strath Bran und Glen More in Rossshire) sind diese blockreichen Endmoränenablagerungen besonders typisch und mächtig entwickelt. Die Grösse der Moränentwickelung steht im Verhältnis zur Grösse des Entwässerungsgebietes der Thäler, in welchen sie auftreten.

4. Erratische Blöcke. Moränenschutt.

Vielfach (auch auf den Inseln), ist der obere Geschiebelehm noch in verschiedener Dicke von grober erdiger Blockanhäufung bedeckt und zwar in abnehmendem Umfang von grossen Höhen bis zu den Ebenen. Geikie erklärt dies als eine Moränenbildung von localen Gletschern der Abschmelzzeit, „den directen Abkömmlingen des grossen Inlandeises".

Man trifft hier Blöcke von allen Formen und Grössen, gerundet oder kantig, mit oder meist ohne Schrammen, oft in enormer Anzahl; (in den zwischengelegenen niederen Theilen sind sie vielfach schon weggeschwemmt). Meist stammen sie aus den höher gelegenen Theilen, sind also oft von weit her nach tieferen Lagen, in derselben Richtung wie die Schrammen des Untergrundes transportiert worden (also am Schlusse der Vereisung oder auch an verschiedenen Stadien der Eiszeit). Ausnahmsweise finden sich aber auch Blöcke, die höher liegen als ihr Ursprungsgebiet. Für deren Transport kann man annehmen, dass sie als ursprünglicher Moränenbestand dort wo sich ein Hinderniss in dem Thalweg entgegenstellte, allmählich in die „Innenmoräne" gelangten und mit dieser immer mehr nach oben getrieben worden sind[1] (nach Analogie mit der gleichen Bewegung in dem grönländischen Eis und den alpinen Gletschern).

Die zahllosen Seen Schottlands gehören drei Typen an:

1. Seen im till oder anderen Oberflächenbildungen. Unwichtig, hauptsächlich in den niederen Landstrichen entwickelt. Massenhaft z. B. auf der Insel Lewis.

2. Durch Glacialschutt aufgedämmte Seen, auf Gebirgsthäler beschränkt (z. B. Loch Skene in Südschottland); auch Seen, die theils in Fels, theils im till liegen (z. B. auf Lewis).

3. Seen in Felsbecken.[2] Hierzu gehören die grössten Seen. Sie sind nach Ramsay und Geikie von Gletschern erodirt (Vergl. den Loch Lomond, l. c. Appendix 527). Ihre Dimensionen sind proportional der Grösse des Entwässerungssystems, in welchem sie auftreten.

[1] J. Geikie: On the occur. of Erratics in higher Levels pp. Trans. Geol. Soc. Glasgow. IV, 3, 226.

[2] Ramsay. Qu. J. 18, 1862, 185.

Geikie weist auch auf den Zusammenhang zwischen submarinen Felsbecken und Seebecken hin, die submarinen „lochs" haben denselben Glacialursprung. Ebenso seien die Gebirgsthäler und Thalrinnen schon praeglaciale Bildungen.[1]

Auch die Fjorde gehören in ihrer jetzigen Gestalt zu den Glacialbildungen. An der Westküste sind sie vorzüglich entwickelt, treten im Osten aber ganz auffällig zurück (s. Karte 8 p. 230); damit in Einklang steht das häufige Auftreten der Felsbecken im Westen. Man kann zwei Gruppen unterscheiden:

1. die Fjordbecken, submarinen Thalbecken entsprechend, also ebenfalls von Gletschern (oder, wohl eher von Schmelzwässern) erodirt.

2. Ablenkungsbecken, unter rechtem Winkel zur Neigung des Fjordbeckens sich erstreckend, typisch auf der Innenküste der Inseln (z. B. Hebriden, Rum u. a.). Beide Typen können auch vereinigt sein. Sie sind durch Eisströme entstanden, die vom Lande nach diesen Inseln auf ihrem Wege zum Atlantischen Ocean abgelenkt wurden. Die Tieflothungen des Meeresbodens lehren, dass das ganze Land einst unter tiefem Eis gelegen haben muss.

Die Seen und Becken können dem Alter nach in 4 Gruppen gebracht werden:

1. Submarine Felsbecken (Fjordbecken, Ablenkungsbecken u. a.) und gewisse Niederlandseen, durch die Erosion des Inlandeises („mer de glace") entstanden.

2. Felsbecken in den „sea-lochs" und Gebirgsthälern des Hochlands: z. Th. noch von dem Landeis, meist aber von späteren selbständigen Thalgletschern erodirt.

3. Felsbecken in den oberen Bereichen der Gebirgsthäler, Cirkus-Seen oder Bergseen: Höher gelegen (zwischen 1500 und 2400'), kleiner, am unteren Ende oft mit Endmoränen, z. Th. auch durch Alluvionen ersetzt oder entleert.[2]

4. Thal- und Kessel-, „Corrie"-Seen in höherem Niveau: (bis 3400', eine alte Schneelinie in 3500' anzeigend). —

Dass nicht in jedem Thale Seen auftreten, ist natürlich, da die Erosion nur unter gewissen Bedingungen möglich war.

## Die „dritte Eiszeit" Geikie's.

Obgleich nirgends ein vollständiges Profil vorliegt, welches drei durch echte Interglacialbildungen getrennte Geschiebemergel zeigt, glaubt doch Geikie aus folgenden Gründen annehmen zu dürfen, dass nach der zweiten Vereisung eine interglaciale Zeit folgte, nach der nochmals glaciale Bedingungen in beschränkterer Ausdehnung eintraten.

Viele der typischen Thalbecken und Seen sollen nicht von dem Hauptèis gebildet, sondern von Localgletschern erodirt sein. Diese Localgletscher sieht Geikie nicht als Rückzugsgletscher an, sondern als ein selbständiges Stadium der Eiszeit, die von der vorhergehenden getrennt war.[3]

---

[1] A. Harker zeigt an der subaërischen Erosion auf Skye, dass dieselbe gegenwärtig fast still steht, und die Gesammterosion in der Hauptsache der Glacialzeit angehört; die glaciale Erosion habe die Hauptbedeutung. (Geol. Mag. 1899, 196, 485).

[2] Man hält die kleinen Seen („tarns") des schottischen Seengebietes nicht für vom Eis ausgehöhlt, sondern für Abdämmungsseen (Thalsperrung durch Moräne). (Qu. J. 51. 1895, 35. Z. Th. widersprechen dem die Beobachtungen von Dawkins (Some Snowdon Tarns. Geol. Mag. 1900, 58). Bonney: Ice Work, p. 94, stellt die verschiedenen Hypothesen über die Bildung der Seen zusammen (Gletschererosion nach Ramsay, Flusserosion während längerer Hebungszeit nach Spencer).

[3] L. c. p. 262—293 wird die Ausdehnung dieser grossen Localgletscher und verschmolzenen Eisdecken angegeben.

Der Geschiebelehm zeigt in den unteren Theilen der Gebirgsthäler keine Spuren von späterer Zerstörung durch Gletschereis, während er höher oben, im Gebiet der Thalenden, durch Gletscher zerstört erscheint (von welchen die Endmoränen und fluvioglacialen Massen im unteren Theile der Thäler stammen).

Schrammen und Rundhöcker dieser Einzelgletscher (district iceshects) sind gut erhalten und verlaufen oft anders als die des älteren Landeises.

Allerdings finden sich keine interglacialen Ablagerungen zwischen dem Oberen Geschiebelehm und den Moränenablagerungen dieser 3. Eiszeit! Wohl aber sank Schottland nach der Bildung des „Oberen" Lehm um 80 m, und gleichzeitig mit dieser Bewegung soll diese dritte Vereisung erfolgt sein.

Man muss aber diese localen Vereisungen ebenso wie in Norddeutschland nur als Stillstandsphasen in dem allgemeinen Rückgange der grossen Vergletscherung ansehen.

Marine Ablagerungen, Sand und Bänderthon, z. Th. mit arktischer und borealer Muschelfauna,[1] und Knochenresten der kleinen Robbe, finden sich längs der Küsten, bis zur Höhe von 37—40 m, nie im Innern oder an höheren Stellen.

Ihre Oberfläche ist häufig zu einer wohlausgeprägten Terrasse in etwa 30 m (100') Höhe umgearbeitet. Diese 30 m-Terrassen sind u. A. gut entwickelt in den Niederungen des Forth, Clyde und Tay.

Sie bestehen unten aus feingeschichtetem, plastischem Thon, nach oben aus feinem Sand; oft zeigen ihre Schichten Stauchungserscheinungen, die auf die Wirkung von Eisschollen zurückzuführen sind (nicht Gletscherdruck); auch vereinzelte Driftblöcke kommen vor.

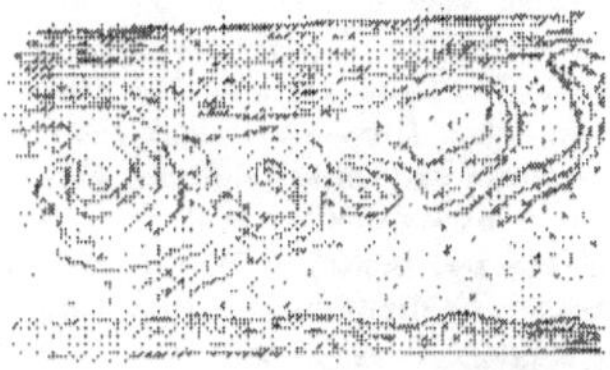

Contorted Drift. Portobello c Thon, s Sand. (Nach Geikie.)

Diagramm des Forthbassins. b recente Küstenablagerungen. c Ziegelthon u. s. w. k Kames t till.

Diese Schichten der 30 m-Terrasse lagern, wie aus obigem Idealprofil von Geikie hervorgeht, auf dem oberen till und umgeben die Kames und Åsar. Hiernach könnte man sie für gleichalt mit der Abschmelzphase der letzten Vereisung ansehen. Geikie hält sie aber auch für jünger als diese letztere (gleichwerthig mit den interglacialen Bildungen der baltischen Küstenländer). Wahrscheinlich wäre Grossbritannien zu dieser Zeit continental gewesen, eventuell mit gemässigter Flora und bewohnt von Megaceros, Wolf, Pferd u. s. w.; am Ende dieser Interglacialzeit sei dann eine

[1] Bei Errol fanden sich *Pecten groenlandicus*, *Leda arctica*, *Tellina myopsis* u. a. (s. Jamieson, Qu. J. 1865, 1881).

Senkung um 40 m eingetreten und das Klima kälter geworden, Schneefelder und Gletscher bildeten sich von neuem in den Gebirgen. Nach einigen Befunden glaubt Geikie nämlich schliessen zu dürfen, dass die Senkung der Ausdehnung der Gletscher voranging.

Als Beispiel führt Geikie das Thal des Loch Lomond an, welches vor der letzten Eisinvasion ein von borealer mariner Fauna bevölkerter Fjord war: bei Drymen fand sich ein 2 m mächtiger Thon (mit einer Renthierstange), überlagert von muschelreichem Geschiebelehm, der in dem unteren Endrickthale bis zu Höhe von 67 m eine weite Verbreitung besitzt. Der marine Thon ist nach Jack interglacial, einer 32 m-Senkung entsprechend: er wurde von einer späteren Vergletscherung stark zerstört und lieferte dem Geschiebelehm das Material an Muschelresten. Auf dem shelly till liegen geschichtete Thone und Sande mit vereinzelten Blöcken und Muscheleinschwemmlingen, fluvioglaciale Bildung eines Eissees.[1]

Beachtenswert ist, dass im Osten ein kälteres Klima herrschte als im Westen; die Nordsee war theilweise mit Eisbergen erfüllt, daher kälter als der offene Ocean.

Die hochgelegenen Terrassen im Innern des Landes sind in Eisstauseen entstanden, welche dieser „dritten“ Eiszeit angehören sollen; ihre Thone sind fossilfrei oder enthalten Süsswasserconchylien. (Vergl. „Spätglacial“.)

Spät- und Postglacial auf den eisbefreiten Gebieten Schottlands.

Torfmoore sind überall verbreitet. Dass zunächst eine arktische Flora herrschte, ist anzunehmen und durch mehrfache Funde erwiesen.[2] In vielen Mooren, auch auf den Inseln und an anderen Orten, wo jetzt keine Waldbäume wachsen, finden sich zu unterst Reste von Waldbäumen (neben denen der heutigen Flora besonders Eiche und Fichte). Der Wald war also ausgedehnter als heute, die Inseln waren mit dem Lande verbunden. Bisweilen hat man drei Horizonte von Baumresten gefunden. Obgleich die Moore nach dieser Richtung noch nicht eingehend untersucht sind, steht doch fest, dass die alten Wälder an Ort und Stelle gewachsen sind und dann von Torfpflanzen, besonders Moosen, überwältigt wurden. Häufig finden sich auch Moore und Waldreste unter dem Meeresspiegel.

Unter anderen vielen Beispielen solcher gesenkter Moore erwähnt Geikie ein Torfmoor mit Eiche, Fichte, Erle und Birke aus dem Marschland des Tay (mit Hirschresten), bedeckt von marinem

1 Gill. 2 Thon u. s. w. der 100'-Terrasse. 3 Flusskies. 4 Torflager. 5 Auelehm der 40—50'-Terrasse. 6 recente Alluvionen.

Alluvium. In der Marsch von Gowrie lagert ein stark zusammengepresstes Torfmoor auf fluviatilen Granden resp. auf dem erodirten marinen Thon der 100 m-Terrasse und wird oben scharf abgegrenzt

[1] Ich möchte dieses Beispiel nicht als beweisend für die Annahme einer 3. selbstständigen Eiszeit betrachten, überhaupt die erstererwähnten marinen Ablagerungen der Terrassen einfach als postglacial ansehen, local mögen sie von vorstossendem Gletscher bedeckt worden sein oder von kalbenden Eisbergen. Auch Bell spricht sich entschieden gegen die Auffassung Geikie's aus, G. Mag. 1895, 850.

[2] Eine Liste der fossilen arktischen Pflanzen in alten, vom Gletschereis erzeugten Seebecken (Dryasthon) in der Umgebung von Edinburg theilt C. Reid (Geol. Mag. 1893, 467) mit.

von Marschtorf der 45—50 m-Terrasse resp. jüngeren Alluvionen[1], das Lager steigt von der Lage unter dem Meeresspiegel thalaufwärts immer höher an. Einschwemmungserscheinungen zeigen, dass das ganze Material des Torfmoores nicht in situ gewachsen war. Ähnliches ist auch in den Aestuarablagerungen des Forth zu beobachten.

## Gehobene Strandlinien.

Während die 30 m-Terrasse zeigt, dass Schottland zur Zeit der localen Gletscher um 30—40 m gesenkt war (Strandlinien in 60—90 m sind glacialen oder interglacialen Alters, noch höhere, von Chambers bis 300 m gefundene Linien sind keine Strandlinien), finden sich an den Küsten zahlreiche Strandlinien und Terrassen mit litoralen Molluskenschalen.[2] An der Ost- und Westküste von Mittel- und Südschottland treten zwei wohlausgeprägte Küstenlinien (Strandlinien und Terrassen) auf, deren ältere zwischen 18 und 15 m liegt, ihre Muscheln sind die heutigen britischen und einige mehr nördliche Formen. In den Ästuarien des Tay und Forth sind die Küstenlinien sehr scharf ausgeprägt, wo 3—9 m mächtige Thon- und Schlammschichten (bisweilen mit einzelnen Blöcken) bis zur Höhe von 13 m reichen und thalaufwärts in Flussterrassen von Sand übergehen; in den niederen Lagen tritt *Scrobicularia piperata* auf, weiter thalaufwärts fehlen meist die Muscheln. In den Mooren fanden sich Treibhölzer, Reste von Wal, ferner rohe Waffen u. a., an den alten Küsten Kjökenmöddings.[3]

Die Küsten der Nord- und Westhochländer zeigen nur wenige Strandlinien,[4] die bisweilen von Moräne bedeckt sind. Die am besten erhaltenen Strandlinien liegen in 7,5—9 m Höhe, in den Firths des Tay, Forth, Clyde und Solway und an den Ost- und Westküsten des mittleren und südlichen Schottlands als schmale Säume oder als bis 2 m breite Flächen. Die Muscheln der Thone und Sande (ohne sichere Spuren von Eiswirkung!) dieser Strandlinien sind die noch an den dortigen Küsten lebenden, Reste vom Menschen sind auch vorhanden.

Die Dünen an den niederen Küsten und Flussmündungen, in langen, parallel der Küste verlaufenden Reihen oder unregelmässigen Hügeln, stehen oft in Verbindung mit Flusssanden oder auch mit vorher existirenden Diluvialsanden; auch in den grossen Flussthälern treten sie auf.

Die unteren Lagen der Dünen von Tents Warren im südwestlichen Schottland sind eine berühmte prähistorische Fundstätte[5]

## Süsswasseralluvium.

Der Übergang von marinen Marschbildungen thalaufwärts in Flussbildungen ist schön in dem Taythal oberhalb Perth zu sehen; hier kann man weit landeinwärts zwei Terrassen verfolgen, die obere, der alten 30 m-Küste entsprechend, und die untere als fluviatile Fortsetzung der jüngeren 15 m-Linie; ihr Material ist meist Sand und Grand und grosses Gerölle. In den oberen Theilen der Thäler lassen sich die alten fluviatilen Ablagerungen meist nicht mehr in einen bestimmten

[1] Unter dem Thon fand sich ein Einbaum.

[2] *Cardium edule, Ostrea edulis, Cyprina islandica, Littorina littorea, Trophon clathratus, Buccinum undatum* u. a.

[3] Ausführl. beschrieben in Geikie, Prehistoric Europe 286—298.

[4] Die Zeit dieser Strandlinien ist nach Geikie diejenige der Hochgebirgs- und Corrie-(Kar)-Seen.

[5] H. J. Smith, N. Jahrb. f. Min. 1895, I, 512.

Horizont bringen; in manchen Thälern lassen sich drei Terrassen verschiedener Zeiten beobachten, die beiden oberen führen keine organischen Reste.

Zahlreiche frühere Seen sind von Alluvionen zugeschlämmt oder von Torf zugewachsen, wofür zahllose Beispiele vorliegen. In den unteren Schichten derselben wurden häufig *Betula nana*, *Dryas octopetala* und andere arktische Pflanzen gefunden, dabei befand sich *Apus glacialis*. Die überlagernden Schichten führen die veränderte Flora. In anderen Stellen ist der Wiesenmergel mit zahllosen Süsswasserconchylien entwickelt.

Von Säugethieren dieser postglacialen Ablagerungen sind zu nennen *Bos primigenius*, *Bos longifrons*, Wildschwein, Hirsch, Reh, Elch, Riesenhirsch (in Schottland selten, gegenüber der Häufigkeit in Irland), Renthier, Ziege, Wolf, Fuchs, Wildkatze, Biber (Mammut fehlt!).

Vom Menschen liegen vielfache Spuren vor.

Alle diese Ablagerungen können im Ganzen gleichalterig gewesen sein, allerdings mögen manche, besonders in den Lowlands, bis zur letzten Interglacialzeit zurückreichen (z. B. bei Maybole die Lager mit Riesenhirsch), die arktische Flora gehört vielleicht der Zeit der Localeisfelder, der 30 m-Terrasse (3. Glacialzeit) an.

Geikie giebt folgenden kurzen Rückblick:

1. Nach der Zeit der Kames und Åsar, der Auflösung des zweiten Landeises und der hochgelegenen Terrassen (Gletscherseen) der südlichen Hochländer, also nach Rückzug des letzten „Landeises" scheinen für längere Zeit mildere Klimaverhältnisse geherrscht zu haben. Manche der älteren Alluvien der Lowlands mögen hierher gehören. Beweise für diese Annahme sind nicht zu erbringen, sie ist lediglich auf die Analogie mit den Verhältnissen des Continents basirt. Geikie kann nur behaupten, dass, nachdem sich das grosse Inlandeis von den Lowlands zurückgezogen hatte, eine erneute Gletscherausdehnung viel von dem eben eisbefreiten Land von neuem occupirte. (Mit anderen Worten, Geikie giebt selbst zu, dass in Schottland ein Aequivalent des „Neudeckian" nicht erwiesen ist; somit ist die folgende „3. Eiszeit" nichts anderes, als ein mehr oder weniger grosser Vorstoss des im Allgemeinen rückweichenden Landeises.)

2. Producte der „dritten Eiszeit" Schottlands sind die Grund- und Endmoränen der Gebirgsländer; die grossen Thalgletscher und Eismeisfelder (district ice-sheets) konnten z. Th. in den niederen Geländen zusammenfliessen. Eisberge in den Fjorden der Sea-lochs kalben. Vorausgehend und gleichzeitig war die Landsenkung in dem Betrag von über 30 m (marine Thone mit arktischer und borealer Fauna). Treibeis vertheilte Findlinge. Dieser Epoche gehören die Glacialseen von Lochaber und die hochgelegenen Kiesterrassen der grossen Flussthäler an, wahrscheinlich auch arktische Pflanzenschichten.

3. Neue Landhebung resp. Rückzug des Meeres und allmähliche Verbesserung des Klimas folgte; grosse Wälder, besonders von Eiche, bedeckten das Land bis auf grosse Höhe, gemässigte Säugethierfauna verbreitete sich; die westlichen und nördlichen Inseln waren landverbunden („unteres Waldbett").

4. Aestuarablagerungen (Marschthone) der grossen Flussbecken; 13,5–15 m-Strandlinien, die z. Th. von Moräne bedeckt sind (Hochthalgletscher): Dem vorigen milden Klima folgte kälteres und feuchteres, welches das Wachsthum von Torfmooren begünstigte (Torf über dem Waldbett, hochgelegene Flussterrassen: Torf z. Th. eingeschwemmt).

5. Erneuter Rückzug der See, Landgewinn (Betrag unsicher): trockeneres, continentaleres Klima, erneuter Waldwuchs.

6. Senkung um 7,5–9 m im centralen Schottland, kälteres und feuchteres Klima, Gletscher treten in den höchsten Gebirgstheilen auf. Torfmoorbildung, 7,5–9 m Strandlinien.

7. Rückzug der See, Übergang zu den heutigen Verhältnissen. Klima trockener als vorher; Rückgang der Wälder aus verschiedenen Ursachen (z. Th. auch durch den Menschen zerstört).

## B. England.[1]

In den höheren Theilen Englands, in Wales wie in der Seelandschaft, finden sich dieselben zweifellosen Spuren der Vergletscherung, wie in Schottland. Rundhöcker, Schrammen, Moränenanhäufungen, Seeerosion. Diese Spuren sind in den niedrigen Teilen des Landes mehr verwischt und es ergiebt sich eine grössere Mächtigkeit der Ablagerungen (die z. Th. auch verschiedenartige Bezeichnungsweise erfahren haben). Namentlich in den Küstendistrikten sind die Quartärablagerungen oft ausgezeichnet aufgeschlossen. Die Sandeinlagerungen im Geschiebemergel sind nicht auf bestimmte Horizonte beschränkt; im Inneren und auf den höheren Theilen findet sich nur ein till, die Zweitheilung ist nur im Osten und Westen durchzuführen. Der untere till kommt meist nicht über die Höhe von 150 m, die mittleren Sande reichen bis zu 425 m, meist kommt der obere till nur bis 250 m Höhe.

Der Geschiebelehm reicht bis in die Gegend von London.

Die fächerförmige Verbreitung von Leitblöcken lässt deutlich den Weg der grossen Eisströme erkennen; Bonney hat 4 Centren für die Verbreitung dieser Geschiebe nachgewiesen: 1. Kirkcudbrightshire (Granite), 2. Lake District (Felsite und Granit, z. B. Eskdale), 3. Wasdale Crag (Shap-Granit) und 4. Arenig (Felsit). Ausserdem giebt es noch kleinere Centren der Blockverstreuung. Bemerkenswert sind die vielen Spuren mariner Ablagerungen, die zu sehr differenten Auffassungen über ihre Bildungsart, wie des Diluviums überhaupt, Anlass gegeben haben.[2]

Geikie versucht, die Ablagerungen der verschiedenen Gebiete unter einander zu vergleichen und zu parallelisieren:[3]

### 1. Ostengland.

In den niedrigen Gebieten Ostenglands finden sich die mächtigen Ablagerungen vielfach an der Küste entblösst; hierher gehören die berühmten Ablagerungen von Cromer in Norfolk:[4] (s. folgende Tabelle).

In der dortigen Pliocänserie[5] finden wir auf marinen Ablagerungen Süss- und Brackwasserbildungen, welche sowohl eine praeglaciale Klimaveränderung, als auch den Beginn von Niveauschwankungen anzeigen.

Die Ablagerungen a und c zeigen noch Spuren von Schichtung, müssen aber als Grundmoräne angesehen werden, die Schalenfragmente liegen auf secundärer Lagerstätte. Die zwischengelagerten Sedimente sind subglacialen Ursprungs. Der Geschiebelehm c, „contorted drift", wurde früher von Geikie als Rückzugsbildung angesehen, die Lagerungsstörungen als durch Eisberge hervorgebracht, nach

[1] Eine zusammenfassende Schilderung der engl. Glacialis giebt Bonney Ice Work 1896.

[2] Über die erratischen Blöcke Gross-Brittanniens, bes. Yorkshires, vergl. Report Brit. Assoc. Glasgow, 1901. Eine neue Arbeit über die Glacialerscheinungen der nordöstlichen Gebiete des Tees, Wear und Tyne von Dwerryhouse findet sich in Qu. J. 58, 1902, 572.

[3] Anderer Auffassung folgend hat S. V. Wood das englische Quartär zusammengestellt in der Arbeit: The newer Pliocene Period in England. Qu. J. 36, 1880, S. 457 u. 38, 1882, 667.

[4] Geikie, l. c. 379. Reid, Mem. Geol. Surv. 1880. Phillips: Manual of Geol. 2, 650. Bonney, Ice Work 124.

[5] Zu bemerken ist dabei, dass die Schichten nicht überall in der hier angegebenen Reihe vollständig vorhanden sind: die Localfacies werden sehr ausführlich von Wood erklärt.

Rute war er durch die Eisdecke gebildet, welche im Maximum der Eiszeit die Nordsee erfüllte und sich mit dem skandinavischen Eis vereinigte (seine Stauchungen durch aus nordöstlicher Richtung wirkenden Eisdruck zu erklären).

Profil bei Runton Gap, Norfolk.
a Sand mit falscher Schichtung.
b Geschiebemergel. c Contorted drift.
d Cromer erratischer, Feuerstein führender Kreideblock. Rechts Schuttkegel (Talus).
(Nach Geikie.)

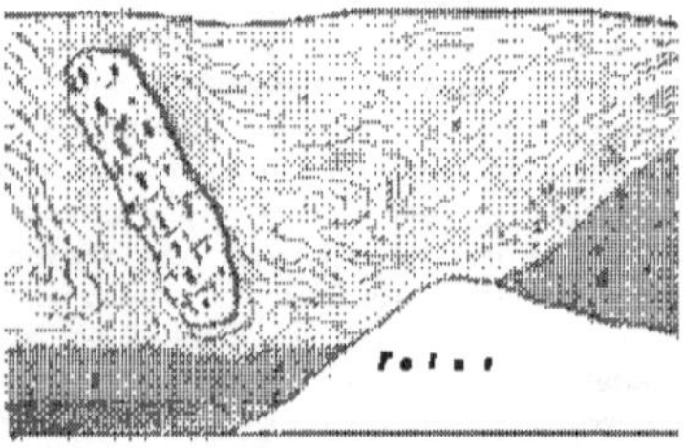


Die grossen Kreideschollen stammen aus unmittelbarer Nachbarschaft, wahrscheinlich geht die hiesige „contorted drift" allmählig in den „great chalky boulderclay" des südlichen England über.

J. Prestwich bezeichnet[1] die über den Chillesfordschichten und unter dem Boulderclay in Suffolk und Norfolk auftretenden Grande als „Westleton- und Mundesley-beds" (Pebbly series Whitaker's, Bure Valley Crag Wood's)[1]. Charakteristisch ist für sie das Auftreten von abgerundeten eckigen Kreidefeuersteinen, Hornstein u. A. aus dem unteren Grünsand. Sie stammen nicht von Norden, wie die Glacialdrift, sondern aus Süd und Südosten. Prestwich fasst sie als die Basis der dortigen Quartärserie auf, über ihre Beziehungen zum Themsediluvium s. u. Ihre organischen Reste (vergl. die Liste S. 115) leben bis auf wenige Formen noch heute. Prestwich[2] zeigt auch, dass die Westletonschichten sich weit landeinwärts nach Westen fortersttrecken und über das Londonbecken in bedeutende Höhenlagen reichen, höher als das Glacial.

Howorth hält die Westleton beds für unzweifelhaft diluvial, aus zerstörten tertiären Geröllschichten stammend, auch ihre Mollusken sollen aus dem Crag stammen.[4]

Der kreidereiche Geschiebelehm von Cromer entspricht dem von Lincoln, Norfolk, Suffolk, Essex, Hertford, Bedford, Cambridge bis zum Thale der Themse weit verbreiteten „great chalky boulderclay", einem ungeschichteten hellgrauen Thon, reich an Fragmenten von Kreide und Feuerstein,[5] neben anderen aus grösserer Entfernung stammenden Geschieben, wie jurassischen Gesteinen, weissem Sandstein, Basalt, Quarz, Granit u. A. Auch Linsen von Sand und Kies sind in diesem till bisweilen eingelagert; nur an der unteren Seite finden sich bisweilen Spuren von Schichtung. Seine Mächtigkeit schwankt sehr, sie kann bis über 30 m betragen. Vom Untergrund ist er in unebenen, aber scharf begrenzten Flächen geschieden.

In Lincolnshire und York findet sich der nämliche Geschiebelehm und wird hier von einem anderen Geschiebelehm überlagert, gegen den er (z. B. in Holder-

[1] J. Prestwich: Relation of the Westleton Beds or Pebbly Sands of Suffolk to those of Norfolk etc. Qu. J. 46, 1890, 84. (Litteratur S. 86, Profile 94, 96, 102, 108).
[2] Geol. Mag. 1887, 452.
[3] Chalky boulder clay auf Westleton Kies erwähnt auch Harmer Geol. Mag. 1899, 60.
[4] Qu. J. 51, 1895, 496.
[5] Vergl. H. Reade On the Chalk-masses or Boulders in the Contorted Drift of Cromer. Qu. J. 38, 1881, 222.

## Die Schichtenfolge von Cromer in Norfolk.

| | | |
|---|---|---|
| 9. Die folgenden Pleistocänablagerungen der Cromerküste gehören nach Geinitz alle zu ein und derselben Epoche der Vereisung. Es werden unterschieden von oben nach unten:<br>g) Geschiebekies und Sand, fossilfrei.<br>f) Sand und Lehm, mit vielen Muschelfragmenten, wenig ganzen Schalen.<br>e) Geschiebelehm, oft „contorted drift", mit Schalbruchstücken, bis 9 m.<br>d) fossilfreie feine Sande, discordant parallel geschichtet, bis 12 m.<br>c) Geschiebelehm mit viel Kreide, bisweilen mit Schalen.<br>b) fossilfreier, wohlgeschichteter Thon und Mergel mit Sandschmitzen.<br>a) Geschiebelehm mit vielen Schalenfragmenten („Cromer-till").[1] | | |
| 8. Über den „jüngsten Pliocänschichten" (ev. praeglacial) folgen an einigen Stellen arktische (praeglaciale) Süsswasserablagerungen mit *Salix polaris* u. a.[2], Land- u. Süsswasserconchylien und *Spermophilus*. Dies wäre nach Geinitz eine Unterbrechung der Folge seit dem Forestbed. | Westleton und Mundesley Beds | |
| 7. Leda myalis-bed: In isolirten Partien, bis zu 6 m mächtig. Marin, theils mit Auster, theils an anderen Stellen mit arktischen Formen (*Leda myalis*, *Astarte borealis*) und einigen kritischen Formen. | | Nach Geinitz gehören diese Ablagerungen einer langen Zeit an, in welcher die Tiefe des Wassers und das Klima sich veränderte. Die Auster, welche vor der Chillesford-Zeit die Nordsee bewohnte, war später ausgestorben und wanderte erst unter den günstigeren Verhältnissen nach der Forestbed-Zeit wieder ein, um dann wieder von der *Leda myalis* verdrängt zu werden. Das Klima wird rauher, das Meer rückt von neuem vor.[3] |
| 6. Forestbed-series: 3 fluviatile Bildungen, getrennt durch eine ästuare, mit Treibholz (nicht alte Landoberfläche, nur in der obersten Lage Waldboden mit Wurzeln). Säugethierreste: *Elephas meridionalis, E. antiquus, Rhinoceros etruscus, Hippopotamus, Ursus spelaeus, Equus, Bison, Cervus, Hyaena, Machairodus.*<br>Unter den Mollusken 2 nicht einheimische Arten: *Unio littoralis* und *Belgrandia marginata*. (Taf. 2). | Forestbed Group | Unter Veränderung des Klimas legt weiterer Rückzug des Meeres den südlichen Theil der Nordsee trocken; der Rhein u. a. praeglaciale Thäler resp. Aestuarien (Wood, l. c. 462) auf dem neuen Land.<br>Bildung der „forestbeds". Alle Pflanzen aus dieser Schicht leben noch jetzt in Norfolk, keine arktischen oder südeuropäischen.[4] Auch die Säugethiere entsprechen einem milden Klima. |
| 5. Weybourne Crag (Quartär). | | |
| 4. Chillesford beds, bis 5 m, Sand und Thon mit oft torfartigen Zwischenlagen, mit 40 ausgestorbenen Molluskenarten, 26 nördl. (incl. 8 arkt.) und 11 Arten der benachbarten Meere. Z. Th. fehlend, von Norwich Crag vertreten, z. Th. allmählich aus dem Red Crag sich entwickelnd. Die unteren Sande mit *Scrobicularia piperata*. | | Arktische marine Formen treten auf; nach Wood ist der Chillesford-Sand und Thon in Folge geringer Senkung die unmittelbare Fortsetzung des fluviomarinen Crag von Bramerton. Höhepunkt der arktischen Verhältnisse, welche im Red Crag begonnen hatten. |

| | |
|---|---|
| 3. **Fluviomariner oder Norwich Crag.** 5—30 m. Sand und Geröll mit 231 Mollusken, wovon 14,8 % nordische Arten. *Mast. arv., Eleph. merid., El. antiquus, Bison priscus, Hippopotamus major, Trogontherium Cuvieri* etc. | |
| 2. **Red Crag.** 8—18 m, rother und brauner eisenschüssiger Sand. Nach Wood Ablagerungen zwischen den Hoch- und Niederwasserständen. 450 Mollusken mit 10,7 % nordischen Arten. *Mastodon arvern., Elephas meridionalis, El. antiquus, Tapirus priscus, Canis lupus, Felis pardoides, Sus antiquus.* | Die vorigen Formen (von 1) sterben z. Th. aus, nördliche treten auf und herrschen allmählich vor. Das Meer zieht sich zurück, England tritt mit dem Continent in Landverbindung; während die Nordsee weit gegen N. offen ist, Eisberge verfrachten Findlinge. (Nach Wood Hebung im südlichen, Senkung im nördlichen Cruggebiet.) |
| **Pliocän:** 1. **Coralline Crag** (White oder Suffolk Crag), 8—15 m. Sand und Thon, reich an Bryozoen, unter 519 Molluskenarten 8 % nordische. *Mastodon arvern., Rhinoceros Schleiermacheri, Dicroceras dicranoceras.* | Klima warm gemässigt, mit südlichen Formen. Südostengland und Nordfrankreich lagen unter dem Meeresspiegel. (Der Cor. Crag bildet noch nicht den Anfang einer Eiszeit, s. Harmer: Moll. Fauna of the Cor. Crag. Geol. Mag. 1896, 27). |

[1] In den Geschiebelehmen von Cromer und auch anderen Gegenden Ostenglands fanden sich neben den vorherrschenden einheimischen Blöcken auch einzelne unzweifelhafte skandinavische (aus z. B. Norwegen, Dalarne). Hull meint, dass der Lower boulderclay von Norfolk nicht von skandinavischem Landeis stamme, sondern nordischen Ursprungs sei. Madsen: Scandinav. Boulders at Cromer. Qu. J. 49, 1893, 114—116. Helland. Zeitschr. d. deutsch. geol. Ges. 1879, 67. Hull: Geol Mag. 1897, 572.

[2] Geikie l. c. 337. Nathorst, über n. Funde von foss. Glacialpfl. Engler's Bot. Jahrb. I. 431; über den gegenwärtigen Standpunkt unserer Kenntn. von dem Vorkommen foss. Glacialpfl. Bih. Sv. Vet. Ak. Handl. 17, 3, 5, (1892), Karte. — C. Reid fand die Früchte von *Paradoxocarpus (Folliculites) carinatus*, die in den lacustren Ablagerungen bei Cromer bekannt waren, in **Suffolk** auch im Chalky boulderclay: die Pflanze würde danach bis zur paläolith. Periode in England gelebt haben; s. N. Jahrb. 1896, II, 208.

[3] Während Reid glaubt, dass das Zusammenvorkommen von arktischen Muscheln mit der südlichen Fauna des Forestbed auf die localen geographischen Verschiebungen (Festlandsbarre zwischen Nordsee und südlichem Meere, Landverbindung) zurückzuführen sei, meint Geikie, dass die Forestbed-Flora nicht gleichalt mit der Fauna des White und Chillesford Crag war. Wenn auch eine locale Verfrachtung von Süsswassermuscheln oder von arktischen Formen (Narwal oder Walross) möglich wäre, so doch nicht von südlichen Thieren, wie *Hyaena*. Nach Geikie **folgte** also auf den Chillesford Crag und Weybourne Crag als Repräsentanten eines **kalten** Klimas die **wärmere** Zeit des Forestbeds. Es hätten also ähnliche Schwankungen, wie in Schottland stattgefunden; das Untertauchen des Landes entsprach einer kalten Zeit, Aufsteigen einer wärmeren Epoche; die wieder folgende Senkung (15 m) brachte eine neue Invasion arktischer Mollusken (*Leda myalis bed*). Mit der Reid'schen Auffassung scheint z. Th. diejenige von Wood übereinzustimmen, welcher besonders die **ungleichmässige** Senkung betont, durch die z. B. das nördliche Norfolk sank, bei gleichzeitiger Hebung des nordöstlichen Suffolk (Unio-schichten von Kessingland!). Übrigens glaubt Brodie, (Qu. J. 36, 628), dass die Schwankungen des Niveaus zur Cragzeit mehr local waren und nicht so ausgedehnt, wie Wood annimmt.

[4] C. Reid fand hier auch *Stratiotes (Folliculites) carinatus*; s. N. Jahrb. f. Min. 1898, II, 608. — S. auch Cl. Reid: Notes on the Geol. Hist. of the Recent Flora of Britain. Annals of Botany 2. London 1888, 177.

ness) mit denudirter Oberfläche oder durch Kieslager abgegrenzt ist; auch dieser ist eine echte Grundmoräne.

(Von einigen Geologen wird dieser chalky boulderclay nicht als Grundmoräne betrachtet, sondern als Product von Eisdrift während einer oder mehrerer Senkungsperioden; Geikie bekämpft die nach dieser Auffassung nötige Annahme von abwechselnden Senkungen und Hebungen bis zum Betrag von 180 m.)

Vielfach zeigt der Geschiebelehm in seiner Natur, wie in Färbung und Geschiebeführung eine locale Abhängigkeit von dem Untergrund; beistehendes Diagramm aus Lincolnshire erläutert dies sehr schön.

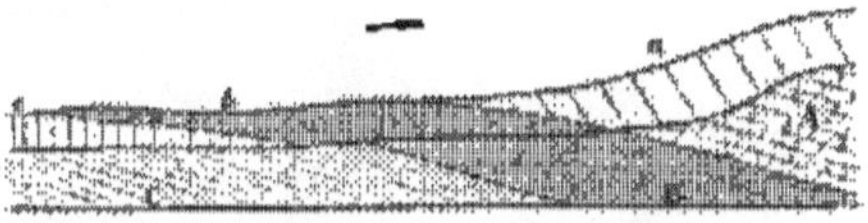

*A* Kreide, *B* Kimmeridgethon, *C* Oxfordthon.
*a* kreidereicher, *b* dunkelblauer, *c* hellblauer Geschiebemergel.

Drei Profile aus Lincoln und Norfolk zeigen den Wechsel von Geschiebelehm und Sanden:

| | Little Bytham. | Boston. | Elvedon Gap. |
|---|---|---|---|
| Moorboden . . . . . . . . . . . . . | | 7 m | — |
| Sand . . . . . . . . . . . . . . . | | — | 1 m |
| Geschiebelehm . . . . . . . . . . . | ca 9 m | 134 m | 1,8 m |
| Thon . . . . . . . . . . . . . . . | — | — | 4,8 m |
| Sand und Kies . . . . . . . . . . . | 4,9 m | 4 m | 0,6 m cementirter Lehm |
| Thon . . . . . . . . . . . . . . . | — | 3 m | 0,6 m gewaschener Lehm |
| Kies . . . . . . . . . . . . . . . | — | 1,5 m | 1,2 m |
| Geschiebelehm . . . . . . . . . . . | 10 m | 6 m | 1,8 m |
| Sand und Kies . . . . . . . . . . . | 20,8 m | 5,8 m | 0,6 m |
| Thon . . . . . . . . . . . . . . . | | 2 m | Kreide. |
| Sand . . . . . . . . . . . . . . . | — | 3,3 m | |
| Geschiebelehm . . . . . . . . . . . | — | 1,8 m | |

Mikroskop. Untersuchung des Geschiebemergels von Suffolk s. Hill, Qu. J. 58, 1902, 149.

Berühmt und wichtig für das Diluvium der englischen Ostküste sind die Aufschlüsse an den Küsten von Flamborough Head und Holderness (in Yorkshire). Erstere sind ausführlich von Lamplugh beschrieben.[1]

An zwei Punkten der ersteren Localität bei Sewerby und Specton sind praeglaciale („infraglaciale") Schichten entblösst:

[1] W. Lamplugh: On the Drifts of Flamborough Head. Qu. J. 47, 1891, 384—431. Vergl. hier auch das ausführliche Litteraturverzeichniss und S. 387 die Kartenskizze.

Zu Seite 397.

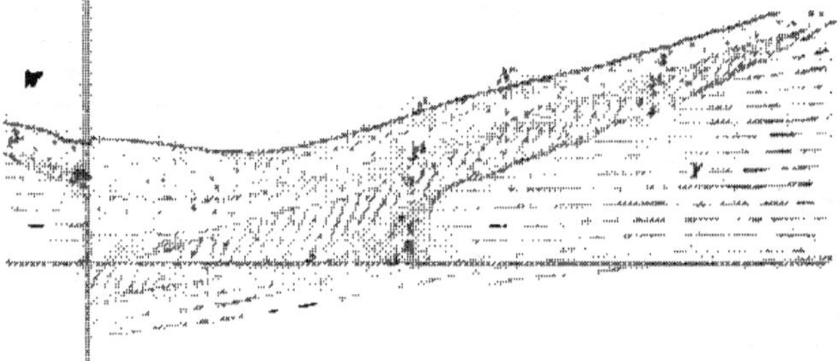

Beistehende Figur zeigt ein altes Seekliff von Diluvialmassen bedeckt: An dem alten 8—12 m hohen Kreidekliff zu unterst, nicht viel höher als das heutige Niveau der höchsten Flut, (A) 1,2—1,5 m Strandgerölle mit Geröllen von Kreide, Feuersteinen und wenigen anderen fremden kleinen Gesteinen,[1] darauf (B) 1,5 m Schuttkegel von mergeligem Thon und heruntergefallener Kreide mit Landschnecken und Knochen, darüber (C) gelber Flugsand von 7,5 m Dicke bis Auskeilen nach oben (mit einigen heruntergefallenen Kreideblöckchen, oben von Kreidetrümmern und dem untersten Geschiebemergel abgeschnitten. Alle drei Schichten führen Knochen von Säugethieren, Vögeln, Fischen die unteren auch schlecht erhaltene Seemuscheln.[2])

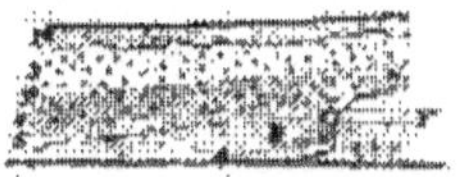

Die Gliederung von Lamplugh ist in nachstehendem Profile zu ersehen:

A, B, C, Infraglacial von Sewerby and Speeton.

| | | |
|---|---|---|
| Recent: | 1. | Alluvialbildungen, Süsswassermergel. |
| Glacial | 2 b. 2 c. | Spätglaciale Kiese, Ziegelthon und Geschiebelehm. |
| | 3. 3 a. | Oberer Boulderclay. |
| | 3 b. 3 c. | Mittlere Abtheilung, geschichtete Ablagerung mit Bänken von Geschiebelehm. |
| | 4 | Basement Boulderclay. |
| | 5. | Kreidetrümmer. |

Bei Speeton liegt in der Höhe von 27,5 m (?) auf dem Speetonthon eine dünne Kieslage mit localem Detritus; darüber Sande mit Muscheln von ästuarem Ursprung[3] (nach Lamplugh vielleicht älter als das Sewerby-kliff) ein dünner Kreideschutt und folgende Diluvialmassen bedecken die Muschelschichten (3 m dunkler „basement clay", 1,5 m Sand und Kies, 9 m brauner Geschiebelehm). Lamplugh hält diese Schichten für äquivalent mit einem Theil des *Leda myalis*-bed von Norfolk. Die hier an mehreren Stellen folgende Schicht von Kreidetrümmern, chalky rubble, entstammt z. Th. den jetzigen Trockenthälern im Innern des Landes. Die nun folgenden Glacialbildungen zeigen vielfach drei Geschiebelehme mit zwischenliegenden Sedimenten und sind verschieden gedeutet worden.

Als Beispiel diene das Profil von Bridlington Quai:

Mergel mit Torf (arktische Flora),
Sewerby gravels, Sande und Kies, Thal- oder Schmelzwassersande,
Hessle clay,
brauner Geschiebelehm in 2 Bänken (purple clay) mit Kieszwischenschichten,
dünner Guttaperchathon (fehlt z. Th.),
10,6 m Basement boulderclay, dunkel mit muschelreichen Sand- und Thonschollen.

1. Der Geschiebelehm, „basement-clay", führt viele fremde und Jura-Geschiebe und nur wenig locale Kreidebeimischungen, ferner viele Schollen ver-

[1] Dieselben unterscheiden sich von denen des überlagernden Geschiebelehms und sind nach Lamplugh durch schwimmendes Eis hergeführt, nicht Reste noch älterer Moräne.

[2] *Elephas antiquus, Rhinoceros leptorhinus, Hippopotamus amphibius, Cervus (? megaceros), Bison sp., Hyaena (spelaea), Arvicola amphibius, Gadus morrhua, Helix hispida, H. pulchella, Pupa marginata, Zua subcylindrica, Purpura lapillus, Littorina littorea, Ostrea edulis, Mytilus edulis, Pholas, Saxicava.* Hieraus kann man schliessen, dass zu jener Zeit das offene Meer etwas weiter westwärts in das Land eingriff und ein milderes Klima herrschte.

[3] *Tellina baltica, Scrobicularia piperata, Cardium edule, Mytilus edulis, Littorina littorea, L. rudis, Hydrobia ulvae, Utriculus obtusus*

schiedener Grösse von Sand und Thon, voll von arktischen marinen Muscheln (früher als „Bridlington Crag" bezeichnet); einige derselben jetzt auf Amerika beschränkt; auch lose Muschelfragmente, selten auch ganze dickschalige Exemplare, liegen im Geschiebelehm. neben diesen Einschlüssen findet sich auch Süsswassertorf.

An einer Localität fand Lamplugh[1] folgende Mollusken u. a. aus einer im Geschiebelehm eingebetteten Sandscholle, ca. 18 m ü. d. M.

*Pecten islandicus, Mytilus modiolus?, Leda Pernula, Cardium groenlandicum, Cyprina islandica. Astarte borealis, A. compressa, A. sulcata, Mya truncata, Saxicava norvegica, S. rugosa, Dentalium striolatum, Turritella erosa, Natica islandica, Fusus despectus, Admete viridula, Balanus Porcatus.*

Dieser Geschiebelehm wird als Produkt eines grossen Landeises angesehen (und zwar des ältesten und einzigen!), welches aus NO. vom Boden der Nordsee kam und dabei Schollen von Meeresbodenthon aufgenommen hatte, (äquivalent dem unteren till von Cromer?[2]), eventuell waren auch die Schollen von Meeresthon in geschützten Buchten durch strandende Eisberge verfrachtet.

2. Als **purple boulderclay** bezeichnet Lamplugh die **mittlere Abtheilung**. (Der unterste Theil kann z. Th. noch zum „basement clay" gezählt werden.) Ein Diagramm zeigt den Übergang der sandigen Sedimente von Flamborough Head in den purple clay von Holderness und ihre **Gleichwertigkeit**: der an der Küste vorherrschende Geschiebelehm wird im Innern durch Sand und Kies (oft in weit zu verfolgenden Kamesrücken) vertreten. Südlich von Holderness werden diese Sande reich an Muschelfragmenten.

Der „**purple clay**" von Holderness und Bridlington ist unten reich an Kreide, nach oben ärmer daran, mit vielen fremden Geschieben, ohne die muschelführenden Schollen und ohne Juragesteine; Muschelfragmente bisweilen, unten häufiger als in den oberen Partien. Derselbe tritt in mehreren Bändern auf, zwischen denen Zonen und Linsen von Sand und Kies vorkommen. Dagegen findet sich bei Flamborough Head eine Reihe wesentlich fossilfreier, oft unregelmässig gelagerter Sedimente und Bänke von Geschiebelehm.

Die Sande werden von Einigen als **marines Interglacial** betrachtet, Lamplugh hält sie dagegen für Producte der Abschmelzung des purple clay-Eises. Diese ganze mittlere Abtheilung ist nach ihm an der **Eisküste** (d. i. bei Flamborough und dem Innern) gebildet, zur Zeit eines langsamen Rückzuges, während **gleichzeitig unter** dem Eise (d. i. an der heutigen Holderness-Küste) Geschiebelehm abgesetzt wurde.

Stellenweise greift in diese (z. Th. als „**Hessle gravel beds**" bezeichneten) Sande der auflagernde Geschiebelehm zungenförmig weit hinein (im Profil das Bild von Wechsellagerung oder linsenförmigen Einlagerungen liefernd[3]).

Bei **Kelsea** am Humber führt der Sand viele Muscheln, u. A. die fluviatile *Corbicula fluminalis* und wird deshalb als typisch interglacial betrachtet. Lamplugh dagegen hält die Muscheln nicht für gleichaltrig mit dem Sand, sondern auch für Fremdlinge.[4] Gegenüber der Zusammenziehung aller „mittleren" Ablagerungen trennt Cl. Reid[5] die Sande von Holderness in 2 Abtheilungen, eine

---

[1] l. c. 400 und Geol. Mag. 1890. 61. Eine andere Liste der Fossilien (Conchylien, Foraminiferen, Pflanzenreste u. a.) giebt Lamplugh im Qu. J. 1884, 319 f.

[2] Lamplugh: Qu. J. 47, 1891, 417, ebenso Wood, Qu. J. 38, 1882, 668: Shelly patches in the Bridlington Boulderclay. Qu. J. 40, 1884, 318—328; auch norwegische Geschiebe sind hier nachgewiesen, l. c. 409. S. auch Wright: Marine Fauna (viel Foraminiferen) des britischen boulder clay. Geol. Mag. 9, 1902, 518.

[3] Vergl. die Aufschlüsse von Kelsea, Geinitz l. c. 360—362.

[4] Die Austernablagerungen von Kirmington südlich vom Humber können nach Lamplugh **praeglacial** sein. Über Kelsea s. auch Wood, Qu. J. 38, 699.

[5] Vergl. Qu. J. 47, 430.

mit den älteren boulderclays verbundene und eine andere marine, deren Schichten sich ansvärts unter den oberen Geschiebelehm neigen. Diese Schichten reichen nicht über 30 m Höhe, ihre Fauna ist marin, aber an der Mündung des Humber treten Süsswassermuscheln und Säugethierknochen auf.

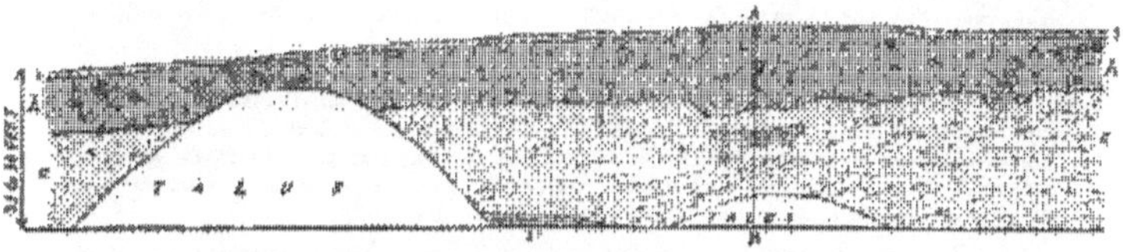

Kelsea. a Oberfläche; h rother Geschiebelehm; h¹ Geschiebelehmeinquetschung; g Vermengung von h und c; h² Geschiebelehm, wahrscheinlich mit h zusammenhängend; c Corbiculaschichten. (Lamplugh).

3. Oberer (Hessle-) boulderclay[1], 6—9 m dick, mit meist kleinen Geschieben, wenn auch grosse nicht fehlen, bisweilen mit kleinen Sandlinsen, röthlich gefärbt, erdiger und weniger compakt als der untere Thon.

Von dem unterlagernden purple clay oft (aber nicht durchweg) durch wenig mächtige Kies- und Sandschichten getrennt. Bisweilen treten die Geschiebe ganz zurück und es bildet sich gewöhnlicher Ziegelthon (ähnlich wie bei dem oberen till von Lancashire), aber Schichtung fehlt; man muss ihn als direktes Produkt des Landeises auffassen, etwa als Innenmoräne. Er endigt nach Westen zu nahe dem Kamenrücken unter Verjüngung in dem unteren Kies.

4. Aequivalent dem oberen Geschiebelehm sind die Sewerby-Sande[2] („Bridlington series"), Absätze von Flüssen, die aus dem Innern strömten und z. Th. vom Eis aufgedämmt wurden.

Die Vereisung erfolgte durch Landeis von östlichem Ursprung, welches den grösseren Theil der Yorkshire Wolds nicht überschritt. Es erfüllte die Nordsee in dieser geographischen Breite vom Anfang der Vereisung bis zu deren Ende; in Flamborough Head hat man keine Anzeichen für eine milde Interglacialzeit, sondern nur für starke Schwankungen des Eisrandes.

Lamplugh schliesst auf folgenden Gang der Ereignisse für das östliche Yorkshire:

Vor der grossen Eisinvasion war das Klima mild, die grossen Säugethiere konnten hier existiren. Das Klima verschlechterte sich, arktische Formen traten in der Nordsee auf, das Land lag etwas höher als jetzt. Verwitterung und Zerstörung der Kreide durch Frost. Die Nordsee war von grossen Eismassen erfüllt, welche aus Nordosten nach Holderness gelangten, Theile des Meeresbodens aufpflügten und ihrer Grundmoräne (dem basement boulderclay) einverleibten. Unter den Geschieben finden sich auch einige norwegische (? eventuell auch durch Eisberge verfrachtet). Das Eis folgte dem tiefsten Theile des Seebodens nach Süden, wurde aber an der Ostküste durch Eisströme beeinflusst, die aus den Thälern des nördlichen England, Tees u. A. kamen; es breitete sich über die Klippen von Flamborough bis an die Abhänge der Wolds und Moorlands aus; die höheren Theile Yorkshires waren vielleicht Nunatakr. Hier setzten die vom Lande kommenden, z. Th. durch das Eis aufgedämmten Flüsse Kiese ab. Bei längerem Stillstand des Eises bildeten sich osarartige Ablagerungen.

[1] Hessle 4 Meilen westlich von Hull.

[2] Noch jüngere Sande enthalten z. Th. torfige Beimengungen und Süsswassermergel, ein Zeichen, dass keine weitere marine Senkung folgte.

Später begann das Nordseeeis sich zu verringern, unter zahlreichen Schwankungen: es bildeten sich die mittleren geschichteten Ablagerungen und die purple clays.

Ein neuer Vorstoss von Eis, aber von anderer Seite, nämlich von den Penninebergen, allerdings noch durch das Nordseeeis beeinflusst. Dieses Eis dehnte sich etwas weiter aus, als das frühere, seine Zeit war aber kurzer. Während seiner Abschmelzung wurde der obere Geschiebelehm abgesetzt (Hessle clay). Endlich wurde das Klima milder, aber noch lange waren die Niederschlags- und Entwässerungsverhältnisse andere wie heute.

Während Geikie mit diesen Auffassungen bis zur Zeit des purple clay übereinstimmt, meint er, dass in der Zwischenzeit eine Senkung um 80 m eingetreten sei (Kelsea!), das Klima sich milderte, die grossen Säugethiere wieder auf dem Lande erschienen und in dieser langen Zeit sich das Nordmeeeis weit zurückgezogen habe; an seiner Stelle sei im Süden eine grosse Landfläche erschienen (auf der die Einwanderung der Thiere möglich war), deren Flüsse zu dem alten Rheinland strömten.[1] Als neuer Akt sei dann die nächste Eiszeit mit dem Hessle clay gefolgt.

Ähnlich ist die Auffassung von Jukes-Browne[2], der für Lincoln und Yorkshire folgende Eintheilung giebt:

| | | |
|---|---|---|
| Jüngeres Glacial: | Hessle clay<br>Purple clay | beide nicht scharf getrennt, wie Wood meint, nur locale Erosion. |
| Älteres Glacial: | Chalky clay resp. Basement clay.<br>Cromer Series incl. mittlere Sande. | |

Der Ostabhang der Kreidewolds scheint nach J. Browne nach einer späteren Senkung durch marine Erosion zerstört worden zu sein, der jüngere Geschiebelehm erst später darauf abgelagert (vergl. ein beistehendes Diagramm, O älterer, N jüngerer Geschiebelehm). Dies entspräche also einer

zeitlichen Unterbrechung zwischen chalky clay und purple clay. Diese Senkung um 180 m musste das Klima verbessern, auf die erneute Hebung mit Erosion folgten glaciale Bedingungen mit dem purple clay an und auf der Unteife resp. schmalen Halbinsel des Wold. (Wood hatte, Qu. J. 24, 146, die Hesslerschichten mit Cyrena fluminalis für postglacial gehalten.)

Ein von der Geikie'schen Darstellung abweichendes Bild entwirft S. W. Wood, der das englische Pleistocaen nach seinen schon oben erwähnten Beobachtungen[3] von oben nach unten folgendermassen gliedert:

7. Kleinere Vereisung oder Renthierperiode (Hessle clay).
6. Postglacial: Cyrena fluminalis-Schichten.
5. Purple clay von Yorkshire und Elms.
4. Kiese der Abschmelzperiode in den gehobenen Theilen, Cannon shot gravel.
3. Mittlerer Glacialsand und Kies und der Chalky clay.
2. Untere Glacialschichten.
1. Red and fluviomarine Crag.

Wood findet keine Anzeichen von Klimaschwankungen während der langen Zeit von 1 bis 5, der Rückgang der Kältebedingungen soll nur durch die eintretende grosse Landsenkung bedingt gewesen sein. Das Kältemaximum war während der Bildung des Cromer till bis zum Schluss der Zeit des Chalky clay, darauf

[1] Diese Verhältnisse des von Rhein und Themse durchströmten Landes im Gebiete der südl. Nordsee verlegt Lamplugh auf die praeglaciale Zeit.

[2] The Boulderclays of Lincolnshire. Qu. J. 41, 1885, 114—131.

[3] Qu. J. 36, 457; 38, 667. Vergl. die dortigen Karten!

nahm die Kälte ab, nicht in Folge einer Einschaltung wärmeren Klimas, sondern vor Schluss der erneuten, ungleichen Hebung durch Verlegung des Meeresspiegels. Der Gang der Ereignisse wäre nach WOOD folgender gewesen:

Hebung und Denudation des Gebietes des Chillesford Crag ausser seiner nordwestlichen Ästuarpartie; dadurch Bildung der Süsswasserschichten von Kessingland im nordöstlichen Suffolk.

Beginn der grossen Senkung. Hierdurch tritt zunächst die See in das Thal, dessen Fluss den fluviomarinen Crag abgesetzt hatte, und lagert die Sande ab, die sich bei zunehmender Senkung von Ost Norfolk weiter nach Süden, Norden und Westen ausdehnen.

Das Eis, welches zuerst vom Pennine zu dem Meere des oberen Crag geflossen war, veränderte allmählig seine Bewegungsrichtung mit der Änderung der Bodenneigung und der Vertiefung des Meeres im Süden und Westen.

Die Hebung brachte zuerst die flachen Theile über Wasser, hier wurde die Moräne des chalky boulderclay abgesetzt resp. vorher abgelagerte Kiese zerstört; dem rückweichenden Meere folgend schob das Eis seine Moräne als Schlammbank in dasselbe; mannigfache spätere Zerstörungen und Neuabsätze hängen mit dem Eisvorschub zusammen, der Depressionen benutzte und zu späteren Flussthälern umgestaltete. Bei dem Rückzuge des Eises wurde der chalky clay wieder von der See bedeckt und mit Kies überlagert. So war der Cromer till vor der Hauptsenkung abgelagert, als locale Modification des Bure Valley Sandes; der Cromer till geht über in Ziegelerde und Kreideschlamm, die locale Stauchungen durch neuerlich vorrückendes Eis erfahren. Das Eis des chalky clay in seiner grössten Ausdehnung in Ostengland veranlasste die Lagunenbildung von Hoxne, mit den palaeolithischen Resten, Säugethieren und Baumresten. Diese Ablagerungen wurden wieder von Schmelzwässern erodirt, die ihrerseits im nordwestlichen Norfolk den Cannon shot absetzten. Die Thäler können je nach Lage des Niveaus vom Meer oder vom Eis erfüllt sein und später zu Ablagerungen mit Süsswassermuscheln Veranlassung geben, die ihrerseits wieder von ausgedehnten Kieslagern bedeckt werden. (Ein Theil der Themsekiese ist auch marin, erst etwas später gehoben.)

Als die Neigung aus der östlichen nach Westen und Süden überging, wurde das Eis, das vorher zur See durch den Humber abfloss, südwärts abgelenkt, westlich des Wolds von Lincolnshire, und die See lagerte auf dem Cromer till die Bridlington- und Dimlington-Muschelkiese ab; auch hier riefen Schwankungen des Eisrandes wechselnde Moränenbildungen hervor.

Das Themsethal wurde durch die ungleichen Niveauschwankungen zunächst ein „Sea-Loch“, alsdann durch die Hebung wieder zu einem Flussthal; der Meeresspiegel lag später östlich von England tiefer als heute. Die betreffenden Süsswasserablagerungen, die Cyrenaformation, zeigt ein milderes Klima an, als die darauf folgende (Damwild, *Rhinoceros megarhinus*, Fehlen des Renthiers, *Cyrena fluminalis*, *Unio litoralis*, *Hydrobia marginata*.)

Der im Osten auftretenden Cyrenaformation entsprechen die Sande und Kiese mit marinen Muscheln, die in Cheshire, Lancashire und Cumberland von dem oberen clay bedeckt werden, derselbe enthält dort im Westen marine Muscheln, während er im Osten frei davon ist; es fanden also wiederholte Schwankungen statt.

Während der nunmehr folgenden Hebung fand (in einer Ruhepause) die Ablagerung des oberen Geschiebelehms, des sog. „Hessle clay“, statt; derselbe ist frei von Muschelschalen und als Moräne von Gletschern zu betrachten, welche die Thäler des Tees und Humber erfüllten. Der Unterschied in den entsprechenden Ablagerungen des Westens gegenüber dem Osten ist nur auf die im Westen stärkere Senkung zurückzuführen.

Die Ausfüllung der Höhlen ist nach WOOD in der Zeit der geringeren Vereisung erfolgt; die Knochen der früheren Thiere sind in der Höhlenerde zusammengeschwemmt mit denen der damals lebenden (Renthier, Mammut). Die Höhlenerde wird von Kalksinter überlagert, der sich zur Zeit der Vereisung (da der Boden zugefroren war) nicht bilden konnte. Der unterlagernde Sinter entspricht somit der interglacialen milderen Cyrena-Zeit. Das Renthier ist nach WOOD nur jungglacial.

WOOD weist das Zusammenauftreten der Baumfora mit dem Landeis nach (z. B. bei Hoxne); *Hippopotamus* ist ein Beweis für Interglacialzeiten (dasselbe konnte auch überwintern und brauchte nicht enorme Wanderungen zu machen); dagegen scheint es weder während der Hauptvereisung noch auch zusammen mit dem Riesenhirsch während der kleineren Eiszeit in England gelebt zu haben; seine Knochen befinden sich wohl auf secundärer Lagerstätte, zusammen mit Renthierknochen.

Während der Hauptvereisung war eine offene Nordsee, während nach anderen die Mollusken in den Geschiebelehm gekommen sind durch Aufwühlung des Meeresbodens durch das skandinavische Eis; nach Wood war das Eis aber rein britisch, die Mollusken sind nur solche, die in der britischen See oder unmittelbar im Atlantischen Ocean nördlich davon vorkommen.

## 2. Westengland.

Auch im westlichen England, im Küstengebiet der Irischen See, kann man nach Geikie zwei, durch Interglacial-Sedimente getrennte Geschiebelehme beobachten:[1]

1. Der untere Geschiebelehm hat in den hochliegenden Geländen dieselbe Beschaffenheit wie der schottische till: auch gestauchte Einlagerungen von Sand, Kies oder Thon finden sich. Die Maximalmächtigkeit beträgt ca. 36 m.

Die Schrammen der Geschiebe verlaufen meist nach deren Längsrichtung. Diese Grundmoräne ruht auf geschliffenem oder zertrümmertem (Localmoräne verursachendem) Untergrund. Die Farbe zeigt eine Abhängigkeit von den Gesteinen, aus denen die Massen gebildet sind. Mackintosh (Transportation of glacial boulders from the Lake District to the Northwest Coast) giebt auf einer Karte die verschiedenen Transportrichtungen der Geschiebe an. (Geol. Centralbl. 1903, 800.) Die Vergletscherung von Wasdale untersuchte Dwerryhouse. Qu. J. 48, 1902, 572. Eine Localmoräne mit Keupermergel beschreibt M. Reade von Gr. Crosby, Lancashire, als von Landeis gebildet, während sie überlagert wird von (marinem) Muschelfragmente führendem braunem Geschiebelehm.[2]

In Lancashire und Cheshire enthält der Geschiebelehm in den Lagen unter 45 m über dem Meere oft Muschelfragmente auf secundärer Lagerstätte. Marine Reste sind nach Binney bei Manchester sowie auch im mittleren und östlichen Theile von Lancashire selten, dagegen steigt das Vorkommen ausserordentlich im Süden von Lancashire und Cheshire.[3]

2. Die mittleren bis zu 60 m mächtigen Sande reichen bis zur Höhe von 365 m (bei Moel Tryfan bis 410 m) und führen bisweilen marine Conchylien von britischer, südlicher, arktischer und skandinavischer Herkunft.[4]

Bei Furness in Lancashire fand sich auch Torf in diesem Horizont:

| | | |
|---|---|---|
| 0,3 | m | Ackererde, |
| 36 | „ | grauer und blauer Geschiebelehm, |
| 7 | „ | pflanzenführende Schicht, |
| 0,6 | „ | blauer Sand, |
| 3 | „ | rother unterer till. |

3. Der obere und untere till sind bei Manchester sehr ähnlich. Dieser obere till ist an seiner Basis gewöhnlich ein harter Mergel von dunkel chokoladebrauner Farbe mit kleinen Muschelfragmenten (*Turritella terebra*, *Cardium edule*, *Tellina baltica*) und wenigen, aber deutlich geschrammten Geschieben, nach oben zu roth

[1] M. Reade unterscheidet in den Ablagerungen der Colwyn Bay (Qu. J. 41, 102) zwischen till und boulderclay, ersterer soll hier von Eis und Schnee gebildet sein, die von den Bergen herabkommend den Verwitterungsschutt absetzten, der boulderclay mit seinem gemischten Material soll marin sein, die Eskdale-Granite durch schwimmendes Eis zugeführt.

[2] Qu. J. 41, 1885, 455.

[3] Trans. Manch. Geol. Soc. 21, 1892, 607.

[4] Allerdings scheinen alle jene Vorkommnisse auf ihre Fauna immer nur auf Grund sog. Collectivproben untersucht zu sein, und nicht die verschiedenen Schichten einzeln, wie es mustergültig von Mortimer ausgeführt wird (s. o.)

mit vielen, aber weniger deutlich geschrammten Steinen. Er erreicht 9—30 m Mächtigkeit und reicht selten bis über 120 oder 150 m Meereshöhe.

Einige Beispiele für jene Lagerung und deren sehr verschiedener Deutung seien hier angeführt:

Aus West Cheshire giebt Shone[1] eine ausführliche Beschreibung der muschelführenden Boulderclays und mittleren Sande, z. B. bei Newton 42 m über dem Meere.

3. Der theilweise über den Sanden lagernde obere Geschiebelehm (mit scharfer Abgrenzung, rothbraun, mit blauer Färbung der säulenförmigen Absonderungsflächen) ist, z. Th. bei 9 m Mächtigkeit, fast ohne geschrammte Blöcke, dagegen mit Rollsteinen und ohne Muscheln, weiterhin aber, besonders nahe der unteren Grenze, erfährt er eine Anreicherung an Scheuersteinen und Muschelfragmenten.

Aus ihm sind 66 Arten beschrieben, davon:

7 skandinavische: *Leda pernula, Astarte borealis, Tellina calcarea, Dentalium striolatum, Natica affinis, Admete viridula, Pleurotoma pyramidalis.*

6 nordbritische: *Mytilus modiolus, Cyprina islandica, Astarte compressa var. striata, Lacuna divaricata, Buccinum undatum, Trophon clathratus var. truncata, Pleurotoma rufa, Pl. turricula.*

5 südbritische: *Arca lactea, Venus chione, Natica sordida.*[2]

2. Mächtige mittlere Sande von feinem Korn, ohne Gerölle und geschrammte Geschiebe, Muscheln finden sich in den zwischenlagernden feinen Grand(shingle)-Bänken; die Gastropoden aus diesen Sanden enthalten im Innern keine mikroskopische Fauna und sind meist mehr abgerollt als im Geschiebelehm. (In diesem Sand fanden sich bei Upton 23 Conchylienarten, von denen 2 skandinavische, 4 nordbritische waren.)

1. Unterer Geschiebelehm: Rothe sandig-thonige Localmoräne mit vielen geschrammten Blöcken, ohne Muscheln. (Der untere Geschiebelehm von Dawpool, Cheshire, lieferte 4 skandinavische, 7 nordbritische und 21 unwesentliche Conchylienarten.)

Die Conchylien und Ostracoden sind (bis auf die drei südlichen) boreale, litorale resp. sublitorale Formen. 1897 theilte M. Reade (Q. J. 53, 351) den grossen Foraminiferenreichtum des Boulderclay vom Clwyd-Thal mit (der nach ihm aequivalent dem „Low-level marine boulderclay“ von Lancashire und Cheshire ist, s. u.; Hughes meint dagegen, sich auf seine Arbeit über die Drift vom Vale of Clwyd, Q. J. 43, 73, beziehend, dass die Foraminiferen der jüngeren St. Asaph Drift angehören).

Shone und Reade nehmen an, dass die Muscheln in den mittleren Sanden durch Gezeitenströmungen vertheilt worden sind (Vorkommen in den Shinglebändern, Gastropoden mit dem groben Sand gefüllt, in dem sie eingebettet worden sind); in den Geschiebelehmen enthalten die Schnecken feinsten grauweissen Sand mit Mikrofauna); nach Shone sind sie in gefrorenem Schlammboden und Grundeis an der Küste durch Eiszeiten verfrachtet; (der obere till sei ein Absatz von ruhigem Wasser, sein Vorkommen reicht in Lancashire und Cheshire von der See bis zu 45—55 m Höhe; nach ihm wäre zu unterscheiden 1. lower glacial drift, 2. interglacial drift, 3. upper glacial drift; im Wesentlichen alles marin, die Schrammen unter dem lower boulderclay würden selbständig und älter sein).

Die Mischung der Formen erklärt Shone, indem er darauf hinweist, dass in den Thonen die nördlichen Formen gegenüber den südlichen vorherrschen, in den mittleren Sanden umgekehrt. Der untere boulderclay enthält skandinavische Formen, aus seiner Zerstörung sind die nördlichen Beimischungen angeführt; ebenso erhielt der obere die vereinzelten südlichen Formen aus seinem zerstörten Liegenden, den mittleren Sanden.

---

[1] W. Shone: Glacial Deposits of West Cheshire, with Lists of the Fauna found in the Drift of Cheshire and adjoin. counties. Qu. J. 34, 1878, 383—397.

[2] Vergl. auch die Liste von M. Reade, Qu. J. 30, S. 30.

Die glacialen Sande von Gloppa (345 m resp. zwischen 275 und 358 m hoch an der nördlichen Shropshire- und Cheshireebene) lieferten A. C. Nicholson ca. 50 Molluskenarten.[1] Es sind schön kreuzgeschichtete, z. Th. gebogene Schichten von Sand, Grand und Kies, z. Th. sehr reich an geschrammten grossen und kleinen Geschieben neben den abgerundeten Steinen; nach unten zu sind die Schichten, besonders der feine Sand und Kies, reich an Muschelschalen.

Die Sande gleichen denen von Moel Tryfaen in Caernarvonshire, Wales,[2] (wo aber nach Shone[1] die südlichen Formen fehlen), weshalb Shone den Gloppasand für die älteste dieser Ablagerungen erklärt. Von den Sanden in Cheshire, Lancashire und Shropshire unterscheiden sie sich dadurch, dass letztere keine geschrammten Blöcke führen und ihre Muscheln dünnschalig sind. Von anderen Vorkommnissen solcher hochgelegenen muschelführenden Sande mag Three Rock Mountain in Irland mit 335—365 m genannt sein.

Die Schalen sind gerollt, zerbrochen, geschrammt oder zumeist gut erhalten; auch eine schalenreiche Concretion fand sich, ferner in der oberen Partie ein Mammuthstosszahn.

Die Muscheln zeigen gerade wie bei Moel Tryfaen eine Mischung von Arten verschiedener Tiefe und verschiedener Klimate. Hierin sehen Hull[4] und Reade ein Zeichen der Senkung, die Beschränkung der Ablagerungen auf die Grenze der gebirgigen Theile lässt annehmen, dass in den centralen Theilen Eisbedeckung war.

Callaway bestreitet,[5] dass Nordshropshire von Inlandeis bedeckt gewesen sei und nimmt hier eine glaciale Senkung von 335 m an; während dieser wurden die Sande und Kiese abgelagert, deren Material von Norden stammt und die an vielen Stellen, wie bei Gloppa, Wellerton u. s. w. marine (Litoral-) Mollusken führen. Sie werden die Sande von Geschiebelehm unterteuft, über ihnen lagert häufig ein oft sehr feinsandreicher boulderclay resp. erratische Blöcke, von Treibeis abgesetzt; Spuren von Gletscherwirkung, wie etwa rundhöcker moutonnées, sind nicht zu gewahren.

Die 170 m hoch liegenden (von Geschiebelehm bedeckten) Kiese von Colwyn Bay in Wales halten M. Reade und Hull[6] für marin, Goodchild dagegen für englacial, also nicht eine Senkung beweisend. Marine Reste sind allerdings nicht daraus bekannt; wohl aber aus tiefer liegenden Sanden (30—60 m); der unterlagernde till sei das Product von Landeis.

[1] Nicholson: High-level glacial gravels, Gloppa. Qu. J. 48, 1892, 86—95 mit Tafel.

[2] Über Moel Tryfaen s. Darbishire, in Geol. Mag. 2. 896 und 1870, 115. Bericht des Comités: Report Brit. Association 1899, 414. (Profile, Litteraturangabe!) Bonney, Ice work 138. — Der an der Oberfläche zertrümmerte und z. Th. in Breccie umgewandelte Schiefer reicht bis

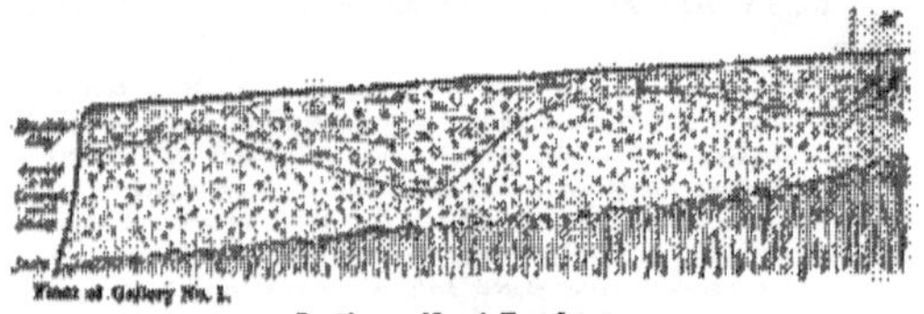


Profil von Moel Tryfaen.

390 m Höhe, die Quartärablagerungen erreichen 7,5 m Maximaldicke und bestehen aus Sanden und gelbem Lehm, mit Kiesmassen, welche die Muscheln und Foraminiferen führen, überlagert von typischem steinigem till (dessen Geschiebe aus dem nördlichen? Wales stammen). Der Geschiebelehm überlagert den Sand mit unebener Fläche und greift z. Th. zapfenförmig in den Sand ein (s. Profil l. c. Seite 118).

[3] Qu. J. 54, 391.

[4] Qu. J. 48, 94 und Geol. Mag. 1893, 104—107.

[5] Geol. Mag. 1886, 462.

[6] Qu. J. 54, 1898, 582.

Die ganze Ebene von Lancashire und Cheshire ist von dem Meeresspiegel bis zur Höhe von 180 m (abgesehen von Inseln des älteren Trias- und Carbongebirges) und demgemäss von einem Mantel der sogenannten „Low-level marine Boulderclays and Sands"[1] bedeckt, welche auf dem alten Gebirgsuntergrund ruhen. Diese Geschiebelehme (für Ziegeleien benutzt) führen marine Muschelreste, meist recente Formen mit einigen nördlicheren, selten auch südlicheren, sowie Foraminiferen; unter ihren geschrammten Geschieben wiegen die aus dem englischen Lakedistrict vor, in carbonen Kalksteinen finden sich die Bohrgänge und Muscheln von *Saxicava*. Der Geschiebelehm ist durch hohen Gehalt an Feinsand ausgezeichnet, mit gerundeter Körnerform. Die Sande liegen theils unten, theils oben oder in der Mitte. Die Muscheln im Sand zeigen oft Spuren von Abreibung.

Die praeglaciale Oberflächengestaltung ist tiefer erodirt als die meist sanften Formen der Geschiebelehmthäler, die Oberfläche des alten Gebirges muss sonach früher höher gelegen haben, als jetzt. Unter dem Geschiebelehm finden sich Schrammen, meist mit nordwestlicher Richtung, aber auch Kreuzungen.

Auch an der Küste von Wales findet sich Geschiebelehm und Sand mit einheimischen Findlingen, sowie Localmoräne ohne marine Muscheln, besonders in der hügeligen Gegend, z. B. im Vale of Clwyd.

Zur Altersbestimmung der tiefliegenden Boulderclays in Lancashire nimmt Reade[2] folgendes an: Zu unterst deutliche Glacialspuren, darauf Milderung des Klimas und Bedingungen ähnlich wie bei Labrador, also eine Zwischenzeit mit Verwitterung. Auf der Ostseite Englands kältere Bedingungen als auf der Westseite (Spitzbergenformen), Bridlington hat mehr arktische Formen als Lancashire, das östliche England unter See, die tiefliegenden Boulderclays von Lancashire jüngeres Glacial, nach Brown aus einer Zeit nach der eigentlichen Vereisung.

Diese marinen Ablagerungen setzen sich z. Th. ununterbrochen fort nach den „High-level shelly drifts", die bis zu den Höhen von 335—365 m reichen. Die Schalen sind vollständig erhalten, z. Th. auch geschrammt, die Findlinge meist localen Ursprungs. Auch hier enthalten Sande und Kiese dieselben Reste, wie der Geschiebelehm. Die Ablagerungen mit marinen Muschelresten finden sich rings um die ganze Küste verbreitet, in Lancashire, Cheshire und Wales, in Cumberland und Westmoreland und Ayrshire, wie an der Ostküste von Irland; ebenso an der Ostküste von England und Schottland. Der Unterschied zwischen Norden und Süden — im Norden vorherrschend Geschiebelehm, im Süden Sande — ist bedingt durch die orographischen Verhältnisse.

Entgegen der Auffassung, dass alle Muscheln nur den Wert von Geschieben haben, dem das Landeis der massgebende oder alleinige Factor gewesen sei, betont Reade, dass kleinere Muscheln auch gut durch Strömungen transportirt sein können, dass die Schrammenrichtung (von dem Meere her) z. Th. gegen diesen Eistransport spricht.

Für ein marines Interglacial glaubt M. Reade[3] die Beobachtungen in einem Einschnitt der Wirral Railway (Cheshire) als Beweis anführen zu können: Unter 2,4 m Geschiebemergel beobachtete er eine 0,45 m mächtige grandig-sandige Schicht, die erfüllt war mit kugeligen und ellipsoidalen Geschiebemergelgeröllen. Er meint, diese Gerölle seien an einem Meeresstrand gebildet

---

[1] M. Reade: The present aspects of Glacial Geology. Geol. Mag. 1896, 542—551.

[2] Qu. J. 33, S. 86.

[3] Reade: an ancient glacial shore. Geol. Mag. 1894, 76.

und deuten demnach eine alte Küste an. Dagegen ist zu erwähnen, dass solche Geschiebemergel-gerölle auch anderswo in subglacialen oder anderen fliessenden Wässern sich gebildet haben.[1]

In der Mittheilung seiner Detailbeobachtungen über die Verbreitung und Bewegungsrichtung der Geschiebe im westlichen England und östlichen Wales kommt D. Mackintosh[2] zu dem Schluss, dass der Transport nicht durch Landeis, sondern durch Eisberge erfolgt sei; auch endmoränenartige Anhäufungen führt er auf diese Ursache zurück. In einer Tabelle wird gezeigt, wie aus den verschiedenen Ursprungsgebieten nacheinander in den auf einander folgenden Stadien der grossen glacialen Senkung die Blöcke transportirt wären; daher die Annahme einer Senkung um 600 m.

In Süd-Lancashire und Cheshire haben die Schrammen im Allgemeinen eine Richtung aus NNW., in Nord-Wales, abgesehen von anderen, local beeinflussten, aus WSW.[3] Die Schrammenrichtung stimmt mit der Transportrichtung der Blöcke überein. Die Schrammen sind aber ebenso wie die *roches moutonnées* durchaus nicht allgemein verbreitet, sondern meist nur mit solchen „drift"-Ablagerungen in Verbindung, die mit wirklicher Eiswirkung in Verbindung stehen.

Über den Ursprung der Schrammen und der drift jener Gegend gehen die Ansichten weit auseinander.[4] Strahan meint z. B., die Schrammen seien während der grossen Senkung durch Eisberge gebildet worden. Schrammen verschiedener Richtung finden sich oft in unmittelbarer Nachbarschaft auf derselben Platte.

Gegenüber der Annahme einer Senkung der britischen Inseln während der Glacialperiode (an einigen Stellen um etwa 425 m), meint Geikie mit Tiddeman u. A.,[5] dass die „mittleren Sande" wenigstens in den hochgelegenen Theilen nur umgearbeitetes Moränenmaterial seien; für die niedrig gelegenen Theile sei die Frage allerdings nicht mit Sicherheit zu entscheiden.

Für Nordwestengland war also nach Geikie die Folge der Ereignisse:

1. Ein grosses Landeis bedeckt, von Westen kommend, die niederen Striche von Lancashire, Cheshire und der Ränder von Wales: „unterer Geschiebelehm".
2. Das Eis verschwindet; auf den weiten Landflächen breitet sich Vegetation, der Mensch und die praeglacialen Säugethiere aus, das Klima geht vom arktischen in gemässigtes über.
3. Senkung des Landes (Betrag unsicher), Klima geht von kalt gemässigt in arktisch über.
4. Ein zweites Landeis aus derselben Richtung bedeckt die niederen Striche von neuem: oberer Geschiebelehm.

[1] Vergl. Lomas, Geol. Mag. 1894, 322; Zeise, N. Jahrb. f. Min. 1896, II., 478; E. Geinitz, Arch. Ver. Nat., Meckl. 1888, 208.

[2] D. Mackintosh. On the erratic blocks of the West of England etc. Qu. J. 35, 1879, 425. Vergl. bes. die Karte der Streuungskegel der Blöcke!

[3] A. Strahan: Glaciation of S. Lancashire, Cheshire and the Welsh Border. Qu. J. 42, 1886, 369—391, Karte.

[4] Vergl. hierüber Litteratur bei Strahan l. c. 381.

[5] Zuerst scheint diese Auffassung von Carvill Lewis ausgesprochen zu sein. Vergl. auch P. F. Kendall in Geol. Mag. 1892, 491—501, welcher auf Grund der Geschiebevertheilung und der Natur der Mollusken in der drift (Mischformen, keine Tiefseefauna, Art der Erhaltung, im ganzen seltenes Vorkommen) für die Theorie des Moränentransportes eintritt.

Ebenso meint D. Bell (in Geol. Mag. 1895, 321, 348 u. 402), dass die in bedeutenden Höhen ü. d. M. vorkommenden Ablagerungen mit marinen Schalresten durch Eistransport erklärt werden können, während schliesslich M. Reade (ib. 1896, 513—551) zu dem Schluss gelangt, dass man weiter als je davon entfernt sei, die principielle Frage zu klären, ob Eistransport oder Ablagerung in eine (Senkungstheorie) für die Bildung der in Grossbritannien vorkommenden Ablagerungen mit marinen Schalenresten anzunehmen sei.

## Postglacial.

Die postglacialen Ablagerungen, welche eine Folge von Hebung und Senkung anzeigen, bestehen aus einem Wechsel von marinen Schichten und Torf.

M. Reade[1] beschreibt die Foraminiferen aus dem marinen Thon und Schlamm der Küsten von Cheshire und südwestlichem Lancashire, den sog. „Formby- and Leasowe Beds", und weist auf die Übereinstimmung mit den entsprechenden belgischen Ablagerungen hin.[2] Dieses marine Postglacial liegt entweder direkt auf Geschiebelehm oder ist von ihm durch das „Untere Torf- und Waldbett" getrennt, überlagert wird es von dem „Oberen Torf- und Waldbett". Danach sind je zweifache Hebungen und Senkungen nachgewiesen, die Torfflora zeigt ein milderes Klima als das heutige an.

## Höhlenfunde:

Von grossem Interesse sind die praeglacialen resp. nach Geikie interglacialen Funde in der Cae Gwyn-Höhle im Clwyd-Thale, Nordwales,[3] 120 m über dem Meere:

Die Knochenschicht enthält Reste von Löwe, Wildkatze, Hyäne, Wolf, Fuchs, Bär, Dachs, Wildschwein, Rind, Riesenhirsch, Reh, Renthier, Pferd, Rhinoceros, Mammut; ausserdem menschliche Werkzeuge. Über ihr liegen Schichten von Thon und Sand. Ebenso lagern ausserhalb der Höhle darauf Thon, Sand und Kies und zu oberst ein Geschiebelehm. Vergl. nebenstehendes Profil.

In diesen ausserhalb gelegenen Sedimenten befindet sich eine dünne Lage mit marinen Muscheln derselben Formen wie in den übrigen Glacialablagerungen Nordwest-Englands. Die eventuelle marine Senkung ist also älter, als das Knochenbett und jünger als der Geschiebelehm.

Ähnlich sind die Funde der Victoriahöhle bei Settle, Yorkshire, 440 m über dem Meere, wo die Knochenerde (mit Resten von Hyäne, Fuchs, Dachs, Bär, *Elephas antiquus*, *Rhinoceros leptorhinus*, *Hippopotamus*, *Bison*, Hirsch, Ziege) von einem Thon mit geschrammten Blöcken überlagert wird.[4]

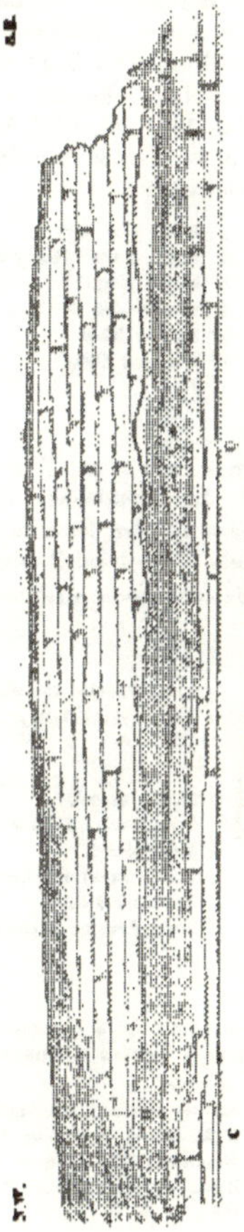


Profil durch die Cae Gwyn Höhle (nach Hicks).
a Knochenerde; b geschichteter Thon; c feiner geschichteter Sand; c' Sand und Kies; d Thon mit Geschieben und Kiesschichten; e Oberfläche; A Eingang; B Eingang mit Drift erfüllt. C Örtlichkeiten der Werkzeugfunde.

[1] M. Reade: A Contribution to Postglacial Geology. Geol. Mag. 1900, 466, Taf. 5; s. auch M. Reade: Oscillations in the level of the Land as shown by the buried River-Valleys and later Deposits in the Neighbourhood of Liverpool. Geol. Mag. 1898, 464. Postglaciale Äsuarbildungen von Lancashire und Cheshire beschreibt M. Reade in Proc. Liverpool Geol. Soc. 1871.

[2] Qu. J. 1898, 575.

[3] H. Hicks, Res. in some Bone caves in N. Wales. Qu. J. 42, 1886, 3–10. On the Cae Gwyn Cave. Qu. J. 44, 1888, 561–577.

[4] Geol. Mag. 10, S. 11. Über andere Höhlen, z. B. die berühmte Kirkdalehöhle in York s. auch Geikie. Prehist. Europ. 90.

Tiddeman giebt das Alter der Knochenhöhlen von Gowan[1] folgendermassen an: Die Knochenreste liegen auf einem Muschelconglomerat, deren Species der heutigen Litoralzone entsprechen, vor Ablagerung der Knochen muss die Küste gehoben sein. Die Hebung ist prae- oder interglacial. Die Knochenschichten sind aequivalent dem älteren Sand mit Rollsteinfragmenten. Dieser wird von Glacialdrift überlagert, letztere selbst wieder oft von einem jüngeren Sand bedeckt.

An den Küsten von Lancashire und Cheshire dehnt sich ein grosser Saum von Dünen aus[2]. Kantengerölle scheinen in England selten zu sein. Bather beschrieb 1900 einen Fund aus Bowdon, Cheshire und erwähnt einige andere.[3]

Über das Vorkommen des Riesenhirsches auf Man berichtet ein Comité im Geol. Mag. 1899, 72, 1898, 116: Ein Skelett lag ausser anderen Resten in weissem Mergel in 9' Tiefe in primärer Lagerstätte, in einer Vertiefung der Glacialdrift. Das Profil ist:

| | |
|---|---|
| 8' Boden und Torf | mit Pflanzenresten, ohne Conchylien. |
| 6' z. Th. blauer Thon auf dem weissen Mergel | |
| 1' blauer Mergel | |
| 3'' rother Sand mit Kies | |
| 3'' brauner Thon | |
| 3'' Sand und Kies | ? Glacialdrift. |
| 4' Thon | |

### 3. Centralengland.

Im centralen England sind geschichtete Ablagerungen sehr reich entwickelt. Im Trentbassin wies Deeley[4] einen Geschiebelehm nach, der von Gletschern aus den Pennine Bergen abgelagert sei und zwei andere, die auf Einströme aus Westen und Nordwesten resp. Osten und Nordosten zurückgeführt werden.

Deeley vergleicht seine Gliederung im Trent-Thal mit der Geikie'schen wie folgt:

| | | |
|---|---|---|
| | | 9. Localmoränen. |
| | | 8. Interglacial (continental). |
| Pleistocän, jüngere | Later Pennine Boulderclay. | 7. Moränen der britischen Gebirge. |
| | River gravel (interglacial). | 6. Interglacial (continental). |
| | | 5. Upper Boulderclay. |
| | | 4. Interglacial (continental). |
| Pleistocän, mittlere | Chalky gravel. | 3. Lower Boulderclay (Maximum der Vereisung). |
| | Great chalky Boulderclay. | |
| | Melton-Sand. | |
| Pleistocän, ältere | Middle Pennine Boulderclay | |
| | Quartzose-Sand. | |
| | Early Pennine Boulderclay. | |
| | | 2. Forest bed (interglacial). |
| | | 1. Weybourn Crag (Glacial). |

Deeley will die 3 Perioden Geikie's sogar in 5 Abschnitte zerlegen, wodurch dann sieben getrennte kalte Epochen herauskämen.

---

[1] Bei der Mündung des Neath, im s.-w. England. Geol. Mag. 1900, 441.

[2] S. M. Reade, Geol. Mag. 1898, 488.

[3] Wind-worn Pebbles in the Brit. Isles. Proc. Geol. Assoc. 16, 1900, 81, 396—400.

[4] Deeley: The Pleistocene Succession in the Trent Basin. Qu. J. 42, 1886, 437—480 and Geol. Mag. 3. 1893, S. 35.

1. Die ältesten Ablagerungen sind durch zwei Sande getrennte, aber sonst völlig gleiche Geschiebelehme mit Blöcken von den Pennine Bergen. Die Sande (von Deeley als marin betrachtet) sind fossilfrei und wahrscheinlich subglaciale Bildungen.

2. Hier und da folgen Schichten von Sand, Kies und Lehm, die den unteren Partien des „chalky till" eingelagert zu sein scheinen; dieselben führen bisweilen Fragmente von Meeresmuscheln.

3. Der nächste (obere) Geschiebelehm ist der „great chalky boulderclay", der sich von der Ostküste bis hierher erstreckt.[1]

Dieser gr. chalky boulderclay wird weiter im Westen ersetzt durch einen anderen Geschiebelehm, dessen Material aus Nordwesten stammt; es verschmilzt also in Centralengland der untere Geschiebelehm des nordwestlichen England mit dem gr. chalky boulderclay des Ostens. Nachgewiesen sind demnach: 1. Locale Gletscher von den Pennine aus Norden und den wälischen Bergen aus Westen (denn es sind auch zahlreiche wälische Geschiebe weit nach Osten hin geführt über die Midlands), 2. darauf grosse Eismassen aus der Nordsee, die im Südwesten mit dem breiten Strom verschmolz, der den unteren boulderclay von Cheshire lieferte.)

4. Auf den chalky boulderclay folgen mächtige Lager von Kreide- und flintreichen Sanden und Kiesen, oft in einer starken Schichtenstauchung, mit falscher Schichtung, den mittleren Sanden entsprechend, die von Deeley als mariner Ursprungs angesehen werden, während Geikie dies nur für einen Theil zugeben möchte.

5. Jünger sind nach Deeley fluviatile Sande, welche in verschiedener Höhe die Thalgehänge begleiten.

6. Darüber, oder auf den älteren Gesteinen, ruht nochmals ein Geschiebelehm, oft von beträchtlicher Dicke, mit Gesteinsstücken vom Pennine, also localen Ursprungs.

Zusammenfassung nach Geikie: In den Gebirgen des Lakedistricts und von Wales lässt sich bestimmt nachweisen, dass alle Thäler einst grosse Eisströme lieferten, welche sich in den niederen Theilen mit einander vereinigten; eine Zeit lang konnten dieselben sich ungehindert von einem neuen Landeis ausbreiten, Felsen erodiren, Moränen ablagern. Schliesslich aber wurden sie beeinflusst von den Eismassen, welche von Schottland her die irische See erfüllten.

Nach Tiddeman wurde Nord-Lancashire und die benachbarten Theile von York und Westmoreland von einem Landeis überzogen, welches nach Süden und SSO. über tiefe Thäler und bedeutende Höhen hinweg ging. Es musste also eine Eissperre in der Irischen See liegen, welche das englische Eis hinderte, in der Richtung der Bodenneigung (nach Südwesten) abzufliessen. Die Insel Man wurde von dem die ganze Irische See erfüllenden Eise in südlicher Richtung überschritten; die Küsten von Wales lenkten das Eis ab, der grössere Theil floss über Anglesea nach Süden ab, ein kleinerer über Cheshire nach dem Thale des Severn.

Während des Höhepunktes stieg das schottische Eis (wie aus dem Vorkommen von schottischen Geschieben zu ersehen) das Thal des Eden[2] in Cumberland aufwärts und ging zum grossen Theil über den Pass ostwärts zur Nordsee. Auch über einige niedrige Pässe der Cheviot Hills floss das Eis z. Th. Die nördliche Penninekette war unter Eis, welches über die Wasserscheide zur Nordsee floss (daher Granite u. a. Gesteine vom Lakedistrict nach Ostengland gelangten); weiter im Süden aber ragten die höchsten Berge über das Eis hervor, hier findet man die scharfen Verwitterungsconturen der subaërischen Erosion. Ebenso waren die Yorkshire Moore und die Derbyshire Hügel und wälischen Berge Nunatakr.

Die weite Ausdehnung der grossen Eisdecke, welche den unteren Geschiebe-

---

[1] Woodward: the Chalky Boulderclay and the Glacial Phenomena of the Western-Midland Counties of England. Geol. Mag. 1897, 485.

[2] Die Glacialerscheinungen im Edenthal beschreibt Goodchild, Qu. J. 31, 1875, 55—99 (s. Karte!).

mergel schuf, reichte bis zum Bristol Channel und im Osten bis zum Themsethal.[1]

Alsdann erfolgte der Rückzug des Eises. Aus dem Interglacial von Lancashire und York folgert Geikie, dass zu dieser Zeit nicht eine allgemeine Senkung stattfand, sondern dass Landbedingungen mit gemässigtem Klima herrschten.

Die niederen Theile mögen vielleicht etwas gesenkt gewesen sein und hierdurch oder auch durch Aufstauen der Flüsse werden sich hier Eisseen gebildet haben (alte Flussterrassen Dakyn's.)

Vielleicht folgte darauf eine Senkung höchstens bis 90—120 m und das Klima wurde kälter, es erschienen wieder Schneefelder in dem Lakedistrict, Wales und im Pennine, die zuerst selbständig waren und sich dann, vielleicht auch die Irische See einnehmend, vereinigten, aber geringere Bedeutung hatten als vordem; auch das Eis der Nordsee nimmt ab.

In den Gebirgen wird die Auflösung der letzten Eisdecke, der des oberen Geschiebelehms, einige Zeit lang gedauert haben und an manchen Stellen durch Stillstandsphasen unterbrochen sein; Schmelzwasser brachten mächtige Kiesbeschüttung, zeitweise bildeten sich Eisstauseen (Beschüttung des oberen Geschiebelehms mit Sedimenten). Wie in Schottland, wird auch in England gemässigtes Klima geherrscht haben.

Wenn sich auch auf dem oberen Geschiebelehm jüngeres Interglacial findet, so nimmt Geikie doch an, dass sich diese letzteren Thalgletscher nochmals verstärkten (6. Vereisung); namentlich sei dies für Wales nach Ramsay's Mittheilungen[2] wahrscheinlich.

## C. Irland.

Die Gebirge Irlands zeigen vortrefflich die Spuren der Vereisung, Rundhöcker, Schrammen[3] und Glacialablagerungen.[4] Die eiszeitliche Geschichte Irlands war nach Geikie's Darstellung ähnlich der von Westengland:

I. Erste grosse Vereisung, mit einigen Nunatakr; die Eisbewegung beeinflusst vom schottischen Eis;[5] die Schrammen der Küstengebiete von Antrim und Down sind nach Nordwest und Südost abgelenkt. Die Eisscheide fiel nicht mit einem Gebirgskamm zusammen, sondern lag über den niederen Landtheilen (s. Tafel 1 bei Geikie).[6]

---

[1] Hier in dem Grenzgebiet fehlen allerdings auf dem weichen Untergrund von zertrümmertem Kalkstein, von Thon oder Sandstein Rundhöcker und geschrammte Felsen und das Moränenmaterial ist von sedimentären Kiesen schwer zu unterscheiden.

[2] A. Ramsay nahm 2 Vereisungsperioden an, getrennt durch eine Senkungsperiode, die Wales bis 425 m senkte; die Geschiebelehme hält er für marine Bildungen, dagegen unterscheidet er die deutlichen Thalmoränen.

[3] Zur Bestimmung der Gletscherbewegung dienen nach Sollas auch die kleinen langen Torflöcher, die im Geschiebemergel eingesenkt sind, deren Längsrichtung meist der Richtung der Eisbewegung entspricht.

[4] Litteraturangaben bei Geikie l. c. 411 u. f.; s. auch E. Hull: Phys. Geol. a. Geogr. of Ireland.

[5] Zur Hauptvereisung war der grösste Theil Irlands unter Eis, nur der südliche Rand war eisfrei; das Land lag wahrscheinlich höher als jetzt. Über die Eiscentren sind die Ansichten getheilt, nach C. Lewis waren die Hügelgebiete das Centrum der Eisverbreitung, der nördliche Theil von schottischem Eis überzogen; auch glaubt Lewis nicht, dass Irland tiefer als 120 m unter den heutigen Stand gesenkt war.

[6] Karte der vom schottischen Eis beeinflussten Schrammen: s. Kilroe: Direction of Iceflow in the North of Ireland. Qu. J. 44, 1888, 828 u. 831.

Die älteste Ablagerung, das Hauptgebilde der centralen Ebene von Irland, ist ein zäher, fossilfreier Geschiebelehm, der völlig dem schwedischen till gleicht. Er ruht auf geglättetem und geschrammtem Felsuntergrund und führt bisweilen Linsen von Sand und Kies, auch Thon. Häufig ist er in eine Reihe paralleler Rücken, „drumlins" angeordnet, die mit der Richtung der Eisströme zusammenfallen. Der untere Geschiebelehm hat eine weitere Verbreitung und ist besonders mächtig in den niederen Regionen, wird dünner und mehr zu Localmoräne, wenn er bis zu den Höhen von 450 m ansteigt.

2. ? Marine oder fluvioglaciale Sande über dem till, deren Fauna der heutigen ähnelt und etwas kälteren Bedingungen entspricht; eventuell eine Senkung von 120—150 m, deren Umfang noch unbekannt. (Die Beobachtungen müssten wohl erst noch weiter ausgedehnt werden.) Terrestrisches oder Süsswasser-Interglacial noch nicht aufgefunden.[1] Fossilfreier Kies bildet weitverbreitete Ablagerungen und lange Rücken, Eskers, namentlich im mittleren Irland; sie sind oft mit grossen Blöcken bestreut und ihrer Bildung wohl analog den Asar resp. Kames oder Endmoränen[2] (Kinnahan hält sie für marinen Ursprungs). Die Eskerzüge haben Ähnlichkeit mit Flusssystemen, nur mit dem Unterschied, dass die Eskerzüge discontinuirlich verlaufen. Die irländischen Esker sind gewöhnlich an eine geringe Meereshöhe gebunden, die 350—400 Fuss nicht übersteigt, ihre Erhebung über die Umgebung ist selten mehr als 70 Fuss. Der Querschnitt ist sehr verschieden, ebenso die Zusammensetzung, bald bestehen sie aus einem Haufwerk von leicht abgerundeten Blöcken, bald aus schön geschichteten wechsellagernden Granden, Sanden oder auch Thonen; discordante Parallelstructur ist nicht selten, häufig auch antiklinale Lagerung. Schichtenstörungen, Verwerfungen und Faltungen sind nicht selten.

Diese fossilführenden Sande sind bis zur Höhe von 225 m aufgefunden und erreichen eine Mächtigkeit bis zu 45 m (in Wexford allerdings nicht überall von Geschiebelehm über- und unterlagert).

3. Oberer Geschiebelehm, erreicht nicht die Ausdehnung des unteren. Während seiner Bildungszeit war die Irische See von einem grossen Gletscher erfüllt; seine Ausdehnung nach Westen ist unbekannt.[3]

4. Locale Gletscher in den Gebirgsgegenden (ähnlich wie in Schott-

[1] Im Norden und Osten finden sich zwischen einander sehr ähnlichen Geschiebelehmen Sedimente mit marinen Organismen, die den heutigen und etwas kälteren Formen entsprechen. Sie werden

Profil bei Kilkenny (nach Geikie).
*A* unterer; *C* oberer Geschiebelehm; *B* „interglaciale" Schichten; *1* erdiger Kies mit Schrägschichtung; 2 lehmiger Sand; 3 geschichteter Kalkstein-Grand; *L* Kalkstein; *N* Thal des Nore.

den englischen mittleren Sanden von Lancashire parallelisirt und bilden bei Ballycastle (Antrim) Terrassen bis 180 m Höhe. (Bei Caldbeck bis 390 m ü. d. M.) Vergl. beistehendes Profil.

[2] Sollas hat die Esker des mittleren Irland beschrieben. Sollas: Map to show the distribution of Eskers in Ireland. Soc. Transact. R. Dublin Soc. 1896, Karte, ref. N. Jahrb. Min. 1900, II, 446.

[3] Ein Oberer Geschiebelehm ist in den centralen und östlichen Theilen nachgewiesen, aber nicht sicher in den westlichen; er wird bis zu 22 m dick.

land und England) als directe Nachfolger resp. Reste des vorigen Haupteises oder wie Geikie meint, als Vertreter einer selbständigen „dritten" Eiszeit.[1] Da Interglacialis zwischen beiden fehlen, sind vielleicht einige „postglaciale" Bildungen hierzu zu rechnen, so namentlich die Süsswasserthone der grossen Torfmoore:

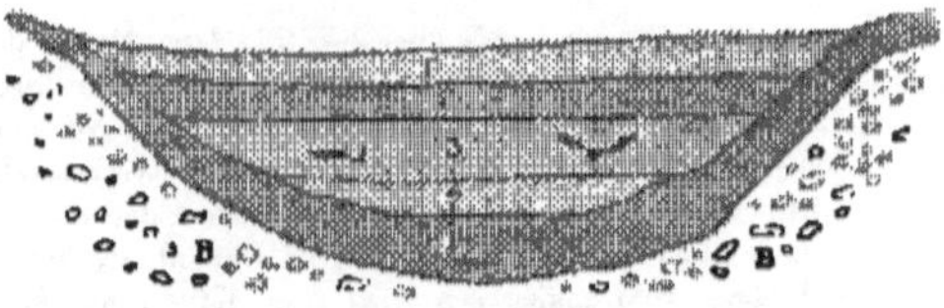


Diagramm durch Ballyhelagh, südöstlich Dublin (nach Williams).
P Torf; 4 grauer Thon mit granitischen Schuttmassen; 3 brauner Thon mit *Megaceros*; 2 gelbgrauer Thon, fast nur aus vegetabilischer Substanz zusammengesetzt; 1 feiner zäher Thon ohne Steine, Aufschlämmung des Geschiebemergels; *B* Geschiebemergel.

Diese Thone führen in grosser Menge den Riesenhirsch.

Das Profil eines solchen Lagers in der Nähe von Dublin (248 m hoch) ist nach Williams[2] von oben nach unten:

P. Torf, P', mit umgeworfenen Stämmen von Eiche und Erle.

4. Grauer Thon, aqueoglacial, mit mineralischem Schutt, der von den umgebenden granitischen Hügeln durch Frost, Eis und Regen herbeigeführt ist. Zwischen dem bräunlichen Thon 4 und dem grauen 3 ist immer eine scharfe Grenze.

3. Bräunlicher Thon, mit Resten von Riesenhirsch an der unteren Grenze; Seeniederschlag, meist aus pflanzlicher Substanz bestehend.

2. Gelblichgrauer Thon, fast ganz aus Pflanzenresten zusammengesetzt.

1. Feiner, steinfreier Thon (umgearbeiteter Geschiebelehm, das Substrat eines früheren grossen Seebeckens).

B. Geschiebelehm.

Nur in den vegetabilischen „Thonen" finden sich die Riesenhirschreste, gegen 100 Schädel und nur 6 ganze Skelette (dadurch zu erklären, dass die übrigen Körpertheile nach dem Absterben des Thieres fortgeschwemmt worden sind). In dem grauen Thon und im Torf finden sich keine Megacerosreste, wohl aber in dem Thon Bruchstücke von Renthierstangen und ein an der Grenze der Schichten abgebrochenes Megacerosgeweihstück. Nach Williams ist der graue Thon durch Eismassen stark gepresst. Danach wäre das Megacerosbett interglacial (entsprechend den baltischen interglacialen Schichten). Vielleicht können hier aber auch, wie Geikie selbst sagt, locale Ursachen mitgespielt haben, wie Frost, Seeeis, Schnee.

5. Noch jüngeren Datums sind die kleinen Moränen in den oberen Theilen mancher Gebirgsthäler Irlands (entsprechend den corrie-glaciers); wahrscheinlich nicht durch Interglacialia getrennt von der vorigen Zeit, sondern Überreste der-

[1] In den Gebirgsgegenden finden sich End- und Seitenmoränen und andere Zeichen von localen oder Thalgletschern (resp. Rückzugsstadien), die vielleicht eine andere Richtung hatten als das Haupteis (und z. B. bei den Connemarabergen die Spuren der ältesten Vereisung verwischt haben).

[2] On the Occurrence of *Megaceros Hibernicus* Owen in Ireland. Geol. Mag. 1881, 354—358.

selben (nach Analogie mit Schottland könnte man schematisch eine Trennung versuchen).

6. **Postglacial:** Die untermeerischen Wälder und Torfmoore (besonders im östlichen und südlichen Küstengebiet), gehobene Küsten und recente Alluvionen sind ganz analog den englischen. Nach Kinahan[1] finden sich in verschiedenen Torfmooren zwei Waldhorizonte, der untere mit Eiche und Eibe, der obere mit Kiefer, im Westen und im gebirgigen Theil bestehen beide Baumlager bisweilen nur aus Kiefer.

Dünen finden sich an den Küsten besonders vor Thalmündungen und auch im Innern (nach Kinahan aus dem Thalsanden gebildet).

## D. Südliches England ausserhalb des Vereisungsgebietes.

Das Inlandeis hat die Themse nicht überschritten.[1] Natürlich herrschte hier aber auch ein rauhes Klima, ohne helle Sommer; Schnee und Schmelzwässer, sowie Frost wirkten auf den zertrümmerten und aufbereiteten Boden.[2] Die Verhältnisse waren hier vielleicht ähnlich, wie es aus den arktischen Ländern geschildert wird, wo durch Aufthauen des Bodens ein beweglicher tiefer Schlamm *(flowing soils)* entsteht und zur Sommerzeit aus aufgestauten Seen Schlammströme hervorbrechen. Hierdurch, ebenso wie durch Ströme und das Meer, wurden die mannigfachen Ablagerungen gebildet, deren Gliederung nicht immer einfach durchzuführen ist.

Monckton gliedert die Ablagerungen von oben nach unten wie folgt:

4. Thalkiese (höchste Thalkiese der Themse vielleicht gleichaltrig mit 3).
3. Glacial drift;
2. Brentwood shingle;
1. Southern Drift von Burghfield, Easthampstead, Botcham;

Monckton[4] glaubt, dass in dem Gebiet südlich der Themse weder hoch- noch niedrig gelegene Kiese marinen Ursprungs seien, sondern fluviatile Bildungen. Die eckigen, nicht gerollten Blöcke von Flint und „sarsen", die in allen Lagen, bis zu 120 m Höhe, vorkommen, erklärt er durch Flusseis transportirt. Die Kiese gehören ihrem Alter nach in die gesammte Dauer der Glacialperiode, incl. der Cromer Forest beds.

Holmes stimmt Whitaker's[5] Ansicht zu, wonach die Themsethalkiese z. Th. postglacial sind, jünger als der locale Boulderclay (Qu. J. 48, 870).

Im südlichen Devon und Cornwall ist zwar der Nachweis von Eiswirkung sehr dürftig, aber fehlt doch nicht ganz.[6]

Weit verbreitet ist hier, im Binnenland in verschiedenen Höhenlagen und

---

[1] Vergl. Geikie, Prehist. Europe p. 458.

[2] Während nördlich der Themse, in Hertfordshire, Middlesex und Buckinghamshire das Glacial aus Boulderclay und ausgedehnten Kieslagern besteht („Northern drift") mit charakteristischen Geröllen, fehlen diese in der „Southern drift". Doch fanden Monckton u. A. (Qu. J. 49, 1893) auch Spuren der Northern Drift an einzelnen Punkten südlich der Themse. Das Kennet- und Themsethal können im Allgemeinen als Südgrenze des Glacials gelten (nach Hume war das Themsethal schon vor Ablagerung der Mittleren Sande und des Chalky boulderclay erodirt.

[3] S. auch H. Warren: Rubble drift near Portslade. Geol. Mag. 1897, 302.

[4] Monckton: On some gravels of the Bagshot District. Qu. J. 54, 1898, 181—193.

[5] Whitaker: the Geology of London and of part of the Thames Valley. London 1889.

[6] Nach [illegible] and Pengelly. Qu. J. 54, 271.

an der Küste, die „rubbledrift",[1] Trümmergerölle, auch „Head"[2] genannt, d. h. mehr oder weniger grobe, eckige, nicht weit transportierte Trümmer und Blöcke localen Ursprungs,[3] bisweilen auch eine Art rober Schichtung zeigend, fossilfrei, oder auch Land- und Süsswasserschnecken und Säugethierreste führend.[4]

Prestwich rechnet zur rubble drift auch die Knochenbreccien in den Spalten der Kalksteine Devons und Südwales.

Von einem Vorkommnisse werden aufgezählt:

1587 Zähne von Pferd, Rind, Hirsch, Wolf, Hyäne, Tiger, Hase, Wasserratte, Wiesel.
147 Kiefer von Wolf, Pferd, Fuchs, Hirsch, Hyäne, Rind, Tiger, Hase, Schwein.
250 Wirbel und 26 Schädel und drei Hornzapfen, 1000 unbestimmte Fragmente

Auch Ussher, der das Pleistocän von Cornwall beschreibt,[5] nimmt als ihr Alter die Periode der subaërischen Verwitterung an, correspondirend der 2. Glacialzeit.

Ähnlich gebildet, nämlich durch Zertrümmerung des Bodens bei Frost und spätere Zusammenschwemmung durch Wildbäche ist der „Coombe-rock",[6] der in den Coombes und Süd Downs (von der einstigen Küstenlinie nach aussen hin) abgelagert, aus ungeschichteten oder roh geschichteten Flintbruchstücken in kreidiger Grundmasse besteht, weiter südlich in eine Anhäufung von Flint in Lehm („shrave") und noch weiter in reine Ziegelerde übergeht (mit vereinzelten eckigen Flintstücken, z. B. bei Selsey an der Südküste östlich von Portsmouth). Einige zerbrochene Zähne von Mammut und Pferd, sowie palaeolithische Geräthe bilden die Fossilien des Coombe rock, Mollusken und Pflanzen fehlen.

„Trail" (Schleppe)[7]: Wunderliche Faltungen von Thon, Sand und Kies, ähnlich wie von Landeis hervorgerufen, entstanden durch Aufweichung des geneigten Bodens und Verschiebung desselben unter dem Druck der überlagernden Schneemassen.

Überlagert wird der „trail und underplight" von „Rainwash", dem späteren Resultat des Regens. Es sind die feineren Bestandtheile des „trail", ein gelber, brauner oder rother Lehm, der unmittelbar unter der Ackerkrume lagert. Er zeigt ebenso wie der trail keine Spur von Meeresthätigkeit. Bisweilen trifft man grosse

[1] Vergl. hierüber die ausführliche Beschreibung von J. Prestwich: The raised Beaches and „Head" or Rubbledrift of the South of England. Qu. J. 48, 1892, 263–343. Mit Karte und Profilen (bes. S. 342); s. auch Qu. J. 31, 1875, S. 44 u. 48. — Prestwich glaubt, dass auf eine Hebung um ca. 30–55 m eine rasche bedeutende Senkung folgte (um 300 m), der von neuem eine ungleichmässige Hebung folgte, die Wirbel und Strömungen verursachte. — A. Brown weist betr. Bildung der rubble drift auf die Mitwirkung der auflösenden Grundwasser hin (Qu. J. 48, 343).

[2] Nach De la Beche 1839. Von Murchison 1851 „angular Flint-drift" benannt.

[3] In Cornwall führen diese grobe Gerölle, Sande und Blöcke auch Zinnerz. — Das Alter der Cornwaller Zinnseifen hält Collins (Qu. J. 54, 276) für glacial, nicht für jünger als die gehobenen Strandlinien.

[4] Daher von Mantell 1853 als „Elephant-bed" bezeichnet. Liste s. Prestwich 323.

[5] The Post-tertiary Geology of Cornwall, Hartford 1879. S. 50 giebt er eine Gliederung des Cornwaller Pleistocäns.

[6] Cl. Reid: On the Origin of dry Chalk Valleys and of Coombe rock. Qu. J. 43, 1887, 364–373.

[7] „Trail" nach Spurrell das gestauchte Material in den Löchern und Hohlräumen der Falte, „underplight" die Falte selbst. Wegen der Lage in allen Höhen des Extraglacialgebietes kann man für die Entstehung des Trail nicht die Wirkung von Packeis annehmen.

Blöcke oder Fragmente von Geröllen, die in gefrorenem Zustand dahin verfrachtet sind. Auch kommt eine Wiederholung von zwei oder drei Lagern von trail vor, die durch rainwarps, Ziegelerde u. a. getrennt sind.

Spurrell hat auch noch auf die Entstehung der **Trockenthäler** im Gebiete der Kreide hingewiesen; ihr Boden ist frei von den Verwitterungsresten des Gesteins: während kalter Zeiten war der Boden gefroren und eisbeladene Ströme konnten ihn erodiren. Vielleicht haben auch kleine Localgletscher existirt, jedenfalls war der Boden gefroren, wie in Sibirien, Schnee und Schutt konnte die Thäler ausfüllen und Veranlassung geben zu mancherlei Absätzen, Verlegungen von Flussläufen u. dergl.

Diese Bedingungen werden während der verschiedenen Phasen der Eiszeit geherrscht haben; am Beginn, vor dem Einsetzen der milden Zeiten mag eine arktische Flora mit Renthier, Moschusochsen u. a. existiert haben. —

Auch hier glaubt Geikie einen mehrfachen **Wechsel der Klimate** verfolgen zu können. Nach Cl. Reid[1] finden sich nämlich an der Küste von Sussex, bei **Pagham, Selsey Bill** und **Brighton** erratische Granite, Diorite (aus nördlichen Gebieten) und harte Kreide und Tertiärgesteine (von südlichem und westlichem Ursprung). Sie liegen auf harten Tertiärthonen und sind z. Th. tief

Küste von Medmerry bei Selsey nach dem Sturm Okt. 1891 (nach Cl. Reid).

tiegeltopfartig in dieselben durch Drifteis eingepresst. Reid wies hier alte Küstenlinien nach, die älter sind als manche benachbarte Brack- und Süsswasserablagerungen. Bei Selsey Bill fand er marine Schichten mit Mollusken von südlichem Typus, bedeckt von brackischem Schlamm mit Muscheln und Landpflanzen zwischen Oszillationsmarken, darauf weiter litoralen Sand und Schlamm; diese Bildungen zeigen eine allmählige Verflachung des Wassers und einen Übergang aus offener See in Aestuar an (nach Evans aber von einem alten Flusse stammend).[1] Darüber folgt dann rubble drift.

Danach sind nach Geikie für Sussex 2 kalte Epochen, getrennt durch eine mildere nachgewiesen; die interglacialen Ablagerungen führen *Corbicula fluminalis* und *Hydrobia marginata*, neben verschiedenen Saugethieren (Rhinoceros, Mammut) und Pflanzen, welche dem heutigen Klima entsprechen.[2] Sonach entsprechen die Blöcke von Pagham dem Unteren Geschiebelehm, die rubble drift dem oberen. Diese Auffassung wird allerdings nicht von allen englischen Geologen getheilt.[3]

Zu einer Zeit war England mit dem Continent verbunden, so dass die inter-

[1] Cl. Reid: Pleistocene Depos. of the Sussex Coast. Qu. J. 48. 1892. 344—361.

[2] Qu. J. 48, 352.

[3] Hier mag auch eine Mittheilung von Cl. Reid über die Fauna und Flora eines Brackwasserthons von Stone an der Küste von Hampshire Erwähnung finden, in der *Acer monspessulanus* ein mildes Klima andeutet; überlagert wird der Thon wie bei Selsey und W. Wittering von Flintgranden (Qu. J. 49, 1893, 326).

[4] S. Qu. J. 48, 354.

glaciale Fauna und Flora einwandern konnte; darauf trat eine Senkung bis 30 m ein (gehobene Küste von Portadown Hill); eine grössere Senkung erfolgte hier nicht (Mittlere Sande fehlen).

### Höhlenfunde.

Von den im englischen Kalksteingebirge häufigen Höhlen sei als Beispiel die von Kent bei Torquay erwähnt. Das Profil ist nach Pengelly (Geikie l. c. 621):

6. Grosse Kalksteinblöcke, z. Th. durch Sinter verkittet.
5. Schwarze schlammige Erde, 0,07—0,3 m.
4. Köreiger Sinter 0,4—0,6 m, z. Th. bis 1,5 m, fast zusammenhängend, mit grossen Kalksteinblöcken, ein menschlicher Kiefer, Reste von Bär, Elephant, Rhinoceros, Hyäne, Pferd, Fuchs u. a.

3a. Locale schwarze Holzkohlenschicht, 0,10 m.

3. Rothe Höhlenerde (zusammengeschwemmter Verwitterungsrest), verschieden dick, mit 50% eckigen Bruchstücken von Kalkstein mit Zähnen und Knochen von Löwe, Bär, Mammut, Rhinoceros, Hyäne, Ren, Riesenhirsch, Hirsch, Wolf und vielen Feuersteingeräthen.
2. Krystallinischer Stalagmit (Kalksinter) z. Th. 3,6 m dick, mit Knochen von Höhlenbär.
1. Breccie und rother Lehm, mit Resten von Höhlenbär und einigen rohen Feuerstein- und Hornsteingeräthen.

In den Höhlen erscheint vielfach die Anhäufung von Sinter unterbrochen durch Erosion und theilweise Umarbeitung, z. Th. auch Bildungen von fliessendem Wasser. Die Knochen und menschlichen Reste finden sich sowohl in der Erde wie im Sinter. Die palaeolithischen Funde lassen nach Mortillet eine Gliederung in die 4 Abteilungen zu: Chelléen (älteste), Moustérien, Solutréen und Renthierzeit (Magdalénien); zwischen palaeolithischer und neolithischer Periode erscheint eine zeitliche Unterbrechung.

Von Interesse ist das Vorkommen der südlichen Form *Machaerodus* neben den Tausenden von Hyänen- und Pferdezähnen in der Höhle von Kent.[1]

Die Flussablagerungen, „river-drift“, die besonders vom Themsethal genau untersucht sind, bekleiden hier das breite Thal in unregelmässigen Ablagerungen, bisweilen auch in Form einiger meist nicht scharf ausgeprägter Terrassen. Prestwich zeigte, dass hier Perioden der Ablagerung mit solchen der Erosion wechselten, und hielt daher die höchsten Terrassen für die ältesten; indessen kann man nur zwischen hoch- und niedrig gelegenen Ablagerungen einigermassen unterscheiden. Die englischen Ablagerungen stimmen mit denen von Nordfrankreich überein. Auch nach dem Befund der Werkzeuge[2] scheint es, dass die hochgelegene

[1] S. Dawkins, Qu. J. 28, 415. Die reiche Fauna und anderen Reste einer Spaltenausfüllung im Shoresthal bei Ightham, durch Flusswasser in der jüngeren Diluvialzeit eingeführt, beschreiben L. Abbott und E. T. Newton, Qu. J. 50, 1894, 171, 188.

[2] Bei Crayford (nahe der Mündung der Themse, 20 m ü. d. M.) fand Spurrell eine alte Werkstätte bedeckt von jüngerem Lehm mit „trail“; bei Stoke Newington, 27 m ü. d. M., entdeckte Smith eine palaeolithische Wohnstätte auf alten Flussgeröllen, bedeckt von 1,5 m sandigem Lehm und „warp und trail“; ähnlich wies Brown bei Ealing in den Flachterrassen zwischen 20 und 30 m Höhe Linien ehemaliger Landoberfläche nach (schwarze Streifen von Kies oder Mangan resp. angeschlagene Steine, Feuersteingeräthe).

Drift im ganzen jünger ist, als die alten Flusskiese, welche auf den Boden und die niederen Gehänge des Thales beschränkt sind.[1] Die jüngeren Lehme scheinen sich vom Boden bis zu den höchsten Stellen auszudehnen und die alten Ablagerungen zu überdecken.

Z. Th. gleichaltrig mit den praeglacialen „Westleton Beds“ nördlich der Themse, z. Th. etwas älter ist nach Prestwich (Qu. J. 46, 155) die „Southern Drift“ im Themsebecken südlich der Themse (nicht marin, gegenüber den Westleton Beds statt vieler Quarzgerölle mehr Hornstein führend).[2]

Die praeglacialen „Westletonbeds“ (s. o.) reichen nach Prestwich auch südlich der Themse und westlich bis nach Somerset;[3] im Osten reichen sie ins Niveau des Meeres, nach dem Binnenland im Westen steigen sie bis zu 150—180 m Höhe an, hier an Mächtigkeit geringer werdend und höher liegend, als die Glacialbildungen. Hier lag also ein praeglaciales Meer oder ein breiter Küstensaum, der sich von Belgien nach Westengland erstreckte; später trat seit der Zeit des Red Crag eine ungleichmässige Hebung und starke Erosion des Gebietes ein. Die Thäler, z. B. das Themsethal, existirten also hiernach zur Praeglacialzeit noch nicht. — Ein Diagramm veranschaulicht den Betrag der späteren Denudation, die z. B. bei Goring

während der postglacialen Periode 21 m betrug,
„ „ spätglacialen „ 36 „ „
„ „ frühglacialen „ ca. 49 „ „

Nach Prestwich haben die Conchylien aus den höher gelegenen Ablagerungen einen nördlichen Charakter, südliche fehlen, treten dagegen in den niederen Ablagerungen häufig auf; beachtenswerth ist hier auch das Vorkommen von *Corbicula fluminalis* und *Unio litoralis*, die südliche Formen sind. Ähnlich ist das Verhalten der Säugethiere, wenn auch hier nördliche und südliche Formen oft vermengt vorkommen.[4]

In den Lehmen und Kiesen des Themsethales finden sich häufig Reste von Mammut. Funde aus dem Untergrund von London theilt H. Hicks[5] mit. Er scheint die betreffenden Schichten für altglacial zu halten.

[1] Nach Brown scheinen die 47—49 m-Terrassen bei Ealing älter zu sein, vor der heutigen Configuration gebildet. — Brown: The Thames-valley Surface-Deposits of the Ealing District. Qu. J. 49, 1896, 193. Das Flusssystem der Themse und des Severn untersuchte Buckman (Geol. Mag. 9, 1902, 366) und Strahan (Qu. J. 46, 1902, 207).

[2] Die Southern Drift wird abgeleitet von dem Unteren Grünsand des Weald-Gebietes und von den Kreide- und Tertiärschichten, die früher über Striche dieses und der benachbarten Gebiete sich erstreckten.

[3] Qu. J. 46, 148.

[4] Über *Corbicula fluminalis* in England spricht Rutot, (Mém. Soc. belge Géol XIV, 1900, 1): Erith unterhalb London im Themsethal: (s. Profil l. c. 3): Auf Kreide und Tertiär liegt eine Serie von Kies und Sand, Thon, Sand und Kies, in deren unterem Niveau die *Corbicula fluminalis* häufig ist. Zu oberst liegt in der oberen Terrasse eine dünne Decke von sandigem Lehm, an anderer Stelle bis 5—10 m, mit Geröllen an ihrer Basis, als „limon hesbayen“ angesehen, postglacial, von dem Schmelzen der Eismassen der 2. Eiszeit stammend. Die Fauna der unteren Schichten ist eine aus der des *Elephas antiquus* und der des Mammut gemischte; es wurde nun gezeigt, dass die untere Schicht die Fauna des *Elephas antiquus* rein zeigt, die darüber liegende Lehmschicht dagegen die reine Mammutfauna enthält. Die untere führt Steinwerkzeuge der primitiven „industrie reutelienne“, der obere Lehm die von Acheul und Mesvin.

[5] Qu. J. 48, 1892, 453—467. — Ein Verzeichnis der zahlreichen Funde von Mammut in Britannien ist in Leith Adams' Monogr. on Brit. Fossil Elephants. Palgr. Soc. London 1877. Eine Fundliste gab hiernach Hutchinson, Extinct Monsters. London 1897, p. 226.

Die Ablagerungen des Kennetthales bei Newbury theilt P. Richards[1] ein in

4. Neolithischen Torf, Lehm- und Süsswassermergel.
3. Unteren und oberen, palaeolithischen Fluss- (Terrassen) Kies.
2. Glaciale (?) Drift.
1. Praeglaciale südliche Drift.

(Über die Driftablagerungen im Darentthal vergl. Prestwich, Qu. J. 47, 1891, 126.)

Shrubsole unterscheidet in den hochgelegenen Kiesen von Berkshire und Oxfordshire[2] „pepple-gravel" (Geröllkies, alter umgearbeiteter mariner Kies), „Goring Gap-, Quarz- und Quarzit-gravel". Nach ihm[3] hatte in der Themsegegend schon vor der Einwanderung des Menschen eine beträchtliche Erosion stattgefunden. (Die Unregelmässigkeiten der Lagerungsverhältnisse bei 45 m Höhe gegenüber der Regelmässigkeit der höher liegenden Kiese deutet für hier eine Mitwirkung von Glacialverhältnissen an.) Da die übrigen Säugethierreste auch noch in niedrigerem Niveau als die des Menschen (45 m) vorkommen, kann man folgern, dass der Mensch vor ihnen das Thal verlassen hat.[4]

Newton beschreibt einen Menschenschädel u. a. aus Terrassenkies von Galley in Kent.[5]

Reid u. A.[6] haben gezeigt, dass z. B. bei Hitchin und Hoxne die palaeolithischen Lager über dem Geschiebelehm liegen. Ein Profil zeigt

14,5' gelbe Ziegelerde und kleine Steine, palaeolithisch.
3' gelber und weisser Mergel und Schlamm,
1/2' gelber Lehm und kleine Kreidegerölle,
9' Kreide-Geschiebelehm,
3' lehmiger Kreidekies,
5' kiesiger Sand.
35'

Die Flora eines ausführlicher untersuchten Profils ist der heutigen gleich, *Najas marina* ist auch in anderen praeglacialen Ablagerungen gefunden.

Die Geschichte des Postglacials ergiebt sich aus diesen Befunden nach Reid:

Nach Rückzug des Eises lag das Land etwas höher als jetzt (tiefere Thalbildung); darauf Senkung und Ausfüllung der Thäler, gemässigtes Klima; weiter arktische Flora in Hoxne; endlich Ablagerung der ungeschichteten Ziegelerde mit verstreuten Steinen und palaeolithischen Werkzeugen, vielleicht z. Th. lössartiges Steppengebiet, daher auch die alten Thäler nicht mit den heutigen zusammenfallen.

Geikie weist darauf hin, dass zur palaeolithischen Zeit grosse Klimaveränderungen stattgefunden haben. Alle extraglacialen Bildungen, Thalalluvionen, Lignite, Torf, limnische Absätze und Kalktuffe erweisen dies. Auch die Höhlenablagerungen hält Geikie für ziemlich gleichaltrig mit denen der Thäler. Die interglaciale Säugethierfauna ist identisch mit derjenigen der Höhlen- und Thaldrift, also sind letztere beiden aequivalent den glacialen und interglacialen Ablagerungen. In Victoria Cave sind südliche und temperirte Species von Glacialmassen überlagert, ebenso im Vale of Clwyd; in dem Interglacial von Kelsea und Schottland finden sich pleistocäne Säuger; dem nördlichen Glacial entsprechen die südenglische rubble drift und trail; die Ablagerungen von Sussex mit gemässigter Fauna und Flora sind interglacial, im Themsethal sind die palaeolithischen Lager von trail bedeckt, aber jünger als der chalky boulderclay, also ebenfalls interglacial; da das Themsethal

[1] Qu. J. 53, 1897, 420.
[2] Qu. J. 54, 1898, 585. Taf. 28.
[3] Shrubsole: On the Valley-gravels about Reading pp. Qu. J. 46, 1890, 582—594.
[4] Palaeolithische Geräthe aus Thalkiesen von W. Wickham, Kent, beschreibt Clinch in Qu. J. 56, 1900, 8; palaeolithische und „eolithische" W. Cunnington in Qu. J. 54, 291; von der Insel Wight Warren Geol. Mag. 1900, 406.
[5] Qu. J. 51, 1895, 505—527.
[6] Cl. Reid: Palaeolith. Deposits at Hitchin. Geol. Mag. 1897, 229.

schon vor dem chalky boulderclay gebildet ist, entsprechen seine Alluvionen einer langen Zeit von glacialen und interglacialen Phasen. (?)

„Postglaciale" Niveauschwankungen Englands (s. o. 407).

Unter Postglacial mögen die Ablagerungen verstanden sein, welche jünger als der obere Geschiebelehm sind. Reade[1] macht darauf aufmerksam, dass die tiefgreifende Erosion von Glacialablagerungen besonders an der Lancashire- und Cheshireküste und die mächtigen Alluvialmassen (z. Th. Ästuarbildungen) eine lange Dauer der „Postglacialzeit" beweise, in welcher England mit dem Continent verbunden war. Übrigens könne das „Postglacial" der einen Gegend unter Umständen gleichalterig mit dem „Glacial" einer anderen Gegend sein.

In einem breiten Gürtel ziehen sich um die Küsten von Grossbritannien, Frankreich und Belgien die postglacialen Ablagerungen, welche einen mehrfachen Wechsel von Hebung und Senkung bezeichnen.

In Südwales, Süddevon und Cornwall sind auf weite Strecken der Küste praeglaciale Thäler nachgewiesen, von Geschiebelehm und anderen Glacialschichten erfüllt, über welchen postglaciale Ablagerungen (nicht älter als die submarinen Wälder) liegen. Die Böden dieser Thäler liegen 24—83 m unter Niederwasser![2] Das gleiche ist aus den Thälern von Nordwales, Cheshire und Lancashire bekannt, mit etwa 60 m unter das Meer hinabreichenden Tiefen. Auf die Zeit der Erhebung um mindestens 36 m zur Glacialperiode muss also eine Senkung (Strandlinien), darauf eine erneute Hebung erfolgt sein (submarine Torfe) und neuerliche Senkung auf den jetzigen Stand.

Bis zu 8—15 m hoch gehobene Küstenlinien oder wenigstens der sie gewöhnlich begleitende „Head" sind nach Prestwich vielfach an der Küste Südenglands zu beobachten.[3]

a Kreide und Feuersteingeröll oder „Head". c Gehobene Strandlinie. c' Gegenwärtige Küste. Der Absturz ist etwa 60 Fuss hoch. (Nach Prestwich.)

Von den vielen beschriebenen Befunden seien einige als Beispiele erwähnt: Bei Folkestone liegen 2.5—3 m Kreidetrümmer, Lehm, eckige Flintstücke auf der Höhe des 24 m über dem Meere gelegenen Grünsandkliffes; in dieser Schicht fanden sich zahlreiche Säugethierreste und Landschnecken. Bei Brighton zeigt beistehendes Profil ein etwa 24 m hohes Kreideufer mit angelagerten rubble, der auf dem gehobenen Strand liegt; in letzterem liegen Meeresmuscheln und als Walrest, die Blöcke ge-

---

[1] Qu. J. 44, 291.

[2] T. Codrington: On some submerged Valleys in S. Wales, Devon and Cornwall. Qu. J. 54, 1898, 251—276.

[3] Vergl. seine Karte, Qu. J. 48, 263.

hören z. Th. fremden Gesteinen an.[1] Die Mollusken sind meistens die litoralen Formen der heutigen Küste, einige nördlichere Arten; 39 sind identisch mit den in Glacialablagerungen Nordenglands und Wales gefundenen. Die gehobenen Strandlinien Südenglands sind nach Prestwich gleichalterig mit den älteren Thalgranden der Themse und Seine, also postglacial resp. spätglacial.

Bisweilen werden als Beweise früherer Senkung allerdings auch nicht einwandfreie Vorkommen herangezogen. So glaubte Dunlop[2] auf der Insel Jersey in der Höhe von 40 m eine „raised beach“ durch eine Ablagerung von wohlgerundeten Granitgeröllen nachgewiesen zu haben; marine Schalreste fanden sich indess nicht. Whitaker bemerkt dazu,[3] dass Rollsteine allein, ohne Spuren mariner Muscheln kein Beweis für diese Auffassung seien.

Nach E. Hull und Codrington[4] sind die 90—152 m hoch gelegenen „plateau-gravels“ auf der Insel Wight marinen Ursprungs und bedeuten sonach eine bedeutende postglaciale Hebung (gegen 120 m), allerdings sind marine Mollusken nicht darin gefunden.

Auf Portland[5] finden sich in Vertiefungen des alten Gesteins rother Lehm und Löss oft mit eckigen Gesteinsstücken, darunter z. Th. gerundete Gerölle in Sand und Lehm. In den tieferen Lagen fanden sich viele Säugethierreste, besonders zahlreiche Elephantenzähne. Gleichalterig sind nach Prestwich die gehobenen Strandlinien, von 7 m zu 16 m Höhe ansteigend, mit zahlreichen Muscheln, unter denen neben der heutigen Küstenfauna die nördliche Form *Cyprina islandica* auffällt. Z. Th. sind die Ablagerungen von rubble drift bedeckt, z. Th. reichen sie in Spalten hinein. Das Gesteinsmaterial ist theils localen, theils fremden Ursprungs. Das in 120 m Höhe auftretende Diluvium setzt hier eine von Norden kommende Fluthströmung voraus und weiter eine Hebung und grosse Denudation.

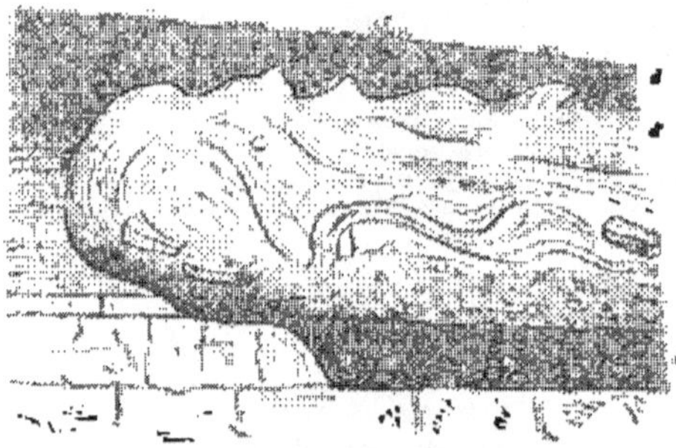


Profil einer gehobener Strandlinie und alten Klippe über der heutigen Klippe westlich Portland Bill (nach Prestwich).

*d* eckiger Schutt; *d'* hellgefärbter Lehm mit Schuttstreifen, z. Th. Land- und Süsswassermollusken, *e* gehobener Strand, unten mit grossen Geröllen.

Von einer recenten Küstensenkung bei Torbay berichtet Pidgeon:[6] Auf „Head“ von Trias liegt Thon (z. Th. mit massenhafter *Scrobicularia*, *Hydrobia*,

[1] S. hierzu eine kurze Bemerkung von Hunt, Geol. Mag. 1895, 405. — Von Interesse sind weiter die Profile l. c. 385, 387, 394.

[2] On raised beaches and rolled stones at high levels in Jersey. Qu. J. 49, 1893, 523.

[3] ibid 530.

[4] Geol. Mag. 1896, 66, und Qu. J. 26, 1870.

[5] J. Prestwich: Phenom. of the Quartern. Period in the Isle of Portland and around Weymouth. Qu. J. 31, 1875, 29—54.

[6] Qu. J. 41, 1885, p. 9.

*Litorina*), auf diesem wurzeln Bäume, deren Stämme umgeworfen sind und ein torfiges Lager von Pflanzenanhäufungen bilden. Recente Säugethierreste und ein Mammutmolar kommen hier vor. Unter dem Thon fand sich ein Schmelzherd der Bronzezeit, in den obersten Schichten Reste aus der Römerzeit. Der „forestclay“ war also wohl die Ablagerung in einem durch Düne geschützten Landsee, als die Küste mindestens 230 m weiter aussen lag; vor seiner Bildung, als der Boden 12 m höher lag als jetzt, lebte der Mensch der Bronzezeit dort, das Vorkommen des Mammut reicht bis in die Bronzezeit.

Bei der Frage der Niveauschwankungen und Öffnung des Canals (s. o.), darf an die Arbeit von M. Bertrand[1] erinnert werden, welcher zeigte, dass die Faltenbildung eine immer an derselben Stelle sich wiederholende allgemeine Erscheinung ist, der sich die säcularen Aufwölbungen grösserer elliptischer Theile anschliessen. Die auf seiner Karte ersichtlichen posthumen Falten in Nordfrankreich, Südengland und dem Canal geben einen Hinweis auf den möglichen Einfluss jener Erscheinungen (vergl. auch das oben über Skandinavien und Norddeutschland angedeutete).

**Submarine Torflager**

sind in England nicht selten. Folgende Profile zeigen in Vergleichung die interessanten Lagerungsverhältnisse (nach Geikie):

| | Holderness | Fenland | Cornwall | Cheshire u. s. w. |
|---|---|---|---|---|
| 5. Marine u. Seewasserabl. | + | + u. sporad. Waldlager | + | + |
| 4. Oberer Torf und Wald | + | + | + in d. Vorhaue | + u. lacustre Bildung |
| 3. Marine Ablagerungen | + | + | + | + |
| 2. Unterer Torf und Wald | + | + | + | + |
| 1. Lager mit *Betula nana* | + | + | · | — |

6—18 m unter dem Moore findet sich ein Torflager mit Waldresten (2), darüber aestuare oder marine Bildungen, weiter ein zweites Waldlager (4), wieder von ähnlichen Ablagerungen bedeckt. Diese untergegangenen Wälder sind jünger, als der obere Geschiebemergel (besonders deutlich im nordöstlichen England, wo das untere Baumlager direkt auf dem Hessle-Geschiebelehm lagert und seine Wurzeln in ihn eingreifen). Es muss also zwischen der Ablagerung des oberen Geschiebelehms und der Zeit der verschütteten Wälder eine Zeitunterbrechung liegen; letztere deuten auf ein milderes Klima. In Schottland liegen die Waldreste auf der 30 m-Terrasse mit den arktischen Muscheln, die in England fehlt. Nach der glacialen Zeit folgte also eine Zeit gemässigter Denudation, in der das Land höher lag als jetzt, und weiter in die Nordsee reichte.

In den Ausfüllungen der Niederungen des Glacialbodens bildete sich (in Holderness) eine torfige Schicht (1) mit *Betula nana* (entspricht der kalten Phase der 30 m-Küstenlinie Schottlands).

In der darauf folgenden Zeit kam eine temperirte Flora und Fauna; in dem unteren Torflager (2) herrscht die Eiche vor, daneben Eller, Hasel, Weiden u. a. (Feuerspuren Zeichen des Auftretens des Menschen ?!), dazu Reste von Edel- und Riesenhirsch, Pferd, Höhlenlöwe, ? Mammut. Hierauf rückte die See vor (ebenso wie in Schottland), die aestuaren Schichten vom Humber sind aequivalent den Carse-Ablagerungen Schottlands, die Ablagerungen zeigen kein kälteres Klima als

[1] Bertrand: Continuité du Phénomène de Plissement. Bull. Soc. géol. France. XX, 1892, 118, Pl. 5.

das heutige an. Das obere Waldbett (4) tritt nahe dem Niederwasser auf, es zeigt eine früher grössere Landausdehnung an, allerdings nur wenige Fuss Unterschied.[1]

Die Küstenhöhlen und Dünen sind gleich alt, aber älter als die gesenkten Moore. (Daraus folgt die Unrichtigkeit der Annahme, dass nach der Küstenlinienbildung eine Hebung des Landes um 600 m erfolgt sei, welche ein weites Land für die Säugethiere schuf.) Ihre Säugethierfauna, von FALCONER bestimmt, ist bis auf 3 Formen dieselbe wie die der niederen Thalablagerungen.

## Gliederung und Bildung des britischen Quartärs.

In mehreren Arbeiten hat GEIKIE[2] eine Classification des britischen Diluviums versucht. Folgende Tabelle stellt seine Schema übersichtlich zusammen (S. 424—425).

Die GEIKIE'sche Gliederung hat auch in England vielfach Widerspruch erfahren, z. B. kann sich D. BELL[3] nicht zu den 6 Eiszeiten bekennen. Die Eintheilung steht überhaupt nur auf recht schwachen Füssen und wir werden wohl mit Recht auch für Britannien an einer Einheitlichkeit des Quartärs festhalten können.

Neben diesem allgemeinen Schema giebt es für die einzelnen Gebiete noch mehrfache specielle Gliederungen, deren wichtigste in den obigen Zeilen angegeben sind. Ziemlich allgemein (aber auch von Anderen widersprochen) ist die Ansicht, dass für Grossbritannien 2 verschiedene Epochen der Vereisung stattgefunden haben, mit einer Zwischenzeit, für welche theils wärmeres Klima, theils Wasserbedeckung (in Folge von Landsenkung) der maassgebende Faktor war.

B. DAWKINS classificirt[4] das britische und continentale Pleistocän nach seiner Saeugethierfauna folgendermassen, indem er bemerkt, dass diese Eintheilung sich nicht deckt mit den Abtheilungen praeglacial, glacial und postglacial; denn da Mammut und Rennthier in Schottland schon praeglacial sind, mussten sie auf dem Continent (ebenso wie der Mensch) schon vor der Haupteiszeit gelebt haben, sie kommen aber auch nach der Eiszeit in Britannien vor.

3. Spätpleistocän (*Fluss- und Höhlenablagerungen*):

| | |
|---|---|
| *Homo* (palaeolithischer Mensch). | *Hyaena crocuta var. spelaea.* |
| *Ursus arctos, ferox.* | *Felis spelaea.* |
| *Mustela erminea.* | *Cervus megaceros, Browni, tarandus, capreolus,* *elaphus* (seltener). |
| *Lutra vulgaris.* | *† Ovibos moschatus.* |
| *Canis vulpes, lupus.* | *Elephas antiquus, primigenius.* |
| *Bos primigenius.* | *Lemmus (? groenlandicus).* |
| *† Bison priscus.* | *Spermophilus (? superciliosus).* |
| *Hippopotamus major.* | *Lepus timidus.* |
| *Sus scrofa.* | *Mus musculus.* |
| *Rhinoceros tichorhinus.* | |

---

[1] Andere Erklärungsversuche für diesen Wechsel von Torf und marinen Schichten (die Wälder seien auf niedrigem Land gewachsen, das durch Barren vor der See geschützt war, oder die Lager seien durch zweimalige spätere subterrane Erosion gesenkt worden) — [illegible], Qu. 48, 1892, 96—103 — weist GEIKIE zurück. In den postglacialen Ablagerungen finden sich keine Reste des palaeolithischen Menschen, ebensowenig wie von *Hippopotamus, Elephas antiquus, Rhinoceros leptorhinus* etc.

[2] Gr. Ice Age 3. Aufl. 1894, 421, 607. — On the glacial Succession in Europe. Transact. R. Soc. Edinburgh 37, I, 1892, mit Karte. — Classific. of European Glacial Deposits. Journal of Geology. Chicago 3, S. 1895, p. 241.

[3] Geol. Mag. 1895, 405.

[4] Qu. J. 28, 1872, 410.

Nördliche Formen herrschen vor.

2. Mittlere Abtheilung:

*Homo* (palaeolithischer Mensch).
*Felis spelaea, catus.*
*Hyaena crocuta var. spelaea.*
† *Machaerodus latidens.*
*Ursus ? ferox, arctos.*
*Canis lupus, vulpes.*
*Lutra vulgaris.*
*Bos primigenius.*
* *Bison priscus, Cervus megaceros, elaphus* (häufig), *Browni, capreolus.*

* *Ovibos moschatus.*
*Elephas antiquus, primigenius.*
*Equus caballus.*
*Rhinoceros tichorhinus, hemitoechus, megarhinus.*
*Sus scrofa.*
*Hippopotamus major.*
*Castor fiber.*
*Arvicola amphibia.*

Nördliche Formen herrschen vor.

1. Frühpleistocän (Forestbed, unter dem unteren boulderclay) mit:

*Sorex moschatus, Sorex vulgaris.*
*Talpa europaea.*
*Trogontherium Cuvieri.*
*Castor fiber.*
*Ursus spelaeus, Ursus arvernensis.*
*Canis lupus, Canis vulpes.*
*Machaerodus.*

*Cervus megaceros, capreolus, elaphus, Polignacus, carnutorum, verticornis, Sedgwickii.*
* *Bos primigenius.*
*Hippopotamus major.*
*Sus scrofa, Equus caballus.*
*Rhinoceros etruscus, megarhinus.*
*Elephas meridionalis, antiquus, primigenius.*

Die unterstrichenen Formen sind auf diese Zeit beschränkt.
* bedeutet Auftreten, † Aussterben.

Eine kurze Notiz über pleistocäne Pflanzen Englands gab Cl. Reid im Qu. J. 53, 1897, 463. S. auch Cl. Reid: The origin of the British Flora. Geol. Mag. 1899, 494. Über die Torffolge in England s. Blytt, Englers Bot. Jahrb. 17, Nr. 41, 14, und Geikie, Prehist. Europe, 1881, 381, 482, 451.

Ebensowenig wie über die Eintheilung des englischen Quartärs, sind auch die Ansichten über die Bildung desselben übereinstimmend; es stehen sich zwei Ansichten mehr oder weniger schroff gegenüber:[1]

Nach der einen sollen die meisten Ablagerungen das Product von Landeis, die geschichteten als Ablagerungen in extramoränen Seen gebildet sein; das Land lag zur Glacialepoche etwas höher als jetzt, locale Senkungen der Küstengegenden sind nicht ausgeschlossen.

Nach der anderen Annahme hoben bedeutende Niveauschwankungen das Land erst viel höher als gegenwärtig, darauf brachte eine langsame Senkung die Westseite Englands bis 425 m tief unter den Meeresspiegel, während der Osten nur halb so tief sank; der Geschiebelehm und die Sande seien unter Wasser abgelagert; in den Gebirgsgegenden möge der till von Gletschern gebildet sein, in anderen Gebieten von Eisdrift und Strömungen, weiter hin von Küsteneis; die Sande können gleichalterig oder etwas jünger sein, können auch eine Klimabesserung andeuten.

Neben diesen beiden extremen Auffassungen giebt es auch mehrere combinirende, gleichsam vermittelnde.

Beachtenswert (wenn auch gleichfalls nicht ohne Widersprüche) ist die Hypothese von Carvill Lewis,[2] dass zur Zeit der grössten Kälte Skandinavien mit einem grossen Theil von Grossbritannien unter einer grossen Eisdecke lag; das südliche und südöstliche England lag ausserhalb derselben, und hier bildeten sich riesige Stauseen, deren Ablagerungen bis 120 m hoch reichen; daher nördlich der Eisgrenze echte glaciale Bildungen, südlich fluvioglaciale in verschiedensten Modificationen.

[1] Eine kurze Übersicht giebt Bonney Ice Work 163 f.
[2] Vergl. Bonney: Ice Work, 186.

## Gliederung des britischen Quartärs nach Geikie.

| „Epochen" | Grossbritannien | | Angebliche Äquivalente |
|---|---|---|---|
| Recent | Verschwinden des permanenten Schnees. | Schliesslicher Rückzug des Meers zum gegenwärtigen Stand; Verfall der Torfmoore, Klima trockener als vorher. | |
| VI. Eiszeit, Postglacial, „Upper Turbarian". | Torf über dem „upper buried forest"; Küstenlinien; Endmoränen, hochgelegene Corrie-Gletscher in den innersten Theile der Thäler | Neues Vordringen der See, Klima etwas kälter und feuchter als gegenwärtig. Schneelinie 1060 m. Strandlinie nicht mehr von Moränen bedeckt. | |
| 5. Interglacial, „Upper Forestian". | Oberer versunkener Wald, Alluvia. | Neue Hebung (Betrag unbekannt), Land wieder ausgedehnter, Klima gemässigt und trockener. | |
| V. Glacial, „Lower Turbarian", untere Torfmoorstufe. | Locale Gebirgsthalmoränen, Corriemoränen, Carse-clay, 15 m-Terrasse. | Event. Insulation Britanniens, Klima feucht und kühler als gegenwärtig; in Schottland z. Th. Moränen auf gehobenen Strandlinien von 12—15 m, Schneelinie in 600—750 m. | Litorinaschichten z. Th. Kalktuffe z. Th. |
| 4. Interglacial, „Lower Forestian", untere Waldbettstufe. | Süsswasseralluvium m. arktischen Pflanzen, unterer versunkener Wald und Torf. | Britannien wieder continental, Klima erst kalt, dann gemässigt, grosse Ausdehnung der Wälder. | Ancylus- und Litorinaschichten, submariner Torf z. Th. |
| IV. Glacial, „Mecklenburgian". | Grund- und Endmoränen in den britischen Hochlanden (Thalgletscher), 30 m-Terrasse Schottlands mit ihrer marinen arkt. Fauna, arkt. Flora unter dem Torf. | Schott. Hochland von Eis bedeckt, locale Eisdecken u. Einzelgletscher in den südlichen Uplands und den Gebirgen Englands, Irlands und Wales. Eisberge kalben in den Mündungen der sea-lochs, Endmoränen auf der 30 m-Terrasse Schottlands. | Ober. Diluvium Norddeutschlands u. Skandinaviens' resp. zweiter balt. Eisstrom und seine Endmoränen. Yoldiathon |
| 3. Interglacial, „Neudeckian". | Süsswasser- u. marine Schichten, Torf, sogen. postglaciale Bildungen, Kames, Asar. | Britannien wahrscheinlich continental, Klima erst gemässigt und kälter, dann Senkung (Schottland um 40 m) und kalte Verhältnisse. Riesenhirsch, Hirsch, Reh, *Bos primigenius* pp. | Interglac. Torf in Norddeutschland, baltische (westpreuss.) marine (Nordsee-)Bildungen. |

| | | | |
|---|---|---|---|
| III. Glacial. „Polandian" | Upper boulderclay und fluvioglaciale Bildungen. | Landeis („Mer de glace") mit dem skandinavischen verschmelzend, nicht so weit wie früher; im südlichen Schottland mit anderer Bewegungsrichtung als die frühere. | Oberes Diluvium Mitteldeutschlands und Polens, (früher der Untere Geschiebelehm Norddeutschlands), rubble drifts z. Th. |
| 2. Interglacial. „Helvetian" oder *Elephas antiquus*-Stufe | Süsswasserablagerung d. Themse, Torf, Höhlenablagerung von Settle, u. a. extraglaciale Bildungen, marine Ablagerungen v. Ayrshire, Lancashire, Edinburgh u. s. w., Raised gravels Ostenglands, Strandablagerung von Sussex. | Grossbritannien wahrscheinlich continental, Klima erst kalt, dann gemässigt. Senkung gegen Ende der Phase, wobei Übergang zu arktischen Verhältnissen. — *El. primigenius*, *Rhinoc. tichorhin.*, Renthier, *Hippopotamus*, *El. antiquus*, *Rhinoc. leptorhinus*, Riesenhirsch, grauer Bär, Löwe, Hyäne pp. | Interglaciale Torfe in Norddeutschland, Rixdorfer Sande, marine Ablagerungen an der Ostsee. |
| II. Glacial. „Saxonian" | Lower boulderclay und fluviomarine bed. | Maximum d. Vereisung, skandin. u. brit. Eismassen in der Nordsee vereinigt: Landeis („mer de glace") bis zum Themsethal. | Unterer Geschiebemergel Skandinaviens u. Norddeutschlands, rubble drift z. Th. |
| 1. Interglacial. „Norfolkian" oder *Elephas meridionalis*-Stufe. | arktisch fresh water-bed. | Arktische Flora in England. | |
| | Leda myalis-bed | Übergang zu borealen und arktischen Verhältnissen. Untersinken der Rheinebene. | |
| | Forestbed von Cromer | Klima sehr mild, Landfläche vergrössert, südlicher Theil der Nordsee eine weite, vom Rhein durchströmte Ebene — *Elephas meridionalis*, *El. antiquus*, *Rhinoc. etruscus*, *Hippopotamus* etc. | Höttinger Breccie. |
| I. Glacial. „Scanian". | Chillesford clay, Weybourn Crag. | Nordsee mit arktischer Fauna, nicht kleiner als gegenwärtig. | Grundmoräne des älteren balt. Eisstromes, unterster Geschiebemergel Preussens. |

[1] Vergl. N. Jahrb. f. Min. 1895, I. S. 49.

Die Annahme einer Verschmelzung des skandinavischen mit dem britischen Eis in der Nordsee hat erhebliche Bedenken; wenn überhaupt (und das scheint nach vielen Beobachtungen sehr wahrscheinlich) skandinavische Eismassen, in der Nordsee vordringend England beeinflusst haben, so werden sie wohl nur als Packeis, nicht in zusammenhängender Decke bis dahin gelangt sein.

Bemerkenswerth ist die Wechselbeziehung zwischen den Vergletscherungen und folgenden Senkungen: auf die grösste Vereisung (2) folgt eine Senkung um 150 m, auf die des oberen till (3) eine von 90 m, auf die schottische Thalvergletscherung eine solche von 15 m.

Geikie hatte die Hypothese aufgestellt, dass mit Entstehung einer weiten Landfläche (Hebungsphase) ein mildes Klima verknüpft war, während kalte Bedingungen constant mit einer Landsenkung verbunden wären. Dagegen ist die Annahme fast selbstverständlich, dass Landhebung kälteres Klima, Meeresbedeckung gleichmässigeres, d. h. milderes Klima verursachen, und D. Bell hebt die wiederholten Widersprüche hervor, welche sich in Geikie's Gr. Ice Age in dieser Beziehung finden.[1]

D. Bell ist ein Gegner der von Geikie angenommenen wiederholten Senkungen.[2] Wenn Geikie die grosse, von Anderen behauptete Senkung um 425 m bestreite, nehme er doch (für Clava) eine solche von 150—180 m an; wenn er für Nordwales den Eistransport zu 425 m zugebe, so könne er dasselbe auch für die 150 m bei Clava thun. Es sei undenkbar, dass alle Spuren einer solchen marinen Senkung auch aus den geschützten Seitenthälern und Buchten von der nachfolgenden Vereisung völlig (d. h. nur bis auf das eine und zwar gerade exponirte Vorkommen von Clava) verwischt worden seien: der Obere Geschiebelehm enthält zudem keine (?) marinen Muschelreste, was ja in diesem Falle nothwendig wäre; der Obere Geschiebelehm ist in den Niederungen abgelagert, wo gerade die erodirende Wirkung des Eises zurücktrat gegenüber der aufschüttenden.

Eine recht anschauliche, wenngleich ebenfalls nicht einwandfreie Darstellung des britischen Diluviums gab E. Hull:[3] Tafel 34 zeigt Britannien zur Unteren Glacialepoche: das skandinavische Landeis theilt sich in der Breite von 57° 30' durch die von den Grampians kommenden Gletschermassen, ein Theil geht nach Südwesten auf Norfolk, der andere nach Nordwesten über die Orkneys und Caithness. Während dieser Haupteiszeit lag das Land hoch, die Nordsee war von Eisbergen erfüllt. Darauf folgte grosse Senkung (Taf. 35) zur Interglacialzeit, in welcher milderes Klima eintrat, Sand, Kies und Lehm abgelagert wurde, oft mit Meeresmuscheln, die den heutigen Formen entsprechen. Für England und Irland ist nur eine Interglacialzeit nachweisbar. Die Maximalsenkung betrug 396 bis 425 m. Eine erneute, aber etwas geringere Kälteperiode trat ein, während welcher das Land theilweise unter Wasser lag, das Land begann zu steigen, kleine Schneefelder und Gletscher bildeten sich, welche theilweise die See erreichten, und es traten viele schmutzige Flüsse in die See, Bildung des Oberen Geschiebelehms mit marinen Muscheln; an einigen Localitäten fehlen sie oder sind eigenthümlich beschaffen. Südschottland 330—365 m, nördliches England und Irland 375—300 m gesenkt. Zum Schluss wieder milderes Klima und Landhebung bei Abschmelzen des Eises, Pflanzen und Thiere erscheinen wieder, ebenso der (postglaciale?) Mensch.

Kaum der Erwähnung werth sind die Ansichten von H. Howorth,[4] der für das Quartär die alte Sintfluthsage hervorsucht.

Es fehlt noch eine Darstellung der Ungleichmässigkeit der Hebungen Grossbritanniens, ähnlich wie diejenige von Skandinavien.

Die mannigfachen Widersprüche zwischen Senkung und reiner Vergletscherung und die Erklärung vieler „mariner Interglacialablagerungen“ werden vielleicht erläutert durch Annahme von Oscillationen des Bodens (s. Bertrand), Eisdrucksenkungen und Ansteigen des Meeres infolge von Attraction der mächtigen Eisdecke.

[1] Geol. Mag. 1895, 405.

[2] Geol. Mag. 1896, 321.

[3] E. Hull: Paleo-Geological and Geographical Maps of the Brit. Isl. pp. Scientif. Transactions R. Dublin Soc. I, 1882, Dublin; s. auch Prestwich: Evidences of a Submergence of W. Europe pp. at the close of the Glacial Period. Proceed. R. Soc. 53, 1893, p. 80.

[4] Vergl. Bonney l. c. 101.

# Nachträge

Zu S. 1.

Über Quartär-Algen vergl. Lagerheim, Geol. För. Förh. Stockholm, 24. 474.

Zu S. 4.

Müller und Weber fanden bei Oeynhausen in altglacialen Schichten die Spur einer hochnordischen Moostundra.

Das Profil ist:

0,5—0,7 m postglacialer Lehm (Flottlehm)

5,5 m Geschiebemergel

2,4 m blaugrauer glacialer Thonmergel

darunter Sand, Kies, ohne nordisches Material.

Zwischen dem Thon und Sand war eine Moosschicht gefunden worden, welche aus einem Gemenge von *Hypnum turgescens* und *H. revolvens* besteht, dazwischen eingesprengt *H. stellatum*. (Jahrb. preuss. geol. L.A. f. 1902.)

Zu S. 68.

Tolmatschow untersuchte das Bodeneis vom Fluss Beresowska (Nordost-Sibirien), (Verh. Russ. Min. Ges. 40, 1903, 415), aus welchem die von Herz geborgene Mammutleiche stammt, und fand, dass das mit Erdschichten wechselnde Bodeneis weder Wasser-, noch Gletscher- oder Inlandeis sei, sondern von zusammengetriebenem Schnee stammt. Das Mammut war ein grasfressendes Thier, welches die Wiesen auf den Flussterrassen fand. Unter den Terrassen lagen Eisschichten, die entstanden waren in langen Wintern und in kurzen Sommern und die von Flussablagerungen u. dergl. bedeckt und so vor dem Abschmelzen geschützt wurden.

Die Mammutknochen- oder Leichen sind ausschliesslich in den Erdschichten gefunden, welche über dem Eise liegen. Tolmatschow hält die Eisschichten nicht für synchronisch mit den Ablagerungen der Borealtransgression in der Jenisseitundra.

Bunge (Geol. Centralbl. IV. 49) hält das Bodeneis für eine secundäre posttertiäre Bildung.

Zu S. 40.

Pilgrim meint zwar (Versuch einer rechnerischen Behandlung des Eiszeitproblems. Jahresh. Ver. Nat. Württ. 1904, 60, S. 57), dass die nordische Eiszeit als eine einheitliche angesehen werden kann, parallelisirt aber doch die verschiedenen norddeutschen Urstromthäler und Endmoränen mit den einzelnen alpinen Eiszeiten.

Zu S. 81.

W. O. Crosby: (The Origin of Eskers: Proceed. Boston Soc. Nat. Hist. 30, No. 3 p. 375—411, 1902) bringt gegenüber der herrschenden Auffassung über die Entstehung der amerikanischen Esker (Osar) als supraglaciale Bildungen eine Reihe gewichtiger Thatsachen vor, die nach ihm für eine supraglaciale Bildung sprechen (s. ausführliches Referat in Peterm. Geogr. Mittheil. 1903.

Zu S. 143.

Zur Erklärung der alten Strandlinien stellt Kowalewsky (Ref. im Geol. Centralbl. IV, 145) Berechnungen an und findet, dass der Senkungsbetrag des Festlandes infolge Abkühlung einer 2000 m mächtigen Eisschicht nur 1 m ist. Durch den Druck der Eisbelastung würden sich 68 m ergeben; durch die Anziehung der Eisplatte dagegen würde die Erhebung des Wassers 407, resp. 203 m im Innern eines von Eis überdachten Fjordes resp. aussen an der freien Küste betragen. Die Summe der Wirkungen ergiebt die Höhe der Strandlinien, d. h. 476 m im Innern des Fjordes und 272 m an der Küste.

Zu S. 143.

Nach Janischewsky (Geol. Centralbl. IV, 1903, 281) hatte der ural-timanische Gletscher eine unzweifelhafte Ausdehnung im Bassin der Südkelma, einem Nebenfluss der Kama in Perm. Hierdurch wird die Annahme von Nikitin, der zwischen timanische und skandinavische Gletscher eine neutrale eisfreie Zone einschiebt, widerlegt.

Zu S. 176.

Über druckschiefrigen Geschiebemergel, sowie drei verschiedene Arten von Geschiebemergel in Russland vergl. A. Missuna, Monatsber. d. deutsch. geol. Ges. 1904, 1.

Zu S. 179.

Eine Karte und Beschreibung der Endmoränen, Blockverbreitung und Asar im südlichen Polesie giebt Tutkowsky in Mém. Soc. Nat. Kiew XVII. 323, 1902 (russ.).

Zu S. 228.

Martin, Erratische Basalte aus dem Diluvium Norddeutschlands. Abh. Nat. Ver. Bremen, 17. 1903, 485.

Zu S. 241.

O. Riedel beschreibt Gletschertöpfe auf Tertiärthon im Bitterfelder Kohlenrevier: Jahrb. preuss. geol. L.-A. f. 1902, 23, S. 258.

Zu S. 247.

Zeile 18 von oben lies S. **44** statt: S. 245.

Zu S. 247.

Mit der Auffassung der Einheitlichkeit des Glacials lässt sich die letzthin von Jentzsch (Monatsber. d. geol. Ges. 1903, 7) mitgetheilte Thatsache in Einklang bringen, dass im nördlichsten Ostpreussen der Geschiebemergel der „letzten“ Vereisung angehört, und vom „unteren“ Diluvium wenig oder nichts übrig bleibt. Erst gegen Schluss der jüngsten Vereisung sei das dortige Gebiet, welches bis dahin vorwiegend Abrasionsgebiet gewesen, wieder zum Aufschüttungsgebiet geworden.

Zu S. 274 (und 280) 2. (F. Frech; alles übrige von E. Geinitz.)

Das östlichste der deutschen fossilführenden Vorkommen von altquartärem Quellenkalk von Paschwitz bei Canth unweit Breslau, der schon von Beyrich[1] beschriebene Fundort der *Helix (Campylaea) canthensis* (Taf. 2 Fig. 17) wurde dem Herausgeber durch nachträgliche Auffindung einer kleinen Sammlung im Breslauer geologischen Museum nahe gerückt. An Ort und Stelle ist nichts mehr zu sehen, da die Gruben längst verschüttet sind. Beyrich erwähnt von dort, abgesehen von Limnaeen und Valvaten, die z. Th. auch in Breslau vertretenen Arten:

*Helix hortensis* L. (eine der *H. austriaca* sich nähernde Abänderung), *Helix pulchella* Müll., *H. obvoluta* Müll., *H. fruticum* Müll., *H. rotundata* Müll., *H. verticillus* Fér., *H. nitida* Müll., *P. pusilla* Müll. sp. (= *P. vertigo* Drap.), *Clausilia gracilis* Pf. u., *Clausilia plicatula* Drap., *Carychium minimum* Müll., *Carychium lineatum* Hartm. u. *Acicula fusca* Walk. sp.

Litteratur über die vielfach controverse Unterscheidung von *H. canthensis* und *banatica* bei E. Wüst, Zeitschr. f. Naturwissensch. 1901, p. 72 und Erklär. d. Taf. 8, Fig. 17, 18.

Der Unterschied von den schlesischen Lössschnecken (unter denen *Pupa muscorum*, *Succinea oblonga*, *Helix arbustorum* und *Buliminus tridens* Müll. besonders häufig sind), wird schon von Beyrich betont.

Zu den Landschnecken kommen nach eigenen Bestimmungen 6 verschiedene *Planorbis*-Formen: *Planorbis calculiformis* Sandb., *contortus* L., *micromphalus* Sandb., *umbilicatus* Sandb. (die typische Form und eine etwas involutere Varietät), endlich *Planorbis corneus* L. var. nov. (eine eigentümliche evolute Abänderung, welche eine entschiedene Ähnlichkeit mit dem tertiären *Pl. Mantelli* Dunk. besitzt.

Die Zone der *Helix canthensis* wird in Thüringen zum „Interglacial 2“ d. h. in die Zeit des Rückzuges der Eismassen versetzt (5b p. 44). Wahrscheinlich gehört demnach auch in Schlesien das Vorkommen von Canth dieser Zeit an und die — nicht mehr aufgeschlossenen — Quellkalke würden somit Einlagerungen im oberen Diluvialsand (p. 274 nicht Altquartär, Tafelerkl. 2) bilden. Die alten Angaben über das Vorkommen, wonach die 1—3 m mächtige Kalklage in einer Tiefe von 0,3—5 m unter der Oberfläche vorkommt, würde dem nicht widersprechen. Die vorkommenden Blätter („Erle und Strauchahorn“) gehören zu lebenden Arten. (Frech).

Zu S. 276.

Als Beweise für eine Interglacialzeit nennt Gagel die Aufschlüsse bei Ratzeburg[2], wo kalkfreie und z. Th. lehmig-eisenschüssig verwitterte Sande scharf abgrenzen gegen aufliegende kalkhaltige, stark gestörte Sande, die ihrerseits vom normalen, oberen unverwitterten Geschiebemergel bedeckt sind.

[1] Zeitschrift d. deutschen geologischen Gesellschaft 1854, p. 254 u. 1857, p. 534.

[2] Gagel, Über die geologischen Verhältnisse der Gegend von Ratzeburg und Mölln. Jahrb. preuss. geol. Landesanst. f. 1903, 24, 61–90.

Zu S. 799.

In der Gegend von Ratzeburg und Mölln wies GAGEL[1] drei Endmoränenstaffeln nach, in der Fortsetzung der mecklenburgischen.

Zu S. 804.

Auch GAGEL sagt (Jahrb. preuss. geol. Landesanst. 24, 61) bei der Diskussion der Behauptungen GOTTSCHE's über die holsteinschen Endmoränen, dass die Geschiebepackungen nicht das wesentlichste Merkmal der Endmoräne sind.

Zu S. 808.

Nach GAGEL (Jahrb. preuss. geol. Landesanst. 24, 90) sind die Lagerungsstörungen der norddeutschen Åsar durch Druckentlastung zu erklären.

Zu S. 834.

Über Ortstein veröffentlicht BRADFER eine geologisch-agronomische Studie in Mém. Soc. belge de Géol. XVII, 207, 1903.

Zu S. 841.

REINKE: Botanisch-geologische Streifzüge an den Küsten des Herzogtums Schleswig. Wiss. Meeresunters. Kiel. Erg.-Heft VIII, 1903. (Phot. von Klint, Dünen, Tuul auf Sylt, u. a.)

Zu S. 846.

Für Helgoland hat WOLFF (Monatsber. d. geol. Ges. 1903, 7) gezeigt, dass die Abrasion (3–5 m im Jahrhundert) erst spät begonnen hat. Postglaciale Süsswasserablagerungen 5 m unter dem Meeresspiegel sprechen für eine postglaciale Senkung.

Zu S. 873.

LAMPLUGH: Isle of Man (Geol. Centralbl. IV, 163). Die Glacialablagerungen gehören einer hochgelegenen, insularen und einer niedrigen, extrainsularen, Gruppe an.

[1] Jahrb. preuss. geol. Landesanst. 24, 61. 1903.

www.ingramcontent.com/pod-product-compliance
Lightning Source LLC
Chambersburg PA
CBHW022105300426
44117CB00007B/594
* 9 7 8 3 7 4 1 1 7 3 2 9 5 *